水质工程学

李孟 桑稳姣 主编

清华大学出版社
北京

内容简介

本书为高等学校教材。全书共19章，由5篇组成。第1篇为基本理论介绍(第1、2章)。第2篇为物化处理(第3至9章)，包括预处理、颗粒分析与混凝、沉淀与气浮、过滤、消毒、吸附等。第3篇为生物处理(第10至14章)，包括活性污泥法、生物膜法、厌氧生物处理法、污泥的处理及资源化、膜生物反应器。第4篇为深度处理(第15至17章)，包括脱氮除磷和膜分离等方法。第5篇为水厂、污水厂建设与运行管理(第18、19章)。本书可作为高等学校给水排水科学与工程、环境科学与工程等专业的教学用书，也可供给水排水及相关领域的科研人员参考。

图书在版编目(CIP)数据

水质工程学/李孟，桑稳姣主编. --北京：清华大学出版社，2012.4(2024.2重印)
ISBN 978-7-302-27276-2

Ⅰ.①水… Ⅱ.①李… ②桑… Ⅲ.①水质－水处理 Ⅳ.①TU991.21

中国版本图书馆CIP数据核字(2011)第231194号

责任编辑：柳　萍
封面设计：傅瑞学
封面摄影：袁　宁
责任校对：刘玉霞
责任印制：沈　露

出版发行：清华大学出版社
　　网　　址：https://www.tup.com.cn，https://www.wqxuetang.com
　　地　　址：北京清华大学学研大厦A座　　**邮　　编**：100084
　　社 总 机：010-83470000　　**邮　　购**：010-62786544
　　投稿与读者服务：010-62776969，c-service@tup.tsinghua.edu.cn
　　质量反馈：010-62772015，zhiliang@tup.tsinghua.edu.cn
印 装 者：北京建宏印刷有限公司
经　　销：全国新华书店
开　　本：185mm×260mm　　**印　张**：27.75　　**字　　数**：672千字
版　　次：2012年4月第1版　　**印　　次**：2024年2月第9次印刷
定　　价：79.80元

产品编号：044300-03

前 言

FOREWORD

科学技术发展的日新月异、当前社会的不断进步以及水环境的污染加剧，使得对环境水质的要求也在不断提高。水质工程学是给水排水科学与工程的主要学科分支，经过50多年的专业发展，需要更科学和与时俱进的教材。同时，传统水质工程学教材多分为"给水工程"和"排水工程"进行介绍，在内容上存在较多重复。随着水环境污染的加剧，给水处理和废水处理的界限已逐渐模糊，它们相互渗透，有些技术在给水和废水中都有应用。

本教材就是在吸收和借鉴美国水行业协会(AWWA)所编写的有关水与废水处理专著的最新版本的基础上，针对我国目前水质复杂的实际情况，对传统的"给水工程"和"排水工程"内容进行了大胆的整合，打破了给水处理工艺与排水处理工艺之间的"界限"，强调了水处理工艺与污水处理工艺的相互借鉴和融合，同时也比较了它们在应用上的差异。在教材的编写上力图体现一个"新"字，尽量使本教材在内容编排上跟上国际最新发展趋势，尽量让读者能接触到国际上最先进的处理工艺和最新的研究思想(如在混凝中增加了混凝剂应用的卫生安全性、新型光电检测技术等内容)，培养和激发读者对本专业的学习兴趣。同时，对一些较为陈旧或相互重复的内容作了更新、合并，并删减了(如工业水冷却中的部分内容)过于繁琐的内容，做到重点突出，主题明确。注重教材的针对性和综合性，以期适用于当前给水排水科学与工程专业及其相关技术人员知识结构的更新要求。

本教材共分19章。第1～9章由李孟、张倩和张珍编写；第10～19章由桑稳姣、黄凌凤编写；张倩负责了全书的修编工作；库辉参加了本书的插图绘制工作；全书由李孟、桑稳姣主编。在本书的编写过程中，编者参考了众多文献，文献名未一一列出，谨向这些文献作者致以谢意。同时，清华大学出版社对本教材的编写给予了极大的关心和支持，在此也表示衷心的感谢。

最后，因时间仓促，水平有限，敬请读者对本教材的疏漏乃至错误之处提出批评和指正。

李　孟

2011年9月于武汉理工大学

目录

CONTENTS

第1篇　基本理论介绍

第2篇 物化处理

第3篇 生物处理

第5篇 水厂、污水厂建设与运行管理

第1篇

基本理论介绍

PART 1

第1章 CHAPTER 1

绪 论

1.1 21世纪水质科学与工程的发展方向

21世纪是人类科学技术飞跃发展的时期。水质科学与工程的发展必然与社会发展相一致。一些已经出现和正在探索的适应水处理特点的新技术，如自动连续检测技术、计算机人工智能技术、纳米技术、生物芯片基因技术等，将会在水源保护、水处理、水厂和污水厂运行管理中逐步得到广泛应用。水质科学与工程的发展方向简述如下。

1.1.1 高度重视水资源保护

由于人口增长，对水的需求越来越高，而可供使用的水资源却日趋贫乏，工业化进程造成的水污染问题日益严重，更加剧了水资源的需求矛盾，这一切已越来越为人们所重视。因此，对水资源的保护和再生利用就提出了更高的要求。人类只有加强自身保护，才能获得一个良好的生存环境。

水资源的保护是有效的防治污染，应从污染源头抓起，而不是被动招架。为保证相关法律的严格实施，必须建立有效的监察机制。而对污染源和水源广泛采用连续自动监测，是21世纪普遍采取的必要手段。可以通过对水源的连续自动监测，实施水源水质预警，确保饮用水水源水质的万无一失。

各类污水的再生利用技术将得到发展，实现污水处理达到排放标准后的合理分类利用，或进行深度再处理，实现污水资源化。同时经过净化处理的再生水应有相当一部分让其回归自然，继续参与大自然的生态循环，恢复更多的"天然水"，保持良好的生态平衡。

污水资源化应与城乡一体化的城乡规划、工农业规划功能区的合理安排统一考虑，从而实现生活饮用水、生活使用水、绿化用水和工业用水各得其所的分质供水体系。分类分质供水将在缺水地区得到推广应用。

1.1.2 水质标准将更加完善

人类理性认识的提高，对饮用水水质标准将有一个审慎的态度，对水质的安全度将会给出符合人体健康要求的评价。对于符合人体身体健康的饮用水水质，应该提出科学合理的安全度。美国曾公布了《总大肠菌规则》、《地面水处理规则》，目标是把风险控制到每年万分之一。即使实现这些规则，细菌学指标的风险仍大于有毒有害物质。有毒有害物的指标值一般控制到人终身（按70年计）饮用无觉察的健康风险，对致癌或可疑致癌物质，一般控制到人终身（按70年计）饮用，每10万人增加一个病例。我国可在该基础上适当降低风险度，提出符合我国国情的指标。但不能只凭想象,任意夸大曲解。同时在调整水质指标时也要注意效益和投入的分析。为此,在选择水处理工艺时,要考虑成本与水质的关系,应以保证水质标准为前提,并适度地降低成本。

在检测技术水平提高的情况下,对于过去无法检测的微量有害物质(有机和无机的),可以在有可靠检测方法的前提下,不断补充新的水质标准和列入检测项目,使饮用水水质标准更加保障人们的身体健康和符合人类繁衍的需要。

1.1.3 水处理技术的发展趋势

1. 给水处理技术的发展

水处理技术的发展宜以大自然水体自净的模式,引导水处理技术的研究。我们所做的工作应该是将自然的水体净化过程加速和给予浓缩,来提高净化效率,尽可能避免利用现代工业技术(如超净化处理等)在水处理过程中带来的破坏"天然水"的"生态平衡"问题。纳米技术的开发利用,将对给水净化处理技术带来深刻的影响,对低温低浊水、高浊度水及其他特种水的处理,以及去除有选择物质的过滤技术都将会有突破性进展。给水处理工作者将日益重视对水中有机污染物处理的研究,相应的处理技术将会应运而生。

沉淀:大多数城市过去的城市基础设施欠账太多,但现在还可基本满足城市和人民生活的需要,因而无须追求沉淀效率的高指标,而应适当延长沉淀、澄清时间。亦可以考虑原来曾经使用过的"高效率"沉淀、澄清技术(如斜管、斜板),降低其"效率"(负荷率),以确保处理构筑物出口水浊度降低到一个新水平(与目前又流行起来的平流沉淀技术相比)。为防止化学物质对净化过程的"污染",应继续加强絮凝、沉淀、澄清技术的研究和天然高分子混凝剂、助凝剂的研究与应用,以减少化学混凝剂的用量。生物技术的应用也可能得到一定的推广。微生物型的水处理制剂及创制具有新材料和生物技术两者特点的水处理器将会得到发展。

过滤:除了均质滤料的推广应用外,为了降解水中的有机物,生物滤池和慢滤池有可能在遭到有机物污染严重的地区得到应用。创制有利于水处理的构型同时兼有生物处理功能的填料、吸附剂、滤料,直至水处理组件等器材,可以作为可能出现的新材料与生物技术结合利用的例子。多种类型的膜过滤技术,特别是纳米材料的应用将在水处理过滤工艺流程中发挥重要的作用。

消毒:消毒后产生的二次污染问题,已为人们所重视。因此探讨新的消毒剂和新的消毒方法的技术已日益为人们所重视。滤前加氯除了特殊情况外,一般不再作为处理有机物污染的手段。光消毒技术与生物芯片在线检测技术的结合,有可能得到重视。将会为水消毒技术带来一次质的飞跃。

饮用水深度处理技术的发展,将有可能从水的微观状态,到水对人体的生命、细胞、生殖、遗传、营养等学科进行更为深入的研究,以求获取更能适合人体健康需要的饮用水。

2. 污水处理技术的发展

(1) 具有脱氮除磷功能的污水处理工艺仍是今后发展的重点

《城镇污水处理厂污染物排放标准》(GB 18918—2002)对出水的氮、磷含量有明确的要求,因此已建城镇污水处理厂需要改建,增加设施去除污水中的氮、磷污染物,达到国家规定的排放标准，新建污水处理厂则须按照标准 GB 18918—2002 来进行建设。现阶段，对污水生物脱氮除磷的机理、影响因素及工艺等的研究已是一个热点，并已提出一些新工艺及改革工艺，如改良式序列间歇反应器(modified sequencing batch reactor，MSBR)、厌氧-缺氧-好氧(reversed anaerobic/anoxic/oxic，倒置 A-A-O)、UCT(University of Cape Town)工艺等，并且积极引进国外新工艺，如 OCO、OOC、AOR、AOE 等。对于脱氮除磷工艺，今后的发展要求不仅仅局限于较高的氮磷去除率，而且也要求处理效果稳定、可靠、工艺控制调节灵活、投资运行费用节省。现阶段，生物除磷脱氮工艺正是向着这一简洁、高效、经济的方向发展。

(2) 高效率、低投入、低运行成本、成熟可靠的污水处理工艺是今后污水处理厂的首选工艺

中国是一个发展中国家，经济发展水平相对落后，面对中国日益严重的环境污染，国家正加大力度来进行污水的治理，而解决城市污水污染的根本措施是建设以生物处理为主体工艺的二级城市污水处理厂。但是，建设大批二级城市污水处理厂需要大量的投资和高额运行费，这对中国来说是一个沉重的负担。现阶段中国的污水处理厂建设工作，因为资金的缺乏很难开展，部分已建成的污水处理厂由于运行费用高昂或者缺乏专业的运行管理人员等原因而一直不能正常运行，因此对高效率、低投入、低运行成本、成熟可靠的污水处理工艺的研究是今后的一个重点研究方向。

(3) 对适用于小城镇污水处理厂工艺的研究

发展小城镇是中国城市化过程的必由之路，是具有中国特色的城市化道路的战略性选择。如果只注重大中城市的污水处理工程的建设，而忽视数量多的小城镇的污水治理，则中国的污水治理也不能达到预定目标。对于小城镇的污水处理又面临着一系列的问题：小城镇污水的特点不同于大城市，小城镇资金短缺，运行管理人员缺乏等。因此，小城镇的污水处理工艺应该是基建投资低、运行成本低、运行管理相对容易、运行可靠性高的工艺。现阶段对适用于小城镇污水处理厂工艺的研究方向是：从现有工艺中比选出适合小城镇污水处理厂的工艺，同时开发出适用于小城镇污水处理厂的新工艺。

(4) 对产泥量少且污泥达到稳定的污水处理工艺的研究

污水处理厂所产生的污泥的处理也是中国污水处理事业中的一个重点和难点，2003 年中国城市污水厂的总污水处理量约为 95.9562×10^{8} t/a，城市平均污水含固率为 0.02%，则湿污泥产量为 965.562×10^{4} t/a，并且污泥的成分很复杂，含有多种有毒有害成分，如此产量大而且含有大量有毒有害物质的污泥如果不进行有效处理而排放到环境中去，则会给环境带来很大的破坏。现阶段中国污泥处理处置的现状不容乐观：中国已建成运行的城市污水处理厂，污泥经过浓缩、消化稳定和干化脱水处理的污水厂仅约占 25.68%，不具有污泥稳定处理工艺的污水厂约占 55.70%，不具有污泥干化脱水处理工艺的污水厂约占 48.65%。这说明中国 70%以上的污水厂中不具有完整的污泥处理工艺。

对此问题进行解决的一个有效办法是：污水处理厂采用产泥量少且污泥达到稳定的污水处理工艺。这样就可以在源头上减少污泥的产生量，或者可以得到已经稳定的剩余污泥，从而减轻了后续污泥处理的负担。现阶段，中国已有部分工艺可做到这一点，如生物接触氧化法工艺、BIOLAK(百乐克)工艺、水解-好氧工艺等，但是对产泥量少且污泥达到稳定的污水处理工艺的系统研究还没有开始。

随着污水处理事业的发展，已有多种污水处理工艺在中国污水处理厂中得到了应用，其

中以厌氧/好氧(anaerobic/oxic,A/O)、A^2/O及其衍生工艺、氧化沟、序列间歇式活性污泥法(sequencing batch reactor,SBR)及其变形工艺为主,其他工艺如生物吸附氧化法(adsorption biodegradation,AB)工艺、曝气生物滤池、水解-好氧工艺、生物接触氧化工艺、稳定塘、BIOLAK工艺、土地处理等污水处理工艺也有一定规模的应用。同时,随着中国《城镇污水处理厂污染物排放标准》(GB 18918—2002)的实施,以及中国污水处理事业所面临的问题(如污水处理厂建设运行费用高的问题、小城镇的水污染问题以及污泥处理问题),使得中国的污水处理工艺向着具有脱氮除磷功能、高效低耗、成熟可靠、适用于小城镇污水处理厂、污泥产量少且能使污泥达到稳定的方向发展。

1.1.4 水质检测技术快速可靠

随着科技的发展,特别是生物芯片技术的发展,水质高效快速检测技术将产生大的飞跃。

生物芯片用于水生物指标的快速测定:自来水检测用的DNA芯片,可在几秒钟之内检测出自来水中所含有害细菌和寄生虫类型。比目前传统技术的精确度高1000倍。其价格仅为现有检测方法的1/10,整个监测过程只需几分钟,甚至几秒钟。但是目前由于净化并消毒后的水中细菌含量很少,如何对水样进行处理将会提到议事日程上深入研究,使生物芯片技术尽早地在水质检测中得到应用。

扫描隧道显微镜的应用使纳米技术得到迅速的发展,使我们能够看到过去无法观测的原子、分子。因此,有效观测出水中多种重金属含量的新技术,将更准确、有效地检查出水污染的情况。

在常规的检测中,新的数字化测试仪器将得到普遍应用。可以同时检测多个水质项目的仪器也会迅速推广,其检测结果也将更为精确和快速。

连续检测技术的研究将按照迅速、可靠的方向发展,为水污染防治和水处理过程的自动控制技术的发展提供技术保证。

1.1.5 水厂和污水厂控制技术日益提高

随着计算机控制技术的发展,控制将更加可靠。新型水质在线仪表得到广泛应用。智能化的运转系统除了实现常规的优化运行外,单体构筑物运行、全系统运行处理还应具备自学习、自调整的存储、分析功能,在经过一段时间的运行后,系统运行处理不断积累、分析、总结"经验",求得对这一单体对象的最佳控制处理方案,从而使控制性能达到单体个性化的最佳运行,使整个系统的可靠性、经济性得到大幅度提高。当处理水质发生突变时,系统可以参照过去处理类似情况的操作取得效果的方法,对突发事件进行快速、准确地最佳化处理。

信息技术的发展同样推动水工业控制技术的进步,数字信息传输加密、防入侵技术的日趋成熟,将使我们有可能充分利用城市的宽带网,为城市供水系统的远距离检测、调度、控制,以及各类信息的传递,提供更为快速、简便、经济、安全、可靠的手段。

第2章 CHAPTER 2

水质工程学的基本理论

2.1 水溶液的基本性质

2.1.1 水合、配合与离子对

1. 水合效应

质子的周围牢固地附着了4个水分子，OH^-的周围也附着了3个水分子，这种现象称为水合效应。水中的离子型的和极性的溶质同样也出现类似的水合效应。一些溶质物种可能使水分子间的结构增强，而另一些物种则会对原有的水分子结构起破坏作用。为了说明这两种相反的作用，可以把水合作用想象成一个水合鞘(hydration envelope)的复杂构造。这个鞘分为两层。内层是一个溶质被水分子牢固附着的区，称为主水合区(primary hydration)，这一区形成了水结构的一个增强部分。这一区的外面被一个水结构破裂的区所包围。这两个区分别起增强或破坏水的结构的作用。增强区中占重要地位的溶质起增强水的结构的作用，而水的结构的破坏则是由于破裂区中占重要地位的溶质引起的。最内层水分子的附着力很强，甚至当溶质从水中结晶分离出来，仍然附着在溶质上，这种水便称为结晶水或结合水。溶质的水合水分子数值称为水合数。

溶质外面所包围的这一层水分子就像地球外部的大气，称为水化氛。由于水化氛存在的强度和稳定性，使溶于水中的两种不同电荷的离子，例如Na^+和Cl^-，可以在水中独立存在而不致重新结合起来。另一方面，溶解在水中的物质，它们的化学反应性增强了，这是由于水既起了媒介作用，也是无数反应中的催化剂。

2. 配位作用

由一个或数个中心的原子或离子(通常为金属)和围绕在外面并附着在中心物种上的一簇离子或分子所构成的化合物，称为配位化合物(coordination compound)、金属配合物，或简称配合物(complex)。配合物在溶液中，虽然可能有局部的离解现象，但往往保持原体不变。这些附着的离子或分子称为配位体。配合物可能是非离子型、阳离子型或阴离子型的，取决于中心离子和配位体的电荷代数和。配位体和中心物种之间以配位共价键结合，构成键的两个电子都来自配位体。因此，中心物种为电子受体，而配位体为电子给体。

附着在中心原子或离子的配位体总数称为配位数。配位数可以为2～9，配位体按配位数对称地布置在中心的周围。同一个中心物种在不同的配合物中，可能具有不同的配位数。

在水溶液中，水分子是溶解离子的最主要配位体。虽然把水合数与配位数等同起来未免过于简化，但离子的水作用和配位化学确实有着密切的关系。金属离子的水解是对它的配位体水分子中的质子进行置换，产生碱性物质的反应。在水解反应中，配位体 H_2O 逐个地被羟基所替换。

只有一个中心物种的配合物称为单核配合物，有几个中心物种的配合物则称多核配合物。单核的羟合铝(Ⅲ)配合物可以通过脱水缩合产生多核的羟合铝(Ⅲ)配合物。

Fe^{3+} 也同样会进行与 Al^{3+} 对应的类似配合反应。Al^{3+} 和 Fe^{3+} 的这种水解配合反应在水处理中有很重要的意义。

在 Al^{3+} 的水解过程中，水中的其他阴离子也会同样以配位体的形式竞争，参与配合反应。最常见的是 SO_4^{2-} 和 Cl^- 的配合竞争反应。

天然水中的各种阴离子同样可能以配位体的形式参与形成水中各种阳离子配合物的竞争。结成配合物的离子具有双重性质：第一，它们仍然属于溶于水中的溶质，计算在溶解度内；第二，由于它们已经是整个配合物的一个部分，已不再是自由离子，它们不再像那些仍然未结成配合物的离子，具有可以自由地参加有关反应的性质。这一点，对理解现代较精确的溶液性质很重要。因为一般化学分析所测得的是某一物种的总浓度，包括它在配合物中所占的部分。当精确计算需要"自由"物种的浓度时，应从总浓度中扣除这一物种在配合物中所占的那部分。广义说来，配合物可以定义为两个或多个的较简单物种缔合而成的一个物种，而这些简单物种又是能够独立存在的。按这个定义，酸可解释为"金属"H^+ 与另一个物种构成的配合物，这另一个物种一般为阴离子。

3. 离子对

当一个正离子与一个负离子互相靠近，靠静电吸力缔合在一起，其缔合程度虽不够形成化合物或配合物，但在水分子的碰撞下仍然缔合在一起的，则称为离子对。离子对表示如 $CaCO_3^0$、$CaHCO_3^+$、$CaSO_4^0$、$CaOH^+$、$MgCO_3^0$、$MgSO_4^0$ 等。为了区别 Ca^{2+} 和 CO_3^{2-} 所形成离子对与化合物 $CaCO_3$，在"$CaCO_3$"的右上角加"0"来表示离子对，写成 $CaCO_3^0$，名称为"碳酸合钙(Ⅱ)"，是按配合物的命名法定的。同样，$CaHCO_3^+$ 和 $CaOH^+$ 则表示 Ca^{2+} 分别与 HCO_3^-、OH^- 所形成的离子对，分别命名为"碳酸氢合钙(Ⅱ)离子"与"羟合钙(Ⅱ)离子"。

离子对可以大致区分成三种类型：①水合鞘接触型：当阳离子和阴离子成对时，如果它们的水合鞘大致保持原来的构型不变，离子间相接触的仍然是水合鞘，即属于这一类型。②水合鞘共有型：其特点是，当两个水合离子成对时，其中一个水合离子的缔合水受到了损失，但是两个离子间至少仍然有一个共用的水分子，并产生一个离子对的水合新构型。③离子接触型：当两个离子的主水合水大都失掉，特别是失掉位于两离子中心连接方向上的水合水时，两个离子就直接接触成为离子对，这就是这一类型的特点。

2.1.2 天然水中的溶解固体

天然水在地层中流动的过程中，其中所溶解的各种盐类离子的总浓度称为它的含盐量。水中全部阴、阳离子浓度的总和即为水的含盐量。含盐量往往与"总溶解固体(TDS)"和"总可滤性残渣"术语通用，但严格说来，它们的含义并不完全一致。

总溶解固体指水中全部溶质的总量,包括无机物和有机物的含量。在无机物中,除去溶解成离子状的成分外,还可能有呈分子状的无机物。由于天然水中所含的有机物以及呈分子状的无机物一般可以不考虑,所以通常也把含盐量称为总溶解固体。

总可滤性残渣是水分析的术语,是指水样经过滤后的滤液在某一温度(一般为103~105℃)下烘干所测得的固体浓度。这是测定水中总溶解固体的具体操作方法。从这个方法可以看出,总可滤性残渣的测定值与烘干的具体温度有密切的关系。例如,在103~105℃烘干温度下,一部分 HCO_3^- 离子可能由于失去 CO_2 而变成 CO_3^{2-} 离子,结晶水以及部分机械包裹水也会保留下来。这就说明,总可滤性残渣并不与总溶解固体的内涵一致,也是水分析书中不用总溶解固体一词的原因。当然可以看出,总可滤性残渣与含盐量的内涵也不一致。

在日常用语中,往往按含盐量的大小把水分成淡水、苦咸水和海水等,按所含钙、镁离子总量的多少把淡水分成软水和硬水。由这些资料可以看出,天然水中所含的主要阳离子为 Ca^{2+}、Mg^{2+} 和 Na^+ 3种(一般把 K^+ 的含量包括在 Na^+ 内),主要的阴离子则为 HCO_3^-、SO_4^{2+} 和 Cl^- 3种。

2.1.3 水的电导率和电阻率

水中的溶解离子是水能导电的原因。水的含盐量越大,导电性能越强,电阻越弱。反之,导电性能极弱,而电阻极大的水,必然是含盐量极低的水。因此,水的导电性能的大小也是其含盐量大小的一种反映。对于含盐量极低的水来说,水的纯度总是用其电导性能或电阻来表示,而不再用其含盐量浓度来表示,因为电导性能的测定方便得多。例如,普通蒸馏水含3~20mg/L的溶解固体,用重量分析方法测定就比较麻烦,对于浓度小于3mg/L的更纯的水,测定的问题就很明显了。

水的导电性能的测定原理和金属电线的导电性能测定一样。

一根电线的电阻大小与其长度和横断面面积都有关系。所以要在长度相同和横断面积相同的基础上,才能比较两根不同材料的电线电阻的大小。在比较水的电阻时,也要有一个标准,目前规定将断面1cm×1cm、长1cm体积的水所测得的电阻称为电阻率,单位为Ω·cm。

水的电阻和水的温度是有关系的,所以在测电阻率时水的温度也要记录下来,这样才好比较。在20℃时,纯水电阻率的极限值是 $2.5\times10^7\Omega\cdot cm$,即2500万Ω·cm。一般井水和河水的电阻率只有几百到1000Ω·cm。

电阻率的倒数叫做电导率,有的也用电导率来表示水的纯度,单位是 $\Omega^{-1}\cdot cm^{-1}$,即 $S\cdot cm^{-1}$。纯水的电导率都很小,为了避免写很多小数,所以用 $10^{-6}S\cdot cm^{-1}$ 作单位,为 $\mu m\cdot cm^{-1}$。例如电阻率2500万Ω·cm相当于电导率 $0.04\mu S\cdot cm^{-1}$。

应该指出,纯水可以说只是一种化学的概念,只涉及只有溶解的无机离子的纯天然水的纯度问题,所以电导率或电阻率就可以表示水的纯度。由于天然水中实际还有许多其他成分,对于使用纯水的工业来说,还必须对每种有危害的具体成分作出定量的规定,对这类的纯水,电导率或电阻率虽然也是水的纯度的一个主要指标,但却不能代替其他纯度指标项目的规定。

对一般水质来说,测定电导率仍然是快速的操作,由电导率来估算总溶解固体的公式显然是很有用的。根据美国农业部公布的资料,可以得出下列公式:

$$\lg TDS = 1.006\lg \kappa - 0.215 \tag{2-1}$$

式中 TDS——水的总溶解固体，mg/L；

κ——水的电导率，μS/cm。

式(2-1)适用范围为 TDS=50～5000mg/L。

2.1.4 水中阴、阳离子间的关系

水中溶解固体的分析资料是水质资料的主要组成部分。因此，应该首先对这些资料进行初步研究，以获得有关水质以及资料本身的整体概念。这包括两个方面：一是核算阴阳离子间的数量关系是否准确，二是研究阴阳离子间的可能组合关系。对阴阳离子间的数量关系的核算可以发现分析数据中可能存在的错误；研究阴阳离子间的组合关系可以得出水质的大致特点。这种对水质资料的整体研究一般按下面两条原则进行。

第一，全部阳离子所带的总正电荷必须与全部阴离子所带的总负电荷相等。

整个水溶液应该是电中性的，所以它里面阳离子所带的正电荷总量和阴离子所带的负电荷总量应该相等，但每种离子的当量数反映了它的带电量，因而得到下列关系：

$$\text{全部阳离子的 meq/L 总和} = \text{全部阴离子的 meq/L 总和} \tag{2-2}$$

由于分析误差的关系，一般的分析结果并不一定能满足式(2-2)的要求。根据数学的原理得出允许的误差应满足下列公式：

$$\left| \sum \text{阴离子} - \sum \text{阳离子} \right| < (0.1065 + 0.0155 \sum \text{阴离子}) \tag{2-3}$$

式中 $\sum$ 表示以 meq/L 为单位时求和。对于一般水质资料，式(2-3)可简化为下列公式：

$$\left| \sum \text{阴离子} - \sum \text{阳离子} \right| < 0.2\text{meq/L} \tag{2-4}$$

式(2-4)是以阴离子浓度等于 6meq/L 代入式(2-3)得出的。

第二，阳离子和阴离子间存在某种组合关系。

阳离子和阴离子在水里面本来是各自独立存在的，但在水处理中往往假定它们组合成一些化合物，称为假想化合物。这种假定有 3 个原因：①根据假想化合物的成分可以拟定水处理的方法，如对碳酸盐硬度和非碳酸盐硬度就可采用不同的去除方法；②水因温度升高而引起溶解物沉淀出来时，为了知道沉淀出什么成分来，就要分析阳离子和阴离子间的组合关系；③应用离子间的组合关系，可以按照假想化合物来写水处理的化学方程式，这样比较容易理解。

阳离子和阴离子间的组合规律大致是根据组合所形成的化合物的溶解度大小次序得出的，即离子优先组合出溶解度小的化合物。因此了解离子间组合关系，对于理解水处理的一些现象是有帮助的。当然这只能给出一个水质的粗略概念。

下面通过水中的 6 种主要离子的实例来阐明如何在阳离子与阴离子之间进行组合；同时说明，在进行离子间的组合以前，必须先核算正负电荷是否平衡。

例题 2-1 根据下面水质资料对这些阳离子和阴离子间应该怎样进行组合？

Ca^{2+}	72mg/L	HCO_3^-	158mg/L
Mg^{2+}	14.6mg/L	SO_4^{2-}	38mg/L
$Na^+ + K^+$	4.6mg/L（以 Na 表示）	Cl^-	57.6mg/L

解　先计算每种离子的浓度(meq/L)如下：

阳离子	浓度/(meq/L)	阴离子	浓度/(meq/L)
Ca^{2+}	72 ÷20＝3.6	HCO_3^-	158÷61＝2.6
Mg^{2+}	14.6÷12＝1.2	SO_4^{2-}	38÷48＝0.8
$Na^+ + K^+$	4.6÷23＝0.2	Cl^-	57.6÷35.5＝1.6
$\sum$	5.0		5.0

计算结果阳离子和阴离子各为 5.0meq/L，彼此相等，第一条基本关系得到了满足。

阳离子和阴离子间如何组合，最方便的办法是根据它们的数值用图解法来解，见图 2-1。

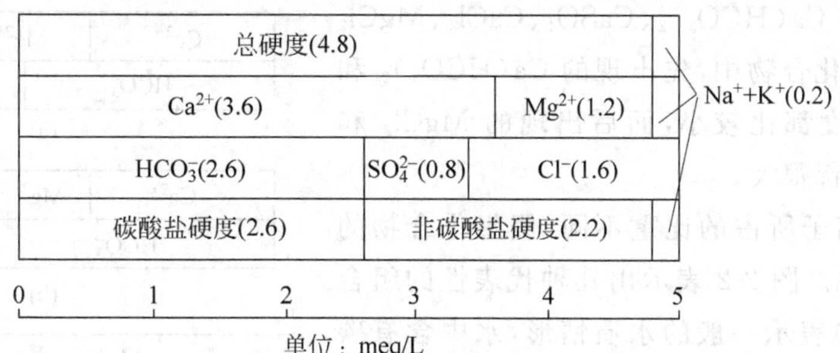

图 2-1　例题 2-1 中阳离子和阴离子的组合关系

图 2-1 中，对阳离子按 Ca^{2+}、Mg^{2+}、Na^+ 适当的比例尺画出它们的 meq/L 数值，对阴离子用同样的比例尺按 HCO_3^-、SO_4^{2-}、Cl^- 的顺序画出它们的 meq/L 数值，这样，阴阳离子间的组合关系就会自动地由图表示出来。

图 2-1 中画在 Ca^{2+} 下面，与它的浓度 3.6meq/L 相等的阴离子浓度共有 3 种，即 2.6meq/L HCO_3^-、0.8meq/L SO_4^{2-} 和 0.2meq/L Cl^-，这就得到了下列 3 种假想化合物：

$Ca(HCO_3)_2$	碳酸氢钙	2.6meq/L
$CaSO_4$	硫酸钙	0.8meq/L
$CaCl_2$	氯化钙	0.2meq/L

在剩余的阳离子中，画在 Mg^{2+} 和 $Na^+ + K^+$ 下面的只有一种阴离子 Cl^-，这就得到了下列两种假想化合物：

$MgCl_2$	氯化镁	1.2meq/L
NaCl＋ KCl	氯化钠及氯化钾	0.2meq/L

在上述 5 种假想化合物中，含 Ca^{2+} 和 Mg^{2+} 的化合物有 4 种，共 4.8meq/L，它们反映了总硬度的成分。在 4 种化合物中，与 HCO_3^- 组合得出的只有 $Ca(HCO_3)_2$，为 2.6meq/L。这种与 HCO_3^- 结合的 Ca^{2+} 或 Mg^{2+} 称为碳酸盐硬度，而与 SO_4^{2-} 和 Cl^- 组合的 Ca^{2+} 及 Mg^{2+} 则称为非碳酸盐硬度，这在上述 4 种化合物中包括了 $CaSO_4$、$CaCl_2$ 及 $MgCl_2$ 3 种，共计 2.2meq/L，如图 2-1 所示。

例题 2-1 应用了一条阳离子与阴离子组合成假想化合物的规律，介绍如下：

(1) 阳离子与阴离子的组合顺序为：Mn^{2+}、Fe^{2+}、Al^{3+}、Ca^{2+}、Mg^{2+}、NH_4^+、Na^+，最后为 K^+。在一般水质中，只有 Ca^{2+}、Mg^{2+} 及 $Na^+ + K^+$ 3 种主要离子的浓度才能在图上显示

出来，在这种情况下，Ca^{2+} 和阴离子首先组合，Ca^{2+} 组合完后，Mg^{2+} 才和剩余的阴离子组合，$Na^{+}+K^{+}$ 则与最后所余下的阴离子组合，如上例所示。

(2) 阴离子与阳离子的组合顺序为：PO_4^{3-}、HCO_3^-、CO_3^{2-}、OH^-、F^-、SO_4^{2-}、NO_3^-，最后为 Cl^-。在一般水质中只有 HCO_3^-、SO_4^{2-} 及 Cl^- 3 种主要离子的浓度才能在图上显示出来。从图 2-1 中也可以说明，只有在产生假想化合物 $Ca(HCO_3)_2$ 后，SO_4^{2-} 才和剩余的 Ca^{2+} 组合，只有在产生假想化合物 $CaSO_4$ 后，Cl^- 才与最后余下的 Ca^{2+} 组合，得到假想化合物 $CaCl_2$。

由阴阳离子组合成的假想化合物，这些化合物出现的顺序大致就是它们溶解度大小的顺序，溶解度小的化合物先组合出来，溶解度大的化合物则后组合出来。

在图 2-1 中 $Ca(HCO_3)_2$、$CaSO_4$、$CaCl_2$、$MgCl_2$ 和 NaCl 这几种化合物中，先出现的 $Ca(HCO_3)_2$ 和 $CaSO_4$，其溶解度都比较小，而后出现的 $MgCl_2$ 和 NaCl，其溶解度都很大。

水里各种离子所占的比重不同，假想化合物的成分也随着变化。图 2-2 表示出几种代表性的组合情况。图 2-2(a)表示一般的水质情形，水中含有碳酸盐硬度和非碳酸盐硬度。图 2-2(b)表示水里只含有碳酸盐硬度（非碳酸盐硬度很小时，也属于这一类）。图 2-2(c)表示水里 Na^+ 及 HCO_3^- 两种离子占的比重很大，这时 HCO_3^- 的数值大于 $Ca^{2+}+Mg^{2+}$ 的数值，水中出现了 $NaHCO_3$ 这种假想化合物，这种情形有时称为负硬度。图 2-2(d)表示 Na^+ 及 Cl^- 两种离子占的比重很大。图 2-2(e)表示一种低硬度、低含盐量的水质。图 2-2(b)、(c)、(d)及(e)都反映了特殊的水质，对软化和除盐的处理方法的选择都有影响。

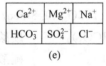

Ca^{2+}	Mg^{2+}	Na^+
HCO_3^-	SO_4^{2-}	Cl^-

(a)

Ca^{2+}	Mg^{2+}	Na^+
HCO_3^-	SO_4^{2-}	Cl^-

(b)

Ca^{2+}	Mg^{2+}	Na^+
HCO_3^-	SO_4^{2-}	Cl^-

(c)

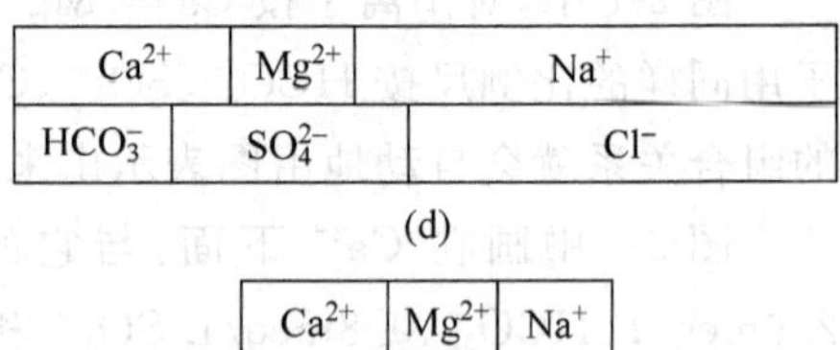

(d)

Ca^{2+}	Mg^{2+}	Na^+
HCO_3^-	SO_4^{2-}	Cl^-

(e)

图 2-2 水中阴、阳离子的各种组合情况

2.2 反应器与化学反应动力学的基本概念

2.2.1 物料衡算和质量传递

物料衡算方程实际只是从质量守恒原理直接得出来的一个关系，但在反应器有关的问题中得到了广泛应用。下面是它的推导。

如图 2-3 所示，如果从反应器中取出体积为 V、浓度为 C_A 的物料 A，对进、出、产生（或消失）和积累的 A 进行计算，就可得到物料 A 的衡算方程。容积 V 的大小和形状是根据具体条件定的，唯一的要求是在所取的容积 V 内，物料 A 在任何一点的浓度 C_A 都必须相等。显然，对完全混合反应器来说，可以取整个反应器的容积来建立物料衡算方程。

图 2-3 中表示，进、出容积 V 的流量都是 Q(L/s)，A 的进、出口浓度分别为 C_{A_i} 和 C_{A_o}(mg/L)。在 V 中，物料 A 由于化学反应（或其他作用）有一个产生（或消失）的速度 r_A

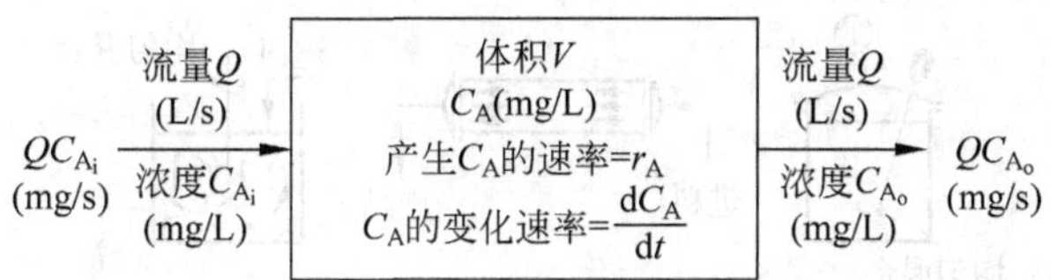

图 2-3　物料衡算示意图

(如果按一级反应来说，$r_A = dC_A/dt = kC_A$，k 为反应速率常数；r_A 根据 A 的产生或消失，即 C_A 的增加或减少分别取正值或负值)。这样就得出 A 的 3 个物料量：

$$\text{进 } V \text{ 的物料} = QC_{A_i}\ (\text{mg/s})$$

$$\text{从 } V \text{ 中流出的物料} = QC_{A_o}\ (\text{mg/s})$$

$$V \text{ 中产生的物料} = Qr_A\ (\text{mg/s})$$

因为每秒钟进到 V 中的物料加上在 V 中产生的物料不一定恰好等于每秒钟从 V 中流出的物料，这必然要引起每秒钟 V 中所含的物料总量的变化，反映为 V 内的 C_A 在每秒钟内有变化，这个变化表示为 dC_A/dt，因此得因进、出和产生三者不平衡所引起的物料累积或亏损量为

$$V\frac{dC_A}{dt}(\text{mg/s}) \tag{2-5}$$

这一数值应为前三项的代数和，即

$$V\frac{dC_A}{dt} = QC_{A_i} - QC_{A_o} + Vr_A \tag{2-6}$$

或者写成下列常用的形式：

$$\underset{\text{进}}{QC_{A_i}} + \underset{\text{产生}}{Vr_A} = \underset{\text{出}}{QC_{A_o}} + \underset{\text{累积}}{V\frac{dC_A}{dt}} \tag{2-7}$$

这就是物料衡算方程式。

应该注意的是，r_A 与 dC_A/dt 的量纲虽然完全是一样的，但具有完全不同的概念，这从上面的推导过程中可以看出来。

若浓度 C_A 保持恒定，则 dC_A/dt 值为零，物料衡算方程退化成下列形式：

$$QC_{A_i} + Vr_A = QC_{A_o} \tag{2-8}$$

这是稳态的物料衡算方程式。

2.2.2　理想反应器与非理想反应器

1. 理想反应器

理想反应器有间歇式搅拌反应器、完全混合反应器与活塞流反应器三种，如图 2-4 所示。

1）间歇式反应器

间歇式反应器或称分批式反应器，其中设有搅拌装置，物料一次加入反应器内，搅拌使其立即混合均匀，反应完成后，将全部物料卸出，再进行下一批的装料与反应。在任一瞬间整个反应器内的物料组成到处均匀，不随其空间位置而随时间不断变化：所有物料的反应

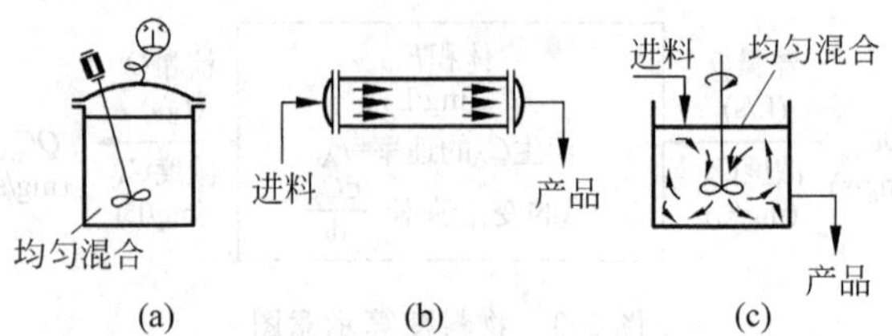

图 2-4　理想反应器

(a) 间歇式反应器；(b) 完全混合反应器；(c) 活塞流反应器

时间与停留时间一致，且完成液中反应转化率均匀。其基本计算公式可由动力学和物料衡算导出如下：

$$t = C_{A_0}\int_0^{x_A}\frac{dx_A}{r_A} = -\int_{C_{A_0}}^{C_A}\frac{dC_A}{r_A} \tag{2-9}$$

若为一级反应，因

$$-r_A = kC_A = kC_{A_0}(1-x_A)$$

则

$$t = -\ln(1-x_A)/k \tag{2-10}$$

式中，t 为反应时间；x_A 为转化率；C_A 和 C_{A_0} 分别为反应物 A 的瞬时和初始浓度；r_A 为反应速率；k 为反应速率常数。

2）活塞流反应器

活塞流反应器又称为理想置换反应器、理想排挤反应器、平推流反应器。在管式或长径比大的反应器中，流动的物料在流经截面上的流速分布是不均匀的，如层流流速为抛物线形分布，湍流流动时靠近壁面，边界层中的速度远远小于管中间部分；在湍流流动时径向和轴向都有一定程度的混合。假定活塞流流动在径向方向具有绝对均匀的流速分布，完全没有径向和轴向的混合，这种反应器中的物料在任一截面处的成分不随时间而变化，在截面上其性质如温度、浓度都是均匀的，但在流动方向的不同位置处，各种性质均随位置移动而变化。其设计计算公式为

$$\tau = \frac{V_R}{v} = C_{A_0}\int_0^{x_{Af}}\frac{dx_A}{-r_A} \tag{2-11}$$

式中 τ 为反应时间；V_R 为反应器体积；v 为物料的流率；x_A 和 x_{Af} 分别为反应物 A 的转化率和最终转化率。

3）完全混合反应器

完全混合反应器又称连续搅拌槽式反应器、理想混合反应器。这种反应器的加料、出料稳定，反应器内温度不随时间变化，反应器内各处浓度、温度相同，出口物料浓度等于反应器内物料浓度，但物料中各个微粒在反应器内的停留时间却不相同，形成一个时间分布。其设计计算式如下：

$$\tau = \frac{C_{A_0}-C_A}{-r_A} \tag{2-12}$$

理想反应器中的流动存在两个极端状态，即完全无返混与完全混合。实际反应器中的混合情况介于这两种之间，有些接近于无返混，有些接近于完全混合，因此它有两种主要作

用。①作为实际反应器改进的方向和参考标准；②理想反应器是简化了的模型，用数学描述其过程的模型简单明确。通过理想反应器模型的适当组合，可表现实际反应器的各种情况，亦即可用简单的理想反应器模型组合来描述复杂的实际反应器，这对反应器的开发、设计、放大具有重要意义。

2. 非理想反应器

1）一般概念

在连续流动的反应器中，推流式反应器(plug flow reactor，PFR)型和连续搅拌反应器(continuous stirred tank reactor，CSTR)型是两种极端的、假想的流型。虽然有些设备接近于上述两种理想流型，但实际生产设备总要偏离理想状态，即介于两种理想流型之间。在PFR反应器内，液流以相同流速平行流动，物料浓度在垂直于流动方向完全混合均匀，但沿流动方向绝无混合现象，物料浓度在纵向(即流动方向)形成浓度梯度。而在CSTR型反应器内，物料完全均匀混合，无论进口端还是出口端，浓度都相同。图2-5表示了两种理想反应器自进口端至出口端的浓度分布情况。

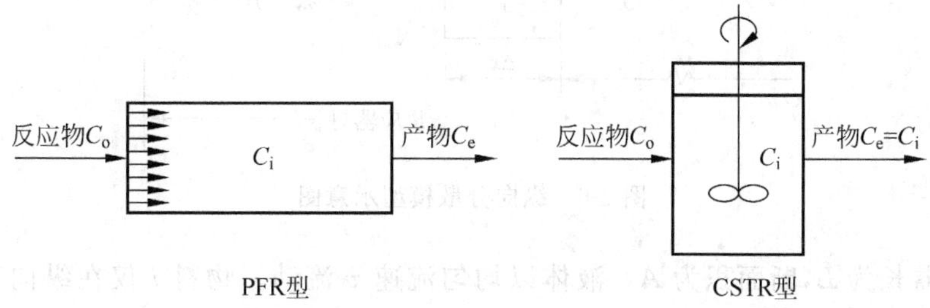

图2-5　PFR型和CSTR型反应器进口到出口浓度分布情况

由图2-5可知，PFR型在进口端是在高浓度C_o下进行反应，反应速率高，只是在出口端才在低浓度C_e下进行反应。而CSTR型始终在低浓度C_e下进行反应，故反应器始终处于低反应速率下操作，这就是CSTR型反应器生产能力低于PFR型的原因。在CMB(完全混合间歇式反应器)和CSTR反应器内的混合是两种不同的混合。前者是同时进入反应器又同时流出反应器的相同物料之间的混合，所有物料在反应器内停留时间相同；后者是在不同时间进入反应器，又在不同时间流出反应器的物料之间的混合，物料在反应器内停留时间各不相同，理论上，反应器内物料的停留时间由$0\to\infty$。这种停留时间不同的物料之间的混合，在化学反应工程上称为返混。显然，在PFR内，是不存在返混现象的。造成返混的原因，除了机械搅拌外，还有环流、对流、短流、流速不均匀、设备中存在死角以及物质扩散等。返混不但对反应过程造成不同程度的影响，更重要的是在反应器工程放大中将会产生很大偏差。

由于返混程度不同，将引起物料在反应器内停留时间分布不同。返混程度是衡量实际反应器偏离PFR型反应器的一种尺度。因而，可利用停留时间分布来判断设备的流型究竟是接近于PFR型还是CSTR型。

2）纵向分散模型

如上所述，实际反应器总是介于推流型和完全混合连续流型之间。纵向分散模型的基本设想就是在推流型基础上加上一个纵向(或称轴向)混合。而这种混合又设想为由一种扩散所引起，其中既包括分子扩散、紊流扩散，又包括短流、环流、流速不均匀等。很显然，这种扩散实际上是一种综合的、虚拟的扩散。只要这种模型与实际所研究的对象基本等效，就不必去深究扩散机理及其他细节，用类似分子扩散并以纵向分散系数 D_l 来代替扩散系数，按 Fick 定律：

$$J_l = D_l \frac{dC_i}{dz} \tag{2-13}$$

式中，J_l 为纵向分散通量；D_l 为纵向分散系数；C_i 为反应器内物料浓度。该模型的另一个假设是：在垂直液流方向上的任一断面处，物料浓度是完全均匀的，而沿液流方向，物料浓度是变化的。图 2-6 为纵向分散模型示意图。它与 PFR 型类似，只是在物料迁移中除主流外，多了一项纵向分散量。

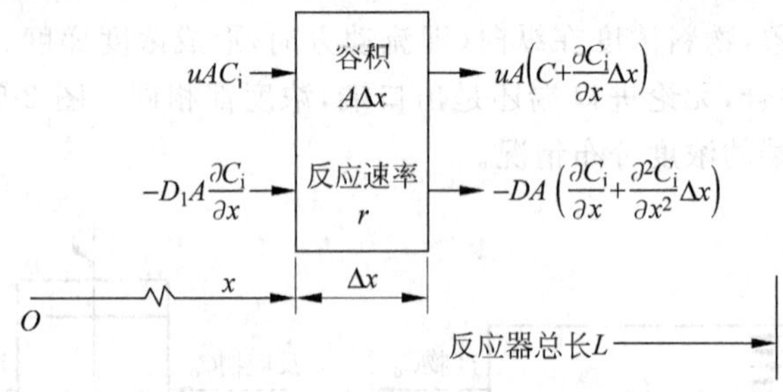

图 2-6 纵向分散模型示意图

设反应器长为 L，断面积为 A。液体以均匀流速 v 流动。物料 i 仅在纵向存在浓度梯度，在垂直液流方向上完全均匀混合。在图中取出一个微元长度 Δx，列出微元体物料恒算式：

单位时间物料输入量：$v \cdot A \cdot C_i + A\left(-D_l \frac{\partial C_i}{\partial x}\right)$

单位时间物料输出量：$v \cdot A\left(C_i + \frac{\partial C_i}{\partial x} \cdot \Delta x\right) + A \cdot \left[-D_l \frac{\partial}{\partial x}\left(C_i + \frac{\partial C_i}{\partial x} \cdot \Delta x\right)\right]$

单位时间反应量：$A \cdot \Delta x \cdot r(C_i)$

单位时间微元体内物料变化量：$A \cdot \Delta x \cdot \frac{\partial C_i}{\partial t}$

将上列各项代入物料恒算式并经整理可得：

$$\frac{\partial C_i}{\partial t} = D_l \frac{\partial^2 C_i}{\partial x^2} - v\frac{\partial C_i}{\partial x} + r(C_i) \tag{2-14}$$

在稳定状态下 $\frac{\partial C_i}{\partial t} = 0$，上式变为

$$v\frac{\partial C_i}{\partial x} = D_l \frac{\partial^2 C_i}{\partial x^2} + r(C_i) \tag{2-15}$$

如果通过停留时间分布实验并进行数学分析求得 D，在反应动力学方程 $r(C_i)$ 已知情况下，式(2-14)或式(2-15)即可求解。由此可知，如果不存在纵向分散，即 $D_l = 0$，就得到理想 PFR 型反应器的数学式。当 $D_l \to \infty$ 时，$\frac{\partial C_i}{\partial t} \to 0$，即不存在浓度梯度，反应器就接近于 CSTR 型。因此，纵向分散模型介于 CSTR 型和 PFR 型之间。在水处理中，平流式沉淀池、氯消毒

池、生物滤池、冷却塔等，均可应用纵向分散模型来进行分析研究。

2.3 水微生物学基础知识

2.3.1 微生物生态

水体是人类赖以生存的重要环境。地球表面有71%为海洋，储存了地球上97%的水。其余2%的水储于冰川与两极，0.009%存于湖泊中，0.000 09%存于河流，还有少量存于地下。凡有水的地方都会有微生物存在。水体微生物主要来自土壤、空气、动植物残体及分泌排泄物、工业生产废物废水及市政生活污水等。许多土壤微生物在水体中也可见到。水中溶有或悬浮着各种无机和有机物质，可供微生物生命活动之需。但由于各水体中所含的有机物和无机物种类和数量以及酸碱度、渗透压、温度等的差异，各水域中发育的微生物种类和数量各不相同。

根据水体微生物的生态特点，可将水域中的微生物分为两类。一是清水型水生微生物，主要是那些能生长于含有机物质不丰富的清水中的化能自养型或光能自养型微生物。如硫细菌、铁细菌、衣细菌等，还有蓝细菌、绿硫细菌、紫细菌等，它们仅从水域中获取无机物质或少量有机物质作为营养。清水型微生物发育量一般不大。二是腐生型水生微生物，腐败的有机残体、动物和人类排泄物，生活污水和工业有机废物废水大量进入水体，随着这些废物废水进入水体的微生物利用这些有机废物废水作为营养而大量发育繁殖，引起水质腐败。随着有机物质被矿化为无机态后，水被净化变清。这类微生物以不生芽孢和革兰氏阴性杆菌为多，如变形杆菌、大肠杆菌、产气杆菌、产碱杆菌以及芽孢杆菌、弧菌和螺菌等，原生动物有纤毛虫类、鞭毛虫类和根足虫类。水域也常成为人类和动植物病原微生物的重要传播途径。

各类水体中的微生物种类、数量和分布特征很不一样。大气水和雨雪中仅为空气尘埃所携带的微生物所污染，一般微生物数量不高，尤其在长时间降雨过程的后期，菌数较少甚至可达无菌状态。高山积雪中也很少，种类主要有各种球菌、杆菌和放线菌、真菌的孢子。在流动的江河流水中微生物区系的特点与流经接触的土壤和是否流经城市密切相关。土壤中的微生物随雨水冲刷、灌水排放和随刮风等进入河水，或悬浮于水中，或附着于水中有机物上，或沉积于江河淤泥中。河流经城市时可由于大量的城市污水废物进入河流而有大量的微生物进入河水，因此城市下游河水中的微生物无论在数量上还是在种类上都要比上游河水中的丰富得多。河水中藻类、细菌和原生动物等都存在。池塘水一般由于靠近村舍，有机物进入量较丰富，且受人畜粪便污染，因此往往有大量腐生性细菌、藻类、原生动物生存和繁殖。在水体表层常有好氧性细菌生长和单细胞或丝状藻类繁殖，而在下层和底泥层则常有厌氧性或兼性厌氧性细菌分布。湖泊中的微生物分布与池塘中的相类似。但在大型湖泊中，由于水体的不流动性和污染物分布的不均匀性，微生物的分布在各部分水体中存在差异。一般来说，沿岸水域中的微生物要比湖泊中心水域中的微生物丰富得多，其活性也高。地下水一般无有机物污染而很少有甚至无微生物生长繁殖。

海水是地球上最大的水体，但由于海水具有含盐高、温度低、有机物含量少、在深处有很大的静压力等特点，因此海水微生物区系与其他水体中的很不一样。只有能适应这种特殊生态环境的微生物才能生存和繁殖，包括嗜盐或耐盐的革兰氏阴性细菌、弧菌、光合细菌、鞘细菌等。这些微生物的嗜盐浓度范围不大，以海水中盐浓度为最佳，少数可在淡水中生长，但不能在高盐浓度(如30%)生长。最适生长温度也低于其他生境中的微生物，一般为12～25℃，超过30℃就难以生长。许多深海细菌是耐压的。最适生长pH在7.2～7.6之间。海水中微生物的分布以近海岸和海底污泥表层为最多，海洋中心部位水体中数量较少。从垂直分布来看，10～50m深处为光合作用带，浮游藻类生长旺盛，也带动了腐生细菌的繁殖，再往下数量则大为减少。

2.3.2 污染物结构与微生物代谢动力学

1. 污染物组成

水体的污染一般为无机物污染、有机物污染和病原微生物污染。

无机物污染主要包括酸、碱及无机盐污染；氮、磷的污染；硫酸盐与硫化物污染；氯化物污染；重金属(如汞、镉、铬、铅等)污染。

1) 酸、碱及无机盐污染

工业废水排放的酸、碱，以及降雨淋洗受污染空气中的SO_2、NO_x所产生的酸雨，都会使水体受到酸、碱污染。酸、碱送入水体后，互相中和产生无机盐类。同时又会与水体存在的地表矿物质如石灰石、白云石、硅石以及游离二氧化碳发生中和反应，产生无机盐类。因此水体的酸、碱污染往往伴随无机盐污染。

酸、碱污染可能使水体的pH值发生变化，微生物生长受到抑制，水体的自净能力受到影响。无机盐污染使水体硬度增加。如作为给水水源，水味涩口，甚至引起腹泻，危害人体健康。

2) 氮、磷的污染

氮、磷属于植物营养物质，随污水排入水体后，会产生一系列的转化过程。

(1) 含氮化合物的转化

含氮化合物在水体中的转化可分为两个阶段：第一阶段为含氮有机物如蛋白质、多肽、氨基酸和尿素转化为无机氨氮，称为氮化过程；在第二阶段氨氮转化为亚硝酸盐与硝酸盐，称为硝化过程。两阶段转化反应都在微生物作用下完成。

(2) 含磷化合物的转化

水体中的磷可分为有机磷与无机磷两大类。

有机磷多以葡萄糖-6-磷酸、2-磷酸-甘油酸及磷肌酸等形式存在，大多呈胶体和颗粒状。可溶性有机磷只占30%左右。

无机磷几乎都是以可溶性磷酸盐形式存在，包括正磷酸盐(磷酸根)PO_4^{3-}、偏磷酸盐PO_3^-、磷酸氢盐HPO_4^{2-}、磷酸二氢盐$H_2PO_4^-$以及聚合磷酸盐如焦磷酸盐$P_2O_7^{4-}$、三磷酸盐$P_3O_{10}^{5-}$等。

水体中的可溶性磷很容易与Ca^{2+}、Fe^{3+}、Al^{3+}等离子产生沉淀物沉积于水体底部成为底泥。沉积物中的磷，通过水流的湍流扩散再度稀释到上层水体中，或者当沉积物中可溶性磷大大超过水体中的磷的浓度时，则可能重新释放到水体中。

(3) 水体富营养化

富营养化是湖泊分类和演化的一种概念，是湖泊水体老化的自然现象。湖泊由贫营养湖演变成富营养湖，进而发展成沼泽地和旱地，在自然条件下，这一历程需几万年至几十万年。但如受氮、磷等植物营养性物质污染后，可以使富营养化进程大大加速。这种演变同样可发生在近海、水库甚至水流速度较缓慢的江河。由于水体受到氮、磷等植物营养物质的污染，使夜光藻、蓝藻类铜锈囊藻及有毒裸甲藻疯长。呈胶质状藻类覆盖水面，色呈暗红，故称“赤潮”(或称“水华”)，隔绝水面与大气之间的复氧，加上藻类自身死亡与腐化，消耗溶解氧，使水体溶解氧迅速降低。藻类堵塞鱼鳃造成缺氧，造成鱼类窒息死亡。死亡的藻类与鱼类不断沉积于水体底部，逐渐淤积，最终导致水体演变成沼泽甚至旱地。

一般认为，总磷与无机氮浓度分别达到 0.02mg/L 与 0.3mg/L 的水体标志着已处于富营养化状态。也有人认为，水体营养物质的负荷量达到临界负荷量：总磷为 0.2～0.5mg/(L·a)，总氮为 5～10mg/(L·a)，即标志着水体已处于富营养化状态。

3) 硫酸盐与硫化物污染

水体中的硫酸盐以 SO_4^{2-} 浓度表示。饮用水中含少量硫酸盐对人体无甚影响，但超过 250mg/L 后，会引起腹泻。如果水体缺氧，则 SO_4^{2-} 在反硫化菌的作用下产生反硫化反应，生成 H_2S 和 S^{2-}。

当水体 pH 值较低时，主要以 H_2S 形式存在；当 pH 值较高时，主要以 S^{2-} 形式存在。H_2S 浓度达 0.5mg/L 时即有异臭。硫化物会使水色变黑。

4) 氯化物污染

水体受氯化物污染后，无机盐含量往往也较高，水味变咸，对金属管道与设备有腐蚀作用，且不宜作为灌溉用水。

5) 重金属污染

水体受重金属污染后，产生的毒性有如下特点：①水体中重金属离子浓度在 0.01～10mg/L 之间，即可产生毒性效应；②重金属不能被微生物降解，反而可在微生物的作用下，转化为有机化合物，使毒性猛增；③水生生物从水体中摄取重金属并在体内大量积累，经过食物链进入人体，甚至通过遗传或母乳传给婴儿；④重金属进入人体后，能与体内的蛋白质及酶等发生化学反应而使其失去活性，并可能在体内某些器官中积累，造成慢性中毒，这种积累的危害，有时需 10～30 年才显露出来。锌、铜、钴、镍、锡等重金属离子，对人体也有一定的毒害作用。

有机物污染包括油脂类污染、酚污染及表面活性剂污染。

水体受油脂类物质污染后，会呈现出五颜六色，感官性状极差。油脂浓度高时，水面上结成油膜，当膜厚达到 10^{-4}cm 时，能隔绝水面与大气接触，水面复氧停止，影响水生生物的生长与繁殖。油脂还会堵塞鱼鳃，造成窒息。当水体石油浓度为 0.01～0.1mg/L 时，对水生生物形成致死毒性。

酚污染主要是挥发酚，对水生生物(鱼类、贝类及海带等)有较大毒性。当水体含挥发酚浓度达到 1.0～2.0mg/L，使鱼类中毒；浓度为 0.1～0.2mg/L 时，鱼肉有酚殊，不宜食用。浓度超过 0.002mg/L 的水体，若作为饮用水源，加氯消毒时，氯与酚结合成氯酚，产生臭味。酚浓度超过 5mg/L 的水体，若灌溉农田，会导致作物减产甚至枯死。

污水会带给水体大量有机物，造成细菌存活的环境，同时带入大量病原菌、寄生虫卵和病毒等。病原菌污染的特点是数量多，分布广，存活时间长，繁殖速度快，随水流传播疾病。由于卫生保健事业的发展，传染病虽已得到有效控制，但对人类的潜在威胁仍然存在，必须高度重视病原菌的污染。特别是在传染病流行的时期。

2. 微生物代谢动力学

研究表明，微生物主要以生长代谢和共代谢方式降解有机污染物。生长代谢是指微生物将有机污染物作为碳源和能源物质加以分解和利用的代谢过程。一些难降解的有机物，通过微生物的作用能改变化学结构，但不能被用作碳源和能源，微生物必须从其他底物获取大部分或全部的碳源和能源，这样的代谢过程称为共代谢。

协调好生长基质、诱导基质和目标污染物三者的比例关系，才能达到较高的难降解物质共代谢率。

微生物代谢动力学的发展经历了从简单的拟合实验数据，到采用经典微生物生长动力学模型，直至现在的根据生物处理自身的特性进行过程分析和辨识的过程。

传统静态模型以 20 世纪 50～70 年代推出的 Eckenfelder、Mckinney、Lawrence-McCarty 模型为代表，这些模型所采用的是生长-衰减机理。

传统静态模型因具有形式简单，变量可直接测定，动力学参数测定和方程求解较方便，得出的稳态结果基本满足工艺设计要求等优点，曾得到广泛应用。然而，长期实际应用经验也表明，这种基于平衡态的模型丢失了大量不同平衡生长状态间的瞬变过程信息，忽视了一些重要的动态现象，应用到具有典型时变特性的活性污泥工艺系统中，带来许多问题：无法解释有机物的“快速去除”现象；不能很好地预测基质浓度增大时微生物增长速度变化的滞后，因而无法精确模拟氧利用的动态变化；得出的出水基质浓度与进水浓度无关的结论与实际情况不符。只注重稳态特性的研究方法是造成传统模型局限性的重要原因，要突破这种局限，就必须建立动态模型。其中代表模型有 Andrews 模型、IWA 模型等。

2.4 水质参数和在线检测技术

2.4.1 浊度、悬浮物浓度与悬浮微粒浓度

1. 浊度

浊度也称浑浊度。从字面上讲，它指水的浑浊程度。从技术的意义讲，浊度是用来反映水中悬浮物含量的一个水质替代参数。水中主要的悬浮物，一般也就是泥土。浊度这一概念反映水中悬浮物浓度，同时又是人的感官对水质的最直接的评价，这两个特点，使浊度成为一个很重要的水质替代参数。水的浊度与水中悬浮物的浓度间究竟存在什么具体关系？回顾一下浊度标准的制定以及浊度测定仪器的大致发展过程，就能够很好地回答这个问题。

浊度标准的制定和浊度测定仪器的研制虽然是两个问题，但它们是密切相关的，是相互促进发展的。

浊度在 1901 年出现，以 1L 蒸馏水中含有 1mg 二氧化硅作为标准浊度的单位，表示为 1ppm。Jackson 可能是对配制浊度标准溶液进行过最多研究的人。他认为用硅藻土配制的标准浊度液比用高岭土配制的重现性好。他先将硅藻土经过一定的处理后，再研成细末，将 1L 蒸馏水中含有 1000mg 的硅藻土末作为标准浊度储备液。因为硅藻土的主要成分是二氧化硅，这种浊度标准便称为二氧化硅标准，这一概念一直沿用到现在。这样，储备液的浊度应表示 1000ppm 二氧化硅标准。较低的浊度则用蒸馏水稀释配制。

美国地质调查局进一步制定了浊度棒的刻度标准，一般称1902年浊度棒。浊度棒是早期发展的一种浊度仪，便于野外应用，杨树浦水厂曾用它来测沉淀池中水的浊度。浊度棒的一端在垂直棒的方向上装有一根光亮的直径为1mm、长为25mm的白金丝，在棒的另一端距白金丝1.2m处有一个圈，作为眼睛的观察位置。测定时将棒垂直浸入水中，直至看不见白金丝为止。位于水面处的刻度即为水的浊度。测定最好在不受阳光直射的自然条件下进行。浊度的单位同时也就结合1902年浊度棒的刻度定义为：当水中含有的二氧化硅浓度为100ppm，同时二氧化硅颗粒的细度恰好使从白金丝中心到水面的距离为100mm时，在1.2m处看不见白金丝，这种水的浊度定义为100ppm二氧化硅标准。

低于100ppm二氧化硅标准的浊度直接用这种水稀释得出。高于100ppm的标准，则根据水样稀释到在浊度棒读数为100ppm时，仍然符合上述浊度定义所需的蒸馏水量求出。这样就保持每1ppm浊度所含的二氧化硅粒度一致。根据这样的过程，美国地质调查局在浊度棒上定出包括100ppm浊度在内的52个浊度刻度，最低7ppm，刻度距白金丝中心95mm，最大3000ppm，刻度距白金丝中心12.1mm。

1902年浊度棒虽然是一种很简陋的仪器，但现代的浊度标准可以说仍然源于它。Jackson烛光浊度仪就是明显的说明。

Jackson烛光浊度仪大约是和1902年浊度棒同时出现的，但它一直沿用到现在，并且作为标定浊度的标准设备。这个仪器包括一根带有浊度刻度的玻璃管，一个测定支架，一支标准蜡烛。测定时，支架上部放入玻璃管，支架下部点燃蜡烛，在玻璃管中调节倒入的水样量，直至恰好看不清火焰时为止，从玻璃管水面处的刻度即读出刻度。

Jackson浊度计的玻璃管刻度其实也是按1902年浊度棒的浊度标准来标定的。最早的刻度范围为100～1000ppm，后来把最低浊度降低到25ppm。25ppm浊度的水深为72.9cm，100ppm浊度的水深为2.3cm。

现在虽然已很少直接用Jackson浊度计来测浊度了，但是它是标定浊度的基本仪器。美国的水标准检验方法中，虽然改用漂白土、高岭土或天然水中的悬浮物配制标准浊度，但都用Jackson浊度计作为标定的仪器，单位仍然表示为ppm二氧化硅标准，20世纪50年代起把ppm改为mg/L，因为mg/L是较合理的浓度表示法。

大约从20世纪60年代开始，对浊度单位有了正确的理解，认识到只有当年具体用来标定1902年浊度棒刻度的水(也间接相当于标定Jackson浊度仪刻度所用的水)，才存在1ppm浊度恰好相当于1ppm(1mg/L)的二氧化硅质量浓度这一特定关系。由于这一特定关系已不复存在，用ppm作为浊度的单位是不合理的，因而将原来的ppm直接改称TU(度)，当强调是用Jackson浊度仪测定二氧化硅标准时，则称为“JTU(Jackson度)，二氧化硅标(silica scale)”。

光电浊度计的研制对浊度有更深刻的认识，光电浊度计运用了光的散射理论。当光束碰在水中微粒表面上时，由于光的反射和衍射效应，在微粒的任何一个方向都产生一定的光强度，这种光称为散射光。散射光也包括沿光束直线方向的前进散射和后向散射。每个颗粒的散射光之间也是互相影响的。

光电浊度计的原理如图2-7所示。光源的入射强度为P_0，通过水样槽中的水样后，在水中颗粒浓度为C的微粒作用下，沿光束方向上的强度减弱为P_t，并在垂直光束的方向产生强度为P_s的散射光。P_t是透射光与前进散射光强度之和。

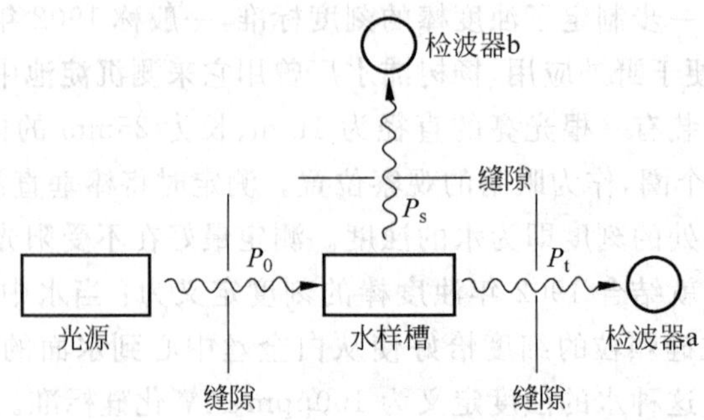

图 2-7 浊度计测定原理图

散射光的强度受颗粒物的数量、大小、形状、表面构造以及颜色等参数(还包括水的折射指数)的影响。在其他因素不变的条件下，颗粒的数量越多、越细，则散射光 P_s 越强，P_t 则越弱。在颗粒的大小、形状、表面构造和颜色固定条件下，颗粒物浓度 C 与 P_0、P_t、P_s 之间存在下列关系：

$$\lg \frac{P_0}{P_t} = Kbc \tag{2-16}$$

$$\frac{P_s}{P_0} = kbc \tag{2-17}$$

式中 b——光程(光通过水的长度)；

K、k——常数。

按照式(2-16)原理设计的浊度计属于透射式浊度计(turbidimeter)，按照式(2-17)原理设计的浊度计属于散射式浊度计(nephelometer)。应该指出，常数 K 和 k 既把悬粒的大小、形状、表面构造和颜色这些因素包括在内，也把浊度计的构造设计因素，例如光源的波长、光程的影响包括在内。

Jackson 浊度计实际是一种透射式的浊度计，只是以人目代替电监测器，属于目视比浊计的另一类型。人目不能分辨极弱的光强度差别，使目视浊度计的应用受到限制。

低浊度的测量是给水处理的一个重要问题。散射浊度计更适于低浊度的测量，因为当浊度很低时，很难测量透射光的变化。散射浊度计的标准浊度由福尔马肼(formazin)配成，福尔马肼是一种聚合物。福尔马肼浊度储备由硫酸肼溶液(100mL 中含 1.000g 硫酸肼)和六次甲基四胺溶液(100mL 中含 10.00g 六次甲基四胺)各 5.0mL 混合稀释为 100mL 溶液配制而成。这样配成的溶液，其浊度定为 400NTU(散射浊度单位)，相当于 1mL 溶液中含有 4NTU 福尔马肼聚合物。因此，用无浊水把 10mL 储备液稀释成 100mL，则得 40NTU 的浊度标准液。由于散射浊度标准都是用福尔马肼配制的，1NTU 也称 1FTU(formazin 度)，F 代表 formazin。

由福尔马肼所配制的浊度标准，它的散射重现性虽然比用其他天然颗粒物(如硅藻土或天然水中的悬浮物)所配制的标准优越得多，但这种聚合物本身并不是颗粒物，而是呈一种网状结构，它的大小以及形状并不固定，因此说不上重现性。

1NTU 约相当于 1JTU。中国浊度单位"度"可以解释为相当于 NTU 或 JTU。

由散射浊度仪的讨论可知，用福尔马肼所定义的浊度单位，与水中形成浊度的悬浮物类型(主要为泥砂)和质量浓度之间不存在任何关系。NTU 与 JTU 之间也无直接关系。追求两者间的关系，在理论上是做不到的，在实践中也是无意义的。

现代的散射浊度计虽然可以分辨出 0.001NTU 来，但两台设计不同的浊度计，即使是用同样的溶液标定的，对于同一种水样，所测得的浊度仍然可能是有差别的。这是因为前面指出的浊度计的具体设计是影响浊度测定的另一个因素。

2. 悬浮物浓度与悬浮微粒浓度

水中的悬浮固体质量浓度与水的浊度间不存在规律性的定量关系，因为对悬浮固体含量低的水来说，应该以悬浮微粒的浓度代替浊度，作为水质的悬浮固体含量参数。

1）悬浮固体浓度与浊度

由 2.4.1 节内容可知，浊度的测定值不仅与水中悬浮微粒的浓度，微粒的大小、形状、颜色和表面特性等因素有关（还包括水本身的折射指数），同时也受到浊度计的具体设计参数的影响。因此，浊度只是通过某一具体型号的浊度计所获得的，水中悬浮微粒物对光所产生的各种影响的一个综合性的光学性质度量。只有当微粒的大小、形状、颜色和表面特性等影响因素完全一致的时候，水中微粒浓度与水中微粒的光学特性度量，即水的浊度间，才可能存在一个固定的定量关系，但天然水中的悬浮微粒成分，即使是在同一条河水内，也是瞬息变化的，这说明在微粒质量浓度与浊度间，不会存在任何规律性的定量关系。

2）悬浮微粒浓度与浊度

对悬浮固体含量低的水来说，水的微粒浓度是一个比浊度更好的水质参数。特别是在研究工作中，已经广泛地用测定微粒浓度来代替浊度这个传统参数。用微粒计数分析仪器可以直接得出微粒的分布数据，观测的最小粒径一般为 1～2.5μm。

2.4.2 有机物的水质替代参数

水中有机物成分极其复杂，定性和定量的测定都很困难。现将有关有机物的水质替代参数介绍如下。

1. TOC、BOD 与 COD

有机化合物都是含碳的化合物，所以测出水中的总有机碳（total organic carbon，TOC）含量也就能代表水中有机化合物含量。TOC 是测定水中有机化合物含量的快速方法。

TOC 还可以进一步分成非吹除性的（non-purgeable）与吹除性的（purgeable）两类，分别用英语缩写词 NPTOC 与 PTOC 表示。水样经过纯 N_2 气吹脱（大致相当于把能挥发的有机物去除掉）后所测得有 TOC 称为 NPTOC。NPTOC 与未经 N_2 吹脱的 TOC 之差为 PTOC，大致相当于代表挥发性有机物的含量。

生化需氧量或生化耗氧量（biochemical oxygen demand，BOD），是水中有机物在生物化学需氧氧化过程中（即需氧细菌生长的过程中）所必须吸取的氧量。标准试验的温度为 20℃，时间为 5d，称 5 日生化需氧量（BOD_5）。BOD_5 以 O_2 浓度（mg/L）间接代表了水中可生物降解的含碳有机物浓度。

化学需氧量或化学耗氧量（chemical oxygen demand，COD），是企图把通过氧化剂（标准试剂为浓硫酸与重铬酸钾的沸腾混合物）在短时间（2h 以内）内对有机物的氧化作用所需的氧量，用来代表有机物的含量。由于下列原因，COD 值一般高于 BOD 值：①无机物的氧化；②耐生物降解有机物的氧化。

2. 三卤甲烷

水中的三卤甲烷(THM)含量是20世纪70年代中期以来给水工作者关心的一个问题。THM是水中的有机物在加氯消毒过程中产生的，在天然水中并不存在。能和Cl_2反应产生THM的物质称为THM的前体(precursor，也译为先质)。天然水中THM的前体主要是腐殖THM，指4种化合物：氯仿($CHCl_3$)、溴二氯甲烷($CHBrCl_2$)、二溴氯甲烷($CHBr_2Cl$)和溴仿。成分含量的数量级为$\mu g/L$。有关的替代参数有4个：

TT′HM，三卤甲烷总量，即4种成分浓度的总和。

INST THM，三卤甲烷瞬时值，即取水样时所测得的TTHM值。

TERM THM，三卤甲烷终值，即在对水样pH和水温加以控制的条件下，投加过量的Cl_2(保证7d后仍有余氯)，经7d反应后所测得的TT′HM值。

THMFP，三卤甲烷生成势(formation potential)，由下式求得：

$$\mathrm{THMFP} = \mathrm{TERM\ THM} - \mathrm{INST\ THM}$$

3. UV吸光度

据报道，波长254nm的紫外线吸光度是NPTOC和TTHMFP的一个良好替代参数。UV吸光度可以用来估计原水中的NPTOC和TTHMFP(THM的前体)浓度，监控中试厂以及生产厂的运行，预测NPTOC和TTHMFP的去除率。出厂水的瞬时TTHM可以通过原水的UV、温度以及出厂水的pH与总耗氯量间的多重相关来预测。UV的测定迅速，简易而费用低，因此体现了替代参数的优点。

4. 叶绿素

当湖水或水库水由于富营养化(主要由于废水排入的过量磷所引起)而出现大量的浮游性藻类时，这种水会产生不愉快的臭、味，缩短滤池过滤的周期(见第6章)，增加需氯量(见第7章)，有时还会增加THM的前体含量。因此浮游性藻类的浓度也是这类原水的一个水质参数。用于测定藻类浓度的标准方法是在显微镜下对藻类进行计数。这个方法比较费时、麻烦，而且也存在一些固有缺点。叶绿素是藻类的特征性色素之一，叶绿素a在一切藻类中约占有机物干重的1%～2%，是估算藻类浓度的一个很好指标。

2.4.3 饮用水水质与健康

1. 臭和味

人类评价饮用水质量的最早参数仅限于感官性的；包括由视觉、嗅觉和味觉所感受的浊度、颜色、肉眼可见异物、臭和味等几个参数。水的臭和味是由于水中所含的某些物质产生的，一般虽然只限于直接影响水可饮性，但是产生臭和味的某些合成化合物，本身可能就是对人体健康有害的物质。

水中某些无机离子和溶解总固体的浓度较高时，就会产生异味，影响水的可饮性。水中溶解的无机气体会产生臭，最讨厌的就是硫化氢。表2-1列出水中溶解性总固体(TDS)的浓度可饮性分级资料，这个分级是通过品水小组得出的，它与一般饮用水的评级基本一致。水中的藻类以及其他的一些微生物常常引起水的异味和臭。

表 2-1 TDS 对可饮性分级

平均 TDS/(mg/L)	级别	平均 TDS/(mg/L)	级别
≤300	优	901～1100	差
301～600	良	≥1101	不合格
601～900	中		

许多化合物即使在水中的含量很小，也能产生臭和味。一种化合物在无臭和无味的水中能够察觉出臭和味的最低浓度分别称为这种化合物的臭阈值和味阈值。臭阈值是通过若干品水的人所构成的小组定出来的，品定的过程极其细致。

2. 水质与水传播疾病

19 世纪末，由于人类认识到严重危害生命的霍乱、伤寒、痢疾等传染病是通过饮用水传染的，才第一次把水质与健康直接联系起来。

20 世纪初首次出现了饮用水的水质标准，但只对细菌质量做出定量的规定。据美国 78 个城市的资料，从提出细菌质量标准起在水质控制的不断发展过程中，每 10 万人中的伤寒病死亡人数从 1910 年的 20.54 人降低到 1946 年的 0.15 人。

20 世纪中期以后，由于天然水体中的污染成分的数量和浓度迅速增长，以及医学、微生物学、化学分析等学科对水质的不断研究，对于水质与健康的关系累积了极其丰富的资料。表 2-2A 与表 2-2B 的数据充分说明了水质与一些流行病爆发的关系。

表 2-2A 1946—1980 年美国水传疾病爆发次数

致病因素	爆发次数	病例数	致病因素	爆发次数	病例数
细菌类			小儿麻痹病毒	1	16
弯曲杆菌	2	3800	小计	79	5425
巴斯德氏菌	2	6	寄生虫类		
钩端螺旋体	1	9	内变形虫	6	79
大肠埃希氏菌	5	1186	贾第虫	42	19 734
志贺氏菌	61	13 089	小计	48	19 813
沙门氏菌	75	18 590	化学物类		
小计	146	36 682	无机物	29	891
病毒类			有机物	21	2725
微小似病毒	10	3147	小计	49	3616
(Parvoriruslike)			未定性	350	84 939
肝炎病毒	68	2262	全部总计	672	150 475

表 2-2B 1971—1985 年美国地下水及地表水给水系统的水传疾病统计

水传疾病	爆发次数	病例数	水传疾病	爆发次数	病例数
胃肠炎(未定性)	251	61 478	伤寒病	5	282
贾第虫病	92	24 365	耶尔森氏菌病(*Yersiniosis*)	2	103
化学药品中毒	50	3774	胃肠炎(产毒性埃希氏大肠杆菌)	1	1000
志贺氏菌痢疾	33	5783	隐孢子虫病(*Cryptosporidiosis*)	1	117
甲型肝炎	23	737	霍乱	1	17
病毒性胃肠炎	20	6254	皮炎	1	31
弯曲杆菌病	11	4983	阿米巴病	1	4
沙门氏菌病	10	2300	总计	502	111 228

从表 2-2 得出，病因未知的水传疾病在总爆发次数中占 50%～52%，按病例数计则达 55%～56%。在病因已知的 48%～50%总爆发次数中，由于病原体所引起的水传疾病占 80%～85%，按病例数计甚至高达 95%。如果认为这些百分数适用于水传疾病的整体，则可推论，水传疾病的爆发绝大多数情况是由病原体引起的，在约占半数的病因未知的水传疾病中，必然包含了许多目前尚不知道的病原体。

3. 水中病原微生物

由于科学已证明 1854 年英国伦敦爆发的一场霍乱流行病是通过饮用水传播的，水传疾病以及水传病原微生物的概念也就逐渐形成起来。病原体有细菌、病毒、原生动物和蓝绿藻 4 类，下面做简要介绍。

病原菌是最早研究的水中病原微生物。传染霍乱的霍乱弧菌，传染伤寒的伤寒沙门氏菌，传染副伤寒的副伤寒沙门氏菌，传染细菌性痢疾的志贺氏菌等，这些大概是 20 世纪 60 年代前给水处理所涉及的病原菌。表 2-2 中其他病原菌的水传染鉴定大都发生在 20 世纪 70 年代以后。要指出的是，嗜肺军团菌是通过与呼吸道的接触而传染军团病的，而其他的病菌都是通过消化道而传染病的。这说明，病原菌的危害途径并非仅限于水的饮用过程。

机会病原体包括一大群革兰氏阴性的细菌，一般不存在于动物宿主中，只是对新生儿、老人、自然抵抗力下降的个体，才传染致病。典型的例子如，当严重烧伤的患者以及服用免疫抑制药剂的癌症病人传染铜绿假单胞菌（*Psedomonas aerugznosa*）时，往往是致命的。其他的机会病原菌包括：嗜水气单胞菌（*Aeromnas hydrophila*）、迟钝爱德华氏菌（*Edwardsiella tarda*）、黄杆菌（*Flavobacterium*）、克雷伯氏菌（*Klebsiella*）、肠杆菌（*Enterobacter*）、沙雷氏菌（*Serratia*）、变形菌（*Proteus*）、普罗威登斯菌（*Providencia*）、柠檬酸杆菌（*Citrobacter*）、不动杆菌（*Acinetobacter*）。

病毒的尺寸约为 10～300nm。这样小的生物体的存在，在 1931 年出现电镜后才得到证实。现在已确认传染性肝炎和脊髓灰质炎是由病毒引起的，而且能通过饮用水传播。在巴黎，至少在 4 个区的自来水中已分离出 6 种以上的病毒。病毒的分离和鉴定都极其复杂。一般必须用 100～1000L 的饮用水水样才能分离出足够的病毒检验数量。病毒的培养要用活性细胞，而且有专一性。病毒的浓度以斑块形成单位（PFU/L）表示。由于这些原因可知，虽然已知肠道病毒的数目相当多，但是把饮用水中病毒和它所引起的传染病直接联系起来的研究，显然是极其困难的。

传染阿米巴痢疾的痢疾内变形虫是发现得最早的病原原生动物。从表 2-2 可看出，在内变形虫、贾第虫与隐孢子虫三者所引起的传染病病例中，内变形虫的病例是最少的。内变形虫与贾第虫都是通过包囊传染疾病的，隐孢子虫则通过卵囊传疾病。

蓝藻旧称蓝绿藻，是一种最简单、低级的藻类植物，细菌学中称为蓝绿细菌。藻类一般对人类无健康影响。蓝藻的外壁中含有内毒素，蓝藻死亡后内毒素就溶入水中。在气温与水中营养环境适合大量繁殖时，蓝藻就会成片覆盖在水面上，这种现象称为水华（bloom）。伴随水华的大量蓝藻死亡，水中就可能出现影响人类健康的内毒素浓度。有些种类的蓝藻还分泌出毒素（称外毒素）。对人类健康产生影响的内毒素浓度往往也出现在蓝藻出现水华的时候。

水中病原微生物的种类既然这么多，就需要找到一种指示微生物作为替代参数，以便在例行的检验中应用。这个指示微生物就是水质参数中的总大肠杆菌类。选择这个参数的原因有：①大肠杆菌类是人类粪便中共有、含量最大的细菌，而病原微生物仅存在于传染病患者的粪便中；②源水中所有来源于健康的以及病原微生物携带者的粪便中的微生物中，病原体由于种类多，又容易死亡，所占份额又极微，在经过水处理特别是消毒以后，一般都不复存在。

为了深入理解总大肠杆菌类(total coliforms)参数的作用，有必要先介绍人类正常粪便中存在的各种微生物的数量关系。在人的粪便所含的微生物物种中，总大肠杆菌类和大肠埃希氏菌不只是普遍地存在，而且数量也是最多的，每克粪便中约含1亿(10^8)个。因此当天然水只受到极轻微的粪污染，即使绝大多数的微生物都已检验不出来，但仍可检验出大肠杆菌。按概率的概念换句话可大致说，当水中的大肠杆菌类的浓度极低时，不只是病原菌已不复存在，即使在粪便中正常出现的其他微生物数量也已微乎其微了。

4. 大肠杆菌类

埃希氏1884年首先从霍乱病人的粪便中分离出大肠杆菌(*Bacillus coli*，*B. coli*)，后来称大肠埃希氏菌(*Escherichia coli*，*E. coli*)。早期的文献中就是用大肠杆菌和大肠埃希氏菌作为水质参数。现在用的参数总大肠杆菌类也称为大肠杆菌类(coliforms)，是从早期的用语大肠埃希氏菌演变来的。大肠杆菌类的定义为：所有能在35℃、48h内发酵乳糖，产生气体的、需氧的和兼性厌氧的、革兰氏染色阴性反应的、不形成孢子的全部杆状细菌均称为大肠杆菌类。由这个定义可以看出它与大肠埃希氏菌的差别：①它包括了来源于人类粪便的粪大肠杆菌(即大肠埃希氏菌)；②它包括了所有来源于其他温血动物粪便的杆菌；③它包括了具有所列属性的其他杆菌。

5. 病毒与原生动物

虽然水中大肠杆菌类的数量与水中致病微生物数量间有大致的定性相关关系，但从大肠杆菌类的定义可知，检验大肠菌类的方法本身，与水中是否存在致病病毒和致病原生动物的胞囊、卵囊等，并无直接的关系。另外，由于致病的病毒和原生动物的胞囊是与细菌类型不同的有机体，它们在水处理过程中的反应也不一样，因此也就不能从概率的概念出发把它们的消失程度与大肠杆菌类的消失程度完全平行地进行类比。这就是说，单靠大肠杆菌类作为致病病毒与原生动物胞囊、卵囊等的替代参数是很不够的，还要借助于其他的水质参数。浊度就是一个能与病毒和胞囊、卵囊等起相关作用的参数。

表2-3给出一个自来水浊度与水传播病毒病的资料。由表中可以看出，浊度的增加引起病例增加的倾向。

表2-3　滤后水浊度与病毒性传染病统计

城市	平均浊度/TU	肝炎病例数/10万	小儿麻痹病例数/10万
1	0.1	4.7	3.7
2	0.15	3	
3	0.2	8.6	7.9
4	0.25	4.9	
5	0.3	31	
6	0.66	13.3	10.2
7	1	13	

表2-2中已列出了3种原生动物所引起的水传疾病爆发数据。3种原生动物为痢疾内变形虫、贾第虫和小隐孢子虫。前两种原生动物是通过它们的胞囊来传播病的。胞囊指原

生动物在休止状态或外部环境不利时，由身体外围形成一层膜所构成的形态。小隐孢子虫则通过卵囊来传播病。这种原生动物具有较复杂的生活周期，卵囊仅是其中的一个阶段，卵囊指虫卵及所包的外囊整体。

从上述有关病毒的资料可看出，即使在浊度很低的饮用水中，也不能确保其中不存在一定数量的原生动物类的病原体。

6. 饮用水中的元素与健康

人体需要的主要元素有11种，即碳、氧、氮、氢、钙、硫、磷、钠、钾、氯和镁。在微量元素中，现已知道铁、碘、铜、锰、锌、钴、铬、硒、钼、氟、硅、锡、钒、镍、溴、铝和硼17种微量元素与人类的生理活动有关。这个元素的名单还会不断增长。通过饮用水进入人体的这些元素必然与健康有关，表2-4中列出了部分元素与健康的一些资料。

美国心血管病流行病学研究认为，水中锑可能与心血管病有联系。铝和早老年性痴呆病及脑软化病有关。镁含量高的水，死亡率较低，钠与高血压并不直接相关，但水中钠低于100mg/L有好处。硅与冠心病有一定联系，饮用含高硅(17mg/L)水地区的冠心病死亡率，较饮用含低硅(7.6mg/L)水地区低。

表 2-4 水中元素与健康关系

元　素	存在形式	产生影响
砷(As)	$HAsO_4$、$H_2AsO_4^-$、$HAsO_3$、$(CH_3)_2AsO(OH)$、$(CH_3)AsO(OH)_2$	已经与皮肤癌和乌脚病有联系，为认定的致癌物
钡(Ba)	Ba^{2+}、$BaSO_4$、$BaCO_3$	肌肉的兴奋剂，对心脏、血管和神经系统有毒
镉(Cd)	Cd^{2+}、腐殖酸配合物、$CdCO_3^+$	产生恶心及呕吐，在肝、肾中累积，认定的致癌物
氯离子(Cl^-)	Cl^-	高于400mg/L时，产生异味，无健康影响
铬(Cr)	$HCrO_4^-$、$HCr_2O_7^-$、Cr^{3+}	产生恶心，长期后产生溃疡，Cr^{3+}无害
铜(Cu)	Cu^+、Cu^{2+}、$Cu(OH)^+$	高于1mg/L时有不良味，因此不大会吞下
氰离子(CN^-)	HCN	pH低于6时释放有毒气体；高浓度影响神经系统
氟离子(F^-)	F^-	高于1.0mg/L减少龋齿(特别是儿童)；约高于4.0mg/L时产生斑牙；高于15～20mg/L可能引起氟中毒
铁(Fe)	Fe^{2+}、$Fe(OH)^+$	高浓度时使水外观不良，有味；无健康影响
铅(Pb)	Pb^{2+}、$Pb(OH)^+$、$(CH_3)_2Pb$	在骨中累积；便秘，食欲不振，贫血，腹痛，瘫痪
锰(Mn)	Mn^{2+}、MnO_3^-、MnO_4^{2-}、MnO_4^-	不良味，使洗的衣服变色；由于不良味限制及其他饮食来源，不考虑为损害健康因素
汞(Hg)	$HgCl_2^+$、CH_3Hg^+、$Hg(NH_3)_2^{2+}$	高毒性；齿龈炎，口炎，震颤，胸痛，咳嗽
硝酸盐(NO_3^-)	NO_3^-	高浓度时已经和变性血色蛋白与腹泻相关，高于100mg/L时干扰大肠杆菌类试验
硒(Se)	$HSeO_3^-$、SeO_4^{2-}、$(CH_3)_2Se$、$(CH_3)_2Se_2$	广泛认为有与砷中毒相似的症状，已经与龋齿的增加联系起来
银(Ag)	AgCl	很高时致命，低浓度引起皮肤变黑
硫酸盐(SO_4^{2-})	SO_4^{2-}	高浓度对未习惯者有轻泻剂作用，无永久影响
总溶解固体(TDS)		很高浓度时有泻药反应，不解渴
锌(Zn)	Zn^{2+}、$Zn(OH)^+$、$Zn(Cl)_x^y$	5mg/L以上有涩味，较高浓度似乳状并在煮沸时形成光滑膜，很高浓度时与恶心和昏倒有联系

应该指出的是，表 2-4 中以及其他文献中所报道的许多元素，与人类健康的资料都未考虑元素间的协同作用与拮抗作用。医药在人体内所起的共同作用比它们在同样剂量下分别所起的作用之和还大，称为协同作用；反之，当它们的共同作用是其中的一种甚至两种药剂分别所起的作用受到削弱时，则称为拮抗作用。这是两种药剂间相生相克的现象。通过饮水进入人体内的，以及与通过食物甚至通过空气进入人体内的各种元素成分间，都存在这种协同与拮抗作用。这种作用使对水质与健康的关系的评价变得极其复杂和困难。从下面一些资料可以看出这种复杂性，同时可以看到，目前有关元素与健康的知识是远远不够的。

铜和铁起生理协同作用。没有铜，铁就不能进入血红蛋白分子。铁充足而缺铜时一样可发生贫血症。

锕和锌与镉间都显示拮抗作用。锌能取代铜。低铜或缺铜时，对镉的耐受性降低。

锌和镉有拮抗作用，锌似乎可减弱镉的毒性。

缺铁时锰的吸收显著减少。铁可拮抗锡的毒性。

硫、砷和硒互相拮抗，可以减弱彼此的毒性。

烷基汞的毒性可显著地被硒所减弱。

钼与钙、钒、铁、铜、钨、磷、硫关系密切。

元素间还存在取代关系，如锂能取代钠，铷或铯能取代钾，锶能取代钙，铍能取代镁，汞、镉、银和金能取代铜，钨能取代钼，铌能取代钒，锝能取代锰，钌能取代铁，铑能取代钴，钯能取代镍，砷能取代磷，碲、硒可取代硫，溴可取代氯，这种取代发生就可能出现一些人体必需的元素被非必需的元素所取代的情况，从而危害健康，甚至引起疾病。

7. 饮用水的放射性

一种元素存在同位素时，这些同位素就称为组成该元素原子的核素。具有自发蜕变(natural disintegration)的核素称为放射性核素(radionuclide)。可自发蜕变也就是具有放射性。放射性自发蜕变时伴以 α 射线、β 射线和 γ 射线三种能量释放的形式。α 射线由带正电的氦核粒子组成，速度为 15 000～20 000km/s，在空气中射程为 16cm。β 射线由电子或正电子组成，速度达 10 万 km/s(最大达 29.8 万 km/s)，在空气中射程达 20m。γ 射线以光速传播，通过 120mm 厚的铅板也不会被吸收。α 射线由于氦核粒子的质量大，摄入后会造成机体大的损害。β 粒子虽然穿透深，但由于质量小而损害也较小。γ 射线虽然穿透力极强，但在低水平时影响有限。

水中的放射性核素有天然的和人造的两种来源。天然的来源是普遍存在的，包括地壳的元素以及宇宙线对大气的轰击产物。人造的放射性核素来源包括：核武器试验的核裂变；放射性药物；核燃料加工和使用。在饮用水中已出现或可能出现的人造放射性核素约 200 种，但只有锶和氚足以经常地检测到。在饮用水中出现的有健康影响的放射性核素有镭 226、镭 228、铀(99.3%为铀 238，其余为铀 234 和铀 235)和氡 222。这些皆为天然来源。

人体从各种来源所吸入的放射性剂量约为 200mrem/a，其中饮用水的贡献约占 0.1%～3%。

放射性能产生发育和致畸影响、基因影响以及包括致癌在内的体细胞影响。所有的放射性核素皆为致癌物，但每种核素的影响器官不一样。镭 228 是骨的损害者，会导致骨肉瘤。镭 226 则诱发头肉瘤。氡 222 为一种气体,通过食入或淋浴等各种形式吸入进入体内。由于氡 222 与肺癌发病率间的直接相关性已得到证实,而高浓度的氡在美国一些给水系统中出现,故氡的致癌力(carcinogenecity)得到极大关注。铀并未被证明是致癌物,但能在骨骼中累积,与镭相似。铀对人的肾脏有害,导致肾炎与尿成分改变。

8. 中国的地方病与水质

由于水质与健康间的复杂关系,目前对水质与健康的许多方面仍然很不清楚。

地方性甲状腺肿、地方性氟中毒、克山病和大骨节病是中国目前积极研究和防治的几种地方病。除克山病外,其余 3 种地方病在世界范围内都流行,前两种的分布地区更广。

甲状腺肿一般认为是饮水(和食物)中缺碘所引起的,但由于地方性甲状腺肿流行地区的水质资料以及改水(即在水中加碘以改变水质)资料的不断丰富,以及对之分析的结果,现在已公认,缺碘虽是地方性甲状腺肿的基本因素,但不是唯一的致病原因。地方性甲状腺肿的流行,除了缺碘外,还有其他致甲状腺肿的物质起作用。例如,曾有一系列因饮用硬度高的水,含氟化物、硫化物高的水,含硫的不饱和烃的水以及受微生物和化学物质污染的水而诱发甲状腺肿的报告。另外,长期摄入过多的碘也同样会造成地方性甲状腺肿,是一般未认识到的。饮用水中含碘量与心血管病发病率呈显著的负相关关系,当饮用水含碘量低于 2~3μmg/L 时,居民对冠心病的敏感性显著地增强。

近来的资料还表明,水中含氟量与心血管疾病和癌症都有联系。美国两个州的两个城市,在饮水中加氟防止龋齿后,居民心血管疾病的死亡率都分别呈现明显增高,甚至到 7 倍左右。其中一个城市在停止加氟一段时期后,又重新加氟,调查结果得出,死亡率显著下降后又再度回升的情况。饮用水加氟与癌症死亡率也呈正的相关关系。据美国的调查资料,10 个加氟城市的癌症死亡率比对照组的 10 个城市的癌症死亡率高。

克山病是以心肌病为主的地方病,该病因于 1935 年在黑龙江省克山县发生大流行而得名。该病重症的死亡率曾达 85%以上。克山病病因现有两种假说。一种认为是由于土壤和饮水中的元素成分和含量引起的。这一说法曾涉及硒、钼、镁缺乏和亚硝酸盐过多的调查结果。现已肯定缺硒只是一个因素,可能还有其他因素存在。另一种假说认为该病是一种自然疫源性疾病,目前集中于病毒的研究,认为某些病毒在其他因素的协同作用下,直接或间接作用于心肌,引起发病。由于还不知道是哪些病毒,所以它们与饮水的关系还不清楚。

大骨节病在中国分布也极广,包括 14 个省(自治区)。病因也未查明,有 3 种推测:①由于患区的土壤、水及植物中某些元素缺少、过多或比例失调引起该病;②患区粮食被一种毒性镰病菌污染所致;③饮水中含大量的腐殖酸所致。每种假说都不能圆满地解释大骨节病发生和流行的所有特征。但 3 种推测中有两种涉及饮水的水质问题。

2.4.4 水质参数的光电检测技术概论

水质在线自动监测系统是一套以在线自动分析仪器为核心,运用现代传感器技术、自动测量技术、自动控制技术、计算机应用技术以及相关的专用分析软件和通信网络所组成的一个综合性的在线自动监测体系。

一套完整的水质自动监测系统能连续、及时、准确地监测目标水域的水质及其变化状况;中心控制室可随时取得各子站的实时监测数据,统计、处理监测数据,可打印输出日、周、月、季、年平均数据以及日、周、月、季、年最大值、最小值等各种监测、统计报告及图表(棒状图、曲线图、多轨迹图、对比图等),并可输入中心数据库或上网。收集并可长期存储指定的监测数据及各种运行资料、环境资料,以备检索。系统具有监测项目超标及子站状态信号显示、报警功能;自动运行,停电保护、来电自动恢复功能;维护检修状态测试,便于例行维修和应急故障处理等功能。

实施水质自动监测,可以实现水质的实时连续监测和远程监控,达到及时掌握主要流域重点断面水体的水质状况、预警预报重大或流域性水质污染事故、解决跨行政区域的水污染事故纠纷、监督总量控制制度落实情况和排放达标情况等目的。

1. 水质自动监测技术

1) 水质自动监测系统的构成

在水质自动监测系统网络中,中心站通过卫星和电话拨号两种通信方式实现对各子站的实时监视、远程控制及数据传输功能,托管站也可以通过电话拨号方式实现对所托管子站的实时监视、远程控制及数据传输功能,其他经授权的相关部门可通过电话拨号方式实现对相关子站的实时监视和数据传输功能。

每个子站是一个独立完整的水质自动监测系统,一般由6个子系统构成,包括:采样系统,预处理系统,监测仪器系统,PLC控制系统,数据采集、处理与传输子系统及远程数据管理中心、监测站房或监测小屋。目前,水质自动监测系统中的子站的构成方式大致有以下3种。

(1) 由一台或多台小型的多参数水质自动分析仪(如YSI公司和HYDROLAB公司的常规五参数分析仪)组成的子站(多台组合可用于测量不同水深的水质)。其特点是仪器可直接放于水中测量,系统构成灵活方便。

(2) 固定式子站:为较传统的系统组成方式,其特点是监测项目的选择范围宽。

(3) 流动式子站:一种为固定式子站仪器设备全部装于一辆拖车(监测小屋)上,可根据需要迁移场所,也可认为是半固定式子站。其特点是组成成本较高。

各单元通过水样输送管路系统、信号传输系统、压缩空气输送管路系统、纯水输送管路系统实现相互联系。

一个可靠性很高的水质自动监测系统,必须同时具备4个要素,即:①高质量的系统设备;②完备的系统设计;③严格的施工管理;④负责的运行管理。

2) 水质自动监测的技术关键

(1) 采水单元　包括水泵、管路、供电及安装结构部分。在设计上必须对各种气候、地形、水位变化及水中泥沙等提出相应解决措施,能够自动连续地与整个系统同步工作,向系统提供可靠、有效的水样。

(2) 配水单元　包括水样预处理装置、自动清洗装置及辅助部分。配水单元直接向自动监测仪器供水,具有在线除泥沙和在线过滤、手动和自动管道反冲洗及除藻装置;其水质、水压和水量应满足自动监测仪器的需要。

(3) 分析单元　由一系列水质自动分析和测量仪器组成,包括:水温、pH、溶解氧(DO)、电导率、浊度、氨氮、化学需氧量、高锰酸盐指数、总有机碳(TOC)、总氮、总磷、硝酸盐、磷酸盐、氰化物、氟化物、氯化物、酚类、油类、金属离子、水位计、流量/流速/流向计及自动采样器等组成。

(4) 控制单元 包括系统控制柜和系统控制软件；数据采集、处理与存储及其应用软件；有线通信和卫星通信设备。

(5) 子站站房及配套设施 包括站房主体和配套设施。

2. 水质在线自动分析仪器的发展

1) 概述

水质自动监测仪器仍在发展之中，欧、美、日本、澳大利亚等国均有一些专业厂商生产。目前，比较成熟的常规监测项目有：水温、pH、溶解氧、电导率、浊度、氧化还原电位(ORP)、流速和水位等。常用的监测项目有：COD、高锰酸盐指数、TOC、氨氮、总氮、总磷。其他还有：氟化物、氯化物、硝酸盐、亚硝酸盐、氰化物、硫酸盐、磷酸盐、活性氯、TOD、BOD、UV、油类、酚、叶绿素、金属离子(如六价铬)等。

目前的自动分析仪一般具有如下功能：自动量程转换，遥控、标准输出接口和数字显示，自动清洗(在清洗时具有数据锁定功能)、状态自检和报警功能(如液体泄漏、管路堵塞、超出量程、仪器内部温度过高、试剂用尽、高/低浓度、断电等)，干运转和断电保护，来电自动恢复，COD、氨氮、TOC、总磷、总氮等仪器具有自动标定校正功能。

2) 常规五参数分析仪

常规五参数分析仪经常采用流通式多传感器测量池结构，无零点漂移，无需基线校正，具有一体化生物清洗及压缩空气清洗装置，如英国ABB公司生产的EIL7976型多参数分析仪、法国Polymetron公司生产的常规五参数分析仪、澳大利亚GREENSPAN公司生产的Aqualab型多参数分析仪(包括常规五参数、氨氮、磷酸盐)。另一种类型("4+1"型)常规五参数自动分析仪的代表是法国SERES公司生产的MP2000型多参数在线水质分析仪，其特点是仪器结构紧凑。

常规五参数的测量原理分别为：水温用温度传感器法(platinum RTD)，pH用玻璃或锑电极法、DO用金-银膜电极法(galvanic)，电导率用电极法(交流阻抗法)，浊度用光学法(透射原理或红外散射原理)。

(1) 化学需氧量(COD)分析仪

COD在线自动分析仪的主要技术原理有6种：①重铬酸钾消解-光度测量法；②重铬酸钾消解-库仑滴定法；③重铬酸钾消解-氧化还原滴定法；④UV计(254nm)；⑤氢氧基及臭氧(混合氧化剂)氧化-电化学测量法；⑥臭氧氧化-电化学测量法。

从原理上讲，方法③更接近国标方法，方法②也是推荐的统一方法。方法①在快速COD测定仪器上已经采用。方法⑤和方法⑥虽然不属于国标或推荐方法，但鉴于其所具有的运行可靠等特点，在实际应用中，只需将其分析结果与国标方法进行比对试验并进行适当的校正后，即可予以认可。但方法④用于表征水质COD，虽然在日本已得到较广泛的应用，但欧美各国尚未推广应用(未得到行政主管部门的认可)，在我国尚需开展相关的研究。

从分析性能上讲，在线COD仪的测量范围一般为10(或30)～2000mg/L，因此，目前的在线COD仪仅能满足污染源在线自动监测的需要，难以应用于地表水的自动监测。另外，与采用电化学原理的仪器相比，采用消解-氧化还原滴定法、消解-光度法的仪器的分析周期一般更长一些(10min～2h)，前者一般为2～8min。

从仪器结构上讲，采用电化学原理或UV计的在线COD仪的结构一般比采用消解-氧化还原滴定法、消解-光度法的仪器结构简单，并且由于前者的进样及试剂加入系统简便

(泵、管更少),所以不仅在操作上更方便,而且其运行可靠性也更好。

从维护的难易程度上讲,由于消解-氧化还原滴定法、消解-光度法所采用的试剂种类较多,泵管系统较复杂,因此在试剂的更换以及泵管的更换维护方面较烦琐,维护周期比采用电化学原理的仪器要短,维护工作量大。

从对环境的影响方面讲,重铬酸钾消解-氧化还原滴定法(或光度法、或库仑滴定法)均有铬、汞的二次污染问题,废液需要特别的处理。而 UV 计法和电化学法(不包括库仑滴定法)则不存在此类问题。

(2) 高锰酸盐指数分析仪

高锰酸盐指数在线自动分析仪的主要技术原理有 3 种: ①高锰酸盐氧化-化学测量法; ②高锰酸盐氧化-电流/电位滴定法; ③UV 计法(与在线 COD 仪类似)。

从原理上讲,方法①和方法②并无本质的区别(只是终点指示方式的差异而已),在欧美和日本等国是法定方法,与我国的标准方法也是一致的。方法③是用于表征水质高锰酸盐指数的方法,在日本已得到较广泛的应用,但在我国尚未推广应用,也未得到行政主管部门的认可。

从分析性能上讲,目前的高锰酸盐指数在线自动分析仪已能满足地表水在线自动监测的需要。另外,与采用化学方法的仪器相比,采用氧化还原滴定法的仪器的分析周期一般更长一些(2h),前者一般为 15～60min。从仪器结构上讲,两种仪器的结构均比较复杂。

(3) 总有机碳(TOC)分析仪

TOC 自动分析仪在欧美、日本和澳大利亚等的应用较广泛,其主要技术原理有 4 种: ①(催化)燃烧氧化-非分散红外光度法(NDIR 法); ②UV 催化-过硫酸盐氧化-NDIR 法; ③UV-过硫酸盐氧化-离子选择电极法(ISE)法; ④加热-过硫酸盐氧化-NDIR 法; ⑤UV-TOC 分析计法。

从原理上讲,方法①更接近国标方法,但方法②～方法④在欧美等国也是法定方法。方法⑤用于表征水质 TOC 虽然在日本已得到较广泛的应用,但在欧美各国尚未得到行政主管部门的认可。

从分析性能上讲,目前的在线 TOC 仪完全能够满足污染源在线自动监测的需要,并且由于其检测限较低,应用于地表水的自动监测也是可行的。另外,在线 TOC 仪的分析周期一般较短(3～10min)。从仪器结构上讲,除了增加无机碳去除单元外,各类在线 TOC 仪的结构一般比在线 COD 仪简单一些。

(4) 氨氮和总氮分析仪

氨氮在线自动分析仪的技术原理主要有 3 种: ①氨气敏电极电位法(pH 电极法); ②分光光度法; ③傅里叶变换光谱法。在线氨氮仪等需要连续和间断测量方式,在经过在线过滤装置后,水样测定值相对偏差较大。

总氮在线自动分析仪的主要技术原理有两种: ①过硫酸盐消解-光度法; ②密闭燃烧氧化-化学发光分析法。

(5) 磷酸盐和总磷分析仪

(反应性)磷酸盐自动分析仪主要的技术原理为光度法。总磷在线自动分析仪的主要技术原理有: ①过硫酸盐消解-光度法; ②紫外线照射-钼催化加热消解,FIA-光度法。

从原理上讲,过硫酸盐消解-光度法是在线总氮和总磷仪的主选方法,是各国的法定方法。基于密闭燃烧氧化-化学发光分析法的在线总氮仪和基于紫外线照射-钼催化加热消解，FIA-光度法的在线总磷仪主要限于日本。前者是日本工业规格协会(JIS)认可的方法之一。

从分析性能上讲，目前的在线总氮、总磷仪已能满足污染源和地表水自动监测的需要，但灵敏度尚难以满足评价一类、二类地表水(标准值分别为 0.04mg/L 和 0.002mg/L)水质的需要。另外，采用化学发光法、FIA-光度法的仪器的分析周期一般更短一些(10～30min)，前者一般为 30～60min。

从仪器结构上讲，采用化学发光法或 FIA-光度法的在线总氮、总磷仪的结构更简单一些。

(6) 其他在线分析仪器

TOD 自动分析仪：技术原理一般为燃烧氧化-电极法。

油类自动分析仪：技术原理一般为荧光光度法。

酚类自动分析仪：技术原理一般为比色法。

UV 自动分析仪：技术原理为比色法(254nm)。具有简单、快捷、价格低的特点。不适于地表水的自动在线监测，国外一般用于污染源的自动监测，并经常经换算表示成 COD、TOC 值。应用的前提条件是水质较稳定，在 UV 吸收信号与 COD 或 TOC 值之间有较确定的线性相关关系。

硝酸盐和氰化物自动分析仪：技术原理主要有：①离子选择电极法；②光度法。

氟化物和氯化物自动分析仪：技术原理一般为离子选择电极法。

2.5 水质标准与水质模型

2.5.1 国内外饮用水水质标准概述

1. 国内饮用水水质标准

每个国家的饮用水水质标准都是结合本国具体的条件制定的，而且随着具体条件的改变不断修改。由于饮用水水质标准所涉及的因素极多，故制定过程极为复杂而又亟费时日，这将在讨论美国饮用水水质标准的内容中看出来。

中国 1959 年由卫生部颁发的第一个饮用水水质标准只有 16 项水质参数，1976 年修订增加成 23 项。现行的是 2006 年实施的国家标准《生活饮用水卫生标准》(GB 5749—2006)，共列水质标准 106 项，表 2-5 所示为生活饮用水水质常规指标及限值。

表 2-5A 生活饮用水水质常规指标及限值

指 标	限 值
1. 微生物指标①	
总大肠菌群(MPN/100mL 或 CFU/100mL)	不得检出
耐热大肠菌群(MPN/100mL 或 CFU/100mL)	不得检出
大肠埃希氏菌(MPN/100mL 或 CFU/100mL)	不得检出
菌落总数(CFU/mL)	100
2. 毒理指标	
砷(mg/L)	0.01
镉(mg/L)	0.005

续表

指　标	限　值
铬(六价,mg/L)	0.05
铅(mg/L)	0.01
汞(mg/L)	0.001
硒(mg/L)	0.01
氰化物(mg/L)	0.05
氟化物(mg/L)	1
硝酸盐(以N计,mg/L)	10 地下水源限制时为20
三氯甲烷(mg/L)	0.06
四氯化碳(mg/L)	0.002
溴酸盐(使用臭氧时,mg/L)	0.01
甲醛(使用臭氧时,mg/L)	0.9
亚氯酸盐(使用二氧化氯消毒时,mg/L)	0.7
氯酸盐(使用复合二氧化氯消毒时,mg/L)	0.7
3. 感官性状和一般化学指标	
色度(铂钴色度单位)	15
浑浊度(NTU-散射浊度单位)	1 水源与净水技术条件限制时为3
臭和味	无异臭、异味
肉眼可见物	无
pH	不小于6.5且不大于8.5
铝(mg/L)	0.2
铁(mg/L)	0.3
锰(mg/L)	0.1
铜(mg/L)	1.0
锌(mg/L)	1.0
氯化物(mg/L)	250
硫酸盐(mg/L)	250
溶解性总固体(mg/L)	1000
总硬度(以 $CaCO_3$ 计,mg/L)	450
耗氧量(COD_{Mn} 法,以 O_2 计,mg/L)	3 水源限制,原水耗氧量>6mg/L时为5
挥发酚类(以苯酚计,mg/L)	0.002
阴离子合成洗涤剂(mg/L)	0.3
4. 放射性指标②	指导值
总α放射性(Bq/L)	0.5
总β放射性(Bq/L)	1

① MPN表示最可能数；CFU表示菌落形成单位。当水样检出总大肠菌群时,应进一步检验大肠埃希氏菌或耐热大肠菌群；水样未检出总大肠菌群,不必检验大肠埃希氏菌或耐热大肠菌群。

② 放射性指标超过指导值,应进行核素分析和评价,判定能否饮用。

表 2-5B 生活饮用水水质参考指标及限值

指标	限值
肠球菌(CFU/100mL)	0
产气荚膜梭状芽孢杆菌(CFU/100mL)	0
二(2-乙基己基)己二酸酯(mg/L)	0.4
二溴乙烯(mg/L)	0.000 05
二噁英(2,3,7,8-TCDD,mg/L)	0.000 000 03
土臭素(二甲基萘烷醇,mg/L)	0.000 01
五氯丙烷(mg/L)	0.03
双酚 A(mg/L)	0.01
丙烯腈(mg/L)	0.1
丙烯酸(mg/L)	0.5
丙烯醛(mg/L)	0.1
四乙基铅(mg/L)	0.0001
戊二醛(mg/L)	0.07
甲基异莰醇-2(mg/L)	0.000 01
石油类(总量,mg/L)	0.3
石棉(>10μm,万/L)	700
亚硝酸盐(mg/L)	1
多环芳烃(总量,mg/L)	0.002
多氯联苯(总量,mg/L)	0.0005
邻苯二甲酸二乙酯(mg/L)	0.3
邻苯二甲酸二丁酯(mg/L)	0.003
环烷酸(mg/L)	1.0
苯甲醚(mg/L)	0.05
总有机碳(TOC,mg/L)	5
萘酚-β(mg/L)	0.4
黄原酸丁酯(mg/L)	0.001
氯化乙基汞(mg/L)	0.0001
硝基苯(mg/L)	0.017
镭 226 和镭 228(pCi/L)	5
氡(pCi/L)	300

2. 国外饮用水水质标准

美国国家一级饮用水规程(NPDWRs 或一级标准),是法定强制性的标准,它适用于公用给水系统。一级标准限制了那些有害公众健康的及已知的或在公用给水系统中出现的有害污染物浓度,从而保护饮用水水质。

表 2-6 将污染物划分为无机物、有机物、放射性核素及微生物。

表 2-6 美国国家一级饮用水规程

污染物	污染物最高浓度目标(MCLG)① /(mg/L)④	污染物最高浓度(MCL)②或处理技术(TT)③ /(mg/L)④	从水中摄入后对健康的潜在影响	饮用水中污染物来源
无机物				
锑	0.006	0.006	增加血液胆固醇,减少血液中葡萄糖含量	炼油厂、阻燃剂、电子、陶器、焊料工业的排放
砷	未规定⑤	0.05	伤害皮肤,血液循环问题,增加致癌风险	半导体制造厂、炼油厂、木材防腐剂、动物饲料添加剂、防莠剂等工业排放、矿藏溶蚀
石棉(>10μm纤维)	7×10^7 纤维/L	7×10^7 纤维/L	增加良性肠息肉风险	输水管道中石棉,水泥损坏,矿藏溶蚀
钡	2	2	血压升高	钻井排放,金属冶炼厂排放,矿藏溶蚀
铍	0.004	0.004	肠道损伤	金属冶炼厂、焦化厂、电子、航空、国防工业排放
镉	0.005	0.005	肾损伤	镀锌管道腐蚀,天然矿物溶蚀,金属冶炼厂排放,水从废电池和废油漆冲刷外泄
铬	0.1	0.1	使用含铬大于 MCL 多年,出现过敏性皮炎	钢铁厂、纸浆厂排放,天然矿藏溶蚀
铜	1.3	作用浓度 1.3TT⑥	短期接触使胃肠疼痛,长期接触使肝或肾损伤,有肝豆状核变性的病人在水中铜浓度超过作用浓度时,应请教个人医生	家庭管道系统腐蚀,天然矿藏溶蚀,木材防腐剂淋溶
氰化物	0.2	0.2	神经系统损伤,甲状腺问题	钢厂或金属加工厂排放,塑料厂及化肥厂排放
氟化物	4.0	4.0	骨骼疾病(疼痛和脆弱),儿童得齿斑病	为保护牙向水中添加氟,天然矿藏的溶蚀,化肥厂及铝厂排放
铅	0	作用浓度 0.015TT⑥	婴儿和儿童:身体或智力发育迟缓;成年人:肾脏出问题,高血压	家庭管道腐蚀,天然矿藏侵蚀
无机汞	0.002	0.002	肾损伤	天然矿物溶蚀,冶炼厂和工厂排放,废渣填埋场及耕地流出
硝酸盐(以N计)	10	10	"蓝婴儿综合征"(6个月以下婴儿受到影响未能及时治疗),症状:婴儿身体发蓝色,呼吸短促	化肥泄出,化粪池或污水渗漏,天然矿藏物溶蚀
亚硝酸盐(以N计)	1	1	"蓝婴儿综合征"(6个月以下婴儿受到影响未能及时治疗),症状:婴儿身体发蓝色,呼吸短促	化肥泄出,化粪池或污水渗漏,天然矿藏物溶蚀
硒	0.05	0.05	头发、指甲脱落,指甲或脚趾麻木,血液循环问题	炼油厂排放,天然矿物的腐蚀,矿场排放

续表

污染物	污染物最高浓度目标(MCLG)[①]/(mg/L)[④]	污染物最高浓度(MCL)[②]或处理技术(TT)[③]/(mg/L)[④]	从水中摄入后对健康的潜在影响	饮用水中污染物来源
铊	0.0005	0.0002	头发脱落，血液成分变化，对肾、肠或肝有影响	矿砂处理场溶出，电子、玻璃、制药厂排放
有机物				
丙烯酰胺	0	TT[⑦]	神经系统及血液问题，增加致癌风险	在污泥或废水处理过程中加入水中
草不绿	0	0.002	眼睛、肝、肾、脾发生问题，贫血症，增加致癌风险	庄稼除莠剂流出
阿特拉津	0.003	0.003	心血管系统发生问题，再生繁殖困难	庄稼除莠剂流出
苯	0	0.005	贫血症，血小板减少，增加致癌风险	工厂排放，气体储罐及废渣回堆土淋溶
苯并(α)芘	0	0.0002	再生繁殖困难，增加致癌风险	储水槽及管道涂层淋溶
呋喃丹	0.04	0.04	血液及神经系统发生问题，再生繁殖困难	用于稻子与苜宿的熏蒸剂的淋溶
四氯化碳	0	0.005	肝脏出问题，致癌风险增加	化工厂和其他企业排放
氯丹	0	0.002	肝脏与神经系统发生问题，致癌风险增加	禁止用的杀白蚁药剂的残留物
氯苯	0.1	0.1	肝、肾发生问题	化工厂及农药厂排放
2,4-D	0.07	0.07	肾、肝、肾上腺发生问题	庄稼上除莠剂流出
茅草枯	0.2	0.2	肾有微弱变化	公路抗莠剂流出
1,2-二溴-3-氯丙烷	0	0.0002	再生繁殖困难，致癌风险增加	大豆、棉花、菠萝及果园土壤熏蒸剂流出或溶出
邻二氯苯	0.6	0.6	肝、肾或循环系统发生问题	化工厂排放
对二氯苯	0.075	0.075	贫血症，肝、肾或脾受损，血液变化	化工厂排放
1,2-二氯乙烷	0	0.005	致癌风险增加	化工厂排放
1,1-二氯乙烯	0.007	0.007	肝发生问题	化工厂排放
顺1,2-二氯乙烯	0.07	0.07	肝发生问题	化工厂排放
反1,2-二氯乙烯	0.1	0.1		化工厂排放
二氯甲烷	0	0.005	肝发生问题，致癌风险增加	化工厂排放和制药厂排放
1,2-二氯丙烷	0	0.005	致癌风险增加	化工厂排放
二乙基己基已二酸酯	0.4	0.4	一般毒性或再生繁殖困难	PVC管道系统溶出，化工厂排出
二乙基己基邻苯二甲酸酯	0	0.006	再生繁殖困难，肝发生问题，致癌风险增加	橡胶厂和化工厂排放
地乐酚	0.007	0.007	再生繁殖困难	大豆和蔬菜抗莠剂的流出
二噁英(2,3,7,8-四氯二苯并对二氧六环)	0	0.000 000 03	再生繁殖困难，致癌风险增加	废物焚烧或其他物质焚烧时散布，化工厂排放
敌草快	0.02	0.02	生白内障	施用抗莠剂的流出

续表

污染物	污染物最高浓度目标(MCLG)①/(mg/L)④	污染物最高浓度(MCL)②或处理技术(TT)③/(mg/L)④	从水中摄入后对健康的潜在影响	饮用水中污染物来源
草藻灭	0.1	0.1	胃、肠出问题	施用抗莠剂的流出
异狄氏剂	0.002	0.002	影响神经系统	禁用杀虫剂残留
熏杀环	0	TT⑦	胃出问题，再生繁殖困难，致癌风险增加	化工厂排出，水处理过程中加入
乙基苯	0.7	0.7	肝、肾出问题	炼油厂排放
二溴化乙烯	0	0.000 05	胃出毛病，再生繁殖困难	炼油厂排放
草甘膦	0.7	0.7	胃出毛病，再生繁殖困难	用抗莠剂时溶出
七氯	0	0.0004	肝损伤，致癌风险增加	禁用杀白蚁药残留
环氧七氯	0	0.0002	肝损伤，再生繁殖困难，致癌风险增加	七氯降解
六氯苯	0	0.001	肝、肾出问题，致癌风险增加	冶金厂、农药厂排放
六氯环戊二烯	0.05	0.05	肾、胃出问题	化工厂排出
林丹	0.0002	0.0002	肾、肝出问题	畜牧、木材、花园所使用杀虫剂流出或溶出
甲氧滴滴涕	0.04	0.04	再生繁殖困难	用于水果、蔬菜、苜宿、家禽杀虫剂流出或溶出
草氨酰	0.2	0.2	对神经系统有轻微影响	用于苹果、土豆、番茄杀虫剂流出
多氯联苯	0	0.0005	皮肤起变化，胸腺出问题，免疫力降低，再生繁殖或神经系统困难，增加致癌风险	废渣回填土溶出，废弃化学药品的排放
五氯酚	0	0.001	肝、肾出问题，致癌风险增加	木材防腐工厂排出
毒莠定	0.5	0.5	肝出问题	除莠剂流出
西玛津	0.004	0.004	血液出问题	除莠剂流出
苯乙烯	0.1	0.1	肝、肾、血液循环出问题	橡胶、塑料厂排放，回填土溶出
四氯乙烯	0	0.005	肝出问题	从PVC管流出，工厂及干洗工场排放
甲苯	1	1	神经系统，肾、肝出问题	炼油厂排放
总三卤甲烷(TTHMs)	未规定⑤	0.1	肝、肾、神经中枢出问题，致癌风险增加	饮用水消毒副产品
毒杀芬	0	0.003	肾、肝、甲状腺出问题	棉花、牲畜杀虫剂的流出或溶出
2,4,5-涕丙酸	0.05	0.05	肝出问题	禁用抗莠剂的残留
1,2,4-三氯苯	0.07	0.07	肾上腺变化	纺织厂排放
1,1,1-三氯乙烷	0.2	0.2	肝、神经系统、血液循环系统出问题	金属除脂场地或其他工厂排放
1,1,2-三氯乙烷	0.003	0.005	肝、肾、免疫系统出问题	化工厂排放

续表

污染物	污染物最高浓度目标(MCLG)①/(mg/L)④	污染物最高浓度(MCL)②或处理技术(TT)③/(mg/L)④	从水中摄入后对健康的潜在影响	饮用水中污染物来源
三氯乙烯	0	0.005	肝脏出问题,致癌风险增加	炼油厂排出
氯乙烯	0	0.002	致癌风险增加	PVC管道溶出,塑料厂排放
二甲苯(总)	10	10	神经系统受损	石油厂,化工厂排出
		放射性核素		
β粒子和光子	未定⑤	mrem/a	致癌风险增加	天然和人造矿物衰变
总α活性	未定⑤	15PCi/L	致癌风险增加	天然矿物浸蚀
镭226,镭228	未定⑤	5PCi/L	致癌风险增加	天然矿物浸蚀
		微生物		
贾第氏虫	0	TT⑧	贾第氏虫病,肠胃疾病	人和动物粪便
异养菌总数(HPC)	未定	TT⑧	对健康无害,用作批示水处理效率,控制微生物的指标	未定
军团菌	0	TT⑧	军团菌病,肺炎	水中常有发现,加热系统内会繁殖
总大肠杆菌(包括粪型及艾氏大肠菌)	0	5.0%⑨,⑩	用于指示其他潜在有害菌的存在	人和动物粪便
浊度	未定	TT⑧	对人体无害,但对消毒有影响,为细菌生长提供场所,用于指示微生物的存在	土壤随水流出
病毒	0	TT⑧	肠胃疾病	人和动物粪便

注:

① 污染物最高浓度目标MCLG:对人体健康无影响或预期无不良影响的水中污染物浓度。它规定了确当的安全限量,MCLGs是非强制性公共健康目标。

② 污染物最高浓度(MCL):它是供给用户的水中污染物最高允许浓度,MCLGs是强制性标准,MCLG是安全限量,确保略微超过MCL限量时对公众健康不产生显著风险。

③ 处理技术(TT):公共给水系统必须遵循的强制性步骤或技术水平以确保对污染物的控制。

④ 除非有特别注释,一般单位为mg/L。

⑤ 1986年安全饮水法修正案通过前,未建立MCLGs指标,所以,此污染物无MCLGs值。

⑥ 在水处理技术中规定,对用铅管或用铅焊的或由铅管送水的铜管现场取龙头水样,如果所取自来水样品超过铜的作用浓度1.3mg/L、铅的作用浓度0.015mg/L的10%,则需进行处理。

⑦ 如给水系统采用丙烯酰胺及熏杀环(1-氯-2,3环氧丙烷),必须向州政府提出书面形式证明(采用第三方或制造厂的证书),它们的使用剂量及单体浓度不超过下列规定:

丙烯酰胺:0.05%,剂量为1mg/L(或相当量)

熏杀环:0.01%,剂量为20mg/L(或相当量)

⑧ 地表水处理规则要求采用地表水或受地面水直接影响的地下水的给水系统,a.进行水的消毒,b.为满足无须过滤的准则,要求进行水的过滤,以满足污染物能控制到下列浓度:

贾第氏虫,99.9%杀死或灭活

病毒99.99%杀死或灭活

军团菌未列限值,EPA认为,如果一旦贾第氏虫和病毒被灭活,则它就已得到控制。

浊度,任何时候浊度不超过5NTU,采用过滤的供水系统确保浊度不大于1NTU(采用常规过滤或直接过滤则不大于0.5NTU),连续两个月内,每天的水样品合格率至少大于95%。

HPC每毫升不超过500细菌数。

⑨ 每月总大肠杆菌阳性水样不超过5%,于每月例行检测总大肠杆菌的样品少于40只的给水系统,总大肠菌阳性水样不得超过1个。含有总大肠菌水样,要分析粪型大肠杆菌,粪型大肠杆菌不容许存在。

⑩ 粪型及艾氏大肠杆菌的存在表明水体受到人类和动物排泄物的污染,这些排泄物中的微生物可引起腹泻、痉挛、恶心、头痛或其他症状。

2.5.2　水体水质基本模型

水体水质的基本模型是表述水体中的污染物，在物理净化、化学净化与生物化学净化的作用下迁移与转化的过程。这种迁移与转化受水体本身的复杂运动(如水体变迁、形状、流速与流量、河岸性质、自然条件等)的影响，故常用的水体水质基本模型主要考虑污染物在水体中的物理净化过程，而对化学净化和生物化学净化过程，则采用综合分析的方法处理，然后再与物理净化过程相叠加，以便使模型简化。通过水质模拟，采用科学的规划手段对水环境进行优化配置、污染控制和分配，使其组成的量和质处于最佳状态，从而使社会效益、环境效益均达到较理想的状态。水质模拟的目的主要包括：掌握水环境内部因子变化规律，对水环境的变化进行定性和定量描述，提高规划管理工作的效率。水质模拟的应用主要表现在以下几个方面：污染物在水环境中行为的模拟和预测；水质规划管理与评价；水环境容量计算；水质预警预报。水体水质基本模型有5种分类方法：

(1) 按水体运动的空间分为零维、一维、二维和三维型；

(2) 按水质组成分为单变量和多变量型；

(3) 按时间相关性分为稳态(与时间无关)和动态(与时间有关)型；

(4) 按数学特征分为线型与非线型，确定型与随机型等；

(5) 按水体类型可分为河流、湖泊水库、河口、海湾与地下水等水质模型。

本节将论述最常用的第一种方法。

1. 零维水体水质模型

所谓零维水体是最简单的、水质完全混合均匀的、理想状态下的水体。零维水体水质模型即用于预测或预报这种水体的水质。根据质量守恒原理，可作出这种水体的质量平衡图，见图2-8。

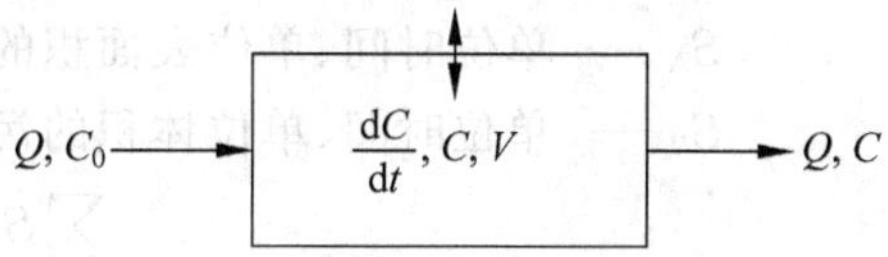

图2-8　零维模型质量平衡图

质量平衡方程为

$$V\frac{dC}{dt}=QC_0-QC+S+kCV \tag{2-18}$$

式中　V——体系的体积，m^3；

Q——流量，m^3/s；

S——流入、流出体系的其他污染源中的污染物量，mg/d；

k——体系内污染物的反应速率常数，d^{-1}。

这就是零维水体水质模型，如略去S，式(2-18)可简化为

$$V\frac{dC}{dt}=QC_0-QC+kCV \tag{2-19}$$

2. 一维水体水质模型

所谓一维水体是指河流宽度与深度不大的水体。视污染物在河流各断面的宽度与深度方向分布均匀，即认为污染物在y与z方向的浓度梯度为0，$\frac{\partial C}{\partial y}=0$，$\frac{\partial C}{\partial z}=0$，仅考虑纵向方向($x$方向)的浓度变化。也可用质量平衡(包括河流流量平衡与污染物质量平衡)原理，推导出一维水体水质模型。

1）流量平衡

设河床宽度为 b、断面面积为 A，取纵向（x 方向）距离为 Δx 的两相邻断面所包络的体积为计算单元体，见图 2-9 流量平衡图。

$$\frac{\partial A}{\partial t}+\frac{\partial Q}{\partial x}=q$$

上式即为流量平衡一维模型。

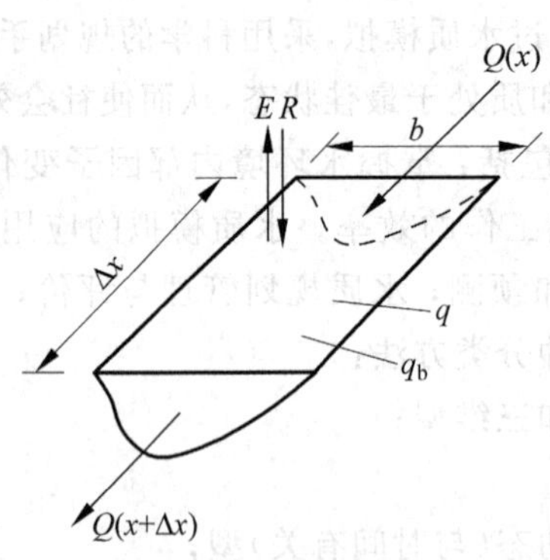

图 2-9 流量平衡图

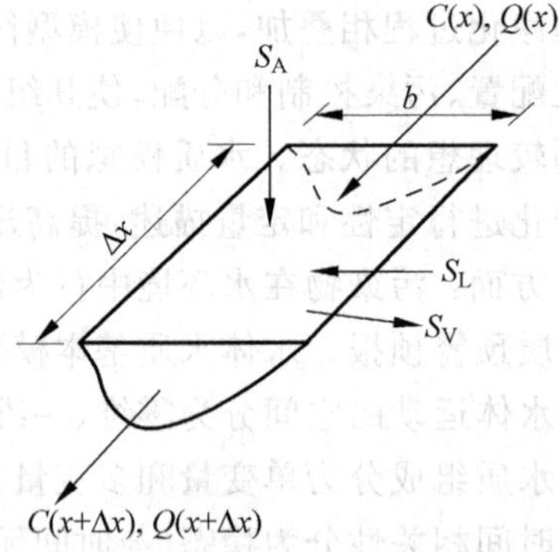

图 2-10 污染物质量平衡图

2）污染物质量平衡（图 2-10）

$$\frac{\partial(AC)}{\partial t}=-\frac{\partial(QC)}{\partial x}+S_{\mathrm{L}}+bS_{\mathrm{A}}+AS_{\mathrm{V}}=-\frac{\partial(QC)}{\partial x}+\sum S \tag{2-20}$$

即污染物迁移的一维水体水质模型。

式中 S_{L}——单位时间、单位长度的旁侧污染物的增减量，mg/(s·m)；

S_{A}——单位时间、单位表面积的污染物的增减量，mg/(s·m^2)；

S_{V}——单位时间、单位体积的污染物的增减量，mg/(s·m^3)。

$$\sum S=S_{\mathrm{L}}+bS_{\mathrm{A}}+AS_{\mathrm{V}}$$

如忽略增减量不计，即 $\sum S=0$，模型可简化为

$$\frac{\partial(AC)}{\partial t}=-\frac{\partial(QC)}{\partial x} \tag{2-21}$$

3. 二维水体水质模型

如果河流较大，视污染物在河流各断面的深度方向分布均匀，即认为污染物在 z 方向的浓度梯度为零，而在 x 方向与 y 方向都存在着迁移和扩散。也可根据质量平衡原理得出二维水体水质模型：

$$\frac{\partial C}{\partial t}=-\left[\left(u_x\frac{\partial C}{\partial x}\right)+\left(u_y\frac{\partial C}{\partial y}\right)+\left(D_x\frac{\partial^2 C}{\partial x^2}\right)+D_y\frac{\partial^2 C}{\partial y^2}\right]+\sum S \tag{2-22}$$

式中 C——污染物浓度，mg/L；

t——时间，d；

u_x、u_y——x、y 方向的水流速度，m/s；

D_x、D_y——x、y 方向的紊动扩散系数，m^2/s；

$\sum S$——同前，可忽略不计。

4. 三维水体水质模型

三维水体水质模型使用“点”流量参数，不仅考虑水体中各点的“点”流量在 x、y、z 等三维方向上由于流速的变化所引起污染物浓度的迁移，并且还考虑到污染物在三维方向上由于扩散引起的浓度变化。因此，三维水体水质模型更符合水体的实际情况，适用于不同规模的河流。同时也更为复杂，求解较为困难。根据质量平衡，可得出三维水体水质模型，即布洛克斯(Brooks)模型：

$$\frac{\partial C}{\partial t}=-\left[\left(u_x\frac{\partial C}{\partial y}+u_y\frac{\partial C}{\partial y}+u_z\frac{\partial C}{\partial z}\right)+\left(D_x\frac{\partial^2 C}{\partial x^2}+D_y\frac{\partial^2 C}{\partial y^2}+D_z\frac{\partial^2 C}{\partial z^2}\right)\right]+\sum S \quad (2\text{-}23)$$

式中　u_z——z 方向的水流速度，m/s；

D_z——z 方向的紊动扩散系数，m^2/s；

其他符号同前。

思考题

2-1　废水处理中常用的反应器有哪几种？各种反应器的特点是什么？

2-2　废水的主要水质指标有哪些？

2-3　什么是生化需氧量和化学需氧量？对于同一水样而言，两者在数值上有何关系？

2-4　如何选择反应器的类型？

2-5　为什么要用水质水体模型？水质水体模型的分类有哪几种？

2-6　何为水质标准？为什么要制定水质标准？

2-7　制定生活饮用水标准的主要原则与依据是什么？

第2篇

物化处理

PART 2

第3章 CHAPTER 3

预 处 理

生活污水和工业废水都含有大量的漂浮物与悬浮物质，其中包括无机性和有机性两类。由于污水来源广泛，所以悬浮物质含量变化幅度很大，从几十到几千 mg/L，甚至达数万 mg/L。

污水物理预处理法的去除对象是漂浮物、悬浮物质。采用的处理方法与设备主要有：

筛滤截留法——筛网、格栅、滤池与微滤机等；

重力分离法——沉砂池、沉淀池、隔油池与气浮池等；

离心分离法——离心机与旋流分离器等。

格栅由一组平行的金属栅条或筛网制成，安装在污水渠道、泵房集水井的进口处或污水处理厂的端部，用以截留较大的悬浮物或漂浮物，如纤维、碎皮、毛发、木屑、果皮、蔬菜、塑料制品等，以便减轻后续处理构筑物的处理负荷，并使之正常运行。被截留的物质称为栅渣。栅渣的含水率约为 70%～80%，容重约为 750kg/m^3。

3.1 格栅的分类与设计

3.1.1 格栅的分类

按形状分类格栅，可分为平面格栅与曲面格栅两种。

平面格栅由栅条与框架组成。基本形式见图 3-1，图中 A 型的栅条布置在框架的外侧，适用于机械清渣或人工清渣；B 型的栅条布置在框架的内侧，在格栅的顶部设有起吊架，可将格栅吊起，进行人工清渣。

平面格栅的基本参数与尺寸包括宽度 B、长度 L、间隙净空隙 e、栅条至外边框的距离 b。可根据污水渠道、泵房集水井进口管大小选用不同数值。平面格栅的框架用型钢焊接。当平面格栅的长度 $L>1000$mm 时，框架应增加横向肋条。栅条用 A3 钢制。机械清除栅渣时，栅条的直线度偏差不应超过长度的 1/1000，且不大于 2mm。平面格栅的安装方式见图 3-2。

曲面格栅又可分为固定曲面格栅（栅条用不锈钢制）与旋转鼓筒式格栅两种，见图 3-3。图中(a)为固定曲面格栅，利用渠道水流速度推动除渣桨板。图(b)为旋转鼓筒式格栅，污水从鼓筒内向鼓筒外流动，被格除的栅渣，由冲洗水管 2 冲入渣槽（带网眼）内排出。

按格栅栅条的净间隙，可分为粗格栅（50～100mm）、中格栅（10～40mm）、细格栅（3～10mm）3 种。上述平板格栅与曲面格栅，都可做成粗、中、细 3 种。由于格栅是物理处理的重要构筑物，故新设计的污水处理厂一般采用粗、中两道格栅，甚至采用粗、中、细 3 道格栅。

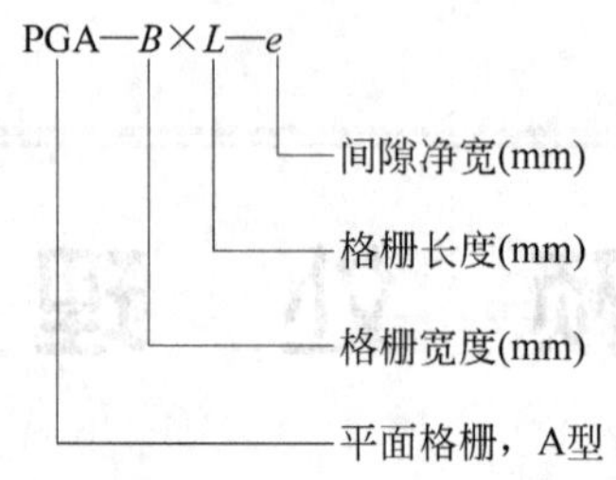

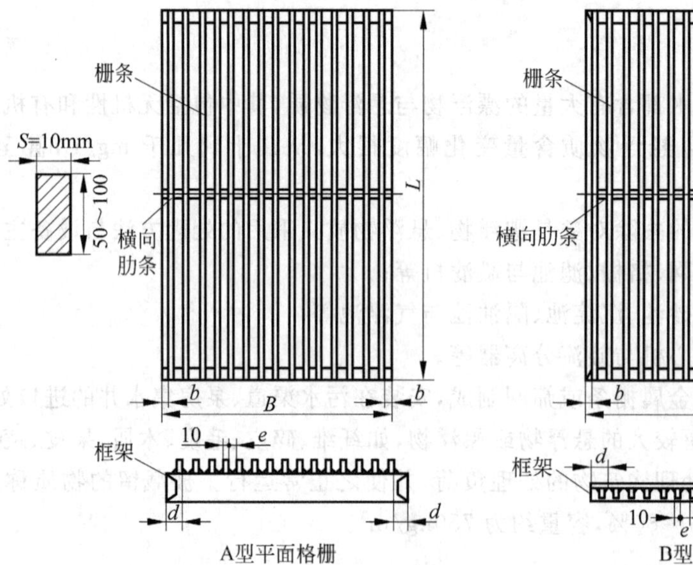

图 3-1 平面格栅

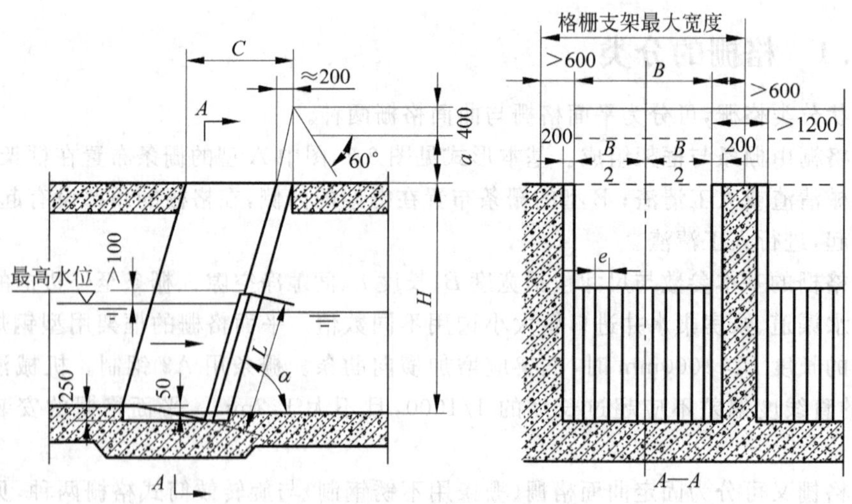

图 3-2 平面格栅安装方式

按清渣方式分类格栅，可分为人工清渣和机械清渣两种。

人工清渣格栅——适用于小型污水处理厂。为了使工人易于清渣作业，避免清渣过程中的栅渣掉回水中，格栅安装角度 α 以 30°～45°为宜。

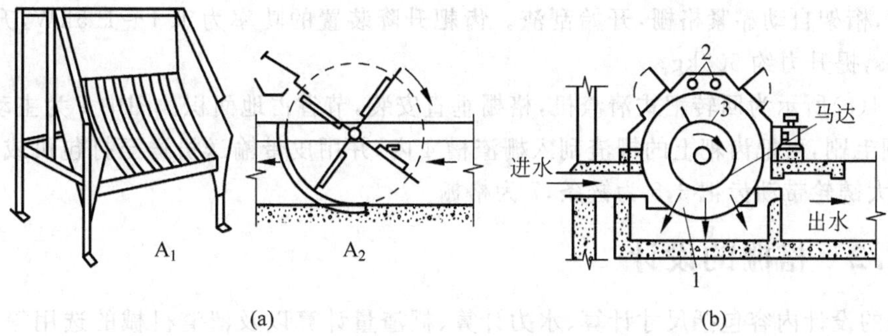

图 3-3　曲面格栅

(a) 固定曲面格栅，A_1 为格栅，A_2 为滑渣桨板；(b) 旋转鼓筒式格栅

1—鼓筒；2—冲洗水管；3—渣栅

机械清渣格栅——当栅渣量大于 $0.2m^3/d$ 时，为改善劳动与卫生条件，都应采用机械清渣格栅。常用的清渣机械见图 3-4。

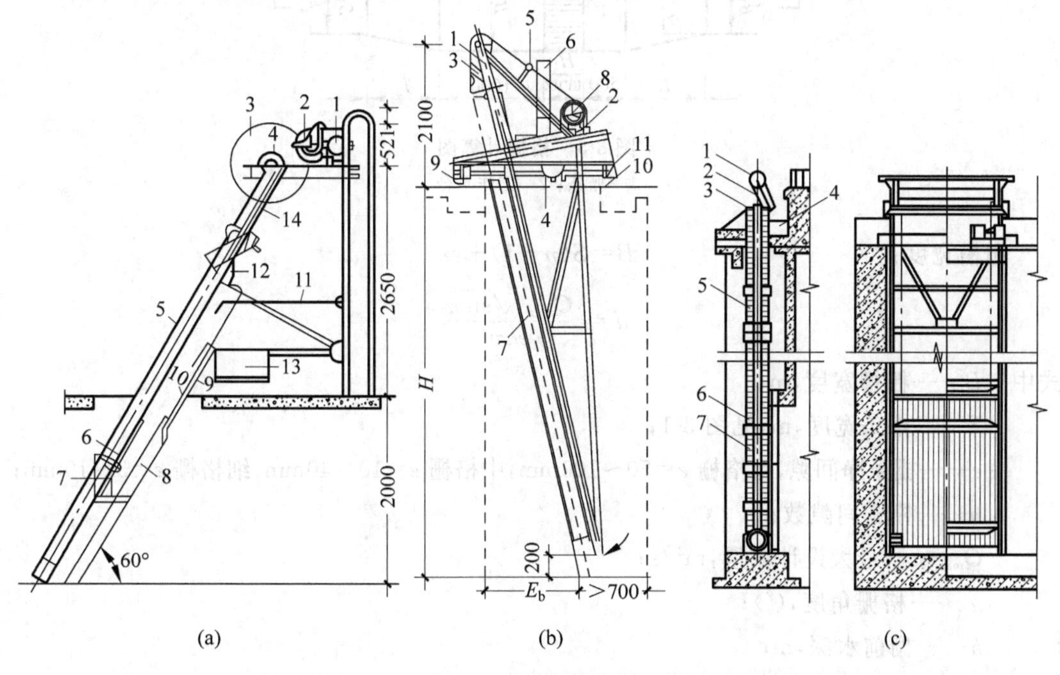

图 3-4　机械清渣格栅

(a) 固定式清渣机；(b) 活动清渣机；(c) 回转耙式清渣机

图 3-4(a)为固定式清渣机，清渣机的宽度与格栅宽度相等。电机 1 通过变速箱 2、3，带动轱辘 4，牵动钢丝绳 14、滑块 6 及齿耙 7，使沿导轨 5 上下滑动清渣。被刮的栅渣沿溜板 9，经刮板 11 刮入渣箱 13，用粉碎机破碎后，回落入污水中一起处理，8 为栅条，10 为导板，12 为挡板。

图 3-4(b)为活动清渣机，当格栅的宽度大，可采用活动清渣机，沿格栅宽度方向左右移动进行清渣。清渣机由平台及桁架 1、行走车架 2、齿耙 3、桁架的移动装置(4,6,9,10,11)、齿耙升降装置(3,5,8)以及栅条 7 组成。在齿耙下降时，桁架会自动转离格栅，齿耙降至格

栅底部时，桁架自动靠紧格栅，开始刮渣。齿耙升降装置的功率为 1.1～1.5kW，升降速度为 10cm/s，提升力约 500kg。

图 3-4(c)所示为回转耙式清渣机，格栅垂直安装，节省占地面积。图中 1 为主动二次链轮，2 为圆毛刷，可把齿耙上的栅渣刮入栅渣槽 4 内，并用皮带输送机送至打包机或破碎机，3 为主动大链轮带动齿耙 6，5 为链条，7 为格栅。

3.1.2 格栅的设计

格栅的设计内容包括尺寸计算、水力计算、栅渣量计算以及清渣机械的选用等。图 3-5 为格栅计算图。

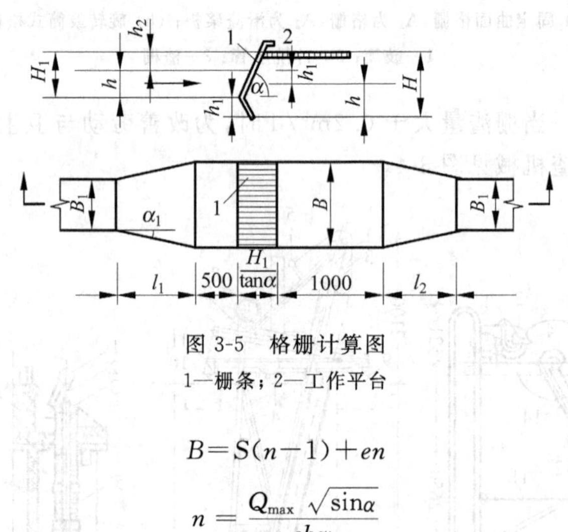

图 3-5 格栅计算图

1—栅条；2—工作平台

栅槽宽度：

$$B=S(n-1)+en$$

$$n=\frac{Q_{max}\sqrt{\sin\alpha}}{ehv}$$

式中 B——栅槽宽度，m；

S——格条宽度，m，见图 3-1；

e——栅条净间隙，粗格栅 $e=50\sim100$mm，中格栅 $e=10\sim40$mm，细格栅 $e=3\sim10$mm；

n——格栅间隙数；

Q_{max}——最大设计流量，m^3/s；

α——格栅角度，(°)；

h——栅前水深，m；

v——过栅流速，m/s，最大设计流量时为 0.8～1.0m/s，平均设计流量时为 0.3m/s。

过栅的水头损失：

$$h_1=kh_0$$

$$h_0=\xi\frac{v^2}{2g}\sin\alpha$$

式中 h_1——过栅水头损失，m；

h_0——计算水头损失，m；

g——重力加速度，$9.81m/s^2$；

k——系数，格栅受污物堵塞后，水头损失增大的倍数，一般 $k=3$；

ξ——阻力系数，与栅条断面形状有关，$\xi=\beta\left(\frac{S}{e}\right)^{\frac{4}{3}}$，当为矩形断面时，$\beta=2.42$。

为避免造成栅前涌水，故将栅后槽底下降 h_1 作为补偿，见图 3-5。

栅槽总高度：

$$H = h + h_1 + h_2$$

式中　H——栅槽总高度，m；

h——栅前水深，m；

h_2——栅前渠道超高，m，一般用 0.3m。

栅槽总长度：

$$L = l_1 + l_2 + 1.0 + 0.5 + \frac{H_1}{\tan\alpha}$$

$$l_1 = \frac{B - B_1}{2\tan\alpha_1}$$

$$l_2 = \frac{l_1}{2}$$

$$H_1 = h + h_2$$

式中　L——栅槽总长度，m；

H_1——栅前槽高，m；

l_1——进水渠道渐宽部分长度，m；

B_1——进水渠道宽度，m；

α_1——进水渠道展开角，一般用 20°；

l_2——栅槽与出水渠连接渠的渐缩长度，m。

每日栅渣量计算：

$$W = \frac{Q_{\max} W_1 \times 86\,400}{K_{总} \times 1000}$$

式中　W——每日栅渣量，m^3/d；

W_1——栅渣量（$m^3/10^3m^3$ 污水），取 0.1～0.01，粗格栅用小值，细格栅用大值，中格栅用中值；

$K_{总}$——生活污水流量总变化系数，见表 3-1。

表 3-1　生活污水流量总变化系数 $K_{总}$

平均日流量/(L/s)	4	6	10	15	25	40	70	120	200	400	750	1600
$K_{总}$	2.3	2.2	2.1	2.0	1.89	1.80	1.69	1.59	1.51	1.40	1.30	1.20

3.2　沉砂池的种类与设计

沉砂池的功能是去除比重较大的无机颗粒（如泥砂、煤渣等，相对密度约为 2.65）。沉砂池一般设于泵站、倒虹管前，以便减轻无机颗粒对水泵、管道的磨损；也可设于初次沉淀池前，以减轻沉淀池负荷及改善污泥处理构筑物的处理条件。常用的沉砂池有平流沉砂池、曝气沉砂池和钟式沉砂池等。

3.2.1 平流沉砂池

1. 平流沉砂池的构造

平流沉砂池由入流渠、出流渠、闸板、水流部分及沉砂斗组成，见图3-6。它具有截留无机颗粒效果较好、工作稳定、构造简单、排沉砂较方便等优点。

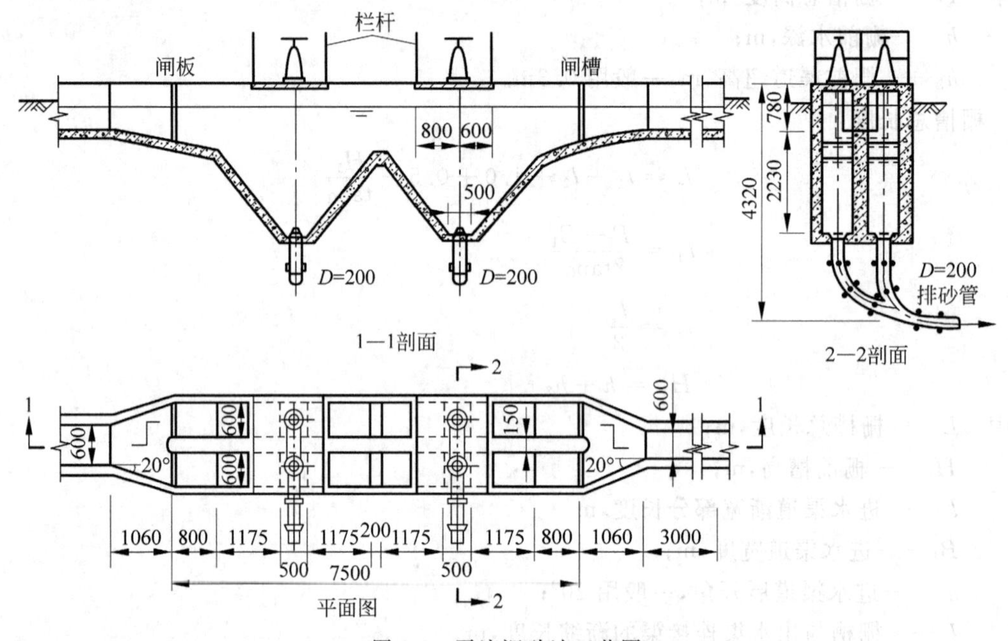

图3-6 平流沉砂池工艺图

2. 平流沉砂池的设计

1) 平流沉砂池的设计参数

设计参数是按去除比重为2.65，粒径大于0.2mm的砂粒确定的。主要参数有：

(1) 设计流量的确定：污水自流入池时，应按最大设计流量计算；当污水用水泵抽升入池时，按工作水泵的最大组合流量计算；合流制处理系统，按降雨时的设计流量计算。

(2) 设计流量时的水平流速：最大流速为0.3m/s，最小流速是0.15m/s。这样的流速范围，可基本保证无机颗粒能沉掉，而有机物不能下沉。

(3) 最大设计流量时，污水在池内的停留时间不少于30s，一般为30～60s。

(4) 设计有效水深不应大于1.2m，一般采用0.25～1.0m，每格池宽不宜小于0.6m。

(5) 沉砂量的确定：生活污水按每人每天0.01～0.02L计，城市污水按每10万m^3污水的砂量为$3m^3$计，沉砂含水率约为60%，容重1.5t/m，贮砂斗的容积按2d的沉砂量计，斗壁倾角55°～60°。

(6) 沉砂池超高不宜小于0.3m。

2) 计算公式

(1) 沉砂池水流部分的长度

沉砂池两闸板之间的长度为水流部分长度：

$$L = vt$$

式中 L——水流部分长度,m;

v——最大流速,m/s;

t——最大设计流量时的停留时间,s。

(2) 水流断面积

$$A=\frac{Q_{\max}}{v}$$

式中 A——水流断面积,m^2;

$Q_{\max}$——最大设计流量,m^3/s。

(3) 池总宽度

$$B=\frac{A}{h_2}$$

式中 B——池总宽度,m;

h_2——设计有效水深,m。

(4) 沉砂斗容积

$$V=\frac{86\,400Q_{\max}tx_1}{10^5K_{总}} \quad 或 \quad V=Nx_2t'$$

式中 V——沉砂斗容积,m^3;

x_1——城市污水沉砂量,$3m^3/10^5m^3$;

x_2——生活污水沉砂量,L/(人·d);

t'——清除沉砂的时间间隔,d;

$K_{总}$——流量总变化系数;

N——沉砂池服务人口数。

(5) 沉砂池总高度

$$H=h_1+h_2+h_3$$

式中 H——总高度,m;

h_1——超高,0.3m;

h_3——贮砂斗高度,m。

(6) 验算

按最小流量时,池内最小流速 $v_{\min}\geqslant 0.15$m/s 进行验算。

$$v_{\min}=\frac{Q_{\max}}{n\omega}$$

式中 $v_{\min}$——最小流速,m/s;

$Q_{\min}$——最小流量,m^3/s;

n——最小流量时,工作的沉砂池个数;

ω——工作沉砂池的水流断面面积,m^3。

3. 平流沉砂池的排砂装置

平流沉砂池常用的排砂方法与装置主要有重力排砂与机械排砂两类。重力排砂方法排砂的含水率低,排砂量容易计算,缺点是沉砂池需要高架或挖小车通道。机械排砂法自动化程度高,排砂含水率低,工作条件好。机械排砂法还有链板刮砂法、抓斗排砂法等。中、大型污水处理厂应采用机械排砂法。

3.2.2 曝气沉砂池

平流沉砂池的主要缺点是沉砂中约夹杂有15%的有机物，使沉砂的后续处理增加难度。故常需配洗砂机，把排砂经清洗后，有机物含量低于10%，称为清洁砂，再外运。曝气沉砂池可克服这一缺点。

1. 曝气沉砂池的构造

曝气沉砂池呈矩形，池底一侧有 $i=0.1\sim0.5$ 的坡度，坡向另一侧的集砂槽。曝气装置设在集砂槽侧，空气扩散板距池底 0.6～0.9m，使池内水流作旋流运动，无机颗粒之间的互相碰撞与摩擦机会增加，把表面附着的有机物磨去。此外，由于旋流产生的离心力，把相对密度较大的无机物颗粒甩向外层并下沉，相对密度较轻的有机物旋至水流的中心部位随水带走。可使沉砂中的有机物含量低于10%。集砂槽中的砂可采用机械刮砂、空气提升器或泵吸式排砂机排除。图3-7为曝气沉砂池剖面。

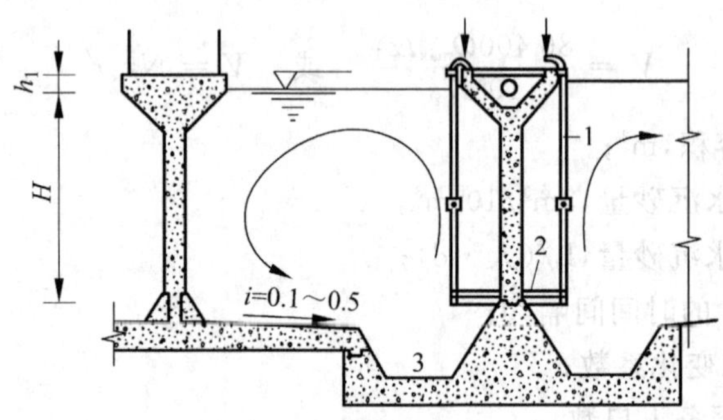

图3-7 曝气沉砂池剖面图

1—压缩空气管；2—空气扩散板；3—集砂槽

2. 曝气沉砂池设计

1) 设计参数

(1) 旋流速度控制在 0.25～0.30m/s 之间；

(2) 最大时流量的停留时间为 1～3min、水平流速为 0.1m/s；

(3) 有效水深为 2～3m，宽深比为 1.0～1.5，长宽比可达 5；

(4) 曝气装置，可采用压缩空气竖管连接穿孔管(穿孔孔径为 2.5～6.0mm)或压缩空气竖管连接空气扩散板，每 m^3 污水所需曝气量为 0.1～0.2m^3 或每 m^2 池表面积 3～5m^3/h。

2) 计算公式

(1) 总有效容积

$$V = 60Q_{max}t$$

式中 V——总有效容积，m^3；

Q_{max}——最大设计流量，m^3/s；

t——最大设计流量时的停留时间，min。

(2) 池断面积

$$A = \frac{Q_{max}}{v}$$

式中　A——池断面积，m^2；

v——最大设计流量时的水平前进流速，m/s。

（3）池总宽度

$$B = \frac{A}{H}$$

式中　B——池总宽度，m；

H——有效水深，m。

（4）池长

$$L = \frac{V}{A}$$

式中　L——池长，m。

（5）所需曝气量

$$q = 3600DQ_{max}$$

式中　q——所需曝气量，m^3/h；

D——每 m^3 污水所需曝气量，m^3/m^3。

3.2.3　钟式沉砂池

1. 钟式沉砂池的构造

钟式沉砂池是利用机械力控制水流流态与流速，加速砂粒的沉淀并使有机物随水流带走的沉砂装置。沉砂池由流入口、流出口、沉砂区、砂斗、带变速箱的电动机、传动齿轮、压缩空气输送管、砂提升管以及排砂管组成。污水由流入口切线方向流入沉砂区，利用电动机及传动装置带动转盘和斜坡式叶片，由于所受离心力的不同，把砂粒甩向池壁，掉入砂斗，有机物被送回污水中。调整转速，可达到最佳沉砂效果。沉砂用压缩空气经砂提升管、排砂管清洗后排除，清洗水回流至沉砂区，排砂达到清洁砂标准。钟式沉砂池工艺见图 3-8。

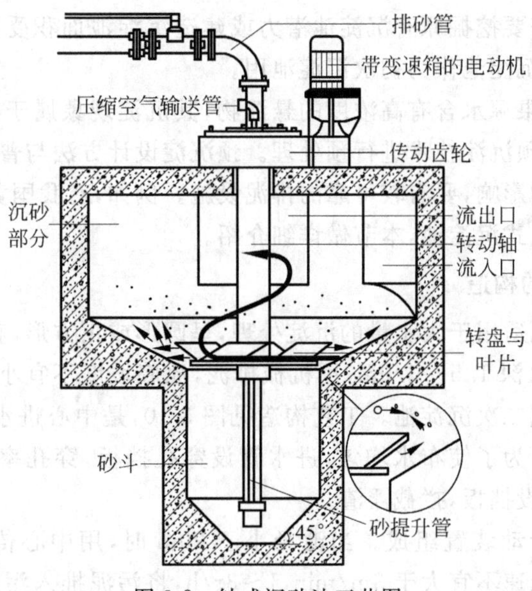

图 3-8　钟式沉砂池工艺图

2. 钟式沉砂池的设计

钟式沉砂池的各部分尺寸标于图 3-9。

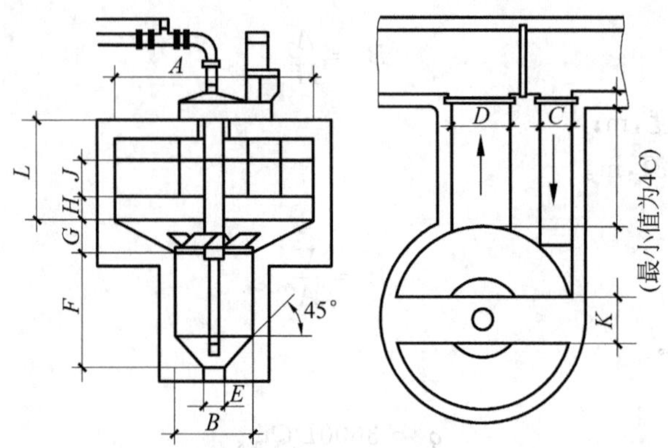

图 3-9 钟式沉淀池各部分尺寸图

3.3 沉淀预处理的应用

沉淀池是分离悬浮物的一种常用处理构筑物。按工艺要求不同可分为初次沉淀池和二次沉淀池。初次沉淀池是一级污水处理厂的主体处理构筑物，或作为二级污水处理厂的预处理构筑物设在生物处理构筑物的前面。处理的对象是悬浮物质（英文缩写为 SS，约可去除 40%～55%以上），同时可去除部分 BOD_5（约占总 BOD_5 的 20%～30%，主要是悬浮性 BOD_5），可改善生物处理构筑物的运行条件并降低其 BOD_5 负荷。初次沉淀池中沉淀的物质称为初次沉淀污泥。

沉淀池按池内水流方向的不同，主要可分为平流式沉淀池、辐流式沉淀池和竖流式沉淀池（详见第 4 章）。当需要挖掘原有沉淀池潜力或建造沉淀池面积受限制时，通过技术经济比较，可采用斜板（管）沉淀池作为初次沉淀池用。

在给水处理中，如果源水含有高浓度的悬浮物，其沉淀现象属于拥挤沉淀，一般不向水中投加絮凝剂，可采用预沉淀技术进行预处理。预沉淀设计方法与普通沉淀池基本相同，但要考虑高浓度悬浮物的影响，要有较可靠的排泥设施。例如，对我国黄河水（高浊度水）的预沉淀处理一般采用辐流式沉淀池，本节做详细介绍。

1. 辐流式沉淀池的构造

普通辐流式沉淀池适用于大水量的沉淀处理，呈圆形或正方形，直径（或边长）6～60m，最大可达 100m，池周水深 1.5～3.0m，用机械排泥，池底坡度不宜小于 0.05。辐流式沉淀池可用作初次沉淀池或二次沉淀池。工艺构造见图 3-10，是中心进水，周边出水，中心传动排泥的辐流式沉淀池。为了使布水均匀，进水管设穿孔挡板，穿孔率为 10%～20%。出水堰亦采用锯齿堰，堰前设挡板，拦截浮渣。

刮泥机由桁架及传动装置组成。当池径小于 20m 时，用中心传动；当池径大于 20m 时，用周边传动，周边线速不宜大于 3m/min，1～3r/h，将污泥推入污泥斗，然后用静水压力或污泥泵排除。当作为二次沉淀池时，沉淀的活性污泥含水率高达 99%以上，不可能被刮板刮除，可采用静水压力法排泥。

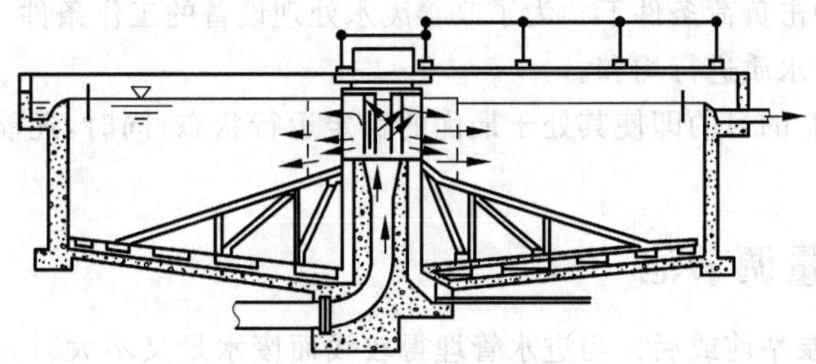

图 3-10 普通辐流式沉淀池工艺图

2. 辐流式沉淀池的设计

1）每座沉淀池表面积和池径

$$A_1 = \frac{Q_{\max}}{nq_0}$$

$$D = \sqrt{\frac{4A_1}{\pi}}$$

式中 A_1——每池表面积，m；

D——每池直径，m；

n——池数；

q_0——表面水力负荷，$m^3/(m^2 \cdot h)$，见前。

2）沉淀池有效水深

$$h_2 = q_0 t$$

式中 h_2——有效水深，m；

t——沉淀时间，见前。

池径与水深比宜用 6～12。

3）沉淀池总高度

$$H = h_1 + h_2 + h_3 + h_4 + h_5$$

式中 H——总高度，m；

h_1——保护高，取 0.3m；

h_2——有效水深，m；

h_3——缓冲层高，m，非机械排泥时宜为 0.5m；机械排泥时，缓冲层上缘宜高于刮泥板 0.3m；

h_4——沉淀池底坡落差，m；

h_5——污泥斗高度，m。

3.4 调节池的分类

工业废水与城市污水的水量、水质都是随时间的转移而不断变化着的，有高峰流量和低峰流量，也有高峰浓度和低峰浓度。流量和浓度的不均匀往往给处理设备的正常运转带来不少困难,或者使其无法保持在最优的工艺条件下运行;或者使其短时无法工作,甚至遭受破坏,如在过大的冲击负荷条件下。为了改善废水处理设备的工作条件,在许多情况下需要对水量进行调节,对水质进行均和。

“调节”和“均和”的目的即使其处于最优的稳定运行状态,同时,还能减小设备容积,降低成本。

3.4.1 水量调节池

调节池可设于泵站前或后。当进水管埋得较浅而废水量又不大时,与泵站吸水井合建较为经济,否则,应单独建造于泵站后。建于泵站前时,泵站容量较小;反之,泵站容量就大。

废水自流进入调节池时,进水管应等于或高于最高水位。为了保证出水均匀,可采用水泵抽吸或浮子排水等方式。

3.4.2 水质调节池

水质调节的任务是对不同时间或不同来源的废水进行混合,使流出水质比较均匀。水质调节池也称均和池或匀质池。

水质调节的基本方法有如下两种。

(1) 利用外加动力(如叶轮搅拌、空气搅拌、水泵循环)而进行的强制调节,其设备较简单,效果较好,但运行费用高。

(2) 利用差流方式使不同时间和不同浓度的废水进行自身水力混合,基本没有运行费,但设备结构较复杂。

图 3-11 为一种外加动力的水质调节池,采用压缩空气搅拌。在池底设有曝气管,在空气搅拌作用下,使不同时间进入池内的废水得以混合。这种调节池构造简单,效果较好,并可防止悬浮物沉积于池内。最适宜在废水流量不大、处理工艺中需要预曝气以及有现成压缩空气的情况下使用。如果废水中存在易挥发的有害物质,则不宜使用该类调节池,此时可使用叶轮搅拌。

差流方式的调节池类型很多。图 3-12 所示为一种折流调节池。配水槽设在调节池上部,池内设有许多折流板,废水通过配水槽上的孔口溢流至调节池的不同折流板间,从而使某一时刻的出水中包含不同时刻流入的废水,也即其水质达到了某种程度的调节。

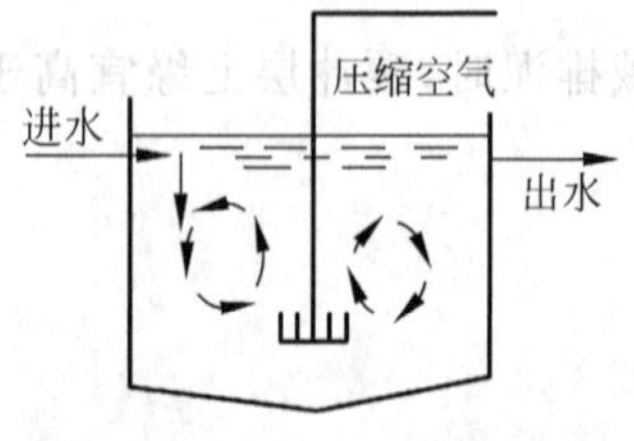

图 3-11 曝气均和池

图 3-12 折流调节池

另外,如图 3-13 为对角线出水调节池。对角线上的出水槽所接纳的废水来自不同的时间,也即浓度各不相同,这样就达到了水质调节的目的。为防止调节池内废水短路,可在池内设置一些纵向挡板，以增强调节效果。

调节池的容积可根据废水浓度和流量变化的规律以及要求调节的均和程度来确定。

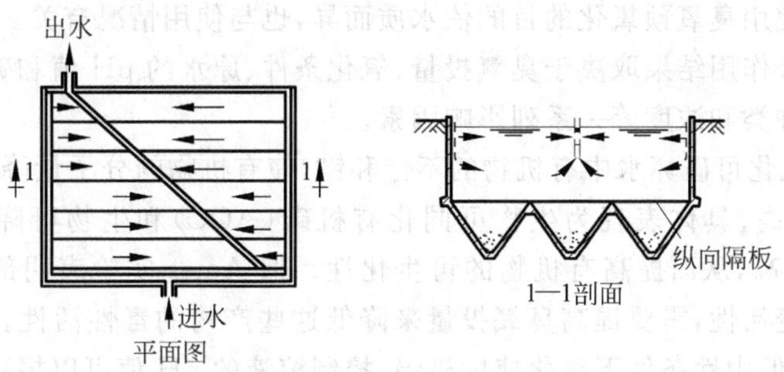

图 3-13　对角线出水调节池

3.5　饮用水预处理技术

随着工业和城市的发展，以及现代农业大量使用化肥和农药等，越来越多的污染物随着工业废水、生活污水、城市废水、农田径流、大气降水和垃圾渗滤液等进入水体，对水体形成了不同程度的污染，使得水中有害物质的种类和含量越来越多。

微污染水源是当前给水处理所面临的普遍问题，主要是有机物污染、高氨氮、消毒副产物和水质生物稳定性等。混凝、沉淀、过滤等常规处理方法对水中有机污染物(特别是溶解性有机物)及氨氮等去除效果有限，为此，往往需要在常规处理工艺的基础上，增加合适的预处理或深度处理，才能使自来水厂出厂水水质达到《生活饮用水卫生标准》。

预处理单元置于常规处理工艺之前，预处理的作用，主要是去除水中溶解性污染物，包括有机物和无机物，特别是有机物和氨氮等。

目前，常用的预处理方法有化学预氧化法、生物预处理法和粉末活性炭吸附法等。

3.5.1　化学预氧化法

通过在常规处理工艺之前向水源中投加化学氧化剂以去除水源中有机物的方法称为化学预氧化法。主要作用有去除微量有机物，除藻，除铁、锰、色及臭。常用的氧化剂有氯、臭氧、二氧化氯、高锰酸钾、高铁酸钾及其复合药剂等。这里主要介绍臭氧预氧化技术和高锰酸钾预氧化技术。

1. 臭氧预氧化技术

臭氧自 1876 年被发现具有很强的氧化性之后，就得到了广泛的研究和应用，尤其是在水处理领域。但在使用过程中仍存在很多问题，且单独氧化处理效果不是十分理想，仍需同其他工艺结合，以体现其优势。

通常臭氧作用于水中污染物有两种途径。一种是直接氧化，即臭氧分子和水中的污染物直接作用。这个过程中臭氧能氧化水中的一些大分子天然有机物，如腐殖酸、富里酸等；同时也能氧化一些挥发性有机污染物和一些无机污染物，如铁、锰离子。直接氧化通常具有一定选择性，即臭氧分子只能和水中含有不饱和键的有机污染物或金属离子作用。另一种途径是间接氧化，臭氧部分分解产生羟基自由基和水中有机物作用，间接氧化具有非选择性，能够和多种污染物反应。臭氧的强氧化性决定其与水中的污染物作用后可获得不同的处理效果，因此，使用臭氧预氧化的目的依水质而异，也与使用情况有关。研究表明，臭氧预氧化对水质的综合作用结果取决于臭氧投量、氧化条件、原水的 pH 值和碱度以及水中共存有机物与无机物种类和浓度等一系列影响因素。

(1) 臭氧预氧化可破坏水中有机物的不饱和键，使有机物的分子量降低，可溶解性有机物 DOC 的浓度升高，具体表现为生物可同化有机碳(AOC)和生物可降解溶解性有机碳(BDOC)的浓度升高，从而提高有机物的可生化性。但 Ames 实验表明部分氧化中间产物具有一定的致突变活性，需要提高臭氧投量来降低这些产物的毒性活性。此外臭氧也会将氨氧化成硝酸盐，但中性条件下氧化速度极慢，控制溶液的 pH 值可以提高反应速度。

(2) 对于具有较高硬度和较低 TOC 的原水，通常在 TOC 含量为 2.5mg/L 左右、硬度与 TOC 比值大于 250mg$CaCO_3$/mgTOC 时，低的臭氧投量(0.5～1.5mg/L)等条件下可起到助凝作用，提高混凝效果，但由于臭氧预氧化会提高水中有机酸的浓度，而部分有机酸会与混凝剂中的铁、铝离子络合，从而使得滤后水中铁或铝的总浓度升高，故需对其采取一定措施进行处理，以达到国家制定的生活饮用水水质标准；此外，臭氧氧化能够灭活水中的一些致病微生物，如细菌、病毒、孢子等，也能够强化去除藻类物质及其代谢产物，进一步提高常规给水处理的除藻效果，并且还可去除水中含有不饱和键的臭味物质。

(3) 对于氯化消毒副产物前质，臭氧预氧化可对其进行一定程度的破坏，或使之转化成副产物生成势相对较低的中间产物，但不可避免地也会升高一些其他物质的副产物生成势，同时产生一些臭氧副产物。实验表明，当水中溴离子浓度高时，采用臭氧预氧化工艺的水厂出水溴酸盐浓度普遍升高，臭氧氧化可将原水中的溴离子氧化成溴酸盐和次溴酸盐，溴酸盐本身具有致癌作用，而次溴酸盐与氯化消毒副产物前质作用，会生成毒性更强的溴代三氯甲烷，对人类造成更大的威胁。

上述作用结果表明，单纯使用臭氧氧化，出水水质并不十分理想，特别是对于氨氮的去除以及出水生物稳定性控制等，因此必须将臭氧预氧化与其他水处理工艺结合起来，如滤后采用活性炭吸附，或发展臭氧预氧化与生物活性炭联用技术，以进一步强化处理效果。虽然臭氧具有比较强的氧化性，但是其设备投资大，运行费用高，即使在发达国家，臭氧预氧化仍是一种昂贵的水处理技术。

2. 高锰酸钾预氧化技术

高锰酸钾具有去除水中有机污染物、除色、除臭、除味、除铁、除锰、除藻等功能，并具有助凝作用。高锰酸钾去除水中有机物的作用机理较为复杂，既有高锰酸钾的直接氧化作用，也有高锰酸钾在反应过程中形成的新生态水合二氧化锰对有机物的吸附和催化氧化作用。高锰酸钾氧化有机物受水的 pH 值影响较大。在酸性条件下，高锰酸钾氧化能力较强(pH=0 时，$E^{\ominus}=1.69V$)；在中性条件下，氧化能力较弱(pH=7.0 时，$E^{\ominus}=1.14V$)；在碱性条件下，氧化能力有所提高，有人认为可能是由于某种自由基生成的结果。

高锰酸钾使用方便，目前在给水处理中已多有应用。但高锰酸钾在 pH 值为中性条件下，氧化能力较差，且具有选择性。若过量投加高锰酸钾，处理后的水会有颜色，因此投量不易控制。

高锰酸钾复合药剂以高锰酸钾为核心，由多种组分复合而成，可充分发挥高锰酸钾与复合药剂中其他组分的协同作用，强化除污染效能。

3.5.2 生物预处理

生物处理法原本用于污水处理，有近百年的历史。由于近几十年来水源污染特别是有机物污染日益严重，生物处理法便引用到给水处理领域。生物氧化法是指在常规净水工艺前增设生物处理工艺，借助微生物群体的新陈代谢活动对水中有机污染物与氨氮、亚硝酸盐及铁、锰等无机污染物进行初步净化，改善水的混凝性能，减轻常规处理和后续深度处理的负荷，延长过滤或活性炭吸附等工艺的工作周期。给水处理中所用的好氧生物处理法是生物膜法，主要是接触氧化法和生物滤池法(包括塔式生物滤池和曝气生物滤池)，其基本理论和处理方法与污水处理相同。主要去除水中可生物降解有机物、水中氨氮与亚硝酸盐以及铁、锰、色、臭及浊度。

生物接触氧化法和塔式生物滤池的主要作用是降解微污染水中有机物和除氨氮。曝气生物滤池则兼有降解有机物、除氨氮和固液分离作用。上述生物处理法均用于微污染水源的预处理。

用生物预处理的主要优点是：运行费用低，对氨氮去除效果好。主要缺点是：处理效果受温度影响较大。

3.5.3 活性炭吸附

粉末活性炭(PAC)用于水处理已有约 70 年的历史，目前仍是水处理方法之一，最初 PAC 是用于去除水的色、臭、味。大量研究表明，PAC 对汞、铅、铬、锌等无机物和三氯苯酚、二氯苯酚、农药、THMs 前体物和藻类等均有很好的去除效果。PAC 应用的主要特点是：设备简单，投资少，应用灵活，对季节性水质变化和突发性水质污染适应能力强。但缺点是 PAC 不能再生回用。

PAC 通常用于微污染水源的预处理，其投加点一般在混凝前或与混凝剂同时投加，也可在混凝中端投加。投加点的选择，应考虑以下因素：①要保证与水快速、充分混合；②要保证与水有足够的接触时间。此外，还应考虑 PAC 与混凝的竞争。例如，混凝沉淀虽然以去除水的浊度为主，但在去除浊度的同时，也能部分去除水中有机物，包括部分大分子有机物和被絮凝体所吸附的部分小分子有机物。能被混凝沉淀去除的，尽量不动用 PAC，以减少 PAC 用量。从这个角度考虑，在混凝沉淀后、砂滤前投加 PAC 最好。但砂滤前投加 PAC 往往会堵塞滤层，或部分 PAC 穿透滤层使滤后水变黑。总之，PAC 投加点应根据原水水质和水厂处理工艺及构筑物布置慎重选择。据研究表明，PAC 投加点选择合适，在相同处理效果下，可节省 PAC 用量。一般情况下，用于微污染水预处理的 PAC 用量在 10～30mg/L 范围内。

PAC 投加方式有干式和湿式两种，目前常采用湿式投加法，即首先将 PAC 配制炭浆，而后定量、连续地投入水中，可以进行自动化投加。

以上这些方法均为饮用水预处理的常规技术方法。值得注意的是，对于各类具体的水源进行预处理时，并不拘泥于以上这些方法，应针对具体的水质特点选用不同的技术进行预处理。例如，当源水氨氮浓度较高时，除采用生物预处理法以外，还可以采用曝气法、折点加氯法和离子交换树脂法等来去除水中的氨氮。

思考题

3-1 污废水为什么要进行预处理？

3-2 试述沉淀池在废水处理中的作用。

3-3 在污水处理系统中，沉砂池的作用是什么？与平流式沉砂池相比，曝气沉砂池有什么优点？

3-4 常用的预处理方法有哪些？

3-5 废水均和调节有几种方式？各有什么优缺点？

3-6 水量调节池容积应该如何确定？正常运行的平流式沉淀池能否起到水量与水质的调节作用，为什么？

3-7 饮用水预处理技术有哪些？各有什么优缺点？

第4章 CHAPTER 4

颗粒分析与混凝

4.1 双电层的构造和界面电位

天然水体中含有大量细小的粘土颗粒，粒径很小，在 $1\times10^{-9}\sim1\times10^{-6}$m 之间，称为胶体颗粒(colloidal particles)。胶体分为亲水胶体和憎水胶体。亲水胶体与水分子有很好的亲和力，能自动形成真溶液，从而保持稳定的状态。而憎水胶体与水分子无亲和力，不会发生水合现象，一般水中无机粘土颗粒均属于憎水胶体。

4.1.1 胶体表面电荷的来源和双电层的构造

1. 胶体表面电荷的来源

胶体的表面电荷是产生双电层的根本原因，因此，研究表面电荷的来源能加深对这一问题的理解。水中胶体的表面电荷来源有下列 5 种情况。

(1) 同晶置换

粘土在水中带负电是典型的例子。硅和铝是粘土矿物中的两个主要阳离子。当粘土矿物晶格中的 Si^{4+} 离子被土壤或水中的大小大致一样的 Al^{3+} 或 Ca^{2+} 离子置换后，并不影响晶体的结构。同样，Al^{3+} 离子也可能被 Ca^{2+} 离子置换，这种置换现象称为同晶置换。粘土矿物发生同晶置换后，就表现为其表面带负电。

(2) 不溶的氧化物摄入 H^+ 或 OH^- 离子

以石英为例。石英砂表面的硅原子水合后产生硅烷醇基团≡SiOH，硅烷醇基团可以通过摄取 H^+ 而带正电或者通过摄取 OH^- 而带负电。但在水中，SiO_2 相对偏酸性，故一般 SiO_2 微粒总是带正电荷的。

(3) 有机物表面的基团离解

有机物物质表面的一些基团在水中离解，可以使表面带电荷。例如树脂表面的羧基可以如下式离解：

$$R—COOH \rightleftharpoons R—COO^- + H^+$$

当 pH 值较高时(H^+ 浓度低)，反应向右边进行，树脂表面因之带负电荷。pH 值低羟基不离解时，树脂表面不带电荷。

(4) 物质成分中阴、阳离子间的不等当量溶解

在水中的溶解度极小的结晶物质构成的颗粒，当其中的阴、阳离子呈不等当量溶解时就会使颗粒表面带电。AgI 是一个经典的例子，其溶度积$[Ag^+][I^-]=10^{-16}$。按溶度积的原

理，当水中I^-浓度小时，Ag^+的浓度必然要增加，以保持乘积为常数，这就引起 AgI 颗粒上Ag^+进入水中，使颗粒表面带负电。反之，当水中I^-浓度大时，水中的Ag^+就要回到 AgI 颗粒上，使颗粒表面带正电。

(5) 离子的特性吸附

表面活性剂和较简单的离子在颗粒表面上的特性吸附都可以使表面带电。表面活性剂分子一端为憎水基团，另一端为亲水基团，一般在水中离解成阳离子或阴离子的形式。表面活性剂憎水的一端牢固地吸附在颗粒表面上，亲水的一端则伸入水内。颗粒表面则随活性剂阳离子型或阴离子型而带同样的电荷。

2. 双电层的结构

由于固体表面所带的一层电荷的作用，在表面附近吸引了一层带电荷但正负号相反的离子，这两层电荷称为双电层，双电层与胶体颗粒本身构成一个整体。水中粘土胶体颗粒可以看成是大的粘土颗粒多次分割的结果。在分割面上的分子和离子改变了原来的平衡状态，所处的力场、电场呈现不平衡状况，具有表面自由能，因而表现出了对外的吸附作用。在水中其他离子的作用下，出现相对平衡的结构形式，如图 4-1 所示。

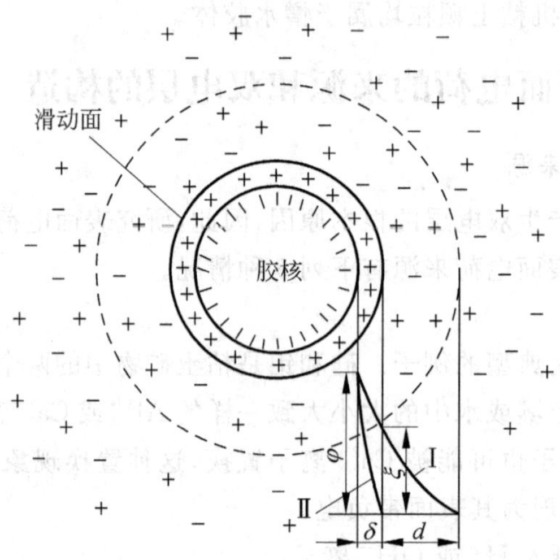

图 4-1 胶体双电层结构示意

由粘土颗粒组成的胶核表面上吸附或电离产生了电位离子层，具有一个总电位（ϕ 电位）。由于该层电荷作用，使其在表面附近从水中吸附了一层电荷符号相反的离子，形成了反离子吸附层。反离子吸附层紧靠胶核表面，随胶核一起运动，称为胶粒。总电位（ϕ 电位）和吸附层中的反离子电荷量并不相等，其差值称为 ζ 电位，又称动电位，也就是胶粒表面（或胶体滑动面）上的电位，在数值上等于总电位中和了吸附层中反离子电荷后的剩余值。胶体运动中表现出来的是动电位，而非总电位。当胶粒运动到任何一处，总有一些与 ζ 电位电荷符号相反的离子被吸附过来，形成反离子扩散层。于是，胶核表面所带的电荷和其周围的反离子吸附层、扩散层形成了双电层结构。双电层与胶核本身构成了一个整体电中性构造，又称为胶团。如果胶核带有正电荷（如金属氢氧化物胶体），构成的双电层结构和粘土胶粒构成的双电层结构正好相反。天然水中的胶体杂质通常是带负电荷的胶体。粘土胶体的 ζ 电位一般在 $-15\sim-30$mV 范围内；细菌的 ζ 电位在 $-30\sim-70$mV 范围内；藻类的 ζ 电位在－10～－15mV 范围内；生活污水的 ζ 电位在－15～－45mV 范围内。

ζ 电位的高低和水中杂质成分、粒径有关。同一种胶体颗粒在不同的水体中，因附着的细菌、藻类及其他杂质不同，所表现的 ζ 电位值不完全相同。以上所列 ζ 电位值，仅作为对地表水中一些杂质的了解。

带有 ζ 电位的憎水胶体颗粒在水中处于运动状态，并阻碍光线透过而使水体产生浑浊度。水的浑浊度高低不仅与含有的胶体颗粒的质量浓度有关，而且与胶体颗粒的分散程度（即粒径大小）有关。双电层的物理意义是水合膜的厚度、胶体排斥势能峰的高低以及胶体的稳定程度。

4.1.2　胶体间的相互作用位能和 DLVO 理论

1. 胶体间的相互作用位能

1）相斥位能

当同一物质的两个胶体颗粒相遇后，在它们间有两类力的作用，一类是双电层所产生的同电号斥力，一类是来源于颗粒的分子间的分子吸力。一般斥力大于吸力，故颗粒因布朗运动或其他原因相撞后互相弹回，使胶体保持稳定状态。只有在吸力大于斥力的条件下，颗粒才在相撞后吸在一起变成一个颗粒，其先决条件是胶体处于脱稳状态。脱稳的胶体发生互相吸引的现象，使在溶液中出现粒度逐渐长大的颗粒，这就是絮凝过程（aggregation）。

由于描述颗粒间的吸引作用时，用位能的概念最方便，因此在描述颗粒间的作用关系时，全部都以位能的概念代替力的概念。

颗粒间的双电层相斥位能的大小与颗粒的形状有关。球形颗粒的相斥位能 E_R 可表示为

$$E_R \approx \frac{1}{2}\varepsilon a \Psi_0^2 e^{-\kappa s_0} \tag{4-1}$$

式中　a、s_0、Ψ_0——颗粒的半径、表面距离和表面电位；

ε——水的界电常数；

κ——水中离子浓度的函数。

2）吸引位能

胶体间的相互吸引位能是由胶体中的分子产生的，因此简述一下两个分子间的作用力可以帮助对这种位能的了解。两个分子间同时存在排斥和吸引两种相互作用。斥力属于短程力，只有在两个分子十分接近，以致它们电子云交叉时才能发生。电子云重叠区域的电子密度减小了，分子中带正电荷的原子核失去部分屏蔽，因而产生相斥作用。

分子间的吸引力属于长程力，当两个分子间的电子云重叠不大时，这种力相当重要。一般所称的范德华引力即指这个引力。

两个颗粒间的吸引位能可表示为

$$V_A = A\iint \frac{dv_1 dv_2}{r^6} \tag{4-2}$$

式中　dv_1、dv_2——两个颗粒中的微元体积；

r——dv_1 中的分子和 dv_2 中的分子间的距离；

A——Hamaker 常数。

两个颗粒间的相互作用总位能即相斥位能减去吸引位能之值：

$$V_t = V_R - V_A \tag{4-3}$$

2. DLVO 理论

憎水胶体的稳定性可由它的双电层结构解释，但却是从两胶粒之间相互作用力及其与两胶粒之间的距离关系来进行评价和研究的。憎水胶体稳定性的双电层理论是由 Derjaguin、Landau、Verway 和 Overbeek 各自从胶粒间相互作用能的角度阐明胶粒的相互作用的，简称为 DLVO 理论。

DLVO 理论认为，由于胶体所带的电荷使颗粒间产生静电斥力作用，因而保持稳定。静电斥力与两胶粒表面间距 x 有关，用排斥势能 E_R 表示，如图 4-2 所示，E_R 随 x 增加按照指数关系减小。与斥力对应还普遍存在一个范德华型的引力作用，用吸引势能 E_A 表示，也与胶粒间距 x 有关，E_A 与 x 成反比关系。当斥力减小到某一程度，以致范德华引力占优势时，胶体就失去了稳定性，称为脱稳(destabilization)。脱稳的胶体颗粒会在互相碰撞后粘在一起，形成大致是永久性的聚集体。形成聚集体的过程称为絮凝作用或絮凝。絮凝和凝聚过程总称为混凝。

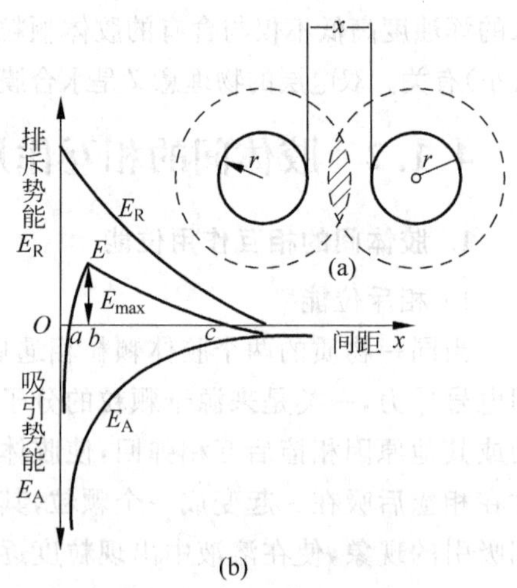

图 4-2 相互作用势能与颗粒距离关系

(a) 双电层重叠；(b) 势能变化曲线

由图 4-2 可知，总势能 E 随胶粒间距离 x 而变化。当两胶粒间距离很近，即 $x<oa$ 时，吸引势能占优势，两个颗粒可以相互吸引，胶体失去稳定性。当胶粒距离较远，如当 $oa<x<oc$ 时，排斥势能占优势，两个颗粒总是处在相斥状态。对于憎水性胶体颗粒而言，相碰时它们的胶核表面间隔着两个滑动面内的离子层厚度，使颗粒总处于相斥状态，这就是憎水胶体保持稳定性的根源。亲水胶体颗粒也是因为所吸附的大量分子构成的水壳。使它们不能靠近而保持稳定。当 $x=ob$ 时，排斥势能最大，称排斥能峰，用 E_{max} 表示。一般情况下，胶体颗粒布朗运动的动能不足以克服这个排斥能峰，所以胶粒不能聚合。

从图 4-2 还可以看出，当 $x>oc$ 时，两胶粒表现出相互吸引的趋势，可以发生远距离的相互吸引。但由于存在排斥能峰这一屏障，两胶粒仍无法靠近。只有当 $x<oa$ 时，吸引势能随间距急剧增大，凝聚才会发生。

用 DLVO 理论阐述典型憎水胶体的稳定性及相互凝聚机理与叔采-哈代(Schulze-Hardy)法则是一致的。叔采-哈代法则认为高价反离子压缩胶体扩散层远比低价反离子有效。

但是，DLVO 理论还不能完善地解释胶体稳定性，尚遭到一些胶体化学家的强烈反对。实际上，至少有一部分憎水胶体的稳定性是由于它们的表面带有水合层造成的，这个水合层阻碍了颗粒的直接接触。很多亲水胶体也会包在憎水胶体表面，增加了后者的稳定性。这类憎水胶体称为被护胶体。

4.1.3 混凝剂的水解反应与混凝机理

1. 混凝剂的水解反应

水处理中常用的混凝剂是铝盐和铁盐。主要有氯化铝系列和硫酸铁系列。本书主要介绍铝盐和铁盐的水解反应。

铝、铁盐絮凝剂的金属阳离子不论以何种形态投加，在水中都以三价铝或铁的各种化合物形态存在。对铝盐，在水中，即使铝以三价纯离子状态存在，也不是 Al^{3+}，而是以 $[Al(H_2O)_6]^{3+}$ 络合离子状态溶于水中。铝离子在水中的存在形态也会因 pH 值变化相应变化。当 pH ＜3 时，水合铝络离子是主要存在的形态；pH 值升高，这种水合铝络离子就会发生配位水分子水解，生成各种羟基铝离子；随着 pH 值的进一步升高，水解逐级进行，将从单核单羟基水解成单核三羟基铝离子，最终将会产生氢氧化铝沉淀物，这个过程是可逆的。

上面是理论上的论述，而实际反应要复杂得多。当 pH＞4 时，羟基离子增加，各离子的羟基之间还会有桥连作用，产生多核羟基络合物等复杂的高分子缩聚物。这些高分子缩聚反应物还会继续水解，水解与缩聚反应交错进行，平衡产物将是聚合度极大的中性氢氧化铝。当其数量超过其溶解度时，则出现氢氧化铝沉淀。可知铝盐的水解产物主要有：单体形态；中小型单核或多核羟基配合物；大型多核羟基配合物。

在整个反应过程中，Al^{3+}、$Al(OH)^{2+}$、$Al(OH)_3$、$Al(OH)_4^-$ 等简单成分以及多种聚合离子，如 $[Al_6(OH)_{14}]^{4+}$、$[Al_7(OH)_{17}]^{4+}$、$[Al_8(OH)_{20}]^{4+}$、$[Al_{13}(OH)_{34}]^{5+}$ 等成分，都会同时出现。它们必然影响混凝过程，其中高价的聚合正离子中和粘土胶粒的负电荷、压缩其双电层的能力都很大，有利于混凝过程的进行。当产生的无机聚合物带有负离子时，很难靠电荷中和作用，主要依靠吸附架桥的作用使粘土胶粒脱稳。

图 4-3 所示是在无其他复杂离子干扰的情况下，加入浓度为 0.0001mol/L 的高氯酸铝，达到化学平衡时，不同 pH 值范围内存在的各种水解产物，图中仅绘出了各种单核形态的水解产物，多核形态的水解产物主要包括在 $Al(OH)_3$ 部分里。当 pH 值为 5 时，即可出现 $Al(OH)_3$ 并逐步增多；当 pH 值达到 8 左右时，氢氧化铝沉淀物又重新溶解，继续水解成带负电荷的络合离子；当 pH 值大于 8.5 时，络合阴离子将成为三价铝的主要存在形态。

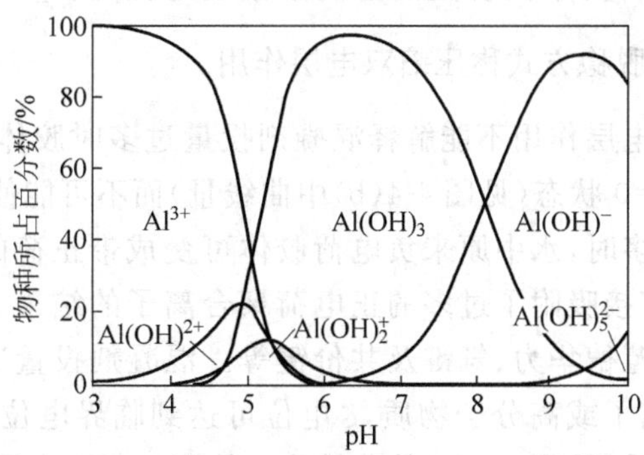

图 4-3　浓度 10^{-4} mol/L 高氯酸铝（$AlClO_4$）的水解物种

一般来说，天然水的 pH 值通常在 8.5 以下，在反应过程中还可能降低。所以负离子的络合物一般不会出现。三价铝的主要存在形态随着 pH 值的变化存在一定的规律，在一定的 pH 值范围内存在不同形态的化合物，只是其所占比例存在差异，每个 pH 值都以一种形态为主，其他为辅。

上面讨论了氢氧根离子与铝的结合，实际上在水溶液中还有其他负离子，如硫酸根、磷酸根等，它们也会与三价铝离子形成络合物。三价铁盐化合物在水溶液中的存在形态变化规律与三价铝基本相似，但其相应的 pH 值比三价铝略低。

2. 混凝机理

水处理中的混凝现象比较复杂。不同种类混凝剂以及不同的水质条件，使混凝剂作用机理有所不同。许多年来，水处理专家们从铝盐和铁盐混凝现象开始，对混凝剂作用机理进行了不断研究，理论也获得不断发展。DLVO 理论的提出，使胶体稳定性及在一定条件下的胶体凝聚的研究取得了巨大进展。但 DLVO 理论并不能全面解释水处理中的一切混凝现象。当前，比较一致的看法是，混凝剂对水中胶体粒子的混凝作用有三种：电性中和、吸附架桥和卷扫作用。这三种作用究竟以何者为主，取决于混凝剂种类和投加量、水中胶体粒子性质、含量以及水的 pH 值等。这三种作用有时会同时发生，有时仅其中一两种机理起作用。目前，这三种作用机理尚限于定性描述，今后的研究目标将以定量计算为主。实际上，定量描述的研究近年来也已开始。

1）电性中和

根据 DLVO 理论，要使胶粒通过布朗运动相撞聚集，必须降低或消除排斥能峰。吸引势能与胶粒电荷无关，它主要决定于构成胶体的物质种类、尺寸和密度。对于一定水质，胶粒这些特性是不变的。因此，降低排斥能峰的办法即是降低或消除胶粒的 ξ 电位。在水中投入电解质可达此目的。

对于水中负电荷胶粒而言，投入的电解质——混凝剂，应是正电荷离子或聚合离子。如果是正电荷离子，如 Na^+、Ca^{2+}、Al^{3+} 等，其作用是压缩胶体双电层，为保持胶体电性中和所要求的扩散层厚度，从而使胶体滑动面上的 ζ 电位降低，见图 4-4。$\zeta=0$ 时称等电状态，此时排斥势能消失。实际上，只要将 ζ 电位降至一定程度（如 $\zeta=\zeta_k$）使胶粒间的排斥能量小于胶粒布朗运动的动能，胶粒便发生聚集作用，这时的 ζ_k 电位称临界电位。根据叔采-哈代法则，高价电解质压缩胶体双电层的效果远比低价电解质有效。对负电荷胶体而言，为使胶体失去稳定性——“脱稳”，所需不同价数的正离子浓度之比为：$[M^+]:[M^{2+}]:[M^{3+}]=1:\left(\frac{1}{2}\right)^6:\left(\frac{1}{3}\right)^6$。这种脱稳方式称压缩双电层作用。

在水处理中，压缩双电层作用不能解释混凝剂投量过多时胶体重新稳定的现象。因为按这种理论，至多达到 $\zeta=0$ 状态（见图 4-4(b)中曲线Ⅲ）而不可能使胶体电荷符号改变。实际上，当水中铝盐投量过多时，水中原来负电荷胶体可变成带正荷的胶体。根据近代理论，这是由于带负电荷胶核直接吸附了过多的正电荷聚合离子的结果。这种吸附力，绝非单纯静电力，一般认为还存在范德华力、氢键及共价键等。混凝剂投量适中，通过胶核表面直接吸附带相反电荷的聚合离子或高分子物质，ζ 电位可达到临界电位，见图 4-4(c)中曲线Ⅱ。混凝剂投量过多，电荷变号，见图 4-4(c)的曲线Ⅲ。从图 4-4(c)和图 4-4(b)的区别可看出两种作用机理的区别。在水处理中，一般均投加高价电解质（如三价铝或铁盐）或聚合离子。以铝盐为例，只有当水的 $pH<3$ 时，$[Al(H_2O_6)^{3+}]$才起压缩扩散双电层作用。当 $pH>3$ 时，水中便出现聚合离子及多核羟基配合物。这些物质往往会吸附在胶核表面，分子量越大，吸附作用越强，如$[Al_{13}(OH)_{32}]^{7+}$与胶核表面的吸附强度大于$[Al_3(OH)_4]^{5+}$或$[Al_2(OH)_2]^{4+}$与胶核表面吸附强度。其原因，不仅在于前者正电价数高于后者，主要还是分子量远大于后者。带正电荷的高分子物质与负电荷胶粒吸附性更强。电性中和主要指图 4-4(c)所示的作用机理，故又称“吸附-电性中和”作用。在给水处理中，因天然水的 pH 值通常总是大于 3，故图 4-4(b)所示的压缩双电层作用甚微。

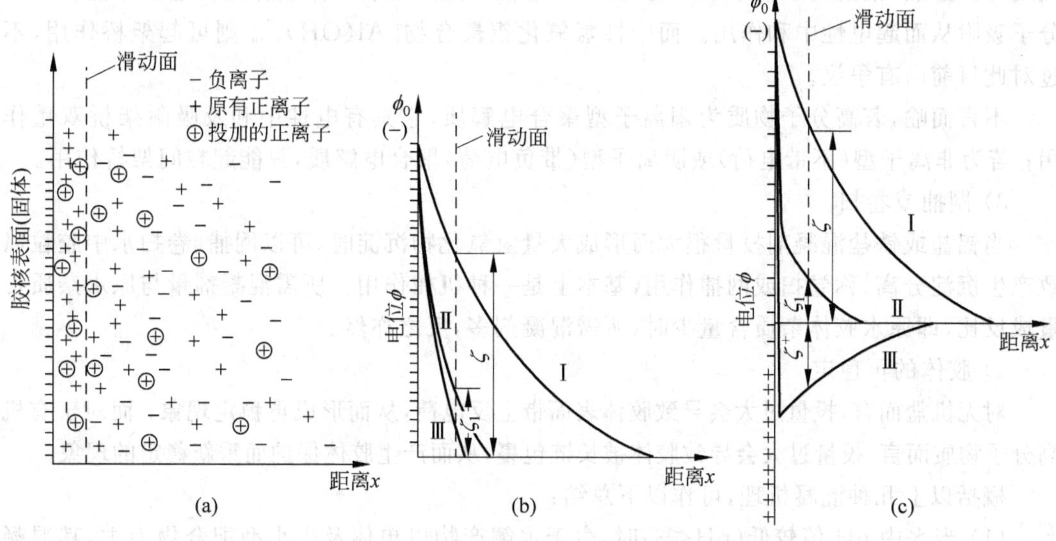

图 4-4　压缩双电层和吸附-电中和作用

2）吸附架桥

不仅带异性电荷的高分子物质与胶粒具有强烈吸附作用，不带电甚至带有与胶粒同性电荷的高分子物质与胶粒也有吸附作用。拉曼(Lamer)等通过对高分子物质吸附架桥作用的研究认为：当高分子链的一端吸附了某一胶粒后，另一端又吸附另一胶粒，形成"胶粒-高分子-胶粒"的絮凝体，如图 4-5 所示。高分子物质在这里起了胶粒与胶粒之间相互结合的桥梁作用，故称吸附架桥作用。当高分子物质投量过多时，将产生"胶体保护"作用，如图 4-6 所示。胶体保护可理解为：当全部胶粒的吸附面均被高分子覆盖以后，两胶粒接近时，就受到高分子的阻碍而不能聚集。这种阻碍来源于高分子之间的相互排斥(见图 4-6)。排斥力可能来源于"胶粒-胶粒"之间高分子受到压缩变形(像弹簧被压缩一样)而具有排斥势能，也可能由于高分子之间的电性斥力(对带电高分子而言)或水化膜。因此，高分子物质投量过少不足以将胶粒架桥连接起来，投量过多又会产生胶体保护作用。最佳投量应是既能把胶粒快速絮凝起来，又可使絮凝起来的最大胶粒不易脱落。根据吸附原理，胶粒表面高分子覆盖率为 1/2 时絮凝效果最好。但在实际水处理中，胶粒表面覆盖率无法测定，故高分子混凝剂投量通常由试验决定。

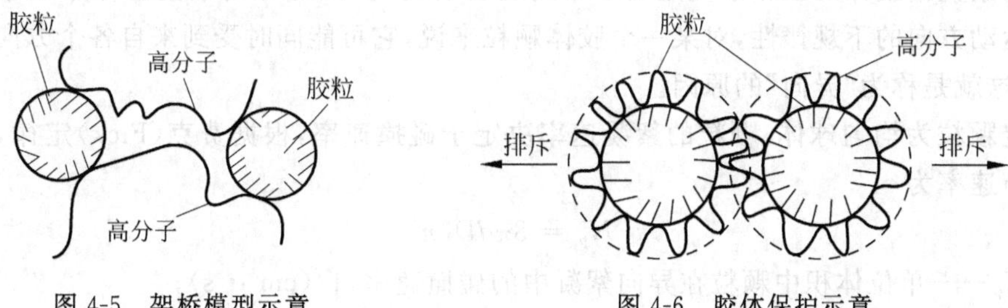

图 4-5　架桥模型示意　　图 4-6　胶体保护示意

起架桥作用的高分子都是线形分子且需要一定长度。长度不够不能起粒间架桥作用，只能被单个分子吸附。所需起码长度，取决于水中胶粒尺寸、高分子基团数目、分子的分枝程度等。显然，铝盐的多核水解产物，分子尺寸都不足以起粒间架桥作用。它们只能被单个分子吸附从而起电性中和作用。而中性氢氧化铝聚合物$[Al(OH)_3]_n$则可起架桥作用，不过对此目前尚有争议。

不言而喻，若高分子物质为阳离子型聚合电解质，它具有电性中和及吸附架桥双重作用；若为非离子型(不带电荷)或阴离子型(带负电荷)聚合电解质，只能起粒间架桥作用。

3) 网捕或卷扫

当铝盐或铁盐混凝剂投量很大而形成大量氢氧化物沉淀时，可以网捕、卷扫水中胶粒以致产生沉淀分离，称卷扫或网捕作用，基本上是一种机械作用。所需混凝剂量与原水杂质含量成反比，即原水胶体杂质含量少时，所需混凝剂多，反之亦然。

4) 胶体的再稳定

对无机盐而言，投量过大会导致胶体表面带上反电荷，从而形成再稳定现象；而对于有机高分子物质而言，投量过大会导致胶体被长链包裹，从而产生胶体保护而重新稳定的现象。

概括以上几种混凝机理，可作以下总结：

(1) 当水中pH值较低(pH<3)时，由于水解产物以单体及中小型配合物为主，其混凝机理主要以电性中和沉降过程为主。

(2) 当水中pH值较高时，由于水解产物以大型多核配合物为主，其混凝机理主要以吸附、卷扫沉降过程为主。

(3) 当水中pH值在5～6.5时，上述两种反应共存。

(4) 阳离子型高分子混凝剂可对负电荷胶粒起电性中和与吸附架桥双重作用，絮凝体一般比较密实。非离子型和阴离子型高分子混凝剂只能起吸附架桥作用。当高分子物质投量过多时，也产生"胶体保护"作用使颗粒重新悬浮。

4.2 絮凝动力学理论

4.2.1 异向絮凝动力学模型

由胶体间的相互作用位能可知，脱稳后的憎水胶体相互接触时就可能吸附在一起。根据产生颗粒相互接触的动力来源，可以把絮凝分成异向絮凝(perikinetic flocculation)和同向絮凝(orthokinetic flocculation)两种不同的类型。两种絮凝具有完全不同的速率表达式。

异向絮凝指胶体的互相碰撞是由于布朗运动引起的，因此异向絮凝也称布朗絮凝。由于布朗运动方向的不规律性，对某一个胶体颗粒来说，它可能同时受到来自各个方向的颗粒的碰撞，这就是称为"异向"的原因。

假定颗粒为均匀球体，颗粒的絮凝速率决定于碰撞速率，根据费克(Fick)定律，可得到颗粒碰撞速率为

$$N_p = 8\pi d D_B n^2 \tag{4-4}$$

式中 N_p——单位体积中颗粒在异向絮凝中的碰撞速率，$1/(cm^3 \cdot s)$；

d——颗粒直径，cm；

D_B——布朗运动扩散系数，cm^2/s；

n——颗粒数量浓度，个/cm^3。

扩散系数 D_B 用斯托克斯(Stokes)-爱因斯坦(Einstein)公式表示为

$$D_B = \frac{kT}{3\pi d\nu\rho} \tag{4-5}$$

式中 k——玻耳兹曼(Boltzmann)常数,$1.38\times10^{-16}\,g\cdot cm^2/(s^2\cdot K)$;

T——水的热力学温度,K;

ν——水的运动粘度,cm^2/s;

ρ——水的密度,g/cm^3。

将式(4-5)代入式(4-4)得

$$N_p = \frac{8}{3\nu\rho}kTn^2 \tag{4-6}$$

由式(4-6)可知,由布朗运动所造成的颗粒碰撞速率与水温成正比,与颗粒的数量浓度平方成正比,而与颗粒尺寸无关。这是由于一方面颗粒的增大虽然减少了两颗粒相撞的距离,但同时也影响了各自运动的速率,因此这两种因素相互抵消。

实际上,只有小颗粒才具有布朗运动。随着颗粒粒径增大,布朗运动将逐渐减弱。因此,式(4-6)也即异向絮凝适用于颗粒粒径小于 1μm 的情况。当颗粒粒径大于 1μm 时,布朗运动基本消失,必须通过同向絮凝来实现颗粒粒径的继续增长。

4.2.2 同向絮凝动力学模型

在水力或机械搅拌的作用下所造成的颗粒碰撞聚集过程称为同向絮凝。发生同向絮凝的条件也就是颗粒间的运动必须存在速度梯度。速度梯度是由于水的剪切流形成的,因此同向絮凝也称为剪切絮凝(shear flocculation)。同向絮凝在整个混凝过程中占有十分重要的地位。有关同向絮凝的理论,仍处于不断发展之中,至今尚无统一认识。本书简要介绍在层流条件下导出的颗粒碰撞凝聚公式。

水流处于层流状态下的流速分布如图 4-7 所示,i 和 j 颗粒均跟随水流前进。

图 4-7 层流条件下颗粒碰撞示意

由于 i 颗粒的前进速度大于 j 颗粒,则在某一时刻,i 与 j 必将碰撞。假定水中颗粒为均匀球体,即粒径 $d_i = d_j = d$,则在以 j 颗粒中心为圆心,以 R_{ij} 为半径的范围内的所有 i 和 j 颗粒均会发生碰撞。碰撞次数 N_0 为

$$N_0 = \alpha_0\frac{4}{3}n^2d^3G \tag{4-7}$$

$$G = \frac{\Delta u}{\Delta z} \tag{4-8}$$

式中 N_0——颗粒碰撞次数;

n——颗粒的数量浓度;

d——颗粒直径;

α_0——碰撞效率系数;

G——速度梯度,s^{-1};

Δu——相邻两流层的流速增量,cm/s;

Δz——垂直于水流方向的两流层之间距离,cm。

而

$$N_0 = -\frac{dn}{dt} \tag{4-9}$$

联合式(4-7)和式(4-9)并整理得

$$n = n_0 \cdot e^{-\alpha_0 \frac{8}{\pi}\phi G t} \tag{4-10}$$

由式(4-10)可得

$$GT = \frac{1}{\alpha_0 \frac{8}{\pi}\phi}(\ln n_0 - \ln n_T) \tag{4-11}$$

公式中 G 是控制混凝效果的水力条件，反映在 1s 内水中两种颗粒相碰撞的次数(s^{-1})。在絮凝设备中，往往以速度梯度 G 值作为重要的控制参数之一。而 GT 值则反映水中脱稳颗粒浓度减小的程度，也就间接反映了 $1m^3$ 水中两种颗粒碰撞次数的变化。

4.2.3 Camp-Stein 公式

式(4-7)和式(4-8)是以水流为层流的假定下得出的。实际上，在絮凝池中，水流并非层流，而总是处于紊流状态，流体内部存在大小不等的涡旋，除前进速度外，还存在纵向和横向脉动速度。为此，甘布(T. R. Camp)和斯泰因(P. C. Stein)通过一个瞬间受剪而扭转的单位体积水流所耗功率来计算 G 值以替代 $G=\Delta u/\Delta z$。公式推导如下。

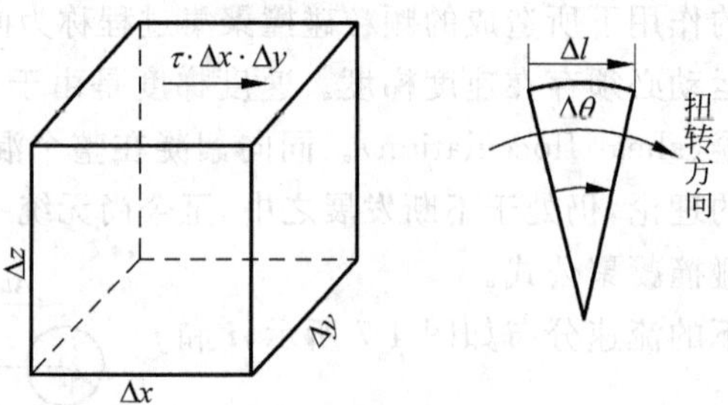

图 4-8 速度梯度计算图示

如图 4-8 所示，在被搅动的水流中，考虑一个瞬息受剪而扭转的隔离体 $\Delta x \cdot \Delta y \cdot \Delta z$。在隔离体受剪而扭转过程中，剪力做了扭转功。设在 Δt 时间内，隔离体扭转了 θ 角度，于是角速度 $\Delta\omega$ 为

$$\Delta\omega = \frac{\Delta\theta}{\Delta t} = \frac{\Delta l}{\Delta t} \cdot \frac{1}{\Delta z} = \frac{\Delta u}{\Delta z} = G \tag{4-12}$$

式中 Δu——扭转线速度；

G——速度梯度。

转矩 ΔJ 为

$$\Delta J = (\tau \Delta x \Delta y)\Delta z \tag{4-13}$$

式中，τ 为剪应力，$\tau\Delta x \cdot \Delta y$ 为作用在隔离体上的剪力。隔离体扭转所耗功率等于转矩与角速度的乘积。因此，单位体积水流所耗功率 P 为

$$P = \frac{\Delta J \cdot \Delta\omega}{\Delta x \cdot \Delta y \cdot \Delta z} = \frac{G \cdot \tau \cdot \Delta x \cdot \Delta y \cdot \Delta z}{\Delta x \cdot \Delta y \cdot \Delta z} = \tau G \tag{4-14}$$

根据牛顿内摩擦定律，$\tau=\mu G$，代入式(4-14)得

$$G=\sqrt{\frac{P}{\mu}} \tag{4-15}$$

式中　μ——水的动力粘度，Pa·s；

　　　P——单位体积流体所耗功率，W/m^3；

　　　G——速度梯度，s^{-1}。

用机械搅拌时，式(4-12)中的 P 由机械搅拌器提供，当采用水力絮凝池时，式中 P 应为水流本身能量消耗：

$$PV=\rho gQh \tag{4-16}$$

$$V=QT \tag{4-17}$$

式中　V——水流体积。

将式(4-16)和式(4-17)代入式(4-15)得

$$G=\sqrt{\frac{gh}{\nu T}} \tag{4-18}$$

式中　g——重力加速度，$9.8m/s^2$；

　　　H——混凝设备中的水头损失，m；

　　　ν——水的运动粘度，m^2/S；

　　　T——水流在混凝设备中的停留时间，s。

式(4-15)和式(4-18)就是著名的甘布公式。虽然甘布公式中的 G 值反映了能量消耗概念，但仍使用“速度梯度”这一名词，且一直沿用至今。

需要注意的是，甘布公式是从层流条件下推出的，无法用于紊流条件下的计算。同时，GT 值的控制范围太广，实际中很难操作。在混凝过程中，所施功率或 G 值越大，颗粒碰撞速率越大，絮凝效果越好；但当 G 值增大时，水流剪力也随之增大，已形成的絮凝体又有破碎的可能。因此，存在一个最佳 G 值的概念，就是既达到充分絮凝而又不致使絮体破碎的 G 值。

4.2.4　絮凝特性曲线

絮凝特性曲线如图 4-9 所示，图中絮凝程度(效果)曲线 A>B>C。由图中可以看出：

(1) P 点对应的反应时间最短，为 T_0，T_0 相应的 G_0 称为最佳 G 值。比如，当反应时间小于 T_0 时，如 T_B、T_C，反应效果在同一 G_0 值时下降至 B、C 曲线。因此，为了保证絮凝效果，一定的反应时间是必要的。

(2) 如果反应时间大于 T_0，如 T_1，则在同样的反应效果下，对应着两种速度梯度 G_1 和 G_1'，表明在 G_1 条件下，虽然颗粒碰撞速率增大，但絮体的破碎速率也随之增加。

(3) 在 T_1 时间内速率梯度再增大至 G_B，由于絮体破碎率大于反应速率，反应效果从而降至 B 曲线上，反应效果下降。因此，在一定的范围内存在着最佳 GT 值。

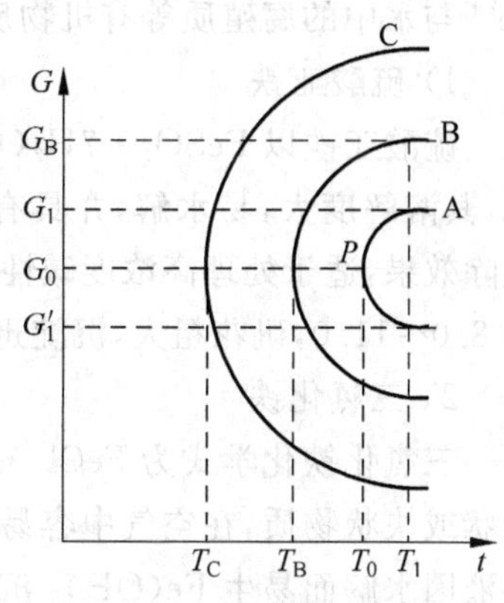

图 4-9　絮凝特性曲线

4.3 混凝剂和助凝剂的种类和应用

4.3.1 传统铁盐、铝盐混凝剂的应用

铝盐和铁盐的混凝剂是水处理中的两类常用药剂，下面分别加以介绍。

1. 铝盐

在世界范围内，水和废水处理使用最多的无机凝聚剂就是铝盐，尤其是 $Al_2(SO_4)_3$、$AlCl_3$ 和铝的复合盐明矾。

1）硫酸铝

硫酸铝化学式为[$Al_2(SO_4)_3 \cdot 18H_2O$]，固体为白色或微带灰色粉末或块状结晶，在空气中长期存放易吸潮结块。由于有少量 $FeSO_4$，产品表面发黄，有涩味，易溶于水，室温下在水中的质量分数为 50%，水溶液呈酸性，难溶于醇。

硫酸铝有固、液两种形态，我国常用的是固态硫酸铝。采用固态硫酸铝的优点是运输方便，但制造过程多了浓缩和结晶工序。如果水厂附近有硫酸铝制造厂，最好采用液态，这样可节省浓缩、结晶的生产费用。硫酸铝使用方便，但水温低时，硫酸铝水解较困难，形成的絮体比较松散，效果不及铁盐混凝剂。

2）氯化铝

氯化铝化学式为 $AlCl_3 \cdot 6H_2O$，为六方晶系无色片状透明结晶体，易溶于水，水溶液呈酸性，微溶于盐酸。工业用品因为含有铁、游离氯等杂质而呈淡黄色、深黄色、黄绿色和红棕色。

2. 铁盐

作为凝聚剂的无机铁盐主要有 $FeSO_4$、$FeCl_3$ 等。铁盐作为凝聚剂使用的优点是，形成的矾花密度和强度大；处理效果较好(尤其是对低温且硬度较高的原水，效果优于铝盐)，性质稳定，价格便宜，技术上成熟，广为人们接受。但用于水处理时，存在着用量大、成本高、腐蚀性强且在某些场合净水效果不理想的不足(例如当希望迅速处理量大的废水时以及由于 Fe^{2+} 与水中的腐殖质等有机物反应形成污染物而使自来水带色等)。

1）硫酸亚铁

硫酸亚铁以 $FeSO_4 \cdot 7H_2O$ 形式出现，俗称绿矾，呈蓝绿色，通常为颗粒状或晶体状粉末，其溶解度大，易水解，并具有一定的还原性，对水体中的色度、硫和 COD 等具有较好的脱除效果，适于处理高浓度碱性废水。该凝聚剂用量大，对设备腐蚀较严重，适用 pH 范围为 8.0～11.0，矾花粗大，沉淀迅速，絮凝效果良好，净化过程无刺激性气体产生。

2）三氯化铁

三氯化铁化学式为 $FeCl_3 \cdot 6H_2O$，分为固体和液体两种。固体产品为褐绿色六方晶系片状或块状物质，在空气中容易吸收水分而潮解。液体产品为红棕色溶液，易溶于水，其水溶液因水解而易生 $Fe(OH)_3$ 沉淀。三氯化铁在水体中形成的絮体粗大紧密，沉淀速度快，受温度影响较小，较适于处理高浊度原水、低温水和废水。具有强烈的吸水性，为包装、储存和运输带来不便，对设备有强腐蚀性，能腐蚀混凝土，且出水的残余铁含量易超标。最佳

pH 范围为 6.0～8.4。

4.3.2　无机高分子混凝剂

无机高分子混凝剂主要分为铝系聚合电解质和铁系聚合电解质两大类。

1. 铝系聚合电解质

铝系聚合电解质包括聚合氯化铝(PAC)和聚合硫酸铝(PAS)等。目前使用最多的是聚合氯化铝，我国也是研制 PAC 较早的国家之一。20 世纪 70 年代，PAC 得到广泛应用。

1) 聚合氯化铝

聚合氯化铝(PAC, aluminium polychloride)化学式为$[Al_2(OH)_nCl_{6-n}]_m$，式中 m 为聚合度，通常，$n=1\sim5$，$m\leqslant10$。产品有液体和固体两种。液体 PAC 为淡黄色或无色，但实际色泽因含杂质及盐基度大小不同而异，有黄褐色、灰黑色、灰白色多种。固体 PAC 色泽与液体产品类似，其形状也随盐基度而变。盐基度在 30%以下时为晶体；在 30%～60%为胶状物；在 60%以上时逐渐变为玻璃体或树脂状。固体 PAC 盐基度在 70%以上时不易潮解，而在 70%以下易吸潮并液化，不便保存。PAC 味酸涩，易溶于水并发生水解，加热到 110℃以上时发生分解，放出氯化氢，并分解为氧化铝。与酸作用发生解聚作用，使聚合度和碱度降低，最后变成为正铝盐。与碱作用使聚合度和碱度提高，最终可生成氢氧化铝沉淀或铝酸盐。

PAC 是由不同聚合度的各形态组分组成的水溶性混合体系，凝聚效率主要由它的形态分布和结构特征所决定。表征 PAC 的特征参数有 Al(Ⅲ)的总浓度 Al_t(Ⅲ)、溶液的 pH、盐基度 B 和老化时间 t 等。最主要的指标为盐基度，PAC 的许多其他特性如聚合度、电荷量、絮凝效能、制造时的工艺参数、制成品的 pH、使用时的稀释率、储存稳定性等都与盐基度有关。所谓盐基度，也就是根据 Al (Ⅲ)盐水解聚合的观点，将 PAC 看作是 $AlCl_3$ 中的 Cl^- 逐步被 OH^- 所代换的产物，从而将 PAC 中某种形态的羟基化程度称为盐基度，用与 Al(Ⅲ)结合羟基的量和总 Al(Ⅲ)量之比来表示，即

$$\text{盐基度 } B=([OH]/[Al])\times100\%$$

工业上[OH]和[Al]用当量数表示，范围为 0～100%；工业上用物质的量表示，B 值在 0～3.0 之间变化。我国各生产厂家的 PAC，其 B 值大多在 45%～70%之间，用物质的量表示时，B 值在 1.35～2.1 之间。盐基度所代表的形态只是各种存在形态的统计平均结果。即使有同样的盐基度，如果原料和制造工艺方法不同，制成品的基本形态和组成也会有所不同，其特性也随之有所差异。但是，无论如何，盐基度代表 PAC 中主要部分的形态，具有一种统计特性，仍然具有一定的应用价值。

2) 聚合硫酸铝

聚合硫酸铝(PAS, aluminium polysulfate)化学式为$[Al_2(OH)_n(SO_4)_{3-n/2}]_m$，通常 $m\leqslant10$。它与 PAC 絮凝性能相似，但具有更好的除浊、脱色性能，尤其适用于高浊水和低温水质净化处理，而且还具有更好的除氟效能。应用 PAS 凝聚剂处理废水，生成矾花大，沉降迅速，水中残留铝含量低。而且由于成分中不含有 Cl^-，而 SO_4^{2-} 易于沉淀，可有效地降低水质溶解盐效应和对水处理设施的腐蚀。

由于 PAS 在很多方面都具有其独特的应用效能，而且价格低廉，因而世界上许多国家对 PAS 开展了广泛的研究。PAS 易于结晶沉淀，尤其在高浓度条件下，较低碱化度就会产

生结晶沉淀，因此，合成制备商品化的PAS的最大难点在于高浓度产品的稳定性。所以，目前多数对于PAS的研究仍处于实验室研究开发阶段，其生产和应用在全世界也只有美国、日本、瑞典等国的少数几家公司。

2. 铁系聚合电解质

铁系聚合电解质主要包括聚合硫酸铁(PFS)和聚合氯化铁(PFC)。

1）聚合硫酸铁

聚合硫酸铁（PFS，polyferric sulphate）又称碱式硫酸铁，简称聚铁，结构式为$[Fe_2(OH)_n(SO_4)_{3-n/2}]_m$。其有固体和液体两种产品，液体产品为红褐色粘稠透明液体，固体为黄色无定型固体。PFS凝聚效果良好，凝聚体形成速度快，密集且质量大，沉降速度快。适用水体pH范围广，pH在4～11范围内均能形成稳定的絮凝体。具有较强的去除水中BOD、COD及重金属离子的能力，并且有脱色、脱臭、脱油等功效。残留的铁离子少而且腐蚀性小。PFS对低温低浊水有优良的处理效能，适合的水温为20～40℃。用聚铁净化水，不会增加亚硝氮及铁的含量，是优良安全的饮用水混凝剂。

PFS是由不同聚合度的各形态组分组成的水溶性混合体系，凝聚效率主要由它的形态分布和结构特征所决定。表征PFS的特征参数有Fe(Ⅲ)的总浓度、溶液的pH、盐基度B和老化时间t等。一般来说，聚铁的盐基度越高，其分子聚合度越大，形成的羟基配合物就具有更多的电荷和更大的表面积，其絮凝性能也就更好。

制备聚合硫酸铁有好几种方法，但目前基本上都是以硫酸亚铁为原料，采用不同氧化方法，将硫酸亚铁氧化成硫酸铁，同时控制总硫酸根SO_4^{2-}和总铁的物质的量之比，使氧化过程中部分羟基取代部分硫酸根SO_4^{2-}而形成碱式硫酸铁。碱式硫酸铁易于聚合而产生聚合硫酸铁$[Fe_2(OH)_n(SO_4)_{3-(n/2)}]_m$。从经济上考虑，采用工业废硫酸和副产品硫酸亚铁生产聚合硫酸铁具有开发应用前景，不过这样制备的聚合硫酸铁作为饮用水处理的混凝剂时，必须经检验无毒方可使用。

2）聚合三氯化铁

聚合三氯化铁(PFC，polyferric chloride)结构式为$[Fe_2(OH)_nCl_{6-n}]_m$，棕黄色粘稠液体。PFC是20世纪80年代后期，针对铝盐凝聚剂残留铝对人体带来严重危害及铝的生物毒性，铁盐凝聚剂混凝效果差，产品稳定性不好等不足，研制开发的新型无机高分子凝聚剂。PFC的适用pH范围广，其净水效果比氯化铁好，特别适用于处理低温水(15℃以下)。

聚铁类凝聚剂在预制过程中已经形成了比较稳定而且凝聚功能较好的形态，这些形态在投加于水中后可避免水体中各种成分对水解过程的干扰，以已有形态与颗粒物相遇而被吸附，吸附过程可以先于水解过程，羟基聚合物在吸附表面上将随之发生水解沉淀，同时发挥吸附电中和及吸附架桥作用。因此，聚铁类凝聚剂的凝聚效果和速度高于铁盐凝聚剂。

3）聚合铝铁

聚合氯化铝铁是一种新型无机高分子混凝剂，简称聚合铝铁，可用于生活饮用水、工业用水及工业废水、生活污水处理。固体产品为棕褐色、红棕色粉末状。采用铝矾土为原料，集铝盐与铁盐混凝剂的优点于一体，并引入多价阴离子——硫酸根离子，对铝离子和铁离子的形态都有明显的改善，聚合度也大为提高，是聚合氯化铝和聚合氯化铁的替代产品。它的性能和优点主要有以下几点：

(1) 水解速度快，水合作用弱，形成的矾花密实，沉降速度快，受水温变化影响小，可以满足水在流动过程中产生剪切力的要求。特别在处理高温高浊度水、低温低浊度水时，有独特的效果；

(2) 可有效去除源水中的铝离子及铝盐混凝后水中残余的游离态铝离子；

(3) 用药量少，处理效果好，比其他混凝剂节约10%～20%费用，通常普通浊度水可按10～20mg/L浓度投加，具体操作法同聚合氯化铝基本一样。

4.3.3 有机高分子混凝剂

有机高分子絮凝剂(organic polymerized flocculant)为有一定线形长度的高分子有机聚合物，其种类很多，按来源可分为天然的和人工合成的两大类。在给水处理中，人工合成的日益增多并居主要地位。

1. 合成有机高分子絮凝剂

合成有机高分子絮凝剂均为巨大的线形分子。每一大分子由许多链节组成且常含电基团，故又被称为聚合电解质。按基团带电情况，又可分为以下四种：凡基团离解后带正电荷者称阳离子型，带负电荷者称阴离子型，分子中既含正电基团又含负电荷基团者称两性型，若分子中不含可离解基团者称非离子型。

在水和废水处理中，使用较多的是阳离子、阴离子和非离子型絮凝剂。阴离子合成有机高分子絮凝剂研制开发较早，技术较成熟。由于废水中的有机质含量逐渐增高，而有机质微粒表面通常带负电荷，因此阳离子型和两性有机高聚物的研制开发一直呈上升趋势。

非离子型聚合物的主要品种聚丙烯酰胺(PAM)是使用最为广泛的人工合成有机高分子混凝剂(其中包括水解产品)。聚丙烯酰胺的分子式如下：

$$\left[\begin{array}{l}-CH_2-\underset{\displaystyle CONH_2}{\underset{|}{CH}}-\end{array}\right]_n$$

聚丙烯酰胺的聚合度可高达20 000～90 000，相应的相对分子质量高达150万～600万。它的混凝效果在于对胶体表面具有强烈的吸附作用，在胶粒之间形成桥联。聚丙烯酰胺每一链节中均含有一个酰胺基($-CONH_2$)。由于酰胺基之间的氢键作用，线形分子往往不能充分伸展开来，致使桥架作用削弱。为此，通常将PAM在碱性条件下(pH>10)进行部分水解，生成阴离子型水解聚合物(HPAM)：

$$\left[CH_2-\underset{\displaystyle CONH_2}{\underset{|}{CH}}\right]_x\left[CH_2-\underset{\displaystyle COO^-}{\underset{|}{CH}}\right]_y$$

PAM经部分水解后，部分酰胺基带负电荷，在静电斥力下，高分子得以充分伸展开来，吸附架桥作用得以充分发挥。由酰胺基转化为羧基的百分数称水解度，亦即y/x值。水解度过高，负电性过强，对絮凝也产生阻碍作用。一般控制水解度在30%～40%较好。通常以HPAM作助凝剂以配合铝盐或铁盐作用，效果显著。

离子型聚合物通常带有氨基($-NH_3$)、亚氨基($-CH_2NH_2^+CH_2-$)等正电基团。

合成有机高分子絮凝剂同无机高分子絮凝剂相比，具有用量少，絮凝速度快，受共存盐类、pH及温度影响小，生成污泥量少且易处理等优点，因此被广泛地应用于给水、污水处理和各行业的固液分离过程中。例如，在给水处理中用来强化沉淀、过滤；在城市污水处理中，主要用在改善污泥脱水，强化污水的初级沉淀和活性污泥法之后的二次沉淀；此外在钢铁、煤炭、石油化工、造纸、印染、电镀、制革、纺织、制药、啤酒、肉类加工等工业废水的预处理、中间处理、深度处理及其污泥处理工程中，应用也十分广泛。

但有机高分子絮凝剂普遍存在未聚合的单体毒性较强、难生物降解、价格偏高等缺点，这在一定程度上限制了它的应用。近年来，人们对安全无毒、易生物降解的天然有机高分子絮凝剂、生物絮凝剂以及价格低廉的无机高分子絮凝剂的开发研究日益关注。

2. 天然高分子絮凝剂

随着石油产品价格不断上涨及人们生活质量水平不断提高，合成类有机高分子絮凝剂由于残留单体毒性，限制了它在食品加工、给水处理及发酵工业等方面的应用。天然有机高分子絮凝剂可以是纯天然的，但更多的是以天然产物为主的，经化学改性而成的。20世纪70年代以来，英、法、美、日和印度等国家结合本国天然高分子物质的资源，开始重视化学改性天然高分子絮凝剂的开发研制。经改性后的天然改性高分子絮凝剂，不但具有原料来源广泛、价格低廉、毒性小、易于生物降解等优点，而且因为化学改性后絮凝剂的相对分子质量增加（可高达数百万，甚至更高），具有更长的分子链和更多的官能团，所以这类絮凝剂具有多功能的特性，不但具有有机合成高分子絮凝剂的一些优点，而且又保留天然高分子絮凝剂的某些优点。

天然有机高分子絮凝剂主要有：淀粉、纤维素、壳聚糖、丹宁、藻元酸钠、古尔胶、动物胶、白明胶等以及经过各种化学改性的天然有机高分子絮凝剂。例如，淀粉经改性得到糊精、苛化淀粉、氧化淀粉、阳离子改性淀粉、淀粉醚、磺化交联淀粉、丙烯酰胺-淀粉接枝共聚物；纤维素改性可得三醋酸纤维素；壳聚糖可通过接枝共聚得到不同性质的改性产物。按天然有机高分子絮凝剂的单元结构可将其分为多聚糖类碳水化合物和壳聚糖类两大类。

4.3.4 新型无机-有机高分子复合混凝剂的研究进展

近年来，高效复合型混凝剂的研制与开发逐步成为热点。复合型混凝剂由两种以上成分组成，通常此类混凝剂由一种无机盐类（铝盐或铁盐）和另一种成分组成。第二种化学成分可以是酸、有机聚合物或无机盐类（如氯化钙、磷酸钙），它一般以很小的比例出现（$<20\%$）。根据第二种成分的不同，可将其分为无机-无机复合型混凝剂和无机-有机复合型混凝剂两类。

无机高分子混凝剂对各种复杂成分的水处理适用性强，但生成絮体小，且投量大，生成污泥量大。相比之下，有机高分子混凝剂用量少，混凝速度快，生成污泥量少。有机高分子混凝剂可带$—COO^-$、$—H^-$、—OH等亲水基团，可具链状、环状等多种结构，利于污染物进入絮体，脱色性好。无机高分子和有机高分子的结合使用效果优于单一混凝剂的使用效果，是混凝剂的一个发展方向。以向聚合氯化铝（PAC）中加入聚丙烯酰胺（PAM）为代表，这类混凝剂既有电荷中和能力，又有吸附架桥性能，因而使得混凝效果大大提高，吸附活性增强。

复合型混凝剂具有以下优点：①复合型混凝剂只是对传统混凝剂作了很小的改进，但能大大改善处理效果（如提高SS或TOC的去除率）；②使用复合型混凝剂，混凝产生的固体物质会大大减少，减少量可达到50%左右；③由于pH的影响和各组分的协同作用，可取得更好的混凝效果，改善对低温水的处理；④采用含铝的复合混凝剂可减少铝的余留量；

⑤避免了二次投加,方便操作。

4.3.5 助凝剂

当单独使用混凝剂不能取得预期效果时,需投加某种辅助药剂以提高混凝效果,这种药剂称为助凝剂。助凝剂通常是高分子物质,作用往往是改善絮凝体结构,促使细小而松散的絮粒变得粗大而密实,其作用机理是高分子物质的吸附架桥作用。例如,对于低温、低浊水,采用铝盐或铁盐混凝剂时,形成的絮粒往往细小松散,不易沉淀,当投入少量活化硅酸时,絮凝体的尺寸和密度就会增大,沉速加快。

水厂内常用的助凝剂有:骨胶、聚丙烯酰胺及其水解产物、活化硅酸、海藻酸钠等。

骨胶是一种粒状或片状动物胶,属高分子物质,相对分子质量在3000～80 000之间。骨胶易溶于水,无毒,无腐蚀性,可与铝盐或铁盐配合使用,效果显著,但价格比铝盐和铁盐高。此外,骨胶使用较麻烦,不能预制久存,需现场配制,即日使用,否则会变成冻胶。

活化硅酸为粒状高分子物质,在常规pH值条件下带负电荷。活化硅酸是硅酸钠(俗称水玻璃)在加酸条件下水解、聚合反应进行到一定程度的中间产物。故它的形态和特征与反应时间、pH值及硅浓度有关。活化硅酸作为处理低温、低浊水的助凝剂效果较显著,但使用较麻烦,也需现场调制,即日使用,否则会形成冻胶而失去助凝作用。

海藻酸钠是多糖类高分子物质,由海生植物用碱处理制得,相对分子质量达数万以上。用以处理较高浊度的水效果较好,但价格昂贵,生产上使用不多。

聚丙烯酰胺及其水解产物是高浊度水处理中使用最多的助凝剂。投加这类助凝剂可大大减少铝盐或铁盐混凝剂用量,我国在这方面已有成熟经验。

上述各种高分子助凝剂也可单独作混凝剂用,但阴离子型高分子物质作混凝剂效果欠佳,作助凝剂配合铝盐或铁盐使用效果更显著。

从广义上而言,凡能提高或改善混凝剂作用效果的化学药剂都可称为助凝剂。例如,当原水碱度不足而使铝盐混凝剂水解困难时,可投加碱性物质(通常用石灰)以促进混凝剂水解反应;当原水受有机物污染时,可用氧化剂(通常用氯气)破坏有机物干扰;当采用硫酸亚铁时,可用氯气将亚铁Fe^{2+}氧化成高铁Fe^{3+}等。这类药剂本身不起混凝作用,只能起辅助混凝作用,与高分子助凝剂的作用机理也不相同。

4.3.6 混凝剂的卫生安全性

用于饮用水处理用的混凝剂,其卫生学上的安全性是首要考虑的问题。混凝剂所引起的安全性有下列几方面:①混凝剂本身的毒性;②混凝剂商品中所含杂质的毒性;③混凝剂本身在臭氧化或氯化的氧化过程中的产物的毒性。一般无机混凝剂只存在第②方面的毒性问题。

对无机混凝剂,当一种混凝剂的各种杂质含量以及它们氧化过程中的产物已知后,就可以从投加的剂量算出在水中增加的有毒成分浓度来。如果混凝剂的某一杂质的含量在水中所产生的浓度低于饮用水水质标准所规定数值的几十分之一的话,这个杂质在商品中的含量将是可以允许的。但对有机混凝剂安全性的评定则较难,其原因有两方面,一是所含杂质往往未在饮用水水质中列出,二是在水处理的氧化过程中产生的化合物,成分极复杂,难于鉴定,更不能直接定其安全性。

这里以有机混凝剂聚丙烯酰胺为例简单说明。制造聚丙烯酰胺(PAM)的单体丙烯酰胺是一种有毒的物质,按体重计,每日每千克体重的极限推荐值为 0.50μg;按饮用水中浓度计,以 0.25μg/L 为极限推荐值。但在水处理所用的浓度范围内,PAM 则是无毒的。商品 PAM 含有一些其他杂质,包括丙烯酰胺、丙烯酸、羟基丙腈等以及一些无机物,含量随制造工艺而异。PAM 商品虽含有上述杂质,但含量极微,故经臭氧化后亦无致突性。氯化使 PAM 和它所含有机杂质都会产生 TOX(卤代有机物)和 THM,但主要是丙烯酰胺和丙烯酸两者,羟基丙腈产生的量很小,PAM 本身基本无影响。试验表明,PAM 以及所含各种杂质经氯化后的基因毒性只略有增加(最大试验剂量为 2μg)。

4.4 混凝工艺的工程实践

4.4.1 絮凝剂配制投加设备

1. 絮凝剂溶解配制

混凝剂投加一般采用药剂湿投法。首先把固体(块状或粒状)药剂置入溶解池中并注水溶化。为增加溶解速度及保持均匀的浓度,一般采用水力、机械及压缩空气等方法进行搅拌,投药量较小的水厂也有采用人工进行搅拌调制的。当直接使用液态混凝剂时,溶解池自不必要。

为便于投置药剂,溶解池的设计高度一般以在地平面以下或半地下为宜,池顶宜高出地面 1m 左右,以减轻劳动强度,改善操作条件。由于药液一般都具有腐蚀性,所以盛放药液的池子和管道及配件都应采取防腐措施。

溶液池是配制一定浓度溶液的设施,一般以高架式设置,以便依靠重力投加药剂。池周围应有工作台,底部应设置放空管,必要时还需设溢流装置。

溶液池容积:

$$W_1 = \frac{24 \times 100aQ}{1000 \times 1000cn} = \frac{aQ}{417cn} \tag{4-19}$$

其中 W_1——溶液池容积,m^3;

Q——处理水量,m^3/h;

a——混凝剂最大投加量,mg/L;

c——溶液浓度,一般取 5%~20%(按商品固体质量计);

n——每日调制次数,一般不超过 3 次。

溶解池容积:

$$W_2 = (0.2 \sim 0.3)W_1 \tag{4-20}$$

2. 絮凝剂投加

絮凝剂投加设备包括计量设备、药液提升设备、投药箱、必要的水封箱以及注入设备等。根据投药方式或投药量控制系统的不同,所用设备也有所不同。常用的投加方式有:

1) 泵前投加

药液投加在水泵吸水管或吸水喇叭口处,如图 4-10 所示。这种投加方式安全可靠,一般适用于取水泵房距水厂较近者。图 4-10 中水封箱是为防止空气进入而设的。

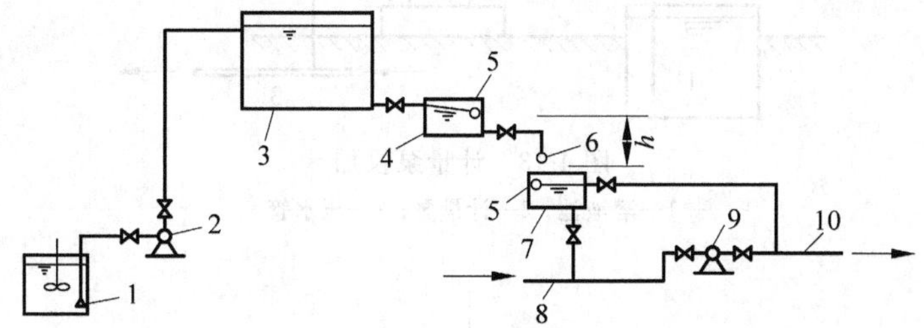

图 4-10　泵前投加

1—溶解池；2—提升泵；3—溶液池；4—恒位箱；5—浮球阀；
6—投药苗嘴；7—水封箱；8—吸水管；9—水泵；10—压水管

2）高位溶液池重力投加

当取水泵房距水厂较远，应建造高架溶液池利用重力将药液投入水泵压水管上，见图 4-11。或者投加在混合池入口处。这种投加方式安全可靠，但溶液池位置较高。

3）水射器投加

用高压水通过水射器喷嘴和喉管之间真空抽吸作用将药液吸入，同时随水的余压注入原水管中，见图 4-12。这种投加方式设备简单，使用方便，溶液池高度不受太大限制，但水射器效率低，且易磨损。

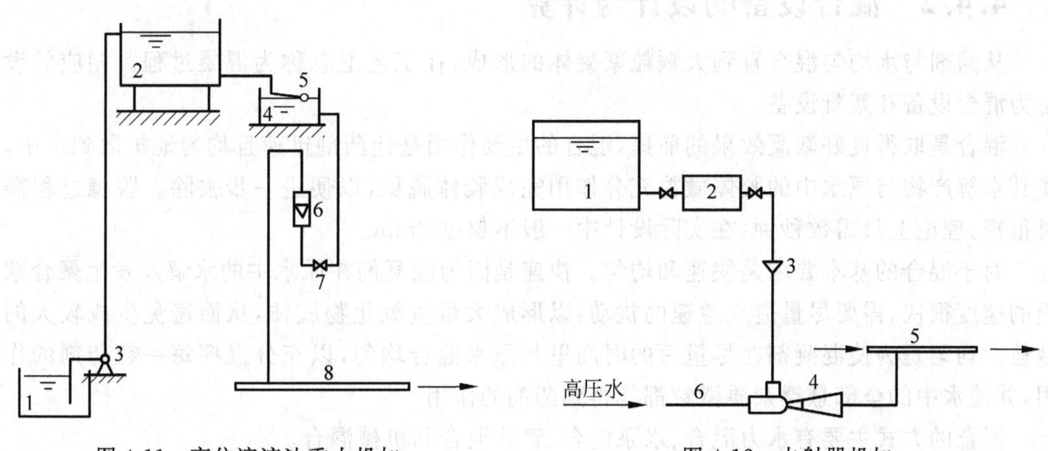

图 4-11　高位溶液池重力投加

1—溶解池；2—溶液池；3—提升泵；4—水封箱；
5—浮球阀；6—流量计；7—调节阀；8—压水管

图 4-12　水射器投加

1—溶液池；2—投药箱；3—漏斗；4—水射器；
5—压水管；6—高压水管

4）泵投加

泵投加有两种方式：一是采用计量泵（柱塞泵或隔膜泵），一是采用离心泵配上流量计。采用计量泵不必另备计量设备，泵上有计量标志，可通过改变计量泵行程或变频调速改变药液投量，最适合用于混凝剂自动控制系统。图 4-13 为计量泵投加示意图。图 4-14 为药液注入管道方式，这样有利于药剂与水的混合。

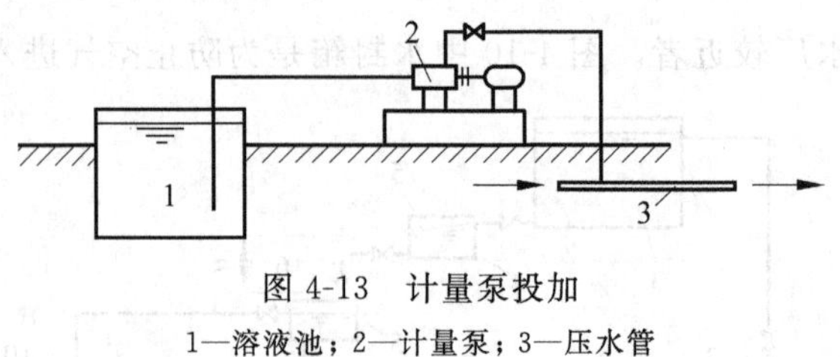

图 4-13 计量泵投加

1—溶液池；2—计量泵；3—压水管

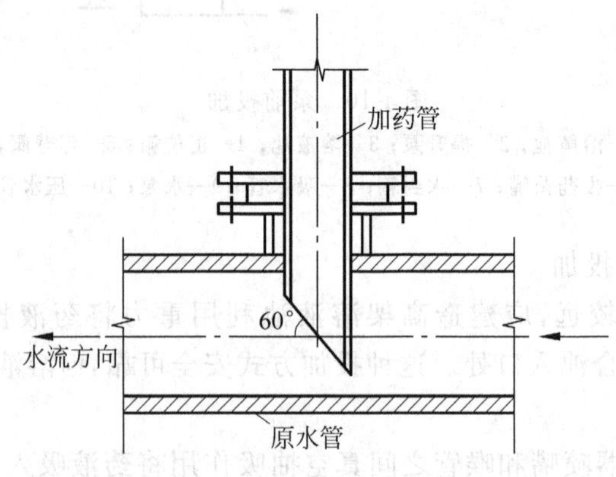

图 4-14 药剂注入管道方式

4.4.2 混合设备的设计与计算

从药剂与水均匀混合直到大颗粒絮凝体的形成，在工艺上总称为混凝过程。相应的设备为混合设备和絮凝设备。

混合是取得良好絮凝效果的前提，混合的主要作用是让药剂迅速且均匀地扩散到水中，使其水解产物与原水中的胶体微粒充分作用完成胶体脱稳，以便进一步去除。脱稳过程需时很短，理论上只需数秒钟，在实际设计中一般不超过 2min。

对于混合的基本要求是快速和均匀。快速是因为混凝剂在原水中的水解及发生聚合絮凝的速度很快，需要尽量造成急速的扰动，以形成大量氢氧化物胶体，从而避免生成较大的绒粒。均匀是为使混凝剂在尽量短的时间里与原水混合均匀，以充分发挥每一粒药剂的作用，并使水中的全部悬浮杂质微粒都能得到药剂的作用。

混合的方式主要有水力混合、水泵混合、管式混合和机械混合。

1）水力混合

水力混合是消耗水体自身能量，通过流态变化以达到混合目的的过程。可采用隔板式(参见隔板式反应池)和涡流式(图 4-15)等设备。

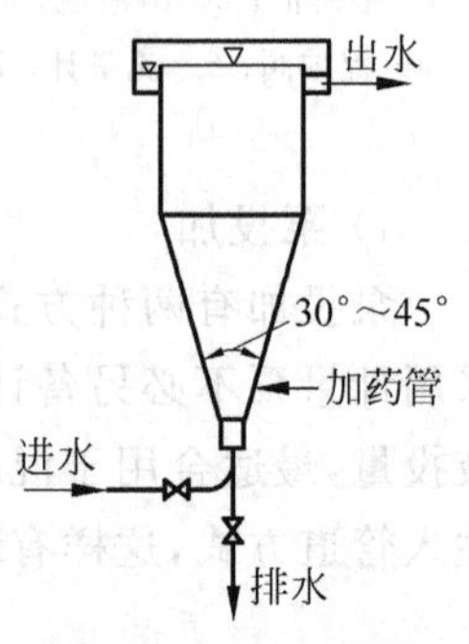

图 4-15 涡流式混合

2）水泵混合

水泵混合是我国较常用的混合方式。药剂投加在取水泵吸水管或吸水喇叭口处，利用水泵叶轮高速旋转以达到快速混合目的。水泵混合的效果好，不需另建混合设施，节省动力，大、中、小型水厂均可采用。但当采用三氯化铁作为混凝剂时，若投量较大，药剂对水泵叶轮可能有轻微的腐蚀作用。当取水泵房距水厂处理构筑物较远时，不宜采用水泵混合，因为经水泵混合后的原水在长距离管道输送过程中，可能过早地在管中形成絮凝体。已形成的絮凝体在管道中一经破碎，往往难于重新聚集，不利于后续絮凝，且当管中流速低时，絮凝体还可能沉积管中。因此，水泵混合通常用于取水泵房靠近水厂处理构筑物的场合，两者间距不宜大于150m。

3）管式混合

最简单的管式混合是将药剂直接投入水泵压水管中以借助管中流速进行混合。管中流速不宜小于1m/s，投药管内的沿程与局部水头损失之和不应小于0.3～0.4m，否则应装设孔板或文丘利管。投药点至末端出口距离以不小于50倍管道直径为宜。这种管道混合简单易行，无需另建混合设备，但混合效果不稳定，管中流速低时，混合不充分。

为提高混合效果，可采用目前广泛使用的“管式静态混合器”和“扩散混合器”。

“管式静态混合器”是按要求在混合器内设置若干固定混合单元。每一混合单元由若干固定叶片按一定角度交叉组成。水流和药剂通过混合器时，将被单元体多次分割、改向并形成涡旋，达到混合目的。这种混合器构造简单，无活动部件，安装方便，混合快速而均匀。目前，我国已生产多种形式静态混合器，图4-16为其中一种，图中未绘出单元体构造，仅作为示意。管式静混合器的口径与输水管道相配合，目前最大口径已达2000mm，分流板的级数一般可取3级。这种混合器水头损失稍大，但因混合效果好，从总体经济效益而言还是具有优势的。唯一缺点是当流量过小时效果下降。

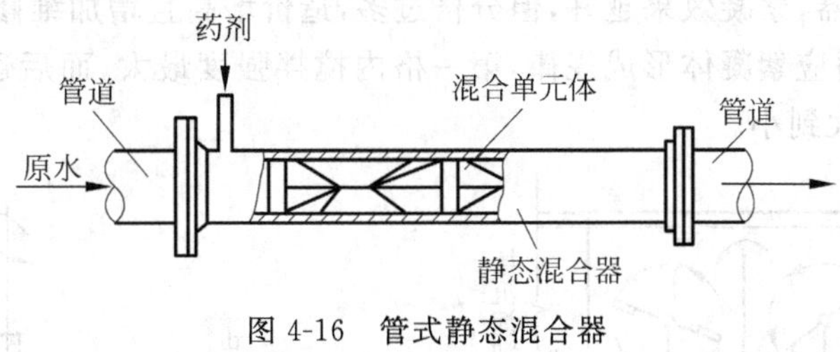

图4-16　管式静态混合器

“扩散混合器”是在管式孔板混合器前加装一个锥形帽，其构造如图4-17所示。水流和药剂对冲锥形帽而后扩散形成剧烈紊流，使药剂和水达到快速混合。锥形帽夹角90°。锥形帽顺水流方向的投影面积为进水管总截面积的1/4。孔板的开孔面积为进水管截面积的3/4。孔板流速一般采用1.0～1.5m/s。混合时间约2～3s。混合器节管长度不小于500mm。水流通过混合器的水头损失0.3～0.4m。混合器直径在DN200～1200范围内。

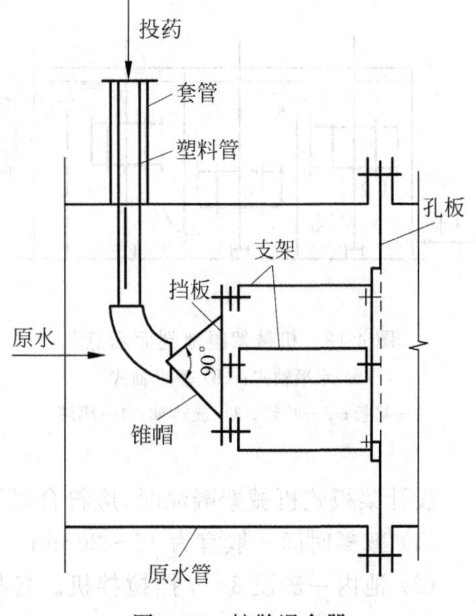

图4-17　扩散混合器

4）机械混合

机械搅拌混合池的池形为圆形或方形，可以是单格，也可以采用多格串联。机械混合是在混合池内安装搅拌装置，以电动机驱动搅拌器使水和药剂混合。搅拌器可以是桨板式、螺旋桨式或透平式。桨板式适用于容积较小的混合池（一般在$2m^3$以下），其余可用于容积较大混合池。搅拌功率按产生的速度梯度为$700\sim1000s^{-1}$计算确定。混合时间控制在10～30s以内，最大不超过2min。

机械混合池在设计中应避免水流同步旋转而降低混合效果。机械混合池的优点是混合效果好，且不受水量变化影响，适用于各种规模的水厂。缺点是增加机械设备并相应增加维修工作。

机械混合池设计计算方法与机械絮凝池相同，只是参数不同。

4.4.3 絮凝池的设计与计算

对絮凝设备的基本要求是，原水与药剂经混合后，通过絮凝设备应形成肉眼可见的大的密实絮凝体，它应有足够大的粒度（0.6～1.0mm）、密度和强度（不易破碎），并为杂质颗粒在后续沉淀澄清阶段迅速沉降分离创造良好的条件。絮凝池形式较多，概括起来分成两大类：机械搅拌式和水力搅拌式。

1. 机械类絮凝池的设计与计算

机械絮凝池利用电动机经减速装置驱动搅拌器对水进行搅拌，故水流的能量消耗来源于搅拌机的功率输入。搅拌器有桨板式和叶轮式等，目前我国常用前者。根据搅拌轴的安装位置，又分水平轴和垂直轴两种形式，见图 4-18。水平轴式通常用于大型水厂。垂直轴式一般用于中、小型水厂。图 4-19 所示为我国常用的一种垂直轴式桨板搅拌器，叶轮呈“十”字形安装。单个机械絮凝池近于 CSTR 型反应器，故宜分格串联。分格越多，越接近推流型（PF 型）反应器，絮凝效果越好，但分格过多，造价增高且增加维修工作量。每格均安装一台搅拌机。为适应絮凝体形成规律，第一格内搅拌强度最大，而后逐格减小，从而速度梯度 G 值也相应由大到小。

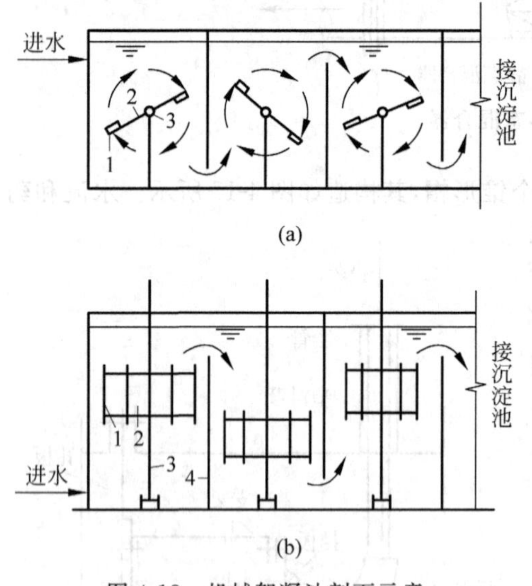

图 4-18 机械絮凝池剖面示意

（a）水平轴式；（b）垂直轴式

1—桨板；2—叶轮；3—旋转轴；4—隔墙

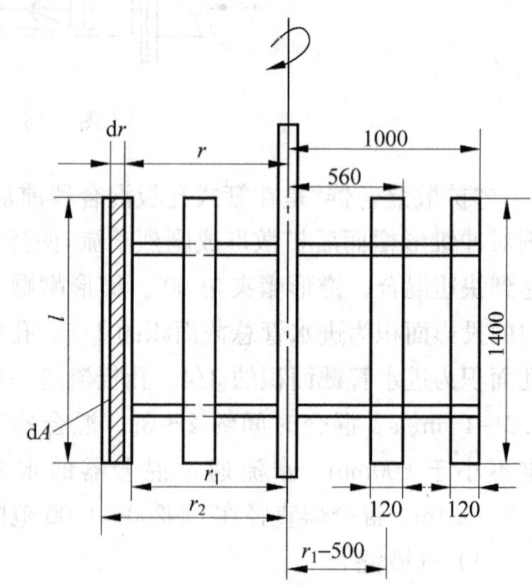

图 4-19 垂直轴式桨板搅拌器

设计桨板式机械絮凝池时，应符合以下几点要求：

（1）絮凝时间一般宜为 15～20min。

（2）池内一般设 3～4 挡搅拌机。各挡搅拌机之间用隔墙分开以防止水流短路。隔墙上、下交错开孔。开孔面积按穿孔流速决定。

(3) 搅拌机转速按叶轮半径中心点线速度通过计算确定。线速度宜自第一挡的 0.5m/s 起逐渐减小至末挡的 0.2m/s。

(4) 每台搅拌器上桨板总面积宜为水流截面积的 10%～20%。不宜超过 25%,以免池水随桨板同步旋转,降低搅拌效果。桨板长度不大于叶轮直径的 75%,宽度宜取10～30cm。

机械絮凝池的优点是可随水质、水量变化而随时改变转速以保证絮凝效果,能应用于任何规模水厂,缺点是需机械设备而增加的机械维修工作。

2. 水力类絮凝池的设计与计算

1) 隔板絮凝池

隔板絮凝池是应用历史较久,目前仍常应用的一种水力搅拌絮凝池,有往复式和回转式两种,见图 4-20 和图 4-21。后者是在前者的基础上加以改进而成的。在往复式隔板絮凝池内,水流作 180°转弯,局部水头损失较大,而这部分能量消耗往往对絮凝效果作用不大。因为 180°的急剧转弯会使絮凝体有破碎可能,特别在絮凝后期。回转式隔板絮凝池内水流作 90°转弯,局部水头损失大为减小,絮凝效果也有所提高。

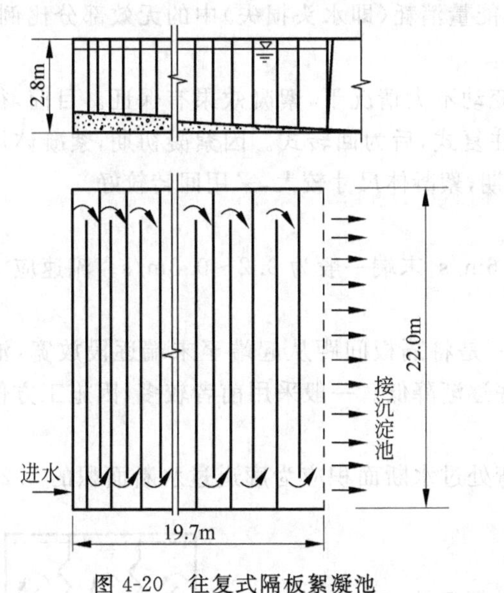

图 4-20　往复式隔板絮凝池

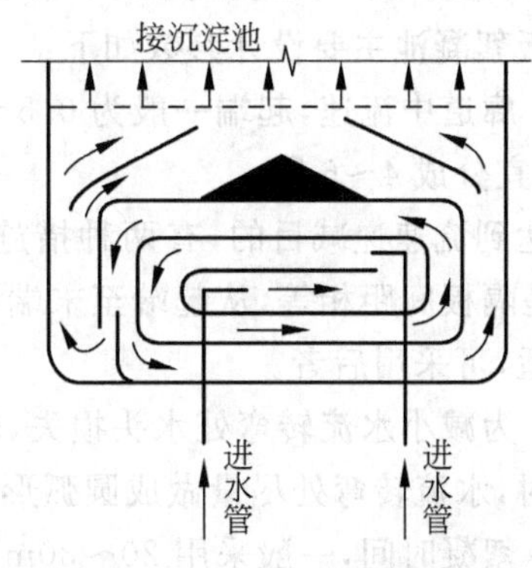

图 4-21　回转式隔板絮凝池

从反应器原理而言,隔板絮凝池接近于推流型,特别是回转式。因为往复式的 180°转弯处的絮凝条件与廊道内条件差别较大。

为避免絮凝体破碎,廊道内的流速及水流转弯处的流速应沿程逐渐减小,从而 G 值也沿程逐渐减小。隔板絮凝池的 G 值按公式(4-18)计算。式中 h 为水流在絮凝池内的水头损失。水头损失按各廊道流速不同,分成数段分别计算。总水头损失为各段水头损失之和(包括沿程和局部损失)。各段水头损失近似按下式计算:

$$h_i = \xi m_i \frac{v_{it}^2}{2g} + \frac{v_i^2}{C_i^2 R_i} l_i \tag{4-21}$$

式中 v_i——第 i 段廊道内水流速度,m/s;

v_{it}——第 i 段廊道内转弯处水流速度,m/s;

m_i——第 i 段廊道内水流转弯次数;

ξ——隔板转弯处局部阻力系数，往复式隔板（180°转弯）$\xi=3$；回转式隔板（90°转弯）$\xi=1$；

l_i——第 i 段廊道总长度，m；

R_i——第 i 段廊道过水断面水力半径，m；

C_i——流速系数，随水力半径 R_i 和池底及池壁粗糙系数 n 而定，通常按满宁公式 $C_i=\frac{1}{n}R^{1/6}$ 计算或直接查水力计算表。

絮凝池内总水头损失为

$$h=\sum h_i \tag{4-22}$$

根据絮凝池容积大小，往复式总水头损失一般在 0.3～0.5m 左右。回转式总水头损失比往复式小 40%左右。

隔板絮凝池通常用于大、中型水厂，因水量过小时，隔板间距过于狭窄不便施工和维修。隔板絮凝池优点是构造简单，管理方便。缺点是流量变化大者，絮凝效果不稳定，与折板及网格式絮凝池相比，因水流条件不甚理想，能量消耗（即水头损失）中的无效部分比例较大，故需较长絮凝时间，池子容积较大。

隔板絮凝池有多年运行经验，在水量变动不大情况下，絮凝效果有保证。目前，往往把往复式和回转式两种形式组合使用，前为往复式，后为回转式。因絮凝初期，絮凝体尺寸较小，无破碎之虑，采用往复式较好；絮凝后期，絮凝体尺寸较大，采用回转较好。

隔板絮凝池主要设计参数如下：

（1）廊道中流速，起端一般为 0.5～0.6m/s，末端一般为 0.2～0.3m/s。流速应沿程递减，一般宜分成 4～6 段。

为达到流速递减目的，有两种措施：一是将隔板间距从起端至末端逐段放宽，池底相平；一是隔板间距相等，从起端至末端池底逐渐降低。一般采用前者较多，因施工方便。若地形合适，可采用后者。

（2）为减小水流转弯处水头损失，转弯处过水断面积应为廊道过水断面积的 1.2～1.5 倍。同时，水流转弯处尽量做成圆弧形。

（3）絮凝时间，一般采用 20～30min。

（4）隔板间净距一般宜大于 0.5m，以便于施工和检修。为便于排泥，池底应有 0.02～0.03 坡度并设直径不小于 150mm 的排泥管。

2）折板絮凝池

折板絮凝池是在隔板絮凝池基础上发展起来的，目前已得到广泛应用。

折板絮凝池通常采用竖流式。它是将隔板絮凝池（竖流式）的平板隔板改成具有一定角度的折板。折板可以波峰对波谷平行安装（见图 4-22(a)），称“同波折板”；也可波峰相对安装（见图 4-22(b)），称“异波折板”。按水流通过折板间隙数，又分为“单通道”和“多通道”。图 4-22 为单通道。多通道系指，将絮凝池分成若干格子，每一格内安装若干折板，水流

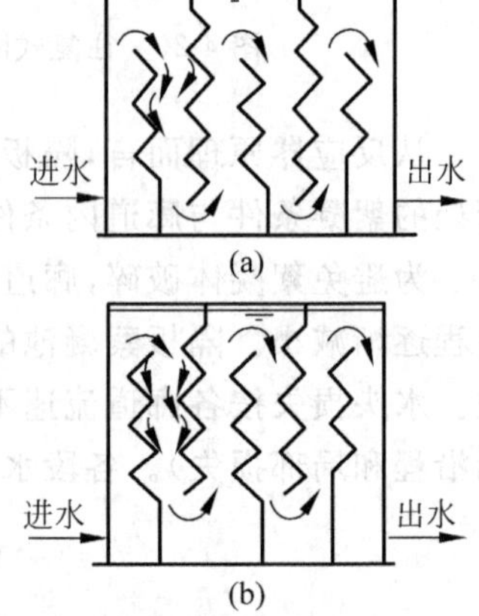

图 4-22 单通道折板絮凝池剖面示意

(a) 同波折板；(b) 异波折板

沿着格子依次上、下流动。在每一个格子内，水流平行通过若干个由折板组成的并联通道，如图 4-22 所示。无论在单通道或多通道内，同波、异波折板两者均可组合应用。有时，絮凝池末端还可采用平板。例如，前面可采用异波、中部采用同波，后面采用平板。这样组合有利于絮凝体逐步成长而不易破碎，因平板对水流扰动较小。图 4-23 中第Ⅰ排采用同波折板，第Ⅱ排采用异波折板，第Ⅲ排可采用平板。是否需要采用不同形式折板组合，应根据设计条件和要求决定。异波和同波折板絮凝效果差别不大，但平板效果较差，故只能放置在絮凝池末端起补充作用。

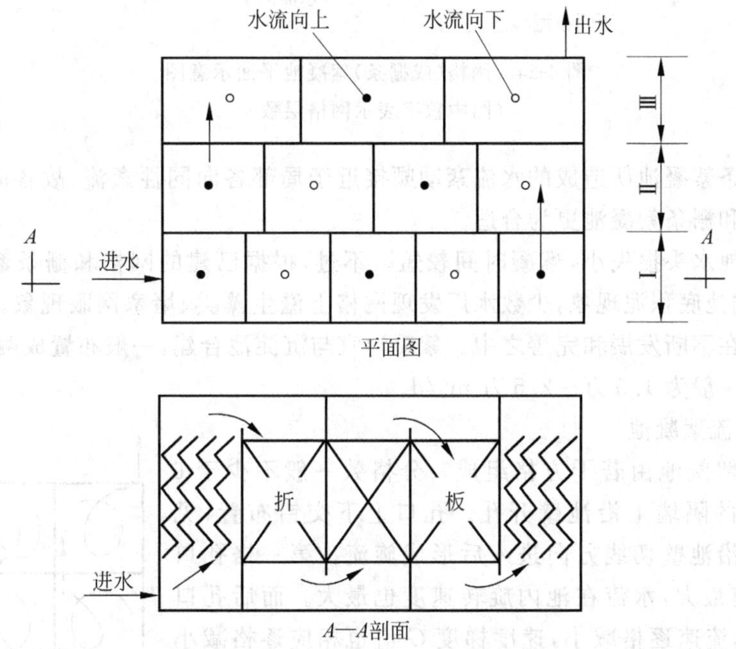

图 4-23　多通道折板絮凝池示意

折板絮凝池的优点是：水流在同波折板之间曲折流动或在异波折板之间缩、放流动且连续不断，以至形成众多的小涡旋，提高了颗粒碰撞絮凝效果。在折板的每一个转角处，两折板之间的空间可以视为 CSTR 型单元反应器。众多的 CSTR 型单元反应器串联起来，就接近推流型反应器。因此，从总体上看，折板絮凝池接近于推流型。与隔板絮凝池相比，水流条件大大改善，亦即在总的水流能量消耗中，有效能量消耗比例提高，故所需絮凝时间可以缩短，池子体积减小。从实际生产经验得知，絮凝时间在 10～15min 为宜。

折板絮凝池中的折板也可改用波纹板，国内采用波纹板的折板较少。

折板絮凝池因板距小，安装维修较困难，折板费用较高。

3）网格、栅条絮凝池

网格、栅条絮凝池设计成多格竖井回流式。每个竖井安装若干层网格或栅条。各竖井之间的隔墙上，上、下交错开孔。每个竖井网格或栅条数自进水端至出水端逐渐减少，一般分 3 段控制。前段为密网或密栅，中段为疏网或疏栅，末段不安装网、栅。图 4-24 所示一组絮凝池共分 9 格（即 9 个竖井），网格层数共 27 层。当水流通过网格时，相继收缩、扩大，形成涡旋，造成颗粒碰撞。水流通过竖井之间孔洞流速及过网流速按絮凝规律逐渐减小。

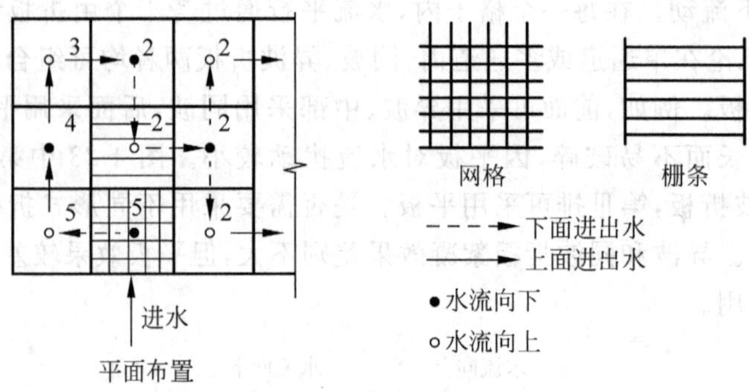

图 4-24 网格(或栅条)絮凝池平面示意图
(图中数字表示网格层数)

网格和栅条絮凝池所造成的水流紊动颇接近于局部各向同性紊流,故各向同性紊流理论应用于网格和栅条絮凝池更为合适。

网格絮凝池水头损失小,絮凝时间较短。不过,根据已建的网格和栅条絮凝池运行经验,还存在末端池底积泥现象,少数水厂发现网格上滋生藻类、堵塞网眼现象。网格和栅条絮凝池目前尚在不断发展和完善之中。絮凝池宜与沉淀池合建,一般布置成两组并联形式。每组设计水量一般为 1.0 万～2.5 万 m^3/d。

4) 穿孔旋流絮凝池

穿孔旋流絮凝池由若干方格组成。分格数一般不少于 6 格。各格之间的隔墙上沿池壁开孔。孔口上下交错布置,见图 4-25。水流沿池壁切线方向进入后形成旋流。第一格孔口尺寸最小,流速最大,水流在池内旋转速度也最大。而后孔口尺寸逐渐增大,流速逐格减小,速度梯度 G 值也相应逐格减小以适应絮凝体的成长。一般,起点孔口流速宜取 0.6～1.0m/s,末端孔口流速宜取 0.2～0.3m/s。絮凝时间 15～25min。

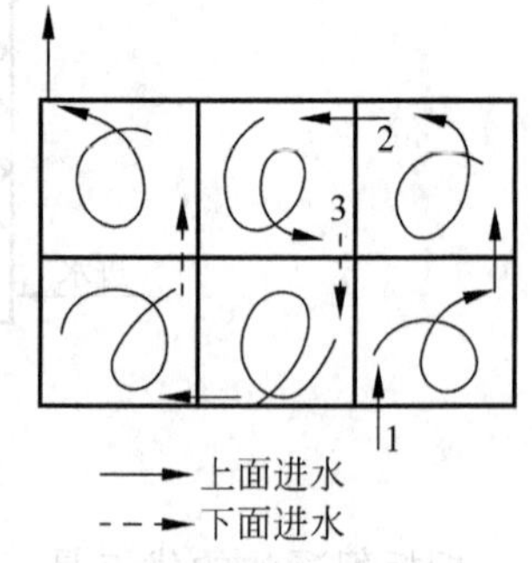

图 4-25 穿孔旋流絮凝池平面示意图

穿孔旋流絮凝池可视为接近于 CSTR 型反应器,且受流量变化影响较大,故絮凝效果欠佳,池底也容易产生积泥现象。其优点是构造简单,施工方便,造价低,可用于中、小型水厂或与其他形式絮凝池组合应用。

4.4.4 新型组合式絮凝池的研究进展

每种形式的絮凝池都各有其优缺点。不同形式的絮凝池组合应用往往可以相互补充,取长补短。水力絮凝运行维护费用低,管理方便,但不便调节; 而机械絮凝则刚好与之相反。往复式和回转式隔板絮凝池在竖向组合(通常往复式在下,回转式在上)是常用的方式之一。穿孔旋流与隔板絮凝池也往往组合应用。当水质、水量发生变化时,可以调节机械搅拌速度以弥补隔板絮凝池的不足; 当机械搅拌装置需要维修时,隔板絮凝池仍可继续运行。此外,若设计流量较小,采用隔板絮凝池往往前端廊道宽度不足 0.5m,则前端采用机械絮凝池可弥补此不足。有研究者提出了一种新型的可调式/组合式机械＋折板絮凝反应器,该新型絮凝反应器在设置最佳搅拌轴转数及搅拌桨直径时,具有良好的絮凝效果,即使在原水水质变化情况下，仍能保持较好的处理效果。实践证明，不同形式絮凝池配合使用，效果良好，但设备形式增多，需根据具体情况决定。

4.5　颗粒分析方法与絮凝过程的自控技术

4.5.1　颗粒分析的基本内容

在自然界的天然水体和水处理流程的工艺水体内，含有形形色色的颗粒物。作为研究对象，颗粒物并无统一的严格定义。一般说来，它是指比溶解的低分子更大的各种多分子或高分子的实体，不同学科根据其研究目的赋予不同的含义内容。在现代环境水质科学范畴内，颗粒物的概念相当广泛，并不仅限于原来以 0.45μm 滤膜截留以上的悬浮物范围，而是把矿物微粒，无机和有机的胶体、高分子，有生命的细菌、藻类等都归类为广义颗粒物，实际上包括了粒度大于 1nm 的所有微粒实体，其上限可达数十至上百微米。这种考虑是从对环境水质的影响作用出发的。颗粒物群体具有十分广阔的微界面，它们本身既可成为污染物，而更重要的是与微污染物相互作用成为其载体，在很大程度上决定着微污染物在环境中的迁移转化和循环归宿。

水中颗粒物质是水处理的主要去除对象。水中的颗粒物质会降低自来水的安全卫生程度，因为它们是各种污染物的载体。经过净水设施后，安全、卫生的出水应不含任何威胁健康的颗粒物，至少应将颗粒物的致病风险控制在可接受的水平。大量研究表明，颗粒物去除率越高，自来水越安全、卫生。

颗粒分析就是通过测量水中微粒的大小及其分布来评价水质的方法。目前大多采用颗粒测量的方法，通过定量描述水中微生物的含量来判断水的纯净度是否符合要求，从而保证饮用水用户的身体健康。

透光脉动检测技术是一种光电检测方法。利用悬浮液中颗粒组成的随机脉动变化特性，来分析和检测悬浮液中颗粒聚集状态及其变化情况，对透射光线强度的脉动特性进行分析和计算，得到反映颗粒相对粒径的有效输出值和比值 R(透光脉动值)。此比值 R 不受电子元件的漂移和透光管管壁的脏污的影响。

近些年来又出现了一种新的颗粒检测仪器——颗粒计数仪。用于水处理领域的颗粒检测技术主要有两类，即光电式和电感应检测方法。其中光学颗粒计数测量根据其工作原理，可分为光散射式和光阻式两大类。颗粒计数仪对介质中的颗粒逐个地自动采样和测量。通过所测的粒径大小及数量来判断被测介质的纯净度是否符合要求。

4.5.2　絮凝过程的光电检测技术综述

在实际应用中，经常使用的几种主要检测方法有 Cbulter(库尔特)颗粒分析计数方法和基于光阻塞原理的 HIAC 颗粒分析计数方法，以及悬浊液透光率脉动检测技术等。这些检测技术都可以用来定量地检测水中颗粒粒径分布的变化，从而提供有价值的数据。

以下对几种检测方法进行原理概述。

(1) Cbulter 计数法

这种方法可以用来确定电导液体中悬浮颗粒的数目和粒径，其工作原理如图 4-26 所示。让悬浮液流过一个小孔，在小孔两侧设置电极，当一个颗粒流过小孔时，电极间的电阻发生变化，从而产生一个短时的电压脉冲，其大小与颗粒粒径成比例，这样就可以用电子学方法对一系列的脉冲进行测量和计数。该法的影响因素很少，且对结果的影响也很小，测定精度不受装置限制，可根据实际需要确定。

图4-26A表示检测孔口、电流密度和临界检测体积，图4-26B表示颗粒在临界检测体积内几种不同情况，图4-26C表示对应于图4-26B所检测到的脉冲信号。反映出随着颗粒距离的接近，直到颗粒碰撞结合成粒径更大时，对应的脉冲信号更大。

(2) HIAC颗粒分析技术

这项技术源于光阻塞原理。即在水溶液中的颗粒由一激光束来进行扫描，在扫过颗粒时，激光束被遮挡住，颗粒粒径的大小即相对应于光阻塞的时间长度。这项技术往往辅以一台影像显微镜来进行样品的光学检验。

(3) 透光率脉动检测技术

这项技术在特定的范围内可称作浊度脉动检测技术(当浊度的检测采用透射光方式的工作原理时)。其基本原理如图4-27所示。图4-27(a)表示检测装置的原理图，图4-27(b)表示透射光强度的变化趋势图，V_R表示实际颗粒数相对于平均颗粒数的脉动情况。其检测原理为将含有颗粒的悬浮液流过一个透明管，并用一束狭窄的光线照射，照射到的微小体积中的颗粒数目的随机变化将造成透射光强度的相应脉动。通过光电管可将透射光及其脉动转换成电信号，并将脉动成分分离、放大，转换成均方根值。该值与平均透射光值的比值R，可灵敏地反映出悬浮液中悬浮颗粒的絮凝程度。

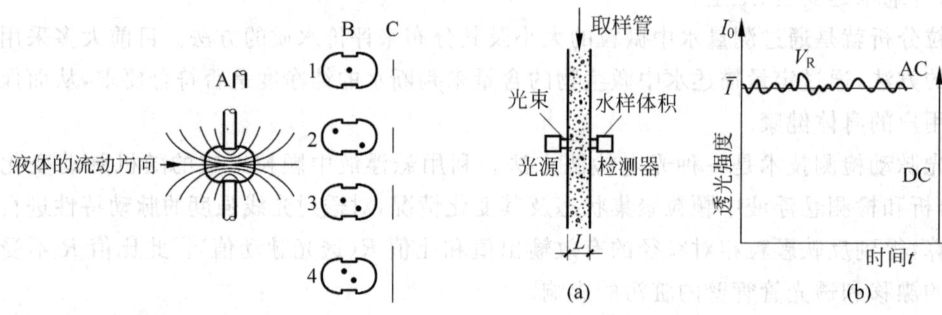

图4-26 库尔特颗粒计数方法原理图　　图4-27 透光率脉动检测技术原理图

(4) 双波长颗粒分析技术

这项技术近年来发展于日本，在实验室研究和实际生产中取得了一些进展。其原理为：采用淹没式传感器，在同一取样点中，由光源发出近红外光和紫外光两种不同波长的光，产生不同的透射光强度，比较这两种光强的差异便可以测算出水中絮凝体的粒径、数量、浓度等指标。为了解决长时间运行时光电管有可能受到污染或沾污这一问题，还要另外安装一台发射参照光的装置。

4.5.3 絮凝投药自动控制技术与设备

混凝剂最佳投加量(以下简称“最佳剂量”)是指达到既定水质目标的最小混凝剂投量。由于影响混凝效果的因素较复杂，且在水厂运行过程中水质、水量不断变化，故为达到最佳剂量且能即时调节、准确投加一直是水处理技术人员研究的目标。目前我国大多数水厂还是根据实验室混凝搅拌试验确定混凝剂最佳剂量，然后进行人工调节。这种方法虽简单易行，但主要缺点是，从试验结果到生产调节往往滞后 1～3h，且试验条件与生产条件也很难一致，故试验所得最佳剂量未必是生产上的最佳剂量。为了提高混凝效果，节省耗药量，混凝工艺的自动控制技术逐步推广应用。以下简单介绍几种自动控制投药量的方法。

1）数学模型法

混凝剂投加量与原水水质和水量相关。对于某一特定水源，可根据水质、水量建立数学模型，写出程序交计算机执行调控。在水处理中，最好采用前馈和后馈相结合的控制模型。前馈数学模型应选择影响混凝效果的主要参数作为变量，例如原水浊度、pH 值、水温、溶解氧、碱度及水量等。前馈控制确定一个给出量，然后以沉淀池出水浊度作为后馈信号来调节前馈给出量。由前馈给出量和后馈调节量就可获得最佳剂量。

例如，某水源根据长期积累资料得知，影响混凝效果的主要因素是原水浊度、pH、水温、溶解氧等 4 项水质参数，并根据资料通过回归分析求得加药量的数学模型，编制程序，由计算机执行。以数学模型确定的加药量作为前馈给定量，以沉淀池出水浊度作为后馈校正量，实行闭环控制。加药量的控制采用电动调节阀。自动控制框图如图 4-28 所示。

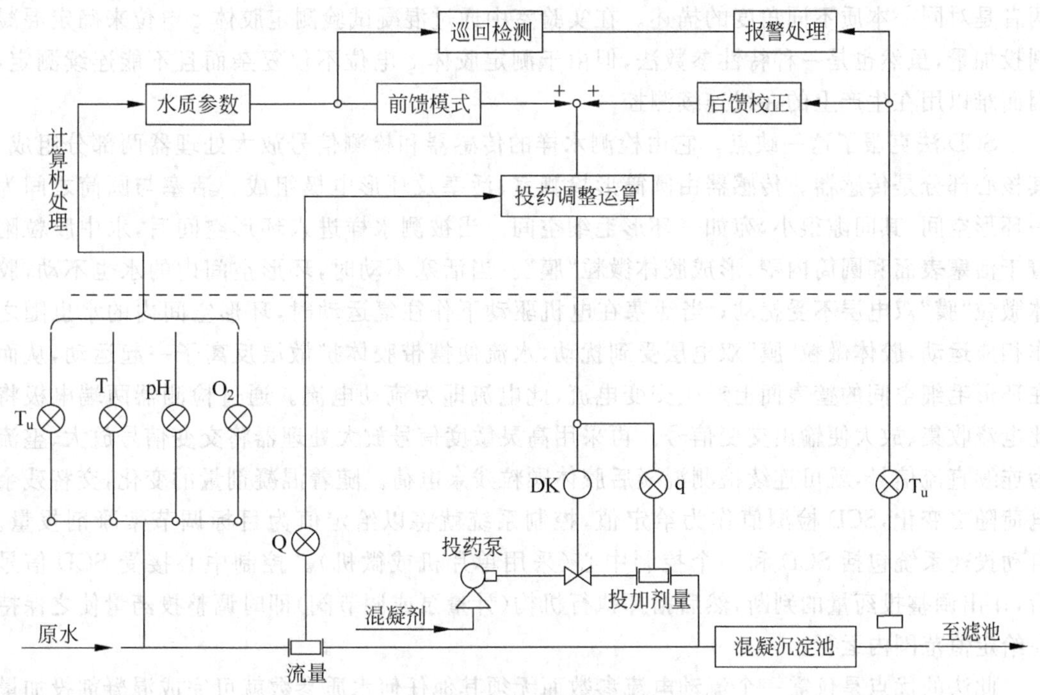

图 4-28　加矾计算机自动控制框图

T_u—浊度仪；T—温度仪；pH—pH 计；O_2—溶解氧仪；Q—流量计；q—药液流量计；DK—电动阀

用数学模型实行加药自动控制的关键是：必须要有前期大量而又可靠的生产数据，才可运用数理统计方法建立符合实际生产的数学模型。而且所得数学模型往往只适用于特定原水条件，不具普遍性。此外，该方法涉及的水质仪表较多，投资较大，故此法至今在生产上一直难以推广应用。不过，若水质变化不太复杂而又有大量可靠的前期生产数据，此法仍值得采用。

2）现场模拟试验法

采用现场模拟装置来确定和控制投药量是较简单的一种方法。常用的模拟装置是斜管沉淀器、过滤器或两者并用。当原水浊度较低时，常用模拟过滤器（直径一般为100mm左右）。当原水浊度较高时，可用斜管沉淀器或者沉淀器和过滤器串联使用。采用过滤器的方法是：由水厂混合后的水中引出少量水样，连续进入过滤器，连续测定过滤器出水浊度，由此判断投药量是否适当，然后反馈于生产进行投药量的调控。由于是连续检测且检测时间较短（一般约十几分钟完成），故能用于水厂混凝剂投加的自动控制系统。不过，此法仍存在反馈滞后现象，只是滞后时间较短。此外，模拟装置与生产设备毕竟存在一定差别。但与实验室试验相比，更接近于生产实际情况。目前我国有些水厂已采用模拟装置实现加药自动控制。

3）其他自动控制方法

随着科学技术的发展，混凝控制新仪器也不断涌现，其中具代表性的有电流检测器（简称SCD）和混凝检测器（又称透光率波动仪）。这里仅简单介绍一下上述两种仪器的基本原理。

流动电流系指胶体扩散层中反离子在外力作用下随着流体流动（胶粒固定不动）而产生的电流。它正好是电渗的反过程。SCD法正是根据这一原理设计的。我们知道，混凝后胶体ζ电位变化反映了胶体脱稳程度。同样，混凝后流动电流变化也反映了胶体脱稳程度。两者是对同一本质不同角度的描述。在实验室中通过混凝试验测定胶体ζ电位来确定混凝剂投加量，虽然也是一种特性参数法，但由于测定胶体ζ电位不仅复杂而且不能连续测定，因而难以用在生产上的在线连续测控。

SCD法克服了这一缺点。它由检测水样的传感器和检测信号放大处理器两部分组成，其核心部分是传感器。传感器由圆筒形检测室、活塞及环形电极组成。活塞与圆筒之间为一环形空间，其间隙很小，宛如一环形毛细空间。当被测水样进入环形空间后，水中胶粒附着于活塞表面和圆筒内壁，形成胶体微粒"膜"。当活塞不动时，环形空间内的水也不动，胶体微粒"膜"双电层不受扰动；当活塞在电机驱动下作往复运动时，环形空间内的水也随之作相应运动，胶体微粒"膜"双电层受到扰动，水流便携带胶体扩散层反离子一起运动，从而在环形毛细空间的壁表面上产生交变电流，此电流即为流动电流。通过检测器两端电极将此电流收集、放大便输出交变信号。再采用高灵敏度信号放大处理器将交变信号放大、整流为连续直流信号，就可连续检测混凝后胶体颗粒残余电荷。随着混凝剂量的变化，交替残余电荷随之变化，SCD检测值作为给定值，控制系统就将以给定值为目标调节絮凝剂投量。自动投药系统包括SCD和一个控制中心（采用单片机或微机）。控制中心接受SCD信号后，作出调整投药量的判断，然后指挥执行机构（计量泵或调节阀）即时调整投药量使之保持在给定值范围内运行。

此法的优点是仅需一个流动电流参数而无须其他任何水质参数就可完成混凝剂投加量连续自动的优化控制。但此法也存在局限性。例如，采用非离子型或阴离子型高分子絮凝剂时，投药量与流动电流就很少有关。此外，SCD法在某些技术上还不够完善。

混凝检测器是国外研制的一种混凝控制新技术，它由一个光学系统和微处理机组成。它利用胶体颗粒混凝时透光率波动快速增加的原理，可连续测定絮凝体形成状况并可直接调节投药泵或调节阀以获得最优混凝效果，而无需任何给定值或与混凝效果有关的某种参数，且不受混凝剂种类影响。这项技术尚处于继续研制和完善的过程中，目前尚未得到推广应用。

思考题

4-1　何谓胶体稳定性？试用胶粒间相互作用势能曲线说明胶体稳定性的原因。

4-2　高分子混凝剂投量过多时，为什么混凝效果反而不好？

4-3　目前我国常用的混凝剂有哪几种？各有何优缺点？

4-4　简述水的混凝过程和机理。

4-5　根据反应器原理，什么形式的絮凝池效果较好？折板絮凝池混凝效果为什么优于隔板絮凝池？

4-6　水流速度梯度 G 反映什么？为什么反应池的效果可以用 GT 值来表示？

4-7　影响混凝效果的因素有哪几种？这些因素是如何影响混凝效果的？

4-8　混凝剂有哪几种投加方式？何谓混凝剂"最佳投量"？如何确定最佳投量并实施自动控制？

第5章 CHAPTER 5

沉淀与气浮

5.1 颗粒沉降基本理论

在重力作用下，使水中比水重的悬浮物、混凝生成的矾花等从水中分离的方法称为沉淀法。

5.1.1 颗粒的自由沉降速度

颗粒在沉淀过程中彼此无干扰，只受到颗粒本身在水中的重力和水流阻力的作用，称为自由沉淀。

水中下沉颗粒所受到的力有：颗粒自身的重力 F_1 和颗粒下沉时所受水的阻力 F_2。在初始阶段沉速从零起不断增加，随沉速的增加颗粒所受到的水的阻力也不断增加。当重力与阻力相同时，颗粒的沉速将保持不变。通常所指的颗粒沉速即指这种达到稳定后的沉速。

对水中直径为 d 的球形颗粒，所受重力 F_1 为

$$F_1 = \frac{1}{6}\pi d^3(\rho_p - \rho_1)g \tag{5-1}$$

式中 ρ_p、ρ_1——颗粒及水的密度；

g——重力加速度。

颗粒下沉时所受水的阻力 F_2 与颗粒的糙度、大小、形状和沉速 u 有关，也与水的密度和粘度有关，其关系式为

$$F_2 = C_D\rho_1 \frac{u^2}{2} \cdot \frac{\pi d^2}{4} \tag{5-2}$$

式中 C_D——阻力系数，与雷诺数 Re 有关；

$\frac{\pi d^2}{4}$——球形颗粒在垂直方向的投影面积。

重力与阻力的差($F_1 - F_2$)，使颗粒产生向下运动的加速度$\frac{du}{dt}$。

根据牛顿第二定律($F=ma$)，可建立下列关系：

$$F_1 - F_2 = \frac{\pi}{6}d^3\rho_p \frac{du}{dt} \tag{5-3}$$

式中 $\frac{\pi}{6}d^3\rho_p$——颗粒的质量。

整理得

$$\frac{\pi}{6}d^3\rho_p\frac{du}{dt}=\frac{1}{6}\pi d^2(\rho_p-\rho_1)g-C_D\rho_1\frac{u^2}{2}\cdot\frac{\pi d^3}{4} \tag{5-4}$$

颗粒下沉时，阻力不断增加，很快与重力平衡，加速度$\frac{du}{dt}$变为零，颗粒的沉速转为常数。在此条件下对式(5-4)进行整理，令左边等于零，可以得到颗粒沉速的基本公式：

$$u=\sqrt{\frac{4}{3}\frac{g}{C_D}\frac{\rho_p-\rho_1}{\rho_1}d} \tag{5-5}$$

此沉淀速度即为一般所指的"沉速"。式中虽不出现雷诺数 Re，但是，阻力系数 C_D 却与雷诺数 Re 有关。雷诺数公式为

$$Re=\frac{ud}{\nu} \tag{5-6}$$

式中 ν——水的运动粘度。

通过实验，把所观测到的 u 值分别代入式(5-5)和式(5-6)，可以求得 C_D 和 Re 值，点绘成曲线，关系如图 5-1 所示。

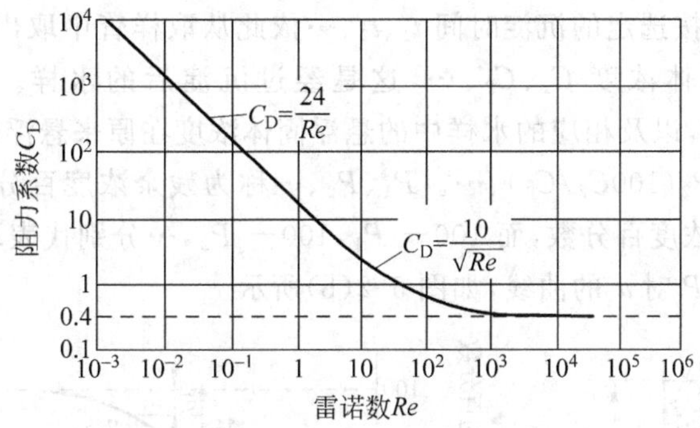

图 5-1 C_D 与 Re 的关系(球形颗粒)

颗粒沉淀的阻力系数 C_D 可以用不同区域的公式来表示，由此得到了在不同区域内的颗粒沉速公式：

(1) $Re<1$，颗粒表面附近绕流的流态为层流，C_D 的关系式为

$$C_D=\frac{24}{Re} \tag{5-7}$$

代入式(5-5)就得到在该区域内的颗粒沉速公式——斯托克斯(Stokes)公式：

$$u=\frac{1}{18}\frac{\rho_p-\rho_1}{\mu}gd^2 \tag{5-8}$$

(2) $1<Re<1000$，该范围内的流态属于过渡区，C_D 近似为

$$C_D=\frac{10}{\sqrt{Re}} \tag{5-9}$$

代入式(5-5)得到在该区域内的颗粒沉速公式——阿兰(Allen)公式：

$$u=\left[\frac{4}{225}\cdot\frac{(\rho_p-\rho_1)^2g^2}{\mu\rho_1}\right]^{\frac{1}{3}}d \tag{5-10}$$

(3) $1000<Re<25\,000$，该范围内呈紊流状态，C_D 近似为常数 0.4，代入式(5-5)，得到在该区域内的颗粒沉速公式——牛顿(Newton)公式：

$$u = 1.83\sqrt{\frac{\rho_p - \rho_1}{\rho_1}dg} \tag{5-11}$$

采用上述公式可以计算出颗粒的沉速。在研究水处理的沉淀问题时经常使用的是斯托克斯公式和阿兰公式。

在低 Re 的范围内，由于颗粒很小，测定粒径很困难，但是测定颗粒沉速往往较容易，故常以测定的沉速 u 用斯托克斯公式反算颗粒粒径 d。不过此粒径只是相应于球形颗粒的直径，并非实际粒径。在实用上常用沉速代表某一特定颗粒而不追究颗粒粒径。

5.1.2 自由沉降试验

无论是天然水中的泥砂，还是经过混凝过程的水中絮体，都是由许多粒径不同的颗粒组成的。当水中颗粒物的浓度不高，足以假定出现自由沉降现象时，用沉淀管对水样进行简单的沉淀试验，则可获得水的沉淀性质的基础资料。

试验用的沉淀管如图 5-2(a)所示，下部开有取样口，取样口与水面间的距离 h 即位于水面处颗粒的沉淀高度。试验开始($t=0$)时，先把柱中的水轻搅均匀，悬浮固体均匀分布，原始浓度为 C_0。随后按选定的沉淀时间 t_1、t_2、…依此从取样管中取出一定体积的水样，并测其中剩余的悬浮固体浓度 C_1、C_2、…，这是经过沉淀后的水样。分别算出沉降速度 $u_1(h/t_1)$、$u_2(h/t_2)$、…，以及相应的水样中的悬浮固体浓度在原来悬浮固体浓度中所占的百分数 $P_1(100C_1/C_0)$、$P_2(100C_2/C_0)$、…。P_1、P_2、…称为残余浓度百分数，即在取样口的水样中所残余的悬浮物浓度百分数，而 $100-P_1$，$100-P_2$，…分别代表取样口水样中悬浮物去除的百分数。绘出 P 对 u 的曲线，如图 5-2(b)所示。

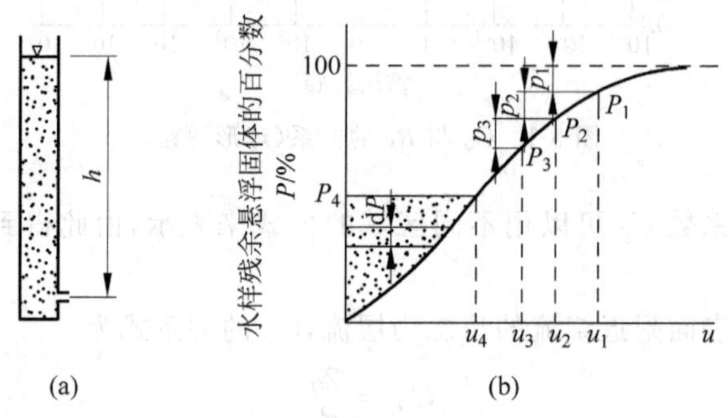

图 5-2 自由沉降试验
(a) 沉淀管；(b) 实验结果的 P-u 曲线

注意，试验水样的悬浮固体浓度 C_1、C_2、…，只是取样口断面处经沉淀时间 t_1、t_2、…后的悬浮固体浓度，并不代表整个 h 水深的水经相应沉淀时间后的悬浮固体浓度。这个浓度是沿水深 h 变化的，两种浓度具有完全不同的概念，不能混淆。在时间 t 的沉淀效率指该时刻在水深 h 中所含悬浮固体总量与原有悬浮固体总量之比。沉淀管中经沉淀时间 t 后的水称为沉淀水，其水质相当于经过沉淀设备处理后的水质。

因 $u_t=h/t$，h 为取样口处的水深，表明在时间 t，位于水面附近沉速为 u_t 的颗粒恰好沉到取样口下面，而位于水面以下沉速为 u_t 的颗粒必然在时间 t 以前即沉到取样口下面。这样，在时间 t，水深 h 内不再存在沉速为 u_t 的颗粒，说明沉速为 u_t 的颗粒已全部被去除掉。

沉速为 u_t 的颗粒在悬浮固体中占 $(100-P_t)\%$，因此被去除的百分数也是 $(100-P_t)\%$。

位于水面的沉速 u 小于 u_t 的颗粒，在时间 t 是沉不到取样口的，因而仍然残留在沉淀高度 h 内。但是，由于位于取样口上面 u_t 高度处的颗粒，恰好在时间 t 沉到取样口下面，在 u_t 高度下面的颗粒，也必然在时间 t 以前即沉到取样口下面。因此，沉淀时间 t 时，水深 u_t 内的沉速为 u 的颗粒必然全部沉到取样口下面，即全部已被去除掉。由于在沉淀开始时各种大小的颗粒沿水深 $h=u_t t$ 的分布是均匀的，沉速 u 颗粒被去除的百分数也就相当于水深 u_t 和 $u_t t$ 之比，即 $((u/u_t)\times 100)\%$。但沉速为 u 的颗粒在整个悬浮固体中只占 $(\mathrm{d}P)\%$，因此在被去除的悬浮固体整体中只能占 $((u/u_t)\mathrm{d}P)\%$。计算 P 从 0 到 P_t 的 $(u/u_t)\mathrm{d}P$ 积分值，即可得出沉速小于 u_t 的全部颗粒被去除的百分数，这个积分值即图 5-2(b)中用黑点表示的面积。

上述两部分之和即为在时间 t 水深 h 内的全部悬浮固体被去除的百分数 P，得到整个水深中去除悬浮物的百分数为

$$p = 100 - P_t + \frac{1}{u_t}\int_0^{P_t} u\mathrm{d}P \tag{5-12}$$

从上式可看出，P 的大小完全取决于所选用的 u_t 值，并不牵涉具体的沉淀时间和水深在内。也就是说，只要 u_t 确定，P 值也就确定了。由前面讨论可知，u_t 指位于水面的，在沉淀时间 t 能沉降 h 距离的最小颗粒的沉速，注意这个位于水面最小颗粒的沉速 u_t 具有特定的含义，因此，u_t 称为特征沉降速度或特征沉速。

由此，可得出有关沉淀试验的两条重要性质：

(1) 沉淀试验的高度 h 可采用任何值，对沉淀去除百分数没有影响；

(2) 当沉淀管高度 h 与沉淀池的水深一样时，u_t 为从水面能够 100%去除的最小颗粒的沉降速度。

在上述的沉淀试验中，每一个沉降速度都可利用有关的沉降公式计算出一个颗粒的粒径来。因此，可以把图 5-2(b)的横坐标颗粒沉降速度 u_1、u_2、…改画成为颗粒的粒径 d_1、d_2、…，绘制成图 5-3 的曲线，这一曲线称为悬浮固体的级配曲线。

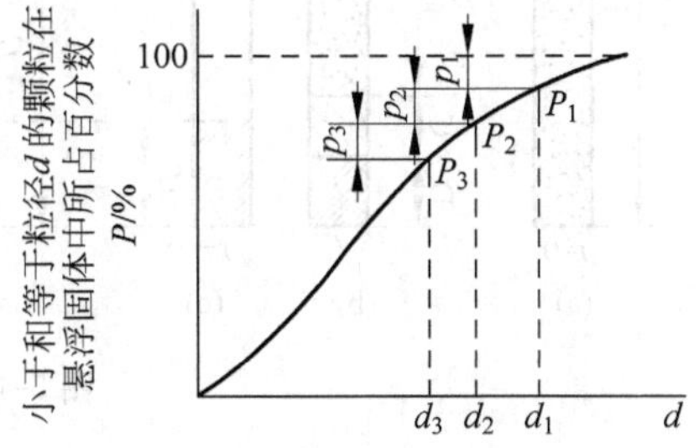

图 5-3　悬浮固体的级配曲线

自由沉降的沉淀试验实际也是求悬浮固体本身的颗粒级配，由上述可知与沉淀管的长度无关。实践中选用一定的长度，目的在于减小由于水面因取水样下降引起的沉淀速度计算误差。但是，当颗粒在下沉中会因与其他颗粒粘结逐渐长大时，由于不再存在自由沉淀的条件，沉淀管的长度就应该与实际的沉淀设备的深度一样，此外还要同时在沉淀管的几个高度取水样，以求得各点的固体浓度被去除百分数。

5.1.3 分层沉淀

用高悬浮固体浓度的水进行沉淀试验时，因颗粒的浓度过高，颗粒在沉淀过程中彼此相互干扰或受到容器壁的干扰，减小了实际沉淀速度，并形成明显的固液界面，出现分层沉淀(zone settling)现象。

在透明的沉淀筒中注入高浊度水进行静水沉淀(图 5-4(a))，在沉淀时间 t_i 时的沉淀现

象如图 5-4(b)。整个沉淀柱中分为四个区：清水区 A、等浓度区 B、变浓度区 C 及压实区 D。清水区下面的各区可总称为悬浮物区或污泥区。整个等浓度区中的浓度都是均匀的，这一区内的颗粒大小虽然也是不同的，但由于互相干扰的结果，大的颗粒沉降变慢了而小的颗粒沉降却变快了，因而形成了等速下沉的现象，整个区似乎都是由大小完全相等的颗粒组成的。当最大粒度与最小粒度之比约为 6：1 以下时，就会出现这种沉速均一化的现象。颗粒等速下沉的结果是，在沉淀柱内出现了一个清水区。清水区与等浓度区之间形成一个清晰的交界面，也称浑液面，它的下沉速度代表了颗粒的平均沉降速度。颗粒间的絮凝过程越好，使细小颗粒都粘结在较大的颗粒中，交界面也就越清晰，清水区内的悬浮物也就越少。紧靠沉淀柱底部的悬浮物很快就被筒底截住，这层被截住的悬浮物又反过来干扰了上面悬浮物的沉淀过程，同时在底部出现一个压实区。压实区内的悬浮物有两个特点：

(1) 从压实区的上表面起至柱底止，颗粒沉降速度是逐渐减小的，在柱底的颗粒沉降速度为零；

(2) 由于柱底的存在，压实区内悬浮物缓慢下沉的过程也就是这一区内悬浮物缓慢压实的过程。

从压实区与等浓度区的特点比较，可以看出它们之间必然要存在一个过渡区，即从等浓度区的浓度逐渐变为压实区顶部浓度的区域，称为变浓度区。

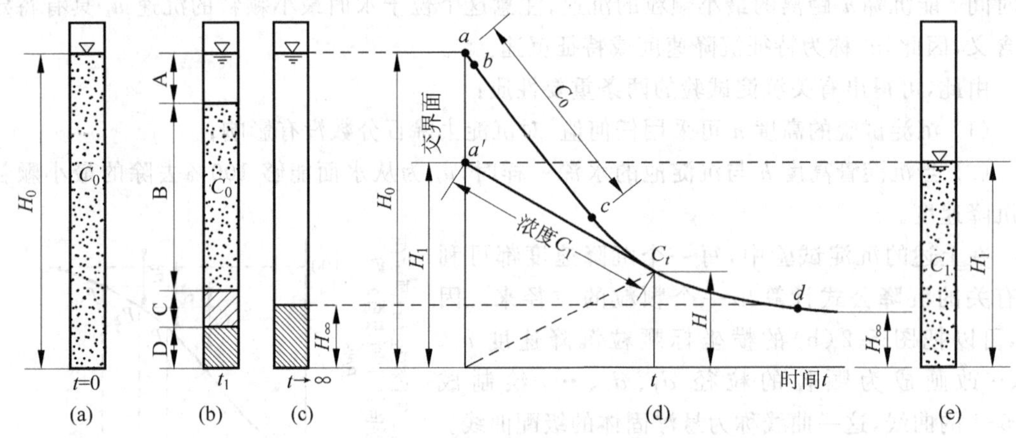

图 5-4 高浊度水的沉降过程

在沉淀过程中，清水区高度逐渐增加，压实区高度也逐渐增加，而等浓度区的高度则逐渐减小，最后不复存在。变浓度区的高度开始是基本不变的，但当等浓度区消失后，也就逐渐消失。变浓度区消失后，压实区内仍然在继续压实，直至这一区的悬浮物达到最大密度为止，如图 5-4(c)。当沉降达到变浓度区刚消失的位置时，称为临界沉降点。

当悬浮物的粒度变化范围很大(如＞6：1)且各级粒度所占的百分数相差不甚悬殊时，在沉淀过程中就不会出现等浓度区，而只有清水、变浓度和压实三个区，但这种情况很少。本书只讨论有等浓度区的沉淀情况。

当沉淀过程属于出现等浓度区的情况时，沉淀试验的目的是求出等浓度区的浓度以及沉淀过程曲线，即沉降过程中清水区与悬浮物区的界面线，如图 5-4(d)所示。曲线 a—b 段为上凸的曲线，可解释为颗粒间的絮凝结果：由于颗粒凝聚变大，使颗粒下降速度逐渐变大。$b—c$ 段为直线,表明交界面等速下降。$a—b$ 曲线段一般较短,有时不甚明显,可以作为 $b—c$ 直线段的延伸。曲线 $c—d$ 段为下凹的曲线,表明交界面下降速度逐渐变小。此时 B 区和 C 区已消失,c 点即为临界沉降点,交界面下的浓度均大于 C_0。$c—d$ 段表示 B、C、D 这三区重合后,沉淀物的压实过程。随着时间的增长,压实变慢,设压实时间 $t\to\infty$,压实区高度最后为 H_∞。

由图 5-4(d)可知,曲线 $a—c$ 段的悬浮物浓度为 C_0,$c—d$ 段浓度均大于 C_0。设在 $c—d$ 曲线上任一点 $C_t(C_t > C_0)$作切线与纵坐标相交于 a' 点,得高度 H_t。按照肯奇(Kynch)沉淀理论可得

$$C_t = \frac{C_0 H_0}{H_t} \tag{5-13}$$

式(5-13)的含义是:高度为 H_t、均匀浓度为 C_t 的沉淀管中所含悬浮物量和原来高度为 H_0、均匀浓度为 C_0 的沉淀管中所含悬浮物量相等。

曲线 $a'—C_t—d$ 为图 5-4(e)所虚拟的沉淀管悬浮物拥挤下沉曲线。它与图 5-4(a)所示沉淀柱中悬浮物下沉曲线在 C_t 点以前(即 t 时以前)不一致,但在 C_t 点以后(t 时以后)两曲线重合。作 C_t 点切线的目的,就是为了求任意时间内交界面的下沉速度。这条切线斜率即表示浓度为 C_t 的交界面下沉速度:

$$u_t = \frac{H_t - H}{t} \tag{5-14}$$

在 $a—c$ 段,因切线即为 $a—c$ 直线,$H_t = H_0$,故 $C_t = C_0$。由于 $a—c$ 线斜率不变,说明浑液面等速下沉。当压缩到 H_∞ 高度后,斜率为零,即 $u_t = 0$,说明悬浮物不再压缩,此时 $C_t = C_\infty$(压实浓度)。

由于不同沉淀水深所得出的沉淀过程线是相似的,根据沉淀水深为 H_2 的沉淀过程线可以用相似原理画出另一水深为 H_1 的沉淀过程线,如图 5-5 所示。两条沉降过程曲线之间存在着相似关系 $\dfrac{OP_1}{OP_2} = \dfrac{OQ_1}{OQ_2} = \dfrac{H_1}{H_2}$,说明当原水浓度相同时,A、B 区交界的浑液面的下沉速度是不变的,但由于沉淀水深大时,压实区也较厚,最后沉淀物的压实要比沉淀水深小时压得密实些。这种沉淀过程与沉淀高度无关的现象,使有可能用较短的沉淀柱来作实验,以推测实际沉淀效果。

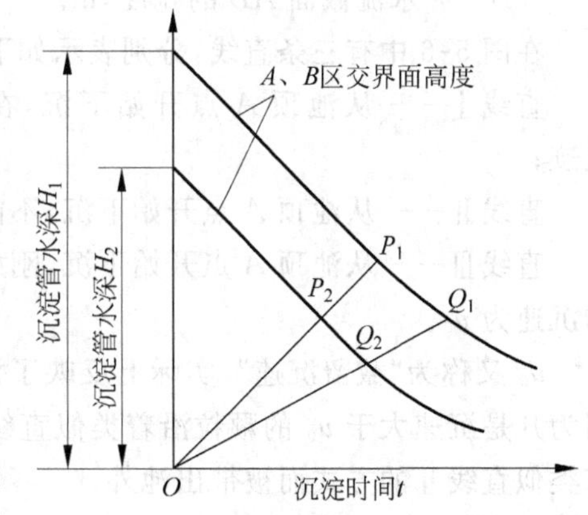

图 5-5 沉降过程的相似关

5.1.4 沉淀效率的计算

1. 理想沉淀池的工作情况

沉淀池的设计与计算都是基于理想沉淀池的。理想沉淀池由图 5-6 中 $ABA'B'$ 构成纵断面的沉淀池组成。在理想沉淀池中,对沉淀过程的基本假设是:

(1) 颗粒处于自由沉淀状态,在沉淀过程中各颗粒的沉速始终不变;

(2) 理想沉淀池中的水流沿水平方向流动,在过水断面上各点流速相等,并在流动过程

中流速始终不变；

(3) 颗粒一经沉淀到池底即认为已被去除，不再返回水流中。

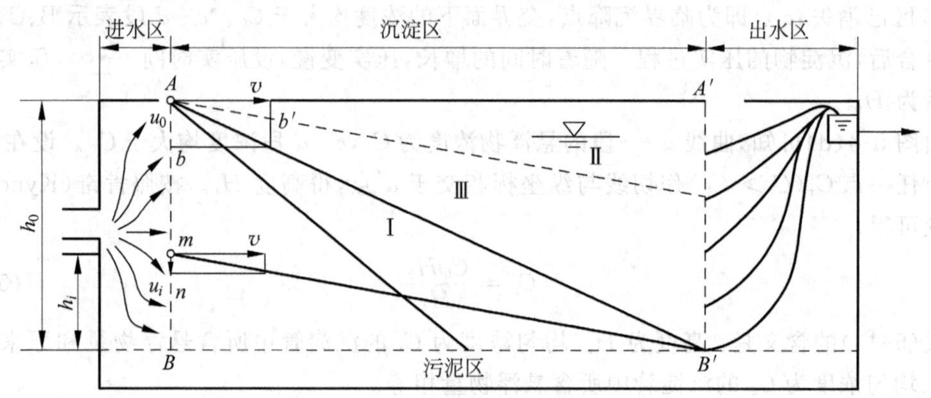

图 5-6 理想沉淀池工作状况

原水进入理想沉淀池后，被均匀分配到 AB 断面，水平流速为

$$v=\frac{Q}{h_0B} \tag{5-15}$$

式中 v——水平流速，m/s；

Q——流量，m_3/s；

h_0——水流截面 AB 的高度，m；

B——水流截面 AB 的宽度，m。

在图 5-6 中有三条直线，分别表示如下：

直线Ⅰ——从池顶 A 点开始下沉，在池底最远点 B' 点之前沉到池底的颗粒的运动轨迹；

直线Ⅱ——从池顶 A 点开始下沉，不能沉到池底的颗粒的运动轨迹；

直线Ⅲ——从池顶 A 点开始下沉，刚好沉到池底最远点 B' 点的颗粒的运动轨迹，相应的沉速为 u_0。

u_0 又称为“截留沉速”，实际上反映了沉淀池所能全部去除颗粒中的最小颗粒的沉速。因为凡是沉速大于 u_0 的颗粒沿着类似直线Ⅰ的方式沉到池底，凡是沉速小于 u_0 的颗粒沿着类似直线Ⅱ的方式而被带出池外。

对于直线Ⅲ所代表的颗粒，存在以下关系：

$$t=\frac{L}{v} \tag{5-16}$$

$$t=\frac{h_0}{u_0} \tag{5-17}$$

式中 v——水平流速，m/s；

u_0——截留沉速，m/s；

h_0——沉淀区水深，m；

L——沉淀区长度，m。

t——水在沉淀区中的停留时间，s。

式(5-16)等同于式(5-17),并代入式(5-15),得

$$u_0 = \frac{Q}{LB} = \frac{Q}{A} \tag{5-18}$$

式中 Q/A 称为"表面负荷"或"溢流率"。上式表明表面负荷在数值上等于截留沉速,但两者的含义却有所不同。

2. 哈真公式

在图 5-6 中引一条平行于直线Ⅱ并交于 B' 的直线 mB',可知只有处于 m 点以下的颗粒才能全部沉到池底。设原水中这类颗粒的浓度为 C,则沉淀池中进入的这类颗粒的总量为 h_0BvC,沿 m 点以下的高度 h_i 截面进入的这类颗粒的数量为 h_iBvC,沉速为 u_i 的颗粒去除率 E 为

$$E = \frac{h_iBvC}{h_0BvC} = \frac{h_i}{h_0} \tag{5-19}$$

由图 5-6 中的相似关系可得

$$\frac{h_0}{u_0} = \frac{L}{v}$$

整理得

$$h_0 = \frac{Lu_0}{v} \tag{5-20}$$

同理,

$$h = \frac{Lu_i}{v} \tag{5-21}$$

将式(5-20)和式(5-21)代入式(5-19)得

$$E = \frac{u_i}{u_0} \tag{5-22}$$

将式(5-18)代入式(5-22)得

$$E = \frac{u_i}{Q/A} \tag{5-23}$$

式(5-23)即为哈真(Hazen)公式,它表明悬浮颗粒在理想沉淀池中的去除率只与沉淀池的表面负荷有关,而与其他因素,如水深、池长和沉淀时间等无关。

由式(5-23)可以看出:

(1) 当去除率 E 一定时,颗粒沉速 u_i 越大,表面负荷 Q/A 就越高,即产水量越大;当产水量和表面积不变时,u_i 越大则去除率 E 越高。因此改善絮凝池的运行效果非常必要。

(2) 当颗粒沉速 u_i 一定时,沉淀池表面积增大,则去除率 E 越高。因此,当沉淀池容积一定时,池身浅些则表面积大些,去除率 E 也就越高,此即"浅池理论"。

3. 颗粒自由沉淀效率的计算

哈真公式讨论的是"特定"的某一种"具有沉速 u_i 的颗粒"($u_i<u_0$)的去除率。事实上,原水中沉速小于 u_0 的颗粒很多,这些个别颗粒去除率的总和就是颗粒的总去除率。

设 p_i 为所有小于 u_0 的颗粒占原水中全部颗粒的百分数,则 dp_i 为具有沉速为 u_i 的这

种颗粒占原水中全部颗粒的百分数，如图 5-7 所示。根据哈真公式(5-23)，能够在沉淀池中下沉的这种具有 u_i 的颗粒占原水中全部颗粒的百分率为 $\frac{u_i}{u_0}dp_i$。因此，所有能够在沉淀池中沉降的，沉速小于 u_0 的颗粒的去除率为

$$p' = \int_0^{p_0} \frac{u_i}{u_0} dp_i \tag{5-24}$$

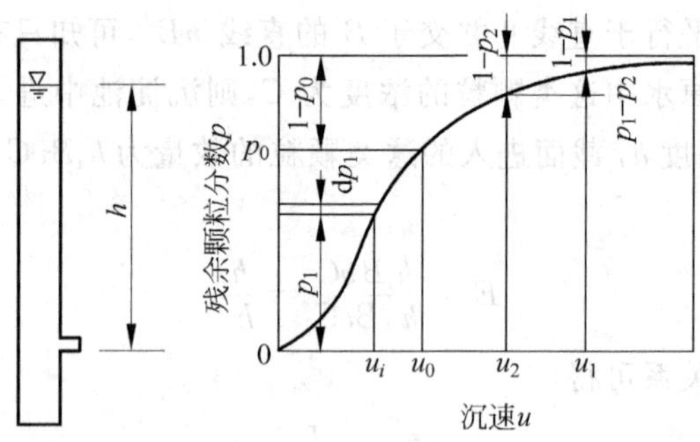

图 5-7 理想沉淀池的去除百分比计算

此外，沉速等于或大于 u_0 的颗粒已经全部下沉，其去除率为$(1-p_0)$。因此，理想沉淀池的总去除率 E 为

$$E = (1-p_0) + \int_0^{p_0} \frac{u_i}{u_0} dp_i \tag{5-25}$$

式中 p_0——所有沉速小于截留沉速 u_0 的颗粒占原水中全部颗粒的百分率。

因此，$1-p_0$ 表示所有大于截留沉速 u_0 的已经去除的颗粒分数。

4. 凝聚性颗粒沉淀效率的计算

在沉淀过程中，颗粒的大小、形状和密度都有所变化，随着沉淀深度和时间的增长，沉淀速度越来越快，这种现象称为凝聚性颗粒沉淀。关于凝聚性颗粒的沉淀效果只能根据沉淀试验来加以预测。因此，试验用沉淀柱的长度应尽量接近实际沉淀池的深度，一般可采用 2～3m，直径不小于 100mm，设 5～6 个取样口。

试验初始，先将沉淀柱内水样充分搅拌并测其初始浓度，然后每隔一定时间同时取各取样口的水样测定悬浮物浓度，并计算出相应的去除百分数。然后根据测定的数据，以沉淀柱取样口高度 h 为纵坐标，沉降时间 t 为横坐标，将各个深度处的颗粒去除百分数的数据点标注，把去除百分比 p 相同的各点连成光滑的曲线，称为“去除百分数等值线”，如图 5-8 所示。它代表着：对应所指明去除百分数时，取出水样中不复存在的颗粒的最远沉降途径。深度与时间的比值则为指明去除百分数时的颗粒的最小平均沉速。

利用图 5-9 可以计算凝聚性颗粒的去除百分数。比如，当沉降时间为 t 时，其相应的沉速，也即表面负荷 $u_0=h/t_0$。凡是沉速等于或大于 u_0 的颗粒都能全部沉淀，而沉速小于 u_0 的颗粒则按照 u/u_0 比值进行部分沉淀。

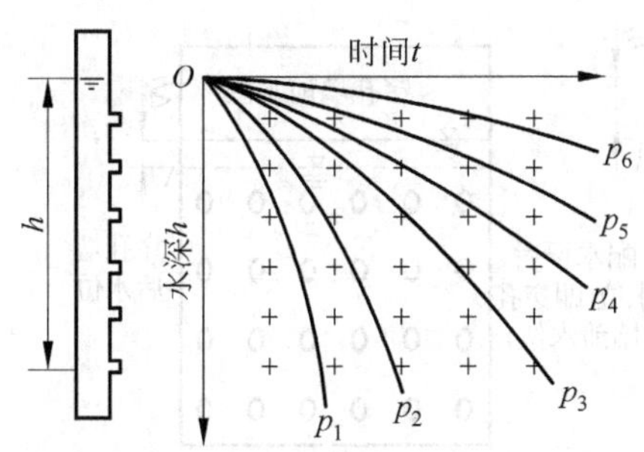

图 5-8 凝聚性颗粒沉淀试验及去除百分数等值线

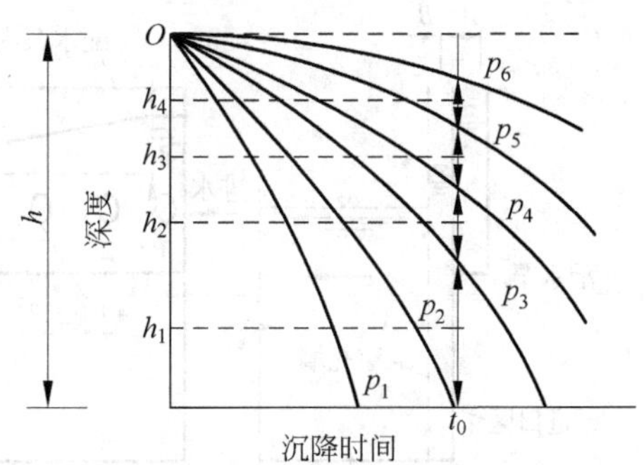

图 5-9 凝聚性颗粒的去除百分数计算

沉降时间 t_0 时，相邻两根曲线所表示的数值之间的差别，反映出同一时间不同深度的去除百分数的差别，说明有这样一部分颗粒对于上面一条曲线来说，被认为已沉降下去，但相对下面一条曲线来说，则被认为还未沉降下去。也就是说，这一部分颗粒正介于两曲线之间，其平均沉速等于其平均高度/时间 t_0，数量为两曲线所表示的数值之差，这些颗粒正是沉速小于 u_0 的颗粒。因此，根据图 5-9 所示的凝聚性颗粒去除百分数等值线可以得出总的去除百分数：

$$P = p_2 + \frac{h_1/t_0}{u_0}(p_3 - p_2) + \frac{h_2/t_0}{u_0}(p_4 - p_3) + \frac{h_3/t_0}{u_0}(p_5 - p_4) + \cdots \tag{5-26}$$

式中 p_2——沉降高度为 h，沉降时间为 t_0 时的去除分数，且是沉速等于或大于 u_0 的已全部沉掉的颗粒的去除分数；

h_1——t_0 时曲线 p_2 与 p_3 之间的中点高度；

h_2——t_0 时曲线 p_3 与 p_4 之间的中点高度。

上述测定方法是在静置条件下进行的，在实际沉淀池的计算应用中，应根据经验，表面负荷和停留时间等乘以相应的经验系数。

5.2 平流式沉淀池的构造和设计

平流式沉淀池是水处理中应用最早、最广泛的沉淀池池型。

5.2.1 平流式沉淀池的进出水布置

良好的进口与出口的设计可以使沉淀池的水流条件有利于沉淀过程，提高沉淀池的水力效率，使之接近理想的沉淀池模型。

1. 进口的布置

进水常采用穿孔花墙或配水栅缝，使水均匀分布在沉淀区的过水断面上，起到均匀配水的作用。如图 5-10 所示为平流沉淀池进口的一般布置，在沉淀池前面有一条配水渠，配水渠与沉淀池间由一排大小相同的配水孔连通，沉淀池进口处有一扇穿孔花墙。水由配水渠进入沉淀池后，再经穿孔花墙上的配水孔流入沉淀池内，沉淀过程从穿孔墙开始。

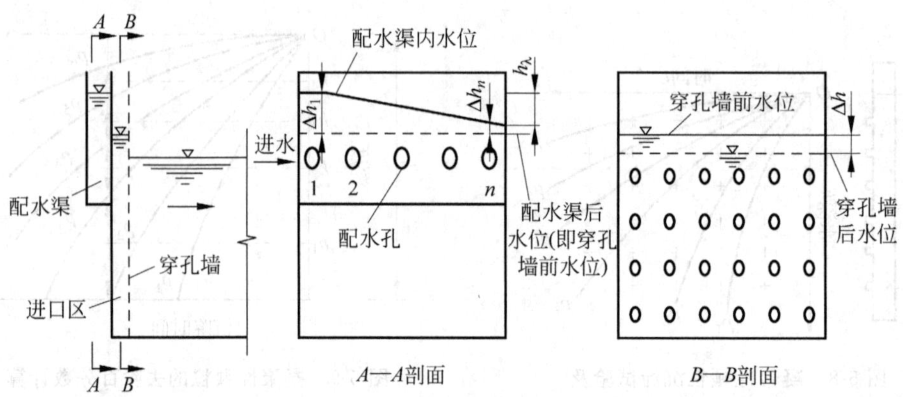

图 5-10 平流式沉淀池的进口布置

一般认为穿孔墙的开孔率应为断面面积的 6%～8%，孔径宜为 125mm，而穿孔墙应位于距进口墙 2～2.4m 处。若开孔率过大，会在池中形成不同程度的死水区。为防止絮体破碎，配水孔最后应顺水流方向做成喇叭孔，孔口流速限制在 0.2～0.3m/s 内。最上一排孔须长期淹没在水面下 12～15cm，以适应水位变动；最下一排孔应在沉淀池积泥高度以上 0.3～0.5m，以免冲起积泥。

2. 出口布置

出口布置主要考虑：①让沉淀后的水尽量在出水区均匀流出；②不让水流把正在沉淀过程中的、甚至已经沉到池底的絮体带出沉淀池。因此，出口常采用堰口布置或淹没式出水孔口，如图 5-11 所示的三种形式。

(1) 溢流堰，如图 5-11(a)所示。水沿出水渠的内墙顶直接溢流进出水渠内。这种形式构造最简单，但堰顶必须水平，才能出水均匀。如施工不当或堰顶局部下沉，都会影响出水的均匀性。

(2) 出流孔口：为节省水头，一般采用淹没孔口，如图 5-11(b)所示，在出水渠内墙上均匀布置大小一样的孔口。利用沉淀池水位与出水渠水位之差来控制孔口流量，因此孔口的高低对流量无影响。但由于出水渠的水面有坡降，使每个孔口的水位差不相等，所以应尽量降低孔口流量的不均匀性。

(3) 锯齿三角堰，如图 5-11(c)所示。锯齿堰采用薄壁材料制作，堰顶要求在同一水平线上，以保证每个堰的流量相等。但因堰的数目很多，个别堰的误差对整个出水量的均匀性影响不大。

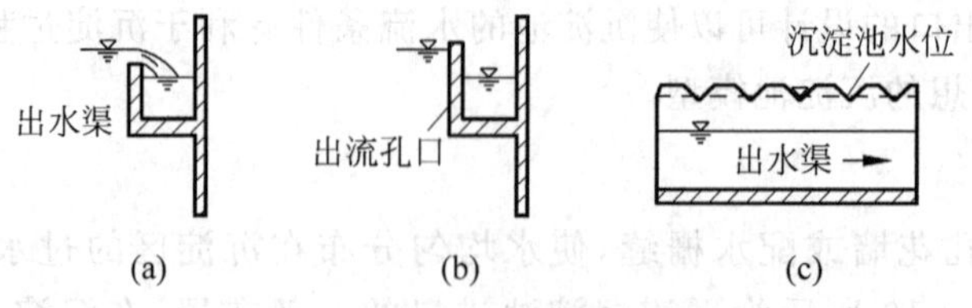

图 5-11 平流沉淀池的出口布置

此外，还需尽量增加出水堰的长度，降低堰口的流量负荷，以缓和出水区附近的流线过于集中的现象。我国常采用的增加堰长的措施为增加出水支渠。

3. 整流构筑物

在刮风很厉害，容易出现异重流以及流量变化很大等一些不利的条件下，为保持沉淀池水流的稳定性，还须采用一些整流措施。沿池子纵向设导流墙是一种常见的形式。导流墙能减小横向刮风的影响，并起了加大水流的弗劳德数 Fr 的作用，保持水流的稳定性。用导流墙来保证流水断面的宽度与水深之比不大于 4∶1～3∶1。当出现严重的异重流、纵向的大风以及其他极不利的水流条件时，往往只能借池内沿池长方向增设 2～3 道穿孔墙来改善水流条件。这种办法无异于把沉淀池在纵向进行了分格，分格后往往对排泥机械的布置和维修造成一定的困难，对沉淀效率也有不良影响。

5.2.2　平流式沉淀池的排泥设施

排泥方式有斗形底排泥、穿孔管排泥和机械排泥等。平流式沉淀池的主体部分一般为平底，故常采用机械吸泥或刮泥，如往复式的吸泥车或刮泥车、链带传动的刮泥板等。采用刮泥方式的沉淀池在进水侧池底设泥斗，刮入泥斗的沉泥靠静水压力由排泥管定期排出池外。若沉淀池体积不大，也可采用泥斗或穿孔排泥管，可省去排泥机械，但需存泥区。

机械排泥装置可充分发挥沉淀池的容积利用率，且排泥可靠。多口虹吸式吸泥装置如图 5-12 所示。吸泥动力利用沉淀池水位所形成的虹吸水头。刮泥板 1、吸口 2、吸泥管 3、排泥管 4 成排地安装在桁架 5 上，整个桁架利用电机和传动机构通过滚轮架设在沉淀池壁的轨道上行走。在行进过程中将池底积泥吸出并排入排泥沟 10。这种吸泥机适用于具有 3m 以上虹吸水头的沉淀池。由于吸泥动力较小，池底积泥中的颗粒太粗时不易吸起。

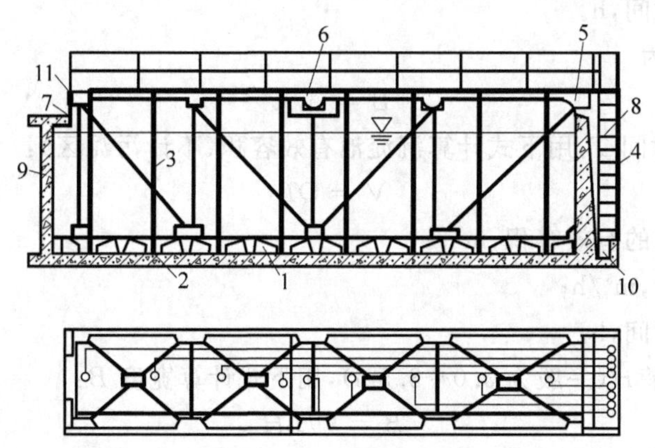

图 5-12　多口虹吸式吸泥机

1—刮泥板；2—吸口；3—吸泥管；4—排泥管；5—桁架；6—电机和传动机构；7—轨道；8—梯子；9—沉淀池壁；10—排泥沟；11—滚轮

当沉淀池为半地下式时，如池内外的水位差有限，可采用泵吸排泥装置，其构造和布置与虹吸式相似，但用泥泵抽吸。

还有一种单口扫描式吸泥机，它是在总结多口吸泥机的基础上设计的。其特点是无需成排的吸口和吸管装置。当吸泥机沿沉淀池纵向移动时，泥泵、吸泥管和吸口沿着横向往复行走吸泥。

5.2.3 平流式沉淀池的设计与运行管理

平流式沉淀池具有处理效果稳定，运行管理方便，易于施工等优点，不足之处是占地面积较大。为了水厂的可靠运行，沉淀池的池数不得少于2个。

平流式沉淀池的水力停留时间应根据原水水质、沉淀水水质要求、水温等设计资料，并参考相似条件下已有沉淀池的运行经验确定，一般宜为1.5～3.0h；池中水平流速可采用10～25mm/s；沉淀池的有效水深一般采用3.0～3.5m；沉淀池的长度与宽度之比不得小于4，长度与深度之比不得小于10，以保证断面水流均匀。

需要注意的是在设计手册中，沉淀池池深的设计计算方法，用于给水与污水的有所不同。其原因可能是由于排泥机械对水流的扰动程度不同，用于给水处理的平流式沉淀池多采用吸泥车排泥，对沉泥的扰动较小；污水处理用沉淀池多采用刮泥机，扰动较大。

根据沉淀理论，平流式沉淀池的基本设计参数是表面负荷或停留时间。从理论上说，采用前者较为合理，但是以停留时间作为指标所积累的经验较多。设计时应两者兼顾。或者以停留时间控制，以表面负荷校核，或者相反也可。两种计算方法如下。

(1) 按照表面负荷 Q/A 的关系计算出沉淀池表面积 A。

沉淀池长度为

$$L = 3.6vT \tag{5-27}$$

式中 v——水平流速，mm/s；

L——沉淀池长度，m；

T——停留时间，h。

沉淀池宽度 B 为

$$B = A/L \tag{5-28}$$

(2) 按照停留时间 T，用下式计算沉淀池有效容积(不计污泥区)：

$$V = QT \tag{5-29}$$

式中 V——沉淀池的有效容积，m^3；

Q——产水量，m^3/h；

T——停留时间，h。

根据选定的池深 H(一般为3.0～3.5m)，用下式计算宽度 B：

$$B = V/LH \tag{5-30}$$

同时，衡量平流式沉淀池水力状态的参数是弗劳德数 Fr 和雷诺数 Re。弗劳德数 Fr 是反映水流的惯性力与重力之比的无量纲数，计算式为

$$Fr = \frac{v^2}{Rg} \tag{5-31}$$

式中 Fr——弗劳德数；

v——水流速度；

R——水力半径；

g——重力加速度。

弗劳德数反映了水流的稳定性，弗劳德数过低的沉淀池中水流的惯性力太小，易出现短流、死角、异重流等问题。设计时应注意隔墙的设置，以减少水力半径，增大弗劳德数，一般

控制在$1\times10^{-4}\sim1\times10^{-5}$。

雷诺数 Re 是反映水流的惯性力与粘滞力之比的无量纲数，计算式为

$$Re=\frac{\rho vR}{\mu} \tag{5-32}$$

雷诺数代表了水的紊流状态。平流式沉淀池中的水流一般都为紊流状态，但雷诺数也不应太大，以免因过度紊流而干扰沉淀过程，一般控制在 4000～1 5000。

平流式沉淀池投产后的管理一般比较简单，定期排泥和清洗，做些必要的运行数据的测量和记录就可以了。但是沉淀前的混合和混凝必须完善，需要做混凝实验。同时，在运行中主要需注意以下几方面的事项：

(1) 操作人员应熟悉设备、管道系统、阀门布置情况，对于多组沉淀池，进水时要注意各组池子进出水阀门的合理调节，保证各组池子水量平衡。

(2) 定时检测沉淀池的出水浊度。根据各水厂的实际情况，过滤出水浊度应控制在一定的范围内，如果出水浊度超出规定的范围，应及时分析查找原因并找出解决办法。

(3) 注意观察沉淀池出水是否均匀及排泥机械运行情况，并做好记录，为分析沉淀设备及运行特性、停池情况和排泥设备维修等提供依据。

5.3 其他沉淀池的设计和计算

5.3.1 斜板(管)沉淀池的类型和设计

由浅池理论可知，在沉淀池有效容积一定的条件下，增加沉淀面积，可使颗粒去除率提高。沉淀池的处理能力与水深和水力停留时间无关。为了有效排泥，使沉在斜板上的沉泥可以借助重力沿斜板滑落，而发展了产水能力很高的斜板或斜管沉淀池。

斜板沉淀池是把与水平面成一定角度(一般 60°左右)的众多斜板放置于沉淀池中构成。水从下向上流动(也有从上向下，或水平方向流动)，颗粒则沉于斜板底部。当颗粒累积到一定程度时，便自动滑下。

沉淀池中的斜板可由倾斜设置的塑料平板加上板间支撑构成，也可采用倾斜设置的波纹板填料或蜂窝填料。采用蜂窝填料的斜板沉淀池也被称为斜管沉淀池，比如蜂窝填料异向流斜管沉淀池、波纹板异向流斜管沉淀池等，其沉淀机理与斜板沉淀池是相同的。

按斜板(管)中水流与沉泥的运动方向关系，斜板(管) 沉淀池可分为异向流、同向流和侧向流三种类型，如图 5-13 所示。

1) 异向流斜板(管)沉淀池

从絮凝池的来水和经沉淀后的清水都是自上通过斜板的，而斜板内所沉的泥则借 60°的倾斜角自上而下滑落流到池底的集泥区，两者的流向相反，这种沉淀池称为异向流斜板沉淀池，是应用最为广泛的一种斜板沉淀池，发展成熟，但不足之处是池深较大，进水从池的一侧下部进入池内，不易做到全池平面的配水均匀。

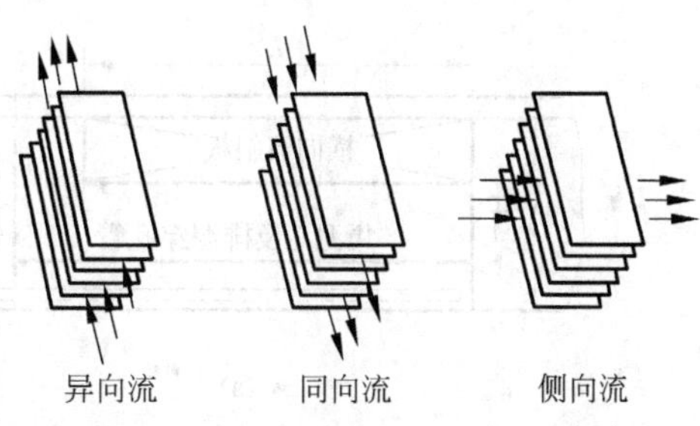

图 5-13 斜板(管) 沉淀池的水流方向

在自来水厂，异向流斜板（管）沉淀池宜用于进水浊度长期低于 1000NTU 的原水，斜板（管）沉淀区的液面负荷应按照相似运行条件下的经验确定，一般可采用 5.0～9.0$m^3/(m^2 \cdot h)$。斜板（管）部分常用的数据为：斜板长度 $l=1m$，倾角 $\theta=60°$，板间距（或管径）30～40mm。沉淀池斜板（管）上面的清水区保护高度一般不宜小于 1m，底部配水区高度不宜小于 1.5m。

2）同向流斜板（管）沉淀池

所谓异向流是相对于同向流而言的。同向流指进入沉淀区的水的流向和沉泥的流向相同。同向流的优点是，泥和水同一流向，有助于泥的下滑。但清水流到沉淀区底部后，仍然需要回到沉淀池水面，这就使沉淀区的水流过程复杂化，必须采用比较宽的矩形沉淀单元，这种沉淀池则称同向流斜板沉淀池。

同向流斜板（管）常用数据为：板间距 35mm，斜板上部为沉淀区斜板，斜板长度为 2.0～2.5m，倾角 $\theta=40°$；斜板下部为排泥区斜板，斜板长度不小于 0.5m，倾角 60°。在同向流斜板（管）中，水流的方向与板上沉泥的滑动方向相同，沉泥的滑动可以受到水流的推动，因此同向流斜板（管）的倾斜角可以小于异向流斜板（管）。倾斜角的降低可以使沉淀池在相同池深的条件下采用较长的斜板长度。同向流斜板（管）沉淀池沉淀区的液面负荷一般为 30～40$m^3/(m^2 \cdot h)$。但是由于同向流斜板板体部分的结构过于复杂，尽管其产水能力比异向流高，但在实际中同向流斜板沉淀池的应用极少。

3）侧向流（横向流）斜板沉淀池

侧向流斜板沉淀池中的水是水平方向流动的。在池中顺着水流的流动方向，平行设置了多层斜板，水从斜板之间水平流过。颗粒沉到斜板的表面，再顺着斜板滑向池底。侧向流斜板沉淀池的斜板体可以采用斜板或者波纹板，在高度方向上可以单层布置，也可以采用板体组件进行多层布置。在侧向流斜板沉淀池中，斜板的顶部需略高出水面，斜板体下面设有阻流墙或阻流板以防止水流不经斜板体而发生短流。侧向流斜板沉淀池可应用于大中小各种规模，且沉淀池进出水衔接方便，布水均匀，池深较浅。但缺点是由于侧向流斜板的板体在池深方向多层设置，上层斜板的滑泥对下层斜板的出水水质有影响，同时下层斜板在定期冲洗时冲洗不到，容易积泥。

利用缩小沉降高度原理所构成的斜板沉淀池，其沉淀单元则不同于管状结构。图 5-14(a)给出一种侧向流斜板沉淀池的布置，颗粒物在两块斜板所构成的沉淀单元中的沉降过程则见图 5-14(b)。斜板的距离为 50～150mm，虽然大于斜管的管径，但由图 5-14(b)可看出，它仍然起了大大缩短沉淀区长度的作用。

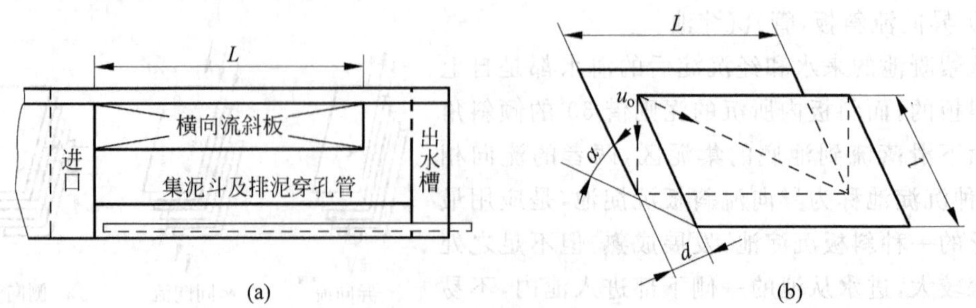

图 5-14 横向流斜板沉淀池

(a) 横向流斜板沉淀地；(b) 横向流沉淀过程

自来水厂的侧向流斜板沉淀池的常用数据为：倾斜角 $\theta=60°$，板间距 60～80mm，或水平间距 80～100mm，斜板内水平流速一般采用 10～20mm/s。一般情况下侧向流斜板体的容积负荷约为 6～10m³/(m³·h)。

在斜板(管)沉淀池中，颗粒的最大垂直沉淀距离从原来的水面到池底的几米缩短到斜板缝隙中垂直高度的几厘米，大大缩短了颗粒沉淀分离所需要的时间。在相同颗粒沉淀效果的条件下，斜板(管)沉淀池单位面积的产水率是平流式沉淀池的 6～10 倍以上。

此外，与普通沉淀池相比，因斜板(管)内水流的水力半径很小，水流为层流状态(斜板中水流的雷诺数一般小于 500，为层流状态；普通沉淀池中水流状态为紊流)，水流的稳定性也较好(弗劳德数增大)，从而改善了颗粒分离的水力条件。因此，斜板(管)沉淀池具有停留时间短、沉淀效率高以及占地省等优点。但同时也存在着一些缺点：

(1) 运行中斜板(管)中易产生积泥和藻类滋生等问题，积泥过多还易发生斜板压塌事故，因此需定期放空对斜板进行冲洗；

(2) 斜板(管)材料的费用高，并且使用数年后因老化还需要更换；

(3) 因水流在斜板之间停留时间极短(几分钟)，斜板沉淀池的缓冲能力和稳定性都较差，对沉淀前面的混凝处理运行的稳定性有较高的要求。

5.3.2 辐流式沉淀池的工作原理与设计

辐流式沉淀池是一种池深较浅的圆形构筑物，直径一般为 30～50m，周边水深一般为 2.5～3.5m。如图 5-15 所示，原水由中心引入，再沿池半径方向以辐射形式流至环形周边集水槽而溢出。

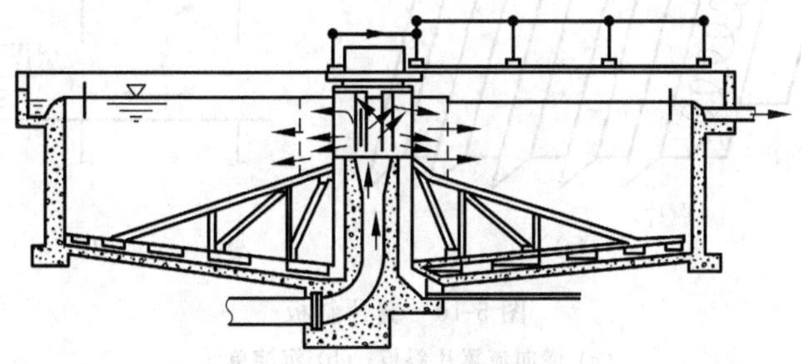

图 5-15 普通辐流式沉淀池

辐流式沉淀池的池底略向中心倾斜，采用机械排泥，刮泥机每小时旋转几周，把污泥挂到中心，再依靠静水压力排出池外。用于废水处理活性污泥法二沉池时则可以采用旋转吸泥机。

辐流式沉淀池一般用于大、中型水厂高浊度水的预沉或一级沉淀。由于该池型采用中心进水管进水，管内流速较高，不适用于混凝后的沉淀，因此多用于废水处理。

近年来开发了一种带有中心絮凝区的辐流式沉淀池，可用于混凝沉淀工艺中。与传统的辐流式沉淀池相比，中心整流筒的尺寸放大，其中设有絮凝反应设施——波纹板或机械搅拌。原水先经过单独设置的机械搅拌池进行初步的絮凝反应，然后通过中心进水管进入辐流式沉淀池中心的絮凝区，进一步反应后再进入辐流沉淀区。在处理高浊度水时，辐流式沉淀池在深度上进行的是浓缩过程，因此辐流式沉淀池的沉淀面积按照浓缩池的原理进行设计和计算。

5.3.3 其他新型沉淀池的应用

1. 翼片斜板沉淀池

近年来，在斜板(管)沉淀池的基础上还研究了在斜板的沿水流垂直方向上，添设许多翼片所起的作用。这种斜板称为翼片斜板(finned plate)或迷宫斜板，如图 5-16 所示。

图 5-16(a) 表示横向流翼片斜板的工作情况，图(b)则表示翼片斜板中沉淀单元的流型。由图(b)中看出，由相邻的两块斜板和两块翼片间构成了一个翼片槽沉淀单元。这个单元的上部为主渠，下部为翼片槽。水流过沉淀单元时形成了特殊的水流构型，在主渠内为主流区，在翼片槽内为环流区，在两者之间为翼片尾流涡旋街区(fin wake vortex street)。在主流区及环流区均为层流。主要的流量通过主流区，絮体在主流区内沿主流流速与沉降速度合成方向下沉，但在涡旋区中的絮体则被带入翼片槽内的环流区，因此主流每经过一个翼片单元则被截留一部分絮体。对横向流的翼片斜板来说，进入翼片槽中的絮体呈螺旋状运动下沉到池底，如图 5-16 所示。

翼片斜板的独特之处是创造了一个有利于分离悬浮颗粒物的水力条件，并使之与颗粒的沉降相结合，以加速分离过程。据初步试验，翼片横向流斜板沉淀池的沉淀效率优于异向流斜管沉淀池。翼片斜板也能用于异向流的情况，类似于斜管沉淀池。

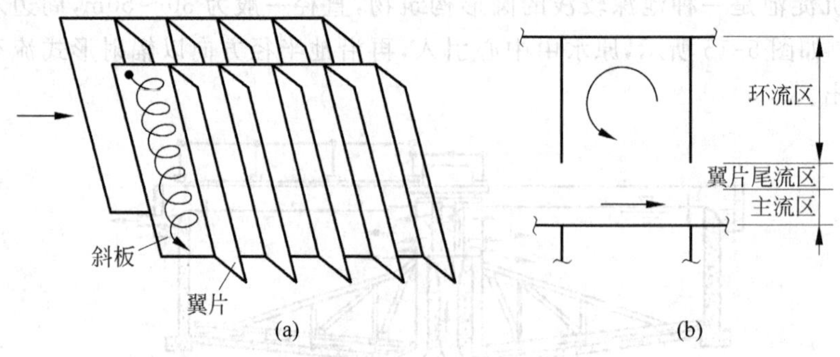

图 5-16 翼片斜板

(a) 横向流翼片斜板；(b) 沉淀单元

2. 高密度沉淀池

高密度沉淀池(Densadeg)是由法国得利满公司开发出的一项先进专利澄清技术，该技术应用面广泛，适用于饮用水生产、污水处理、工业废水处理、污泥处理等领域。高密度沉淀池技术在欧洲市场应用多年，比如法国的 MOUT、德国的来格等诸多欧洲水厂均采用该工艺，这种新型水处理工艺在欧洲国家十分流行。目前已进入中国市场，国内已有工程采用该处理工艺，如乌鲁木齐石墩子山水厂扩建工程、石家庄市桥西污水处理污水回用改造工程、首钢污水处理工程等。

高密度沉淀池是一种紧凑、高效、灵活的新型水处理工艺，可广泛应用于诸多领域，用于工业和生活污水、饮用水、雨水以及三级废水。

高密度沉淀池主要有三种类型：

1）RL 型高密度沉淀池

该池是目前使用范围最广的一种高密度澄清池(95%的项目采用)，多用于生活用水处理工艺及生活污水处理工艺。采用该类型的高密度澄清池，水泥混合物流入沉淀池的斜管下部，污泥在斜管下的沉淀区中分离出来，此时的沉淀为阻碍沉淀；剩余絮片被斜管截留，该分离作用是遵照斜管沉淀机理进行的。因此，在同一构筑物内整个沉淀过程就分为两个阶段进行：深层阻碍沉淀，浅层斜管沉淀。其中，阻碍沉淀区的分离过程是沉淀池几何尺寸计算的基础。

该类型高密度澄清池的上升流速取决于斜管区所覆盖的面积(上升流速 23m/h)。

2）RP 型高密度澄清池

当出水及污水排放标准不是很严格的情况下，采用此类高密度澄清池，效果较好，在安装时可不带斜管。但该澄清池较少采用(只用于滤池冲洗废水带排放上清液的浓缩，特殊浓缩要求)。

3）RPL 型高密度澄清池

这一类型的高密度澄清池多用于城市废水处理工艺、工业废水处理工艺，只有当必须集中贮泥，并对处理无反作用时才采用。所以它的应用仅限于除碳工艺(非饮用水)及工业废水处理中特殊的沉淀工艺。

目前，在高密度沉淀池的基础上开发了中置式高密度沉淀池，它是由上海市政设计工程院结合了机械搅拌澄清池和高密度沉淀池的优点并针对高密度沉淀池的技术要点进行优化后开发出来的新池型。该池型设有 5 个过程区：混合区、絮凝反应区、分离沉淀区、浓缩排泥区和分离出水区。通过紧凑的池体布置和相应的机械设备，实现高效的处理功能。

中置式高密度沉淀池的主要特征在于：混合搅拌机、絮凝搅拌机及附属的不锈钢筒体、刮泥机、斜管区和矩形出水槽均位于主池体内，污泥管道连通污泥回流泵和进水管及主池体下部浓缩排泥区。其中絮凝搅拌机和污泥回流泵由变频电机控制，浓缩刮泥机底部带有搅拌栅条。

3. 新型平流式沉淀池

在平流式沉淀池中，进出口布置形式对沉淀效果有着重要的影响。传统平流式沉淀池中，经过渡段调节后进入工作段的水流紊动仍比较剧烈，流场分布不均匀，为改善水流条件，对传统平流式沉淀池进行改造，开发了新型平流式沉淀池。它是在传统平流式沉淀池的进水口处设置开孔率适当的进水调流板对水流流态进行调整，使流速分布趋于均匀，从而加快泥砂沉降速度，使沿程含砂量迅速减小，有利于泥砂的沉降。

根据含砂量沿垂线的分布曲线可知，含砂量沿垂线的分布是上稀下浓，即越靠近水表面，含砂量越小，因此要想提高平流式沉淀池的沉淀效率，就应当尽量取表层的清水。实际工程中由于平流式沉淀池的尺寸等限制，溢流堰长度不够，不能有效地降低溢流堰上的水头以取得表层清水。而新型平流式沉淀池在溢流堰上沿水流方向增设了几道溢流槽，从而增加了溢流长度，有利于取得表层含砂量较小的水，提高了平流式沉淀池的沉淀质量，同时也提高了细颗粒泥砂的沉淀效率。

5.4 澄清池的原理和设计

5.4.1 澄清池的一般工作原理

在前几章中讨论的絮凝和沉淀分属于两个过程：水中脱稳杂质通过碰撞结合成相当大的絮凝体，然后，在沉淀池内下沉。

澄清池则把混凝和沉淀这两个过程集中在同一个构筑物中进行，主要依靠活性泥渣层达到澄清目的。当脱稳杂质随水流与泥渣层接触时，被泥渣层阻留下来，从而使水获得澄清。这种把泥渣层作为接触介质的过程，实际上也是絮凝过程，一般称为接触絮凝。在澄清池中通过机械或水力作用悬浮保持着大量的矾花颗粒（泥渣层），进水中经混凝剂脱稳的细小颗粒与池中保持的大量矾花颗粒发生接触絮凝反应，被直接粘附在矾花上，然后再在澄清池的分离区与清水进行分离。而澄清池的排泥措施，能不断排除多余的陈旧泥渣，其排泥量相当于新形成的活性泥渣量，故泥渣层始终处于新陈代谢状态中，泥渣层始终保持接触絮凝的活性。

两颗粒相互碰撞的次数可表示为

$$\frac{-\mathrm{d}(n_1+n_2)}{\mathrm{d}t}=\alpha_0\ \frac{1}{6}n_1 n_2 d_2^3 G \tag{5-33}$$

式中，n_1 和 n_2 分别为初始颗粒与絮体颗粒的数量浓度；α_0 为絮凝效率。絮体的浓度值 n_2 远远小于 n_1，假定 n_2 保持不变，可得到单位体积水中絮体的总体积 V：

$$V=n_2\cdot\frac{\pi d_2^3}{\sigma} \tag{5-34}$$

由式(5-34)可以看出，在假定条件下，V 为一常数。因此有

$$\frac{-\mathrm{d}n_2}{\mathrm{d}t}=\alpha_0\cdot\frac{V}{\pi}Gn \tag{5-35}$$

将式(5-35)积分整理得

$$n_t=n_0\cdot \mathrm{e}^{-\alpha_0\frac{V}{\pi}Gt} \tag{5-36}$$

式中 n_t——t 时刻初始颗粒的数量浓度。

由式(5-36)可知，在给定 GT 值的条件下，水中初始颗粒的浓度 n_0 将以絮体体积 V 的指数方关系迅速减小。这充分说明当水中始终保持适当絮体体积比例后，就足以加快絮凝过程，这就是接触絮凝澄清池的工作原理。

澄清池具有絮凝效率高，处理效果好，运行稳定和产水率高等优点。按照泥渣在澄清池中的状态，可将澄清池分为泥渣循环型和泥渣悬浮型两大类。

泥渣循环型澄清池通过絮凝区保持絮体的循环来起到接触絮凝的作用，主要有水力循环澄清池和机械搅拌澄清池。

泥渣悬浮型澄清池是通过池中保持一层泥渣层（即絮凝层）来起到接触絮凝的作用，主要有悬浮澄清池和脉冲澄清池。

5.4.2 机械搅拌澄清池的设计

机械搅拌澄清池又称为加速澄清池，是目前在给水的澄清处理中应用最广泛的池型。

它属于泥渣循环型，利用转动的叶轮使泥渣在池内循环流动，以完成接触絮凝和分离沉淀的过程。

机械搅拌澄清池的构造如图 5-17 所示，一般采用圆形池，主要由第一反应(絮凝)区和第二反应(絮凝)区及分离区组成。加过混凝剂的原水在第一反应区和第二反应区内与高浓度的回流泥渣相接触，达到较好的絮凝效果，结成大而重的絮凝体，进而在分离室中进行分离。第二反应区设有导流板(图中未绘出)，用以消除因叶轮提升时所引起的水的旋转，使水流平稳地经导流区流入分离区。分离区中下部为泥渣层，上部为清水层，清水向上经集水槽流至出水槽。实际上，图 5-17 所示只是机械搅拌澄清池的一种形式，还有多种形式，但基本构造和原理是相同的。

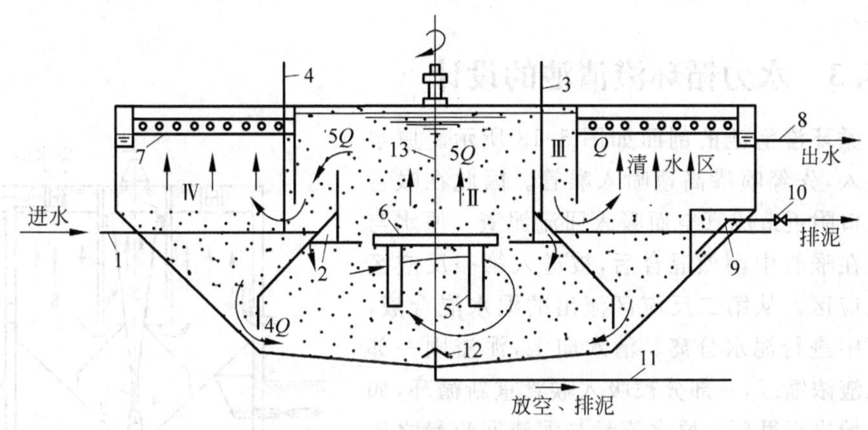

图 5-17 机械搅拌澄清池剖面示意图

1—进水管；2—三角配水槽；3—透气管；4—投药管；5—搅拌桨；6—提升叶轮；7—集水槽；8—出水管；9—泥渣浓缩室；10—排泥阀；11—放空管；12—排泥罩；13—搅拌轴；Ⅰ—第一絮凝室；Ⅱ—第二絮凝室；Ⅲ—导流室；Ⅳ—分离室

搅拌设备由提升叶轮和搅拌桨组成，提升叶轮装在第一和第二反应区的分隔处，搅拌叶轮的提升流量一般是进水流量的 3～5 倍，可以通过叶轮的开启度或转速进行调节。搅拌设备的作用是：第一，提升叶轮将回流水从第一反应区提升至第二反应区，使回流水中的泥渣不断在池内循环；第二，搅拌桨使第一反应区内的水体和进水迅速混合，泥渣随水流处于悬浮和环流状态。因此，搅拌设备使接触絮凝过程在第一、二反应区内得到充分发挥。

在机械搅拌澄清池中，泥渣回流量可按照要求进行调整控制，加之泥渣回流量大、浓度高，因此对原水的水量、水质和水温的变化适应性较强，既可适应短时高浊水，对低温低浊水的处理效果也较好，处理稳定，净水效果好。但需要一套机械设备并增加维修工作，结构较复杂，对机电的维护要求高，占地面积较大。

由于机械搅拌澄清池为混合、絮凝和分离三种工艺在一个构筑物中的综合工艺设备，各部分相互牵制、相互影响，所以计算工作往往不能一次完成，必须在设计过程中作相应的调整。主要设计参数和设计内容如下：

(1) 水在机械搅拌澄清池中的总停留时间可采用 1.2～1.5h。第一反应区和第二反应区的水力停留时间一般控制在 20～30min，其中第二反应区按照叶轮提升流量的停留时间是 30～60s。

(2) 清水区上升流速一般采用0.8～1.1mm/s。清水层须有1.5～2.0m的深度，以便在排泥不当而导致泥渣层厚度变化时，仍可保证出水水质。

(3) 叶轮提升流量可为进水流量的3～5倍。叶轮直径可为第二反应区内径的70%～80%，并应设调整叶轮转速和开启度的装置。

(4) 第一反应区、第二反应区(包括导流室)和分离区的容积比一般控制2∶1∶7左右。第二反应区和导流室的流速一般为40～60mm/s。

(5) 沉淀分离区的液面负荷一般采用2.9～3.6$m^3/(m^2 \cdot h)$。

(6) 泥渣浓缩区的容积大小影响排出泥渣的浓度和排泥间隔的时间。根据澄清池的大小，可设浓缩区1～4个，其容积约为澄清池容积的1%～4%。当原水浊度较高时，应选用较大容积。

5.4.3 水力循环澄清池的设计

水力循环澄清池的剖面如图5-18所示。原水从池底进入，先经喷嘴高速喷入喉管。因此在喉管下部喇叭口附近造成真空而吸入回流泥渣。原水与回流泥渣在喉管中剧烈混合后，被送入第一反应区和第二反应区。从第二反应区流出的泥水混合液，在分离区中进行泥水分离。清水向上，泥渣则一部分进入泥渣浓缩区，一部分被吸入喉管重新循环，如此周而复始进行循环。原水流量与泥渣回流量之比一般为(1∶2)～(1∶4)。喉管和喇叭口的高度可用池顶的升降阀进行调节。

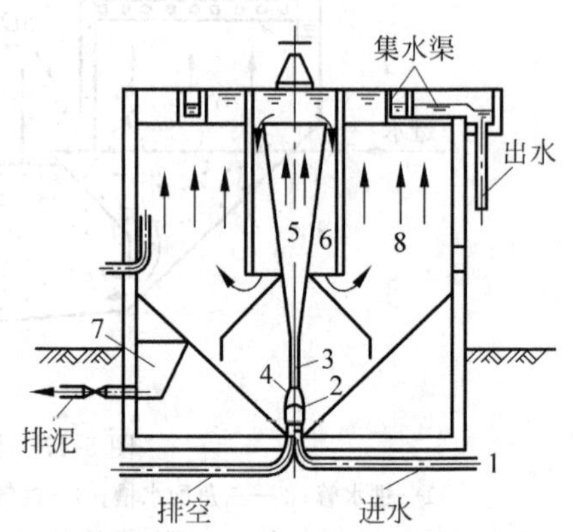

图5-18　水力循环澄清池示意图

1—进水；2—喷嘴；3—喉管；4—喇叭口；5—第一絮凝室；6—第二絮凝室；7—泥渣浓缩室；8—分离室

在泥渣循环型澄清池中，大量高浓度的回流泥渣与加过混凝剂的原水中杂质颗粒具有更多的接触碰撞机会，且因回流泥渣与杂质粒径相差较大，因此絮凝效果好。水力循环澄清池结构较简单，无需机械设备，但泥渣回流量难以控制，且因絮凝室容积较小，絮凝时间较短，回流泥渣接触絮凝作用的发挥受到影响。故水力循环澄清池处理效果较机械加速澄清池差，耗药量较大，对原水水量、水质和水温的变化适应性较差。且因池子直径和高度有一定比例，直径越大，高度也越大，故水力循环澄清池一般适用于中、小水厂。目前，新设计的水力循环澄清池较少。

5.4.4 脉冲澄清池与悬浮澄清池的运行特点

1. 脉冲澄清池

脉冲澄清池属于泥渣悬浮型，其工艺流程如图5-19所示。池内水的流态类似于竖流式沉淀池，进水从池的底部进入向上流动，从上部集水槽排出，利用水的上升流速使矾花保持悬浮，以此在池中形成泥渣悬浮层，进水中的细小颗粒在水流通过泥渣层时被絮凝截留。当泥渣层的增长超过预定高度时，多余的泥渣用池底的穿孔管排出池外。排泥的另一方式是在池壁设排泥口，超过排泥口高度的泥渣滑入泥渣浓缩室，再定期排出池外。

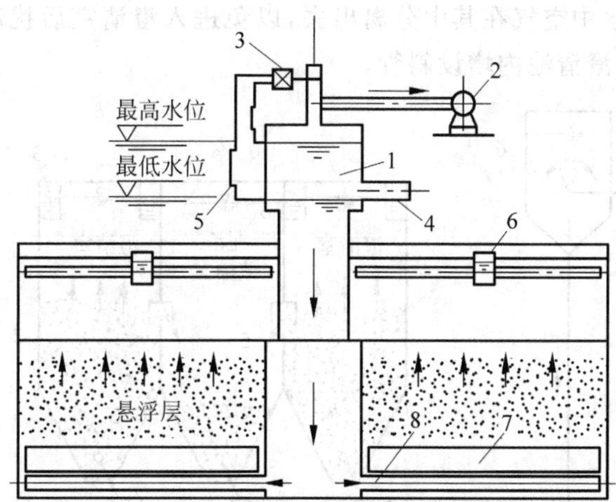

图 5-19 采用真空泵脉冲发生器的澄清池的剖面图

1—进水室；2—真空泵；3—进气阀；4—进水管；5—水位电极；
6—集水槽；7—稳流板；8—配水管

脉冲澄清池的特点是澄清池的上升流速发生周期性的变化。这种变化是由脉冲发生器引起的。当上升流速小时，泥渣悬浮层收缩、浓度增大而使颗粒排列紧密；当上升流速大时，泥渣悬浮层膨胀。悬浮层不断产生周期性的收缩和膨胀不仅有利于微絮凝颗粒与活性泥渣进行接触絮凝，还可以使悬浮层的浓度分布在全池内趋于均匀并防止颗粒在池底沉积。

脉冲发生器有多种型式。图 5-19 表示采用真空泵脉冲发生器的脉冲澄清池的剖面图。脉冲澄清池中设有进水区，从前道工序的来水先进入进水区。在进水区设真空或虹吸系统，抽真空时进水室充水，破坏真空或形成虹吸时，进水区中的存水通过澄清池的配水系统向池内快速放水。在脉冲水流的作用下，池内泥渣悬浮层处于周期性的膨胀和沉降状态。也即，在脉冲周期向池内放水期间，池内泥渣悬浮层上升；在脉冲周期停止进水期间，池内泥渣悬浮层下沉。这种周期性的脉冲作用使得悬浮层工作稳定，断面上泥渣浓度分布均匀，增加了水中颗粒与泥渣间的接触碰撞机会，并增强了澄清池对水量变化的适应性。因此，脉冲澄清池的净水效果好，产水率高。但与机械搅拌澄清池相比，对原水的水质、水量变化的适应性较差，并且对操作管理的要求也较高。

脉冲澄清池的脉冲周期一般为 30～40s，其中充水与放水的时间比为(3∶1)～(4∶1)。清水区的液面负荷一般采用 2.5～3.2$m^3/(m^2 \cdot h)$，悬浮层高度和清水区高度各为 1.5～2.0m。

2. 悬浮澄清池

悬浮澄清池是应用较早的一种澄清池，多在工况企业与水质软化系统结合使用，一般用于小型水厂，在城市自来水厂较少采用，其工艺流程如图 5-20 所示。

加药后的原水经气水分离器从穿孔配水管流入澄清区，水自下而上通过泥渣悬浮层后，水中杂质被泥渣层截留，清水从穿孔集水槽流出。悬浮层中不断增加的泥渣，在自行扩散和强制出水管的作用下，由排泥窗口进入泥渣浓缩区，经浓缩后定期排除。强制出水管收集泥渣浓缩室内的上清液，并在排泥窗口两侧造成水位差，以使澄清区内的泥渣流入浓缩区。气水分离器的作用是使水中空气在其中分离出去，以免进入澄清室后扰动悬浮层。为提高悬浮澄清池效率，有的在澄清池内增设斜管。

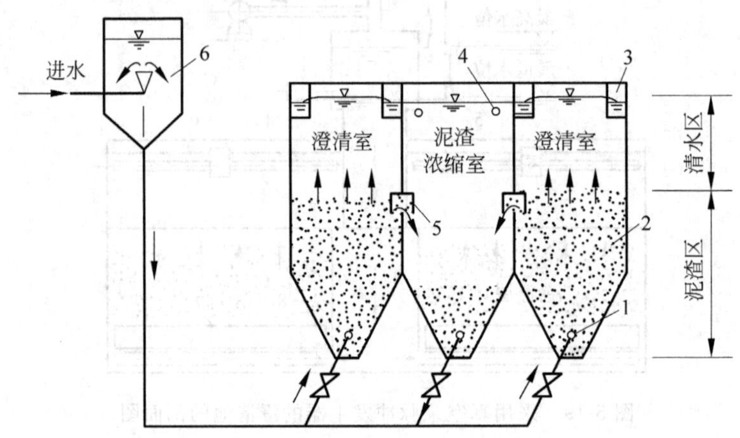

图 5-20　悬浮澄清池流程

1—穿孔配水管；2—泥渣悬浮层；3—穿孔集水槽；4—强制出水管；

5—排泥窗口；6—气水分离器

悬浮澄清池可分为单层式和双层式两种，目前国内使用的多为无穿孔底板单层式。双层式悬浮澄清池是将泥渣室置于澄清池之下而成。

悬浮澄清池的处理效果受水质、水量等变化影响较大，上升流速也较小，目前新设计的悬浮澄清池较少。有关悬浮澄清池的设计参数和计算方法见《室外给水设计规范》和有关设计手册。

5.5 浓缩池的理论和设计

5.5.1 浓缩池的原理和特点

处理高浓度悬浮物液体的设备称为浓缩池，一般采用竖流式或辐流式沉淀池的形式。浓缩池具有双重功能，一是在池子上部产生清液，其流量称为溢流流量；一是从池子底部排出浓缩液，这部分流量称为底流流量。在水处理中，一般用浓缩池来进行预处理，以获得澄清水，底流属于废弃部分。其他工业中往往利用浓缩池来获取浓缩液，以回收其中所含固体物质，清液则属于废弃部分，污水处理中利用浓缩池来浓缩污泥也属于同样的性质。

可以看出，浓缩池虽然同沉淀池的构造一样，但是采用它的目的和工作情形与一般的沉淀池并不相同。当给水沉淀池用于处理高浊水等特殊情况时，断面上同样会出现图 5-21 那样的浓缩过程，因此也必须要靠底流流量来维持溢流流量部分的水质不变，采用这种沉淀池的目的和浓缩池虽然不一样，但工作情况却和浓缩池完全一样。即使在不排底流的条件下，如果要维持出水水质不变，必须按浓缩池应有的深度额外加得很深，以保证有足够的浓缩时间和贮泥容积，所以必然按照浓缩池的原理来计算。

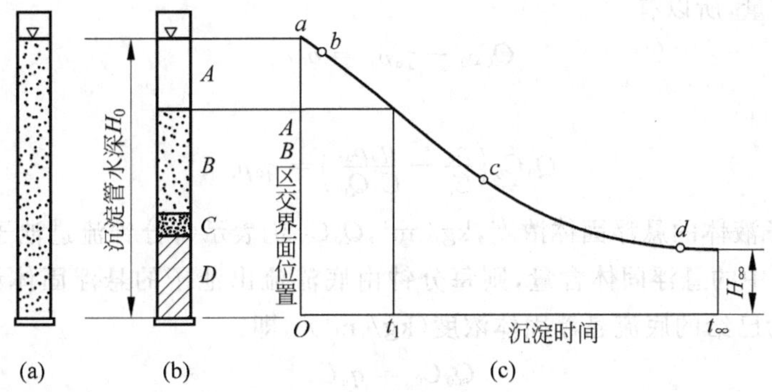

图 5-21　分层沉淀现象

5.5.2　浓缩池的设计

浓缩池的设计，需要利用分层沉淀试验的资料如图 5-22，并假定池子沉淀区的每一单位面积都与试验沉淀管的沉淀过程类似，即池子沉淀区悬浮固体浓度的纵向分布应如图 5-23。图 5-23 中表示出悬浮固体浓度在池子的纵向分为清水区、等浓度区和压实区3 个区域。等浓度区和压实区合称为浓缩区。清水区中悬浮固体浓度很小，代表了溢流流量中悬浮固体的浓度。等浓度区中的浓度为 C_0。在压缩区中，悬浮固体浓度由最上部的 C_0 向池底逐渐加大，最后达到 C_u，C_u 代表了从池底排出的底流流量中的悬浮固体浓度。C_i 代表压缩区中某一个位置的悬浮固体浓度，也即 $C_u > C_i > C_0$。浓缩池的设计包括决定浓缩池的面积和深度，最主要的是确定面积。在设计时必先给出图 5-22 所示的静水沉淀试验资料和底流中悬浮固体浓度 C_u，现分述如下。

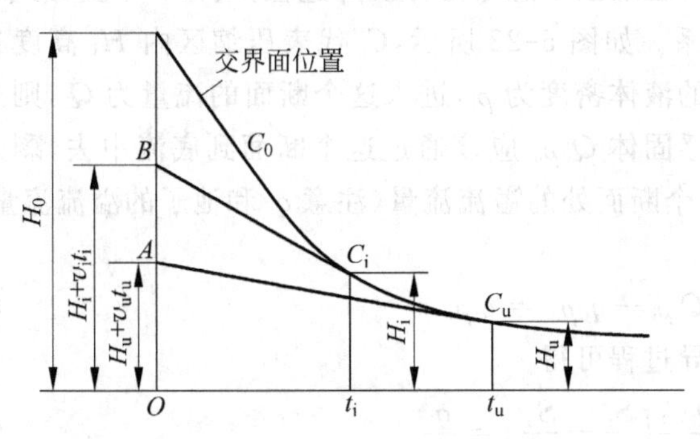

图 5-22　分层沉淀试验资料

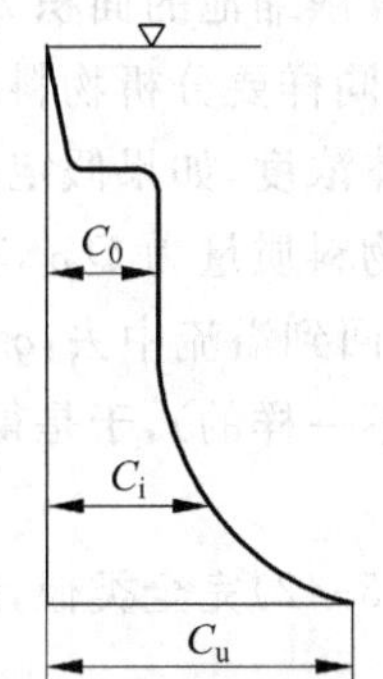

图 5-23　浓缩池浓度的纵向分布

1）浓缩池的面积

浓缩池的面积是根据物料衡算关系定出来的。先分析整个池子的物料衡算关系。设 Q_0 为流进池子的流量，m^3/min；ρ_0 为密度，kg/m^3，那么每分钟流进池子的物料质量为 $Q_0\rho_0$（kg）。如果底流的流量和液体的密度分别为 q_u（m^3/min）及 ρ_u（kg/m^3），则由底流流出的物料质量为 $q_u\rho_u$。同理可得溢流中的物料质量为 $q_0\rho_w$，q_0 和 ρ_w 分别代表溢流流量和溢流液体的密度，单位同上。流进池子的物料质量减去从底流流出池子的物料质量应该等于溢

流流出的物料质量，所以有

$$Q_0\rho_0 - q_u\rho_u = q_0\rho_w \tag{5-37}$$

整理得

$$Q_0C_0\left(\frac{\rho_0}{C_0} - \frac{q_u\rho_u}{C_0Q_0}\right) = q_0\rho_w \tag{5-38}$$

C_0 代表流进池子液体的悬浮固体浓度，kg/ m^3，Q_0C_0 仍表示每分钟流进池子的悬浮固体总量。若忽略溢流中的悬浮固体含量，则每分钟由底流流出池子的悬浮固体量 q_uC_u，应该和 Q_0C_0 相等，C_u 为已给的底流悬浮固体浓度(kg/ m^3)，即

$$Q_0C_0 = q_uC_u \tag{5-39}$$

从上式中解出 q_u/C_0，代入(5-38)式得

$$Q_0C_0\left(\frac{\rho_0}{C_0} - \frac{\rho_u}{C_u}\right) = q_0\rho_w \tag{5-40}$$

溢流中的悬浮固体可以忽略不计，因此 $\rho_w = 1000\text{kg/m}^3$，即水的密度，以 ρ_w 除以式(5-40)式的两边得

$$Q_0C_0\left(\frac{S_0}{C_0} - \frac{S_u}{C_u}\right) = q_0 \tag{5-41}$$

式中 S_0、S_u 分别为进水和底流液体的比重。

将式(5-41)两边除以浓缩池沉淀区的面积 A 得

$$\frac{Q_0C_0}{A}\left(\frac{S_0}{C_0} - \frac{S_u}{C_u}\right) = \frac{q_0}{A} \tag{5-42}$$

q_0/A 代表沉淀区的表面负荷，m^3/(min·m^2)。q_0/A 实际是沉淀区内所允许的悬浮固体最小沉降速度。

为计算浓缩池的面积 A，还须分析压缩区中悬浮固体沉降过程，获得一个类似式(5-42)的关系，这同样要分析物料的平衡关系。如图 5-22 所示，C_i 代表压缩区内 H_i 高度处断面的悬浮固体浓度，如果假定这一断面的液体密度为 ρ_i，进入这个断面的流量为 Q_i，则进入这个断面的物料质量为 $Q_i\rho_i$，其中有悬浮固体 $Q_u\rho_u$ 应该通过这个断面到底流中去，剩余的清水 $q_w\rho_w$ 则回到溢流中去，q_i 相应于这个断面处的溢流流量(注意 q_i 和池子的溢流流量 q_0 在概念上是不一样的)，于是得到

$$Q_i\rho_i - q_u\rho_u = q_i\rho_w \tag{5-43}$$

上式和式(5-42)完全类似，仿照其推导过程可得

$$\frac{Q_iC_i}{A_i}\left(\frac{S_i}{C_i} - \frac{S_u}{C_u}\right) = \frac{q_i}{A_i} \tag{5-44}$$

式中 S_i 代表悬浮固体浓度为 C_i 的液体的比重。Q_i/A_i 代表这一断面处允许的悬浮固体最小沉降速度 v_i，也就是浓度为 C_i 中的悬浮固体颗粒沉降速度。注意式(5-44)中 $Q_iC_i = Q_0C_0$，并以 v_i 代入得

$$A_i = \frac{Q_0C_0}{v_i}\left(\frac{S_i}{C_i} - \frac{S_u}{C_u}\right) \tag{5-45}$$

上式中，浓度 C_i 随着 H_i 的缩小而增大，但下沉速度 v_i 则随 H_i 的缩小而减小。这样算出的面积 A_i 就是变化的，不同的高度 H_i，可以算出一个不同的 A_i 面积，其中有一个最大值，浓缩池沉淀区的面积必须是这个最大值，如果小于这个最大面积，则说明实际所要求的沉降速

度大于真正的沉降速度 v_i，因此 C_i 浓度所含的悬浮固体不能完全通过这一断面进入底流中。

式(5-45)的 A_i 面积计算，需要利用沉淀试验的资料计算出 v_i 及 C_i 来。根据式(5-18)可得

$$H_i + v_i t_i = \frac{C_0 H_0}{C_i} \tag{5-46}$$

如图 5-23 所示，在时间 t_i 的交界面高度 $t_i C_i = H_i$，并以 C_i 表示交界面浓度，从 C_i 点作沉淀曲线的切线与纵坐标轴相交得 B 点，OB 长即 $H_i + v_i t_i$，因此交界面沉降速度为

$$v_i = \frac{OB - H_i}{t_i} \tag{5-47}$$

由于 C_u 是已给出的，在沉淀曲线上不能直接定出来，须先算出 $H_u + v_u t_u = C_0 H_0 / C_u$ 来，然后在纵轴上取 $OA = C_0 H_0 / C_u$，由 A 点向沉淀曲线作切线，由切点 C_u 可定出相应的 H_u 及 t_u。

注意这里由式(5-46)计算得的只是浓缩池沉淀区的面积，浓缩池的面积还需要加上进口和出口所需要的额外面积。

2) 浓缩池的深度

浓缩池的深度包括清水区的高度、浓缩区的高度以及集泥和排泥设备所需要的高度。清水区的高度是为了保证出口堰收集清水时不致带走悬浮固体。根据辐流式沉淀池的实际资料，当每米出口堰的流量为 250～400m³/d 时，清水区的高度可取 0.75～1.0m。

浓缩区的高度 h 可用下面的简单公式计算：

$$h = \frac{Q_0 CT}{A\rho_s} + \frac{Q_0 CTX}{A\rho} \tag{5-48}$$

式中 Q_0——浓缩池的进水流量，m³/min；

C——浓缩区内悬浮固体的平均浓度，kg/ m³；

A——浓缩区的面积，m²；

T——浓缩池的停留时间，min；

ρ_s——悬浮固体的密度，kg/ m³；

ρ——水的密度，1000kg/ m³；

X——浓缩区内水与悬浮固体的质量比。

上式中右边两项的分子分别代表浓缩池的浓缩区内所包含的悬浮固体及水的总质量。

停留时间 T 可按试算法求得，求法如下。如图 5-24 所示，先在沉淀试验的曲线上定出 C_u 及 t_u 的位置来，得到交界面沉降高度 h'，另外按图 5-25 所示的关系画一条和这条沉淀曲线相似的曲线，延长 OC_u 线与这条曲线相交，交界面沉降高度为 h，交点 C_u 的交界面的浓度应该也是 C_u，相应的沉淀时间为 T，如果 h 与 T 值符合式(5-48)关系，则说明 h 和 T 值都是正确的，否则应该重新假定 h 再定 T 值，直至符合式(5-48)关系为止。

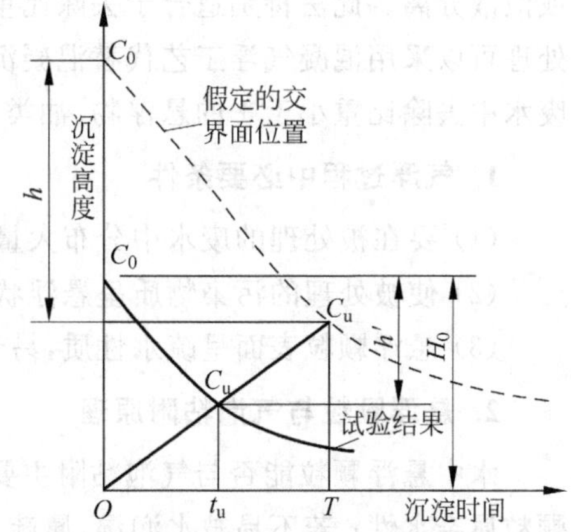

图 5-24 浓缩池的停留时间

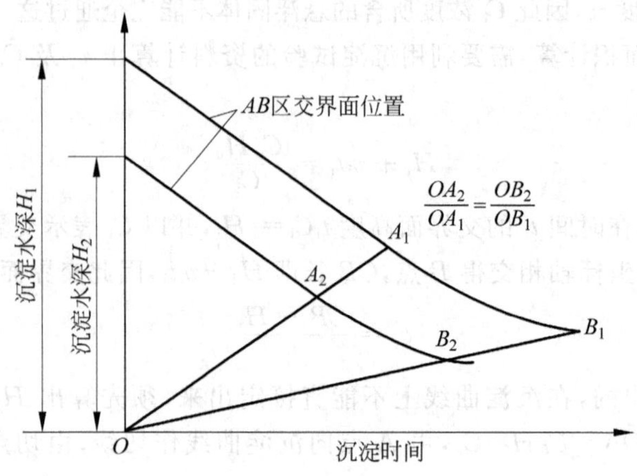

图 5-25　分层沉淀过程的相似关系

3）底流和溢流流量

浓缩池的底流流量 q_u 可直接算出：

$$q_u = \frac{Q_0 C_0}{C_u} \tag{5-49}$$

溢流流量 q_0 为

$$q_0 = Q_0 - \frac{Q_0 C_0}{C_u} \tag{5-50}$$

5.6　气浮池的设计计算

5.6.1　气浮原理概述

气浮法是固液分离或液液分离的一种技术。其原理是在水中加入大量的微小气泡，使其与水中密度接近于水的固体或液体污染物微粒粘附，形成密度小于水的气浮体，在浮力的作用下，共同快速上浮，至水面形成浮渣，然后用刮渣设备自水面刮除浮渣和泡沫，实现固液或液液分离。此法特别适合于去除比重接近于水的颗粒，如藻类等，对于高藻低浊湖库水的处理可以采用混凝气浮工艺代替混凝沉淀工艺，以提高颗粒的分离速度。气浮法也能用于废水中去除比重小于1的悬浮物、油类和脂肪，并用于污泥的浓缩。

1. 气浮过程中必要条件

（1）要在被处理的废水中分布大量细微气泡；

（2）使被处理的污染物质呈悬浮状态；

（3）悬浮颗粒表面呈疏水性质，易于粘附于气泡上而上浮。

2. 悬浮颗粒与气泡粘附原理

水中悬浮颗粒能否与气泡粘附主要取决于颗粒表面的性质。颗粒表面易被水润湿，该颗粒属亲水性；若不易被水润湿，属疏水性。亲水性和疏水性可用气、液、固三相接触时形成的接触角大小来解释。在气、液、固三相接触时，固、液界面张力线和气、液界面张力线之间的夹角称为湿润接触角，以 θ 表示。为便于讨论，现将水、气、固三相分别以 1、2、3 表示，如图 5-26 所示。$\theta>90^\circ$为疏水性颗粒，易于为气泡粘附；$\theta<90^\circ$为亲水性颗粒，不易为气泡所粘附。

在水、气、固相接触时，三个界面张力总是平衡的，以 σ 表示界面张力，有：

$$\sigma_{1.3}=\sigma_{1.2}\times\cos(180^\circ-\theta)+\sigma_{2.3} \tag{5-51}$$

由热力学知，由水、气泡和颗粒构成的三相混合液中，存在着体系界面自由能(W)。体系界面自由能(W)存在着力图减至最小的趋势，使分散相总表面积减小。

已知，界面自由能(W)为

$$W=\sigma S \tag{5-52}$$

式中 S——界面面积，cm^2。

颗粒与气泡粘附前，颗粒和气泡单位面积($S=1$)的界面能，分别为 $\sigma_{1.3}\times1$ 及 $\sigma_{1.2}\times1$，这时单位面积上的界面能之和为

$$W_1=\sigma_{1.3}+\sigma_{1.2}(\mathrm{N/m}) \tag{5-53}$$

当颗粒与气泡粘附后，界面能减少了(见图 5-27)。此时粘附面上单位面积的界面能为

$$W_2=\sigma_{2.3}(\mathrm{N/m}) \tag{5-54}$$

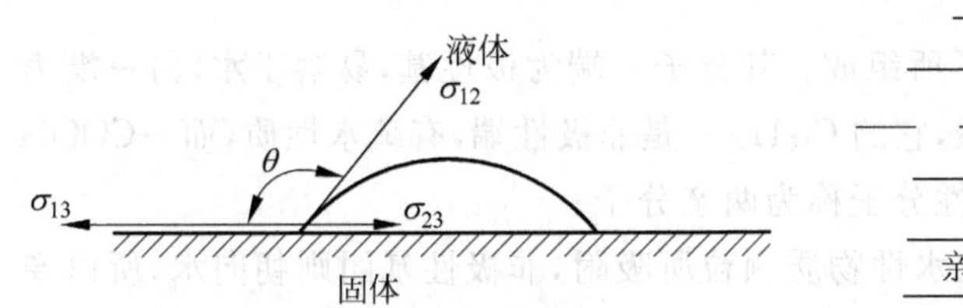

图 5-26 三相间的吸附界面

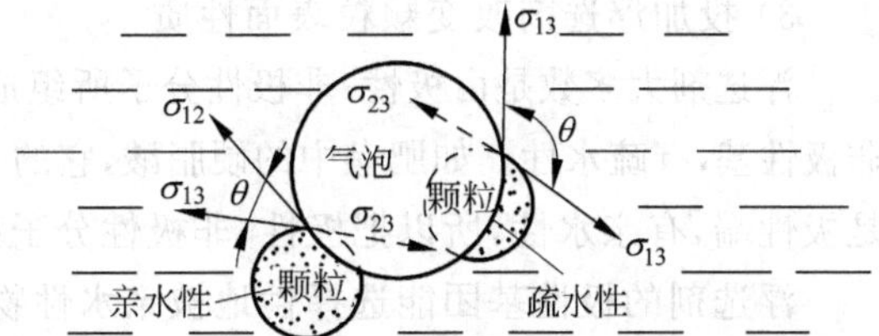

图 5-27 亲水性和疏水性物质的接触角

因此，界面能的减少值(ΔW)为

$$\Delta W=W_1-W_2=\sigma_{1.3}+\sigma_{1.2}-\sigma_{2.3} \tag{5-55}$$

可以看出，ΔW 值越大，推动力越大，越易于气浮处理；反之，则相反。

将式(5-51)代入式(5-55)得

$$\Delta W=\sigma_{1.2}(1-\cos\theta) \tag{5-56}$$

由式(5-56)可知，当 $\theta\to0^\circ$，$\cos\theta\to1$，颗粒完全被水润湿，则$(1-\cos\theta)\to0$，这种物质不易与气泡粘附，不宜用气浮法去除。当 $\theta\to180^\circ$，$\cos\theta\to-1$，颗粒完全不被水润湿，则$(1-\cos\theta)\to2$，颗粒易于与气泡粘附，宜于用气浮法去除。

当接触角 $\theta<90^\circ$时，由式(5-51)可得

$$\sigma_{1.2}\cdot\cos\theta=\sigma_{2.3}-\sigma_{1.3}$$

或

$$\cos\theta=\frac{\sigma_{2.3}-\sigma_{1.3}}{\sigma_{1.2}}$$

上式表明，水中颗粒的润湿接触角(θ)是随水的表面张力($\sigma_{1.2}$)的不同而改变的。增大水的表面张力($\sigma_{1.2}$)，可以使接触角增加，有利于气粒结合。反之，则有碍于气粒结合，不能形成牢固结合的气粒气浮体。

3. 投加化学药剂对气浮效果的影响

1）投加表面活性剂维持泡沫的稳定性

当气泡作为载体粘附污染物后上浮至水面形成泡沫，然后用刮渣机将泡沫层刮除，达到去除污染物的目的。这一过程要求泡沫层要相对稳定，否则不待刮渣，泡沫即行破灭，使浮上分离的污染物又重回到废水中，降低了去除效果。为维持泡沫的稳定性，可适当投加表面活性剂。

2）利用混凝剂脱稳

以油颗粒为例，表面活性物质的非极性端吸附于油粒上，极性端则伸向水中，极性端在水中电离，使油粒被包围了一层负电荷，产生了双电层现象，增大了ζ电位，不仅阻碍油粒兼并，也影响油粒与气泡粘附。

为此，在气浮之前，宜将乳化稳定体系脱稳、破乳。破乳的方法可采用投加混凝剂，使废水中增加相反电荷的胶体，压缩双电层，降低ζ电位，使其电性中和，促使废水中污染物破乳凝聚，以利于与气泡粘附而上浮。

常用的混凝剂有聚合氯化铝、聚合硫酸铁、三氯化铁等，投加量宜根据实验确定。若废水中含有硫化物，则不宜使用铁盐作为混凝剂，以免生成硫化铁稳定胶体。

3）投加浮选剂改变颗粒表面性质

浮选剂大多数是由极性-非极性分子所组成。其分子一端为极性基，易溶于水，另一端为非极性基，有疏水性。如肥皂中的硬脂酸，它的$C_{17}H_{35}$—是非极性端，有疏水性质，而—COOH是极性端，有亲水性，所以把极性-非极性分子称为两亲分子。

浮选剂的极性基团能选择性地被亲水性物质颗粒所吸附，非极性基团则朝向水，所以亲水性物质颗粒的表面就转化为疏水性物质而粘附在气泡上，随气泡上浮至水面上。分离造纸废水中的纸浆可采用动物胶、松香等作浮选剂。

5.6.2 气浮池的设计

在自来水厂，对于原水浊度小于100NTU的高藻低浊湖库水的处理常采用混凝气浮工艺，来代替混凝沉淀工艺以提高颗粒的分离速度。对于这样的的气浮池，分离区的表面负荷一般采用5.4～7.2$m^3/(m^2\cdot h)$。气浮池的单格宽度不宜超过10m，池长不宜超过15m。有效水深一般可采用2.0～3.0m。溶气水的溶气罐压力和回流比应根据试验或参照类似经验确定，溶气压力一般可采用0.2～0.4MPa，回流比一般为5%～10%。溶气罐的总高度一般为3m，罐内需装填料，高度一般为1.0～1.5m。气浮池宜采用刮渣机排渣。对于气浮处理，矾花的尺寸可较小，因此气浮池前的絮凝多采用效率较高的机械反应池或折板反应池，反应时间也可小于混凝沉淀工艺。

另外，为适应一些湖库在雨季短时期内出现高浊原水的情况，近年来又开发了分别以气浮或沉淀方式运行的浮沉池，池中同时设有气浮设施（回流水、压力溶气、溶气释放和刮渣机等）和池底沉泥排泥系统。在通常低浊条件下按气浮池运行，在短期高浊时改按沉淀方式运行。

以气泡产生方式的不同，气浮法分为三种类型：电解气浮法、散气气浮法和溶气气浮法。

1. 电解气浮法

电解气浮法是用不溶性阳极和阴极，通以直流电，直接将废水电解。阴极和阳极产生的氢和氧的微细气泡，将废水中呈颗粒状的污染物带至水面，然后将泡沫刮除，实现分离去除污染物。电解气浮法不但起一般气浮分离的作用，还兼有氧化作用，能脱色和杀菌。对废水负荷变化适应性强，生成的污泥量相对较少，占地面积也少，且不产生噪声。电解法产生的气泡尺寸远小于溶气法和散气法。

2. 散气气浮法

目前常应用的有扩散板曝气气浮法和叶轮气浮法两种。

1）扩散板曝气气浮法

通过微孔陶瓷、微孔塑料等板管将压缩空气形成的微小气泡分散于水中来实现气浮，其装置如图 5-28 所示。此方法简单易行，但空气扩散装置的微孔易于堵塞，所得气泡较大，气泡直径可达 1～10mm，气浮效果不佳。

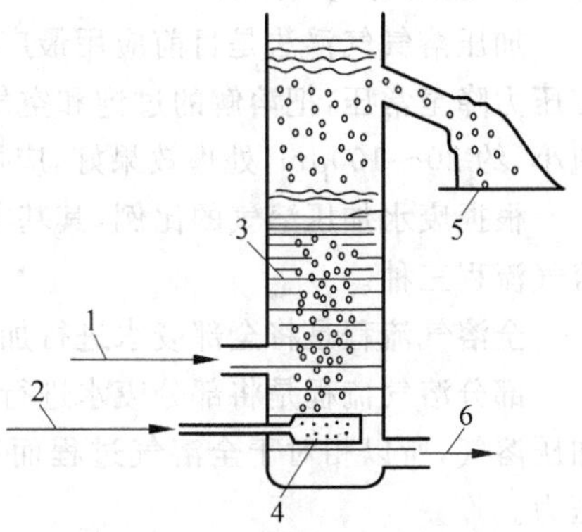

图 5-28　扩散板曝气气浮法

1—入流液；2—空气进入；3—分离柱；4—微孔陶瓷扩散板；5—浮渣；6—出流液

2）叶轮气浮法

此法是将空气引至高速旋转叶轮，利用旋转叶轮造成负压吸入空气，废水则通过叶轮上面固定盖板上的小孔进入叶轮，在叶轮搅动和导向叶片的共同作用下，空气被粉碎成细小气泡。叶轮是通过轴位于水面以上的电机传动的。图 5-29 为叶轮气浮设备装置的示意图。叶轮气浮宜用于悬浮物浓度高的废水，设备不易堵塞。

叶轮气浮设备适用于处理水量不大，而污染物质浓度高的废水。除油效果一般可达 80%左右。

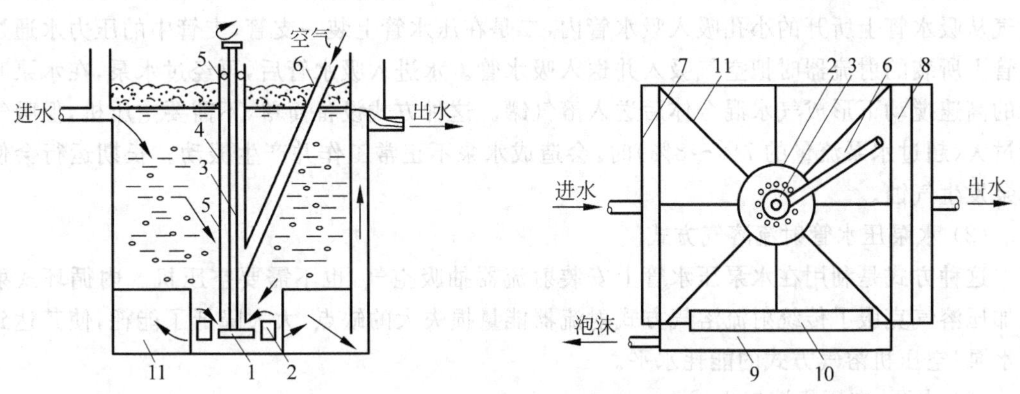

图 5-29　叶轮气浮设备构造示意

1—叶轮；2—盖板；3—转轴；4—轴套；5—轴承；6—进气管；7—进水槽；8—出水槽；9—泡沫槽；10—刮沫板；11—整流板

3. 溶气气浮法

根据气泡析出时所处压力的不同，可将溶气气浮法分为溶气真空气浮法和加压溶气气浮法两种类型。

1）溶气真空气浮法

溶气真空气浮法是空气在常压或加压条件下溶入水中，而在负压条件下析出。此法的优点是，气浮池是在负压(真空)状态下运行的，气泡的形成、粘附以及絮体的上浮都处于稳定环境，絮体被破坏很少，气浮过程的能耗小。但缺点是：溶气量小，不适合处理悬浮物浓度高的废水；气浮在负压条件下运行，刮渣机等设备都要求在密封的气浮池内，所以气浮池的结构复杂，维护运行困难。

2）加压溶气气浮法

加压溶气气浮法是目前应用最广泛的一种气浮方法。空气在加压条件下溶于水中，再使压力降至常压，把溶解的过饱和空气以微气泡的形式释放出来，实现气浮。此法形成的气泡小，约 20～100μm，处理效果好，应用广泛。

根据废水加压溶气的比例，其基本工艺流程分为全溶气流程、部分溶气流程和回流加压溶气流程三种。

全溶气流程是将全部废水进行加压溶气，再经减压释放置入气浮池进行固液分离。

部分溶气流程是将部分废水进行加压溶气，其余废水直接送入气浮池。由于是部分水加压溶气，所以相对于全溶气过程而言气泡量较少。如要增大溶气量，则应提高溶气罐的压力。

回流加压溶气流程是将部分出水进行回流加压，废水直接送入气浮池。此法适用于废水含悬浮物浓度高的情况。气浮池容积一般比其余两种流程的要大。

溶气方式可分为水泵吸水管吸气溶气方式、水泵压水管射流溶气方式、水泵-空压机溶气方式三种。

(1) 水泵吸水管吸气溶气方式

这种溶气方式分为两种形式把水吸入吸水管。一是利用水泵吸水管内的负压作用，将空气从吸水管上所开的小孔吸入吸水管内，二是在压水管上装一支管，支管中的压力水通过支管上所装的射流器时把空气吸入并送入吸水管。水进入吸水管后，再经过水泵，在水泵叶轮的高速搅动下形成气水混合体后送入溶气罐。这种方式设备简单，不需要空压机，但吸气量过大(超过水泵流量的 7%～8%)时，会造成水泵不正常工作并产生振动。长期运行会使水泵发生气蚀。

(2) 水泵压水管射流溶气方式

这种方式是利用在水泵压水管上安装射流器抽吸空气，也不需要空压机。内循环式射流加压溶气克服了传统射流溶气方式射流器能量损失大的缺点，大大降低了能耗，使其达到了水泵-空压机溶气方式的能耗水平。

(3) 水泵-空压机溶气方式

这是目前常用的溶气方法。该方式由空压机供给溶解空气，压力水和溶解空气可以分别进入溶气罐或者从水泵压水管一起进入溶气罐。目前常采用的进入方式是自上而下的同向流，以防止压缩空气或者压力水倒流入水泵或者空压机。该法的优点是能耗较前两种方式小，缺点是易产生噪声和油污染，操作比较复杂。

根据废水的水质、处理程度及其他具体情况，目前已开发了各种形式的气浮池。应用比较广泛的有平流式气浮池和竖流式气浮池两种，如图5-30和图5-31所示。平流式气浮池是目前应用最多的一种。其优点是池身浅，造价低、构造简单，管理方便。缺点是分离区容积利用率不高。

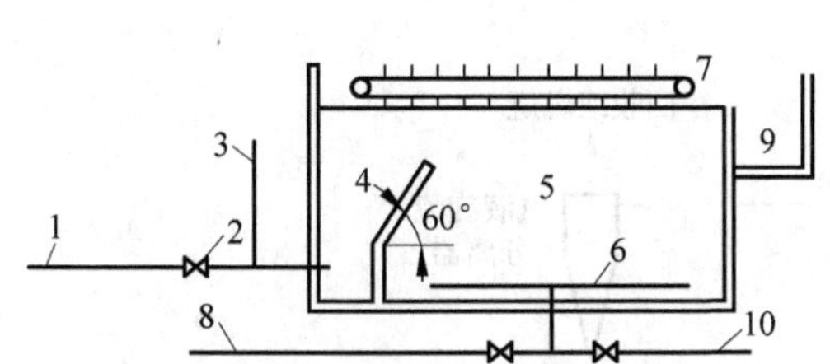

图5-30 有回流的平流式气浮池

1—溶气水管；2—减压释放及混合设备；3—原水管；4—接触区；5—分离区；6—集水管；7—刮渣设备；8—回流管

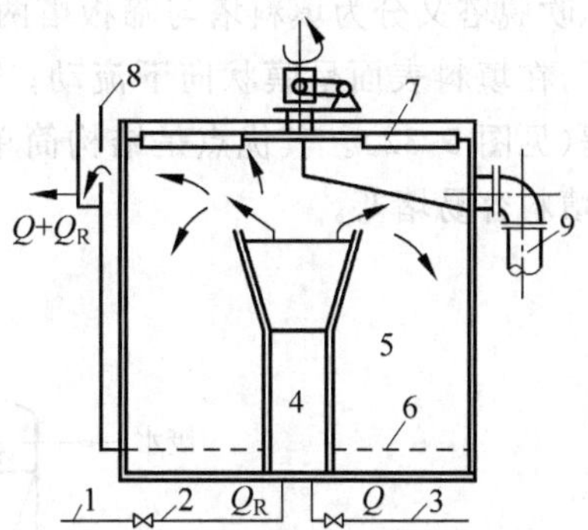

图5-31 竖流式气浮池

1—溶气水管；2—减压释放器；3—原水管；4—接触区；5—分离区；6—集水管；7—刮渣机；8—水位调节器；9—排渣管

竖流式气浮池也是一种常用的形式。其优点是接触区在池中央，水流向四周扩散，水力条件比平流式好。缺点是构造比较复杂。

除了上述两种基本形式外，还有各种组合式一体化气浮池。如组合式气浮池有反应-气浮、反应-气浮-沉淀和反应-气浮-过滤一体化气浮设备等。

气浮法适用于处理废水中密度接近水的微细悬浮颗粒以及处于乳化状态的油、表面活性剂等，但若废水中还含有氨氮和硫化氢等有害气体，气浮处理就需和吹脱技术联用才能达到较好的处理效果。

5.6.3 吹脱和气提

1. 吹脱的基本原理

废水中常常含有大量有毒有害的溶解气体，如CO_2、H_2S、HCN、CS_2等，其中有的损害人体健康，有的腐蚀管道、设备。为了除去上述气体，常使用吹脱法。吹脱法的基本原理是：将空气通入废水中，改变有毒有害气体溶解于水中所建立的气液平衡关系，使这些易挥发物质由液相转为气相，然后予以收集或者扩散到大气中去。吹脱过程属于传质过程，其推动力为废水中挥发物质的浓度与大气中该物质的浓度差。

吹脱法既可以脱除原来就存在于水中的溶解气体，也可以脱除化学转化而形成的溶解气体。如废水中的硫化钠和氰化钠是固态盐在水中的溶解物，在酸性条件下，它们会转化为H_2S和HCN，经过曝气吹脱，就可以将它们以气体形式脱除。这种吹脱曝气称为转化吹脱法。

用吹脱法处理废水的过程中，污染物不断地由液相转入气相，易引起二次污染，应注意防止污染物转移，可将脱出的组分收集利用，或送锅炉焚烧。

吹脱装置是指进行吹脱的设备或构筑物，有吹脱池、吹脱塔等。在吹脱池中，较常使用的是强化式吹脱池。强化式吹脱池通常是在池内鼓入压缩空气或在池面上安设喷水管，以强化吹脱过程。鼓气式吹脱池（鼓泡池）一般是在池底部安设曝气管，使水中溶解气体如 CO_2 等向气相转移，从而得以脱除。

吹脱塔又分为填料塔与筛板塔两种。填料塔塔内装设一定高度的填料层，液体从塔顶喷下，在填料表面呈膜状向下流动；气体由塔底送入，从下而上同液膜逆流接触，完成传质过程(见图 5-32)。其优点是结构简单，空气阻力小。缺点是传质效率不够高，设备比较庞大，填料容易堵塞。

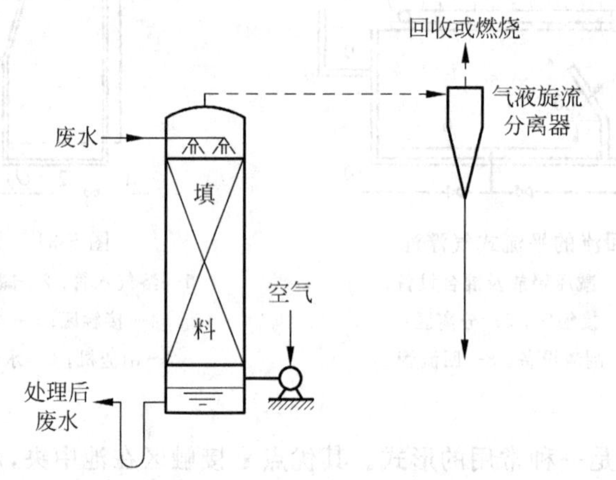

图 5-32　填料塔吹脱流程示意图

筛板塔是在塔内设一定数量的带有孔眼的踏板，水从上往下喷淋，穿过筛孔往下，空气则从下往上流动，气体以鼓泡方式穿过筛板上液层时，互相接触而进行传质。通常筛孔孔径为 6～8mm，筛板间距为 200～300mm。其优点是构造简单，制造方便，传质效率高，塔体比填料塔小，不易堵塞。但操作管理要求高，筛孔容易堵塞。

2. 吹脱影响因素

在吹脱过程中，影响吹脱的主要因素有以下几种：

(1) 温度　在一定压力下，气体在废水中的溶解度随温度升高而降低，因此，升高温度对吹脱有利。

(2) 气液比　应选择合适的气液比。空气量过小，会使气液两相接触不好，反之空气量过大，不仅不经济，反而会发生液泛(即废水被空气带走)，破坏操作。所以最好使气液比接近液泛极限。

(3) pH 值　在不同的 pH 值条件下，挥发性物质存在的状态不同。

(4) 油类物质　废水中如含有油类物质，会阻碍挥发性物质向大气中扩散，而且会堵塞填料，影响吹脱，所以应在预处理中除去油类物质。

(5) 表面活性剂　当废水中含有表面活性物质时，在吹脱过程中会产生大量泡沫，当采用吹脱池时，会给操作运转和环境卫生带来不良影响，同时也影响吹脱效率。因此在吹脱前应采取措施消除泡沫。

3. 汽提

汽提法的基本原理与吹脱法相同，只是所使用的介质不是空气而是水蒸气。即使用水蒸气与废水直接接触，将废水中的挥发性有毒有害物质按一定比例扩散到气相中去，从而达到从废水中分离污染物的目的。汽提法分离污染物的机理视污染物的性质而异，一般可归纳为简单蒸馏和蒸汽蒸馏两种。

(1) 简单蒸馏　对于与水互溶的挥发性物质，利用其在气液平衡条件下，在气相中的浓度大于在液相中的浓度这一特性，通过蒸汽直接加热，使其在沸点(水与挥发性物质两沸点之间的某一温度)下按一定比例富集于气相。

(2) 蒸汽蒸馏　对于与水不互溶或几乎不互溶的挥发性污染物质，利用混合液的沸点低于任一组分沸点这一特性，可把高沸点挥发物在较低温度下挥发逸出，从而得以分离除去。

应注意不要把吹脱法与汽提法混淆，它们在去除对象、手段、操作条件等方面均存在着显著差异。

汽提操作一般都在密闭的塔内进行。采用的汽提塔可分为填料塔与板式塔。汽提法在含酚废水及含氰废水处理中均已获得生产应用。在用汽提法处理含酚废水时，主要适用于处理挥发性的苯酚与甲酚，对于含不挥发酚较多的含酚废水，不宜采用汽提法，而可采用萃取法等回收废水中的酚类物质。

思考题

5-1　已知悬浮颗粒密度和粒径，可否采用式(5-5)直接求得颗粒沉速？为什么？

5-2　理想沉淀池应符合哪些条件？根据理想沉淀条件，沉淀效率与池子深度、长度和表面积关系如何？

5-3　简述平流式沉淀池进出口的布置措施及原理。

5-4　斜(管)板沉淀池提高去除效果的原理是什么？

5-5　列举新型沉淀池的类型并说明原理。

5-6　澄清池去除水中杂质的原理是什么？机械搅拌澄清池各室的作用和设计要求是什么？

5-7　试说明浓缩池的原理和设计计算过程。

5-8　气浮分离的原理是什么？简述加压溶气气浮的几种基本流程与溶气方式。

5-9　什么是理想沉淀池？在理想沉淀池中，沉淀池的过流率在数值上等于自由颗粒的最小沉降速度，为什么？

5-10　什么是沉降特性曲线？简述该曲线在实际工程中的意义。

第6章 CHAPTER 6

过 滤

6.1 过滤理论综述

在常规水处理过程中，过滤一般是指以石英砂等粒状滤料层截留水中悬浮杂质，从而使水获得澄清的工艺过程，相应的处理构筑物称为快滤池或滤池。滤池通常置于沉淀池或澄清池之后。进水浊度一般在10NTU以下。滤后出水的浊度必须满足生活饮用水水质标准(浊度≤1NTU)。当原水浊度较低(几十个NTU)，且水质较好时，也可采用原水直接过滤。过滤的功效，不仅在于进一步降低水的浊度，而且水中的有机物、细菌乃至病毒等将随水的浊度降低而被部分去除。在饮用水的净化工艺中，有时沉淀池或澄清池可省略，但过滤是不可缺少的，它是保证饮用水卫生安全的重要措施。含铁含锰地下水的处理也需使用过滤技术。

6.1.1 过滤工艺理论的发展历程

对过滤理论研究的目的就是为阐述过滤工艺中的微观过程并最终给予定量的预测。到目前为止，人们对于过滤机理及其工艺进行了大量的深入研究，先后提出了许多理论方程及计算模型、模式，纵观其发展历程，主要经历了三个阶段。

20世纪60年代以前，过滤过程一直采用Tominisa Iwasaki、Mintz、Ives等人逐步发展的宏观经验理论，即依据过滤过程中存在的颗粒泄漏(T_C)与水头损失(T_H)两个不同的过滤周期而寻求$T_C=T_H$的最佳条件而建立的理论模式，宏观经验理论主要研究过滤工艺的宏观现象，其优点在于对过滤的全过程进行了模型化，基本符合实际情况，因此，对滤池的设计和操作具有重要的指导作用。

20世纪60年代后，随着科技的发展，传统过滤宏观经验理论不能很好地解释过滤过程中的许多问题。研究过滤的微观物化作用机理并强调过滤的微观物化过程的理论得到迅速发展。这一理论将源于气体过滤的轨迹理论引入水质过滤中。其突出特点是将滤池中单个滤料作为研究对象，研究流场中的运动轨迹，颗粒向其传送及粘附的微观物理化学过程，先后提出了过滤过程中的轨迹理论模型及计算模式，着重研究了颗粒沉积的内部机理，沉积过程发生的物理化学变化及介质结构和特性对沉积过程的影响。

20世纪80年代后，随着水质恶化和水资源污染问题的日趋加剧，同时随着界面电位计算体系和表面络合模式的发展，已有许多研究者开始在过滤研究中引入表面络合概念和定量计算方法，试图建立定量计算模式。近年来过滤动力学方面也逐渐得到重视，分形理论被应用于絮体的结构、密度、粒径等方面的研究，同时也注意到了水体溶液的物理化学条件对过滤的影响。

6.1.2 过滤理论的主要内容

1. 悬浮颗粒去除理论

现代过滤理论研究认为,在快滤池中,悬浮颗粒的去除,主要是通过颗粒与滤料之间以及颗粒与颗粒之间的吸附(粘附)作用而被去除的。这就涉及两个方面的问题:一是被水挟带的悬浮颗粒如何脱离水流流线向滤料表面靠近的颗粒迁移机理;二是当悬浮颗粒与滤料表面接触时,依靠哪些力的作用使得它们粘附在滤料表面上的颗粒粘附机理。

悬浮颗粒的迁移机理:在过滤过程中,滤层空隙中的水流一般处于层流状态,被水挟带的悬浮颗粒将沿着水流流线运动。悬浮颗粒之所以脱离流线而与滤料表面接近,完全是一种物理力学作用,一般认为是由拦截、沉淀、惯性、扩散和水动力学等作用引起的。悬浮颗粒脱离流线可能是几种机理同时作用,也可能只有其中的某些机理起作用。图 6-1 为上述几种迁移机理的示意图。颗粒尺寸较大时,处于流线中的颗粒会直接碰到滤料表面产生拦截作用;颗粒沉速较大时会在重力作用下脱离流线,产生沉淀作用;颗粒具有较大惯性时也可以脱离流线与滤料表面接触(惯性作用);颗粒较小、布朗运动较剧烈时会扩散至滤粒表面(扩散作用);在滤粒表面附近存在速度梯度,非球体颗粒在速度梯度作用下,会产生转动而脱离流线与颗粒表面接触(水动力作用)。

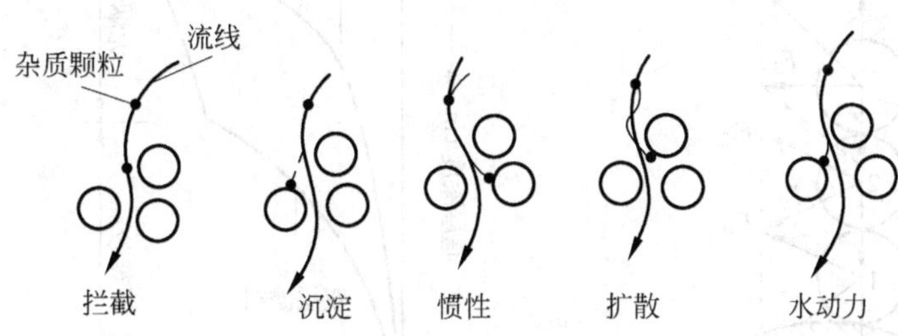

图 6-1 颗粒迁移机理示意

悬浮颗粒的粘附机理:当水中的悬浮颗粒运动到滤料表面附近时,将受到范德华引力和静电场斥力,以及某些特殊的化学吸附力的作用。在这些力的共同作用下,悬浮颗粒将被粘附在滤料表面上或者粘附在以前粘附在滤料表面上的颗粒上,从而将悬浮颗粒去除。粘附在滤料表面上的絮体颗粒,不但具有化学吸附力,同时也具有吸附架桥作用。因此,粘附作用是一种物理化学作用,它主要取决于滤料和水中悬浮颗粒的表面物理化学性质。过滤效果主要取决于颗粒表面的性质而不是颗粒尺寸的大小。

2. 滤层内杂质分布规律

颗粒粘附同时,还存在由于孔隙中水流剪力作用而导致颗粒从滤料表面上脱落的趋势。粘附力和水流剪力的相对大小,决定了颗粒粘附和脱落的程度。图 6-2 为颗粒粘附力和平均水流剪力示意图。图中 F_{a1} 表示颗粒 1 与滤料表面的粘附力;F_{a2} 表示颗粒 2 与颗粒 1 之间的粘附力;F_{s1} 表示颗粒 1 所受到的平均水流剪力;F_{s2} 表示颗粒 2 所受到的平均水流剪力;F_1、F_2 和 F_3 均表示合力。过滤初期,滤料较干净,孔隙率较大,孔隙流速较小,水流剪力 F_{s1} 较小,因而粘附作用占优势。随着过滤时间的延长,滤层中杂质逐渐增多,孔隙率逐渐减小,水流剪力逐渐增大,以至最后粘附上的颗粒(如图 6-2 中颗粒 3)将首先脱落下来,或者被水流挟带的后续颗粒不再有粘附现象，于是，悬浮颗粒便向下层推移，下层滤料截留作用渐次得到发挥。

然而，往往是下层滤料截留悬浮颗粒作用远未得到充分发挥时，过滤就得停止。这是因为，滤料经反冲洗后，滤层因膨胀而分层，表层滤料粒径最小，粘附比表面积最大，截留悬浮颗粒量最多，而孔隙尺寸又最小，因而，过滤到一定时间后，表层滤料间孔隙将逐渐被堵塞，甚至产生筛滤作用而形成泥膜，使过滤阻力剧增。其结果，在一定过滤水头下滤速减小(或在一定滤速下水头损失达到极限值)，或者因滤层表面受力不均匀而使泥膜产生裂缝时，大量水流将自裂缝中流出，以致悬浮杂质穿过滤层而使出水水质恶化。当上述两种情况之一出现时，过滤将被迫停止。当过滤周期结束后，滤层中所截留的悬浮颗粒量在滤层深度方向变化很大，见图 6-3 中曲线。图中滤层含污量系指单位体积滤层中所截留的杂质量。在一个过滤周期内，如果按整个滤层计，单位体积滤料中的平均含污量称“滤层含污能力”，单位仍以 g/cm^3 或 kg/m^3 计。图 6-3 中曲线与坐标轴所包围的面积除以滤层总厚度即为滤层含污能力。在滤层厚度一定时，此面积越大，滤层含污能力越大。很显然，如果悬浮颗粒量在滤层深度方向变化越大，表明下层滤料截污作用越小，就整个滤层而言，含污能力越小，反之亦然。

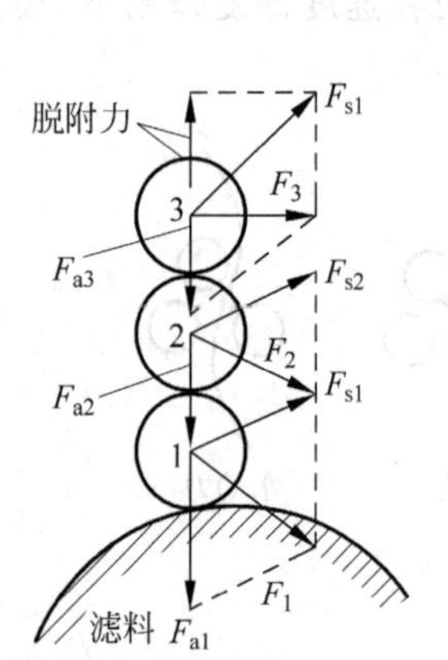

图 6-2 颗粒粘附和脱附力示意

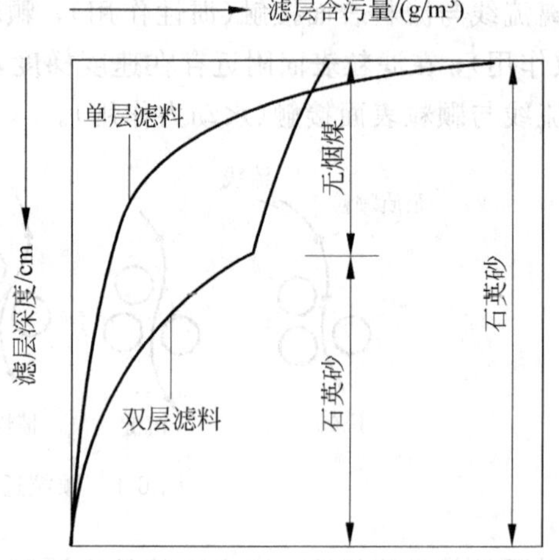

图 6-3 滤料层含污量变化

3. 直接过滤机理

传统水处理过程中，混凝与过滤分属两个独立的操作单元。水中胶体杂质经混凝单元处理而形成大的絮体颗粒，经沉淀后大部分被去除。而余下微细絮体颗粒则通过过滤单元处理除去。直接过滤则是混凝与过滤过程有机结合而形成的新的单元处理过程。

按照美国水行业协会(AWWA) 混凝-过滤水质分委会的定义，直接过滤为滤前不进行沉淀的处理系统。原水在滤前预处理中，仍然依靠压缩双电层、电性中和作用以及吸附架桥、表面络合作用，使原水中悬浮物质脱稳或凝聚成具有良好过滤性能的微絮体，然后，这些脱稳粒子或微絮体按过滤模式被滤床所截除。随着过滤的推移，附着和剥离会交替进行直到整个滤床穿透。直接过滤充分体现了滤层中特别是深层滤料中的接触凝聚或絮凝作用，也就是当带胶体的水流通过宏观滤料的表面时，脱稳的胶体通过与宏观滤料的表面接触从水中分离出来，相当于微观颗粒与宏观滤料间的絮凝，脱稳胶体所接触的可以是滤料的表面本身，也可以是原先吸附在滤料表面的其他微粒表面，其机理可视为混凝与过滤两种机理的结合。

采用直接过滤工艺必须注意以下几点：

(1) 原水浊度和色度较低且水质变化较小。一般要求常年原水浊度低于 50 度。若对原水水质变化及今后发展趋势无充分把握，不应轻易采用直接过滤方法。

(2) 通常采用双层、三层或均质滤料。滤料粒径和厚度适当增大，否则滤层表面孔隙易被堵塞。

(3) 原水进入滤池前，无论是接触过滤或微絮凝过滤，均不应形成大的絮凝体以免很快堵塞滤层表面孔隙。为提高微絮粒强度和粘附力，有时需投加高分子助凝剂(如活化硅酸及聚丙烯酰胺等)以发挥高分子在滤层中的吸附架桥作用，使粘附在滤料上的杂质不易脱落而穿透滤层。助凝剂应投加在混凝剂投加点之后，滤池进口附近。

(4) 滤速应根据原水水质决定。浊度偏高时应采用较低滤速，反之亦然。由于滤前无混凝沉淀的缓冲作用，设计滤速应偏于安全。原水浊度通常在 50 度以上时，滤速一般在 5m/h 左右。最好通过试验决定滤速。

直接过滤工艺简单，混凝剂用量较少。在处理湖泊、水库等低浊度原水方面已有较多应用，也适宜处理低温低浊水。至于滤前是否需设置微絮凝池，目前还有不同看法，应根据具体水质条件决定。

6.1.3 迹线分析模型

过滤时水流经滤床，水中颗粒在流体动力及力矩、重力、伦敦-范德华力和双电层力作用下向滤料表面运动，到达滤料表面后主要因伦敦-范德华力作用颗粒被捕获。原则上，颗粒在滤床中的沉积速率可通过跟踪颗粒在孔隙空间的轨迹和应用沉积判据(一旦颗粒与滤料表面接触即被去除)来确定。这就是迹线分析模型的基本思想。

迹线理论将滤料层看作一系列收集器的集合体，通过颗粒迹线决定颗粒沉积。这种思想最早是由 Sell、Albrecht 在研究气体过滤时提出来的，O'Melia 和 Stumm 首次将这个概念引用到液体深层过滤中，Yao 首先将这一方法应用在深层过滤数学模型研究中，提出了计算方法。1979 年，Tien 对迹线理论作出了较为完善的总结。

迹线理论综合考虑了以下几方面：

(1) 收集器的形状与大小；

(2) 收集器周围的流场；

(3) 作用于悬浮颗粒的各种作用力的特点及大小；

(4) 悬浮颗粒的粘附性能。

迹线理论侧重于理论分析，它试图抛开试验数据并建立单个微观收集器效率 η_0 的计算公式。

6.2 滤层和承托层

6.2.1 滤层综论

滤池是通过滤层来去除悬浮固体的，滤层由滤料组成。滤料的最基本功能是提供粘着水中悬浮固体所需要的面积，除了长期使用过的天然砂以外，由石英石、无烟煤、大理石、白云石、花岗石、石榴石、磁铁矿、钛铁矿等天然材料加工成合乎规格的颗粒,同样也可以作为滤料。用无机材料经烧结、破碎后,也可制成滤料,如陶粒滤料和陶瓷滤料。用人工合成的粒状材料作滤料是对传统的滤料概念的一次扩大,反映了对滤料基本功能的深化了解。比重小于1的聚苯乙烯发泡塑料珠以及比重略大于1的柱状聚苯乙烯粒即属于这类滤料,前者用于反向过滤,后者曾用作五层滤料的第一层。孔隙率高达90%的开孔泡沫塑料块直接作滤层,可以说是对传统粒状滤料概念的一个新的抽象的理解。这种塑料对粘着悬浮固体所提供的是它的孔隙表面积,是塑料块的内表面积。

当选用天然材料为滤料时,一般须满足下列要求:

(1) 具有足够的机械强度,以防冲洗时滤料产生磨损和破碎现象。

(2) 具有足够的化学稳定性,以免滤料与水产生化学反应而恶化水质。尤其不能含有对人类健康和生产有害的物质。

(3) 具有一定的颗粒级配和适当的孔隙率。

(4) 能就地取材、价廉。

6.2.2 滤料

1. 滤料有效粒径和不均匀系数

以滤料有效粒径 d_{10} 和不均匀系数 K_{80} 表示滤料粒径级配。

$$K_{80}=\frac{d_{80}}{d_{10}} \tag{6-1}$$

式中 d_{10}——通过滤料质量10%的筛孔孔径,反映细颗粒尺寸;

d_{80}——通过滤料质量80%的筛孔孔径,反映粗颗粒尺寸;

K_{80}——不均匀系数。

2. 滤料级配曲线

滤料粒径的分布关系通常用级配曲线来表示。级配曲线通过筛分资料得出,因此也称筛分曲线。筛分析方法如下:

取某天然河砂砂样300g,洗净后置于105℃恒温箱中烘干,待冷却后称取100g,用一组筛子过筛,最后称出留在各个筛子上的砂量,填入表6-1,并据表绘成图6-4的曲线。从筛分曲线上,求得 $d_{10}=0.4\text{mm}$,$d_{80}=1.34\text{mm}$,因此 $K_{80}=1.34/0.4=3.37$。

表 6-1 筛分试验记录

筛孔/mm	留在筛上的砂量		通过该号筛的砂量	
	质量/g	所占比例/%	质量/g	所占比例/%
2.362	0.1	0.1	99.9	99.9
1.651	9.3	9.3	90.6	90.6
0.991	21.7	21.7	68.9	68.9
0.589	46.6	46.6	22.3	22.3
0.246	20.6	20.6	1.7	1.7
0.208	1.5	1.5	0.2	0.2
筛底盘	0.2	0.2	—	—
合计	100.0	100.0		

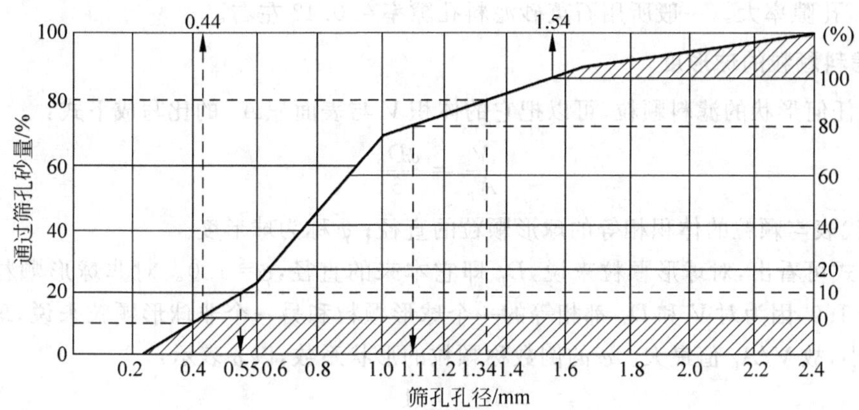

图 6-4　滤料筛分曲线

上述河砂不均匀系数较大。根据设计要求，设：$d_{10}=0.55\text{mm}$，$K_{80}=2.0$，则 $d_{80}=2\times 0.55\text{mm}=1.1\text{mm}$。按此要求筛选滤料，方法如下：

自横坐标 0.55mm 和 1.1mm 两点，分别作垂线与筛分曲线相交。自两交点作平行线与右边纵坐标轴相交，并以此交点作为 10％和 80％，在 10％和 80％之间分成 7 等份，则每等份为 10％的砂量，以此向上下两端延伸，即得 0 和 100％之点，如图 6-4 右侧纵坐标所示，以此作为新坐标。再自新坐标原点和 100％作平行线与筛分曲线相交，在此两点以内即为所选滤料，余下部分应全部筛除。由图知，大粒径（$d>1.54\text{mm}$）颗粒约筛除 13％，小粒径（$d<0.44\text{mm}$）颗粒约筛除 13％，共筛除 26％左右。

上述确定滤料粒径的方法已能满足生产要求。但用于研究时，存在如下缺点：一是筛孔尺寸未必精确，二是未反映出滤料颗粒形状因素。为此，常需求出滤料等体积球体直径，求法是：将滤料样品倾入某一筛子过筛后，将筛子上的砂全部倒掉，将筛盖好。再将筛用力振动几下，将卡在筛孔中的那部分砂振动下来。从此中取出几粒在分析天平上称重，按以下公式可求出等体积球体直径 d_0：

$$d_0=\sqrt[3]{\frac{6G}{\pi\cdot n\cdot\rho}}\tag{6-2}$$

式中　G——颗粒质量，g；

n——颗粒数；

ρ——颗粒密度，g/cm^3。

3. 滤料孔隙率的测定

取一定量的滤料，在 105℃下烘干称重，并用比重瓶测出密度。然后放入过滤筒中，用清水过滤一段时间后，量出滤层体积，按下式可求出滤料孔隙率 m：

$$m=1-\frac{G}{\rho V}\tag{6-3}$$

式中　G——烘干的砂重，g；

ρ——砂子密度，g/cm^3；

V——滤层体积，cm^3。

滤料层孔隙率与滤料颗粒形状、均匀程度以及压实程度等有关。均匀粒径和不规则形状的滤料，孔隙率大。一般所用石英砂滤料孔隙率在 0.42 左右。

4. 滤料颗粒的球形度

对于任何形状的滤料颗粒，可以把它的体积 V 与表面积 A_p 的比写成下式：

$$\frac{V}{A_p}=\frac{\psi D_p}{6} \tag{6-4}$$

式中 D_p 代表与颗粒的体积相等的球形颗粒的直径；ψ 称为球形度。

从上式可看出，对球形颗粒来说，D_p 即它本来的直径，$\psi=1.0$。对非球形颗粒来说，ψ 应该小于 1.0，因为对 V 和 D_p 都相等的一个球形颗粒和另一个非球形颗粒来说，球形颗粒的 A_p 最小，故 V/A_p 值最大。ψ 的倒数称颗粒的形状系数，以 α 表示：

$$\alpha=\frac{1}{\psi} \tag{6-5}$$

如以等体积球的体积 $\frac{1}{6}\pi D_p^3$ 代入式(6-4)的 V 则得

$$\alpha=\frac{1}{\psi}=\frac{A_p}{\pi D_p^2}=\frac{\text{体积为}V\text{的颗粒的表面积}}{\text{体积为}V\text{的球形的表面积}} \tag{6-6}$$

形状有规则的颗粒，可以算出球形度 ψ 的值，对不规则形状的颗粒，只能通过试验来求球形度 ψ。

5. 双层及多层滤料级配

选择双层或多层滤料级配时，有两个问题值得讨论。一是如何预示不同种类滤料的相互混杂程度；二是滤料混杂对过滤有何影响。

以煤-砂双层滤料为例。铺设滤料时，粒径小、密度大的砂粒位于滤层下部；粒径大、密度小的煤粒位于滤层上部。但在反冲洗以后，就有可能出现三种情况：一是分层正常，即上层为煤，下层为砂；二是煤砂相互混杂，可能部分混杂(在煤-砂交界面上)，也可能完全混杂；三是煤、砂分层颠倒，即上层为砂、下层为煤。这三种情况的出现，主要决定于煤、砂的密度差、粒径差及煤和砂的粒径级配、滤料形状、水温及反冲洗强度等因素。

我国常用的粒径级配见表 6-2。在煤-砂交界面上，粒径之比为 1.8/0.5 =3.6，而在水中的密度之比为(2.65－1)/(1.4－1)＝4 或(2.65－1)/(1.6－1)＝2.8。这样的粒径级配，在反冲洗强度为 13～ 16L/(s·m²) 时，不会产生严重混杂状况。但必须指出，根据经验所确定的粒径和密度之比，并不能在任何水温或反冲洗强度下都能保持分层正常。因此，在反冲洗操作中必须十分小心。必要时，应通过实验来制定反冲洗操作要求。至于三层滤料是否混杂，可参照上述原则。

滤料混杂对过滤影响如何，有两种不同观点。一种意见认为，煤-砂交界面上适度混杂，可避免交界面上积聚过多杂质而使水头损失增加较快，故适度混杂是有益的；另一种意见认为煤-砂交界面不应有混杂现象，因为煤层起截留大量杂质作用，砂层则起精滤作用，而界面分层清晰，起始水头损失将较小。实际上，煤-砂交界面上不同程度的混杂是很难避免的。生产经验表明，煤-砂交界面混杂厚度在 5cm 左右，对过滤有益无害。

关于三层及多层滤料，经过大量的实验研究得出：滤出水水质方面，三层滤料并不优于双层滤料；过滤的水头损失方面，三层滤料的增长总是比双层滤料快；单位面积滤池的产水量方面，三层滤料低于双层滤料。因此，目前主要采用双层滤料。

表 6-2 滤料级配及滤速

类别	滤料组成			滤速/(m/h)	强制滤速/(m/h)
	粒径/mm	不均匀系数 K_{80}	厚度/mm		
单层石英砂滤料	$d_{max}=1.2$ $d_{min}=0.5$	<2.0	700	8~10	10~14
双层滤料	无烟煤 $d_{max}=1.8$ $d_{min}=0.8$	<2.0	300~400	10~14	14~18
双层滤料	石英砂 $d_{max}=1.2$ $d_{min}=0.5$	<2.0	400	10~14	14~18
三层滤料	无烟煤 $d_{max}=1.6$ $d_{min}=0.8$	<1.7	450		
	石英砂 $d_{max}=0.8$ $d_{min}=0.5$	<1.5	230	18~20	20~25
	重质矿石 $d_{max}=0.5$ $d_{min}=0.25$	<1.7	70		

注：滤料密度一般为：石英砂 2.60～2.65g/cm^3；无烟煤 1.40～1.60 g/cm^3；重质矿石 4.7～5.0 g/cm^3。

6. 滤料改性

常规滤池的主要功能是去除水中的浊度杂质。同时，附着在悬浮物上的有机物、细菌和病毒也能部分去除。为了强化去除水源水中溶解的有机、无机污染物的处理效果，国内外专家在滤料方面进行了不少研究。例如，在一定 pH 条件下，用铁、铝等混凝剂浸泡石英砂滤料，经烘干或高温加热后，可改变石英砂表面特性，其中包括表面电性由负变正、比表面积增大、吸附能力增强，从而提高过滤时去除水中有机物、砷、锰、氟等效果。用电解质浸泡天然沸石滤料进行改性，也可以提高去除水中氨氮、磷、氟等污染物的效果。用天然石英砂或沸石等进行表面化学改性后作为载体，通常称之为改性滤料。针对不同的处理对象，可采用不同的改性方法。由于改性滤料过滤一段时间后，需要再生，增加一定操作程序和费用，当前仍处于研究阶段，尚未在生产上应用。

7. 新型滤料在工业水处理中的应用

近年来，在实际的水处理应用中，除了常规的石英砂和无烟煤之外，滤料的种类范围也不断扩大。应用较多的有用于含油废水处理的植物果壳滤料、适用于各种水质的纤维球滤料以及海绵铁滤料和锰砂滤料等。

1) 植物果壳滤料

植物果壳滤料是一种新型的含油污水处理材料，它是以山核桃壳为原料，经破碎、风旋、抛光、蒸洗、筛选等加工而成，外观光泽、呈褐色。该产品耐油浸，不腐烂，不结块，易再生，常年使用不需更换，具有良好的经济效益和环保水处理效果。

核桃壳滤料由于本身的硬度、理想的比重、多孔和多面性，并经特殊的物理化学处理（将其色素、脂肪、油脂、电负离子去除干净），在水处理中具有较强的除油性能，除固体微粒、易反洗等优良性能，广泛运用于油田污水处理、工业废水处理和饮用水处理，有望成为取代石英砂滤料，提高水质，大幅度降低水处理成本的新一代滤料。

2）纤维球滤料

纤维球滤料是由纤维丝扎结而成的，它与传统的钢性颗粒滤料相比，具有弹性效果好，不上浮水面，孔隙率大，耐酸碱等优点；在过滤过程中，滤层空隙沿水流方向逐渐变小，比较符合理想滤料上大下小的孔隙分布，效率高，滤速快，截污能力大，可再生，适用于各种水质的过滤。

3）海绵铁滤料

海绵铁滤料可去除水中的溶解氧。采用优质矿粉，经活化处理后的海绵铁除氧剂，其呈海绵状多孔隙的铁粒为水中的溶解氧提供了与活性铁进行反应的机遇，加速了氧化还原反应，可用于各种锅炉、热力管线补水、工业循环冷却水等需要去除水中溶解氧的地方。

4）锰砂滤料

锰砂滤料采用的是质量优良、晶粒致密、机械强度大、化学活性强、不易破碎、不溶于水的天然锰矿砂。经水洗打磨除杂、干燥、磁选、筛分、除尘等工艺成砂，再把加工好的锰砂按一定的级配调和而成。锰砂滤料外观粗糙呈褐色或淡灰色，常用于生活饮用水的除铁、除锰过滤装置。

锰砂中的 MnO_2 与 Fe^{2+} 发生氧化还原反应，使 Fe^{2+} 变为 Fe^{3+} 并生成 $Fe(OH)_3$ 沉淀，再利用锰砂过滤器的反冲洗功能达到去除净化的目的，这就是锰砂滤料工作的原理。

用于地下水除铁和除锰的天然锰砂滤料，其锰的形态应以氧化锰为主。含锰量（以 MnO_2 计，下同）不小于 35％的天然锰砂滤料，既可用于地下水除铁，又可用于地下水除锰；含锰量为 20％～30％的天然锰砂滤料，只宜用于地下水除铁；含锰量小于 20％的锰矿砂则不宜采用。

6.2.3 承托层

承托层的主要作用是支承滤料，防止过滤时滤料通过配水系统漏出而进入滤出水中，同时要求反冲洗时保持其稳定，并形成均匀的孔隙，对均匀配水和过滤水收集起协助作用。因而对承托层材料的机械强度、化学稳定性、形状都有一定的要求。承托层的密度与滤层的密度直接相关。为了避免在反冲洗时，承托层中那些与滤料粒度接近的层次可能发生浮动，处于不稳定状态，这部分承托层材料的密度必须至少与滤料的密度相当。

承托层由若干层卵石，或经破碎的石块、重质矿石构成，按上小下大的顺序排列。常采用天然卵石，也称卵石层。最上层与滤料直接接触，根据滤料底部的粒度来确定卵石的大小。最下层承托层与配水系统接触，必须按配水孔眼的大小确定卵石的大小，一般为孔径的 4 倍左右。最下一层承托层的顶部至少应高于配水孔眼 100mm。单层或双层滤料滤池采用大阻力配水系统时，承托层采用天然卵石或砾石，其粒径和厚度见表 6-3。

表 6-3 快滤池大阻力配水系统承托层粒径和厚度 mm

层次(自上而下)	粒 径	厚 度
1	2～4	100
2	4～8	100
3	8～16	100
4	16～32	本层顶面高度至少应高出配水系统孔眼 100mm

三层滤料滤池,由于下层滤料粒径小而重度大,承托层必须与之相适应,即上层应采用重质矿石,以免反冲洗时承托层移动,见表 6-4。

表 6-4 三层滤料滤池承托层材料、粒径与厚度 mm

层次(自上而下)	材 料	粒 径	厚 度
1	重质矿石(如石榴石、磁铁矿等)	0.5～1.0	50
2	重质矿石(如石榴石、磁铁矿等)	1～2	50
3	重质矿石(如石榴石、磁铁矿等)	2～4	50
4	重质矿石(如石榴石、磁铁矿等)	4～8	50
5	砾石	8～16	100
6	砾石	16～32	本层顶面高度至少应高出配水系统孔眼 100mm

注:配水系统如用滤砖且孔径为 4mm 时,第 6 层可不设。

为了防止反冲洗时承托层移动,美国对单层和双层滤料滤池也有采用“粗—细—粗”的砾石分层方式。上层粗砾石用以防止中层细砾石在反冲洗过程中向上移动;中层细砾石用以防止砂滤料流失;下层粗砾石则用以支撑中层细砾石。这种分层方式,亦可应用于三层滤料滤池。具体粒径级配和厚度,应根据配水系统类型和滤料级配确定。例如,设承托层分 7 层,则第 1 和第 7 层粒径相同,粒径最大;第 2 和第 6 层、第 3 和第 5 层等,粒径也对应相等,但依次减小;而中间第 4 层粒径最小。这种级配分层方式,承托层总厚度不一定增加,而是将每层厚度适当减小。

如果采用小阻力配水系统,承托层可以不设,或者适当铺设一些粗砂或细砾石,视配水系统具体情况而定。

6.3 滤池的运行方式

滤池的运行方式分为等速过滤和变速过滤两种基本方式。在过滤过程中,滤层中悬浮颗粒量不断增加,滤层孔隙率逐渐减小。当滤料粒径、形状、滤层级配和厚度以及水温已定时,如果孔隙率减小,则在水头损失保持不变的条件下,将引起滤速的减小。反之,在滤速保持不变时,将引起水头损失的增加。这样就产生了等速过滤和变速过滤两种基本过滤方式。

6.3.1 等速过滤

在过滤过程中,进水流量保持不变,即滤速不变的过滤称为等速过滤。可通过两种不同的方式来体现。

1）在滤池出水管上装流量控制器，来实现等速过滤

图 6-5 所示为一组由 4 格滤池构成的处于过滤状态的池子，每个滤池的流量是相同的，滤池的水面保持不变。开始过滤时，总水头 H 由以下五部分组成：

(1) 水流过清洁滤层所产生的水头损失 H_0（变值，实测可得）；

(2) 水流过承托层、配水系统的水头损失 h_1（定值）；

(3) 流量控制设备所产生的水头损失 h_0（变值）；

(4) 出水管中的流速水头，$v^2/2g$（定值）；

(5) 备用水头 h_2。

$$H = H_0 + h_1 + h_0 + \frac{v^2}{2g} + h_2 \tag{6-7}$$

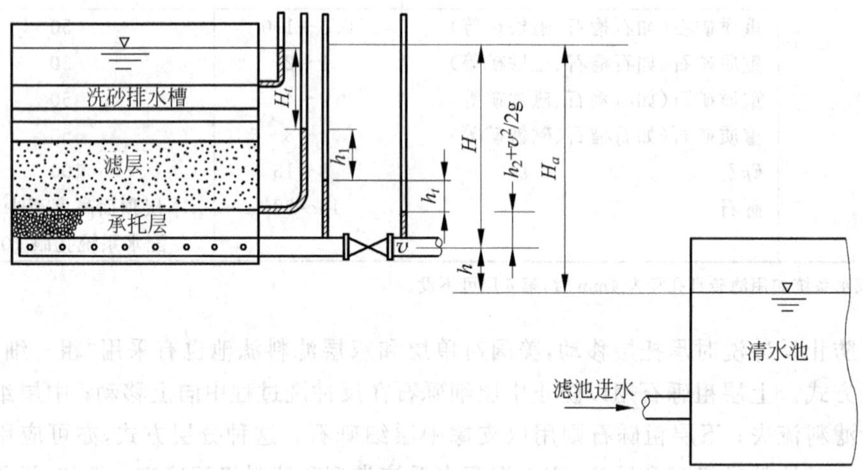

图 6-5 快滤池工作过程中的水头损失示意

在过滤时间 t 时，滤层由于截留了悬浮固体，其阻力从 H_0 增长到 H_t，过滤结束前 h_2 是保持不变的，为了保持滤池的流量不变，通过流量控制设备的阻力即自动减小为 h_t，得到

$$H = H_t + h_1 + h_t + \frac{v^2}{2g} + h_2 \tag{6-8}$$

试验得出，只要不出现表面过滤现象，H_t 随时间的变化是线性关系，如图 6-6 所示。当达到过滤时间 T 时，滤层水头损失达到最大值 H_t，这时流量控制设备也达到了它的最小阻力 h_t（阀门全开，阻力最小），如果继续要保持原来的流量过滤，就要动用备用水头 h_2。在过滤时间达 T'，h_2 恰好消耗完之后，H_t 的继续增长会导致流量的逐渐减小。这说明 T' 是滤池的最大可能过滤时间，实际采用的过滤时间应为 T，即为滤池的过滤周期。在最大过滤时间 T'时，由式(6-8)可得

$$H = H_{T'} + h_1 + h_t + \frac{v^2}{2g} \tag{6-9}$$

式中，$H_{T'} + h_1$ 代表滤池内的水头损失最大值，规范要求采用 2.0～3.0m。上式可写成

$$H - h_T - \frac{v^2}{2g} = H_{T'} + h_1 \tag{6-10}$$

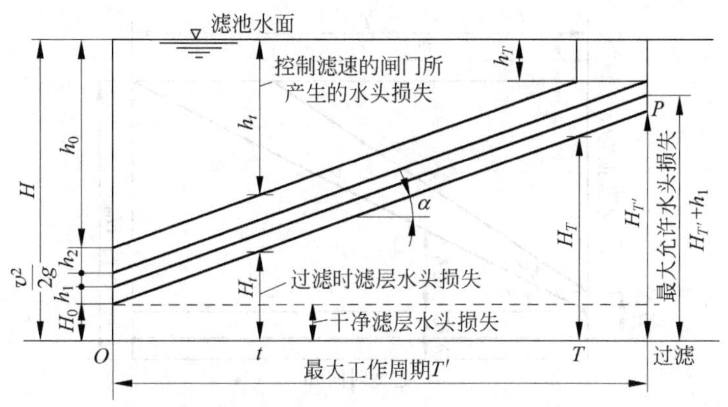

图 6-6 过滤过程中各项水头损失的变化

当 H_T+h_1 给定后，上式即为确定池深和滤池出水管路设计的约束条件。滤池最高水位与清水池最高水位高差为 H_a，h 为控制阀门后到清水池的出水管道系统的各种水头损失之和。

2）提高滤池水位，实现等速过滤

采用进水总渠通过溢流堰将进水量均匀分配给每个滤池，在等速过滤状态下，随着过滤时间的延长，造成滤层水头损失不断增加，滤池水位逐渐上升，上升速度应等于此流速所产生的水头损失，如图 6-7 所示。当水位上升至最高允许水位时，过滤结束，进行冲洗。无阀滤池、虹吸滤池属于等速过滤滤池。

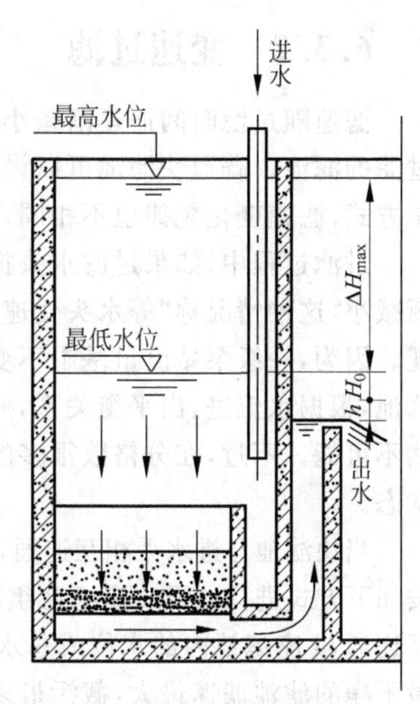

图 6-7 等速过滤

冲洗后刚开始过滤时，滤层水头损失为 H_0。当过滤时间为 t 时，滤层中水头损失增加 ΔH_t。于是过滤时滤池的总水头损失为

$$H_t = H_0 + h + \Delta H_t \tag{6-11}$$

式中 H_0——过滤开始时水流通过干净滤层的水头损失（实测可得），cm；

h——配水系统、承托层及管（渠）水头损失之和，cm；

ΔH_t——在时间为 t 时的水头损失增值，cm。

整个等速过滤过程中，h 保持不变。ΔH_t 随时间 t 增加而增大，实际上反映了滤层截留杂质量与过滤时间的关系，即滤层孔隙率随时间的变化关系。根据实验，ΔH_t 与 t 呈直线关系，如图 6-8 所示。图中 H_{max} 是水头损失增值为最大时的水头损失，设计时应按技术经济条件决定，一般为 1.5～2.0m。图中 T 为过滤周期，在不出现因操作不当造成滤后水质恶化情况下，T 不仅决定于最大允许水头损失，还与滤速有关。设滤速 $v'>v$，一方面 $H_0'>H_0$，同时单位时间内被滤层截留的杂质量较多，水头损失增加也较快，即 $\tan\alpha'>\tan\alpha$，因而，过滤周期 $T'<T$。其中已忽略了承托层及配水系统、管（渠）等水头损失的微小变化。

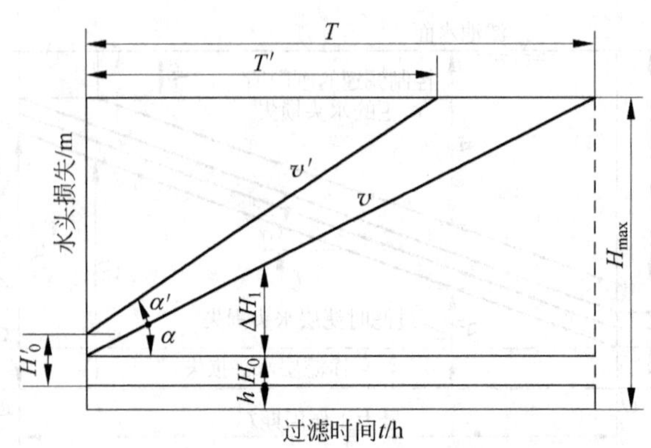

图 6-8 水头损失与过滤时间的关系

以上仅讨论整个滤层水头损失的变化情况。至于由上而下逐层滤料水头损失的变化情况就比较复杂。鉴于上层滤料截污量多,越往下层越少,因而水头损失增值也由上而下逐渐减小。如果图 6-6 中出水堰口低于滤料层,则各层滤料水头损失的不均匀有时将会导致某一深度出现负水头现象,详见下文。

6.3.2 变速过滤

滤速随过滤时间而逐渐减小的过滤称"变速过滤"或"减速过滤"。移动罩滤池即属变速过滤的滤池。普通快滤池可以设计成变速过滤,也可设计成等速过滤,而且,采用不同的操作方式,滤速变化规律也不相同。

过滤过程中,如果过滤水头损失始终保持不变,滤层孔隙率的逐渐减小,必然使滤速逐渐减小,这种情况称"等水头变速过滤"。这种变速过滤方式,在普通快滤池中一般不可能出现。因为,一级泵站流量基本不变,即滤池进水总流量基本不变,因而,尽管水厂内设有多座滤池,根据水流进、出平衡关系,要保持每座滤池水位恒定而又要保持总的进、出流量平衡当然不可能。不过,在分格数很多的移动冲洗罩滤池中,有可能达到近似的"等水头变速过滤"状态。

当快滤池与进水渠相互连通,且每座滤池进水阀均处于滤池最低水位以下,则减速过滤将按如下方式进行。设 4 座滤池组成 1 个滤池组,进入滤池组的总流量不变。由于进水渠相互连通,4 座滤池内的水位或总水头损失在任何时间内基本上都是相等的,见图 6-9。因此,最干净的滤池滤速最大,截污最多的滤池滤速最小。4 座滤池按截污量由少到多依次排列,它们的滤速则由高到低依次排列。但在整个过滤过程中,4 座滤池的平均滤速始终不变以保持总的进、出流量平衡。对某一座滤池而言,其滤速则随着过滤时间的延续而逐渐降低。最大滤速发生在该座滤池刚冲洗完毕投入运行阶段,而后滤速呈阶梯形下降(见图 6-10)而非连续下降。图中表示 1 组 4 座滤池中某一座滤池的滤速变化。滤速的突变是另一座滤池冲洗完毕投入过滤时引起的。如果 4 座滤池均处于过滤状态,每座滤池虽滤速各不相同,但同一座滤池仍按等速过滤方式运行,各座滤池水位稍有升高。一旦某座滤池冲洗完毕投入过滤,由于该座滤池滤料干净,滤速突然增大,则其他 3 座滤池的一部分水量即由该座滤池分担,从而其他 3 座滤池均按各自原滤速下降一级,相应地 4 座滤池水位也突然下降一些。折线的每一突变,表明其中某座滤池刚冲洗干净投入过滤。由此可知,如果一组滤池的滤池数很多，则相邻两座滤池冲洗间隙时间很短，阶梯式下降折线将变为近似连续下降曲线。例如，移动冲洗罩滤池每组分格数多达十几乃至几十格，几乎连续地逐格依次冲洗，因而，对任一格滤池而言，滤速的下降接近连续曲线。

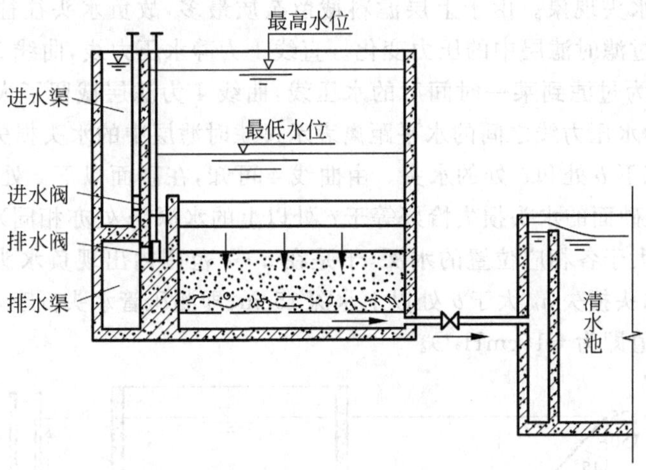

图 6-9 减速过滤（一组 4 座滤池）

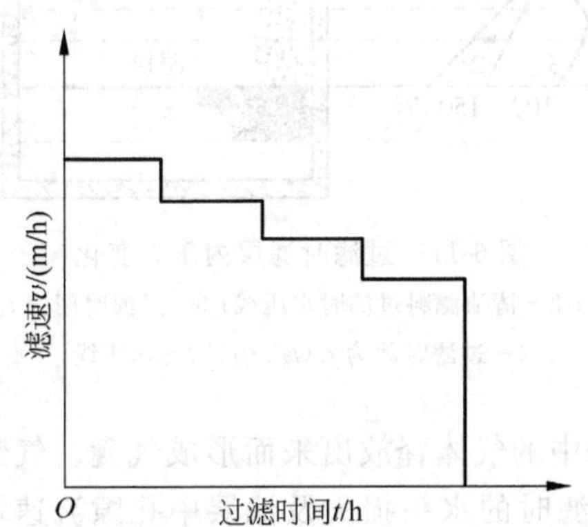

图 6-10 一座滤池滤速变化（一组共 4 座滤池）

应当指出，在变速过滤中，当某一格滤池刚冲洗完毕投入运行时，因该格滤层干净，滤速往往过高。为防止滤后水质恶化，往往在出水管上装设流量控制设备，保证过滤周期内的滤速比较均匀，从而也就可以控制清洁滤池的起始滤速。因此，在实际操作中，滤速变化较上述分析还要复杂些。

克里斯比(J. L. Cleasby)等人对这种减速过滤进行了较深入的研究以后认为，与等速过滤相比，在平均滤速相同情况下，减速过滤的滤后水质较好，而且，在相同过滤周期内，过滤水头损失也较小。这是因为，当滤料干净时，滤层孔隙率较大，虽然滤速较其他滤池要高(当然在容许范围内)，但孔隙中流速并非按滤速增高倍数而增大。相反，滤层内截留杂质量较多时，虽然滤速降低，但因滤层孔隙率减小，孔隙流速并未过多减小，可防止悬浮颗粒穿透滤层。而等速过滤则不具备这种自然调节功能。

6.3.3 滤层负水头

在过滤过程中，当滤层截留了大量杂质以致砂面以下某一深度处的水头损失超过该处水深时，便出现负水头现象。由于上层滤料截留杂质最多，故负水头往往出现在上层滤料中。图6-11表示过滤时滤层中的压力变化。直线1为静水压力线，曲线2为清洁滤料过滤时压力线，曲线3为过滤到某一时间后的水压线，曲线4为滤层截留了大量杂质时的水压线。各水压线与静水压力线之间的水平距离表示过滤时滤层中的水头损失。图中测压管水头表示曲线4状态下b处和c处的水头。由曲线4可知，在砂面以下c处(a处与之相同)，水流通过c处以上砂面的水头损失恰好等于c处以上的水深(a处亦相同)，而在a处和c处之间，水头损失则大于各相应位置的水深，于是在a—c范围内出现负水头现象。在砂面以下25cm的b处，水头损失h_b大于b处以上水深15cm，即测压管水头低于b处15cm，该处出现最大负水头，其值即为$-15cmH_2O$。

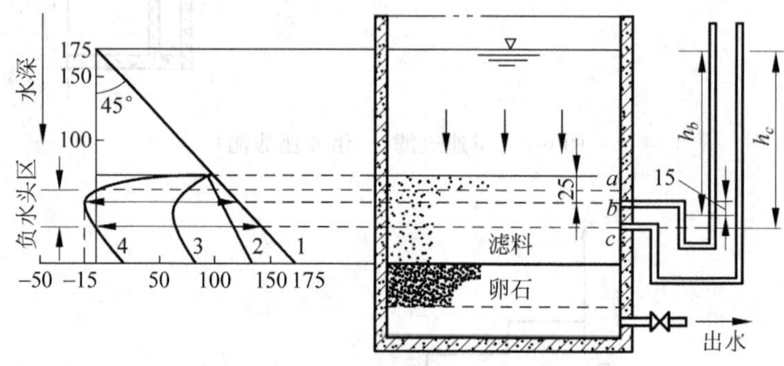

图6-11 过滤时滤层内压力变化

1—静水压力线；2—清洁滤料过滤时水压线；3—过滤时间为t_1时的水压线；4—过滤时间为$t_2(t_2>t_1)$时的水压线

负水头会导致溶解于水中的气体释放出来而形成气囊。气囊对过滤具有破坏作用，一是减少有效过滤面积，使过滤时的水头损失及滤层中孔隙流速增加，严重时会影响滤后水质；二是气囊会穿过滤层上升，有可能把部分细滤料或轻质滤料带出，破坏滤层结构。反冲洗时，气囊更易将滤料带出滤池。

避免出现负水头的方法是增加砂面上水深，或令滤池出口位置等于或高于滤层表面，虹吸滤池和无阀滤池所以不会出现负水头现象即是这个原因。

6.4 滤池的配水系统

配水系统是指布置在整个滤池面积上、位于滤池底部，过滤时均匀收集清水，反冲洗时保证均匀分布冲洗水流量的设备。由于滤池反冲洗水的强度比过滤水负荷要大得多(一般为4～5倍)，且要在整个滤池面积上均匀分布冲洗流量，因而是滤池工作可靠的关键条件。滤池的配水系统一般按反冲洗的要求进行设计。

由前述可知，冲洗水分布不均匀将产生严重后果。在冲洗强度小的范围内，滤料清洗不干净，表面上残留悬浮颗粒的滤料，会逐渐形成“泥饼”或“泥球”，长久运行后会进一步恶化冲洗效果，影响出水水质，直到对整个滤层进行翻洗为止。在冲洗强度大的范围内，高速水流会破坏承托层结构，造成滤料和承托层卵石的混合，产生“走砂”现象。严重不均匀时，会使滤板损坏。

6.4.1　配水系统

为了很好地设计配水系统，使其均匀配水，需要了解配水不均匀的原因。图6-12所示为出滤池冲洗水的流动情况。冲洗水在进入滤池后可以按任意路线穿过滤层。图中给出了Ⅰ、Ⅱ两条路线。A和C两点分别位于路线Ⅰ和Ⅱ上，且是距进水口最近和最远的两点，因而也就是冲洗强度相差最大的两点。在整个滤池面积上的冲洗强度平均值为q，单位是$L/(s \cdot m^2)$。

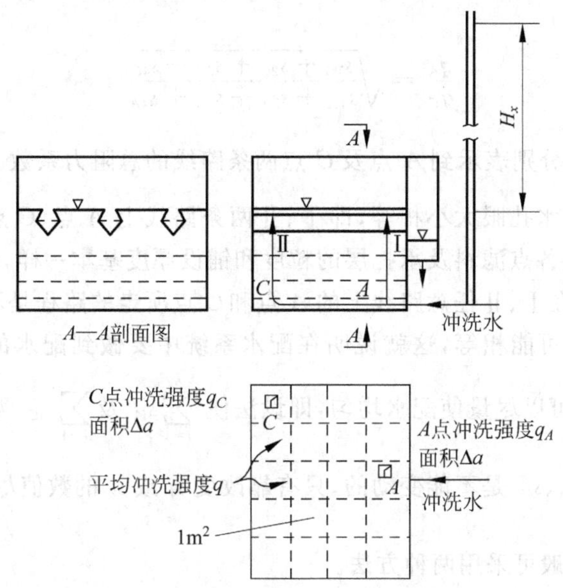

图6-12　滤池冲洗水时的水流路程状况

反冲洗水在滤池内任一路线上的水头损失均由四部分组成。故A点和C点水头损失计算如下(按单位滤池面积进行计算)：

(1) 水在配水系统内的沿程损失和局部损失h_1

$$h_{1A} = s_{1A}q_A^2, \quad h_{1C} = s_{1C}q_C^2 \tag{6-12}$$

式中　s_{1A}、s_{1C}——A点和C点处配水系统的阻力系数；

q_A、q_C——A点和C点的冲洗强度。

(2) 配水系统孔眼出流的水头损失h_2

$$h_{2A} = s_{2A}q_A^2, \quad h_{2C} = s_{2C}q_C^2 \tag{6-13}$$

式中　s_{2A}、s_{2C}——A点和C点处孔眼的阻力系数。

(3) 水在承托层中的水头损失h_3

$$h_{3A} = s_{3A}q_A^2, \quad h_{3C} = s_{3C}q_C^2 \tag{6-14}$$

式中　s_{3A}、s_{3C}——A点和C点处承托层的阻力系数。

(4) 水在滤料层中的水头损失h_4

$$h_{4A} = s_{4A}q_A^2, \quad h_{4C} = s_{4C}q_C^2 \tag{6-15}$$

式中 s_{4A}、s_{4C}——A 点和 C 点处配水系统的阻力系数。

冲洗水流在 A 点和 C 点的总水头损失分别为

$$H_A = h_{1A} + h_{2A} + h_{3A} + h_{4A}$$

$$H_C = h_{1C} + h_{2C} + h_{3C} + h_{4C}$$

冲洗水通过配水系统分别沿着Ⅰ和Ⅱ两条路线流动，但两条路线的进口和最终出口压力(冲洗排水槽口)是相同的，即两条线路的总水头损失相等，各点的总水头损失也相等：

$$H_A = H_C = H_w \tag{6-16}$$

将以上各式代入式(6-16)：

$$s_{1A}q_A^2 + s_{2A}q_A^2 + s_{3A}q_A^2 + s_{4A}q_A^2 = s_{1C}q_C^2 + s_{2C}q_C^2 + s_{3C}q_C^2 + s_{4C}q_C^2$$

整理后得

$$\frac{q_A}{q_C} = \sqrt{\frac{s_{1C} + s_{2C} + s_{3C} + s_{4C}}{s_{1A} + s_{2A} + s_{3A} + s_{4A}}} \tag{6-17}$$

式中，$\sum_{i=1}^{4} s_{iA}$ 及 $\sum_{i=1}^{4} s_{iC}$ 分别表示到 A 点及 C 点两条路线的总阻力系数。

在配水系统中，配水孔眼大小相等，即Ⅰ、Ⅱ两条路线上 A 点、C 点的 s_{2A}、s_{2C} 值基本相等，在整个滤池面积上各点滤料及承托层的粒度和铺设厚度基本一样，即 s_{3A}、s_{3C} 及 s_{4A}、s_{4C} 的值也基本一样。但是在Ⅰ、Ⅱ任意路线上的 A 点和 C 点所走的路程是不同的，即 s_{1A} 和 s_{1C} 值不同，因而 q_A、q_C 值不可能相等，这就说明在配水系统中要做到配水的绝对均匀是不可能的。但根据式(6-17)可以尽量使配水均匀，即设法使 $\sum_{i=1}^{4} s_{iA}$ 及 $\sum_{i=1}^{4} s_{iC}$ 两值尽量接近。

由于 s_{3A}、s_{3C} 及 s_{4A}、s_{4C} 是不能变动的，只有靠改变 s_1 或 s_2 的数值尽可能使总阻抗 $\sum_{i=1}^{4} s_{iA}$ 及 $\sum_{i=1}^{4} s_{iC}$ 值相接近。一般可采用两种方法。

第一，加大阻力系数 s_2 的数值，使 s_{1A} 和 s_{1C} 在总阻力系数 $\sum_{i=1}^{4} s_{iA}$ 和 $\sum_{i=1}^{4} s_{iC}$ 中所引起的差值很微小，即可得到 $\sum_{i=1}^{4} s_{iA} \approx \sum_{i=1}^{4} s_{iC}$，$q_A/q_C$ 趋近于 1。加大 s_2 的值也就是减小配水孔眼的面积，使流量通过孔眼的速度加大，产生的水头损失很大，按这种原理设计的配水系统，称为大阻力配水系统。

第二，在适当保持 s_2 值比较小的条件下，尽量减小阻力系数 s_1 的值，使 s_{1A} 和 s_{1C} 在总阻力系数 $\sum_{i=1}^{4} s_{iA}$ 和 $\sum_{i=1}^{4} s_{iC}$ 中所引起的差值，对配水系统的不均匀性影响可以忽略，同样可得到 $\sum_{i=1}^{4} s_{iA} \approx \sum_{i=1}^{4} s_{iC}$，$q_A/q_C$ 趋近于 1。因为 s_2 值比较小，也就是配水孔眼的阻力系数比较小，整个系统所产生的水头损失都较小，因此，称这样设计出来的配水系统为小阻力配水系统。小阻力配水系统的总水头损失值可小至 1～1.5m 以下。

引入大阻力和小阻力的概念，只是便于理解配水系统构造的设计原理。但是，阻力的大小只是相对的，大阻力和小阻力的概念，主要是从考虑问题的不同角度提出来的，并无严格划分的科学依据，所以除了管式大阻力配水系统外，其余各种配水系统都可称为小阻力配水系统。一般小阻力配水系统可以靠滤池本身的水位，提供冲洗所需的水头。大阻力配水系统的冲洗水头数值较高，需要专设反冲洗设备。

6.4.2　大阻力配水系统

如图 6-13 所示的管式大阻力配水系统是大阻力配水系统的唯一构造形式。

图 6-13(a) 表示平面布置，滤池中心是一根配水干管，干管两侧均匀布置许多配水支管，在支管下部管中心垂直线两侧的 45°方向，左右交错开设许多孔眼，如图 6-13(b) 所示。一般干管和支管用铸铁管、钢管或塑料管，但断面大的干管则采用钢筋混凝土渠道。

设计中，要求每根支管的配水面积相等，支管上每个孔眼的配水面积也相等。图 6-13(a) 所示只是示意，没有表示出干管、支管各部分的尺寸比例关系。图 6-13(b) 则大致给出了尺寸比例关系，还可看出卵石承托层能起到进一步均匀分布反冲洗水的作用。

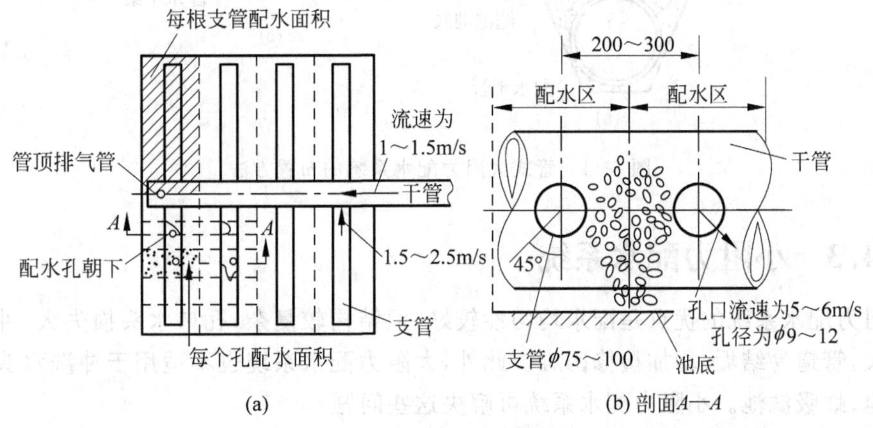

图 6-13　管式大阻力配水系统

管式大阻力配水系统各部分的尺寸，可以根据表 6-5 所示设计数据来确定。为了排除冲洗时配水系统中的空气，常在干管(渠)的高处设排气管，排出口需高出滤池水面。

表 6-5　管式大阻力配水系统设计数据

干管(渠)进口流速	1.0～1.5m/s	开孔比	0.2%～0.3%
支管进口流速	1.5～2.0m/s	配水孔径	9～12mm
孔眼出口流速	5～6m/s	配水孔眼间距	75～300mm
支管间距	0.2～0.3m		

由图 6-13 所示可以看出，当滤池面积较大，即干管直径过大时，会出现两个问题：①支管在池底上过高，使得池子深度加大，承托层厚度也必须加厚，增加了滤池的投资；②干管在池中宽度过大，占据滤池的面积较大，无法按支管布置配水孔的要求来均匀配水。解决的方法如下：

(1) 对于管径小于 400～500mm 的配水干管，可在干管顶上适当加装一些配水滤头，如图 6-14(a)所示。

(2) 对于管径更大的配水干管，可以把干管埋入滤池底板下面，上面接出短管穿过底板与支管相连。或将干管部分埋入滤池底板下部，便于管道安装，如图 6-14(b)所示，这样可减小池主体部分的深度。

(3) 对面积在 60～80m² 以上的滤池，采用如图 6-14(c)所示的配水干渠布置方法，此时，冲洗排水槽及配水支管都分别按池子的一半来布置，长度相应缩短，更容易满足配水均匀性的要求。

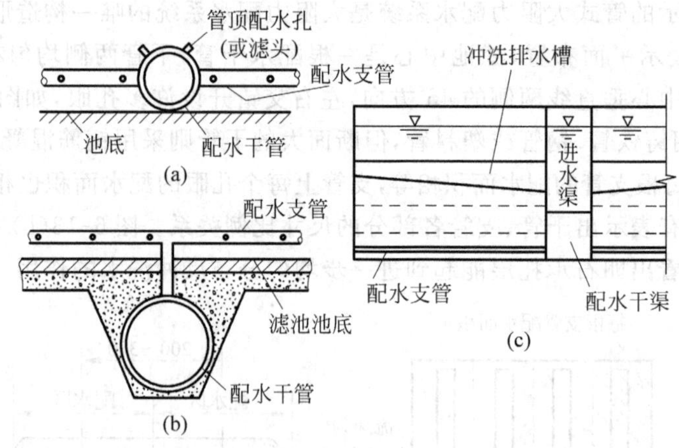

图 6-14 管式大阻力配水系统的布置方法

6.4.3 小阻力配水系统

大阻力配水系统的优点是配水均匀性较好，但结构较复杂，孔口水头损失大，冲洗时动力消耗大，管道易结垢，增加检修困难。此外，大阻力配水系统也不适用于冲洗水头较小的无阀滤池、虹吸滤池。小阻力配水系统可解决这些问题。

小阻力配水系统就是通过减小配水系统沿程损失和局部损失，使整个系统的压力变化对配水均匀性的影响很小，基本达到配水均匀的目的。同时，减小孔口阻力 s_2，以减小孔口水头损失，这就是小阻力配水系统的基本原理。鉴于此，小阻力配水系统将底部改成较大的配水空间，上部设穿孔滤板、滤砖或滤头，如图 6-15 所示。

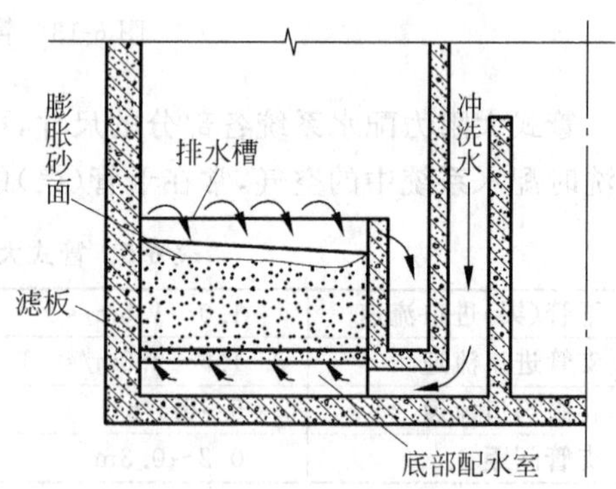

图 6-15 小阻力配水系统

配水系统阻力的大小，主要取决于配水系统的开孔比。生产中应用过的配水系统形式很多，包含大阻力配水系统在内，开孔比约为 0.2%～2.0%，且在此之间已形成一个连续的数列，按其中的任何一个开孔比，都可以设计出一种配水均匀的构造形式。现在，新型的小阻力配水系统，只要设计合理，且施工符合设计要求，单池面积较大情况下也能配水均匀，因而那种认为小阻力配水系统只适用于小面积滤池的说法也并不准确。小阻力配水系统的形式和材料多种多样，且不断有新的发展，主要有：

1) 钢筋混凝土穿孔(或缝隙)滤板

在钢筋混凝土板上开圆孔或条式缝隙。板上铺设一层或两层尼龙网。板上开孔比和尼龙孔网眼尺寸不尽一致,视滤料粒径、滤池面积等具体情况决定。图 6-15 为滤板安装示意图。图 6-16 所示滤板尺寸为 980mm×980mm×100mm,每块板孔口数 168 个。板面开孔比为 11.8 %,板底为 1.32 %。板上铺设尼龙网一层,网眼规格可为 30～50 目。

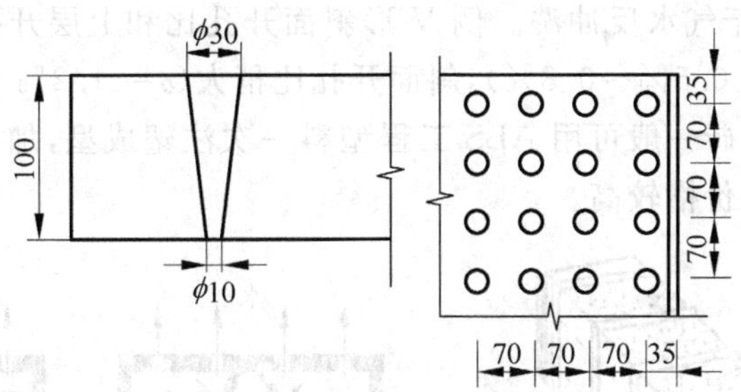

图 6-16 钢筋混凝土穿孔滤板

这种配水系统造价较低,孔口不易堵塞,配水均匀性较好,强度高,耐腐蚀。但必须注意尼龙网接缝应搭接好,且沿滤池四周应压牢,以免尼龙网被拉开。尼龙网上可适当铺设一些卵石。

2) 穿孔滤砖

图 6-17 为二次配水的穿孔滤砖。滤砖尺寸为 600mm×280mm×250mm,用钢筋混凝土或陶瓷制成。每平方米滤池面积上铺设 6 块。开孔比为:上层 1.07 %,下层 0.7%,属中阻力配水系统。

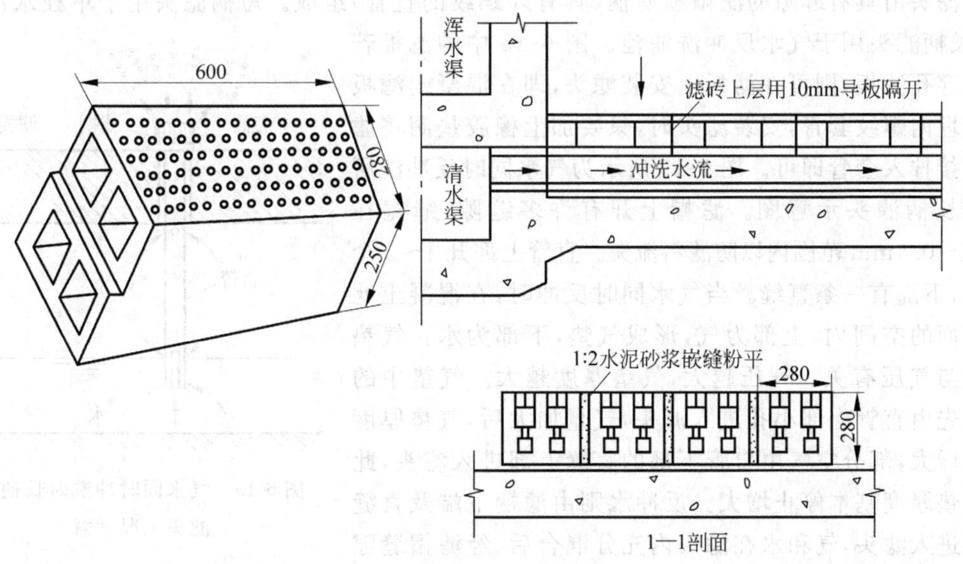

图 6-17 穿孔滤砖

滤砖构造分上下两层连成整体。铺设时,各砖的下层相互连通,起到配水渠的作用;上层各砖单独配水,用板分隔互不相通。实际上是将滤池分成像一块滤砖大小的许多小格。上层配水孔均匀布置,水流阻力基本接近,这样保证了滤池的均匀冲洗。

穿孔滤砖的上下层为整体,反冲洗水的上托力能自行平衡,不致使滤砖浮起,因此所需的承托层厚度不大，只需防止滤料落入配水孔即可，从而降低了滤池的高度。二次配水穿孔滤砖配水均匀性较好，但价格较高。

图 6-18 是另一种二次配水、配气穿孔滤砖，可称复合气水反冲洗滤砖。该滤砖既可单独用于水反冲，也可用于气水反冲洗。倒 V 形斜面开孔比和上层开孔比均可按要求制造，一般上层开孔比小($\alpha = 0.5\% \sim 0.8\%$)，斜面开孔比稍大($\alpha = 1.2\% \sim 1.5\%$)，水、气流方向见图中箭头所示。该滤砖一般可用 ABS 工程型料一次注塑成型，加工精度易控制，安装方便，配水均匀性较好，但价格较高。

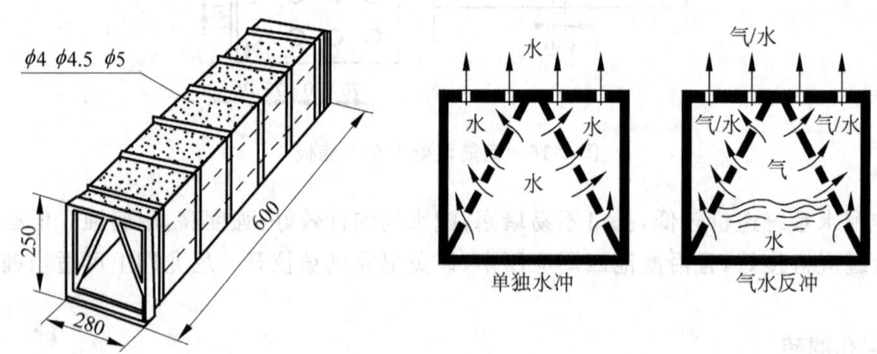

图 6-18 复合气水反冲洗配水滤砖

3) 滤头

滤头由具有缝隙的滤帽和滤柄(具有外螺纹的直管)组成。短柄滤头用于单独水冲滤池，长柄滤头用于气水反冲洗滤池。图 6-15 中的滤板若不用穿孔滤板，则可在滤板上安装滤头，即在混凝土滤板上预埋内螺纹套管，安装滤头时，只要加上橡胶垫圈将滤头直接拧入套管即可。图 6-19 所示为气水同时反冲洗所用的长柄滤头示意图。滤帽上开有许多缝隙，缝宽在 0.25～0.4mm 范围内以防滤料流失。直管上部开 1～3 个小孔，下部有一条直缝。当气水同时反冲时，在混凝土滤板下面的空间内，上部为气，形成气垫，下部为水。气垫厚度与气压有关。气压越大，气垫厚度越大。气垫中的空气先由直管上部小孔进入滤头，气量加大后，气垫厚度相应增大，部分空气由直管下部的直缝上部进入滤头，此时气垫厚度基本停止增大。反冲水则由滤柄下端及直缝上部进入滤头，气和水在滤头内充分混合后，经滤帽缝隙均匀喷出，使滤层得到均匀反冲。滤头布置数一般为 50～60 个/m^2。开孔比约 1.5%左右。

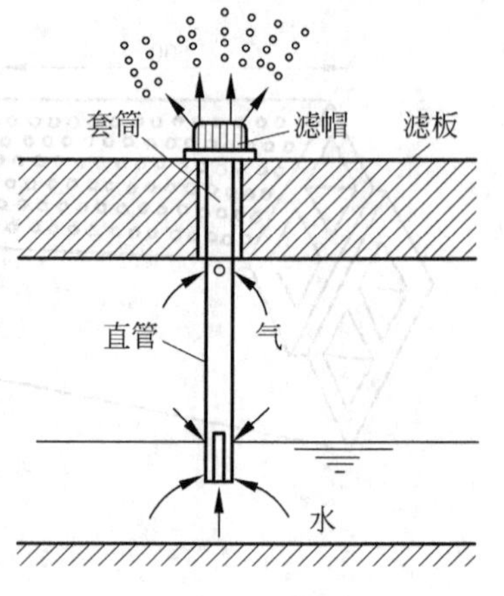

图 6-19 气水同时冲洗时长柄滤头工况示意

4) 滤球

图 6-20(a)所示为滤球配水系统，滤球为瓷质，大球直径 ϕ76 共 5 只，小球直径 ϕ35 一只、直径 ϕ32 共 8 只。滤球配水系统实际运行情况良好，出水和反冲洗都较均匀。

5) 三角槽孔板

图 6-20(b)所示为三角槽开孔板，三角槽下部起到配水渠的作用，上部孔眼均匀配水。

据实际使用测试，该系统配水均匀性高，均匀度在98%以上，建议的开孔比为0.8%～1.2%。

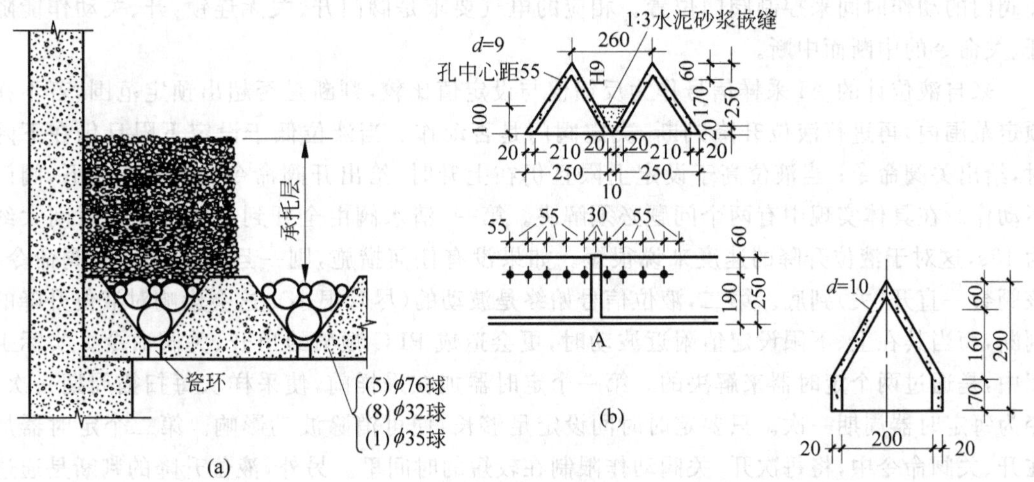

图 6-20 小阻力配水系统

(a) 滤球；(b) 三角槽孔板

6.5 滤池的过程控制

在各中小型水厂生产过程中，滤池生产的有效控制是保证水厂出厂水水质优劣及生产效率高低的关键因素。在传统的滤池生产中，一般依靠人工操作进行生产，滤池正常的过滤时间以及滤池反冲洗各环节的时间和强弱都要依靠现场操作人员的经验进行调节。由于受到人员素质及经验、环境温度、源水水质变化等各种复杂因素的影响，很难使出厂水水质长期稳定。因此水厂滤池的自动化控制对于出厂水质优劣尤为重要。

6.5.1 滤池控制策略

当滤池正常过滤的时候，其工艺要求就是要保持滤池水位的恒定(2m)，以保证滤池有一个稳定的生化环境。由于进水阀全开，瞬时进水量上下波动比较大，所以就需要通过控制滤后水阀的开启度，达到滤池水位的恒定。在如何确定滤后水阀开启度的方法上，传统控制和PLC(可编程序控制器）控制存在相当大的不同。在传统的控制中，往往依靠操作人员的目测估计水位的高低，进而手动调整滤后水阀的开启度，达到水位的相对平稳，显然这种操作方式受各种因素的影响不能满足自动化和精度的要求；而在PLC自动控制系统中，超声波水位计实时监测水位的变化，并传送回模拟数据，PLC利用专门的PID(比例-积分-微分)回路控制(闭环控制)指令，通过PID算法确定出滤后水阀的开启度，再以此控制滤后水阀，使滤池水位保持相对恒定。

6.5.2 液位控制

一般的PLC液位控制，是对调节阀采用PID功能块进行PI或P控制，比较方便。但自来水厂的情况有所不同，其对液位的要求不十分严格，允许存在相对较大的偏差。因而从节约成本的角度出发,可以不使用调节阀,而采用开关阀作为清水阀来调节液位。这意味着无法再使用 PID 功能块的输出来控制阀位,必须人工编写闭环控制程序,程序中通过控制开、关阀门的动作时间来控制阀门位置。相应的电气要求是阀门开、关无连锁,开、关动作能随开、关命令的中断而中断。

来自液位计的 AI 采样信号作为反馈值与设定值比较,判断是否超出预定范围,若不在预定范围内,再进行液位升降判断,决定阀门是否动作。当液位低于设定下限且仍在下降时,给出关阀命令;当液位高于设定上限且仍在上升时,给出开阀命令;其他情况下,阀门不动作。在具体实现中有两个问题必须解决。第一,清水阀由全开到全关的动作时间大约为 18s,这对于液位升降的速度来说很短。如果没有任何措施,则一旦给出开(关)阀命令,该阀会一直开(关)到底。第二,液位信号始终是波动的(尽管很小),这会影响对液位升降的判断,而当其在上、下限设定值附近波动时,更会造成 PLC 频繁给出开、关阀命令。实际工程中,是通过两个定时器来解决的。第一个定时器加在采样前,使采样从每扫描周期一次,变为每定时器周期一次。只要定时时间设定足够长,便可消除波动影响。第二个定时器加在开、关阀命令中,将每次开、关阀动作限制在较短的时间里。另外,液位升降的判断是通过最新采样值与上一周期采样值相减得出的,因此编制程序时有必要将旧采样值保存。

6.5.3 反冲洗控制

运行中的滤池,当其过滤水头损失、滤出水浊度、滤速和过滤时间四个参数中的某一项达到设定值时(也可能几个参数同时达到其设定值),应终止运行进行反冲洗,使其恢复过滤能力。

滤池冲洗质量的好坏,对滤池的性能有很大影响。滤层的冲洗方法应结合滤层的设计来选择,因此也往往影响滤池的整体构造。常用的冲洗方法有下面三种。

1. 高速水流反冲洗

高速水流反冲洗是滤池最常用的冲洗方法。利用流速较大的反向水流冲洗滤料层,使整个滤层达到流态化状态,且具有一定的膨胀度,悬浮颗粒在水流剪切力和颗粒碰撞摩擦力双重作用下脱落去除。根据理论计算,水流所产生的剪切力数值较小,剥离滤料表面所沉积的悬浮颗粒的能力有限,这是单纯用水反冲洗很难完全冲洗干净的原因。为了改进滤层冲洗的效果,快滤池反冲洗常辅以表面冲洗或气洗。

2. 反冲洗加表面冲洗

表面冲洗指从滤池上部,用喷射水流向下对上层滤料进行清洗的操作,利用喷嘴所提供的射流冲刷作用,使滤料颗粒表面的污泥脱落去除。喷嘴孔径一般为 3~6mm。经过理论计算可知,表面冲洗对滤料表面沉积的悬浮颗粒具有较大的剥离作用。表面冲洗设备主要有固定管式和旋转管式两种形式。

3. 气水反冲洗

单独的高速水流反冲洗滤池滤层一般厚 0.70~1.0m,高速水流冲洗时,上层滤料完全膨胀,下层滤料处于最小流态化状态。其水头损失不足 1.0m,滤料层中的水流速度梯度一般在 $400s^{-1}$ 以下,所产生的水流剪切力不能够使滤料表面污泥完全脱落。如果冲洗速度过大,滤料层膨胀率过大,滤料间相互碰撞摩擦作用反而减弱。这对于深层截留杂质的滤料,很难达到较好冲洗效果。

高速水流冲洗不仅耗水量大，而且滤料上细下粗明显分层，下层滤料的过滤作用没有很好发挥作用。为此，人们便研究了气水反冲洗工艺。

1）气水反冲洗原理

在滤层结构不变或稍有松动条件下，利用高速气流扰动滤层，促使滤料互撞摩擦，以及气泡振动对滤料表面擦洗，使表层污泥脱落，然后利用低速水流冲洗使污泥排出池外，即为气水反冲洗的基本原理。和单水流高速冲洗相比，低速水流冲洗后滤层不产生明显分层，仍具有较高的截污能力。气流、水流通过整个滤层，无论上层下层滤料都有较好冲洗效果，允许选用较厚的粗滤料滤层。由此可见，气水反冲洗方法不仅提高冲洗效果，延长过滤周期，而且可节约一半以上的冲洗水量。所以，气水反冲洗滤池得到广泛应用。

气水反冲洗滤池需要增加一套空气冲洗设备，构造和控制系统较复杂，投资有所增加。

2）气、水冲洗强度及冲洗时间

气、水反冲洗时，滤料组成不同，冲洗方式有所不同，一般采用以下几种方法：

(1) 先用空气高速冲洗，然后再用水中速冲洗；

(2) 先用高速空气、低速水流同时冲洗，然后再用水低速冲洗；

(3) 先用空气高速冲洗，然后高速空气、低速水流同时冲洗，最后低速水流冲洗。

也有使用时间较长的滤池，滤料层板结，先用低速水流松动后，再按上述冲洗方法冲洗。

无论哪一种滤料组成的滤池，采用气水反冲洗后，其过滤周期都比单水冲洗延长很多。单层细砂级配滤料滤池，气水反冲洗后过滤周期可达24h以上。粗砂均匀级配滤料滤池，气水反冲洗周期可采用24～36h。实际上，一般自来水厂的单层粗砂级配滤料气水反冲洗滤池，滤后水浊度＜0.5NTU，过滤周期达48h左右。

3）滤池冲洗的构筑物

滤池冲洗的构筑物包括反冲洗排水设施和冲洗水供给设备。

① 滤池冲洗的排水设施

滤池反冲洗废水中含有大量的污泥，为了有利于冲洗废水的排除，要求在整个滤池面积上按一定间距均匀布置冲洗排水槽，使反冲洗废水自由跌落进入槽内，以满足各排水槽进水流量相同的要求。同时每个排水槽内的废水要自由跌落流入废水渠内。

滤池冲洗水通常由冲洗排水槽和排水渠排出，同时，它们也是过滤进水分配到每格滤池的渠道。

排水渠又称废水渠，收集冲洗排水槽排出水，再由排水管排到池外废水池。排水渠的布置形式视滤池面积大小而定。滤池面积较小时，排水渠设在滤池一侧，如图6-21所示；滤池面积较大时，排水渠设在滤池中间。

排水渠一般设计成矩形，起端水深按下式计算：

$$H_c = 1.73\sqrt[3]{\frac{Q^2}{gB^2}} \tag{6-18}$$

式中 H_c——滤池起端水深，m；

Q——滤池冲洗流量，m^3/s；

B——渠宽，m；

g——重力加速度，$9.81m/s^2$。

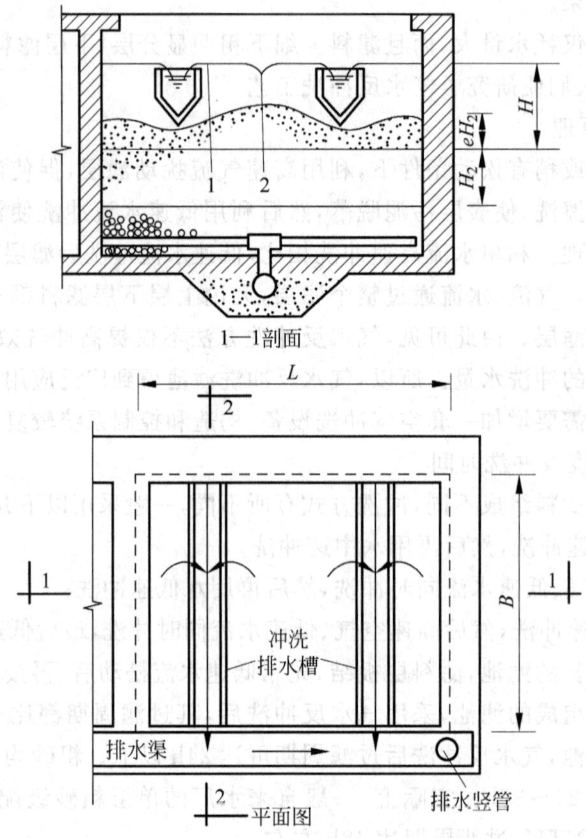

图 6-21 冲洗废水的排除

为使排水顺畅，排水渠起端水面需低于冲洗排水槽底 100～200mm，使排水槽内废水自由跌落到排水渠中。渠底高度即由排水槽槽底高度和排水渠中起端水深确定。

冲洗排水槽一般设计成(图 6-22)槽底三角形断面形式，也有槽底是半圆形断面的。

过滤面积较小的快滤池，冲洗排水槽常设计成槽底斜坡，末端深度等于起端深度的 2 倍，使收集的废水在水力坡度下迅速流到排水渠。槽底是平坡的排水槽，末端、起端断面相同，起端水深是末端水深的$\sqrt{3}$倍。取槽宽 $2x$ 等于起端平均水深，则图 6-22 所示的排水槽断面模数 x 的近似计算式为

$$x \approx 0.45Q^{0.4}(\mathrm{m}) \tag{6-19}$$

式中 Q——冲洗排水槽排水量，m^3/s。

在反冲洗时，滤料层处于膨胀状态，两排水槽中间水流断面减小，上升水流流速加快，容易冲走滤料，所以，排水槽底设置在滤料层膨胀面以上。则槽顶距滤料层砂面的高度

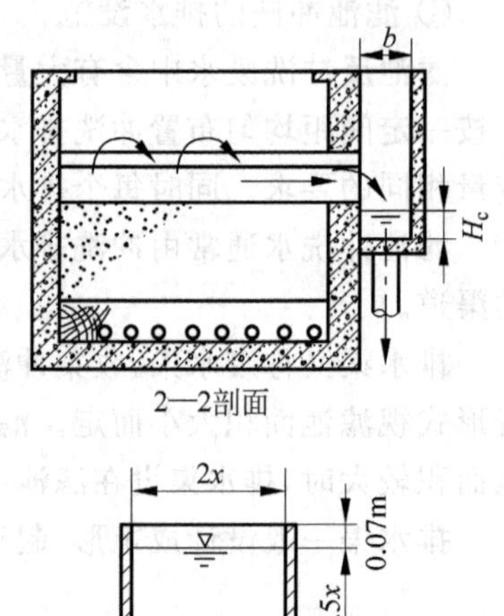

图 6-22 冲洗排水槽剖面

如下：

$$H = eH_2 + 2.5x + \delta + 0.07 \tag{6-20}$$

式中 H——冲洗排水槽槽顶距滤料层砂面高度，m；

H_2——滤料层厚度，m；

e——冲洗时滤料层膨胀率，一般取40%～50%；

x——冲洗排水槽断面模数，m；

δ——冲洗排水槽槽底厚度，m；一般取0.05m；

0.07——冲洗排水槽超高，m。

为达到均匀地排出废水，设计排水渠和冲洗排水槽时还应注意以下几点：

a. 排水渠通常设有一定坡度，末端渠底比起端低0.30m左右。排水渠下部是配水干渠的快滤池，排水渠底板最高处安装排气管，并在排水渠中部底板上设置检修人孔，故要求设在池内的排水渠宽度一般在800mm以上。

b. 冲洗排水槽在平面上的总面积(槽宽×槽长)一般不大于滤池面积的25%，以免冲洗时槽与槽之间水流上升速度过大，将细滤料冲出池外。

c. 冲洗排水槽中心间距1.5～2.0m。间距过大，距离槽口最远一点和最近一点的水流流程相差过远，出水流量存在差异，直接影响反冲洗均匀性。如果间距过小，在排水槽平面上总面积相同条件下，冲洗排水槽过多，构造复杂，造价增加。

单位槽长的溢入流量应相等，故施工时力求排水槽口水平，误差限制在±2mm以内。

② 滤池冲洗水的供给设备

冲洗水供给根据滤池形式不同而不同，虹吸滤池、无阀滤池不另建造冲洗水供给系统，将在6.7节介绍。这里仅介绍普通快滤池单水冲洗供水方法和气水反冲洗滤池的空气供给方式。

滤池一般都用滤后水进行反冲洗。反冲洗所需的流量由冲洗强度和滤池面积确定，反冲洗所需总水量则由冲洗时间乘以冲洗水流量得出。为保证滤层在冲洗过程有稳定的膨胀率，既能把滤料冲洗干净，又不致把滤料冲走，要求冲洗水的流量和水头尽量保持稳定。普通快滤池冲洗水的供给方式有两种，一是利用高位水箱或水塔，二是利用专设的水泵冲洗。

a. 高位水箱或水塔冲洗

普通快滤池采用单水反冲洗时，冲洗水量较大，通常采用高位水箱(水塔)或水泵冲洗。

滤池反冲洗高位水箱建造在滤池操作间之上，又称为屋顶水箱。水塔一般建造在两组滤池之间。在两格滤池冲洗间隔时间内，由小型水泵抽取滤池出水渠中清水，或抽取清水池中水送入水箱或水塔。水箱(塔)中设置水位继电开关，水位下降到设定的最低水位时开泵，上升到最高水位时停泵。水箱(塔)中的水深变化，会引起反冲洗水头变化，直接影响冲洗强度的变化，使冲洗初期和末期的冲洗强度有一定差别。所以水箱(塔)水深越浅，冲洗越均匀，一般设计水深1～2m，最大不超过3m。

高位水箱(塔)的容积按单格滤池冲洗水量的1.5倍计算：

$$V = \frac{1.5qFt \times 60}{1000} = 0.09qFt \tag{6-21}$$

式中 V——高位水箱或水塔的容积，m^3；

q——反冲洗强度，$L/(s \cdot m^2)$；

F——单格滤池面积，m^2；

t——冲洗历时，min。

冲洗水箱（塔）底高出滤池冲洗排水槽顶的高度 H_0 按下式计算：

$$H_0 = h_1 + h_2 + h_3 + h_4 + h_5 \tag{6-22}$$

式中 h_1——冲洗水箱（塔）至滤池之间管道的水头损失值，m；

h_2——滤池配水系统水头损失，m，大阻力配水系统按孔口平均水头损失计算；

h_3——承托层水头损失，m，

$$h_3 = 0.022qz;$$

q——反冲洗强度，$L/(s \cdot m^2)$；

z——承托层厚度，m；

h_4——滤料层水头损失，m；

h_5——富余水头，一般取 1～1.5m。

b. 水泵冲洗

水泵冲洗是设置专用水泵抽取清水池或贮水池清水直接送入反冲洗水管的冲洗方式。冲洗水量较大，短时间内用电负荷骤然增加。当全厂用电负荷较大，冲洗水泵短时间耗电量所占比例很小，不会因此而增大变压器容量时，可考虑水泵冲洗。由于水泵扬程、流量稳定，可使滤池的冲洗强度变化较小，其造价低于高位水箱（水塔）冲洗方式。

水泵的流量 Q 等于冲洗强度 q 和单格滤池面积的乘积。水泵扬程按下式计算：

$$H = H_0 + h_1 + h_2 + h_3 + h_4 + h_5 \tag{6-23}$$

式中 H_0——滤池冲洗排水槽顶与清水池最低水位的高差，m；

h_1——清水池到滤池之间最长冲洗管道的局部水头损失、沿程水头损失之和，m；

h_2～h_5 同式(6-22)。

气水反冲洗滤池的水冲洗流量比普通快滤池单水冲洗流量小，一般用水泵冲洗，水泵流量按最大冲洗强度计算。水泵扬程计算同式(6-23)，但式中的滤池配水系统水头损失 h_2、滤料层水头损失值 h_4 的计算方法不同，即：

h_2——配水系统中滤头水头损失，按照厂家提供数据计算，一般设计取 0.2～0.3m；

h_4——按未膨胀滤层水头损失计算，设计时多取 1.50m 左右。

c. 供气

气水反冲洗滤池供气系统分为鼓风机直接供气和空压机串联贮气罐供气。鼓风机直接供气方式操作方便，使用最多。鼓风机风量等于空气冲洗强度 q 乘以单格滤池过滤面积，其出口处静压力按下式计算：

$$H_A = h_1 + h_2 + kh_3 + h_4 + h_5 \tag{6-24}$$

式中 H_A——鼓风机出口处静压力，Pa；

h_1——输气管道压力总损失，Pa；

h_2——配气系统的压力损失，Pa；

k——安全系数，(1.05～1.10)×9810；

h_3——配气系统出口至空气溢出面的水深，m；

h_4——富余压力，取 $h_4 = 0.5 \times 9810 = 4905\text{Pa}$；

h_5——采用长柄滤头时，气水室内冲洗水压力，代替配气系统出口至空气溢出面的水深 h_3，一般取 $h_5 = 2.5 \times 9810 = 24\,500\text{Pa}$。

在实际的长柄滤头配水配气系统的滤池中，$H_A \approx 39\,240\text{Pa}$，相当于 4.0m 水柱。

滤池的反冲洗控制可分为两部分：反冲洗启动和反冲洗过程的控制。反冲洗启动有两种途径：一是由上位机下达反冲洗命令；二是当反冲洗条件满足时自动开始反冲洗。反冲洗条件有二：定时冲洗和根据水头损失情况冲洗。这两个条件是并列的，只要满足一个，就必须进行反冲洗。定时冲洗可以设置为具体时间，也可以按照过滤的运行时间来安排，即当滤池连续过滤一定时间后自动启动反冲洗。后者在反冲洗结束、过滤开始的时候，启动一计时器，定时 24h，时间到便开始反冲洗程序。水头损失反冲洗可以这样设计：在液位控制中，如果清水阀已开到最大，就把采样液位与预先设置的水头损失液位比较，如果超出，再看液位是否上升，如果是，则条件满足，启动反冲洗。

反冲洗过程比较繁琐，有一系列开、关阀门，开、关风机，开、关水泵的命令，大致过程如下：关进水阀，液位降低到一定程度后关清水阀，再打开排水阀及气冲阀，之后开鼓风机气冲(时间可调)，水冲阀在鼓风机启动后打开，再启动一台反冲洗泵，作气水冲(时间可调)，气冲结束，关鼓风机、气冲阀，再打开第二台泵，仅作水冲(时间可调)。结束时，先关反冲洗泵，再关水冲阀，最后关排水阀。反冲洗完毕，打开进水阀开始过滤。在编制梯形图时，对开、关阀门的条件必须严格限制，避免错误的、不适时机的开、关阀门命令。大量的阀门故障，计时校验等报警也必不可缺。其中两个报警更需要特别处理。其一是反冲洗中的关清水阀故障，除报警外，如果短时间内无法排除故障，就要重新打开进水阀，否则液位一直下降会使砂面暴露。其二是鼓风机或水冲泵停止后关气冲阀或水冲阀的故障，该故障发生后，应允许反冲洗结束后进入过滤，但却不允许其他滤格进行反冲洗。反冲洗中的鼓风机、水泵都只有一套，为多个滤格共用，因而单个滤格的手动命令必须在鼓风机、水泵控制命令中有所体现，避免出现滤格切换到手动后，鼓风机或水泵仍处于运行状态，导致事故发生。

滤池控制在水厂自动化中属于较难设计的环节，主要表现在反冲洗过程中开、关阀顺序和开、关阀条件的复杂上。这相应地导致了 PLC 程序的复杂。对于一些工艺上有要求，却会加剧 PLC 程序复杂性或不便用 PLC 实现的功能(如反冲洗排序等)，可以通过上位机编程来实现，上、下位机结合进行自动控制，弥补了 PLC 功能的一些不足，能够达到很好的效果。

6.6 普通快滤池的设计计算

普通快滤池的设计与计算，包括下列内容：

(1) 确定滤池的工作方式和滤速，确定滤池的总面积。

(2) 确定滤池的分格数、平面尺寸及系统布置方式。

(3) 确定滤池内各个组成部分的形式和尺寸。

(4) 滤料层的设计。

(5) 确定滤池的纵向布置和尺寸。

(6) 确定管廊内各管渠的尺寸，进行管廊布置。

(7) 选用仪表和控制设备。

上述工作常交叉进行，在设计过程中，常会出现原设计尺寸与实际数据不符或其他矛盾情况,需要对相关的设计进行复核和修改。这是设计工作与一般计算工作的不同点。双阀滤池的结构与普通快滤池基本相同,只是把进水阀和反冲洗排水阀改用虹吸管代替,单池减少了两个大阀门,但需增加虹吸管控制的真空系统。

6.6.1　滤池的面积和滤池的长宽比

滤池的总面积 F 可由下式计算:

$$F=\frac{Q}{VT} \tag{6-25}$$

式中 F——滤池总面积,m^2;

Q——设计水量,含水厂自用水量,m^3/d;

V——设计滤速,m/h;

T——滤池每日实际生产合格水的过滤时间,h/d,

$$T=T_0-t_0;$$

T_0——滤池每日工作时间,h/d;

t_0——滤池每日冲洗时间、操作间歇时间和排放初滤水时间之和,h/d。

1) 滤速的选择

滤速的选择对滤后的水质、滤池面积大小、工程投资及运转灵活性都有很大影响。影响滤速的因素有进水浊度、滤料种类、滤池个数以及水厂发展规划等。常用滤池滤速及滤料组成见表6-2。所谓强制滤速是指1格或2格滤池停产检修,其余滤池负担整个滤池产水量,在此超负荷下的滤速。

滤速确定后,即可由式(6-25)计算滤池总面积。

2) 滤池个数及单池面积

滤池个数的选择,需综合考虑两个因素:

(1) 从运行考虑,滤池数目较多为好。滤池数目多,单池面积小,冲洗效果好,运转灵活,强制滤速低。但操作管理较麻烦,且滤池总造价高。

(2) 从滤池总造价考虑,滤池数目较少为好。单池面积大,单位面积滤池的造价低。滤池数目少,管件虽大,但总数减少,且隔墙也少,土建和管件费用都可减少。

池数一般经技术经济比较确定,但滤池个数一般不得少于4格。当滤池个数超过6格时应采用双排布置。滤池的单格面积与生产规模、操作运行方式、滤后水汇集和冲洗水分配有关。

最佳的单池面积与过滤总面积 F 可表示成下列关系:

$$f=\beta\sqrt{F} \tag{6-26}$$

系数 β 反映了包括阀门等设备在内的滤池本身造价和冲洗设备投资的综合影响。据上海市政工程设计院的资料,β 值为2.5~3.2(仅供参考)。单池面积可参考表6-6选用。滤池面积及个数确定以后,以强制滤速进行校核。

表6-6　快滤池的最佳单池面积　　m^2

总面积	单池面积	总面积	单池面积
60	15~20	250	40~50
120	20~30	400	50~70
180	30~40	600	50~80

3）滤池的长宽比

滤池的长(指垂直于管廊方向)宽比，应根据技术经济比较决定，将滤池本身的土建费用、管廊及操作廊的土建费用以及管廊内的纵向管道费用综合考虑，在同样的单池面积条件下，存在最经济的长宽比。目前，虽然各种费用随市场变化，但根据经验及造价指标，管廊单位长度的造价远高于池壁单位长度的造价，因而经济可行的长宽比为(1.5∶1)～(4∶1)。

6.6.2 滤池的深度

滤池深度包括：

保护高：0.25～0.3m；

滤层表面以上水深：1.5～2.0m；

滤层厚度：见表 6-2；

承托层厚度：见表 6-3 和表 6-4。

再考虑配水系统孔眼中心距池底的高度。滤池总深度一般为 3.2～3.8m。单层级配砂滤料滤池深度小一些，双层和三层滤料滤池深度稍大一些。

6.6.3 管廊布置

从设计上，管廊布置要考虑管道设备安装和维修的必要空间，方便与滤池和操作室的联系，采光、通风及排水良好。此外，由于管廊的深度和荷载与滤池不同，为避免不均匀沉降造成裂缝，一般管廊均与滤池分开建造，因而进入各单池的管道要设置软接头。

每个滤池一般有 5 个阀门：进水阀、出水阀、冲洗水进水阀、冲洗水排水阀和初滤水排水阀，有时还有表面冲洗阀。现代阀门都采用气动控制、电动控制的蝶阀。蝶阀体积小、质量轻，易于安装，且节流作用较好，使管廊设计和施工得到简化，并节省了空间。

管廊设计还需注意：初滤水排水管与废水渠间应设足够的空气间隙，以防止废水通过倒虹吸作用进入滤池内。滤池进水管应接入浑水渠内，通过冲洗排水槽进入滤池内。要防止水流直接搅乱滤层表面。管廊内应提供充足的空间和走道，便于人员和设备的进出。提供足够的柔性接头，以便在施工中的管道定线和修理时拆除阀门。钢筋混凝土的管渠或外包混凝土的管道只能用于地板上，不宜架空，以防出现裂缝和漏水。

常见的管廊布置形式如图 6-23 所示。

(1) 进水、清水、冲洗水和排水渠，全部布置于管廊内，见图 6-23(a)。这样布置的优点是，渠道结构简单，施工方便，管渠集中紧凑。但管廊内管件较多，通行和检修不太方便。

(2) 冲洗水和清水渠布置于管廊内，进水和排水以渠道形式布置于滤池另一侧，见图 6-23(b)。这种布置，可节省金属管件及阀门；管廊内管件简单；施工和检修方便；造价稍高。

(3) 进水、冲洗水及清水管均采用金属管道，排水渠单独设置，见图 6-23(c)。这种布置，通常用于小水厂或滤池单行排列。

(4) 对于较大型滤池，为节约阀门，可以虹吸管代替排水和进水支管；冲洗水管和清水管仍用阀门，见图 6-23(d)。虹吸管通水或断水以真空系统控制。

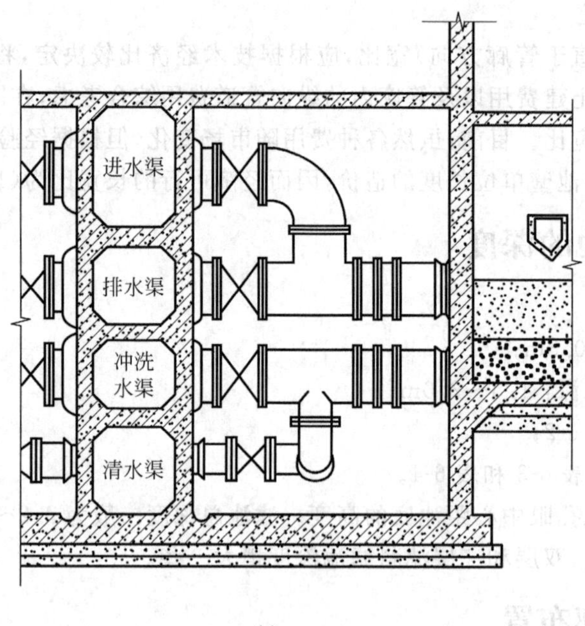

(a)

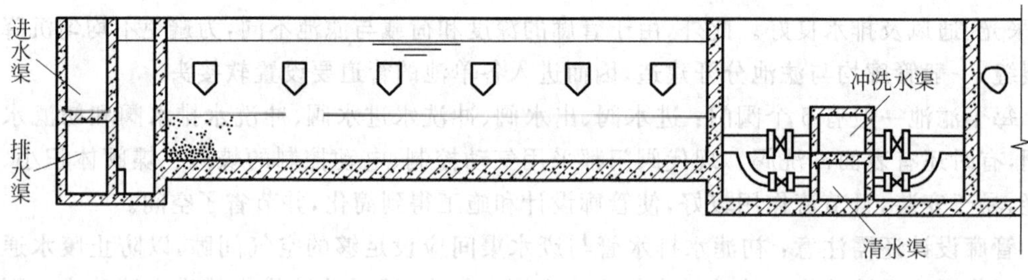

(b)

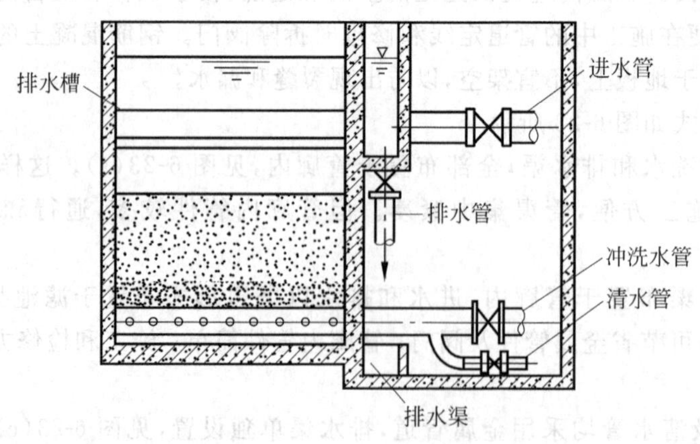

(c)

图 6-23 快滤池管廊布置

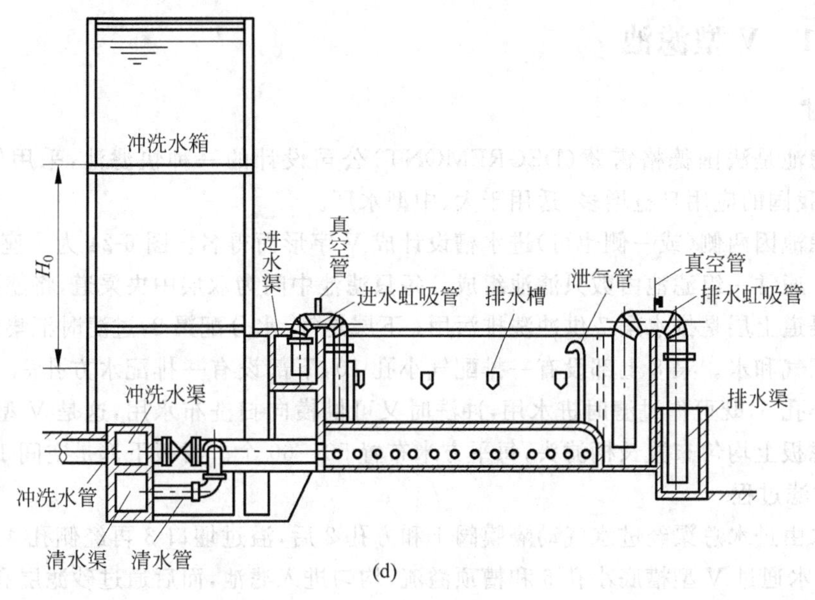

(d)

图 6-23(续)

6.6.4 管渠设计流速

快滤池管渠断面应按下列流速确定。若考虑到今后水量有增大的可能时,流速宜取低限。

进水管(渠)　0.8～1.2m/s
清水管(渠)　1.0～1.5m/s
冲洗水管(渠)　2.0～2.5m/s
排水管(渠)　1.0～1.5m/s

6.6.5 设计中应注意的问题

(1) 滤池底部应设排空管,其入口处设栅罩,池底坡度约为 0.005,坡向排空管。

(2) 每个滤池宜装设水头损失计及取样管。

(3) 各种密封渠道上应设人孔,以便检修。

(4) 滤池壁与砂层接触处应拉毛成锯齿状,以免过滤水在该处形成"短路"而影响水质。

普通快滤池运转效果良好,首先是冲洗效果得到保证。适用于任何规模的水厂。主要缺点是管配件及阀门较多,操作较其他滤池稍复杂,必须设置独立的冲洗设施。

6.7 其他滤池的特点和应用

除普通快滤池外,还有较多种形式的滤池,下面仅介绍几种滤池的基本构造、工作原理和特点。

6.7.1 V型滤池

1. 概述

V型滤池是法国德格雷蒙(DEGREMONT)公司设计的一种快滤池,采用气、水反冲洗,目前在我国的应用日益增多,适用于大、中型水厂。

V型滤池因两侧(或一侧也可)进水槽设计成V字形而得名。图6-24为一座V型滤池构造简图。通常一组滤池由数只滤池组成。每只滤池中间为双层中央渠道,将滤池分成左、右两格。渠道上层是排水渠7供冲洗排污用;下层是气、水分配渠8,过滤时汇集滤后清水,冲洗时分配气和水。渠8上部设有一排配气小孔10,下部设有一排配水方孔9。V型槽底设有一排小孔6,既可作过滤时进水用,冲洗时又可供横向扫洗布水用,这是V型滤池的一个特点。滤板上均匀布置长柄滤头,每平方米布置50~60个。滤板下部是空间11。

(1) 过滤过程

待滤水由进水总渠经进水气动隔膜阀1和方孔2后,溢过堰口3再经侧孔4进入V型槽5。待滤水通过V型槽底小孔6和槽顶溢流,均匀进入滤池,而后通过砂滤层和长柄滤头流入底部空间11,再经配水方孔9汇入中央气水分配渠8内,最后由管廊中的水封井12、出水堰13、清水渠14流入清水池。滤速可在7~20m/h范围内选用,视原水水质、滤料组成等决定。可根据滤池水位变化自动调节出水蝶阀开启度来实现等速过滤。

(2) 冲洗过程

首先关闭进水阀1,但两侧方孔2常开,故仍有一部分水继续进入V型槽并经槽底小孔6进入滤池。而后开启排水阀15将池面水从排水渠中排出直至滤池水面与V型槽顶相平。冲洗操作可采用:"气冲—气水同时反冲—水冲"3步;也可采用:"气水同时反冲—水冲"2步。3步冲洗过程为:①启动鼓风机,打开进气阀17,空气经气水分配渠8的上部配气小孔10均匀进入滤池底部,由长柄滤头喷出,将滤料表面杂质擦洗下来并悬浮于水中。由于V型槽底小孔6继续进水,在滤池中产生横向水流,形同表面扫洗,将杂质推向中央排水渠7。②启动冲洗水泵,打开冲洗水阀18,此时空气和水同时进入气、水分配渠8,再经配水方孔9、配气小孔10和长柄滤头均匀进入滤池,使滤料得到进一步冲洗,同时,横向冲洗仍继续进行。③停止气冲,单独用水再反冲洗几分钟,加上横向扫洗,最后悬浮于水中杂质全部冲入排水槽。冲洗流程见图6-24箭头所示。

气冲强度一般在14~17L/(s·m^2)内,水冲强度约4L/(s·m^2),横向扫洗强度约1.4~2.0L/(s·m^2)。因水流反冲强度小,故滤料不会膨胀,总的反冲洗时间约为12min。

2. V型滤池的特点

采用气水反冲洗,滤料不发生水力分级,整个滤层沿深度方向的粒径分布基本均匀,属均质滤料;深层过滤,滤层含污能力大,水头损失增长缓慢,过滤周期长达30~40h,且出水水质好。气、水反冲洗,滤料流态化前剪切力最大,再加上空气振动,表面水扫洗,使滤料冲洗得很干净,且不会流失,同时冲洗水量大大减少,滤池有效产水量高。

缺点是增加一套气冲设备。另需注意,气、水的压力要调控稳定。

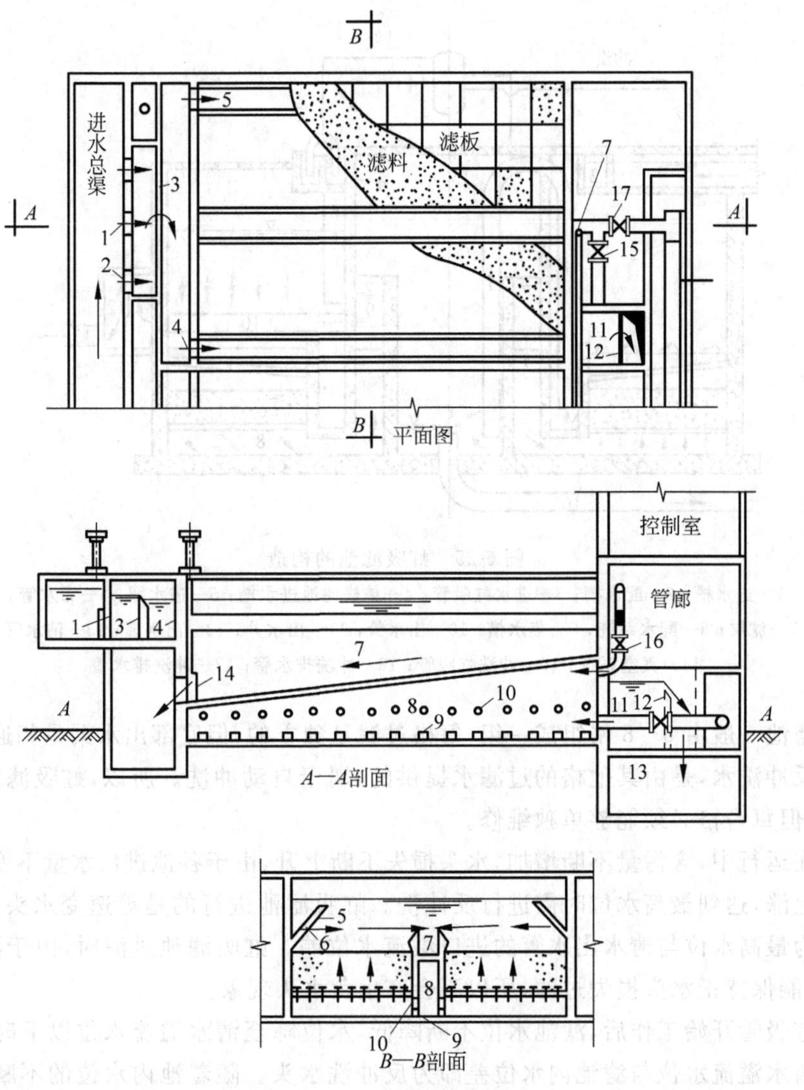

图 6-24 V 型滤池构造简图

1—进水气动隔膜阀；2—方孔；3—堰门；4—侧孔；5—V 型槽；6—小孔；7—排水渠；8—气、水分配渠；9—配水方孔；10—配气小孔；11—水封井；12—出水堰；13—清水渠；14—排水阀；15—清水阀；16—进气阀；17—冲洗水阀

6.7.2 虹吸滤池

1. 虹吸滤池的构造和工作原理

如图 6-25 所示，将普通快滤池的进水及反冲洗排水管用两个虹吸管替代，同时将另外两个阀门也去掉，改用渠道来连接清水，反冲洗水也由滤池本身来提供。由于冲洗水头小，大阻力配水改为小阻力配水，就构成了虹吸滤池。

虹吸滤池工艺过程：原水由进水总渠通过进水虹吸管进入滤池，经滤料→承托层→配水系统→出水连通渠→出水管→清水池。过滤达到最高水位时，进行反冲洗。冲洗水由出水连通渠→配水空间→滤板→滤料→排水槽→排水虹吸管→废水渠→废水管排出。

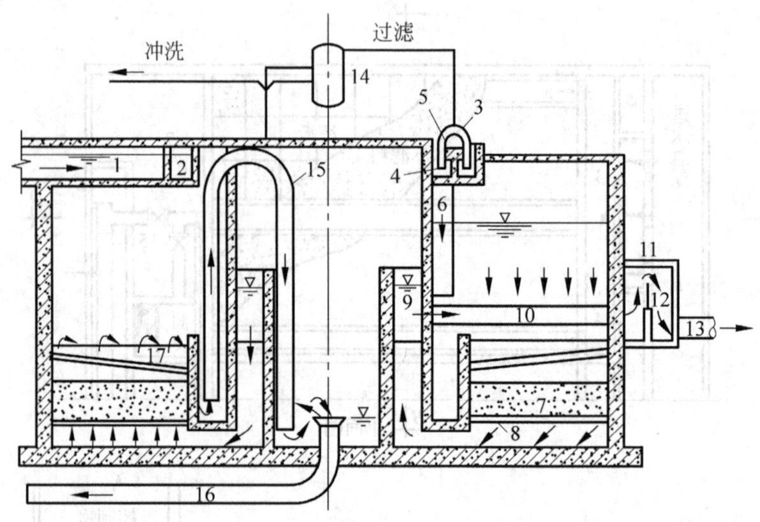

图 6-25 虹吸滤池的构造

1—进水槽；2—配水槽；3—进水虹吸管；4—单格滤池进水槽；5—进水堰；6—布水管；7—滤层；8—配水系统；9—集水槽；10—出水管；11—出水井；12—出水堰；13—清水管；14—真空系统；15—冲洗虹吸管；16—冲洗排水管；17—冲洗排水槽

虹吸滤池一般由 6～8 格组成一组，每格过滤是独立的，但底部出水渠是相通的，其中一格滤池的反冲洗水，是由其他格的过滤水提供的，属于自动冲洗。所以，虹吸滤池不能单格独立生产，但每一格必须能够单独维修。

滤池在运行中，含污量不断增加，水头损失不断上升，由于各池进出水量不变，所以滤池水位不断上涨，达到最高水位时需进行反冲洗。虹吸滤池进行的是等速变水头过滤。最大过滤水头为最高水位与清水出水管的进口溢流水位差。虹吸滤池过滤时，由于滤后水位远高于滤层，能保持正水头损失过滤，所以不会产生负水头现象。

排水虹吸管开始工作后，滤池水位不断降低，水位降至清水溢流水位以下时，滤池开始反冲洗。清水溢流水位与滤池内水位差即为反冲洗水头。随着池内水位的不断降低，反冲洗水头越来越大。清水溢出水位与洗砂排水槽顶的高差为最大反冲洗水头，此时冲洗强度 q 最大。

2. 虹吸滤池的特点

虹吸滤池的主要优点是：无需大型阀门及相应的开闭控制设备；无需冲洗水塔(箱)或冲洗水泵；由于出水堰顶高于滤料层，故过滤时不会出现负水头现象。主要缺点是：由于滤池构造特点，池深比普通快滤池大，一般在 5m 左右；冲洗强度受其余几格滤池的过滤水量影响，故冲洗效果不像普通快滤池那样稳定。

6.7.3 移动冲洗罩滤池

1. 概述

如图 6-26 所示，移动罩滤池具有无阀滤池和虹吸滤池的一些特点。移动罩滤池的冲洗方式别具一格，它利用移动的冲洗罩，在人工或机械装置作用下移动，一旦移动到滤池某一滤格上方对准位置后，在保证罩体与滤格严格密封情况下，进行反冲洗。为提高冲洗设备利用率，提高滤池冲洗的均匀性，每一滤格的面积不宜过大，因此滤池被分为许多格，滤料层上部相互连通，滤池底部配水区也相连，整座滤池只有一个进水口和一个出水口。

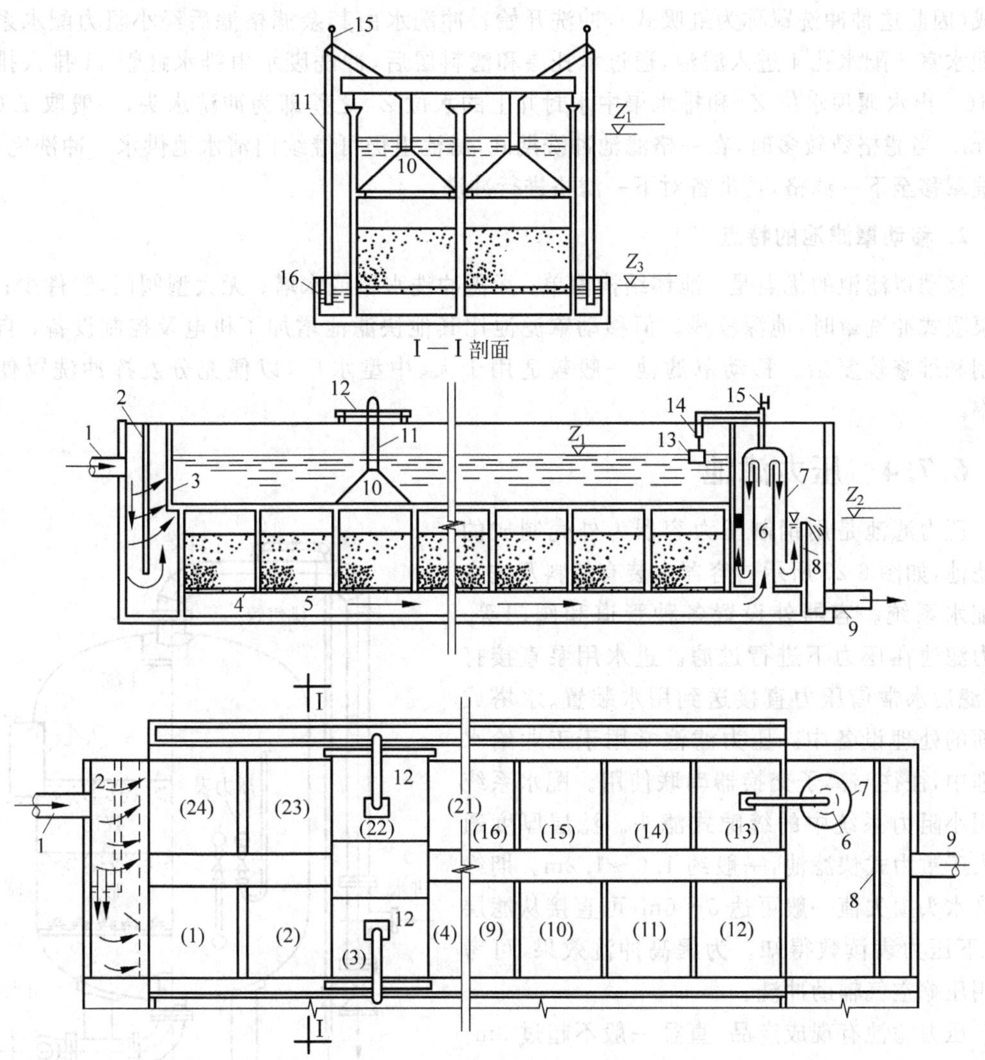

图 6-26 移动罩滤池

1—进水管；2—穿孔配水墙；3—消力栅；4—小阻力配水系统的配水孔；5—配水系统的配水室；6—出水虹吸中心管；7—出水虹吸管钟罩；8—出水堰；9—出水管；10—冲洗罩；11—排水虹吸管；12—桁车；13—浮筒；14—针形阀；15—抽气管；16—排水渠

(1) 过滤过程

过滤时，待滤水由进水管1经穿孔配水墙2及消力栅3进入滤池，通过滤层过滤后由底部配水室5流入钟罩式虹吸管的中心管6。当虹吸中心管内水位上升到管顶且溢流时，带走出水虹吸管钟罩7和中心管间的空气，达到一定真空度时，虹吸形成，滤后水便从钟罩7和中心管间的空间流出，经出水堰8流入清水池。滤池内水面标高 Z_1 和出水堰上水位标高 Z_2 之差即为过滤水头，一般取1.2～1.5m。

(2) 冲洗过程

当某一格滤池需要冲洗时,冲洗罩 10 由桁车 12 带动移至该滤格上面就位,并封住滤格顶部,同时用抽气设备抽出排水虹吸管 11 中的空气。当排水虹吸管真空度达到一定值虹吸形成(因此这种冲洗罩称为虹吸式),冲洗开始。冲洗水由其余滤格滤后经小阻力配水系统的配水室 5 配水孔 4 进入滤池,通过承托层和滤料层后,冲洗废水由排水虹管 11 排入排水渠 16。出水堰顶水位 Z_2 和排水渠中水封井上的水位 Z_3 之差即为冲洗水头,一般取 1.0～1.2m。当滤格数较多时,在一格滤池冲洗期间,滤池组仍可继续向清水池供水。冲洗完毕,冲洗罩移至下一滤格,再准备对下一滤格进行冲洗。

2. 移动罩滤池的特点

移动罩滤池的优点是:池体结构简单;无需冲洗水箱或水塔;无大型阀门,管件少;采用泵吸式冲洗罩时,池深较浅。但移动罩滤池比其他快滤池增加了机电及控制设备;自动控制和维修较复杂。移动罩滤池一般较适用于大、中型水厂,以便充分发挥冲洗罩使用效率。

6.7.4 压力滤池

压力滤池是用钢制压力容器为外壳制成的快滤池,如图 6-27 所示。容器内装有滤料及进水和配水系统。容器外设置各种管道和阀门等。压力滤池在压力下进行过滤。进水用泵直接打入,滤后水常借压力直接送到用水装置、水塔或后面的处理设备中。压力滤池常用于工业给水处理中,往往与离子交换器串联使用。配水系统常用小阻力系统中的缝隙式滤头。滤层厚度通常大于重力式快滤池,一般约 1.0～1.2m。期终允许水头损失值一般可达 5～6m,可直接从滤层上、下压力表读数得知。为提高冲洗效果,可考虑用压缩空气辅助冲洗。

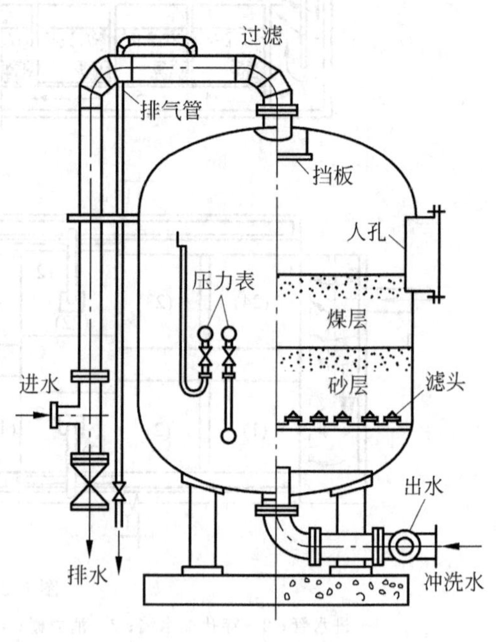

图 6-27 压力滤池

压力滤池有现成产品,直径一般不超过 3m。它的特点是:可省去清水泵站;运转管理较方便;可移动位置,临时性给水也很适用。但耗用钢材多,滤料的装卸不方便。

6.7.5 多级精细过滤装置

多级精细过滤的原理是采用多级串联均质滤床结构过滤形式进行过滤的方法,各级滤层滤料粒径沿水流方向由大到小的总体反粒度滤层结构,也即采用不同的粒径级配,使每级滤层的截流量更大更均匀,出水水质更好。

多级串联均质滤床结构可采用抽屉式、辐射侧向流加竖向流串级过滤等形式。

1) 抽屉式多级串联精细过滤装置

该装置(如图 6-28 所示)按照柜子的抽屉式布置,将过滤器设置成独立的单元格,单元格彼此之间相互独立，每个单元格可以独自完成完整的过滤、反冲洗过程。

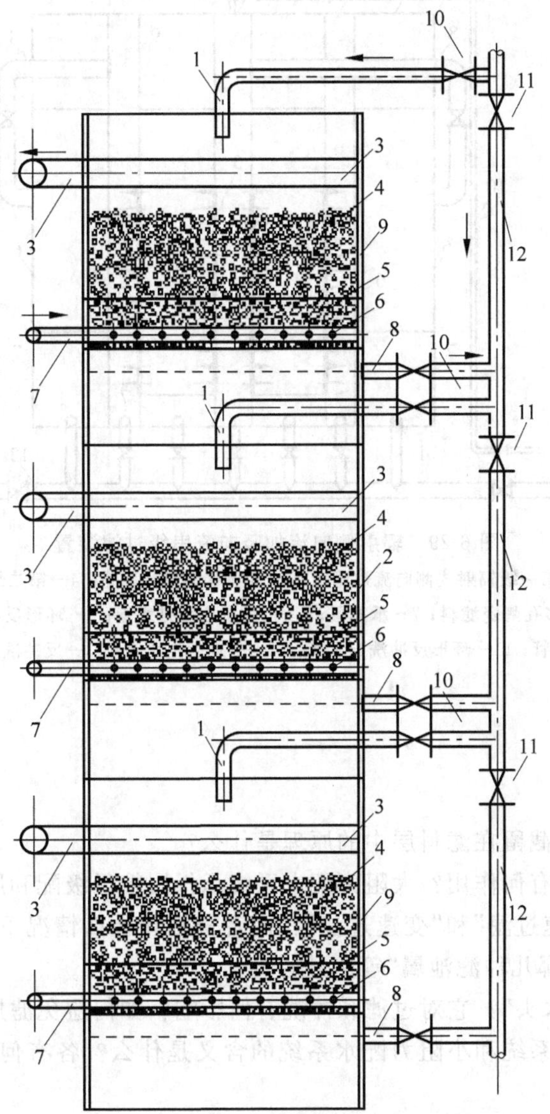

图 6-28　三格抽屉式串联精细过滤装置

1—进水管；2—配水槽；3—反冲洗出水管；4—滤料层；5—承托层；6—反冲洗进水支管；7—反冲洗进水干管；8—出水管；9—罐体；10—进水阀；11—超越阀；12—超越管

2）辐射侧向流加竖向流串级过滤装置

该装置(如图 6-29 所示)采用一级辐射式侧向流加二级竖向流的多极串联均质滤床结构过滤形式。一级辐射式侧向流过水面积大且沿半径方向递增，能均匀处理高浓度废水，同时滤速沿着进水的流向逐步降低，有利于确保处理效果；二级竖向流过滤采用大厚度滤料层，废水通过该级所走的路径远远大于辐射式侧向流，但接触面积不如辐射式侧向流，它能用于后续处理低浓度废水，优化前期处理出水水质。

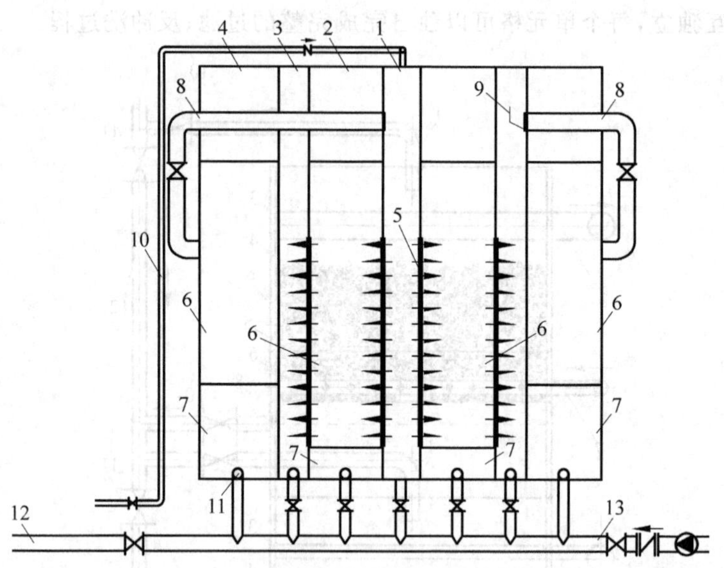

图 6-29 辐射侧向流加竖向流串级过滤装置

1—进水室；2—第一级辐射式侧向流过滤室；3—第一级过滤出水室；4—第二级竖向流过滤室；5—布水孔；6—多孔陶瓷滤料；7—承托层；8—反冲洗废水排水管；9—环形反冲洗废水收集槽；10—进水管；11—环形反冲洗配水管；12—处理后出水管；13—反冲洗给水干管

思考题

6-1 水中杂质被截留在滤料层中的原理是什么？

6-2 滤料承托层有何作用？大阻力配水系统承托层粒径级配和厚度如何考虑？

6-3 什么叫"等速过滤"和"变速过滤"？两者分别在什么情况下形成？分析两种过滤方式的优缺点并指出哪几种滤池属"等速过滤"。

6-4 什么叫"负水头"？它对过滤和冲洗有何影响？如何避免滤层中"负水头"的产生？

6-5 大阻力配水系统和小阻力配水系统的含义是什么？各有何优缺点？掌握大阻力配水系统的基本原理。

6-6 滤池的冲洗排水槽设计应符合哪些要求？说明理由。

6-7 快滤池管廊布置有哪几种形式？各有何优缺点？

6-8 虹吸管管径如何确定？为什么虹吸上升管管径一般要大于下降管管径？

第7章 CHAPTER 7

消　　毒

7.1 消毒的基本理论

饮用水的处理方法中，灭活水中绝大部分病原体，使水的微生物质量满足人类健康要求的技术，称为消毒。灭活(inactivation)原是用来指对病毒的消灭。病毒是介于有生命的和无生命的之间的一种病原体，但必须在宿主内才能“活”起来，因此不能用“杀死”一类的词表示病毒的消灭。自从灭活一词引入消毒的文献后，对细菌与原生动物的消灭，往往也采用“灭活”一词了。

上述消毒的定义有以下4点含义：

(1) 灭菌指消灭全部微生物，故消毒不同于灭菌；

(2) 消毒对水中病原体不是100%地消灭，只是以符合饮用水的微生物质量标准为合格，但目前的标准尚不足以绝对控制饮用水的质量；

(3) 当消毒与其他前处理方法结合使用时，其他处理方法是将病原体从水中分离出来，消毒则为将残余的病原体灭活在水中，整个过程是去除与灭活的过程；

(4) 消毒的作用必须一直保持到用水点处，以维持饮用水在输送过程中的微生物质量。

水的消毒是通过消毒剂来完成的，消毒剂可分4类：①氧化剂；②金、银、汞等重金属离子，铜离子能杀死藻类；③阳离子表面活性剂季铵类与吡啶鎓(pyridinium)，指有机阳离子($C_5H_5NH^+$)的化合物；④物理媒剂在波长253.7～265nm紫外线的杀菌作用是典型的例子。消毒剂灭活病原体的机理目前了解得并不很清楚。大致说来，氧化剂是通过破坏病原体的基本生理功能单元，例如酶、辅酶和氢载体等而灭活病原体的。这类消毒剂主要有臭氧、卤素和卤素化合物。

水的煮沸实际是一种灭菌过程。在习惯于直接饮用自来水的国家，当城镇中出现病原体水传疾病的爆发或原水由于意外的严重污染，水处理难以确保自来水的微生物质量时，也要求市民饮用经煮沸后的水。中国人饮用开水的习惯，可能为降低病原体水传疾病的出现或爆发，起了重要作用。

水的消毒方法很多，包括氯及氯化物消毒、臭氧消毒、紫外线消毒及某些重金属离子消毒等。氯消毒经济有效，使用方便，应用历史最久也最为广泛。但自20世纪70年代发现受污染水源经氯消毒后往往会产生一些有害健康的副产物(如三卤甲烷)后，人们便开始重视其他消毒剂或消毒方法的研究，例如，近年来人们对二氧化氯消毒日益重视。但不能就此认为氯消毒会被淘汰。一方面，对于不受有机物污染的水源或在消毒前通过前处理把形成氯消毒副产物的前期物(如腐殖酸和富里酸等)预先去除，氯消毒仍是安全、经济、有效的消毒方法；另一方面，除氯以外其他各种消毒剂的副产物以及残留于水中的消毒剂本身对人体健康的影响，仍需进行全面、深入的研究。因此，就目前而言，氯消毒仍是应用最广泛的一种消毒方法。

7.2 液氯消毒

7.2.1 氯的性质

氯气是一种有刺激性气味的黄绿色气体，密度为 3.2kg/m^3，极易被压缩成琥珀色的液氯。液氯密度为 1460kg/m^3(0℃，0.1MPa)。在常温常压下，液氯极易汽化。液氯汽化时需要吸热(约 2900J/kg)，常采用淋水管喷水降温处理。

氯易溶解于水(在 20℃和 98kPa 时，溶解度为 7160mg/L)。当氯溶解在清水中时，下列两个反应几乎瞬时发生：

$$Cl_2 + H_2O \rightleftharpoons HOCl + HCl$$

次氯酸 HOCl 部分离解为氢离子和次氯酸根：

$$HOCl \rightleftharpoons H^+ + OCl^-$$

其平衡常数为

$$K_i = \frac{[H^+][OCl^-]}{[HOCl]}$$

HOCl 与 OCl^- 的相对比例取决于温度和 pH 值。图 7-1 表示在 0℃和 20℃，不同 pH 值时的 HOCl 和 OCl^- 的比例。pH 值高时，OCl^- 较多，当 pH>9 时，OCl^- 接近 100%；pH 值低时，HOCl 较多，当 pH<6 时，HOCl 接近 100%，当 pH = 7.54 时，HOCl 和 OCl^- 大致相等。

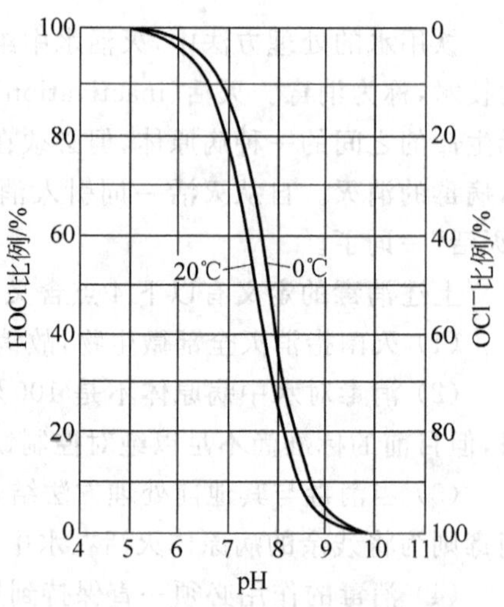

图 7-1 不同 pH 值和水温时，水中 HOCl 和 OCl^- 的比例

7.2.2 氯消毒作用机理

一般认为，氯消毒过程中主要通过次氯酸 HOCl 起作用。只有 HOCl 这种很小的中性分子才能扩散到带负电的细菌表面，并通过细菌的细胞壁穿透到细菌内部，破坏细菌的酶系统而使细菌死亡。OCl^- 因带有负电，难以接近带负电的细菌表面，杀菌能力比 HOCl 差得多。生产实践表明，pH 越低则消毒作用越强，证明 HOCl 是消毒的主要因素。

很多地表水源由于有机污染而含有一定的氨氮。氯加入这种水中后产生如下的反应：

$$Cl_2 + H_2O \rightleftharpoons HOCl + HCl$$

$$NH_3 + HOCl \rightleftharpoons NH_2Cl + H_2O$$

$$NH_2Cl + HOCl \rightleftharpoons NHCl_2 + H_2O$$

$$NHCl_2 + HOCl \rightleftharpoons NCl_3 + H_2O$$

从上述反应可见：次氯酸 HOCl、一氯胺 NH_2Cl、二氯胺 $NHCl_2$ 和三氯胺 NCl_3 同时存在于水中，它们在平衡状态下的含量比例决定于氯、氨的相对浓度、pH 值和温度。一般来说，当 pH 值大于 9 时，主要为一氯胺；当 pH 值为 7.0 时，一氯胺和二氯胺同时存在，近似等量；当 pH 值小于 6.5 时，主要是二氯胺；而三氯胺只有在 pH 值低于 4.5 时才存在。

在不同比例的混合物中，其消毒效果是不同的。或者说，消毒的主要作用来自于次氯酸，氯胺的消毒作用来自于上述反应中维持平衡所不断释放出来的次氯酸。因此氯胺的消毒作用比较缓慢，需要较长的接触时间。有实验结果表明，用氯消毒，5min 内可杀灭细菌达 99%以上；而用氯胺时，在相同条件下，5min 内仅达 60%；需要将水与氯胺的接触时间延长到十几小时，才能达到 99%以上的灭菌效果。当水中所含的氯以氯胺存在时，称为化合性氯或结合氯。为此，可以将氯消毒分为两大类：自由性氯消毒和化合性氯消毒。自由性氯的消毒效能比化合性氯要高得多，但化合性氯持续消毒效果好。

7.2.3 折点加氯法

水中加氯量，可以分为两部分，即需氯量和余氯。需氯量指用于灭活水中微生物、氧化有机物和还原性物质等所消耗的部分。为了抑制水中残余病原微生物的再度繁殖，管网中尚需维持少量剩余氯。我国饮用水标准规定出厂水游离性余氯在接触 30min 后不应低于 0.3mg/L，在管网末梢不低于 0.05mg/L。

不同情况下加氯量与剩余氯量之间的关系如下：

(1) 如水中无微生物、有机物和还原性物质等，则需氯量为零，加氯量等于剩余氯量，如图 7-2 中所示的虚线①，该线与坐标轴成 45°角。

(2) 事实上天然水特别是地表水源多少已受到有机物和细菌等污染，氧化这些有机物和杀灭细菌要消耗一定的氯量，即需氯量。加氯量减去消耗量即得到余氯，如图 7-2 中的实线②。

在生产和实践中，水中往往含有大量可与氯反应的物质，使得加氯量和余氯的关系变得复杂。为了控制加氯量，在生产中常常需要测定图 7-2 中的实线②，特别是当水中含有氨和氮的化合物时。

如图 7-3，当起始的需氯量 OA 以后，加氯量增加，剩余氯也增加(曲线 AH 段)，但后者增长得慢一些。超过 H 点加氯量后，虽然加氯量增加，余氯量反而下降，如 HB 段，H 点称为峰点。此后随着加氯量的增加，剩余氯又上升，如 BC 段，B 点称为折点。

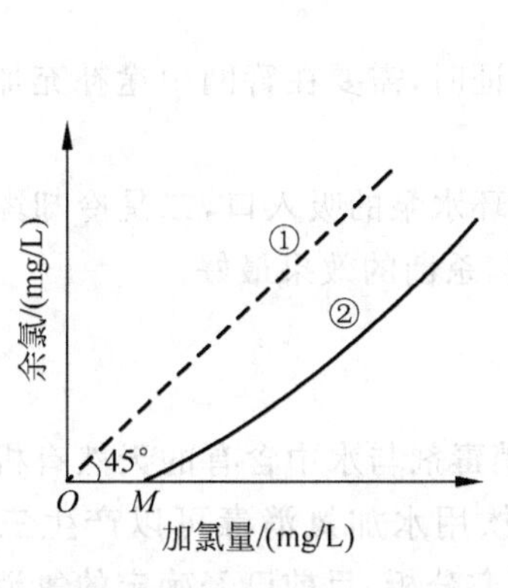

图 7-2 加氯量与余氯关系

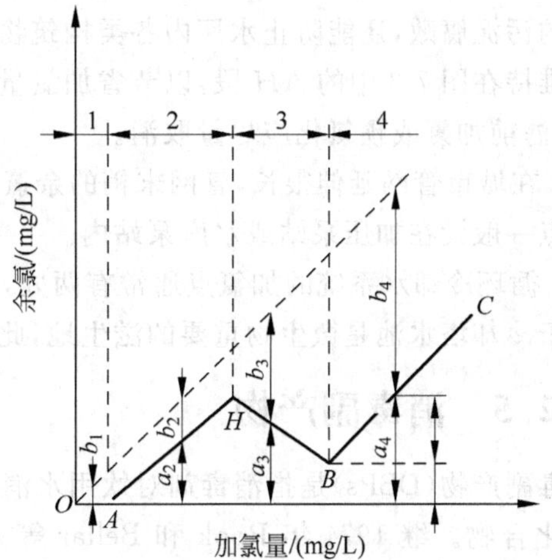

图 7-3 折点加氯

图 7-3 中，曲线 $AHBC$ 与斜虚线间的纵坐标值 b 表示需氯量；曲线 $AHBC$ 的纵坐标值 a 表示余氯量。曲线可分 4 区，分述如下：

在第 1 区即 OA 段，表示水中杂质把氯消耗光，余氯量为零，需氯量为 b_1，这时消毒效果不可靠。

在第 2 区，即曲线 AH，加氯后，氯与氨发生反应，有余氯存在，所以有一定消毒效果，但余氯为化合性氯，其主要成分是一氯胺。

在第 3 区，即 HB 段，仍然产生化合性余氯，加氯量继续增加，发生下列化学反应：

$$2NH_2Cl + HOCl \longrightarrow N_2\uparrow + 3HCl + H_2O$$

反应结果氯胺被氧化成一些不起消毒作用的化合物，余氯反而逐渐减少，最后到达折点 B。

超过折点 B 以后，进入第 4 区，即曲线 BC 段。此后已经没有消耗氯的杂质了，出现自由性余氯，该区消毒效果最好。

从整个曲线看，到达峰点 H 时，余氯最高，但这是化合性余氯而非自由性余氯。到达折点时，余氯最低。如继续加氯，余氯增加，此时所增加的是自由性余氯。加氯量超过折点需要量时称为折点氯化。

上述曲线的测定，应结合生产实际进行。加氯消毒实践表明：原水游离氨在 0.5mg/L 以上时，峰点以前的化合性余氯量已够消毒，加氯量可控制在峰点前以节约加氯量；当原水游离氨在 0.3mg/L 以下时，通常加氯量控制在折点后；原水游离氨在 0.3～0.5mg/L 范围内，加氯量难以掌握，如控制在峰点前，往往化合性余氯减少，有时达不到要求，控制在折点后又不经济。

7.2.4 加氯点的确定

加氯点主要从加氯效果、卫生要求以及设备维护来确定，大致情况如下：

(1) 过滤之后加氯。在多数情况下，加氯点是在过滤水到清水池的管道上，或清水池的进口处，因消耗氯的物质已经大部分去除，所以加氯量很少。滤后消毒为饮用水处理的最后一步。

(2) 在加混凝剂时同时加氯，可氧化水中的有机物，提高混凝效果。用硫酸亚铁作为混凝剂时，可以同时加氯，将亚铁氧化成三价铁。还可改善处理构筑物的工作条件，防止沉淀池底部的污泥腐败，还能防止水厂内各类构筑物中滋生青苔和延长氯胺消毒的接触时间，使加氯量维持在图 7-3 中的 AH 段，以节省加氯量。对于受污染的水源，为避免氯消毒的副产物产生，滤前加氯或预氯化应尽量取消。

(3) 在城市管网延伸很长，管网末梢的余氯难以保证时，需要在管网中途补充加氯。中途加氯点一般设在加压泵站或水库泵站内。

(4) 循环冷却水系统的加氯点通常有两处，一是循环水泵的吸入口，二是冷却塔水池底部。由于冷却塔水池是微生物重要的滋生地，此处加氯，杀菌的效果最好。

7.2.5 消毒副产物

消毒副产物(DBPs)是指消毒剂对饮用水消毒时，消毒剂与水中含有的天然有机物反应生成的化合物。继 1974 年 Rook 和 Bellar 等人发现饮用水加氯消毒可以产生三卤甲烷(THMs)，人们对氯消毒产生的副产物进行了大量的研究分析，目前已经确定的氯消毒副产物就有上百种。但总的来说可分为五类：三卤甲烷（THMs）、卤代乙酸（HAAs）、卤氧化物、卤代乙腈（HANs）和直接致诱变化合物。

1. 氯消毒副产物形成的机理

氯消毒时与水中腐殖酸和富里酸产生复杂的物理、化学反应，故产生了消毒副产物。腐殖酸和富里酸是存在于水中的结构复杂的大分子带阴离子有机物，是羟基苯醌、芳香族氨基羧酸等缩合物。结构中的间苯二酚型二羟基芳香环易生成 THMs，间苯二酚上的羟基化合物及其衍生物会生成 TCM（氯仿）或其他 TCM 类化合物。泥土、湖泊底泥及浮游生物和细菌等形成大量天然有机物，是主要的氯消毒副产物的前体物质。氯可将水中溴化物氧化成氢溴酸，接着与有机物反应生成对应的溴化消毒副产物。总的来说，一般的生成反应式为

$$氯 + (Br^- 或 I^-) + 前驱物 = 卤仿 + 其他卤化物$$

2. 氯消毒副产物控制技术

消毒副产物具有致癌、致畸、致突变作用，控制消毒副产物的目的是尽量减小其在饮用水中的存在量，最大限度地降低其对人体的不良影响。现有的控制技术可分为三大类，它们是替换传统消毒剂、去除消毒副产物的前体物质和去除消毒过程中已产生的消毒副产物。

1）替换传统消毒剂

传统消毒剂为氯气、次氯酸钠和次氯酸钙。目前，研究较多的可替代的消毒药剂有臭氧、二氧化氯、双氧水、紫外光、光化学物质以及它们的联合工艺，对高锰酸钾、酸碱、碘、重金属及其化合物的消毒效果也有见报道。

2）去除饮用水消毒副产物前体物质

原水中的有机物在氯消毒中对副产物的产生起着极其重要的作用。特别是水中天然有机物。在消毒前将原水中的有机物极大限度地降低是控制消毒副产物的有效方法，其优点除减少消毒副产物量外，还有减小消毒剂量和减少输水管网微生物生成量。去除水中有机物的有效方法有混凝、生物氧化、化学氧化、活性炭吸附和膜过滤。

3）去除消毒副产物

根据消毒副产物的物理化学特性，可以采用生物、物理、化学方法将它们从饮用水中除去。三卤甲烷和卤代乙酸中的各种有机物都是可挥发性的，可以采用吹脱法。同时它们易被活性炭吸附，可以采用活性炭吸附法。

7.3 其他消毒方法

7.3.1 二氧化氯消毒

二氧化氯（ClO_2）在常温常压下是一种黄绿色气体，具有与氯相似的刺激性气味，沸点 11℃，凝固点 −59℃，极不稳定，气态和液态 ClO_2 均易爆炸，故必须以水溶液形式现场制取，即时使用。

ClO_2 是一种强氧化剂，能将水中的 S^{2-}、SO_4^{2-}、$S_2O_3^{2-}$、NO_2^- 和 CN^- 等还原性酸根氧化去除。水中一些还原状态的金属离子 Fe^{2+}、Mn^{2+}、Ni^{2+} 等也能被其氧化。对水中残存有机

物的氧化，ClO_2 比 Cl_2 要优越。ClO_2 以氧化反应为主，而 Cl_2 以亲电取代为主。被 ClO_2 氧化的有机物多降解为含氧基团(羧酸)为主的产物，无氯代产物出现。如对水中的酚，ClO_2 可将其氧化成醌式支链酸；而经 Cl_2 反应后，则产生臭味很强的氯酚。ClO_2 的强氧化性还表现在它对稠环化合物的氧化降解上，如 ClO_2 可将致癌物 3,4-苯并芘氧化成无致癌作用的醌式结构。此外，灰黄霉素、腐殖酸也可被其氧化降解，且其降解产物不以氯仿出现，这是传统的氯消毒方法所不能实现的。

ClO_2 是一种强氧化剂，但二氧化氯不与氨氮化合物等耗氯物反应，因此具有较高的余氯，杀菌消毒作用比氯更强。如果二氧化氯合成时不出现自由氯，则二氧化氯加入水中将不会产生有机氯化物。当 pH ＝6.5 时，氯的灭菌效率比二氧化氯高，但随着 pH 值的升高，二氧化氯的灭菌效率很快超过氯。而且，在较大的 pH 值范围内，二氧化氯具有氧化能力，氧化能力为自由氯的 2 倍，能比氯更快地氧化锰、铁，除去氯酚、藻类等引起的臭味，具有强烈的漂白能力，可去除色度等。但在设计与使用时应该注意以下几点。

(1) 二氧化氯的投加量与原水水质和投加用途有关，为 0.1～1.5mg/L。仅用作消毒时，一般投加量为 0.1～0.3mg/L；当兼用作除臭时，一般投加量为 0.6～1.3 mg /L；当兼用作前处理、氧化有机物和锰、铁时，投加量为 1.0～1.5mg/L。必须保证管网末端余氯的浓度不小于 0. 05mg/L。

(2) 投加浓度必须控制在防爆浓度以下，二氧化氯水溶液浓度可采用 6～8mg/L。

(3) 必须设置安全防爆措施。

7.3.2 漂白粉和次氯酸钠消毒

漂白粉由氯气和石灰加工而成，分子式可简单表示为 $CaOCl_2$，有效氯约 30%。漂白精分子式为 $Ca(OCl)_2$，有效氯达 60%左右。两者均为白色粉末，有氯的气味，易受热和潮气作用而分解使有效氯降低，故必须放在阴凉干燥和通风良好的地方。漂白粉加入水中反应如下：

$$2CaOCl_2 + 2H_2O \rightleftharpoons 2HOCl + Ca(OH)_2 + CaCl_2$$

反应后生成 HOCl，因此消毒原理与氯气相同。

漂白粉需配成溶液加注，溶解时先调成糊状物，然后再加水配成 1.0%～2.0%(以有效氯计)浓度的溶液。当投加在滤后水中时，溶液必须经过 4～24h 澄清，以免杂质带进清水中；若加入浑水中，则配制后可立即使用。

次氯酸钠(NaOCl)是用发生器的钛阳极电解食盐水而制成的，其消毒作用也依靠 HOCl。

次氯酸钠发生器有成品出售。由于次氯酸钠易分解，故通常采用次氯酸钠发生器现场制取，就地投加，不宜贮运。制作成本就是食盐和电耗费用。

次氯酸钠消毒和漂白粉消毒通常用于小型水厂。

7.3.3 氯胺消毒

在 7.2 节中提到，氯胺消毒作用缓慢，杀菌能力比自由氯弱。氯胺消毒的优点是当水中含有有机物和酚时，氯胺消毒不会产生氯臭和氯酚臭，同时大大减少 THMs 产生的可能；能保持水中余氯较久，适用于供水管网较长的情况。不过，因杀菌力弱，单独采用氯胺消毒的水厂很少，通常作为辅助消毒剂以抑制管网中细菌再繁殖。

人工投加的氨可以是液氨、硫酸铵($(NH_4)_2SO_4$)或氯化铵(NH_4Cl)。水中原有的氨也可利用。硫酸铵或氯化铵应先配成溶液，然后再投加到水中，液氨投加方法与液氯相似。

氯和氨的投加量根据水质不同而有不同比例。一般采用质量比氯：氨=(3：1)～(6：1)。当以防止氯臭为主要的目的时，氯和氨之比小些；当以杀菌和维持余氯为主要目的时，氯和氨之比应大些。

采用氯胺消毒时，一般先加氨，待其与水充分混合后再加氯，这样可减少氯臭，特别当水中含酚时，这种投加顺序可避免产生氯酚恶臭。但当管网较长，主要目的是为了维持余氯较为持久，可先加氯后加氨。有的以地下水为水源的水厂，可采用进厂水加氯消毒，出厂水加氨减臭并稳定余氯。氯和氨也可同时投加。有资料认为，氯和氨同时投加比先加氨后加氯，可减少有害副产物(如三卤甲烷、卤乙酸等)的生成。

7.3.4 臭氧消毒

臭氧由三个氧原子组成，在常温常压下，它是淡蓝色的具有强烈刺激性的气体。臭氧密度为空气的1.7倍，易溶于水，在空气或水中均易分解消失。臭氧对人体健康有影响，空气中臭氧浓度达到1000mg/L即有致命危险，故在水处理中散发出来的臭氧尾气必须处理。

臭氧既是消毒剂，又是氧化能力很强的氧化剂。在水中投入臭氧进行消毒或氧化通称臭氧化。作为消毒剂，由于臭氧在水中不稳定，易消失，故在臭氧消毒后，往往仍需投加少量氯、二氧化氯或氯胺以维持水中剩余消毒剂。臭氧作为唯一消毒剂的极少。当前，臭氧作为氧化剂以氧化去除水中有机污染物更为广泛。

臭氧的氧化作用分为直接作用和间接作用两种。臭氧直接与水中物质反应称直接作用。直接氧化作用有选择性且反应较慢。间接作用是指臭氧在水中可分解产生二级氧化剂——氢氧自由基HO·(表示HO带有一未配对电子，故活性极大)。HO·是一种非选择性的强氧化剂($E^{\ominus}=3.06V$)，可以使许多有机物彻底降解矿化，且反应速率很快。不过，仅由臭氧产生的氢氧自由基量很少，除非与其他物理化学方法配合方可产生较多HO·。有关专家认为，水中OH^-及某些有机物是臭氧分解的引发剂或促进剂。臭氧消毒机理实际上仍是氧化作用。臭氧化可迅速杀灭细菌、病毒等。

臭氧作为消毒剂或氧化剂的主要优点是不会产生三卤甲烷等副产物，其杀菌和氧化能力均比氯强。但近年来有关臭氧化的副作用也引起人们关注。有的认为，水中有机物经臭氧化后，有可能将大分子有机物分解成分子较小的中间产物，而在这些中间产物中，可能存在毒性物质或致突变物质或者有些中间产物与氯(臭氧化后往往还需加适量氯)作用后致突变性反而增强。因此，当前通常把臭氧与粒状活性炭联用，一方面可避免上述副作用产生，同时也改善了活性炭吸附条件。

臭氧生产设备较复杂，投资较大，电耗也较高，目前我国应用很少，欧洲一些国家(特别是法国)应用最多。随着臭氧发生系统在技术上的不断改进，现在设备投资及生产臭氧的电耗均有所降低，加之人们对饮用水水质要求的提高，臭氧在我国水处理中的应用也将逐渐增多。

7.3.5 高锰酸钾消毒

高锰酸钾俗称灰锰氧，易溶于水，其水溶液能使细菌微生物组织因氧化而破坏，因而具有杀菌消毒作用。

高锰酸钾消毒可用于替代预氯化过程。高锰酸钾作消毒剂既能发挥部分消毒作用，又能去除腐殖酸和富里酸等,从而有效抑制氯消毒副产物的生成,同时氧化过程中产生的二氧化锰是很好的絮凝剂,可以减少三卤甲烷前体物的生成。

7.3.6 物理消毒法

1. 紫外线消毒法

水银灯发出的紫外光,能穿透细胞壁并与细胞质反应达到消毒的目的。波长为250～360nm的紫外光杀菌能力最强。紫外光需照射透过水层才能起消毒作用,而污水中的悬浮物、浊度、有机物和氨氮都会干扰紫外光的传播。因此,处理水水质越好,光传播系数越高,紫外线消毒的效果也就越好。

紫外线光源是高压石英水银灯,杀菌设备主要有浸水式和水面式两种。浸水式是把石英灯管置于水中,其特点是紫外线利用率较高,杀菌效能好,但设备的构造较复杂。水面式的构造简单,但由于反光罩吸收紫外线以及光线散射,杀菌效能不如前者。紫外线消毒的照射强度为0.19～0.25W·s/cm^2,浅水层深度为0.65～1.0m。

紫外线消毒与液氯消毒比较,具有以下优点:

(1) 消毒速度快,效率高,不影响水的物理性质和化学成分,不增加水的臭和味。生产实践表明,经紫外线照射几十秒钟即能杀菌。一般大肠杆菌的平均去除率可达98%,细菌总数的平均去除率达96.6%,并能去除液氯难以杀死的芽孢和病毒。

(2) 操作简单,便于管理,易于实现自动化。

紫外线消毒不能解决消毒后在管网中二次污染问题,电耗较大,水中悬浮杂质妨碍光线投射等。紫外线消毒一般仅用于特殊情况下的小水量处理厂。

2. 加热消毒法

它是通过加热来达到消毒目的的一种方法,也是一种有效实用的饮用水消毒方法。但若把此法应用于污水消毒处理,费用太高。对于处理医院污水量为400m^3/d的建造费与运行费,对比不同消毒方法对医院污水进行消毒的费用,以液氯法、次氯酸钠法为最低,臭氧法、紫外线法次之,加热消毒法(采用蒸汽加热)为最高。它们的费用比大约为1∶4∶20。可见,对污水加热消毒虽然有效,但很不经济。因此,加热消毒仅适用于水量很小,特殊场合的消毒。

水的消毒方法除了以上介绍的消毒方法以外,还有高锰酸钾法、重金属离子(如银)消毒以及微电解消毒等。以上的几种消毒方法,并不是每种方法都完美无缺,不同的消毒方法配合使用往往可以达到更好的处理效果。

思考题

7-1 什么叫自由性氯?什么叫化合性氯?两者消毒效果有何区别?简述两种消毒原理。

7-2 什么叫折点加氯?出现折点的原因是什么?折点加氯有何影响?

7-3 水的pH值对氯消毒作用有何影响?为什么?

7-4 调研消毒副产物的种类和危害,说明消毒副产物的控制技术。

7-5 臭氧的消毒原理和优缺点是什么?

7-6 简述物理消毒法的种类和应用。

第8章 CHAPTER 8

吸　附

8.1 吸附的基本理论

许多工业废水含有难降解有机物，这些有机物很难或根本不能用常规的生物法去除，例如ABS和某些杂环化合物。这些物质可用吸附法加以去除。

8.1.1 吸附类型

在相界面上，物质的浓度自动发生累积或浓集的现象称为吸附。吸附作用虽然可发生在各种不同的相界面上，但在废水处理中，主要利用固体物质表面对废水中物质的吸附作用。本节只讨论固体表面的吸附作用。

吸附法就是利用多孔性的固体物质，使废水中的一种或多种物质被吸附在固体表面而去除的方法。具有吸附能力的多孔性固体物质称为吸附剂，而废水中被吸附的物质则称为吸附质。

根据固体表面吸附力的不同，吸附可分为物理吸附和化学吸附两种类型。

1. 物理吸附

吸附剂和吸附质之间通过分子间力产生的吸附称为物理吸附。物理吸附是一种常见的吸附现象。由于吸附是由分子力引起的，所以吸附热较小，一般在41.9kJ/mol以内。物理吸附因不发生化学作用，所以低温时就能进行。被吸附的分子由于热运动还会离开吸附剂表面，这种现象称为解吸，它是吸附的逆过程。物理吸附可形成单分子吸附层或多分子吸附层。由于分子间力是普遍存在的，所以一种吸附剂可吸附多种吸附质。但由于吸附剂和吸附质的极性强弱不同，某一种吸附剂对各种吸附质的吸附量是不同的。

2. 化学吸附

化学吸附是吸附剂和吸附质之间发生的化学作用，是由于化学键力引起的。化学吸附一般在较高温度下进行，吸附热较大，相当于化学反应热，一般为83.7～418.7kJ/mol。一种吸附剂只能对某种或几种吸附质发生化学吸附，因此化学吸附具有选择性。由于化学吸附是靠吸附剂和吸附质之间的化学键力进行的，所以吸附只能形成单分子吸附层。当化学键力大时，化学吸附是不可逆的。

物理吸附和化学吸附并不是孤立的，往往相伴发生。在水处理中，大部分的吸附往往是几种吸附综合作用的结果。由于吸附质、吸附剂及其他因素的影响，可能某种吸附是主要的。例如有的吸附在低温时主要是物理吸附，在高温时主要是化学吸附。

8.1.2 吸附等温线

1. 吸附平衡

如果吸附过程是可逆的，当废水与吸附剂充分接触后，一方面吸附质被吸附剂吸附，另一方面，一部分已被吸附的吸附质，由于热运动的结果，能够脱离吸附剂的表面，又回到液相中去。前者称为吸附过程，后者称为解吸过程。当吸附速率和解吸速率相等时，即单位时间内吸附的数量等于解吸的数量时，则吸附质在溶液中的浓度和吸附剂表面上的浓度都不再改变而达到平衡，此时吸附质在溶液中的浓度称为平衡浓度。

吸附剂吸附能力的大小以吸附量 q(g/g)表示。所谓吸附量是指单位质量的吸附剂(g)所吸附的吸附质的质量(g)。取一定容积 V(L)，含吸附质浓度为 C_0(g/L)的水样，向其中投加活性炭的质量为 W(g)。当达到吸附平衡时，废水中剩余的吸附质浓度为 C(g/L)，则吸附量 q 可用下式计算：

$$q = \frac{V(C_0 - C)}{W} \tag{8-1}$$

式中 V——废水容积，L；

W——活性炭投量，g；

C_0——原水吸附质浓度，g/L；

C——吸附平衡时水中剩余的吸附质浓度，g/L。

温度一定的条件下，吸附量随吸附质平衡浓度的提高而增加。把吸附量随平衡浓度而变化的曲线称为吸附等温线。常见的吸附等温线有两种类型，如图 8-1 所示。

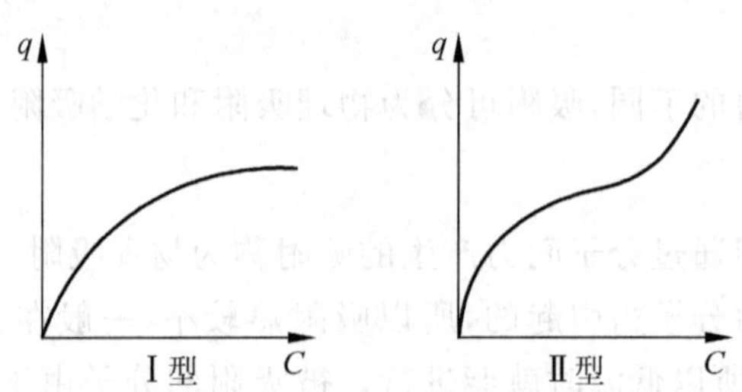

图 8-1 吸附等温线形式

2. 吸附等温式

由于液相吸附很复杂，至今还没有统一的吸附理论，因此液相吸附的吸附等温式一直沿用气相吸附等温式。表示Ⅰ型吸附等温式有朗谬尔(Langmuir)公式和费兰德利希(Freundich)公式，表示Ⅱ型吸附等温式有 BET(Brunauer-Emett-Teller)公式，现分述如下。

1) 朗谬尔公式

朗谬尔公式是从动力学观点出发，通过一些假设条件而推导出来的单分子吸附公式：

$$q = \frac{abC}{1 + aC} \tag{8-2}$$

式中 q——吸附量；

C——吸附质平衡浓度；

a、b——常数。

为计算方便，可将上式改为倒数式，即

$$\frac{1}{q}=\frac{1}{ab}\cdot\frac{1}{C}+\frac{1}{b} \tag{8-3}$$

从上式可看出，$\frac{1}{q}$与$\frac{1}{C}$成直线关系，利用这种关系可求 a、b 的值。

2）费兰德利希经验公式

$$q=KC^{\frac{1}{n}} \tag{8-4}$$

式中 q、C 意义同上式；

K、n——常数。

将上式改写为对数式：

$$\lg q=\lg K+\frac{1}{n}\lg C \tag{8-5}$$

把 C 和与其对应的 q 点绘在双对数坐标纸上，便得到一条近似的直线。这条直线的截距为 K，斜率为$\frac{1}{n}$。$\frac{1}{n}$越小，吸附性能越好。一般认为$\frac{1}{n}=0.1\sim0.5$ 时，容易吸附；$\frac{1}{n}$大于 2 时，则难以吸附。当$\frac{1}{n}$较大时，即吸附质平衡浓度越高，则吸附量越大，吸附能力发挥得也越充分，这种情况最好采用连续式吸附操作。当$\frac{1}{n}$较小时，多采用间歇式吸附操作。

3）BET 公式

BET 公式是表示吸附剂上有多层溶质分子被吸附的吸附模式，各层的吸附符合朗谬尔单分子吸附公式。公式如下：

$$q=\frac{BCq_0}{(C_s-C)\left[1+(B-1)\frac{C}{C_s}\right]} \tag{8-6}$$

式中 q_0——单分子吸附层的饱和吸附量，g/g；

C_s——吸附质的饱和浓度，g/L；

B——常数。

为计算方便，可将上式改为倒数式，即

$$\frac{C}{(C-C_s)q}=\frac{1}{Bq_0}+\frac{B-1}{Bq_0}\cdot\frac{C}{C_s} \tag{8-7}$$

从上式可看出，$\frac{C}{(C-C_s)q}$与$\frac{C}{C_s}$呈直线关系，利用这个关系可求 q_0、B 值。

吸附量是选择吸附剂和设计吸附设备的重要数据。吸附量的大小，决定吸附剂再生周期的长短。吸附量越大，再生周期就越长，从而再生剂的用量及再生费用就越小。

市场上供应的吸附剂，在产品样本中附有各种吸附量的指标，如对碘、亚甲蓝、糖蜜液、苯、酚等的吸附量。这些指标虽然表示吸附剂对该吸附质的吸附能力，但这些指标与对废水中吸附质的吸附能力不一定相符，因此应通过试验确定吸附量和选择合适的吸附剂。

测定吸附等温线时，吸附剂的颗粒越大，则达到吸附平衡所需的时间就越长。因此，为了在短时间内得到试验结果，往往将吸附剂破碎为较小的颗粒后再进行试验。由颗粒变小所增加的表面积虽然是有限的，但由于能够打开吸附剂原来封闭的细孔，使吸附量有所增加；此外，对实际吸附设备运行效果的影响因素很多，因此，由吸附等温线得到的吸附量与实际的吸附量并不完全一致。但是，通过吸附等温线所得吸附量的方法简便易行，为选择吸附剂提供了可比较的数据，对吸附设备的设计有一定的参考价值。

8.1.3 吸附速率

吸附剂对吸附质的吸附效果，一般用吸附容量和吸附速率来衡量。所谓吸附速率是指单位质量的吸附剂在单位时间内所吸附的物质量。吸附速率决定了废水和吸附剂的接触时间。吸附速率越快，接触时间就越短，所需的吸附设备容积也就越小。吸附速率决定于吸附剂对吸附质的吸附过程。水中多孔的吸附剂对吸附质的吸附过程可分为三个阶段。

第一阶段称为颗粒外部扩散（又称膜扩散）阶段。在吸附剂颗粒周围存在着一层固定的溶剂薄膜。当溶液与吸附剂作相对运动时，这层溶剂薄膜不随溶液一同移动，吸附质首先通过这个薄膜才能到达吸附剂的外表面，所以吸附速率与液膜扩散速率有关。

第二阶段为颗粒内部扩散阶段。经液膜扩散到吸附剂表面的吸附质向细孔深处扩散。

第三阶段为吸附反应阶段。在此阶段，吸附质被吸在细孔内表面上。

吸附速率与上述三个阶段进行得快慢有关。在一般情况下，由于第三阶段进行的吸附反应速率很快，因此，吸附速率主要由液膜扩散速率和颗粒内部扩散速率来控制。

据试验得知，颗粒外部扩散速率与溶液浓度成正比，溶液浓度越高，吸附速率越快。对一定质量的吸附剂，外部扩散速率还与吸附剂的外表面积（即膜表面积）的大小成正比。因表面积与颗粒直径成反比，所以颗粒直径越小，扩散速率就越大。另外，外部扩散速率还与搅动程度有关。增加溶液和颗粒之间的相对速率，会使液膜变薄，可提高外部扩散速率。颗粒内部扩散比较复杂。扩散速率与吸附剂细孔的大小、构造、吸附质颗粒大小、构造等因素有关。颗粒大小对内部扩散的影响比外部扩散要大些。可见吸附剂颗粒的大小对内部扩散和外部扩散都有很大影响，颗粒越小，吸附速率就越快。因此，从提高吸附速率来看，颗粒直径越小越好。采用粉状吸附剂比粒状炭吸附剂有利，不需要很长的接触时间，因此吸附设备的容积小。对连续式粒状吸附剂的吸附设备，如外部扩散控制吸附速率，则通过提高流速，增加颗粒周围液体的搅动程度，可提高吸附速率。也就是说，在保证同样出水水质的前提下，采用较高的流速，缩短接触时间可减小吸附设备的容积。

8.1.4 影响吸附的因素

了解影响吸附因素的目的是为了选择合适的吸附剂和控制合适的操作条件。影响吸附的因素主要有以下几个方面。

1. 吸附剂的性质

由于吸附现象发生在吸附剂表面上，所以吸附剂的比表面积越大，吸附能力就越强。

吸附剂的种类不同，吸附效果也就不同。一般是极性分子（或离子）型的吸附剂易吸附极性分子（或离子）型的吸附质，非极性分子型的吸附剂易于吸附非极性的吸附质。

另外，吸附剂的颗粒大小、细孔的构造和分布情况以及表面化学性质等对吸附也有很大影响。

2. 吸附质的性质

1）溶解度

吸附质在废水中的溶解度对吸附有较大的影响。一般吸附质的溶解度越低，越容易被吸附。

2）表面自由能

能够使液体表面自由能降低越多的吸附质，也越容易被吸附。例如活性炭自水溶液中吸附脂肪酸，由于含碳越多的脂肪酸分子可使炭液界面自由能降低得越多，所以吸附量也越大。

3）极性

如上所述，极性的吸附剂易吸附极性的吸附质，非极性的吸附剂则易于吸附非极性的吸附质。例如活性炭是一种非极性的吸附剂或称疏水性吸附剂，可从溶液中有选择地吸附非极性或极性很低的物质。硅胶和活性氧化铝为极性吸附剂或称亲水性吸附剂，它们可从溶液中有选择地吸附极性分子（包括水分子）。

4）吸附质分子的大小和不饱和度

吸附质分子的大小和不饱和度对吸附也有影响。例如活性炭与沸石相比，前者易吸附分子直径较大的饱和化合物。而合成沸石易吸附分子直径小的不饱和的（>C=C<，—C≡C—）化合物。应该指出的是活性炭对同族有机化合物的吸附能力，虽然随有机化合物的分子质量的增大而增加，但分子质量过大，会影响扩散速度。所以当有机物相对分子质量超过 1000 时，需进行预处理，将其分解为小分子质量物质后再用活性炭进行处理。

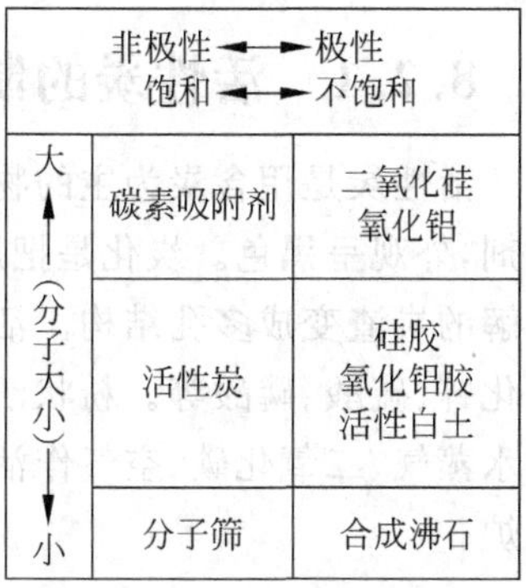

大↑（分子大小）↓小	非极性 ←→ 极性 饱和 ←→ 不饱和	
	碳素吸附剂	二氧化硅 氧化铝
	活性炭	硅胶 氧化铝胶 活性白土
	分子筛	合成沸石

图 8-2 吸附剂的选择性

其他吸附剂对吸附质的选择性见图 8-2。

5）吸附质的浓度

吸附质的浓度对吸附也有影响。浓度比较低时，由于吸附剂表面大部分是空着的，因此提高吸附质浓度会增加吸附量，但浓度提高到一定程度后，再行提高浓度时，吸附量虽仍有增加，但速率减慢。这说明吸附表面已大部分被吸附质所占据。当全部吸附表面被吸附质占据时，吸附量就达到极限状态，以后吸附量就不再随吸附质的浓度的提高而增加了。

3. 废水的 pH 值

废水的 pH 值与吸附有关。活性炭一般在酸性溶液中比在碱性溶液中有较高的吸附率。

另外，pH 值对吸附质在水中存在的状态（分子、离子、络合物等）及溶解度有时也有影响，从而对吸附效果也有影响。

4. 共存物质

物理吸附，吸附剂可吸附多种吸附质。一般共存多种吸附质时，吸附剂对某种吸附质的吸附能力比只含该种物质时的吸附能力差。

5. 温度

因为物理吸附过程是放热过程,温度升高吸附量减少,反之吸附量增加。温度对气相吸附影响较大,但对液相吸附影响较小。

6. 接触时间

在进行吸附时,应保证吸附质与吸附剂有一定的接触时间,使吸附接近平衡,充分利用吸附能力。吸附平衡所需时间取决于吸附速率。吸附速率越快,达到吸附平衡所需的时间就越短。

8.2 活性炭吸附的理论和设计

从广义而言,一切固体表面都有吸附作用,但实际上,只有多孔物质或磨得很细的物质,由于具有很大的表面积,才有明显的吸附能力。废水处理中常用的吸附剂有活性炭、磺化煤、活化煤、沸石、活性白土、硅藻土、腐殖质酸、焦炭、木炭、木屑等。本节着重介绍在水处理中应用较广的活性炭。

8.2.1 活性炭的制造

活性炭是用含炭为主的物质(如木材、煤)作原料,经高温炭化和活化而制成的疏水性吸附剂,外观呈黑色。炭化是把原料热解成炭渣,生成类似石墨的多环芳香系物质,活化是把热解的炭渣变成多孔结构。活化方法有药剂法和气体法两种。药剂活化法常用的活化剂有氯化锌、硫酸、磷酸等。粉状活性炭多用氯化锌为活化剂,活化炉用转炉。气体活化法一般用水蒸气、二氧化碳、空气作活化剂。粒状炭多采用水蒸气活化法,以立式炉或管式炉为活化炉。

8.2.2 活性炭的细孔构造和分布

活性炭在制造过程中,晶格间生成的空隙形成各种形状和大小的细孔。吸附作用主要发生在细孔的表面上。每克吸附剂所具有的表面积称为比表面积。活性炭的比表面积可达500～1700m^2/g。其吸附量并不一定相同,因为吸附量不仅与比表面积有关,而且还与细孔的构造和细孔的分布情况有关。

活性炭的细孔构造主要和活化方法及活化条件有关。活性炭的细孔有效半径一般为1～10 000nm。小孔半径在2nm以下,过渡孔半径为2～100nm,大孔半径为100～10 000nm。活性炭的小孔容积一般为0.15～0.90mL/g,表面积占比表面积的95%以上。过渡孔容积一般为0.02～0.10mL/g,其表面积占比表面积的5%以下。用特殊的方法,例如延长活化时间,减慢加温速度或用药剂活化时,可得到过渡孔特别发达的活性炭。大孔容积一般为0.2～0.5mL/g,表面积只有0.5～2m^2/g。

细孔大小不同,它在吸附过程中所引起的主要作用也就不同。对液相吸附来说,吸附质虽可被吸附在大孔表面,但由于活性炭大孔表面积所占的比例较小,故对吸附量影响不大。它主要为吸附质的扩散提供通道,使吸附质通过此通道扩散到过渡孔和小孔中去,因此吸附质的扩散速率受大孔影响。活性炭的过渡孔除为吸附质的扩散提供通道使吸附质通过它扩散到小孔中去而影响吸附质的扩散速率外，当吸附质的分子直径较大时，这时小孔几乎不起作用，活性炭对吸附质的吸附主要靠过渡孔来完成。活性炭小孔的表面积占比表面积的95%以上，所以吸附量主要受小孔支配。由于活性炭的原料和制造方法不同，细孔的分布情况相差很大，所以应根据吸附质的直径和活性炭的细孔分布情况选择合适的活性炭。

8.2.3 活性炭的表面化学性质

活性炭的吸附特性不仅与细孔构造和分布情况有关，而且还与活性炭的表面化学性质有关。活性炭是由形状扁平的石墨型微晶体构成的。处于微晶体边缘的碳原子，由于共价键不饱和而易与其他元素如氧、氢等结合形成各种含氧官能团，使活性炭具有一些极性。目前对活性炭含氧官能团(又称表面氧化物)的研究还不够充分，但已证实的有—OH基、—COOH基等。

8.2.4 活性炭吸附在给水处理中的应用

在饮用水处理中常利用粉末活性炭(PAC)吸附作为主要的预处理技术，详见3.5.3节。

8.2.5 活性炭吸附在废水处理中的应用

1. 活性炭对有机物的吸附

活性炭吸附法多用于去除用生物或物理、化学法不能去除的微量呈溶解状态的有机物。废水中微量的有机物一般用COD表示。由于COD可由多种有机物组成，在采用活性炭处理时，有些有机物容易被吸附，有些有机物却难以被吸附，所以，要预测这些有机物的吸附性是比较困难的，某种有机废水能否采用活性炭吸附法，应通过吸附试验来决定。

废水中的有机物是否易被活性炭吸附，取决于多种因素，很难一概而论，这些因素包括：分子结构、界面张力(界面活性)、溶解度、离子性和极性、分子大小、pH值、浓度、温度、共存物质等。

2. 活性炭法吸附有机物的优点

(1) 处理程度高，据有关资料介绍，城市污水用活性炭进行深度处理后，BOD可降低99%，TOC可降到1～3mg/L。

(2) 应用范围广，对废水中绝大多数有机物都有效，包括微生物和难降解有机物。

(3) 适应性强，对水量及有机物负荷的变动具有较强的适应性能，可得到稳定的处理效果。

(4) 粒状炭可再生重复使用，被吸附的有机物在再生过程中被烧掉，不产生污泥。

(5) 可回收有用物质，例如用活性炭处理含酚废水，用碱再生吸附饱和的活性炭，可以回收酚钠盐。

(6) 设备紧凑，管理方便。

最近的研究表明，活性炭对有机物的去除，除了吸附作用外，还存在着生物化学的降解作用。

3. 活性炭对无机物的吸附

活性炭对无机物的吸附虽然研究得还比较少，但实践已证实，它对某些金属及其化合物有很强的吸附能力。据报道，活性炭对锑、铋、锡、汞、钴、铅、镍、六价铬等都有良好的吸附能力。

最近研究证明，废水中的六价铬，在酸性条件下，以 $HCrO_4^-$ 及 CrO_4^{2-} 形式被活性炭吸附。在碱性条件下，被还原为三价铬。被活性炭吸附的六价铬可用碱或酸进行再生。前者经再生被解脱下来的是三价铬，后者是六价铬。关于活性炭对六价铬的去除机理尚在探讨中。

活性炭对汞也有很好的吸附能力。例如分别对含氯化汞、硫酸汞、氯化甲基汞浓度各为4mg/L 的水溶液投加粉状炭进行吸附等温试验表明，用费兰德利希经验公式（见 8.1 节）整理得到的吸附等温式的 $1/n$ 值都在 0.1～0.5 范围内，说明汞是易被活性炭吸附的。

8.2.6 废水活性炭吸附法处理设计实例

以染料化工废水处理为例。某染料厂在二硝基氯苯生产过程中，排出含有二硝基氯苯洗涤废水。废水量为 320m³/d，二硝基氯苯浓度为 1000～1200mg/L，含酸（以硫酸计）0.5%。废水处理工艺流程如图 8-3 所示。吸附塔工艺参数：空塔流速 u=14～15m/h，停留时间 t=0.25h，采用 2 塔串联，1 塔备用。每塔直径 900mm，高 5000mm，每塔装活性炭2.0m³，重 1.09t，装炭高度 3.2m。废水经冷却、沉淀处理后，进入吸附塔的废水中二硝基氯苯浓度为 700mg/L，吸附塔出水为 5mg/L，pH 值大于 6，出水达到标准。

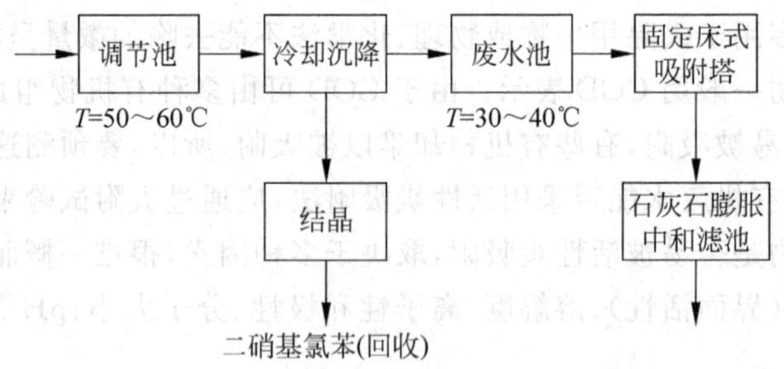

图 8-3 二硝基氯苯废水处理工艺流程

该厂饱和活性炭采用氯苯脱附再生，用蒸汽吹扫的化学和物理再生法，其再生工艺流程如图 8-4 所示。再生工艺参数：氯苯与活性炭质量比为 10∶1，氯苯流量为 2m³/h，氯苯预热温 90～95℃，吹扫蒸汽流量 500kg/h，蒸汽温度 250℃，蒸汽与活性炭质量比 5∶1，吹扫时间 10h。实践表明，活性炭使用一段时间后，吸附性能下降，需更换，可送出进行热再生，降低处理成本。

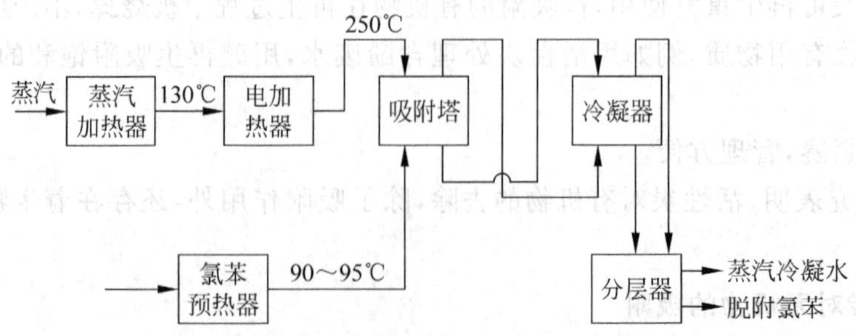

图 8-4 活性炭再生工艺流程

8.3 吸附塔的设计

8.3.1 吸附工艺

采用颗粒活性炭(GAC)处理废水时,被处理水一般通过活性炭填充床反应器(也称为吸附塔)。对于废水的深度处理而言,可采用几种不同类型的活性炭吸附塔,其典型形式可分为固定床、移动床和流化床三种。

1) 固定床

当废水连续通过填充吸附剂的吸附设备(吸附塔或吸附池)时,废水中的吸附质便被吸附剂吸附。若吸附剂数量足够时,从吸附设备流出的废水中吸附质的浓度可以降低到零。吸附剂使用一段时间后,出水中的吸附质的浓度逐渐增加,当增加到某一数值时,应停止通水,将吸附剂进行再生。吸附和再生可在同一设备内交替进行;也可将失效的吸附剂卸出,送到再生设备进行再生。因这种动态吸附设备中吸附剂在操作中是固定的,所以叫固定床。

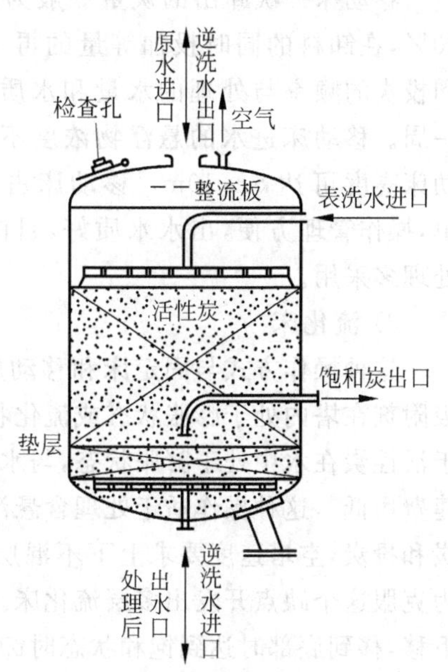

图 8-5 降流式固定床型吸附塔构造示意图

固定床根据水流方向又分为升流式和降流式两种形式。降流式固定床如图 8-5 所示。降流式固定床的出水水质较好,但经过吸附层的水头失较大,特别是处理含悬浮物较高的废水时,为了防止悬浮物堵塞吸附层,需定期进行反冲洗。有时需要在吸附层上部设反冲洗设备。在升流式固定床中,当发现水头损失增大,可适当提高水流流速,使填充层稍有膨胀(上下层不能互相混合)就可以达到自清的目的。这种方式由于层内水头损失增加较慢,所以运行时间较长为其优点,但对废水入口处(底层)吸附层的冲洗难于降流式。另外流量变动或操作一时失误就会使吸附剂流失,为其主要缺点。

固定床根据处理水量、原水的水质和处理要求可分为单床式、多床串联式和多床并联式三种(图 8-6)。

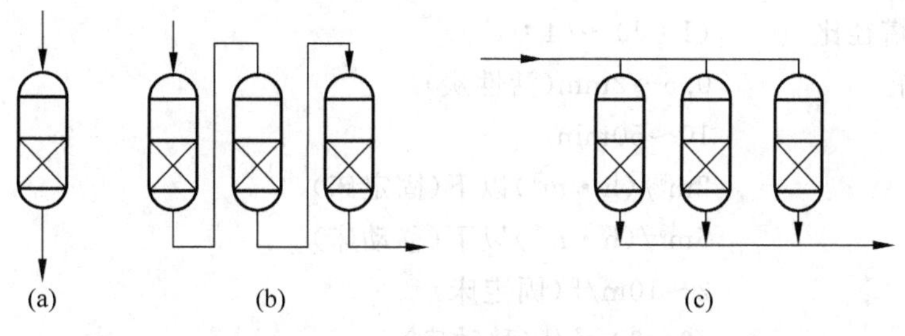

图 8-6 固定床吸附操作示意图

(a) 单床式;(b) 多床串联式;(c) 多床并联式

2）移动床

移动床的运行操作方式如下(见图 8-7)：原水从吸附塔底部流入和吸附剂进行逆流接触，处理后的水从塔顶流出，再生后的吸附剂从塔顶加入，接近吸附饱和的吸附剂从塔底间歇地排出。这种方式较固定床能充分利用吸附剂的吸附容量，并且水头损失小。由于采用升流式，废水从塔底流入，从塔顶流出，被截留的悬浮物随饱和的吸附剂间歇地从塔底排出，所以不需要反冲洗设备。但这种操作方式要求塔内吸附剂上下层不能互相混合，操作管理要求高。

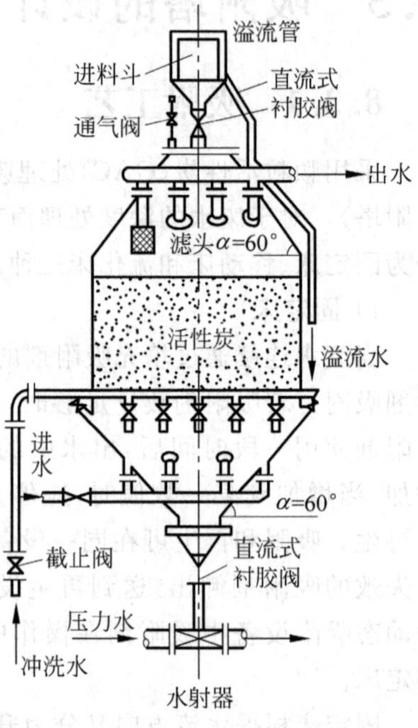

移动床一次卸出的炭量一般为总填充量的 5%～20%，在卸料的同时投加等量的再生炭或新炭。卸炭和投炭的频率与处理的水量和水质有关，从数小时到一周。移动床进水的悬浮物浓度不大于 30mg/L。移动床高度可达 5～10m。移动床占地面积小，设备简单，操作管理方便，出水水质好，目前较大规模的废水处理多采用。

图 8-7 移动床吸附塔构造示意图

3）流化床

这种操作方式与固定床和移动床不同的地方在于吸附剂在塔内处于膨胀状态或流化状态。被处理的废水与活性炭基本上也是逆流接触。由于活性炭在水中处于膨胀状态，与水的接触面积大，因此用少量的炭可处理较多的废水，基建费用低。这种操作适于处理含悬浮物较多的废水，不需要进行反冲。流化床一般连续卸炭和投炭，空塔速度要求上下不混层，保持炭层成层状向下移动，所以运行操作要求严格。为克服这个缺点开发出多层流化床。这种床每层的活性炭可以相混，新炭从塔顶投入，依次下移，移到底部时达到饱和状态时卸出。

8.3.2 吸附塔的设计要点

固定床是水处理工艺中最常用的一种吸附设备，废水处理采用的固定床吸附设备的大小和操作条件，根据实际设备的运行资料建议采用下列数据：

塔径	1～3.5m
吸附塔高度	3～10m
填充层与塔径比	(1∶1)～(4∶1)
吸附剂粒径	0.5～2mm(活性炭)
接触时间	10～50min
容积速度	$2m^3/(h \cdot m^3)$以下(固定床)
	$5m^3/(h \cdot m^3)$以下(移动床)
线速度	2～10m/h(固定床)
	10～$30m^3$/h(移动床)

8.3.3　吸附塔的设计方法

吸附塔的设计方法有多种，这里介绍以博哈特(Bohart)和亚当斯(Adams)所推荐的方程式为依据的设计方法和通水倍数法。

1. 博哈特-亚当斯计算法

1) 博哈特和亚当斯方程式

动态吸附活性炭层的性能可用博哈特和亚当斯提出的方程式表示：

$$\ln\left[\frac{C_0}{C_e}-1\right]=\ln\left[\exp\left(\frac{kN_0h}{v_L}\right)-1\right]-KC_0t \tag{8-8}$$

式中　t——工作时间，h；

v_L——线速度，即空塔速度，m/h；

h——炭层高度，m；

C_0——进水吸附质浓度，kg/m^3；

C_e——出水吸附质允许浓度，kg/m^3；

K——速率系数，m^3/(kg·h)；

N_0——吸附容量，即达到饱和时吸附剂的吸附量，kg/m^3。

因 $\exp\left(\frac{KN_0h}{v_L}\right)\gg1$，上式等号右边括号内的1可忽略不计，则工作时间 t 由上式可得：

$$t=\frac{N_0}{C_0v_L}h-\frac{1}{C_0K}\ln\left(\frac{C_0}{C_e}-1\right) \tag{8-9}$$

工作时间为零时，保证出水吸附质浓度不超过允许浓度 C_e 的炭层理论高度称为临界高度 h_0，可由下式求得：

$$h_0=\frac{v_L}{KN_0}\ln\left(\frac{C_0}{C_e}-1\right) \tag{8-10}$$

2) 模型试验

如无成熟的设计参数时，可通过模型试验求得，可采用如图8-8所示的试验装置。吸附柱一般采用3根，炭层高度分别为 h_1、h_2、h_3。

吸附质浓度为 C_0(mg/L)的废水，以一定的线速度 v_L(m/h)连续通过3个吸附柱，3个取样口吸附质浓度达到允许浓度 C_e 的时间分别为 t_1、t_2 和 t_3。从式(8-9)可知，t 对 h 的图形为如图8-9所示的一条直线，其斜率为 $\frac{N_0}{C_0v_L}$，已知斜率和截距的大小，从而可以求得该线速度时的 N_0 和 K 值。已知 N_0 和 K 值，由式(8-10)可求得 h_0 的值。

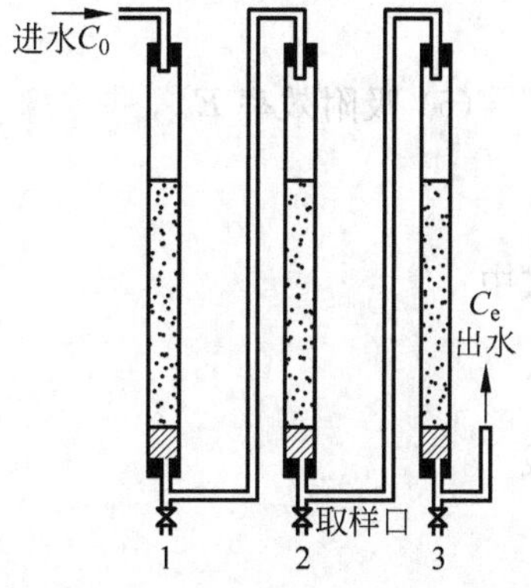

图8-8　活性炭炭柱(模型试验)

改变线速度 v_L 可求得不同的 N_0、K 和 h_0。一般至少应当用三种不同的线速度进行试验。将所得的不同的线速度 v_L 时的 N_0、K 和 h_0 作图，如图8-10所示，供实际吸附塔设计时应用。

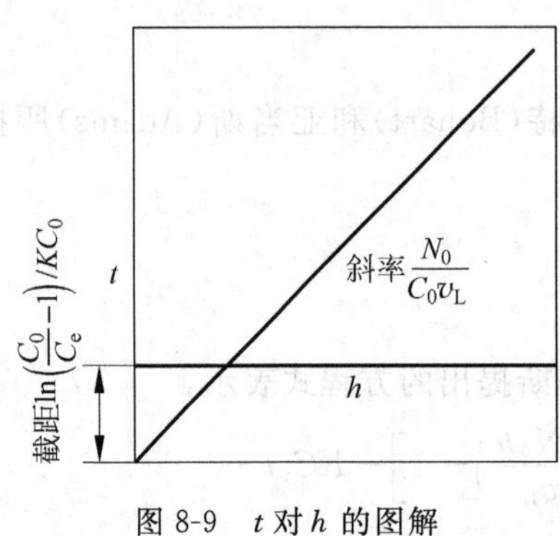

图 8-9 t 对 h 的图解

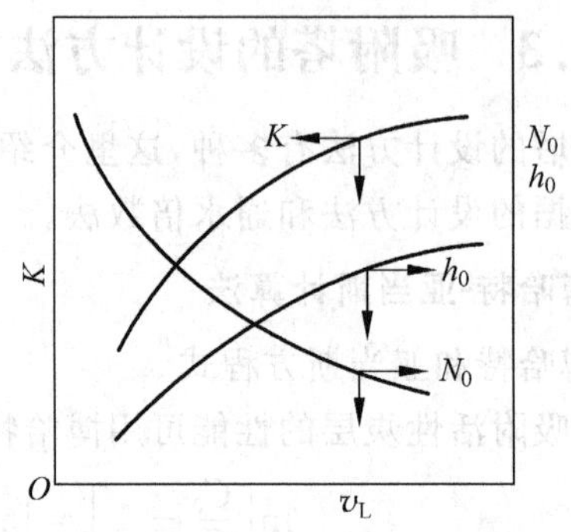

图 8-10 K、N_0、h_0 对 v_L 的图解

3）吸附塔的设计

根据模型试验得到的设计参数进行生产规模吸附塔的设计。已知废水设计流量为 $Q(m^3/h)$，原水吸附质的浓度为 $C_0(mg/L)$，出水吸附质允许浓度为 $C_e(mg/L)$，设计吸附塔的直径为 $D(m)$、炭层高度为 $h(m)$。计算步骤如下。

（1）工作时间 t

线速度 $v_L=\frac{4Q}{\pi D^2}(m/h)$，已知 v_L 由图 8-10 可查得 N_0、K 和 h_0 值后，由公式(8-9)可求得工作时间 $t(h)$。

（2）活性炭每年更换次数 n

$$n = 365 \times 24/t\ (\text{次}/\text{a}) \tag{8-11}$$

（3）活性炭年消耗量 W

$$W = \frac{n\pi D^2 h}{4}(m^3/a) \tag{8-12}$$

（4）吸附质年去除量 G

$$G = \frac{nQt(C_0 - C_e)}{1000}(kg/a) \tag{8-13}$$

（5）吸附效率 E

$$E = \frac{G}{G_0} \times 100\% \tag{8-14}$$

式中

$$G_0 = \frac{N_0 \pi D^2 hn}{4}$$

或

$$E = \frac{h - h_0}{h} \times 100\% \tag{8-15}$$

2. 通水倍数法

设计步骤见以下例题。

某炼油厂拟采用活性炭吸附法进行炼油废水深度处理。处理水量 Q 为 $600m^3/h$，废水 COD 平均为 90mg/L，出水 COD 要求小于 30mg/L，试计算吸附塔的主要尺寸。

根据动态吸附试验结果，决定采用间歇式移动床活性炭吸附塔，主要设计参数如下：

(1) 空塔速度 $v_L=10m/h$；

(2) 接触时间 $T=30min$；

(3) 通水倍数 $n=6.0m^3/kg$；

(4) 活性炭填充密度 $\rho=0.5t/m^3$。

解：

(1) 吸附塔总面积 F

$$F=\frac{Q}{v_L}=\frac{600}{10}m^3=60m^3$$

(2) 吸附塔个数 N

采用 4 塔并联，$N=4$。

(3) 每个吸附塔的过水面积 f

$$f=\frac{F}{N}=\frac{60}{4}m^2=15m^2$$

(4) 吸附塔的直径 D

$$D=\sqrt{\frac{4f}{\pi}}=\sqrt{\frac{4\times 15}{\pi}}\ m=4.5m\text{，采用 }4.5m\text{。}$$

(5) 吸附塔的炭层高度 h

$$h=v_L T=10\times 0.5m=5m$$

(6) 每个吸附塔填充活性炭的体积 V

$$V=fh=15\times 5m^3=75m^3$$

(7) 每个吸附塔填充活性炭的质量 G

$$G=V\rho=75\times 0.5t=37.5t$$

(8) 每天需再生的活性炭质量 W

$$W=\frac{24Q}{n}=\frac{24\times 600}{6}t=2.4t$$

思考题

8-1　在做静态吸附实验时，当吸附剂与吸附质达到吸附平衡时(此时吸附剂未饱和)，再往废水中投加吸附质，请问吸附平衡是否被打破？吸附剂吸附是否有变化？

8-2　何谓吸附等温线？常见的吸附等温线有哪几种类型？

8-3　吸附等温式有哪几种形式？应用场合如何？

8-4　活性炭对有机物和无机物的吸附各有哪些特点？

8-5　试列举活性炭吸附法的应用实例。

8-6　简述吸附塔设计的两种方法的过程。

第9章 CHAPTER 9

其他物化处理方法

9.1 萃取

9.1.1 基本原理

液-液萃取是一种重要的水处理单元过程。向废水中投加一种与水不互溶，但能良好溶解污染物的溶剂，使其与废水充分混合接触。由于污染物在溶剂中的溶解度大于在水中的溶解度，因而大部分污染物转移到溶剂相，然后分离废水和溶剂，即可达到分离、浓缩污染物和净化废水的目的。采用的溶剂称为萃取剂，被萃取的污染物称为溶质，萃取后的萃取剂称为萃取液（萃取相），残液称为萃余液（萃余相）。

分配系数（或称分配比）D 是在萃取过程达到平衡时，溶质在萃取相中的总浓度 y 与在水相中总浓度 x 的比值，即 $D=y/x$。可见，D 值越大，被萃取组分在萃取相的浓度越大，也就越容易被萃取。实际废水处理中，上述分配定律具有如下曲线形式：

$$D = y/x^n \tag{9-1}$$

萃取的传质速率式类似于式(9-1)，过程的推动力是实际浓度与平衡浓度之差。由速率式可见，要提高萃取速率和设备生产能力，其途径有以下几方面：

(1) 增大两相接触面积。通常使萃取剂以小液滴的形式分散到水中去，分散相液滴越小，传质表面积越大。但要防止溶剂分散过度而出现乳化现象，给后续分离萃取剂带来困难。对于界面张力不太大的物系，仅以重度差推动液相通过筛板或填料，即可获得适当的分散度；但对于界面张力较大的物系，需通过搅拌或脉冲装置来达到适当分散的目的。

(2) 增大传质系数。在萃取设备中，通过分散相的液滴反复地破碎和聚集，或强化液相的湍动程度，使传质系数增大。但是表面活性物质和某些固体杂质的存在，增加了在相界面上的传质阻力，将显著降低传质系数，因而应预先除去。

(3) 增大传质推动力。采用逆流操作，整个萃取系统可维持较大的推动力，既能提高萃取相中的溶质浓度，又可降低萃余相中的溶质浓度。逆流萃取时的过程推动力是一个变值，其平均推动力可取废水进口处推动力和出口处推动力的对数平均值。

萃取法适用于：能形成共沸点的恒沸物，不能用蒸馏、蒸发方法分离回收的废水组分；热敏性物质，在蒸发和蒸馏的高温条件下易发生化学变化，或易燃易爆的物质；沸点非常接近，难以用蒸馏方法分离的废水组分；难挥发物质，用蒸发法需要消耗大量热能或需用高真空蒸馏，例如含乙酸、苯甲酸和多元酚的废水；对某些含金属离子的废水，如含铀和钒的洗矿水和含铜冶炼废水，可采用有机溶剂萃取、分离和回收。

9.1.2　萃取剂的选择与再生

1. 萃取剂的选择

在萃取过程中，萃取剂是影响萃取效果的关键因素之一。对于特定的溶质而言，可供选择的萃取剂有多种，选择萃取剂主要考虑以下几个方面。

(1) 萃取能力要大，即有适宜的分配系数。

(2) 分离效果好，萃取过程中不乳化、不随水流失。要求溶剂与水的密度差越大越好；界面张力适中，既有利于传质的进行，又不易形成稳定的乳化层；粘度小。

(3) 化学稳定性好，不易燃易爆，毒性小，腐蚀性小，沸点高，凝固点低，蒸气压小，便于室温下贮存和使用，安全可靠。

(4) 容易制备，来源较广，价格便宜。

(5) 容易再生和回收溶质。萃取剂的用量往往很大，有时达到和废水量相等，如不能将其再生回用，即无实用价值；另一方面，萃取相中的溶质量也很大，如不能回收，则造成极大浪费和二次污染。同时萃取剂在水相中的溶解度要足够低，以免二次污染和萃取剂大量流失。

2. 萃取剂的再生

(1) 物理法(蒸馏或蒸发)　当萃取相中各组分沸点相差较大时，最宜采用蒸馏法分离。例如用乙酸丁酯萃取废水中的单酚时，溶剂沸点为116℃，而单酚沸点为181～202.5℃，相差较大，可控制适当的温度，用蒸馏法分离，根据分离要求，可采用简单蒸馏或精馏，设备以浮阀塔效果较好。

(2) 化学法　投加某种化学药剂使它与萃取物形成不溶于萃取剂的盐类，例如用碱液反萃取萃取相中的酚，形成酚钠盐析出，从而达到二者分离的目的。化学再生法使用的设备有萃取塔、混合澄清槽和离心萃取器等。

9.1.3　萃取工艺过程

1. 萃取操作过程

萃取操作过程包括以下三个主要工序：

(1) 混合　把萃取剂与水进行充分接触，使溶质从水中转移到萃取剂中去。

(2) 分离　使含有萃取物(即水中溶质)的溶剂(称为萃取相)与经过萃取的废水分层分离。

(3) 回收　萃取后的萃取相需再生，分离出萃取物，才能继续使用；与此同时，把萃取物回收或适当处置。

2. 萃取操作方式

根据萃取剂(或称有机相)与水(或称水相)接触方式的不同，萃取操作可分为间歇式和连续式。按照有机相与水相两者接触次数的不同，萃取过程可分为单级萃取和多级萃取。按两相流动方式可以分为“错流”与“逆流”两种方式。

(1) 单级萃取

萃取剂与水经过一次充分混合接触，达到平衡后即进行分相，称为单级萃取。这种萃取流程的操作是间歇的，在一个设备或装置中即可完成。单级萃取一般在萃取罐内进行，设备简单，灵活易行。但消耗的萃取剂量大，一般萃取分离的效果有限，若大量水需进行萃取时，则操作麻烦。因此,这种萃取方式主要用于实验室和少量水的萃取过程。

(2) 多级逆流萃取(连续逆流萃取)

多级逆流萃取过程是把多次萃取操作按相反流向串联起来,实现水与萃取剂的逆流操作。在萃取过程中水和萃取剂分别由第一级和最后一级加入,萃取相和萃余相逆向流动,逐级接触传质,最终萃取相由水进入端排出,萃余相从萃取剂加入端排出。多级逆流萃取只在最后一级使用再生后的萃取剂,其余各级都是与后一级萃取过的萃取剂接触,以充分利用萃取剂的萃取能力。这种流程体现了逆流萃取传质推动力大、分离程度高、萃取剂用量少的特点,因此,这种方法也称为多级多效萃取,简称多效萃取。

9.2 蒸馏

蒸馏法是目前海水淡化最主要的方法。蒸馏法淡化是使海水受热汽化,再使蒸汽冷凝而得到淡水的一种到淡化方法。蒸馏法又区分有多效蒸发、多级闪蒸、压汽式蒸馏以及太阳能蒸馏等方法,其中以多效蒸发使用最为广泛。

本节仅就蒸馏法基本原理作一概念性介绍。

9.2.1 多效蒸发

在密闭的容器内装有纯水,当容器压力等于或低于与水温相应的饱和蒸气压(一般情况下简称蒸气压)时,水即沸腾而汽化。纯水的蒸气压见表 9-1。在同一温度下海水的蒸气压比纯水低 1.8%。

表 9-1 纯水的蒸气压

温度/℃	蒸气压/kPa	温度/℃	蒸气压/kPa
10	1.23	60	19.9
15	1.71	65	25.0
20	2.33	70	31.1
25	3.26	75	38.5
30	4.22	80	47.3
35	5.6	85	57.8
40	7.34	90	70.1
45	9.56	95	84.5
50	12.3	100	101.3
55	15.7	105	120.8

为了提高热效能,将多个蒸发器串联操作,称为多效蒸发。串联个数称为效数。图 9-1 为三效蒸发流程图。海水进入一效蒸发器,由加热蒸汽(100℃)把海水加热到 95℃,在器内压力保持 83kPa 下,海水即沸腾,产生的蒸汽(95℃,即二次蒸汽)引入二效蒸发器,作为加热蒸汽使用,经过预热的海水也被引入二效蒸发器再次进行蒸发,在器内,海水在 90℃下不断沸腾(压力保持在 68.8kPa),产生的蒸汽(90℃)又进入三效蒸发器用于加热,在压力 56.8kPa 下,海水生成的蒸汽(85℃)引入冷凝器凝结成淡水。冷凝器内真空度则应小于 56.8kPa。所以,实现多效蒸发,必须使后一效蒸发器的操作压力低于前一效,否则不存在传热温度差,蒸发无法进行。为此,需要配备一套减压装置。实际运转表明,每吨蒸汽在单

效、二效、三效、四效和五效的蒸发系统中生产的淡化水量相应为 0.9、1.75、2.5、3.2 和 4.0t。效数增多，热能利用效率随之提高，但亦有限度。

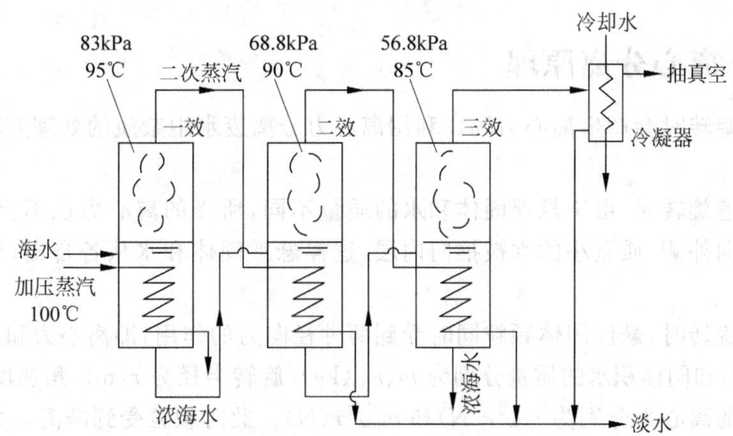

图 9-1　三效蒸发流程示意

多效蒸发的优点主要是不受水的含盐量的限制，适用于有废热利用的场合。缺点是，设备费用高，防腐要求高，结垢危害较严重。

9.2.2　多级闪蒸

多级闪蒸是针对多效蒸发结垢较严重而改进的一种新的蒸馏方法。多级闪蒸流程如图 9-2 所示。预热海水经蒸汽加热后，进入第一级闪蒸室，由于室内压力相对较低，海水急速汽化，产生的蒸汽在冷海水管道外冷凝而成为淡水，而冷海水在管内被预热。这样，加热的海水依次引入压力逐级降低的闪蒸室中，逐级进行闪蒸与冷凝，至最末级，浓海水即行排放。闪蒸所需热量由加热海水本身的温度降低来提供，例如海水从 100℃降到 60℃，可汽化海水约 7%。闪蒸室内压力的逐级降低则由减压装置如蒸汽喷射泵来完成。

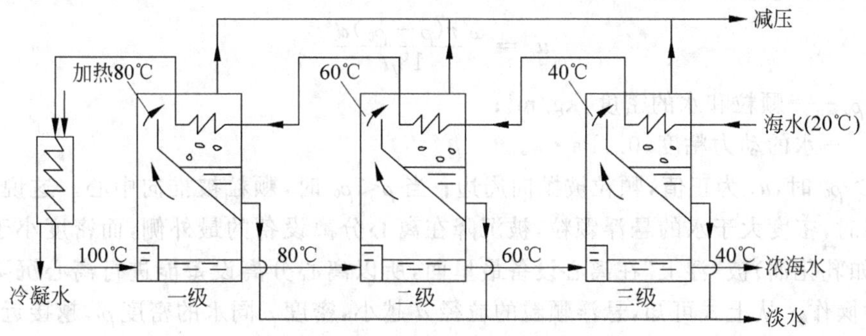

图 9-2　多级闪蒸流程示意

多级闪蒸是目前世界大规模海水淡化的最主要方法，大型装置可日产淡水 10 万 t 以上，其级数可达 20～30 级。

多级闪蒸法的优点是，适用于淡化海水，可利用低位热能或废热，由于加热面与蒸发面分开，结垢危害较轻，适用于大型淡化装置。其缺点是，海水循环量大，浓缩率比较低。

9.3 离心分离

9.3.1 离心分离原理

物体高速旋转时会产生离心力场。利用离心力分离废水中杂质的处理方法称为离心分离法。

废水作高速旋转时，由于悬浮固体和水的质量不同，所受的离心力也不相同，质量大的悬浮固体被抛向外侧，质量小的水被推向内层，这样悬浮固体和水从各自出口排出，从而使废水得到处理。

废水高速旋转时，悬浮固体颗粒同时受到两种径向力的作用，即离心力和水对颗粒的向心推力。设颗粒和同体积水的质量分别为 m、m_0(kg)，旋转半径为 r(m)，角速度为 ω(rad/s)，颗粒和水受到的离心力分别为 $m\omega^2 r$(N)和 $m_0\omega^2 r$(N)。此时颗粒受到净离心力 F_c(N)为两者之差，即

$$F_c = (m - m_0)\omega^2 r \tag{9-2}$$

该颗粒在水中的净重力为 $F_g=(m-m_0)g$。若以 n 表示转速(r/min)，并将 $\omega=\frac{2\pi n}{60}$ 代入式(9-2)，用 α 表示颗粒所受离心力与重力之比，则

$$\alpha = \frac{F_c}{F_g} = \frac{\omega^2 r}{g} \approx \frac{rn^2}{900} \tag{9-3}$$

α 称为离心设备的分离因数，式(9-3)是衡量离心设备分离性能的基本参数。当旋转半径 r 一定时，α 值随转速 n 的平方急剧增大。例如，当 $r=0.1\text{m}$，$n=500\text{r/min}$ 时，$\alpha=28$，而当 $n=1800\text{r/min}$ 时，则 $\alpha=110$。可见在分离过程中，离心力对悬浮颗粒的作用远远超过了重力，因此极大地强化了分离过程。

另外，根据颗粒随水旋转时所受的向心力与水的反向阻力平衡原理，可导出粒径为 d(m)的颗粒分离速度 u_c(m/s)为

$$u_c = \frac{\omega^2 r(\rho - \rho_0)d^2}{18\mu} \tag{9-4}$$

式中 ρ、ρ_0——颗粒和水的密度，kg/m^3；

μ——水的动力粘度，0.1Pa·s。

当 $\rho>\rho_0$ 时，u_c 为正值，颗粒被抛向周边；当 $\rho<\rho_0$ 时，颗粒被推向中心。这说明，废水高速旋转时，密度大于水的悬浮颗粒，被沉降在离心分离设备的最外侧，而密度小于水的悬浮颗粒(如乳化油)被“浮上”在离心设备最里面，所以离心分离设备能进行离心沉降和离心浮上两种操作。从上式可知，悬浮颗粒的粒径 d 越小，密度 ρ 同水的密度 ρ_0 越接近，水的动力粘度 μ 越大，则颗粒的分离速度 u_c 越小，越难分离；反之，则较易于分离。

9.3.2 离心分离设备

按产生离心力的方式不同，离心分离设备可分为离心机和水力旋流器两类。

1. 离心机

离心机是依靠一个可随传动轴旋转的转鼓，在外界传动设备的驱动下高速旋转，转鼓带

动需进行分离的废水一起旋转，利用废水中不同密度的悬浮颗粒所受离心力不同进行分离的一种分离设备。

离心机的种类和形式有多种。按分离因数大小可分为高速离心机($\alpha>3000$)、中速离心机($\alpha=1000\sim3000$)和低速离心机($\alpha<1000$)。中、低速离心机通称为常速离心机。按转鼓的几何形状不同，可分为转筒式、管式、盘式和板式离心机；按操作过程可分为间歇式和连续式离心机；按转鼓的安装角度可分为立式和卧式离心机。

(1) 常速离心机 多用于与水有较大密度差的悬浮物的分离。分离效果主要取决于离心机的转速及悬浮物的密度和粒径的大小。国内某些厂家生产的转筒式连续离心机在回收废水中的纤维物质时，回收率可达60%～70 %；进行污泥脱水时，泥饼的含水率可降低到80%左右。

(2) 高速离心机 多用于乳化油和蛋白质等密度较小的微细悬浮物的分离。如从洗毛废水中回收羊毛脂，从淀粉麸质水中回收玉米蛋白质等。

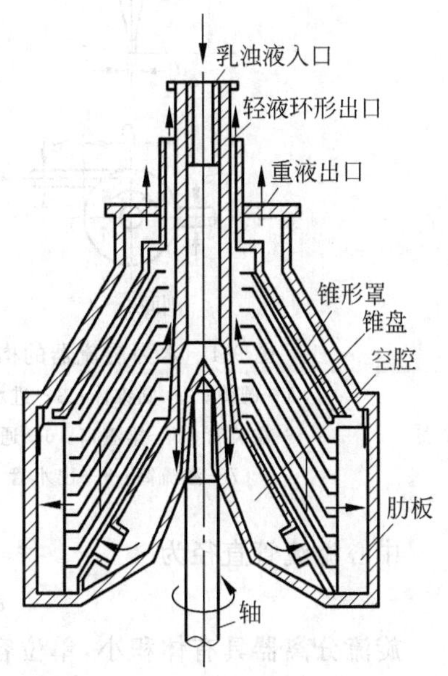

图 9-3　盘式离心机的转筒结构

图 9-3 为盘式离心机的构造示意图。在转鼓中有十几到几十个锥形金属盘片，盘片的间距为 0.4～1.5mm，斜面与垂线的夹角为 30°～50°。这些盘片，缩短了悬浮物分离时所需移动的距离，减少涡流的形成，从而提高了分离效率。离心机运行时，乳浊液沿中心管自上而下进入下部的转鼓空腔，并由此进入锥形盘分离区，在 5000r/min 以上的高速离心力的作用下，浊液的重组分(水)被抛向器壁，汇集于重液出口排出，轻组分(油)则沿盘间锥形环状窄缝上升，汇集于轻液出口排出。

2. 水力旋流器

水力旋流器有压力式和重力式两种。

1) 压力式水力旋流器

其构造如图 9-4 所示。水力旋流器用钢板或其他耐磨材料制造，其上部是直径为 D 的圆筒，下部是锥角为 θ 的截头圆锥体。进水管以逐渐收缩的形式与圆筒以切向连接。废水通过加压后以切线方式进入器内，进口处的流速可达 6～10m/s。废水在器内沿器壁向下作螺旋运动的一次涡流，废水中粒径及密度较大的悬浮颗粒被抛向器壁，并在下旋水推动和重力作用下沿器壁下滑，在锥底形成浓缩液连续排出。锥底部水流在越来越窄的锥壁反向压力作用下改变方向，由锥底向上作螺旋运动，形成二次涡流，经溢流管进入溢流筒后，从出水管排出。在水力旋流中心，形成一束绕轴线分布的自下而上的空气涡流柱。流体在器内的流动状态如图 9-5 所示。

水力旋流分离器的计算，一般首先确定分离器的尺寸，然后计算处理水量和极限截留颗粒直径，最后确定分离器台数。

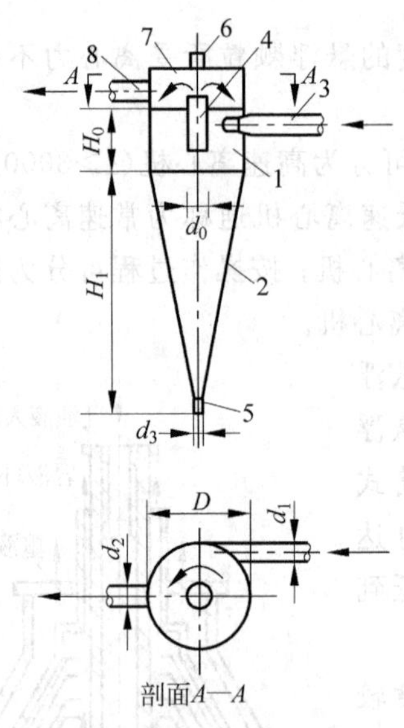

图 9-4　水力旋流器的构造

1—圆筒；2—圆锥体；3—进水管；4—溢流管；5—排渣口；6—通气管；7—溢流筒；8—出水管

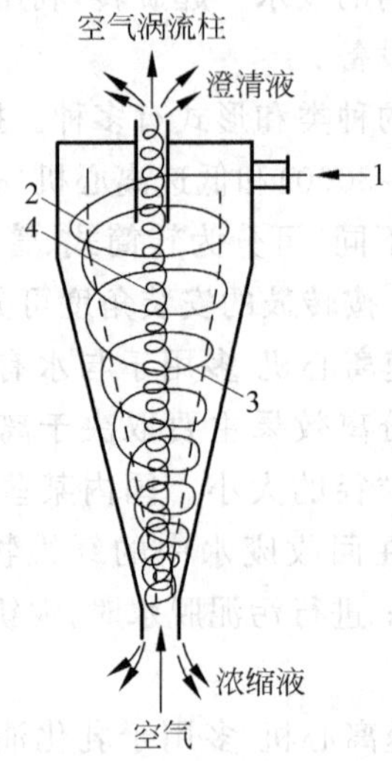

图 9-5　物料在水力旋流器内的流动情况

1—入流；2—一次涡流；3—二次涡流；4—空气涡流柱

中心溢流管直径为

$$d_0 = (0.25 \sim 0.3)D$$

旋流分离器具有体积小，单位容积处理能力高的优点。例如旋流分离器用于轧钢废水处理时，氧化铁皮的去除效果接近于沉淀池，但沉淀池的表面负荷仅为 $1.0\text{m}^3/(\text{m}^2\cdot\text{h})$，旋流器则高达 $950\text{m}^3/(\text{m}^2\cdot\text{h})$。此外，旋流分离器还具有易于安装、便于维护等优点，因此，较广泛地用于轧钢废水处理以及高浊度河水的预处理等。

旋流分离器的缺点是器壁易受磨损和电能消耗较大等。器壁宜用铬锰合金钢等耐磨材料制造，或内衬橡胶，并应力求光滑。

2）重力式旋流分离器

重力式旋流分离器又称水力旋流沉淀池。废水也以切线方向进入器内，借进出水的水头差在器内呈旋转流动。与压力式旋流器相比较，这种设备的容积大，电能消耗低。图 9-6 给出颗粒直径与分离效率的关系。图 9-7 是重力式旋流分离器的示意图。

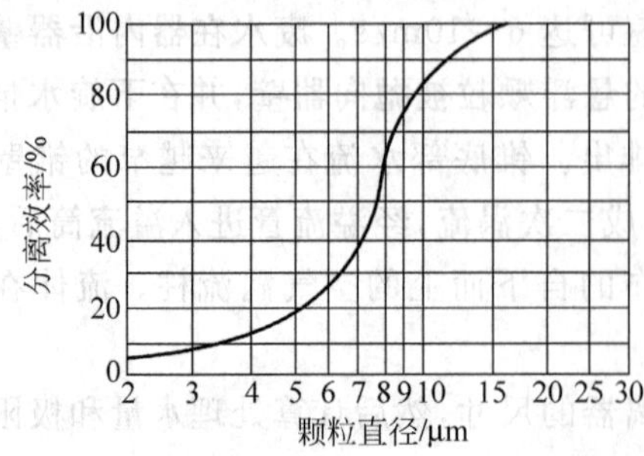

图 9-6　颗粒直径与分离效率的关系

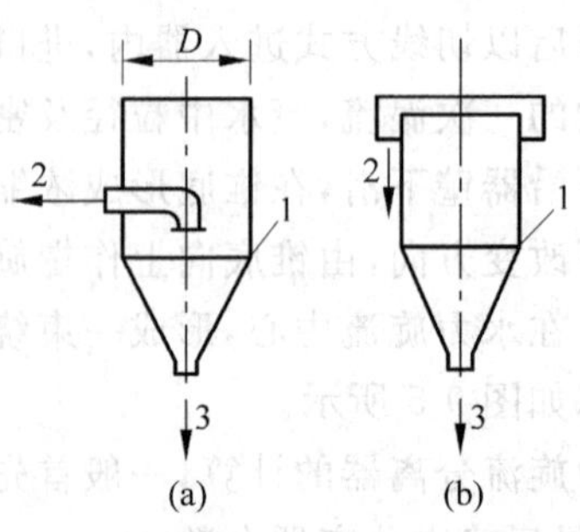

图 9-7　重力式旋流分离器示意图

(a) 淹没式进出水；(b) 表面出水

1—进水；2—出水；3—排渣

重力式旋流分离器的表面负荷大大地低于压力式，一般为 $25\sim30m^3/(m^2 \cdot h)$。废水在器内停留 15～20min，从进水口到出水溢流堰的有效深度 $H_0=1.2D$，进水口到渣斗上缘应有 0.8～1.0m 的保护高度，以免将沉渣冲起；废水在进水口的流速 $v=0.9\sim1.1m/s$。水头差 h 则可按下列公式计算：

$$h=\alpha\frac{v^2}{2g}+1.1\left(\sum\xi\frac{v_1^2}{2g}+li\right)(\mathrm{m}) \tag{9-5}$$

式中 α——系数，通过试验确定，采用 4.5；

v——管嘴处流速(进口处流速)；

ξ——局部阻力系数；

v_1——进水管内流速，m/s；

l——进水管长度，m；

i——进水管单位长度的沿程损失。

9.4 氧化还原

利用溶解于废水中的有毒有害物质，在氧化还原反应中能被氧化或还原的性质，把它转化为无毒无害的物质，这种方法称为氧化还原法。

在氧化还原反应中，参加化学反应的原子或离子有电子得失，因而引起化合价的升高或降低。失去电子的过程叫氧化，得到电子的过程叫还原。在任何氧化还原反应中，若有得到电子的物质就必然有失去电子的物质，因而氧化还原必定同时发生。把得到电子的物质称为氧化剂，因为它使另一物质失去电子被氧化。把失去电子的物质称为还原剂，因为它使另一物质得到电子被还原。

根据有毒有害物质在氧化还原反应中能被氧化或还原的不同，废水的氧化还原法又可分为氧化法和还原法两大类。在废水处理中常用的氧化剂有：空气中的氧、纯氧、臭氧、氯气、漂白粉、次氯酸钠、三氯化铁等；常用的还原剂有硫酸亚铁、亚硫酸盐、氯化亚铁、铁屑、锌粉、二氧化硫、硼氢化钠等。

电解时阳极也是一种氧化剂，阴极是一种还原剂。

9.4.1 药剂氧化还原

1. 药剂氧化法

向废水中投加氧化剂，氧化废水中的有毒有害物质，使其转变为无毒无害的或毒性小的物质的方法称为氧化法。

下面以氯氧化法在含氰废水处理中的应用为例介绍药剂氧化法在废水处理中的应用。

低浓度含氰废水的处理方法有硫酸亚铁石灰法、电解法、吹脱法、生化法、碱性氯化法等。其中碱性氯化法在国内外已有较成熟的经验，应用广泛。

碱性氯化法是在碱性条件下，采用次氯酸钠、漂白粉、液氯等氯系氧化剂将氰化物氧化的方法。无论采用什么氯系氧化剂，其基本原理都是利用次氯酸根的氧化作用。

漂白粉在水中的反应为

$$2CaOCl_2+2H_2O=\!=\!=2HClO+Ca(OH)_2+CaCl_2$$

氯气与水接触发生如下歧化反应：

$$Cl_2 + H_2O \longrightarrow HCl + HClO$$

常用的碱性氯化法有局部氧化法和完全氧化法两种工艺。前者称一级处理，后者称两级处理。

氰化物在碱性条件下被氯氧化成氰酸盐的过程，常称为局部氧化法，其反应如下：

$$CN^- + ClO^- + H_2O \longrightarrow CNCl + 2OH^-$$

$$CNCl + 2OH^- \longrightarrow CNO^- + Cl^- + H_2O$$

局部氧化法生成的氰酸盐虽然毒性低，仅为氰的0.1%，但CNO^-易水解生成NH_3。完全氧化法是继局部氧化法后，再将生成的氰酸根CNO^-进一步氧化成N_2和CO_2，消除氰酸盐对环境的污染：

$$2NaCNO + 3HOCl + H_2O = 2CO_2 + N_2 + 2NaCl + HCl + 2H_2O$$

如果经局部氧化后有残余的氯化氰，也能被进一步氧化：

$$2CNCl + 3HOCl + H_2O = 2CO_2 + N_2 + 5HCl$$

2. 药剂还原法

向废水中投加还原剂，使废水中的有毒有害物质转变为无毒的或毒性小的物质的方法称为还原法。

下面以含铬废水为例介绍药剂还原法在废水处理中的应用。

含铬废水多来源于电镀厂、制革厂和某些化工厂。电镀含铬废水主要来自镀铬漂洗水、各种铬钝化漂洗水、塑料电镀粗化工艺漂洗水等。含六价铬废水的药剂还原法的基本原理是在酸性条件下，利用化学还原剂将六价铬还原成三价铬，然后用碱使三价铬成为氢氧化铬沉淀而去除。电镀废水中的六价铬主要以铬酸根CrO_4^{2-}和重铬酸根$Cr_2O_7^{2-}$两种形式存在，在酸性条件下，六价铬主要以$Cr_2O_7^{2-}$形式存在，在碱性条件下，则主要以CrO_4^{2-}形式存在。电镀含铬漂洗废水六价铬的浓度一般为20～100mg/L，废水的pH值一般在5以上。

在酸性条件下六价铬的还原反应很快，一般要求$pH<3$。

常用的还原剂有：亚硫酸钠、亚硫酸氢钠、焦亚硫酸钠、硫代硫酸钠、硫酸亚铁、二氧化硫、水合肼、铁屑、铁粉等。

9.4.2 金属还原

以处理含汞废水为例介绍金属还原法。含汞废水与还原剂金属相接触时，废水中的汞离子被还原为金属汞而析出，金属本身被氧化为离子而进入水中。可以用来还原汞的金属有铁、锌、铋、锡、锰、镁、铜、锑等。现以铁屑为例，发生的化学反应如下：

$$Fe + Hg^{2+} \longrightarrow Fe^{2+} + Hg\downarrow$$

$$2Fe + 3Hg^{2+} \longrightarrow 2Fe^{3+} + 3Hg\downarrow$$

铁屑还原的效果与废水的pH值有关，当pH值低，由于铁的电极电位比氢的电极电位低，则废水中的氢离子也将被还原为氢气而逸出，其反应如下：

$$Fe + 2H^+ \longrightarrow Fe^{2+} + H_2\uparrow$$

反应过程中消耗铁屑，同时有氢气生成。

铁屑还原除汞的处理装置如图9-8所示。池中填充铁屑，废水以一定的流速自下而上通过滤池，与铁屑接触

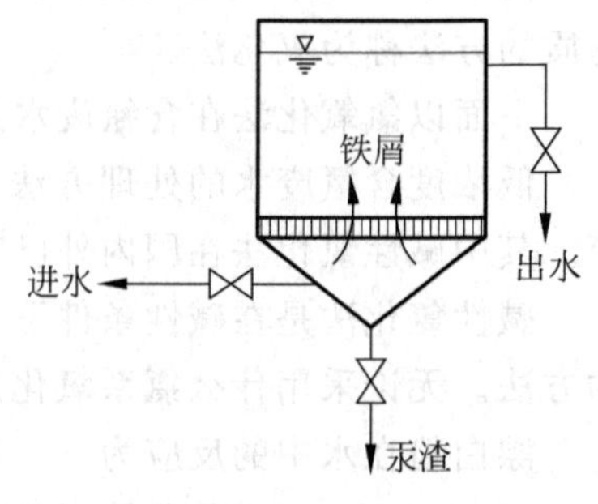

图9-8 铁屑过滤池

一定时间后从池顶排出。铁屑还原产生的铁汞沉渣可定期排放，回收利用。

9.4.3　臭氧氧化

臭氧可用光化学反应、电解反应、放电反应制备，现广泛使用放电反应制备。通过玻璃一类的诱电体放电，氧在电极之间通过，即转换为臭氧。

臭氧制备所需的电能（包括冷却和除湿所用的），如以空气为原料，每生产1kg臭氧，需耗电能约20kW·h，以氧为原料则为10kW·h左右。

作为深度处理技术，臭氧对二级处理水进行以回用为目的的处理，其主要的任务是：①去除污水中残存的有机物；②脱除污水的着色；③杀菌消毒。

臭氧的分子式为O_3，一般为无色的气体，具有特异的臭味，能够刺激口、鼻等器官的粘膜。臭氧的氧化力较强，以氧化还原电位表示，在酸性一侧为$E^\ominus=2.07V$，在碱性一侧为$E^\ominus=1.24V$。臭氧的沸点为-112.4℃，熔点为-251.4℃。臭氧溶于水，溶解度与水温呈反比关系。在常温条件下，溶解量约为20mg/L。

臭氧在水中自行分解为氧，自行分解的速率由水温和pH值所控制，高水温与高pH值能够促进分解。

臭氧对有机物有一定的氧化能力，用臭氧氧化处理二级处理水，在有机物去除方面有以下各项特征。

(1) 能够为臭氧氧化的有机物有：蛋白质、氨基酸、木质素、腐殖酸、链式不饱和化合物和氰化物等。在臭氧的作用下，不饱和化合物形成臭氧化物，臭氧化物水解，不饱和化合物即行开裂。此外，臭氧对—CHO、$—NH_2$、—SH、—OH、—NO等官能团也有氧化作用。

(2) 臭氧对有机物的氧化，难于达到形成CO_2和H_2O的完全无机化阶段，只能进行部分氧化，形成中间产物。

(3) 用臭氧对二级处理水进行氧化处理，形成的中间产物主要有甲醛、丙酮酸、丙酮醛和乙酸。但是如臭氧足够，氧化还会继续进行下去，除乙酸外，其他物质都可能为臭氧所分解。

(4) 污水用臭氧进行处理，BOD/COD比值随反应时间延长而提高，说明污水的可生化性得到改善。

(5) 臭氧对二级处理水进行处理，COD去除率与pH值有关，pH值上升去除率也显著提高，当pH值为7左右时，COD去除率只在40%左右，而当pH值上升为12时，去除率即可达80%～90%。在高pH值的条件下，臭氧自行分解非常显著，在其分解过程中生成活性很强的OH·，在OH·的作用下，COD得到很高的去除率。

臭氧对污水有很好的脱色功能，特别是能够有效地脱除由不饱和化合物着色的色度，这是因为臭氧与不饱和化合物易于反应。

经砂滤处理后的二级处理水，用臭氧进行脱色处理，效果显著地优于未经砂滤处理的二级处理水（在臭氧吸收量相同的条件下）；由此可以断定去除悬浮物能够提高脱色效果。但是，当臭氧的吸收量超过10mg/L以后，二级处理水无论是经过砂滤处理和未经砂滤处理，脱色作用都将停止。

用臭氧对二级处理水进行脱色处理，为了提高脱色效果，应考虑以砂滤作为前处理技术。

臭氧被广泛地用于杀菌消毒，但实际运行结果证实，用臭氧对二级处理水进行灭菌处理，效果提高较慢，而且在投量超过 10mg/L 后，灭菌效果提高得更为缓慢。

但是用臭氧对经砂滤处理后的二级处理水进行杀菌处理，一开始效果就非常明显，大肠菌群数急剧下降，而且在臭氧投量达 7mg/L 以后，水中的大肠菌即完全消失。

因此，可以断定，用臭氧对二级处理水进行杀菌消毒处理，如欲提高处理效果，应考虑以砂滤去除悬浮物为前处理的技术措施。用臭氧对二级处理水进行处理，所用的处理设备是混合反应器。混合反应器的作用有二：①加速臭氧与处理水的混合；②使臭氧与处理水充分接触，加快反应。

混合反应器有多种形式，常用者有：扩散板式、喷射式和机械搅拌式三种(见图 9-9)。

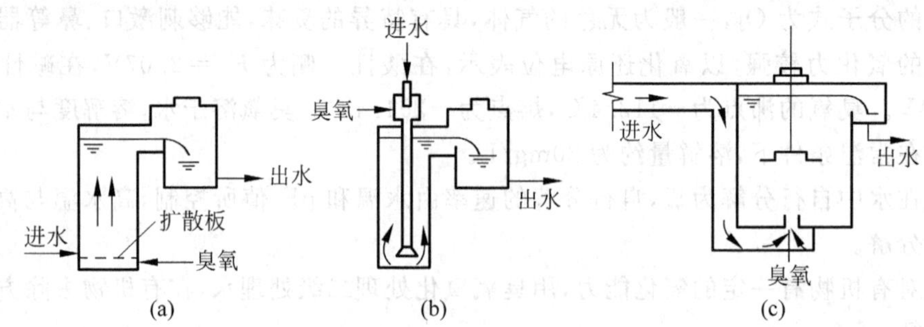

图 9-9　臭氧与污水混合反应器

(a) 扩散板式；(b) 喷射式；(c) 机械搅拌式

设计时根据臭氧分子在水中的扩散速率和与污染物的反应速率来选择混合反应器的形式。当扩散速率较大，而反应速率控制臭氧过程的速率时，混合器的结构形式应有利于反应的加速进行。属于这类的污染物有烷基苯磺酸钠、焦油、COD、BOD、氨氮等。反应采用微孔扩散板式。废水由下向上流动，臭氧从池底的扩散板喷出，扩散板可用塑料制成，孔径约为 15～20μm。当反应速率较大，由扩散速率控制过程的速率时，结构形式应有利于臭氧的加速扩散。属于这类的污染物有氰、酚、亲水性染料、细菌等，反应器多采用喷射式。高压废水通过喷射器喷嘴时吸进臭氧化气。这种形式的特点是混合充分，但接触时间短，当污水流量大时，耗电量大，不够经济。除上述两种形式外，也常采用机械混合式的混合反应器，臭氧从器底部进入，在叶片搅拌的剪切力作用下，被粉碎成微小的气泡，能够与污水充分混合。

9.4.4　空气氧化

空气氧化法是以空气中的氧作氧化剂来氧化分解废水中有毒有害物质的一种方法。目前在石油化工行业的废水处理中，常采用空气氧化法处理低含硫(硫化物＜800～1000mg/L)废水。本节介绍空气氧化法在含硫废水处理中的应用。

1. 氧化反应过程

石油炼厂含硫废水中的硫化物，一般以钠盐($NaHS$ 或 Na_2S)或铵盐[NH_4HS 或 $(NH_4)_2S$]的形式存在。废水中的硫化物与空气中的氧发生的氧化反应如下：

$$2HS^- + 2O_2 \longrightarrow S_2O_3^{2-} + H_2O$$

$$2S^{2-} + 2O_2 + H_2O \longrightarrow S_2O_3^{2-} + 2OH^-$$

$$S_2O_3^{2-} + 2O_2 + 2OH^- \longrightarrow 2SO_4^{2-} + H_2O$$

从上述反应可知，在处理过程中，废水中有毒的硫化物和硫氢化物被氧化为无毒的硫代硫酸盐和硫酸盐。上述第三个反应进行得比较缓慢。当反应温度为 80～90℃，接触时间为 1.5h 时，废水中的 HS^- 和 S^{2-} 约有 90%被氧化为 $S_2O_3^{2-}$，其中约有 10%的 $S_2O_3^{2-}$ 能进一步被氧化为 SO_4^{2-}。如果向废水中投加少量的氯化铜或氯化钴作催化剂，则几乎全部的 $S_2O_3^{2-}$ 被氧化为 SO_4^{2-}。

氧化 1kg －2 价硫理论上需 1kg 氧，约需 $4m^3$ 空气，实际上空气用量为理论值的 2～3 倍。

2. 工艺流程

空气氧化法处理含硫废水工艺流程如图 9-10 所示。含硫废水与脱硫塔出水换热后，用蒸汽直接加热至 80～90℃进入脱硫塔，从塔底通入空气，使废水中的硫化物与空气中的氧接触，进行氧化还原反应，从塔顶排出的水与塔进水换热后，进入气液分离器，废气排入大气，废水排入含油废水管网。

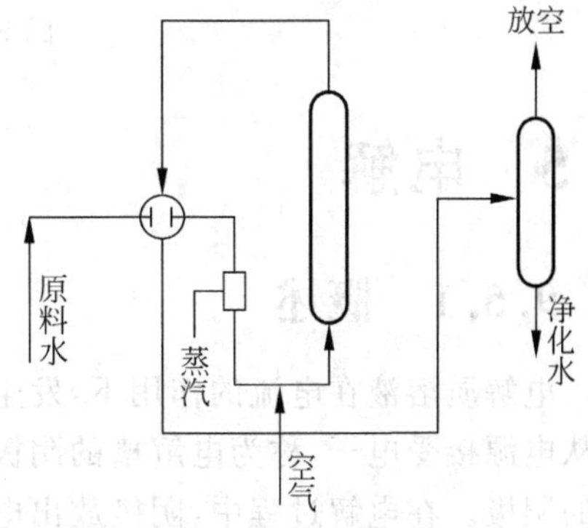

图 9-10 空气氧化法处理含硫废水流程

9.4.5 光氧化

1. 光氧化法原理

光氧化法是利用光和氧化剂产生很强的氧化作用来氧化分解废水中有机物或无机物的方法。氧化剂有臭氧、氯、次氯酸盐、过氧化氢及空气加催化剂等，其中常用的为氯气。在一般情况下，光源多为紫外光，但它对不同的污染物有一定的差异，有时某些特定波长的光对某些物质比较有效。光对污染物的氧化分解起催化剂的作用。下边介绍以氯为氧化剂的光氧化法处理有机废水。

氯和水作用生成的次氯酸吸收紫外光后，被分解产生初生态氧[O]，这种初生态氧很不稳定且具有很强的氧化能力。初生态氧在光的照射下，能把含碳有机物氧化成二氧化碳和水。简化后反应过程如下：

$$Cl_2 + H_2O \rightleftharpoons HOCl + HCl$$

$$HOCl \xrightarrow{光} HCl + [O]$$

$$[H \cdot C] + [O] \xrightarrow{光} H_2O + CO_2$$

式中[H·C]代表含碳有机物。

2. 处理工艺流程

光氧化法工艺处理流程如图 9-11 所示。废水经过滤器去除悬浮物后进入光氧化池。废水在反应池内的停留时间与水质有关，一般为 0.5～2.0h。

光氧化的氧化能力比只用氯氧化高 10 倍以上，处理过程一般不产生沉淀物，不仅可处理有机废水，也可处理能被氧化的无机物。此法用于废水深度处理时，COD、BOD 可接近于零。光氧化法除对分散染料的一小部分外，其脱色率可达 90%以上。

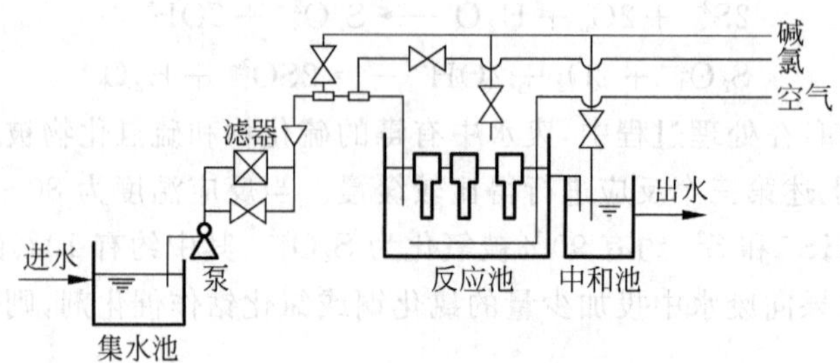

图 9-11 光氧化工艺流程

9.5 电解

9.5.1 概述

电解质溶液在电流的作用下,发生电化学反应的过程称为电解。与电源负极相连的电极从电源接受电子,称为电解槽的阴极;与电源正极相连的电极把电子转给电源,称为电解槽的阳极。在电解过程中,阴极放出电子,使废水中某些阳离子因得到电子而被还原,阴极起还原剂的作用;阳极得到电子,使废水中某些阴离子因失去电子而被氧化,阳极起氧化剂的作用。废水进行电解反应时,废水中的有毒物质在阳极和阴极分别进行氧化和还原反应,结果产生新物质。这些新物质在电解过程中或沉积于电极表面或沉淀下来或生成气体从水中逸出,从而降低了废水中有毒物质的浓度。像这样利用电解的原理来处理废水中有毒物质的方法称为电解法。

1. 法拉第电解定律

电解过程的耗电量可用法拉第电解定律计算。实验表明,电解时在电极上析出的或溶解的物质的量与通过的电量成正比,并且每通过 96 487C 的电量,在电极上发生任一电极反应而变化的物质的量均为 1mol,这一定律称为法拉第电解定律,可用下式表示:

$$G=\frac{1}{F}EQ \quad 或 \quad G=\frac{1}{F}EIt \tag{9-6}$$

式中 G——析出的或溶解的物质质量,g;

E——物质的化学当量,g/mol;

Q——通过的电量,C;

I——电流强度,A;

t——电解时间,s;

F——法拉第常数,$F=96\,487$C/mol。

在实际电解过程中,由于发生某些副反应,所以实际消耗的电量往往比理论值大得多。

2. 分解电压

电解过程中所需要的最小外加电压与很多因素有关。通常,通过逐渐增加两极的外加电压来研究电流的变化。当外加电压很小时,几乎没有电流通过。电压继续增加,电流略有增加。当电压增到某一数值时,电流随电压的增加几乎呈直线关系急剧上升。这时在两极上才明显地有物质析出。能使电解正常进行时所需的最小外加电压称为分解电压。

产生分解电压的原因首先是电解槽本身就是某种原电池。由原电池产生的电动势同外加电压的方向正好相反，称为反电动势。那么是否外加电压超过反电动势就开始电解呢？实际上分解电压常大于原电池的电动势。这种分解电压超过原电池电动势的现象称为极化现象。电极的极化作用主要有：

(1) 浓差极化

由于电解时离子的扩散运动不能立即完成，靠近电极表面溶液薄层内的离子浓度与溶液内部的离子浓度不同，结果产生一种浓差电池，其电位差也同外加电压方向相反。这种现象称为浓差极化。浓差极化可以采用加强搅拌的方法使之减少。但由于存在电极表面扩散层，不可能完全把它消除。

(2) 化学极化

由于在进行电解时两极析出的产物构成了原电池，此电池电位差也和外加电压方向相反。这种现象称为化学极化。

另外，当通电进行电解时，因电解液中离子运动受到一定的阻碍，所以需一定的外加电压加以克服，其值为 IR，I 为通过的电流，R 为电解液的电阻。

实际上，分解电压还与电极的性质、废水性质、电流密度（单位电极面积上流过的电流，A/cm^2）及温度等因素有关。

9.5.2　电解法在水处理中的应用

以电解法处理含铬废水为例介绍电解法在水处理中的应用。

1. 基本原理

在电解槽中一般放置铁电极，在电解过程中铁板阳极溶解产生亚铁离子。亚铁离子是强还原剂，在酸性条件下，可将废水中的六价铬还原为三价铬，其离子反应方程如下：

$$Fe - 2e^- \longrightarrow Fe^{2+}$$

$$Cr_2O_7^{2-} + 6Fe^{2+} + 14H^+ \longrightarrow 2Cr^{3+} + 6Fe^{3+} + 7H_2O$$

$$CrO_4^{2-} + 3Fe^{2+} + 8H^+ \longrightarrow Cr^{3+} + 4H_2O + 3Fe^{3+}$$

从以上反应式可知，还原一个六价铬离子需要三个亚铁离子，阳极铁板的消耗，理论上应是被处理六价铬离子的 3.22 倍（质量比）。若忽略电解过程中副反应消耗的电量和阴极的直接还原作用，从理论上可算出，1A·h 的电量可还原 0.3235g 铬。

在阴极，除氢离子获得电子生成氢外，废水中的六价铬直接还原为三价铬。离子反应方程式为：

$$2H^+ + 2e^- \longrightarrow H_2\uparrow$$

$$Cr_2O_7^{2-} + 6e^- + 14H^+ \longrightarrow 2Cr^{3+} + 7H_2O$$

$$CrO_4^{2-} + 3e^- + 8H^+ \longrightarrow Cr^{3+} + 4H_2O$$

从上述反应可知，随着电解过程的进行，废水中的氢离子浓度将逐渐减少，结果使废水碱性增强。在碱性条件下，可将上述反应得到的三价铬和三价铁以氢氧化铬和氢氧化铁的形式沉淀下来，其反应方程如下：

$$Cr^{3+} + 3OH^- \longrightarrow Cr(OH)_3\downarrow$$

$$Fe^{3+} + 3OH^- \longrightarrow Fe(OH)_3\downarrow$$

实验证明，电解时阳极溶解产生的亚铁离子是六价铬还原为三价铬的主要因素，而阴极直接将六价铬还原为三价铬是次要的。这可从铁阳极腐蚀严重的现象中得到证明。因此，为了提高电解效率，采用铁阳极并在酸性条件下进行电解是有利的。

应该指出的是，铁阳极在产生亚铁离子的同时，由于阳极区氢离子的消耗和氢氧根离子浓度的增加，引起氢氧根离子在铁阳极上放出电子，结果生成铁的氧化物，其反应式如下：

$$4OH^- - 4e^- \longrightarrow 2H_2O + O_2\uparrow$$

$$3Fe + 2O_2 \longrightarrow FeO + Fe_2O_3$$

将上述两个反应相加得：

$$8OH^- + 3Fe - 8e^- \longrightarrow Fe_2O_3 \cdot FeO + 4H_2O$$

随着 $Fe_2O_3 \cdot FeO$ 的生成，铁板阳极表面生成一层不溶性的钝化膜。这种钝化膜具有吸附能力，往往使阳极表面粘附着一层棕褐色的吸附物（主要是氢氧化铁）。这种物质阻碍亚铁离子进入废水中去，从而影响处理效果。为了保证阳极的正常工作，应尽量减少阳极的钝化。减少阳极钝化的方法大致有三种：

(1) 定期用钢丝刷清洗极板。这种方法劳动强度大。

(2) 定期将阴、阳极交换使用。利用电解时阴极上产生氢气的撕裂和还原作用，将极板上的钝化膜除掉，其反应为：

$$2H^+ + 2e^- \longrightarrow H_2\uparrow$$

$$Fe_2O_3 + 3H_2 \longrightarrow 2Fe + 3H_2O$$

$$FeO + H_2 \longrightarrow Fe + H_2O$$

电极换向时间与废水含铬浓度有关，一般由试验确定。

(3) 投加食盐电解质。由 NaCl 生成的氯离子能起活化剂的作用。因为氯离子容易吸附在已钝化的电极表面，接着氯离子取代膜中的氧离子，结果生成可溶性铁的氯化物而导致钝化膜的溶解。投加食盐不仅为了除去钝化膜，也可增加废水的导电能力，减少电能的消耗。食盐的投加量与废水中铬的浓度等因素有关，可用试验确定。

2. 工艺流程

电解法宜用于处理生产过程中所产生的各种含铬废水。用电解法处理的含铬废水，六价铬离子含量不宜大于 100mg/L，pH 值宜为 4.0～6.5。

电解法除铬的工艺有间歇式和连续式两种。一般多采用连续式工艺，其工艺流程如图 9-12 所示。从车间排出的含铬废水汇集于调节池内，然后送入电解槽，经电解处理后流入沉淀池，沉淀后的废水再经滤池处理，符合排放标准后可重复使用或直接排放。

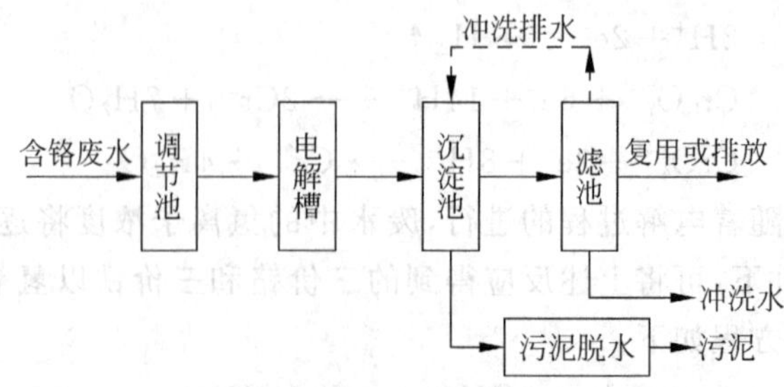

图 9-12 连续式含铬废水处理工艺流程

调节池的作用是调节含铬废水的水量和浓度，使进入电解槽的废水量和浓度比较均匀，以保证电解处理效果。调节池设计成两格，容积应根据水量和浓度的变化情况确定，如无资料时可按 2～4h 平均流量设计。

沉淀池的作用是使在电解过程中生成的氢氧化铬和氢氧化铁从水中分离出来。当废水中六价铬离子含量为 50～100mg/L 时，沉淀时间宜为 2h，污泥体积可按处理废水体积的 5%～10%估算。当废水中六价铬离子含量为 100mg/L 时，处理每 m^3 废水所产生的污泥干重可按 $1kg/m^3$ 计算。在沉淀池沉淀下来的污泥送入污泥脱水设备，经脱水后运走进行处置。

滤池的作用是去除未被沉淀池除去的氢氧化铬和氢氧化铁。滤池可采用重力式或压力式滤池。滤池反冲洗水排入沉淀池处理。

9.6　离子交换

9.6.1　离子交换树脂的选择性

废水处理中使用的离子交换剂分无机离子交换剂和有机离子交换剂两大类。无机离子交换剂有天然沸石和合成沸石等。有机离子交换树脂的种类繁多，主要有强酸阳离子交换树脂、弱酸阳离子交换树脂、强碱阴离子交换树脂、弱碱阴离子交换树脂、螯合树脂和有机吸附树脂等。其中，螯合树脂是为了吸附水中微量金属而研制的，有机物吸附树脂的交换容量比普通的离子交换树脂小，但它对有机物有较高的吸附能力。由于在废水处理中离子交换树脂比无机离子交换剂采用得较为广泛，故本节只介绍离子交换树脂在废水处理中的应用。

采用离子交换法处理废水时必须考虑树脂的选择性。树脂对各种离子的交换能力是不同的。交换能力的大小主要取决于各种离子对该种树脂亲和力（又称选择性）的大小。在常温下，低浓度时，各种树脂对各种离子亲和力的大小可归纳出如下几个规律。

（1）强酸阳离子树脂的选择性顺序：

$$Fe^{3+} > Cr^{3+} > Al^{3+} > Ca^{2+} > Mg^{2+} > K^{+} = NH_4^{+} > Na^{+} > Li^{+}$$

（2）弱酸阳离子树脂的选择性顺序：

$$H^{+} > Fe^{3+} > Cr^{3+} > Al^{3+} > Ca^{2+} > Mg^{2+} > K^{+} = NH_4^{+} > Na^{+} > Li^{+}$$

（3）强碱阴离子树脂的选择性顺序：

$$Cr_2O_7^{2-} > SO_4^{2-} > Cr^{3+} > NO_3^{-} > Cl^{-} > OH^{-} > F^{-} > HCO_3^{-} > HSiO_3^{-}$$

（4）弱碱阴离子树脂的选择性顺序：

$$OH^{-} > Cr_2O_7^{2-} > SO_4^{2-} > CrO_4^{2-} > NO_3^{-} > Cl^{-} > HCO_3^{-}$$

（5）螯合树脂的选择性顺序与树脂的种类有关。螯合树脂在化学性质方面与弱酸阳树脂相似，但比弱酸树脂对重金属的选择性高。螯合树脂通常为 Na 型，树脂内金属离子与树脂的活性基团相螯合。典型的螯合树脂为亚氨基醋酸型，它与金属反应如下：

$$R—CH_2N\begin{matrix} CH_2COONa \\ CH_2COONa \end{matrix} + Me^{2+} \longrightarrow R—CH_2N\begin{matrix} CH_2C(=O)—O \\ \\ CH_2C(=O)—O \end{matrix}\!\!>\!Me$$

式中 Me^{2+}——重金属离子。

亚氨基醋酸型螯合树脂的选择性顺序：

$$Hg^{2+} > Cu^{2+} > Ni^{2+} > Mn^{2+} > Ca^{2+} > Mg^{2+} \gg Na^{+}$$

位于顺序前列的离子可以取代位于顺序后列的离子。

应该指出的是，上面介绍的选择性顺序均指常温低浓度而言。在高温高浓度时，处于顺序后列的离子可以取代位于顺序前列的离子，这是树脂再生的依据之一。

9.6.2 离子交换法在水处理中的应用

废水处理方面，采用离子交换法处理含铬废水、含镍废水、含铜废水及含金废水在电镀行业得到广泛应用。除此之外，离子交换法还可以用于水的软化和除盐。

1. 概述

1）一般规定

采用离子交换法处理某一种清洗废水时，不应混入其他镀种或地面散水等废水。当离子交换树脂的洗脱回收液要求回用于镀槽时，则虽属同一镀种，但镀液配方不同的清洗废水也不应混入。进入离子交换柱的电镀清洗废水的悬浮物含量不应超过 15mg/L，当超过时应进行预处理。清洗废水的调节池和循环水池的设置，可根据电镀生产情况、废水处理流程和现场条件等具体情况确定。其有效容积可按 2～4h 平均废水量计算。

2）离子交换柱的计算

（1）单柱体积

$$V = \frac{Q}{u}1000 \tag{9-7}$$

式中 V——阴(阳)离子交换树脂单柱体积，L；

Q——废水设计流量，m^3/h；

u——空间流速，L/(L(R)·h)。

（2）空间流速

$$u = \frac{E}{C_0 T}1000 \tag{9-8}$$

式中 E——树脂饱和工作交换容量，g/L(R)；

C_0——废水中金属离子浓度，mg/L；

T——树脂饱和工作周期，h。

（3）流速

$$v = uH \tag{9-9}$$

式中 H——树脂层高度，m。

（4）交换柱直径

$$D = 2\sqrt{\frac{Q}{\pi v}} \tag{9-10}$$

式中 D——交换柱直径，m。

3）废水通过树脂层的阻力损失，该值可通过查表确定。

2. 离子交换法处理含铬废水

1）一般规定

用离子交换法处理的镀铬清洗废水，六价铬离子浓度不宜大于 200mg/L。废水处理后必须做到水的循环利用和铬酸的回收利用，并宜做到铬酸回用于镀槽。离子交换法不宜用于处理镀黑铬和镀含氟铬的清洗废水。

2）含铬废水处理基本工艺流程

用离子交换法处理镀铬清洗废水，宜采用三阴柱串联、全饱和及除盐水循环的基本工艺流程，见图 9-13。

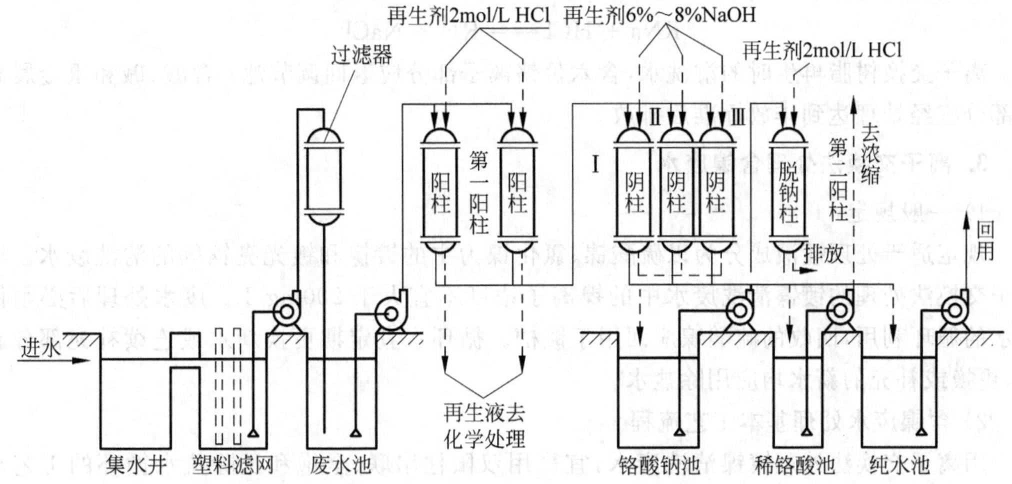

图 9-13　镀铬漂洗水三阴柱全饱和处理流程示意图

含铬废水主要含有以铬酸根离子（CrO_4^{2-}）和重铬酸根离子（$Cr_2O_7^{2-}$）形式存在的六价铬。废水经过滤柱预处理后，经阳柱去除废水中的阳离子（M^{n+}），其反应如下：

$$nR^- H^+ + M^{n+} \rightleftharpoons R_n^- M^{n+} + nH^+$$

经上述反应后，废水呈酸性，使 pH 值下降。当 pH 值降到 5 以下时，废水中的六价铬大部分以 $Cr_2O_7^{2-}$ 的形式存在。接着废水进入阴柱去除铬酸根离子和重铬酸根离子，其反应如下：

$$2ROH + Cr_2O_7^{2-} \rightleftharpoons R_2Cr_2O_7 + 2OH^-$$

$$2ROH + CrO_4^{2-} \rightleftharpoons R_2CrO_4 + 2OH^-$$

当Ⅰ阴柱出水六价铬达到规定浓度时，此时树脂层内树脂带有的 OH^- 基本上为废水中的 $Cr_2O_7^{2-}$、CrO_4^{2-}、SO_4^{2-} 与 Cl^- 所取代。树脂层中的阴离子按它们选择性的大小，从上到下分层，显然下层没有完全为 $Cr_2O_7^{2-}$ 所饱和，如果此时进行再生，则洗脱液中 SO_4^{2-} 及 Cl^- 的浓度较高，铬酸浓度较低。为了提高铬酸的浓度和纯度，将Ⅱ柱串联在Ⅰ柱后，这时继续向Ⅰ柱通水，则Ⅰ柱内 $Cr_2O_7^{2-}$ 含量逐渐增加，而 SO_4^{2-} 及 Cl^- 含量逐渐下降，最后当Ⅰ柱出水中六价铬浓度与进水中的几乎全部为 $Cr_2O_7^{2-}$ 所饱和时，才使Ⅰ柱停止工作进行再生。这种流程称为双阴柱全酸性全饱和流程。

经阳柱和阴柱后，原水中金属阳离子和六价铬转到树脂上，树脂上的 H^+ 和 OH^- 被置换下来结合成水，所以可得到纯度较高的水。

阳柱树脂失效后，可用一定浓度的 HCl 溶液进行再生，其反应如下：

$$R_n^- M^{n+} + nHCl \xlongequal{\quad} nR^- \ H^+ + M^{n+}Cl_n^{-1}$$

阴柱树脂失效后用较高浓度的 NaOH 进行再生，得到六价铬浓度较高的 Na_2CrO_4 再生洗脱液，反应如下：

$$R_2Cr_2O_7 + 4NaOH \xlongequal{\quad} 2ROH + 2Na_2CrO_4 + H_2O$$

为了回收铬酸，可把再生阴树脂得到的再生洗脱液，通过氢型阳树脂进行脱钠可得到 $H_2Cr_2O_7$，反应如下：

$$4RH + 2Na_2CrO_4 \xlongequal{\quad} 4RNa + H_2Cr_2O_7 + H_2O$$

脱钠柱树脂失效后用 HCl 再生，反应如下：

$$RNa + HCl \xlongequal{\quad} RH + NaCl$$

离子交换树脂再生时的淋洗水，含六价铬离子部分应返回调节池；含酸、碱和重金属离子部分应经处理达到排放标准后排放。

3. 离子交换法处理含镍废水

1）一般规定

规定适于处理镀液成分为以硫酸镍、氯化镍为主的镀镍和镀光亮镍等的清洗废水。用离子交换法处理的镀镍清洗废水中的镍离子浓度不宜大于 200mg/L。废水处理后必须做到水的循环利用，回收的硫酸镍应回用于镀槽。循环水宜定期更换新水或连续补充部分新水，更换或补充的新水均应用除盐水。

2）含镍废水处理基本工艺流程

用离子交换法处埋镀镍清洗废水，宜采用双阳柱串联、全饱和及除盐水循环的工艺流程，见图 9-14。

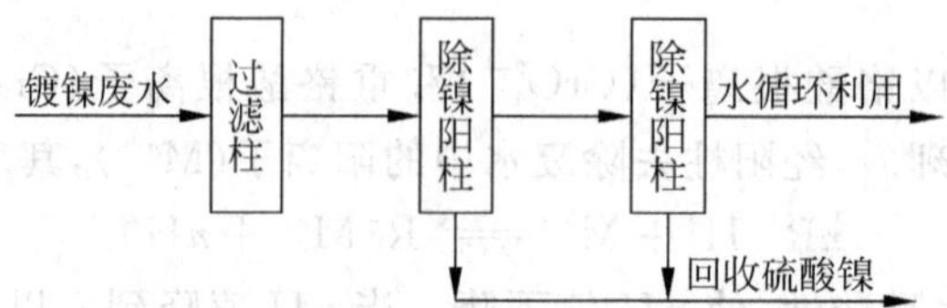

图 9-14 镀镍废水处理工艺流程

4. 离子交换软化系统

目前常用的离子交换软化方法有 Na 离子交换法、H 离子交换法和 H-Na 离子交换法等。

离子交换装置，按照运行方式的不同，可分为固定床和连续床两大类：

- 离子交换装置
  - 固定床
    - 单层床
    - 双层床
    - 混合床
  - 连续床
    - 移动床
    - 流动床

固定床是离子交换装置中最基本的一种形式。离子交换树脂（或磺化煤）装填在离子交换器内。在操作过程中，树脂不往外输送，所以称为固定床。移动床、流动床都是与固定床相对而言的，并是在固定床基础上发展起来的。

固定床依照原水与再生液的流动方向，又可分为两种形式：原水与再生液分别从上而下以同一方向流经离子交换器的，称为顺流再生固定床；原水与再生液流向相反的，称为逆流再生固定床。后一种目前得到广泛应用。

1）顺流再生固定床

软化用的离子交换器为能承受 0.4～0.6MPa 压强的钢罐，内部构造分为上部配水管系、树脂层、下部配水管系等三个部分，其构造类似于压力过滤器。树脂层高度一般为 1.5～2.0m。上部有足够空间，以保证反洗时树脂层膨胀之用。固定床运行操作中，交换过程就是软化过程，而反洗、再生、清洗三个步骤属于再生工序。

顺流再生固定床存在如下主要缺点：树脂层上部再生程度高，而越是下部，再生程度越差，在通常生产条件下，即使再生剂耗量已 2～3 倍于理论值，而再生效果仍不理想；在软化工作期间，出水剩余硬度较高；到软化工作后期，由于树脂层下半部原先再生不好，出水剩余硬度提前超出规定指标，导致交换器过早地失效，降低了设备工作效率。因此，顺流再生固定床只适用于设备较小、原水硬度较低的场合。

2）逆流再生固定床

凡是再生时再生液流向与交换时水流流向相反的，均属于逆流（对流）再生工艺。常见的是再生液向上流、水流向下流的逆流再生固定床。再生时，再生液首先接触饱和程度低的底层树脂，然后再生饱和程度较高的中、上层树脂。这样，再生液被充分利用，再生剂用量显著降低，并能保证底层树脂得到充分再生。软化时，处理水在经过相当软化之后又与这一底层树脂接触，进行充分交换，从而提高了出水水质。这个优点在处理高硬度水时更为突出。固定床逆流再生离子交换器如图 9-15 所示。逆流再生固定床运行流速为 15～20m/h。

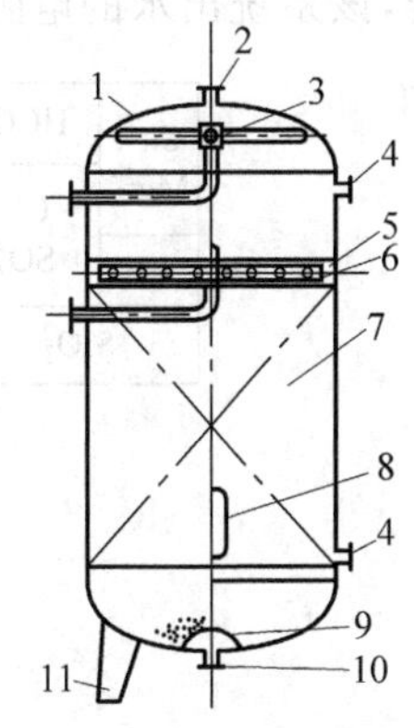

图 9-15　逆流再生固定床离子交换器

1—壳体；2—排气管；3—上配水装置；4—树脂装卸口；5—压脂层；6—中间排液管；7—树脂层；8—视镜；9—下配水装置；10—出水管；11—底脚

实现逆流再生，有两种操作方式：一是采用再生液向上流、水流向下流的方式，应用比较成功的有气顶压法、水顶压法等；另一是采用再生液向下流、水流向上流的方式，应用比较成功的有浮动床法。气顶压法是在再生之前，在交换器顶部送进压强约 30～50kPa 的压缩空气，从而在正常再生流速（5m/h 左右）的情况下，做到层次不乱。其与普通顺流再生设备的不同处在于，在树脂层表面处安装有中间排水装置，以便排出向上流的再生液与清洗水，借助上部压缩空气的压力，防止乱层。另外，在中间排水装置上面，装填一层厚约 15cm 的树脂或比重轻于树脂而略重于水的惰性树脂（称为压脂层），它一方面使压缩空气比较均匀而缓慢地从中间排水装置逸出，另一方面也起一定过滤作用。

水顶压法的装置及其工作原理与气顶压法相同，仅是用带有一定压力的水替代压缩空气以保持床层不乱。再生时将水引入交换器顶部，经压脂层进入中间排水装置与再生废液同时排出。水压一般为 50kPa，水量约为再生液用量的 1～1.5 倍。

近年来在我国发展起来的无顶压逆流再生工艺是一种很有发展前途的再生方法。此法的特点在于，增加中间排水装置的开孔面积，使小孔流速低于0.1～0.2m/s。这样，在压脂层厚20cm、再生流速小于7m/h的情况下，不需任何顶压手段，即可保持层床固定密实，而再生效果完全相同。此法简化了逆流再生操作，有利于进一步推广应用。

5. 离子交换除盐系统

离子交换法主要用于淡水除盐。该法可与电渗析或反渗透法联合使用。这种联合系统用于水的深度除盐处理。离子交换除盐系统有双床式和混合床两种类型。

1）双床式

利用阴、阳树脂的交换特性，就可组成强酸-强碱和强酸-弱碱的双床除盐系统。强酸-强碱系统如图9-16所示，是最基本系统，它不仅能去除各种强型阴、阳离子，而且也除去大部分弱酸阴离子，为了减轻阴床负荷，除CO_2器可设置在阴床之前。当不需要除去弱酸阴离子（CO_3^{2-}、SiO_3^{2-}）时则采用强酸-弱碱系统，如图9-17所示。图9-16的系统在原水含盐量小于500ml/L时，出水电阻率一般为$0.1\times10^6\Omega\cdot cm$以上，$SiO_2$在0.1mL/L以下，pH为8～9.5；图9-17系统由于经弱碱树脂床后水中会增加大量碳酸，因此可在后面增设除二氧化碳器，该系统出水的电阻率约为$5\times10^4\Omega\cdot cm$，pH为6～6.5。

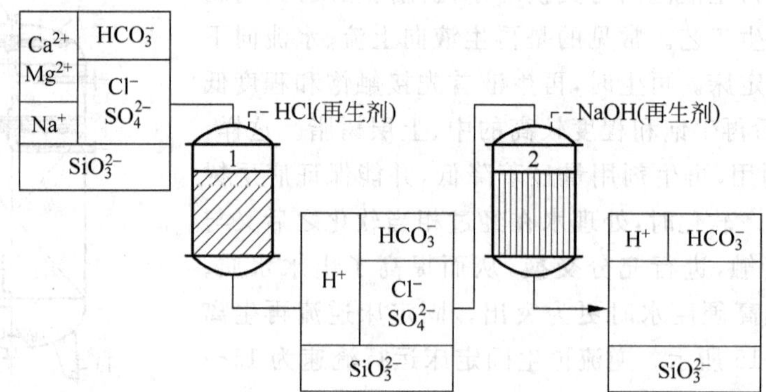

图9-16 强酸-强碱双床系统

1—强酸；2—强碱

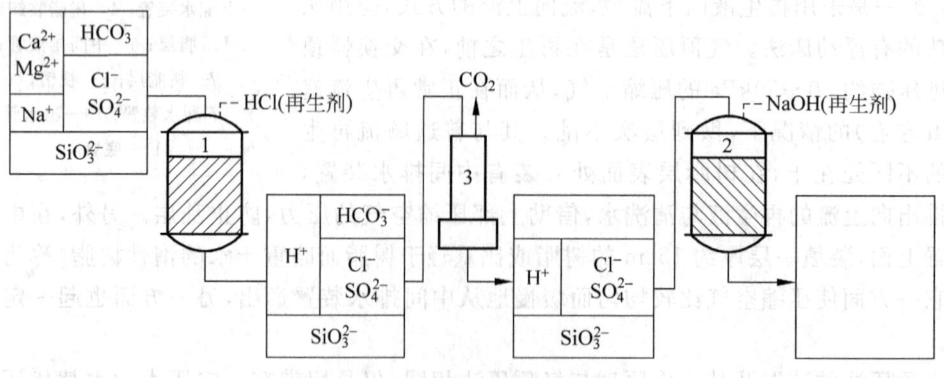

图9-17 强酸-弱碱双床系统

1—强酸；2—弱碱；3—除CO_2器

2）混合床

将阳、阴离子交换树脂按一定比例均匀混合组成交换器的树脂层，即成为混合床离子交换器，简称混合床或混床。由于阳、阴树脂紧密接触，混合床可以看成是由无数微型的双床除盐系统串联而成的。当原水通过此交换器时，水中的阳离子和阳树脂、水中的阴离子和阴树脂可以相应地同时进行离子交换反应。以强酸、强碱树脂组成的混床为例：

$$RH + ROH + NaCl \Longrightarrow RNa + RCl + H_2O$$

由反应式看出，影响RH交换反应的H^+和影响ROH交换反应的OH^-离子化合生成了水，因此极有利于离子交换反应向右进行。上一反应的平衡常数为

$$K=\frac{[RNa][RCl][H_2O]}{[RH][ROH][Na^+][Cl^-]}=\frac{[RNa][H^+]\cdot[RCl][OH^-]\cdot[H_2O]}{[RH][Na^+]\cdot[ROH][Cl^-]\cdot[H^+][OH^-]}=\frac{K_C K_A}{K_{H_2O}} \tag{9-11}$$

式中　K——混合树脂的平衡常数；

K_C——阳树脂的平衡常数；

K_A——阴树脂的平衡常数；

K_{H_2O}——水的离子积。

当$K>1$时反应向右进行。据测定，8%交联度的H型磺酸聚苯乙烯树脂对Na^+的平衡常数约为1.5～2.5，8%交联度的OH型苯甲基二甲基胺聚苯乙烯树脂对Cl^-的平衡常数约为2，水的离解常数为1.6×10^{-16}（22℃），代入式(9-11)可得$K\gg1.0$，因此混合床中进行的反应远比双床要好得多，其出水质量远比双床要高。

除上述主要反应外，由于混床中原水与阳、阴树脂同时接触，RH生成的酸由强碱树脂ROH直接吸收，防止了逆反应发生，所以强酸树脂就好像与碱度增大的水反应一样，在同样的再生水平下，比双床的交换容量要大，并且离子泄漏也降低。对于强碱树脂，在混床中除了进行效率最高的中和反应外（与双床同），还进行效率较差的中性盐分解反应，因此，离子交换的效率比双床要小；在同样再生水平下，混床的交换容量也比双床略低。

思考题

9-1　提高萃取速率及其设备生产能力的途径有哪些？

9-2　多级闪蒸与多效蒸发工作原理的主要区别何在？前者的结垢现象为何要比后者轻得多？

9-3　何谓离心分离的分离因数？衡量水力旋流分离器的分离效果的主要指标是什么？其物理意义是什么？

9-4　臭氧氧化法去除有机物的特征是什么？

9-5　阐述电解法处理含铬废水的基本原理。铁阳极为何会产生钝化膜？如何消除钝化膜？

9-6　混合床除盐和双床除盐有什么区别？

9-7　离子交换除盐和离子交换软化系统有什么区别？在生产和实际中如何选择离子交换系统？

第3篇

生物处理

PART 3

第10章 CHAPTER 10

活性污泥法

10.1 活性污泥法的基本原理

在当前的污水处理技术领域中，活性污泥法是处理城市污水最广泛应用的技术方法之一。活性污泥法本质上与天然水体（江、河）的自净过程类似，两者均为好氧生物处理过程，但前者的净化强度大，因此说活性污泥法是天然水体自净作用的人工强化。

活性污泥法能去除污水中溶解性和胶体性的可生物降解有机物，以及能被活性污泥吸附的悬浮固体和其他物质；同时，无机盐类（磷和氮的化合物）也能部分去除。类似的工业废水也可用活性污泥法处理。活性污泥法既适用于大流量的污水处理，也适用于小流量的污水处理；运行方式灵活，日常运行费用较低；但管理要求较高。

活性污泥法已有将近90年的历史。随着在实际生产上的广泛应用和技术上的不断革新改进，特别是近几十年来，活性污泥法得到了长足的发展，出现了多种能够适应各种条件的工艺流程。当前，活性污泥法已成为生活污水、城市污水以及有机性工业废水的主体处理技术。本章将讨论活性污泥法的基本概念和实际应用问题。

10.1.1 活性污泥法的基本概念与流程

活性污泥法是以活性污泥为主体的污水生物处理技术。向生活污水注入空气进行曝气，每天保留沉淀物，更换新鲜污水。这样，在持续一段时间后，在污水中即将形成一种呈黄褐色的絮凝体。这种絮凝体主要是由大量繁殖的微生物群体所构成，它易于沉淀与水分离，并使污水得到净化、澄清。这种絮凝体就是称为“活性污泥”的生物污泥。

图10-1所示为活性污泥法处理系统的基本流程。系统是以活性污泥反应器——曝气池——作为核心处理设备，此外还有二次沉淀池、污泥回流系统和曝气与空气扩散系统所组成。在投入正式运行前，在曝气池内必须进行以污水作为培养基的活性污泥培养与驯化工作。

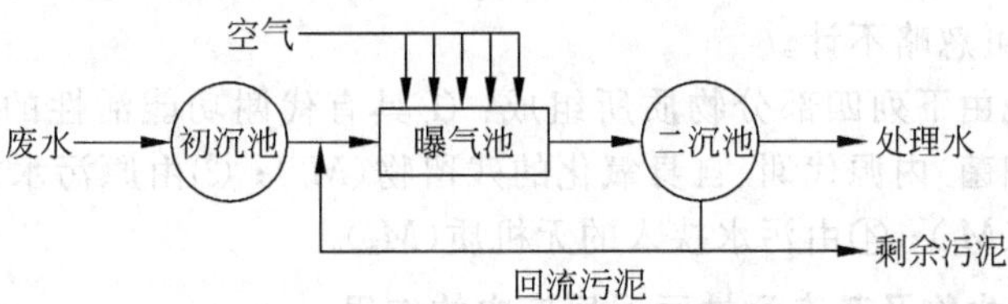

图10-1 活性污泥法处理系统的基本流程

经初次沉淀池或水解酸化装置处理后的污水从一端进入曝气池，与此同时，从二次沉淀池连续回流的活性污泥，作为接种污泥，也于此同步进入曝气池。此外，从空压机站送来的压缩空气，通过干管和支管的管道系统和铺设在曝气池底部的空气扩散装置，以细小气泡的形式进入污水中，其作用除向污水充氧外，还使曝气池内的污水、活性污泥处于剧烈搅动的状态。活性污泥与污水互相混合、充分接触，使活性污泥反应得以正常进行。

这样，由污水、回流污泥和空气互相混合形成的液体，称为混合液。

活性污泥反应进行的结果是，污水中的有机污染物得到降解、去除，污水得以净化，由于微生物的繁衍增殖，活性污泥本身也得到增长。

经过活性污泥净化作用后的混合液由曝气池的另一端流出进入二次沉淀池，在这里进行固液分离，活性污泥通过沉淀与污水分离，澄清后的污水作为处理水排出系统。经过沉淀浓缩的污泥从沉淀池底部排出，其中一部分作为接种污泥回流曝气池，多余的一部分则作为剩余污泥排出系统。剩余污泥与在曝气池内增长的污泥，在数量上应保持平衡，使曝气池内的污泥浓度相对地保持在一个较为恒定的范围内。活性污泥法处理系统，实质上是自然界水体自净的人工模拟，不是简单的模拟，而是经过人工强化的模拟。

10.1.2 活性污泥的形态与活性污泥微生物

1. 活性污泥的形态

活性污泥是活性污泥处理系统中的主体作用物质。在活性污泥上栖息着具有强大生命力的微生物群体。在微生物群体新陈代谢功能的作用下，活性污泥具有将有机污染物转化为稳定的无机物质的活力，故此称之为“活性污泥”。

正常的处理城市污水的活性污泥在外观上为黄褐色的絮绒颗粒状，又称为“生物絮凝体”，其颗粒尺寸取决于微生物的组成、数量、污染物质的特征以及某些外部环境因素，如曝气池内的水温及水动力条件等，一般介于 0.02～0.2mm 之间，从整体来看，活性污泥具有较大的表面积，每 mL 活性污泥的表面积大体上介于 $20\sim100cm^2$ 之间。活性污泥含水率很高，一般都在 99%以上，其比重则因含水率不同而异，介于 1.002～1.006 之间。

活性污泥中的固体物质仅占 1%以下，这 1%的固体物质是由有机与无机两部分所组成的，其组成比例则因原污水性质不同而异，如城市污水的活性污泥，其中有机成分占 75%～85%，无机成分则占 15%～25%。

活性污泥中固体物质的有机成分，主要是由栖息在活性污泥上的微生物群体所组成。此外，在活性污泥上还夹杂着由流入污水挟入的有机固体物质，其中包括某些惰性的难为细菌摄入、利用的所谓“难降解有机物质”。微生物菌体经过内源代谢、自身氧化的残留物，如细胞膜、细胞壁等，也属于难降解有机物质。

活性污泥的无机组成部分，则全部是由原污水挟入的，至于微生物体内存在的无机盐类，由于数量极少，可忽略不计。

这样，活性污泥由下列四部分物质所组成：①具有代谢功能活性的微生物群体（M_a）；②微生物（主要是细菌）内源代谢、自身氧化的残留物（M_e）；③由原污水挟入的难为细菌降解的惰性有机物质（M_i）；④由污水挟入的无机质（M_{ii}）。

2. 活性污泥微生物及其在活性污泥反应中的作用

活性污泥微生物是由细菌类、真菌类、原生动物、后生动物等异种群体所组成的混合培养体。这些微生物群体在活性污泥上形成食物链和相对稳定的小生态系。

活性污泥微生物中的细菌以异养型的原核细菌为主，在正常成熟的活性污泥上细菌数量大约为 10^7～10^8 个/mL 活性污泥。至于哪些种属的细菌在活性污泥中占优势，则又取决于原污水中有机污染物的性质。含蛋白质多的污水有利于产碱杆菌的生长繁殖，而含大量糖类和烃类的污水，则将使假单胞菌得到迅速增殖。

这些种属的细菌都具有较高的增殖速率，在环境适宜的条件下，它们的世代时间仅为20～30min。它们也都具有较强的分解有机物并将其转化为无机物质的功能。

真菌的细胞构造较为复杂，而且种类繁多，与活性污泥处理系统有关的真菌是微小的腐生或寄生的丝状菌，这种真菌具有分解碳水化合物、脂肪、蛋白质及其他含氮化合物的功能，但大量异常的增殖会引发污泥膨胀现象。丝状菌的异常增殖是活性污泥膨胀的主要诱因之一。

在活性污泥中存活的原生动物有肉足虫、鞭毛虫和纤毛虫等三类。原生动物的主要摄食对象是细菌，因此，出现在活性污泥中的原生动物，在种属上和数量上是随处理水的水质和细菌的状态变化而改变的。

在活性污泥系统启动的初期，活性污泥尚未得到良好的培育，混合液中游离细菌居多，处理水水质欠佳，此时出现的原生动物，最初肉足虫类（如变形虫）占优势，继之出现的则是游泳型的纤毛虫，如豆形虫、肾形虫、草履虫等。而当活性污泥菌胶团培育成熟，结构良好，活性较强时，混合液中的细菌多已“聚居”在活性污泥上，处理水水质良好，此时出现的原生物则将以带柄固着（着生）型的纤毛虫，如钟虫、等枝虫、独缩虫、聚缩虫和盖纤虫为主。

此外，原生动物还不断地摄食水中的游离细菌，起到进一步净化水质的作用。图 10-2所示的是活性污泥（原生动物）增长与递变的模式。

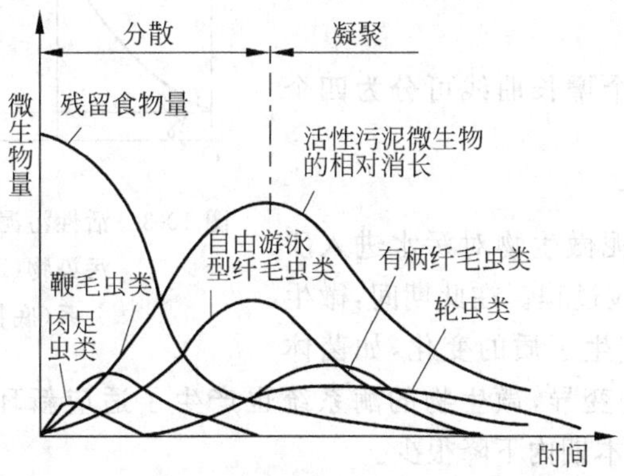

图 10-2　活性污泥（原生动物）增长与递变的模式

后生动物（主要指轮虫）在活性污泥系统中是不经常出现的，仅在处理水质优异的完全氧化型的活性污泥系统，如延时曝气活性污泥系统中出现，因此，轮虫出现是水质非常稳定的标志。

在活性污泥处理系统中，净化污水的第一承担者，也是主要承担者，是细菌，而摄食处理中游离细菌，使污水进一步净化的原生动物则是污水净化的第二承担者。原生动物摄取细菌，是活性污泥生态系统的首次捕食者。后生动物摄食原生动物，则是生态系统的第二次捕食者。通过显微镜镜检活性污泥原生动物的生物相，是对活性污泥质量评价的重要手段之一。

3. 活性污泥微生物的增殖与活性污泥的增长

在曝气池内，活性污泥微生物对污水中有机污染物进行降解，其必然结果之一是微生物的增殖，而微生物的增殖，实际上就是活性污泥的增长。这一现象对活性污泥处理系统有着非常实际的作用。微生物在曝气池内的增殖规律，是污水生物处理工程技术人员应予以充分考虑和掌握的。

微生物的增殖规律，一般是用其增殖曲线来表示的。增殖曲线所表示的是在某些关键性的环境因素，如温度一定、溶解氧含量充足等条件下，营养物质一次充分投加，微生物种群随时间以量表示的增殖和衰减动态。

在微生物学中，对纯菌种的增殖规律，已进行过为数众多的试验研究工作，并已取得一些较为成熟的结果。参与污水活性污泥处理过程的是多种属微生物群体，其增殖规律较为复杂，但其增殖规律的总趋势，仍与纯种微生物相同。纯种微生物的增殖曲线可作为活性污泥多种属微生物群体增殖规律的范例。

将活性污泥微生物在污水中接种，并在温度适宜、溶解氧充足的条件下进行培养，按时取样计量，即可得出微生物数量与培养时间之间具有一定规律性的增殖曲线(参见图 10-4)。

活性污泥的含量，即有机物量(F)与微生物量(M)的比值(F/M)是对活性污泥微生物增殖速率产生影响的主要因素，也是 BOD 去除速率、氧利用速率和活性污泥的凝聚、吸附性能的重要影响因素。

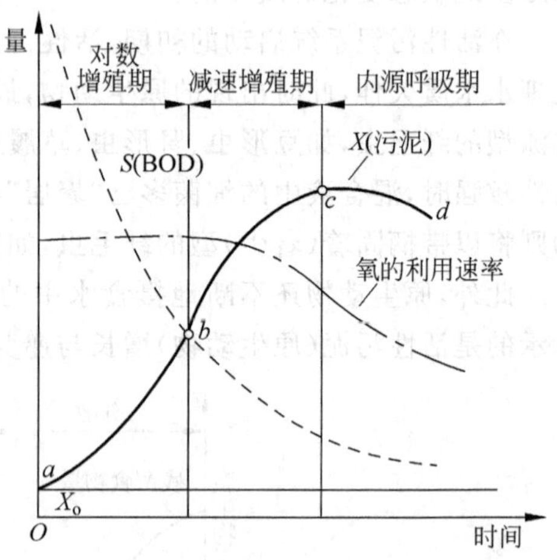

图 10-3 活性污泥增长曲线以及其和有机污染物(BOD)降解、氧利用速率的关系(底物一次投加)

如图 10-3 所示，整个增长曲线可分为四个阶段(期)。

(1) 适应期

适应期是指活性污泥微生物对污水进入所形成新的环境条件的适应过程。在此期间，微生物没有进行增殖，但却产生了质的变化，如菌体体积增大，并产生了某些变异，微生物的酶系统也产生了适应新环境条件的变化。BOD、COD 等各项污染指标在本期内下降很少。

(2) 对数增殖期

本期内一项必备的条件是营养物质(有机污染物)非常充分，不成为微生物增殖的控制因素。微生物以最高速率摄取营养物质，也以最高速率增殖。微生物细胞数按几何级数增加，即：1→2→4→8→16…或 $2^0\to 2^1\to 2^2\to 2^3\to 2^4\to\cdots\to 2^n$。

由图可见，微生物(活性污泥)的增殖速率与时间呈直线关系，为一常数值，其值即为直线的斜率。据此，对数增殖期又称为“等速增殖期”。

在本期内，衰亡的微生物量相对来说是较少的，在实际中可不予考虑。

世代时间小的微生物，其增殖速率快，微生物的种属不同，环境条件不同，其世代时间也有所不同，一般介于 20min 到几个小时。

(3) 减速增殖期

又称稳定期或平衡期。经对数增殖期，微生物大量繁衍、增殖，培养液(污)中的营养物质也被大量耗用，营养物质逐步成为微生物增殖的控制因素，微生物增殖减慢，增殖速率几乎和细胞衰亡速率相等，微生物活体数达到最高水平，但却也趋于稳定。

处于本期的微生物细胞开始为本身积累储存物质，如肝糖、脂肪粒、异染颗粒等。本期末端，当增殖的微生物活体数抵不上衰亡的数量时，增殖曲线开始出现下降趋势。

减速增殖期的长短，取决于微生物种属和环境条件。

(4) 内源呼吸期

污水中有机底物含量持续下降，F/M 值降到最低值并保持一常数，微生物已不能从其周围环境中获取足够的能够满足自身生理需要的营养，因而开始分解代谢自身的细胞物质，以维持生命活动。微生物增殖进入内源呼吸期。

在本期的初期，微生物虽仍在增殖，但其速率远低于自身氧化率，活性污泥量减少。实际上，由于内源呼吸的残留物多是难以降解的细胞壁和细胞质等物质，因此活性污泥不可能完全消失。

在本期内，营养物质几乎消耗殆尽，能量水平极低，微生物活动能力非常低下，絮凝体形成速率提高，其絮凝、吸附、降解以及沉淀的性能大为提高，游离的细菌被栖息于污泥表面的原生动物所捕食，处理水质良好，稳定性大为提高。

从上述可见，决定污水中微生物活体数量和增殖曲线上升、下降走向的主要因素是其周围环境中营养物质量的多寡。这样，通过对污水中营养物质(有机污染物质 BOD)量的控制，就能够控制微生物增殖(活性污泥增长)的走向和增殖曲线各期的延续时间。

以增殖曲线所反映的微生物增殖，亦即活性污泥增长规律，对活性污泥处理系统有着重要的实际意义。比值 F/M 是活性污泥处理技术重要的设计、运行参数。

4. 活性污泥絮凝体的形成

活性污泥是活性污泥处理技术的核心。在活性污泥反应器——曝气池——内形成发育良好活性污泥絮凝体，是使活性污泥处理系统保持正常净化功能的关键。

活性泥絮凝体，也称为生物絮凝体，其骨干部分是由千万个细菌为主体结合形成的通称为"菌胶团"的团粒。菌胶团对活性污泥的形成及其各项功能的发挥，起着十分重要的作用，只有在它发育正常的条件下，活性污泥絮凝体才能很好地形成，其对周围的有机污染物吸附功能以及絮凝、沉降性，才能够得到正常的发挥。

活性污泥絮凝体的形成机制有不同的解释。就活性污泥絮凝体形成的实际工况来看，当在曝气池内残存的有机污染物(BOD 值)较低，有机物与细菌数量的比值，即 F/M 处于低值，而细菌进入衰减增殖期的后段或内源呼吸期时，活性污泥才有可能得到很好的形成。这一事实说明，活性污泥絮凝体的形成与曝气池内的能量密切相关。

我们知道，细菌的细胞膜是由脂蛋白所形成的，它易于离子化并带有负电荷，这样，在两个菌体之间存在着静电斥力。但是，与此相反，在两个菌体之间，还存在着范德华引力。这两种力的作用程度，因菌体间的距离不同，而有显著的不同。当两个菌体之间的距离非常接近时，范德华引力成为主导力，两个菌体即行结合。

当曝气池内有机营养物质充沛，能量高，细菌增殖处于对数增殖期，即处于"壮龄"阶段，运动性能活泼，动能大于范德华引力，菌体不能结合，活性污泥絮凝体不能很好地形成。

当曝气池内有机营养物质，即能量降到某种程度，细菌增殖速率低下或停止，处于内源呼吸期或衰减增殖期后段，即处于"老龄"阶段，运动性能微弱，动能很低，不能与范德华引力相抗衡，并且在布朗运动作用下，菌体互相碰撞，互相结合，使活性污泥絮凝体形成，初步形成的凝聚体又与其他的细菌相结合，絮凝体之间也相互粘接，凝聚速率加快，最终能够形成颗粒较大的活性污泥絮凝体。

在活性污泥絮凝体形成的过程中，活性污泥微生物本身也起到一定的作用。活性污泥中的一些微生物，如属于动胶菌属的枝状动胶杆菌(Zooglea ramigera)以及其他的某些细菌、酵母菌及原生动物，分泌出具有粘着性的胶体物质，不仅使细菌互相粘接，形成菌胶团，并对微小颗粒及可溶性有机物也有着一定的吸附与粘接性能。这种作用促进了活性污泥絮凝体的形成。

专家们对活性污泥絮凝体形成菌进行了大量的试验与研究工作，判定出有多种细菌具有促进活性污泥絮凝体形成的功能，其中除前述的枝状动胶杆菌外，还有蜡状芽孢杆菌(*Bacillus cereus*)、黄杆菌属(*Flavobacterium* sp.)、放线形诺卡氏菌(*Nocardia actinomorphya*)、中间埃希氏菌(*Escherichia intermidium*)以及多种假单胞菌(*Pseudomonas*)等。

10.1.3 活性污泥净化反应过程

在活性污泥处理系统中，有机污染物从污水中去除过程的实质就是有机污染物作为营养物质被活性污泥微生物摄取、代谢与利用的过程，也就是所谓"活性污泥反应"的过程。这一过程的结果是污水得到净化，微生物获得能量合成新的细胞，使活性污泥得到增长。这一过程是比较复杂的，它由物理、化学、物理化学以及生物化学等反应过程所组成。这一过程大致分为下列几个净化阶段。

1. 初期吸附去除

在活性污泥系统内，在污水开始与活性污泥接触后的较短时间(5～10min)内，污水中的有机污染物即被大量去除，出现很高的BOD去除率。这种初期高速去除现象是由物理吸附和生物吸附交织在一起的吸附作用所导致产生的。活性污泥具有很强的吸附能力。

活性污泥有着很大的表面积(介于2000～10 000m^2/m^3混合液)，在表面上富集着大量微生物，在其外部覆盖着多糖类的粘质层。当其与污水接触时，污水中呈悬浮和胶体状态的有机污染物即被活性污泥所凝聚和吸附而得到去除，这一现象就是"初期吸附去除"作用。

这一过程进行较快，能够在30min内完成，污水BOD的去除率可达70%，它的速度取决于：①微生物的活性程度；②反应器内水力扩散程度与水动力学的规律。前者决定活性污泥微生物的吸附、凝聚功能，后者则决定活性污泥絮凝体与有机污染物的接触程度。活性强的活性污泥，除应具有较大的表面积外，活性污泥微生物所处在增殖期也起着作用，一般处在"饥饿"状态的内源呼吸期的微生物，其"活性最强"，吸附能力也强。

被吸附在微生物细胞表面的有机物，在经过数小时的曝气后，才能够相继地被摄入微生物体内，因此，被"初期吸附去除"的有机污染物的数量是有一定限度的。对此，对回流污泥应进行足够的曝气，将储存在微生物细胞表面和体内的有机污染物充分地代谢，使其自身污泥微生物进入内源呼吸期，使其再生，提高活性。但如曝气过分，活性污泥微生物自身氧化过分，也会使初期吸附去除的效果降低。

2. 微生物的代谢

存活在曝气池内的活性污泥微生物，不断从周围的环境中摄取污水中的有机污染物作为营养吸收。

污水中的有机污染物，首先被吸附在有大量微生物栖息的活性污泥表面，并与微生物细胞表面接触，在微生物透膜酶的催化作用下，透过细胞壁进入微生物细胞体内，小分子的有机物能够直接透过细胞壁进入微生物体内，而如淀粉、蛋白质等大分子有机物，则必须在细胞外酶——水解酶的作用下，被水解为小分子后再为微生物摄入细胞体内。

被摄入细胞体内的有机污染物，在各种胞内酶，如脱氢酶、氧化酶等的催化作用下，微生物对其进行代谢反应。

微生物对一部分有机物进行氧化分解，最终形成 CO_2 和 H_2O 等稳定的无机物质，并从中获取合成新细胞物质所需要的能量，这一过程可用下列化学方程式表示：

$$C_xH_yO_z + \left(x + \frac{y}{4} - \frac{z}{2}\right)O_2 \xrightarrow{\text{酶}} xCO_2 + \frac{y}{2}H_2O - \Delta H$$

式中 $C_xH_yO_z$ 为有机污染物。

另一部分有机污染物为微生物用于合成新细胞，即合成代谢，所需能量取自分解代谢，这一反应过程可用下列方程式表示：

$$nC_xH_yO_z + nNH_3 + n\left(x + \frac{y}{4} - \frac{z}{2} - 5\right)O_2$$

$$\xrightarrow{\text{酶}} (C_5H_7NO_2)_n + n(x-5)CO_2 + \frac{n}{2}(y-4)H_2O - \Delta H$$

式中 $C_5H_7NO_2$ 为微生物细胞组织的化学式。

在曝气池的末端，由于营养物质的匮乏，微生物可能进入内源代谢反应，微生物对其自身的细胞物质进行代谢反应。

图 10-4 所示是微生物分解代谢和合成代谢及其产物的模式图。

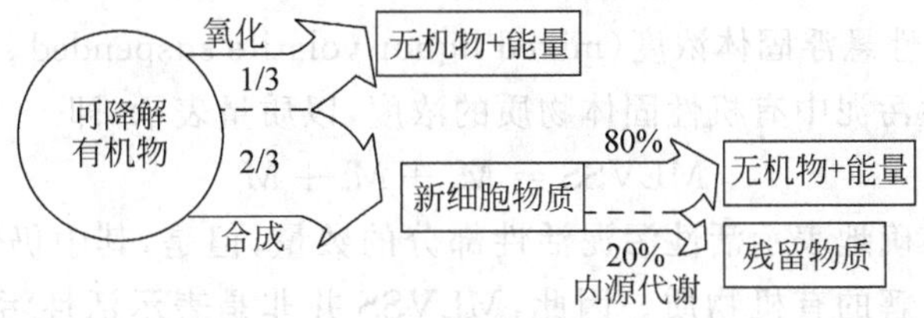

图 10-4 微生物对有机物的分解代谢及合成代谢及其产物的模式图

无论是分解代谢还是合成代谢，都能够去除污水中的有机污染物，但产物却有所不同，分解代谢的产物是 CO_2 和 H_2O，可直接排入环境，而合成代谢的产物则是新生的微生物细胞，并以剩余污泥的方式排出活性污泥处理系统，对其需进行妥善处理，否则可能造成二次污染。

美国污水生物处理专家麦金尼，对活性污泥微生物在曝气池内所进行的有机物氧化分解、细胞质合成以及内源代谢三项反应，提出了如图 10-5 所示的数量关系，可供参考。

从图可见，在活性污泥微生物的作用下，可降解有机物的 1/3 为微生物所氧化分解，并形成无机物和释放出能量；2/3 为微生物用于合成新细胞，自身增殖；而通过内源代谢反

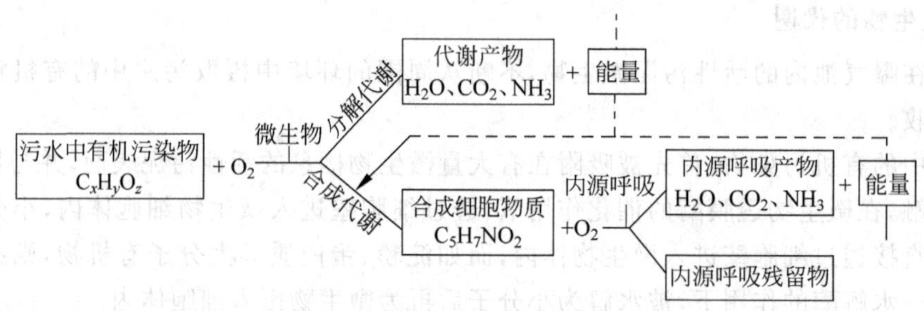

图 10-5 微生物三项代谢活动之间的数量关系(麦金尼提出)

应,80%的细胞物质被分解为无机物质并产生能量,20%为不能分解的残留物,它们主要是由多糖、脂蛋白组成的细胞壁的某些组分和壁外的粘液层。

10.1.4 活性污泥净化反应系统的主要控制目标与设计、运行参数

1. 活性污泥微生物量指标

(1) 混合液悬浮固体浓度(mixed liquor suspended solids,MLSS)又称为混合液污泥浓度,表示混合液中活性污泥的浓度,即在曝气池单位容积混合液内所含有的活性污泥固体物的总质量:

$$\text{MLSS} = M_a + M_e + M_i + M_{ii}$$

式中 M_a——具有代谢功能活性的微生物群体的质量;

M_e——微生物(主要是细菌)内源代谢、自身氧化的残留物的质量;

M_i——由原污水挟入的难为细菌降解的惰性有机物质的质量;

M_{ii}——由污水挟入的无机质的质量。

MLSS 是活性污泥处理系统重要的设计、运行参数。由于测定方法比较简便,在工程上往往用本项指标相对表示活性污泥微生物数量。

(2) 混合液挥发性悬浮固体浓度(mixed liquor volatile suspended solids,MLVSS)该项指标表示混合液活性污泥中有机性固体物质的浓度,以质量表示,即

$$\text{MLVSS} = M_a + M_e + M_i$$

该项指标能够比较准确地表示活性污泥活性部分的数量,但是,其中仍包括 M_e、M_i 等非活性的难以被微生物降解的有机物质。因此,MLVSS 并非是表示活性污泥微生物数量的最理想指标,它表示的仍然是活性污泥数量的相对数值。

MLVSS 和 MLSS 的比值可以用 f 表示:

$$f = \frac{\text{MLVSS}}{\text{MLSS}}$$

在一般情况下,f 值相对稳定,对于以生活污水为主体的城市污水,f 值为 0.75 左右。

MLVSS 和 MLSS 两项指标,虽然在表示混合液生物量方面仍不够精确,但由于测定方法简单易行,而且能够在一定程度上表示相对生物量值,因此广泛地用于活性污泥处理系统的设计、运行。

2. 活性污泥的沉降与浓缩性能及其评定指标

(1) 污泥沉降比(SV) 污泥沉降比是指混合液在量筒内静置 30min 后所形成沉淀污

泥的容积占原混合液容积的百分比。

(2) 污泥容积指数(SVI) 污泥容积指数的物理意义是曝气池出口处混合液经 30min 静沉后每克干污泥所形成的沉淀污泥所占的容积，以 mL 计，又称污泥指数。

$$\mathrm{SVI}=\frac{\text{混合液(1L)30min 静沉形成的活性污泥容积(mL)}}{\text{混合液(1L) 中悬浮固体干重(g)}}=\frac{\mathrm{SV}(\%)\times 10(\mathrm{mL/L})}{\mathrm{MLSS(g/L)}}$$

SVI 值反映出活性污泥的凝聚、沉淀性能，对生活污水和城市污水而言，一般以 70～100 为宜。过低，泥粒细小，无机物含量高，缺乏活性；过高，说明污泥沉降性能不好，有产生膨胀现象的可能。

3. BOD-污泥负荷率与 BOD-容积负荷率

BOD-污泥负荷率的物理概念是：曝气池内单位质量(干重)的活性污泥，在单位时间内能够接受，并将其降解的某一规定额数的 BOD_5 质量值，其计算式为

$$N_s=\frac{QS_a}{XV} \tag{10-1}$$

式中 N_s——BOD-污泥负荷率；

Q——污水设计流量，m^3/d；

S_a——原污水的 BOD_5 值，mg/L 或 kg/m^3；

X——曝气池内混合液悬浮固体浓度(MLSS)，mg/L 或 kg/m^3；

V——曝气池容积，m^3。

在活性污泥处理系统的设计与运行中，还使用 BOD-容积负荷率 N_v：

$$N_v=\frac{QS_a}{V}=N_sX \tag{10-2}$$

4. 污泥龄

单位质量的微生物在活性污泥反应系统中的平均停留时间，并建议将其易名为“生物固体平均停留时间”或“细胞平均停留时间”，以 θ_c 表示：

$$\theta_c=\frac{VX}{\Delta X} \tag{10-3}$$

ΔX 为曝气池内每日增长的活性污泥量，即应排出系统外的活性污泥量。

10.2 活性污泥动力学基础

10.2.1 概述

活性污泥反应，是指在曝气池内，在各项环境因素，如水温、溶解氧浓度、pH 值等都满足要求的条件下，活性污泥(即活性污泥微生物)对混合液中有机污染物(有机底物)的代谢、活性污泥本身的增长(即活性污泥微生物的增殖)及活性污泥微生物对溶解氧的利用等生物化学反应。

活性污泥法反应动力学可以定量或半定量地揭示系统内有机物降解、污泥增长、耗氧等作用与各项设计参数、运行参数以及环境因素之间的关系。它主要包括三方面内容：①基质降解动力学，涉及基质降解与基质浓度、生物量等因素的关系；②微生物增长动力学，涉

及微生物增长与基质浓度、生物量等因素的关系；③研究底物降解与生物量增长以及底物降解与需氧、营养要求等的关系。

在建立活性污泥法反应动力学模型时，需要进行以下五个假设：①除特别说明外，都认为反应器内物料是完全混合的，对于推流式曝气池系统，可在此基础上加以修正；②活性污泥系统的运行条件绝对稳定；③二次沉淀池内无微生物活动，也无污泥累积，并且水与固体分离良好；④进水基质均为溶解性的，并且浓度不变，也不含微生物；⑤系统中不含有毒物质和抑制物质。

10.2.2 莫诺方程式

1. 莫诺方程式

莫诺(Monod)于1942年用纯种的微生物在单一底物的培养基上进行了微生物增殖速率与底物浓度之间关系的试验。试验得出了如图10-6所示的结果。这个结果和米凯利斯-门坦(Michaelis-Menten)1913年通过试验所取得的酶促反应速率与底物浓度之间关系的结果(图10-7)是相同的。因此，莫诺认为，可以通过经典的米-门方程式来描述底物浓度与微生比增殖速度之间的关系，即

$$\mu = \mu_{max}\frac{S}{K_s + S} \tag{10-4}$$

式中 μ——微生物的比增殖速率，即单位生物量的增殖速率；

μ_{max}——微生物的最大比增殖速率；

K_s——饱和常数，当$\mu=1/2\mu_{max}$时的底物浓度，也称为半速率常数；

S——有机底物浓度。

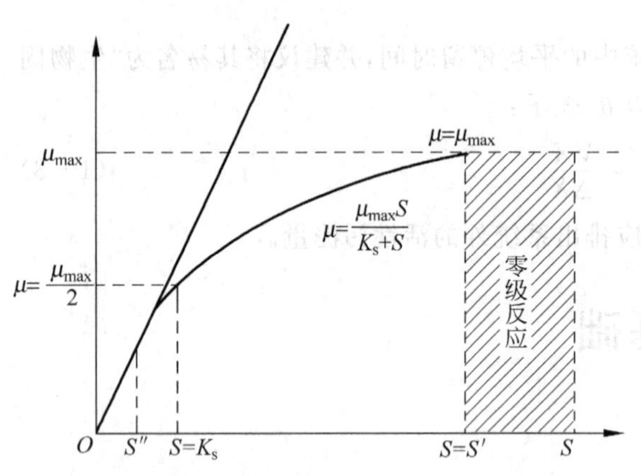

图10-6 莫诺方程式与其$\mu=f(S)$关系曲线

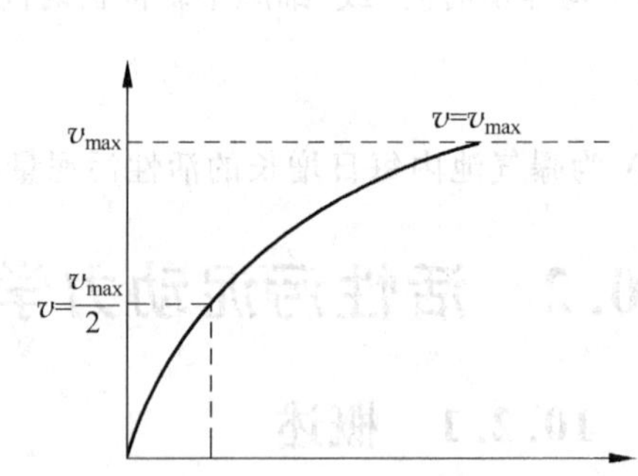

图10-7 米-门方程式与其$v=f(S)$关系曲线

可以假定，微生物的比增殖速率(μ)与底物的比降解速率(v)成比例关系，即

$$\mu \propto v$$

或

$$\mu = \gamma v$$

则与微生物比增殖速率μ相对应的有机底物比降解速率v，也可以用米-门方程式描述，即

$$v = v_{\max} \frac{S}{K_s + S} \tag{10-5}$$

式中 v——有机底物的比降解速率；

$v_{\max}$——有机底物的最大比降解速率。

对污水处理来说，有机底物的比降解速率比微生物的比增殖速率更实际，应用性更强，是讨论研究的对象。

有机底物的比降解速率，按物理意义考虑，下式成立：

$$v = -\frac{1}{X}\frac{\mathrm{d}S}{\mathrm{d}t} = \frac{\mathrm{d}(S_0 - S)}{X\mathrm{d}t} \tag{10-6}$$

式中 S_0——原污水中有机底物的原始浓度；

S——经 t 时间反应后混合液中残存的有机底物浓度；

t——活性污泥反应时间；

X——混合液中活性污泥总量。

根据式(10-5)及式(10-6)，下式成立：

$$-\frac{\mathrm{d}S}{\mathrm{d}t} = v_{\max} \frac{XS}{K_s + S} \tag{10-7}$$

式中$\frac{\mathrm{d}S}{\mathrm{d}t}$为有机底物降解速率。

2. 莫诺方程式的推论

(1) 在高底物浓度的条件下，$S \gg K_s$，式(10-2)及式(10-3)中分母中的 K_s 值与 S 值相比，可以忽略不计，于是式(10-5)可简化为：$v = v_{\max}$，而式(10-7)则简化为

$$-\frac{\mathrm{d}S}{\mathrm{d}t} = v_{\max} X = K_1 X \tag{10-8}$$

式中 $v_{\max}$为常数值，用 K_1 表示。

(2) 在低底物浓度的条件下，$S << K_s$，与 K_s 值相较，S 值可忽略不计，则

$$v = v_{\max} \frac{S}{K_s} = K_2 S$$

$$-\frac{\mathrm{d}S}{\mathrm{d}t} = K_2 XS \tag{10-9}$$

式中 $K_2 = \frac{v_{\max}}{K_s}$。

对式(10-9)加以分析可见，由于混合液中有机底物浓度已经不高，微生物增殖处于减增殖期或内源呼吸期，微生物酶系统多未被饱和。

在 20 世纪 60～70 年代，劳伦斯等人将莫诺方程式引入污水生物处理领域，证实该式是完全适用的。莫诺方程式得到越来越多的污水处理领域技术人员的接受。

城市污水属低底物浓度的污水，COD 值一般在 400mg/L 以下，BOD_5 值则在 300mg/L 以下，对此，埃肯费尔德(Eckenfelder)认为，对城市污水活性污泥系统处理，用式(10-6)描述有机底物的降解速率是适宜的。

将式(10-9)积分，得

$$\ln \frac{S}{S_0} = K_2 X t \tag{10-10}$$

移项整理后，得

$$S = S_0 e^{-K_2 X t} \tag{10-11}$$

式(10-11)所表示的是在活性污泥反应系统中，经 t 时间反应后，混合液中残存的有机底物量 S 与原污水中有机底物量 S_0 之间的关系。

式(10-11)有较强的实用价值。在对式(10-11)应用上的关键问题是正确地确定 K_2 值。

完全混合曝气池内的活性污泥一般处在减速增长期。此外，池内混合液中的有机底物浓度是均一的，并与出水的浓度(S_e)相同，其值较低，且 S_e 为常数。

10.2.3 劳伦斯-麦卡蒂方程式

1. 概述

劳伦斯-麦卡蒂(Lawrence-McCarty)以微生物增殖和对有机底物的利用为基础，在1970年建立了活性污泥反应动力学方程式。

劳伦斯-麦卡蒂接受了莫诺的论点，并在自己的动力学方程式中纳入了莫诺方程式。

劳伦斯-麦卡蒂对“污泥龄”这一参数，提出了新的概念，即单位质量的微生物在活性污泥反应系统中的平均停留时间，并建议将其易名为“生物固体平均停留时间”或“细胞平均停留时间”，用 θ_c 表示。

单位底物利用率：

$$\frac{\left(\frac{dS}{dt}\right)_u}{X_a} = q \tag{10-12}$$

式中 X_a——单位微生物量；

$\left(\frac{dS}{dt}\right)_u$——微生物对有机底物的利用(降解)速率。

劳伦斯-麦卡蒂方程式，是以生物固体平均停留时间(θ_c)及单位底物利用率(q)，作为基本参数，并以第一、第二两个基本方程式表达的。

劳伦斯-麦卡蒂第一基本方程式是在表示微生物净增殖速率与有机底物被微生物利用速率之间关系的基础上建立的。

经整理，劳伦斯-麦卡蒂第一基本方程式形成下列形式：

$$\frac{1}{\theta_c} = Yq - K_d \tag{10-13}$$

式中 θ_c——生物固体平均停留时间，d；

Y——微生物产率，mg 微生物量/mg 被微生物利用(降解)的有机底物；

q——单位有机底物利用率；

K_d——衰减系数，即微生物的自身氧化率，d^{-1}。

劳伦斯-麦卡蒂第一基本方程式所表示的是：生物固体平均停留时间(θ_c)与产率(Y)、单位底物利用率(q)以及微生物的衰减系数(K_d)之间的关系。

劳伦斯-麦卡蒂第二基本方程式，是在莫诺方程式的基础上建立的，基于有机底物的降

解速率等于其被微生物的利用速率，即

$$v=q \tag{10-14}$$

式中 v——有机底物的降解速率。

经归纳整理，劳伦斯-麦卡蒂第二基本方程式形成下列形式：

$$\left(\frac{dS}{dt}\right)_u=\frac{KX_aS}{K_s+S} \tag{10-15}$$

式中 $\left(\frac{dS}{dt}\right)_u$——有机底物被微生物利用的速率（降解速率）；

S——微生物周围的有机底物浓度，mg/L；

K——单位微生物量的最高底物利用速率，即莫诺方程式中的 v_{max}；

K_s——系数，其值等于 $q=\frac{1}{2}K$ 时的有机底物浓度，因而又称为半速率系数；

X_a——反应器（曝气池）内微生物浓度，即活性污泥浓度，mg/L 或 g/m^3。

劳伦斯-麦卡蒂第二基本方程式所表示的是：有机底物的利用率（降解率）与反应器（曝气池）内微生物浓度及微生物周围有机底物浓度之间的关系。

2. 劳伦斯-麦卡蒂方程式的推论与应用

劳伦斯-麦卡蒂以自己提出的反应动力学方程式为基础，通过对活性污泥处理系统的物料衡算，导出了具有一定应用意义的各项关系式。

1）处理水有机底物浓度（S_e）与生物固体平均停留时间（θ_c）的关系

$$S_e=\frac{K_s\left(\frac{1}{\theta_c}+K_d\right)}{Yv_{max}-\left(\frac{1}{\theta_c}+K_d\right)} \tag{10-16}$$

上式中的 K_s、K_d、Y 及 v_{max} 等各值均为常数值，处理水有机底物浓度值 S_e，只取决于生物固体平均停留时间 θ_c。对此，更说明正确地确定各常数值的重要意义了。

2）反应器内活性污泥浓度 X_a 与 θ_c 值之间的关系

$$X_a=\frac{\theta_cY(S_0-S_e)}{t(1+K_d\theta_c)} \tag{10-17}$$

式中 t——污水在反应器内的反应时间，d；

其他符号表示意义同前。

3）污泥回流比 R 与 θ_c 值之间的关系

图 10-8 所示为完全混合曝气池的活性污泥处理系统。

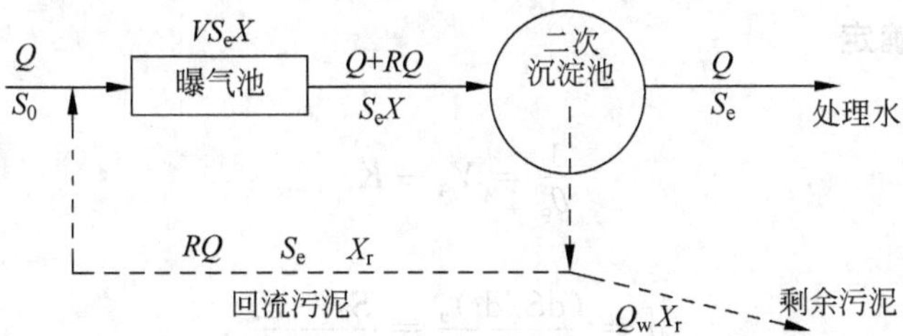

图 10-8 完全混合曝气池的活性污泥处理系统的物料平衡

在稳定条件下，对系统中的有机底物进行物料衡算，下式成立：

$$S_0Q + RQS_e - (Q+RQ)S_e + V\frac{dS}{dt} = 0$$

经整理后得

$$\frac{1}{\theta_c} = \frac{Q}{V}\left(1 + R - R\frac{X_r}{X_a}\right) \tag{10-18}$$

式中 X_r——回流污泥浓度。

4) 合成产率 Y 与表观产率 Y_{obs} 与 θ_c 值的关系

产率是活性污泥微生物摄取、利用、代谢一个质量单位有机底物而使自身增殖的质量，一般用 Y 表示。

Y 值所表示的是微生物增殖总量，没有去除由于微生物内源呼吸作用而使其本身质量消亡的那一部分，所以这个产率也称为合成产率。

实测所得微生物增殖量，实际上都没有包括由于内源呼吸作用而减少的那部分微生物质量，也就是微生物的净增殖量，这一产率称为表观产率，以 Y_{obs} 表示。

经过推导和整理，Y_{obs} 及 θ_c 值之间的关系用下列公式表示：

$$Y_{obs} = \frac{Y}{1+K_d\theta_c} \tag{10-19}$$

10.2.4 动力学参数的确定

动力学参数 K_s、$v_{max}(q_{max})$、Y、K_d 是模型的重要组成部分，一般通过实验确定。

1. 常数值 K_s、$v_{max}(q_{max})$ 的确定

将式

$$v = v_{max}\frac{S_e}{K_s + S_e}$$

取倒数，得

$$\frac{1}{v} = \frac{K}{v_{max}}\frac{1}{S_e} + \frac{1}{v_{max}}$$

式中

$$v = q = \frac{(dS/dt)_u}{X}$$

所以

$$\frac{1}{v} = \frac{1}{q} = \frac{X}{(dS/dt)_u} = \frac{tX}{S_0 - S_e}$$

取不同的 t 值，即可得到不同的 $\frac{1}{v}$ 和 S_e 值，绘制 $\frac{1}{v}$-$\frac{1}{S_e}$ 关系图，直线斜率为 $\frac{K_s}{v_{max}}$ 值，截距为 $\frac{1}{v_{max}}$ 值。

2. Y、K_d 值的确定

已知

$$\frac{1}{\theta_c} = Y_q - K_d$$

以及

$$q = \frac{(dS/dt)_u}{X} = \frac{S_0 - S_e}{tX}$$

取不同的 θ_c 值取出不同的 S_e 值，代入上式，可得出一系列 q 值。绘制 q-$\frac{1}{\theta_c}$ 关系图，直线的

斜率为 Y 值，截距为 K_d 值。

10.3　活性污泥处理系统的运行方式

活性污泥处理系统自从20世纪初于英国开创以来，历经几十年的发展与不断革新，现已拥有以传统活性污泥处理系统为基础的多种运行方式。本节分别就不同运行方式的工艺特征及其系统中的主要构筑物——曝气池——的主要工艺参数予以阐述。

10.3.1　传统活性污泥法处理系统

传统活性污泥法，又称普通活性污泥法，是活性污泥法早期开始使用并一直沿用至今的运行方式。其工艺系统如图10-9所示。从图可见，原污水从曝气池池首进入池内，与二次沉淀池回流的回流污泥一起注入。污水与回流污泥形成的混合液在池内呈推流形式流动至池的末端，有机物被活性污泥微生物吸附后，沿池长曝气并逐步稳定转化。混合池在池内经过一段时间的停留后，污水中的有机物得以降解去除。混合液流出池外进入二次沉淀池进行泥水分离，绝大部分污泥回流至曝气池，另一小部分污泥作为剩余污泥排出系统。这种传统活性污泥法，BOD去除率可达90%以上，出水水质较好，适于处理净化程度和稳定程度要求较高的污水。

经多年运行实践证实，传统活性污泥法处理系统存在着下列各项问题：

(1) 污水中的有机污染物从曝气池一端进入，混合液中的底物浓度在池进口端高，沿池长逐渐降低，至池出口端最低，曝气池首段有机负荷(F/M)高，池尾段低。因此，池首段需氧速率高，而池尾段低(图10-10)。当供氧无法满足时，要求的需氧速率即使高也达不到。为此，传统活性污泥法进水的有机负荷量，或者说有机负荷不宜过高，否则，池中将出现严重缺氧。为了保持池中混合液有一定的溶解氧，至少应不低于最小限值(一般为2mg/L)。因此，传统活性污泥法的有机负荷量受到了一定的限制。

(2) 由于沿曝气池长的需氧速率是由大变小，而沿池长的供氧速率是均匀的，因此曝气池的后半部将出现供氧速率大于需氧速率，至尾端时供氧的速率大大超出需氧速率的情况。因而在节省能源方面，传统活性污泥法是不能令人满意的。

(3) 由于污水和回流污泥进入曝气池后不能立即和池中原有混合液充分混合、稀释，故当进水有机物浓度突然升高时，调节缓冲余地较小，将使活性污泥微生物的正常生理活动受到影响，甚至被破坏。因此传统活性污泥法对进水水质、水量变化的适应性较低，运行效果易受水质、水量变化的影响。

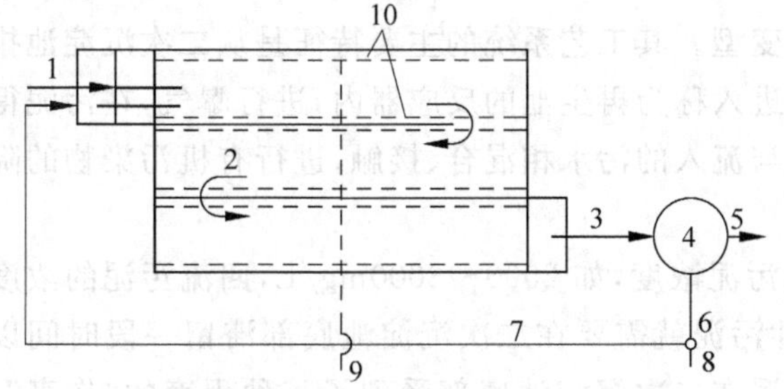

图10-9　传统活性污泥法系统

1—经预处理后的污水；2—活性污泥反应器(曝气池)；3—从曝气池流出的混合液；4—二次沉淀池；5—处理后污水；6—污泥泵站；7—回流污泥系统；8—剩余污泥；9—来自空压机站的空气；10—曝气系统与空气扩散装置

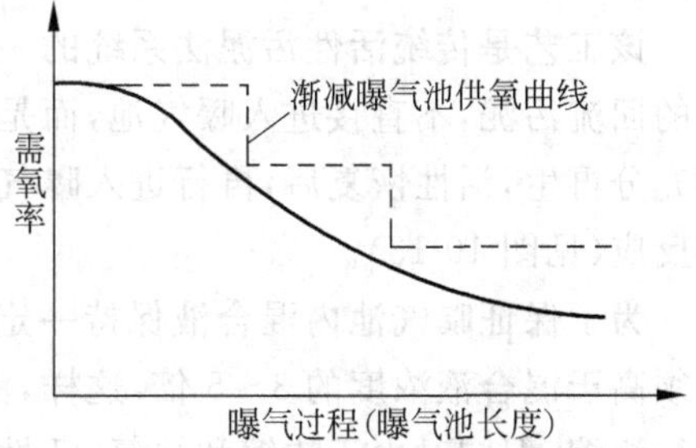

图10-10　传统活性污泥法系统曝气池内需氧率的变化

10.3.2 阶段曝气活性污泥法系统

阶段曝气活性污泥法系统又称分段进水活性污泥法系统或多段进水活性污泥法处理系统。其工艺流程见图 10-11。

阶段曝气活性污泥法系统是针对传统活性污泥法系统存在的问题,在工艺上作了某些改进的活性污泥处理系统。该工艺与传统活性污泥处理系统主要不同点是污水沿曝气池的长度分散,但均衡地进入。这种运行方式的优点如下:

(1) 曝气池内有机污染物负荷及需氧率得到均衡,一定程度上缩小了耗氧速率与充氧速率之间的差距(见图 10-10 和图 10-12),有助于降低能耗。活性污泥微生物的降解功能也得以正常发挥。

(2) 污水分散均衡注入,提高了曝气池对水质、水量冲击负荷的适应能力。

(3) 混合液中的活性污泥浓度沿池长逐步降低,出流混合液的污泥浓度较低,减轻二次沉淀池的负荷,有利于提高二次沉淀池固-液分离效果。

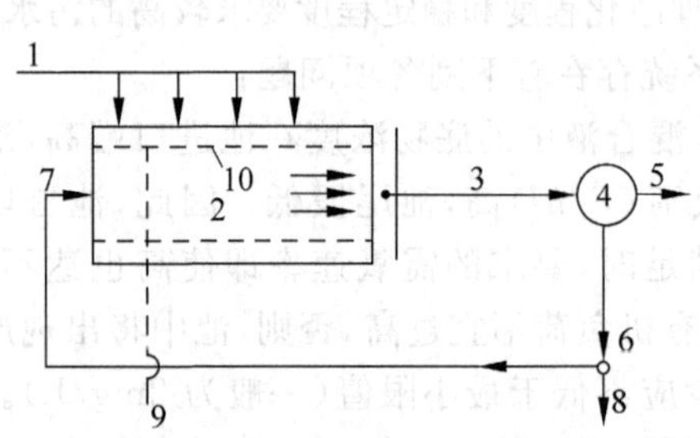

图 10-11 阶段曝气活性污泥法系统

1—经预处理后的污水;2—活性污泥反应器(曝气池);3—从曝气池流出的混合液;4—二次沉淀池;5—处理后污水;6—污泥泵站;7—回流污泥系统;8—剩余污泥;9—来自空压机站的空气;10—曝气系统与空气扩散装置

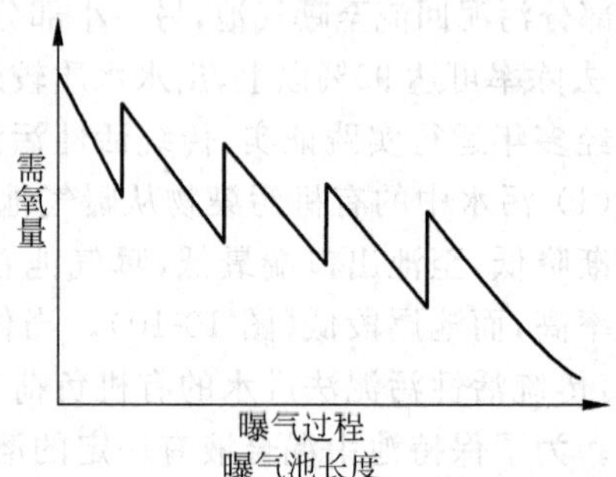

图 10-12 阶段曝气活性污泥法系统曝气池内需氧量变化工况

10.3.3 再生曝气活性污泥法系统

该工艺是传统活性污泥法系统的一种变型。其工艺系统的主要特征是从二次沉淀池排出的回流污泥,不直接进入曝气池,而是先进入称为再生池的反应器内,进行曝气,在污泥得到充分再生,活性恢复后,再行进入曝气池与流入的污水相混合、接触,进行有机污染物的降解反应(见图 10-13)。

为了保证曝气池内混合液保持一定的污泥浓度,如 2000～3000mg/L,回流污泥的浓度必须高于混合液浓度的 3～5 倍,这样,活性污泥就需要在二次沉淀池底部滞留一段时间以进行浓缩,但同时由于浓缩和缺氧,活性污泥在二次沉淀池底部受到了某种程度的"伤害",其代谢功能和活性受到一定的抑制。在这种状态下的污泥回流曝气池,其降解功能需要经过较长一段时间的恢复,其活性必须经过再生后才能得到发挥。而且由于回流污泥和污水混合在一起,回流污泥的再生过程必然受到干扰,而得不到充分的再生。

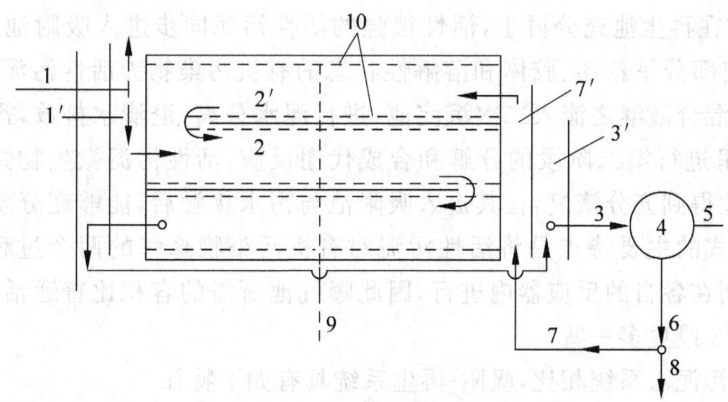

图 10-13 再生曝气活性污泥法系统

1—经预处理后的污水；1′—进入曝气池的污水渠道；2—曝气池；2′—再生池；3—从曝气池流出的混合液；3′—混合液出流渠道；4—二次沉淀池；5—处理后污水；6—污泥泵站；7—回流污泥系统；7′—回流污泥渠道；8—剩余污泥；9—来自空压机站的空气管道；10—曝气系统及空气扩散装置

根据这种情况，专设再生池，使回流污泥在再生池内进行曝气，使污泥充分进入内源呼吸期的后期，其活性得到比较彻底的恢复，甚至得到强化，这种状态的污泥进入曝气池与污水接触后，其吸附、凝聚、降解以及沉淀等性能得到充分发挥，无疑会加快活性污泥反应进程，提高反应效果。

在一般情况下，再生池可不另行设置，而是将经过工艺计算所确定的曝气池容积中分出一部分(1/4、1/3 或 1/2)作为再生池。图 10-13 所示的再生曝气系统，再生池所占容积为曝气池整体容积的 1/3，即三廊道的推流式曝气池，其中的一个廊道作为再生池使用。

再生曝气活性污泥处理系统的曝气池，一般按传统活性污泥法系统曝气池的方式运行，即活性污泥微生物对有机污染物进行完整的吸附、代谢过程，而活性污泥也经历完整的生长周期。处理水水质良好，BOD 去除率可达 90%以上。由于回流污泥已经过再生，活性已完全恢复，因此在曝气池内进行的活性污泥反应迅速而充分。

再生曝气活性污泥法系统的设计参数同传统法系统，再生池的容积不需另行增设。

再生曝气活性污泥处理系统，多年来广泛地用于前苏联，现俄罗斯及独联体国家的城市污水处理。规模从数百万 m^3/d 到几万 m^3/d，处理效果良好、稳定。

10.3.4 生物吸附活性污泥法系统

生物吸附活性污泥法系统又名吸附-再生活性污泥法系统，或接触稳定法，其工艺流程图见图 10-14。

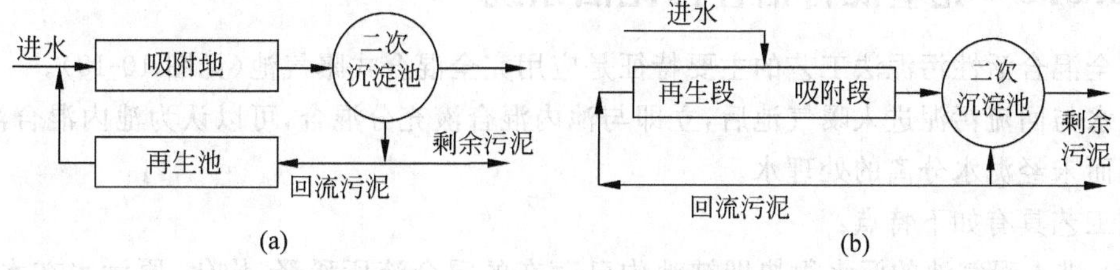

图 10-14 生物吸附活性污泥法系统

(a) 分建式吸附-再生活性污泥处理系统；(b) 合建式吸附-再生活性污泥处理系统

污水和经过在再生池充分再生，活性很强的活性污泥同步进入吸附池，在这里充分接触 30～60min，使部分呈悬浮、胶体和溶解性状态的有机污染物为活性污泥所吸附，有机污染物得以去除。混合液继之流入二次沉淀池，进行泥水分离，澄清水排放，污泥则从底部进入再生池，在这里进行第二阶段的分解和合成代谢反应，活性污泥微生物并进入内源呼吸期，使污泥的活性得到充分恢复，在其进入吸附池与污水接触后，能够充分发挥其吸附的功能。这种运行方式的主要特点是将活性污泥对有机污染物降解的两个过程——吸附与代谢——稳定，分别在各自的反应器内进行，因此曝气池所需的容积比普通活性污泥法要小，一般可以减少 1/3 或更多一些。

与传统活性污泥法系统相比，吸附-再生系统具有如下特征：

(1) 污水与活性污泥在吸附池内接触的时间较短(30～60min)，因此，吸附池的容积一般较小，而再生池接纳的是已排除剩余污泥的回流污泥，因此，再生池的容积也是较小的。吸附池与再生池容积之和，仍低于传统活性污泥法曝气池的容积。

(2) 该工艺对水质、水量的冲击负荷具有一定的承受能力。当在吸附池内的污泥遭到破坏时，可由再生池内的污泥予以补救。

该工艺存在的问题主要是：处理效果低于传统法和不宜处理溶解性有机污染物含量较多的污水。

10.3.5 延时曝气活性污泥法系统

延时曝气活性污泥法又名完全氧化活性污泥法，是 20 世纪 50 年代初期在美国开始应用的。

该工艺的主要特点是 BOD-SS 负荷非常低，曝气反应时间长，一般多在 24h 以上，活性污泥在池内长期处于内源呼吸期，剩余污泥量少且稳定，不需再进行厌氧消化处理，因此，也可以说这种工艺是污水、污泥综合处理工艺。此外，该工艺还具有处理水稳定性高，对原污水水质、水量变化有较强适应性，不需设初次沉淀池等优点。

工艺的主要缺点是，曝气时间长，池容大，基建费和运行费用都较高，占用较大的土地面积等。

延时曝气法只适用于处理对处理水质要求高且又不宜采用污泥处理技术的小城镇污水和工业废水，水量不宜超过 $1000m^3/d$。

延时曝气活性污泥法一般都采用流态为完全混合式的曝气池。

从理论上来说，延时曝气活性污泥系统是不产生污泥的，但在实际上仍有剩余污泥产生，污泥主要是一些难以生物降解的微生物内源代谢的残留物，如细胞膜和细胞壁等。

10.3.6 完全混合活性污泥法系统

完全混合活性污泥法工艺的主要特征是应用完全混合式曝气池(见图 10-15)。

污水与回流污泥进入曝气池后，立即与池内混合液充分混合，可以认为池内混合液是已经处理而未经泥水分离的处理水。

该工艺具有如下特点：

(1) 进入曝气池的污水很快即被池内已存在的混合液所稀释、均化，原污水在水质、水量方面的变化，对活性污泥产生的影响将降到极小的程度，正因为如此，这种工艺对冲击负荷有较强的适应能力，适用于处理工业废水，特别是浓度较高的工业废水。

(2) 污水在曝气池内分布均匀,各部位的水质相同,F/M 值相等,微生物群体的组成和数量几近一致,各部位有机污染物降解工况相同,因此,有可能通过对 F/M 值的调整,将整个曝气池的工况控制在最佳条件,此时工作点处于微生物增殖曲线上的一个点上。活性污泥的净化功能得以良好发挥。在处理效果相同的条件下,其负荷率高于推流式曝气池。

(3) 曝气池内混合液的需氧速度均衡,动力消耗低于推流式曝气池。

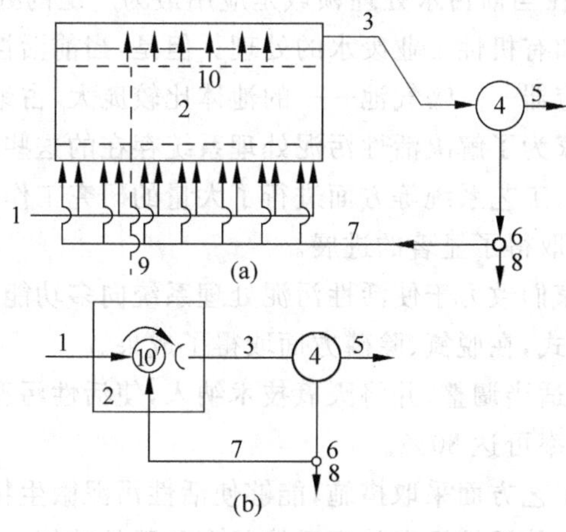

图 10-15 完全混合活性污泥法系统

(a) 采用鼓风曝气装置的完全混合曝气池;
(b) 采用表面机械曝气器的完全混合曝气池
1—经预处理后的污水;2—完全混合曝气池;
3—由曝气池流出的混合液;4—二次沉淀池;
5—处理后污水;6—污泥泵站;7—回流污泥系统;
8—排放出系统的剩余污泥;9—来自空压机站的空气管道;
10—曝气系统及空气扩散装置;10′—表面机械曝气器

完全混合活性污泥法系统存在的主要问题是:在曝气池混合液内,各部位的有机污染物、能量相同,活性污泥微生物质与量相同,在这种情况下,微生物对有机物的降动力低下,因此,活性污泥易于产生膨胀现象。与此相对,在推流式曝气池内,相邻的两个过水断面,由于后一断面上的有机物浓度、微生物质与量均高于前者,存在着有机物的降解动力,因此,活性污泥产生膨胀的可能性较低。此外,在一般情况下,其处理水水质低于采用推流式曝气池的活性污泥法系统。

完全混合曝气池可分为合建式和分建式。合建式曝气池宜采用圆形,导流区也作为曝气区的有效容积考虑。

沉淀区的表面水力负荷宜于取值 0.5～1.0$m^3/(m^2 \cdot d)$。

10.3.7 高负荷活性污泥法系统

高负荷活性污泥法又称短时曝气活性污泥法或不完全处理活性污泥法。

该工艺的主要特点是 BOD-SS 负荷高,曝气时间短,处理效果较低,一般 BOD_5 的去除率不超过 70%～75%,因此,称为不完全处理活性污泥法。与此相对,BOD_5 去除率在 90%

以上，处理水的 BOD_5 值在 20mg/L 以下的工艺则称为完全处理活性污泥法。

10.4 活性污泥处理系统新工艺

10.4.1 概述

活性污泥处理系统，在当前污水处理领域是应用最为广泛的处理技术之一。它有效地用于生活污水、城市污水和有机性工业废水的处理。但是，当前活性污泥处理系统还存在某些有待解决的问题，如反应器——曝气池——的池体比较庞大，占地面积大，电耗高等。

近几十年来，有关专家为了解决活性污泥处理系统存在的这些问题，就活性污泥的反应机理、降解功能、运行方式、工艺系统等方面进行了大量的研究工作，使活性污泥处理系统在净化功能和工艺系统方面取得了显著的进展。

在净化功能方面，专家们致力于使活性污泥处理系统向多功能方向发展，改变以去除有机物为主要功能的传统模式，在脱氮、除磷方面取得了成果。

对系统的运行方式作适当调整，并将厌氧技术纳入，使活性污泥处理系统能够有效地进行硝化、反硝化反应，脱氮率可达 80%。

对活性污泥技术，在工艺方面采取措施，能够使活性污泥微生物从周围环境中摄取远超出其本身生理所需要的磷，使活性污泥处理系统具有除磷的功能。

这样，对活性污泥处理系统，突破了仅作为二级处理技术的传统观念，能够进行脱氮、除磷的三级处理技术。

在工艺系统方面，几十年来，开创了多种旨在提高充氧能力、增加混合液污泥浓度、强化活性污泥微生物的代谢功能的高效活性污泥处理系统。就此，已在 10.3 节作过阐述。活性污泥处理系统在工艺方面仍在发展，它在当前仍属于发展中的污水处理技术。

在本节内，将对近年来在构造和工艺方面有较大进展，并在实际运行中已证实效果显著的氧化沟、间歇式活性污泥法以及 AB 法污水处理工艺等活性污泥处理新工艺作简要阐述。

10.4.2 氧化沟

氧化沟又称循环曝气池，是于 20 世纪 50 年代由荷兰的巴斯维尔(Pasveer)开发的一种污水生物处理技术，属活性污泥法的一种变法。图 10-16 所示为氧化沟的平面示意图，图 10-17 所示为以氧化沟为生物处理单元的污水处理流程。

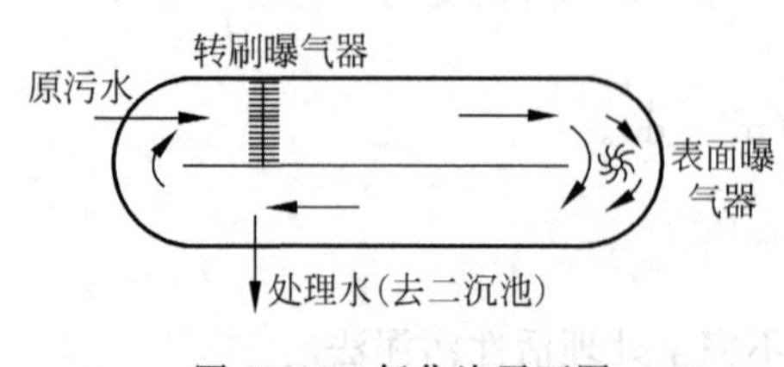

图 10-16　氧化沟平面图

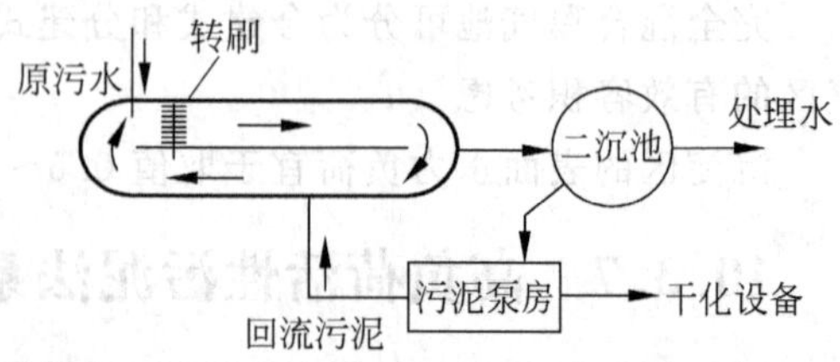

图 10-17　以氧化沟为生物处理单元的污水处理流程

1. 氧化沟的工作原理与特征

与传统活性污泥法曝气池比较，氧化沟具有下列特征：

1）在构造方面的特征

(1) 氧化沟一般呈环形沟渠状，平面多为椭圆形或圆形，总长可达几十米，甚至百米以上。沟深取决于曝气装置，通常为2～6m。

(2) 单池的进水装置比较简单，只要伸入一根进水管即可，如双池以上平行工作时，则应设配水井，采用交替工作系统时，配水井内还要设自动控制装置，以变换水流方向。

2）在水流混合方面的特征

在流态上，氧化沟介于完全混合与推流之间。

污水在沟内的流速平均为0.4m/s，氧化沟总长为L，当L为100～500m时，污水完成一个循环所需时间约为4～20min，如水力停留时间定为24h，则在整个停留时间内要作72～360次循环。可以认为在氧化沟内混合液的水质是几近一致的。

氧化沟内这种独特的水流状态，有利于活性污泥的生物凝聚作用，而且可以将其区分为富氧区、缺氧区，用以进行硝化和反硝化，取得脱氮的效应。

3）在工艺方面的特征

(1) 可考虑不设初沉池，有机性悬浮物在氧化沟内能够达到好氧稳定的程度。

(2) 可考虑不单设二次沉淀池，使氧化沟与二次沉淀池合建，可省去污泥回流装置。

(3) BOD负荷低，同活性污泥法的延时曝气系统对比，具有下列特点：

① 对水温、水质、水量的变动有较强的适应性。

② 污泥龄(生物固体平均停留时间)一般可达15～30d。可以存活、繁殖世代时间长、增殖速率慢的微生物，如硝化菌，在氧化沟内可能产生硝化反应。如运行得当，氧化沟能够具有反硝化脱氮的效应。

③ 污泥产率低，且多已达到稳定的程度，不需再进行消化处理。

2. 常用的氧化沟系统

当前国内外常用的有下列几种氧化沟系统。

1）卡罗塞(Carrousel)氧化沟

20世纪60年代由荷兰某公司所开发。卡罗塞氧化沟系统是由多沟串联氧化沟及二次沉淀池、污泥回流系统所组成的，参见图10-18。

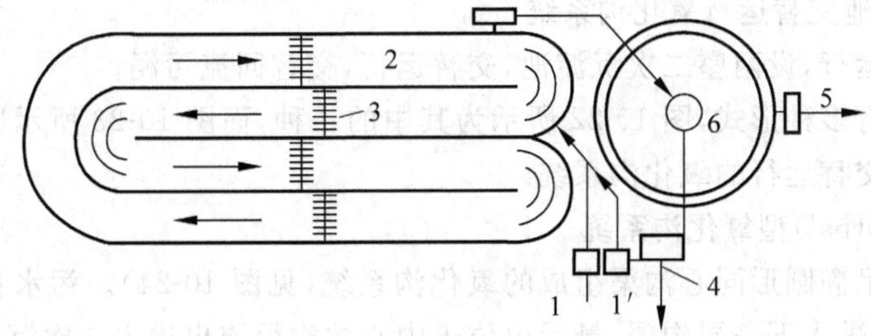

图10-18 卡罗塞氧化沟系统(一)

1—污水泵站；1′—回流污泥泵站；2—氧化沟；3—转刷曝气器；4—剩余污泥排放；5—处理水排放；6—二次沉淀池

图 10-19 所示为六廊道并采用表面曝气器的卡罗塞氧化沟。在每组沟渠的转弯处安装一台表面曝气器。靠近曝气器的下游为富氧区,而其上游则为低氧区,外环还可能成为缺氧区,这样的氧沟能够形成生物脱氮的环境条件。

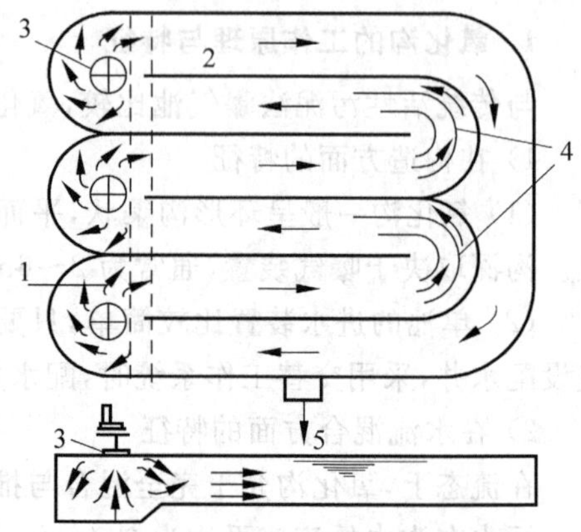

图 10-19　卡罗塞氧化沟系统(二)

1—污水；2—氧化沟；3—表面机械曝气器；4—导向隔墙；5—处理水去往二沉池

2) 交替工作氧化沟系统

由丹麦某公司所开发,有 2 池和 3 池两种交替工作氧化沟系统。图 10-20 及图 10-21 所示即分别为 2 池及 3 池交替工作氧化沟。

交替工作的氧化沟系统必须安装自动控制系统,以控制进、出水的方向,溢流堰的启闭以及曝气转刷的开动与停止。上述各工作阶段的时间,则根据水质情况确定。

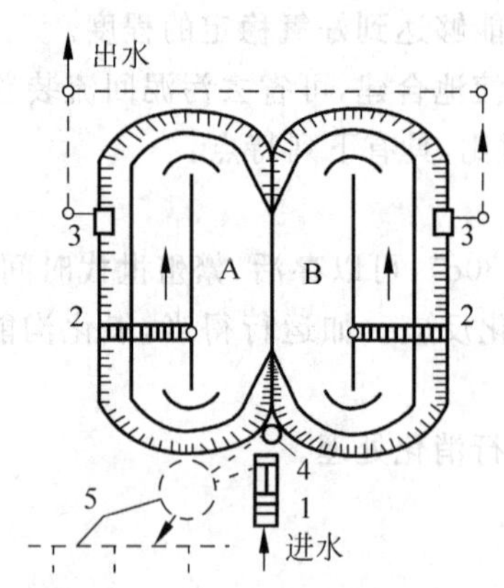

图 10-20　2 池交替工作氧化沟

1—沉砂池；2—曝气转刷；3—出水堰；4—排泥管；5—污泥井

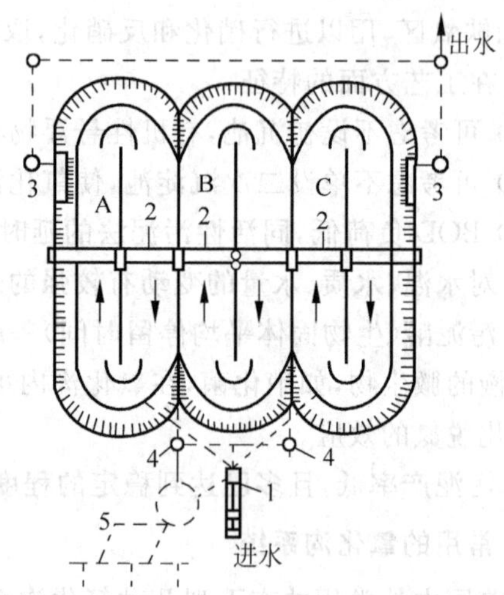

图 10-21　3 池交替工作氧化沟

1—沉砂池；2—曝气转刷；3—出水堰；4—排泥井；5—污泥井

3) 二次沉淀池交替运行氧化沟系统

氧化沟连续运行,设两座二次沉淀池,交替运行,交替回流污泥。

这种氧化沟有多种形式,图 10-22 所示为其中的一种,而图 10-23 所示则是以两座侧沟作为二次沉淀池交替运行的氧化沟系统。

4) 奥巴勒(Orbal)型氧化沟系统

这是由多个呈椭圆形同心沟渠组成的氧化沟系统(见图 10-24)。污水首先进入最外环的沟渠,然后依次进入下一层沟渠,最后由位于中心的沟渠流出进入二次沉淀池。

这种氧化沟系统多采用 3 层沟渠,最外层沟渠的容积最大,约为总容积的 60%～70%,第二层沟渠为 20%～30%,第三层沟渠则仅占 10%左右。

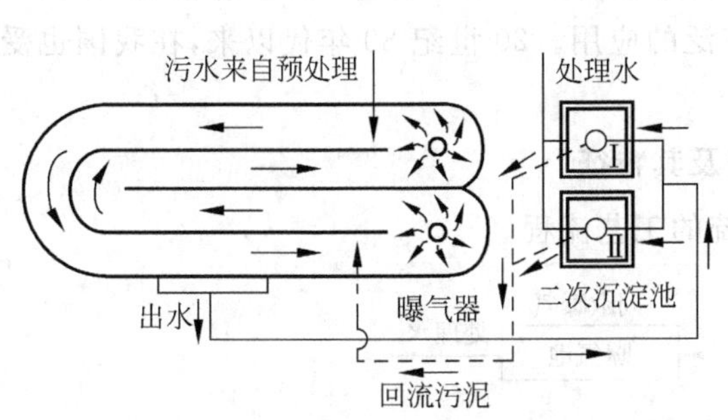

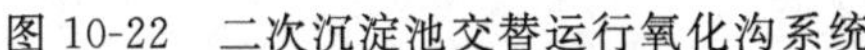

图 10-22 二次沉淀池交替运行氧化沟系统

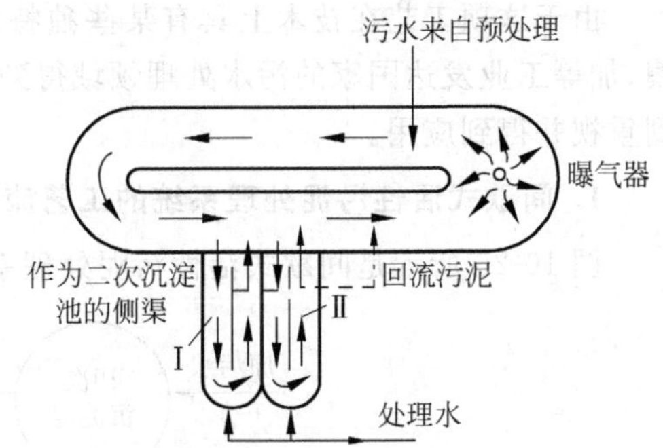

图 10-23 以侧沟作为二次沉淀池(交替运行)的氧化沟系统

在运行时，应使外、中、内 3 层沟渠内混合液的溶解氧保持较大的梯度，如分别为 0.1mg/L 及 2mg/L，这样既有利于提高充氧效果，也有可能使沟渠具有脱氮除磷的功能。

5) 曝气-沉淀一体化氧化沟

所谓一体化氧化沟就是将二次沉淀池建在氧化沟内，图 10-25 所示是其中的一种。一体化氧化沟将曝气、沉淀两种功能集于一体，可减少占地面积，免除污泥回流系统。

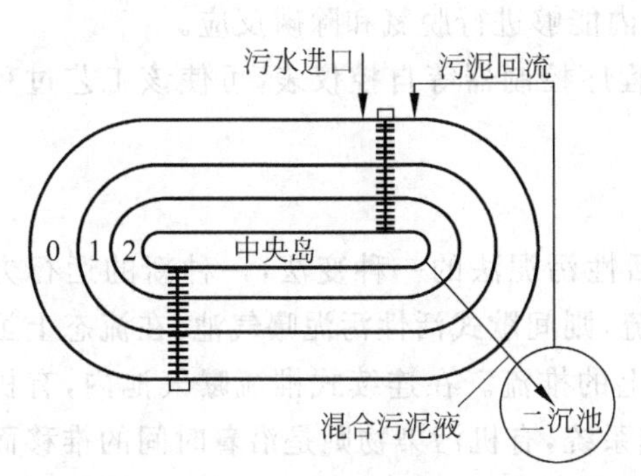

图 10-24 奥巴勒型氧化沟系统

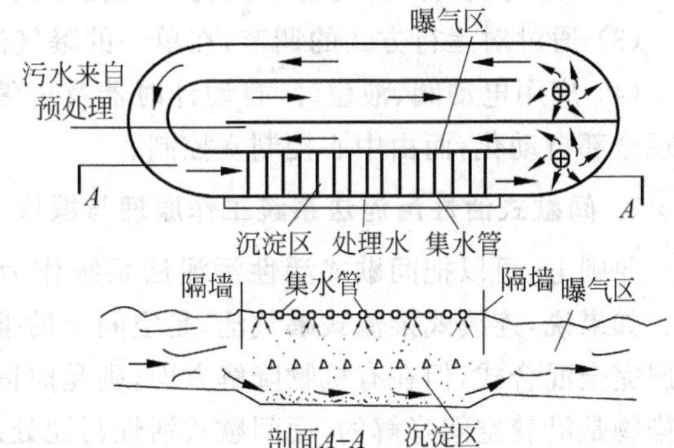

图 10-25 曝气-沉淀氧化沟

10.4.3 间歇式活性污泥处理系统

间歇式活性污泥处理工艺简称 SBR 工艺(sequencing batch reactor)。该工艺又称序批式活性污泥处理系统。现行的各种活性污泥处理系统的运行方式，都是按连续式考虑的。但是，在活性污泥处理技术开创的早期，却是按间歇方式运行的，只是由于这种运行方式操作烦琐，空气扩散装置易于堵塞以及某些在认识上的问题等，对活性污泥处理系统长期都采取了连续的运行方式。

近几十年来，电子工业发展迅速。污泥回流、曝气充氧以及混合液中的各项主要指标，如溶解氧浓度(DO)、pH 值、电导率、氧化还原电位(ORP)等，都能够通过自动检测仪表自控操作，污水处理厂整个系统都能够实现自控运行。这样，就为活性污泥处理系统的间歇运行在技术上创造了条件。因此，可以说 SBR 工艺是一种既古老又年轻的污水处理技术。

由于这项工艺在技术上具有某些独特的优越性，从 1979 年以来，该工艺在美、德、日、澳、加等工业发达国家的污水处理领域得到广泛的应用。20 世纪 80 年代以来，在我国也受到重视并得到应用。

1. 间歇式活性污泥处理系统的工艺流程及其特征

图 10-26 所示是间歇式活性污泥处理系统的工艺流程。

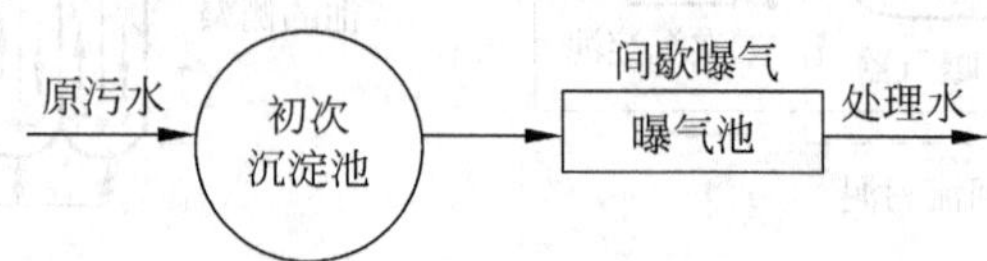

图 10-26 间歇式活性污泥处理系统的工艺流程

该工艺系统最主要特征是采用集有机物降解与混合液沉淀于一体的反应器-间歇曝气曝气池。与连续式活性污泥法系统比较，该工艺系统组成简单，勿需设污泥回流设备，不设二次沉淀池，曝气池容积也小于连续式，建设费用与运行费用都较低。此外，间歇式活性污泥法系统还具有如下各项特征。

(1) 在大多数情况下(包括工业废水处理)，无设置调节池的必要。

(2) SVI 值较低，污泥易于沉淀，一般情况下，不产生污泥膨胀现象。

(3) 通过对运行方式的调节，在单一的曝气池内能够进行脱氮和除磷反应。

(4) 应用电动阀、液位计、自动计时器及可编程序控制器等自控仪表，可使该工艺过程实现全部自动化，而由中心控制室控制。

2. 间歇式活性污泥法系统工作原理与操作

原则上，可以把间歇式活性污泥法系统作为活性污泥法的一种变法，一种新的运行方式。如果说，连续式推流式曝气池，是空间上的推流，则间歇式活性污泥曝气池，在流态上虽然属完全混合式，但在有机物降解方面，则是时间上的推流。在连续式推流曝气池内，有机污染物是沿着空间降解的，而间歇式活性污泥处理系统，有机污染物则是沿着时间的推移而降解的。

间歇式活性污泥处理系统的间歇式运行，是通过其主要反应器——曝气池——的运行操作而实现的。曝气池的运行操作，是由流入、反应、沉淀、排放、待机(闲置)等 5 个工序所组成的。这 5 个工序都在曝气池这一个反应器内进行、实施(见图 10-27)。现将各工序运行操作要点与功能阐述于后。

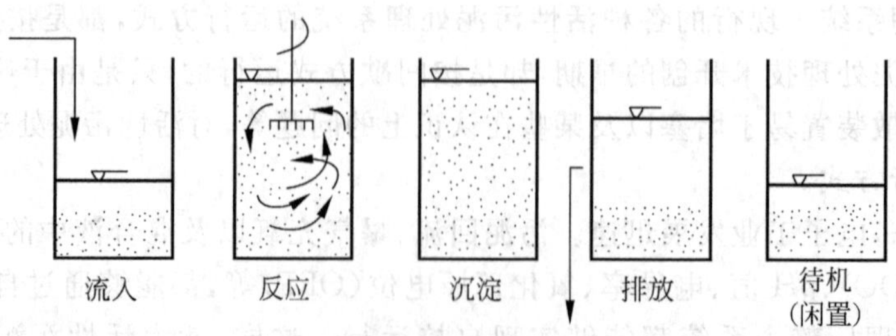

图 10-27 间歇式活性污泥法曝气池运行操作 5 个工序示意图

1）流入工序

在污水注入之前，反应器处于 5 道工序中最后的闲置段（或待机段），处理后的废水已经排放，器内残存着高浓度的活性污泥混合液。

污水注入，注满后再进行反应，从这个意义来说，反应器起到调节池的作用，因此，反应器对水质、水量的变动有一定的适应性。

污水注入、水位上升，可以根据其他工艺上的要求，配合进行其他的操作过程，如曝气，即可取得预曝气的效果，又可取得使污泥再生恢复其活性的作用；也可以根据要求，如脱氮、释放磷等，只进行缓速搅拌；又如根据限制曝气的要求，不采用其他技术措施，而单纯注水等。

该工序所用时间，则根据实际排水情况和设备条件确定。从工艺效果上要求，注入时间以短促为宜，瞬间最好，但这在实际上有时是难以做到的。

2）反应工序

这是该工艺最主要的一道工序。污水注入达到预定高度后，即开始反应操作，根据污水处理的目的，如 BOD 去除、硝化、磷的吸收以及反硝化等，采取相应的技术措施，如前三项，则为曝气，后一项则为缓速搅拌，并根据需要达到的程度决定反应的延续时间。

如根据需要，使反应器连续地进行 BOD 去除—硝化—反硝化反应，BOD 去除—硝化反应曝气的时间较长，而在进行反硝化时，应停止曝气，使反应器进入缺氧或厌氧状态，进行缓速搅拌，此时为了向反应器内补充电子受体，应加入甲醛或注入少量有机污水。

在该工序的后期，进入下一步沉淀过程之前，还要进行短暂的微量曝气，以吹脱污泥周围的气泡或氮，以保证沉淀过程的正常进行，如需要排泥，也在该工序后期进行。

3）沉淀工序

该工序相当于活性污泥法连续系统的二次沉淀池。停止曝气和搅拌，使混合液处于静止状态，活性污泥与水分离，由于该工序是静止沉淀，沉淀效果一般良好。

沉淀工序采取的时间基本同二次沉淀池，一般为 1.5～2.0h。

4）排放工序

经过沉淀后产生的上清液，作为处理水排放。一直到最低水位，在反应器内残留一部分活性污泥，作为种泥。

5）待机工序

也称闲置工序，即在处理水排放后，反应器处于停滞状态，等待下一个操作周期开始的阶段。此工序时间，应根据现场具体情况而定。

3. SBR 工艺功能的改善与强化

SBR 处理工艺是一种系统简单，但处理效果好的污水生物处理技术，同时，它又是一种新型的污水处理工艺，在理论上和工程设计以及运行操作方面，还存在着需要研究、探讨的问题，现将其列举出，供参考。

1）关于待机与进水工序与多项功能相结合的问题

（1）SBR 工艺具有一定的调节功能，能够在一定程度上起到均衡污水水质、水量作用，而这一作用主要通过待机与进水工序实施。

（2）与水解酸化反应相结合，通过水解酸化反应能够改善污水的可生化性，有利于提高下一工序“曝气反应”的效果。水解酸化的延续时间应通过综合考虑进水工况与水解酸化反应所需时间确定。

(3) 如待机工序时间较长，为了防止作为种泥而留在反应器内的混合液被钝化，应对其进行间断地曝气。还可以在新的工作周期开始之前，对保留的种泥进行一定时间的曝气，使其得到再生、提高与强化。这一措施与再生曝气活性污泥处理系统的作用相似。

2) 关于 SBR 反应池的 BOD-污泥负荷与混合液污泥浓度

与常规的活性污泥法相同，SBR 反应池内的混合液污泥浓度与 BOD-污泥负荷是两项重要的设计与运行参数。它们直接影响该工艺的其他各项工艺参数，如反应时间、反应器容积、供氧与耗氧速率等，从而对处理效果也产生直接影响。应综合多方面因素选定。

迄今，对 SBR 工艺，这两项基本参数，还是根据经验取值。对处理城市污水的 SBR 工艺，其反应池内的污泥浓度，可考虑取值 3000～5000mg/L，略高于传统处理系统，BOD-污泥负荷，则宜选用 0.2～0.3kgBOD/(kgMLSS・d)。

3) 关于耗氧与供氧问题

如前所述，SBR 工艺是时间意义上的推流，反应器内的有机污染物浓度、微生物增殖速率与耗氧速率等项参数的工况，都是随时间而逐渐降低的，对此，对 SBR 工艺的反应器，采用随时间的渐减曝气方式是适宜的。

4. SBR 工艺的发展及其主要的变形工艺

SBR 工艺仍属于发展中的污水处理技术。迄今，在基本的 SBR 工艺基础上已开发出多种各具特色的变形工艺。现将其中主要的几种工艺简要地加以阐述。

1) 间歇式循环延时曝气活性污泥工艺(intermittent cyclic extended activated sludge, ICEAS)

该工艺的运行方式是连续进水、间歇排水。在反应阶段，污水多次反复地经受"曝气好氧—闲置缺氧"的状态，从而产生有机物降解、硝化、反硝化、吸收磷、释放磷等反应，能够取得比较彻底的 BOD 去除、脱氮和除磷的效果。在反应(包括闲置)阶段后设沉淀和排放阶段。

该工艺最主要的特点是将同步去除 BOD、脱氮、除磷的 A-A-O 工艺集于一池，无污泥回流和混合液的内循环，能耗低。此外，污泥龄长，污泥的沉降性能好，剩余污泥少，也是该工艺的良好特征。

该工艺各反应过程的时间和相关反应器的运行，都能够按事先编制的程序，由计算机集中自动控制。

2) 循环式活性污泥工艺(cyclic activated sludge technology, CAST)

工艺的主要技术特征是在进水区设置一生物选择器，它实际上是一个容积较小的污水与污泥的接触区。特征之二是活性污泥由反应器回流，在生物选择器内与进入的新鲜污泥混合、接触，创造微生物种群在高浓度、高负荷环境下竞争生存的条件，从而选择出适应该系统生存的独特微生物种群，并有效地抑制丝状菌的过分增殖，从而避免污泥膨胀现象的产生，提高系统的稳定性。

混合液在生物选择器的水力停留时间为 1h，活性污泥从反应器的回流率一般取 20%。在高污泥浓度条件下的生物选择器具有释放磷的作用。经生物选择器后，混合液进入反应器，经反应后顺序经过沉淀、排放等工序。如需要考虑脱氮、除磷，则应将反应阶段设计成为缺氧—好氧—厌氧环境，污泥得到再生并取得脱氮、除磷的效果。

CAST 工艺的操作运行灵活，其内容覆盖了 SBR 及其所有的各种变形工艺，但其反应机理比较复杂。

3) 由需氧池(demand aeration tank)为主体处理构筑物的预反应区和以间歇曝气池(intermittent aeration tank)为主体的主反应区组成的连续进水、间歇排水的工艺系统(DAT-IAT)

在需氧池,污水连续流入,同时有从主反应区回流的活性污泥投入,进行连续的高强度曝气,强化了活性污泥的生物吸附作用,“初期降解”功能得到充分的发挥。大部分可溶性有机污染物被去除。

在主反应区的间歇曝气池,由于需氧池的调节、均衡作用,进水水质稳定,负荷低,提高了对水质变化的适应性。由于碳氮比较低,有利于硝化菌的繁育,能够产生硝化反应。又由于进行间歇曝气和搅拌,能够形成缺氧—好氧—厌氧—好氧的交替环境,在去除 BOD 的同时,取得脱氮除磷的效果。

此外,由于在预反应区的需氧池内,强化了生物吸附作用,在微生物的细菌中,储存了大量的营养物质,在主反应区的间歇曝气池内可利用这些物质提高内源呼吸的反硝化作用,即所谓储存性反硝化作用。

该工艺在沉淀和排放阶段也连续进水,这样能够综合利用进水中的碳源和前述的储存性反硝化作用,在理论上有很强的脱氮功能。但是,该工艺采用延时曝气方式,污泥龄长,排泥量少,从理论上来讲除磷能力不可能太高。

以上各种工艺已在美、澳等国得到应用。

除以上各种工艺外,开发出的新型并已工程化的工艺还有:IDAL、IDEA、CASS、CASP等,请参阅有关资料文献。

SBR 工艺及其新型工艺,在我国也受到专家们的重视,得到应用,除城市污水处理外,还用于处理啤酒、制革、食品生产、肉类加工以及制药等工业废水处理,效果良好,并开发出几种形式的滗水器等配套设备。

10.4.4 AB 法污水处理工艺

AB 法污水处理工艺,系吸附-生物降解(adsorption-biodegration)工艺的简称。是德国亚琛工业大学宾克(Bohnke)教授于 20 世纪 70 年代中期开创的。从 20 世纪 80 年代开始用于生产实践。该工艺受到污水处理专家的重视。

1. AB 法污水处理工艺系统及其主要特征

AB 法污水处理工艺流程见图 10-28。

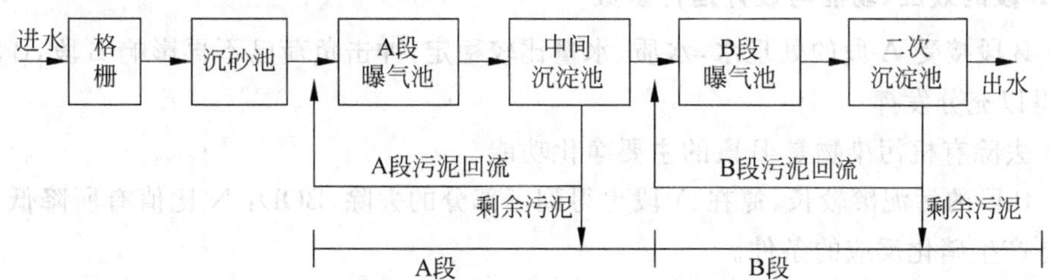

图 10-28 AB 法污水处理工艺流程

从图可见，与传统的活性污泥处理相较，AB 工艺的主要特征是：

(1) 全系统共分预处理段、A 段、B 段三段。在预处理阶段设格栅、沉砂池等简易处理设备，不设初次沉淀池。

(2) A 段由吸附池和中间沉淀池组成，B 段则由曝气池及二次沉淀池所组成。

(3) A 段与 B 段各自拥有独立的污泥回流系统，两段完全分开，每段能够培育出各自独特的、适于本段水质特征的微生物种群。

2. A 段的效应、功能与设计运行参数

(1) A 段连续不断地从排水系统中接受污水，同时也接种在排水系统中存活的微生物种群。对此，偌大的排水系统起到"微生物选择器"和中间反应器的作用。在这里不断地产生微生物种群的适应、淘汰、优选、增殖等过程。从而能够培育、驯化、诱导出与原污水适应的微生物种群。

由于该工艺不设初沉池，使 A 段能够充分利用经排水系统优选的微生物种群，使 A 段形成一个开放性的生物动力学系统。

(2) A 段负荷高，为增殖速率快的微生种群提供了良好的环境条件。在 A 段能够成活的微生物种群，只能是抗冲击负荷能力强的原核细菌，而原生动物和后生动物则不能存活。

(3) A 段污泥产率高，并有一定的吸附能力，A 段对污染物的去除，主要依靠生物污泥的吸附作用。这样，某些重金属和难降解有机物质以及氮、磷等植物性营养物质，都能够通过 A 段而得到一定的去除，对此，大大地减轻了 B 段的负荷。

A 段对 BOD 的去除率大致介于 40%～70%之间，但经 A 段处理后的污水，其可生化性将有所改善，有利于后续 B 段的生物降解作用。

(4) 由于 A 段对污染物质的去除，主要是以物理化学作用为主导的吸附作用，因此，其对负荷、温度、pH 值以及毒性等作用具有一定的适应能力。

(5) 对城市污水处理的 A 段，主要设计与运行数据的建议值

① BOD-污泥负荷(N_s)——2～6kgBOD/(kgMLSS·d)，为传统活性污泥处理系统的 10～20 倍；

② 污泥龄(生物固体平均停留时间)(θ_c)——0.3～0.5d；

③ 水力停留时间(t)——30min；

④ 吸附池内溶解氧(DO)浓度——0.2～0.7mg/L。

3. B 段的效应、功能与设计运行参数

(1) B 段接受 A 段的处理水，水质、水量比较稳定，冲击负荷已不再影响 B 段，B 段的净化功能得以充分发挥。

(2) 去除有机污染物是 B 段的主要净化功能。

(3) B 段的污泥龄较长，氮在 A 段也得到了部分的去除，BOD：N 比值有所降低，因此，B 段具有产生硝化反应的条件。

(4) B 段承受的负荷为总负荷的 30%～60%，比传统活性污泥处理系统，曝气池的容积可减少 40%左右。

应当说明的是，B 段的各项功能、效应的发挥，都是以 A 段正常运行作为首要条件的。

(5) 城市污水处理的B段设计、运行参数的建议值

① BOD-污泥负荷(N_s)——0.15～0.3kgBOD/(kgMLSS·d)；

② 污泥龄(生物固体时间)(θ_c)——15～20d；

③ 水力停留时间(t)——2～3h；

④ 曝气池内混合液溶解氧含量(DO)——1～2mg/L。

10.5 活性污泥处理系统的工艺设计

活性污泥法工艺系统主要由曝气池、曝气系统、污泥回流设备和二次沉淀池组成。在采用活性污泥法处理生活污水的工程设计方面，也已取得较为成熟的设计数据，一般可直接采用。对于工业废水的活性污泥处理工艺的设计，一般要通过试验确定有关数据，主要包括：水质数据；有毒物的允许浓度；水温对处理效率的影响；污泥负荷与出水BOD的关系；曝气池污泥浓度与污泥回流比；污泥负荷与污泥沉降性能的关系；污泥负荷与空气用量(需氧量)的关系；冲击负荷的影响；营养(如氮和磷等)的需求等。

10.5.1 曝气池的计算与设计

1. 曝气池容积的计算

曝气池容积，当前较普遍采用的是按BOD-污泥负荷率的计算法：

$$N_s = \frac{QS_a}{XV} \tag{10-20}$$

据此可求得曝气池(区)的容积：

$$V = \frac{QS_a}{XN_s} \tag{10-21}$$

式中 N_s——BOD-污泥负荷率；

Q——污水设计流量，m^3/d；

S_a——原污水的BOD_5，mg/L或kg/m^3；

X——曝气池内混合液悬浮固体浓度(MLSS)，mg/L或kg/m^3；

V——曝气池容积，m^3。

另一项为容积负荷率，系指曝气池(区)的单位容积、在单位时间内能够接受、并将其降解到某一规定数额的BOD_5质量。其计算式为

$$N_v = \frac{QS_a}{V} = N_s X \tag{10-22}$$

据此，求定曝气池(区)容积的计算式为

$$V = \frac{QS_a}{N_v} \tag{10-23}$$

式中N_v为曝气池的容积负荷率。

BOD-污泥负荷率具有微生物对有机污染物代谢方面的含义，有着一定的理论意义，而容积负荷率则纯属经验数据。

正确、合理和适度地确定BOD-污泥负荷率(N_s)和混合液污泥度(X)(MLSS)是正确确

定曝气池(区)容积的关键。对此,以下就这两项参数确定的有关问题加以阐述。

1) BOD-污泥负荷率的确定

BOD-污泥负荷率在微生物对有机污染物降解方面的实质即为 F/M 值。微生物增殖期不同,污泥负荷率也不同,有机物降解效果也不同。因此,确定 BOD-污泥负荷率,首先必须结合处理水的 $BOD_5(S_e)$ 值考虑。

对完全混合式的曝气池(区),污泥处在减速增长期,BOD-污泥负荷率与处理水 BOD 浓度(S_e)之间的关系为

$$N_s = \frac{S_a Q}{XV} = \frac{S_a - S_e}{X_v t\eta} = \frac{K_2 S_e f}{\eta} \tag{10-24}$$

由上式得知,对完全混合式曝气池,确定其 BOD-污泥负荷率,关键的环节是正确选定 K_2 值。对城市污水,完全混合曝气池的 K_2 值约为 0.0168~0.0281。

如无资料可查,应通过试验确定。

对推流式曝气池,在污水流经曝气池全长的过程中,经历微生物增殖期各个阶段的全(或大半)过程,F/M 值沿池长是变化的,K_2 值也非常数,因此,用数学方法推导出具有普遍意义的 BOD-污泥负荷率与处理水 BOD 值(S_e)之间的关系式是困难的,在实际应用上,可以近似地使用通过完全混合式推导的计算式。日本专家桥本奖教授根据哈兹尔坦(Haseltine)对美国 46 个城市污水厂的调研资料进行归纳分析,得出了适用于推流式曝气池的 BOD-污泥负荷率(N_s)与处理水 BOD 值(S_e)之间关系的经验计算式,可作为设计参考。

其次,确定 BOD-污泥负荷率,还必须考虑污泥的凝聚、沉淀性能。亦即,根据处理水 BOD 值确定的 N_s 值,应进一步复核其相应的污泥指数 SVI 值是否在正常运行的允许范围内。

当对处理水要求达到硝化阶段时,还必须结合污泥龄(生物固体平均停留时间)考虑 BOD-污泥负荷率。例如在 20℃的条件下,硝化菌的世代时间是 3d 左右,这样,与 BOD-污泥负荷率相应的污泥龄必须大于 3d。

一般来说,对城市污水,BOD-污泥负荷率多取值为 0.3~0.5kgBOD_5/(kgMLSS·d)。

BOD_5 去除率可达 90%以上,污泥的吸附性能和沉淀性能都较好,SVI 值在 80~150 之间。对剩余污泥不便处理与处置的污水处理厂,应采用较低的 BOD-污泥负荷率,这样能够在一定程度上补偿由于水温低对生物降解反应带来的不利影响。

2) 混合液污泥浓度的确定

曝气池内混合液的污泥浓度(MLSS)是活性污泥处理系统重要的设计与运行参数,采用高的污泥浓度能够减少曝气池的有效容积,从这个意义来说是经济的,但是,采用高的污泥浓度会带来一系列不利于处理系统的影响,在某些场合甚至是不可能的。在选用这一参数时,应考虑下列各项因素。

(1) 供氧的经济性与可能性

因为非常高的污泥浓度会改变混合液的粘滞性,增加扩散阻力,供氧的利用率下降,因此在动力费用方面是不经济的。另外,需氧量是随污泥浓度的提高而增加的,污泥浓度越高,供氧量就越大,所以采用非常高的污泥浓度将会使供氧产生(通过空气)困难。

(2) 活性污泥的凝聚沉淀性能

因为混合液中的污泥来自回流污泥,混合液污泥浓度(X)不可能高于回流污泥浓度

(X_r)，而回流污泥来自二次沉淀池，二次沉淀池的污泥浓度与污泥沉淀性能以及它在二次沉淀池中浓缩的时间有关。一般，混合液在量筒中沉淀 30min 后形成的污泥基本上可以代表混合液在二次沉淀池中形成的污泥。回流污泥浓度可近似地按下式确定：

$$X_r = \frac{10^6}{\text{SVI}} r \tag{10-25}$$

式中 r 为考虑污泥在二次沉淀池中停留时间、池深、污泥厚度等因素的有关系数，一般取值 1.2 左右。

X_r 值与 SVI 呈反比。在一般情况下，SVI 值在 100 左右，X_r 值在 8000～12 000mg/L 之间，而对于易氧化的工业废水，SVI 值较高，回流污泥浓度将相应降低，混合液污泥浓度也必然降低。

(3) 沉淀池与回流设备的造价

污泥浓度高，会增加二次沉淀池的负荷，从而使其造价提高。此外，对于分建式曝气池，污泥浓度越高，则维持平衡的污泥回流量也越大，从而使污泥回流设备的造价和动力费用增加。根据物料平衡关系可得出混合液污泥浓度(X)和污泥回流比(R)及回流污泥浓度(X_r)之间的关系：

$$RQX_r = (Q + RQ)X$$

因此

$$X = \frac{R}{1+R} X_r \tag{10-26}$$

式中 R——污泥回流比；

X——曝气池混合液污泥浓度，mg/L；

X_r——回流污泥浓度，mg/L。

将式(10-22)代入式(10-23)，可得出估算混合液浓度的公式：

$$X = \frac{R}{1+R} \frac{10^6}{\text{SVI}} r \tag{10-27}$$

2. 供氧量与供气量的计算

活性污泥处理系统的日平均需氧量[kg(O_2)/d]，一般按下式计算：

$$O_2 = a'QS_r + b'VX_v \tag{10-28}$$

主要是正确地选用 a'、b' 值。求定 a'、b' 值的最理想的方法是通过试验取得数据或通过归纳污水处理厂的运行数据图解法求定，也可以采用比较成熟的经验数据。

曝气池的需氧量是随 BOD-污泥负荷率值(N_s)而变化的。BOD-污泥负荷率在 1d 内又随污水流量和 BOD 浓度的变化而变化。但是，曝气池有一定的缓冲能力，进水短时间的变化，不会使曝气池内的 BOD-污泥负荷率产生足以影响处理功能的变化。当 N_s 值低时，曝气池具有较大的缓冲能力；而当 N_s 值高时，缓冲能力则较小。

日平均需气量、最大时需氧量确定后，即可按下式计算供气量：

$$G_s = \frac{R_0}{0.28E_A} \times 100(\text{m}^3/\text{h}) \tag{10-29}$$

由于氧转移效率 E_A 值是根据不同的扩散器在标准状态下脱氧清水中测定出的，因此，曝气

池混合液需要的充氧量必须换算成相应于水温为20℃、气压为一个大气压的脱氧清水之充氧量(R_0),可按下式换算:

$$R_0 = \frac{RC_{sb(20)}}{\alpha 1.024^{(T-20)}(\beta\rho C_{sb(T)} - C)} \tag{10-30}$$

式中:R 值相当于活性污泥系统的最大需氧量 $C_{s(T)}$,为计算温度 T 时污水的氧饱和浓度,对于鼓风曝气,应为 $C_{sb(T)}$ 值;对于机械曝气,则为大气压力下的氧饱和度,可直接查表。

氧转移效率 E_A 值是在选定了扩散装置的类型后查表求得的。

空气扩散装置包括 E_A 及 E_p 值在内的各项参数,一般都由该装置的生产厂家提供。使用单位在使用过程中加以复核。

3. 池体尺寸设计

曝气池池体尺寸设计的基本要求包括:

(1) 单元数:一般不小于2组。

(2) 廊道数:一般不小于3个。

(3) 廊道长、宽、高的要求:长∶宽=(5～10)∶1,深度一般为4～5m,超高0.5m。

(4) 进出水以及污泥回流方式的设计。

(5) 曝气装置安装方式与位置。

(6) 其他附属物设计。

10.5.2 曝气系统的计算与设计

活性污泥法处理系统的曝气方式主要分为鼓风曝气和机械曝气两大类。

1. 鼓风曝气系统的计算与设计

鼓风曝气系统包括:空压机、空气输送管道(干管、支管及分支管)和空气扩散装置(曝气装置)。

鼓风曝气系统设计的主要内容是:空气扩散装置的选定,并对其进行布置;空气管道布置与计算;空压机型号与台数的确定与空压机房的设计。

1) 空气扩散装置的选定与布置

在选定空气扩散装置时,要考虑下列各项因素:

(1) 空气扩散装置应具有较高的氧利用率(E_A)和动力效率(E_P),具有较好的节能效果。

(2) 不易堵塞,出现故障易排除,便于维护管理。

(3) 构造简单,便于安装,工程造价及装置成本都较低。

此外还应考虑污水水质、地区条件以及曝气池池型、水深等。

根据计算出的总供气量和每个空气扩散装置的通气量、服务面积、曝气池池底面积等数据,计算、确定空气扩散装置的数目,并对其进行布置。

2) 空气管道系统的计算与设计

自鼓风机房由鼓风机将压缩空气传输至曝气池,需要不同长度和直径的空气管道,管道内空气的经济流速取10～15m/s为宜,通向扩散装置的竖管或小口径支管内的空气流速一般取 4～5m/s。

空气通过输送管道和扩散装置时的压力损失,一般控制在 1.5m 以内,其中空气管道的总压力损失宜控制在 0.5m 以内,因扩散设备在使用过程中易被堵塞,故在设计中一般规定空气通过扩散设备的阻力损失取 0.5～1.0m。竖管或穿孔管可酌情减少。流量和流速确定之后,管径便随之确定,然后通过核算压力损失调整管径。

空气管道的总压力损失 h 等于管道的沿程阻力损失(摩擦损失)h_1 和局部阻力损失 h_2 之和。h_1 和 h_2 可由手册查得。

2. 机械曝气装置的设计

对于机械曝气装置的设计,关键是选择叶轮的形式和确定叶轮的直径。在选择叶轮形式时要考虑叶轮的充氧能力、动力效率以及加工条件等。叶轮直径的确定,主要取决于曝气池的需氧量,使所选择叶轮的充氧量能够满足混合液需氧量的要求。

此外,还要考虑叶轮直径与曝气池直径的比例关系,叶轮过大,可能伤害污泥,过小则充氧不够。一般认为平板叶轮或伞形叶轮直径与曝气池直径之比在 1/3～1/5 左右；而泵型叶轮以 1/4～1/7 为宜。叶轮直径与水深之比可采用 2/5～1/4,池深过大,将影响充氧和泥水混合。

10.5.3 污泥回流系统的设计与剩余污泥的处置

1. 污泥回流系统的设计

对于分建式曝气池,污泥从二次沉淀池回流需设污泥回流系统,其中包括污泥提升装置和污泥输送的管渠系统。

污泥回流系统的计算与设计内容包括: 回流污泥量的计算和污泥提升设备的选择与设计。

1) 回流污泥量的计算

回流污泥量 Q_R,其值为

$$Q_R = RQ$$

R 值可通过式(10-26)选定,也可以通下式求定:

$$R = \frac{X}{X_r - X} \tag{10-31}$$

由上式可见,回流比 R 值取决于混合液污泥浓度(X)和回流污泥浓度(X_r),而 X_r 值又与 SVI 值有关。

在实际运行的曝气池内,SVI 值在一定的幅度内变化,而且混合液浓度(X)也需要根据进水负荷的变化而加以调整,因此,在进行污泥回流系统的设计时,应按最大回流比考虑,并使其具有能够在较小回流比条件下工作的可能,亦即使回流污泥量可以在一定幅度内变化。

2) 污泥提升设备的选择与设计

在污泥回流系统,常用的污泥提升设备主要是污泥泵、空气提升器和螺旋泵。

污泥泵的主要形式是轴流泵,运行效率较高。可用于较大规模的污水处理工程。在选择时,首先应考虑的因素是不破坏活性污泥的絮凝体,使污泥能够保持其固有的特性,运行稳定可靠。采用污泥泵时，将从二次沉淀池流出的回流污泥集中到污泥井，从那里再用污泥泵抽送曝气池，大、中型污水厂则设回流污泥泵站。泵的台数视条件而定，一般采用2～3台，此外，还应考虑适当台数的备用泵。

空气提升器是利用升液管内外液体的密度差而使污泥提升的，它的结构简单，管理方便，而且有利于提高活性污泥中的溶解氧和保持污泥的活性，多为中、小型污水处理厂所采用。

空气提升器一般设在二次沉淀池的排泥井中或在曝气池进口处专设的回流井中。在每座回流井内只设一台空气提升器，而且只接受一座二次沉淀池污泥斗的来泥，以免造成二次沉淀池排泥量的相互干扰，污泥回流量则通过调节进气阀加以控制。

近十几年来，国内外在污泥回流系统中，比较广泛地使用螺旋泵。螺旋泵是由泵轴、螺旋叶片、上、下支座、导槽、挡水板和驱动装置所组成。图10-29所示为螺旋泵的基本构造形式。

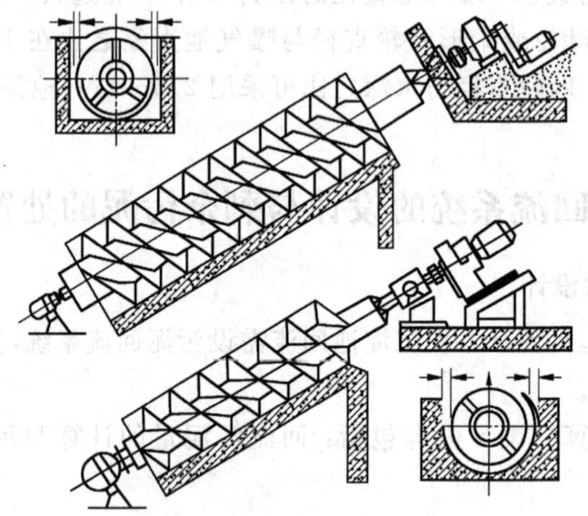

图10-29　螺旋泵的基本构造形式

采用螺旋泵的污泥回流系统，具有以下各项特征：

(1) 效率高，而且稳定，当进泥量有所变化，仍能够保持较高的效率。

(2) 能够直接安装在曝气池与二次沉淀池之间，不必另设污泥井及其他附属设备。

(3) 不因污泥而堵塞，维护方便，节省能源。

(4) 转速较慢，不会打碎活性污泥絮凝体颗粒。

螺旋泵提升回流污泥，常使用无级变速或有级变速的传动装置，以便能够改变提升流包含的污泥量。螺旋泵安设的倾斜角为30°～38°，螺旋泵的导槽可用混凝土砌造，亦可采用钢构件。

2. 剩余污泥及其处置

为了使活性污泥处理系统的净化功能保持稳定，必须使系统中曝气池内的污泥浓度保持平衡，为此，每日必须从系统中排除一定数量的剩余污泥。剩余污泥量可按公式计算，或按有关经验数据确定，应当说每日排除的剩余污泥，在量上等于每日增长的污泥。

当剩余污泥量ΔX是以干重形式表示的挥发性悬浮固体，在实用上应将其换算成湿重

的总悬浮固体，即

$$\Delta X = Q_{w} f X_{r} \tag{10-32}$$

因此

$$Q_{w} = \frac{\Delta X}{f X_{r}} \tag{10-33}$$

式中 Q_w——每日从系统中排除的剩余污泥量，m^3/d；

ΔX——挥发性剩余污泥量(干重)，kg/d；

$f=\frac{MLVSS}{MLSS}$，生活污水约为 0.75，城市污水也可同此；

X_r——回流污泥浓度，g/L。

剩余污泥含水率高达 99%左右，数量多，脱水性能差，因此，剩余污泥的处置是比较麻烦的问题。

对剩余污泥传统的处置方式是，首先将其引入浓缩池进行浓缩，使其含水率由 99%降至 96%～97%左右，然后与由初次沉淀池排出的污泥共同进行厌氧消化处理。这种方式只适用于大、中型的污水处理厂。

当前，在国内外对剩余污泥的处置方式，出现了另一种趋向，剩余污泥经浓缩后(或不经浓缩)，与由初次沉淀池排出的污泥相混合，然后向混合污泥中投加一定量的混凝剂，使其产生絮凝作用，此后用离心机、板框滤机一类的脱水机械进行脱水，混合污泥的含水率能够降至 70%～80%。这样的污泥是便于运输和利用的。

对小型污水处理厂，剩余污泥可考虑回流到初次沉淀池，使其产生某种程度的生物絮凝作用，提高初次沉淀池的去除效果。这样做的缺点是增加了初次沉淀池的负荷，而且由于活性污泥与生污泥相混合，使生污泥中的有机成分得到部分分解，并进入污水中，提高了进入曝气池污水的 BOD 值，增加了曝气池的负荷。这种措施对大、中型污水处理厂并不是非常适宜的。

剩余污泥也可以考虑回流水解酸化池，以提高那里的水解酸化作用。

有关剩余污泥处理与处置问题，在本书第 13 章还要作进一步详细的阐述。

10.5.4 二次沉淀池的计算与设计

二次沉淀池是活性污泥系统重要的组成部分，它的作用是泥水分离，使混合液澄清、浓缩和回流活性污泥。其工作效果能够直接影响活性污泥系统的出水水质和回流污泥浓度。

在原则上，用于初次沉淀池的平流式沉淀池、辐流式沉淀池和竖流式沉淀池都可以作为二次沉淀池使用。但也有某些区别，大、中型污水处理厂多采用机械吸泥的圆形辐流式沉淀池，中型污水处理厂也有采用多斗式平流沉淀池的，小型污水处理厂则比较普遍采用竖流式沉淀池。

1. 二次沉淀池的特点

二次沉淀池有别于其他沉淀池，首先在作用上有其特点。它除了进行泥水分离外，还进行污泥浓缩，并由于水量、水质的变化，还要暂时贮存污泥。由于二次沉淀池需要完成污泥浓缩的作用，所需要的池面积大于只进行泥水分离所需要的池面积。

其次，进入二次沉淀池的活性污泥混合液在性质上也有其特点。活性污泥混合液的浓度高(2000～4000mg/L)，具有絮凝性能，属于成层沉淀。沉淀时泥水之间有清晰的界面，絮凝体结成整体共同下沉，初期泥水界面的沉速固定不变，仅与初始浓度C有关。

活性污泥的另一特点是质轻，易被出水带走，并容易产生二次流和异重流现象，使实际的过水断面远远小于设计的过水断面。因此，设计平流式二次沉淀池时，最大允许的水平流速要比初次沉淀池的小一半；池的出流堰常设在离池末端一定距离的范围内；辐流式二次沉淀池可采用周边进水的方式以提高沉淀效果；此外，出流堰的长度也要相对增加，使单位堰长的出流量不超过$5\sim8m^3/(m\cdot h)$。

由于进入二次沉淀池的混合液是泥、水、气三相混合体，因此在中心管中的下降流速不应超过0.03m/s，以利气、水分离，提高澄清区的分离效果。在曝气沉淀池的导流区，其下降流速还要小些(0.015m/s左右)，这是因为其气、水分离的任务更重的缘故。

由于活性污泥质轻，易腐变质等，采用静水压力排泥的二次沉淀池，其静水头可降至0.9m；污泥斗底坡与水平夹角不应小于50°，以利污泥顺利滑下和排泥通畅。

2. 二次沉淀池的计算与设计

二次沉淀池设计的主要内容：①池型选择；②沉淀池(澄清区)面积、有效水深和污泥区容积的计算。

计算方法有表面负荷法和固体通量法。本节主要介绍表面负荷法。

沉淀池表面面积：

$$A=\frac{Q}{q}=\frac{Q}{3.6u} \tag{10-34}$$

式中 Q——污水最大时流量，m^3/h；

q——表面负荷，一般取$q=0.6\sim1.5m^3/(m^2\cdot h)$；

u——正常活性污泥成层沉淀的沉速，mm/s。

上升流速u应等于正常活性污泥成层沉淀时的沉降速度，一般不大于0.3～0.5mm/s，沉淀时间通常取1.5～2h。

二次沉淀池的储泥斗既不能太小也不能过大。容积太小则污泥在储泥斗的浓缩时间过短，不利于提高回流污泥浓度，减少污泥回流量。容积过大，污泥在储泥斗中的停留时间过长，会因缺氧而使其失去活性并腐化。因此，一般规定分建式沉淀池储泥斗的储泥时间不长于2h。储泥斗容积通常按下式估算：

$$V=\frac{Q(1+r)Xt}{\frac{1}{2}(X+X_r)}=\frac{2Q(1+r)Xt}{X+X_r} \tag{10-35}$$

式中 V——储泥斗容积，m^3；

Q——污泥流量，m^3/h；

r——污泥回流比；

X——储泥斗上层污泥浓度，假定为混合液污泥浓度，mg/L；

t——储泥时间，h；

X_r——回流污泥浓度，mg/L。

二次沉淀池总深一般不少于3～4m。

从二次沉淀池排放的剩余污泥，通常被引入污泥浓缩池，浓缩至污泥含水率在96%左右时，进行干化处理。

10.5.5 曝气沉淀池的计算与设计

在我国采用的曝气沉淀池多呈圆形，这种处理筑物的各部位尺寸必须合理确定，下面列出其控制数值，供设计时参考(见图10-30)。

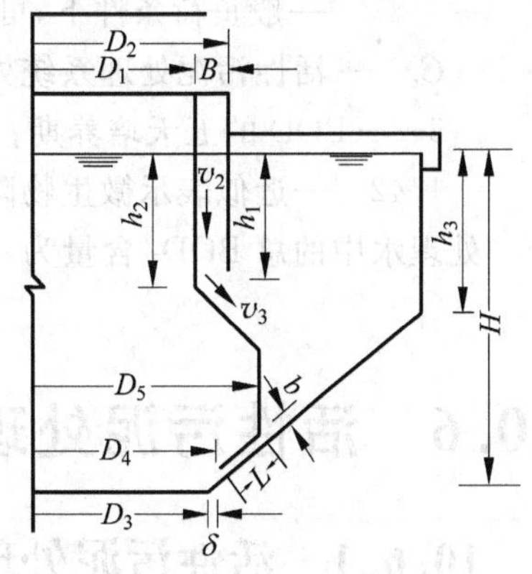

图10-30 曝气沉淀池各部位图示

1. 池体

(1) 直径(D)，不宜超过20m，国内较普遍采用的数值是15m，最大为17m。直径过大，充氧和搅拌能力都将受到影响。

(2) 水深，不宜超过5m。水深过大，搅拌不良底池，易于沉泥，影响运行效果。

(3) 沉淀区水深(h_3)，一般在1～2m之间，不宜小于1m，过小会影响上升水流的稳定。

(4) 曝气区直壁段高度(h_2)应大于导流区的高度(h_1)，一般$h_2-h_1 \geqslant 0.414B$(B为导流区宽度)。

(5) 曝气区应有0.8～1.2m的保护高。

(6) 池底斜壁与水平呈45°角。

2. 回流窗

回流窗孔的流速应为100～200mm/s，并以此确定回流窗的尺寸。回流窗的总长度为曝气区周长的30%左右。其调节高度为50～150mm。

3. 导流区

导流区出口处的流速(v_3)应小于导流区的下降流速(v_2)，导流区下降流速为15mm/s左右，并按此确定导流区宽度B。

4. 污泥回流缝

污泥回流缝的流速为20～40mm/s，以此确定回流缝的宽度(b)。回流缝的宽度一般为150～300mm。回流缝处设顺流圈，其长度(L)为0.4～0.6m。顺流圈的直径(D_4)应大于池底直径(D_3)，以利污泥下滑、回流。

流缝的各项尺寸的控制目的是防止气泡和混合液从回流缝进入沉淀区，并使沉淀污泥通畅回流。

曝气区、导流区的结构容积系数(由于墙壁厚度所增加容积的百分比)为3%～5%。

10.5.6 处理水的水质

活性污泥处理系统处理水中的BOD值(S_e)，是由残存的溶解性BOD和非溶解性BOD两者组成的，而后者主要以生物污泥的残屑为主体。对处理水要求达到的BOD值，应当是总BOD即溶解性BOD与非溶解性BOD之和。活性污泥系统的净化功能，是去除溶解性BOD。因此从活性污泥的净化功能考虑，应将非溶解性BOD从处理水的总BOD值中减去，处理水中非溶解性 BOD 值可用下列公式求定：

$$BOD_5 = 5(1.42bX_aC_e) = 7.1bX_aC_e \tag{10-36}$$

式中 b——微生物自身氧化率，d^{-1}，取值范围为 0.05～0.1；

X_a——在处理水的悬浮固体中，有活性的微生物所占的比例，X_a 的取值：对高负荷活性污泥处理系统为 0.8；延时曝气系统为 0.1；其他活性污泥处理系统，在一般负荷条件下，可取值 0.4；

C_e——活性污泥处理系统处理水中的悬浮固体浓度，mg/L；

5——BOD 的五天培养期；

1.42——近似表示微生物降解 1gBOD_5 所需要的氧量。

处理水中的总 BOD_5 含量为

$$BOD_5 = S_e + 7.1bX_aC_e \tag{10-37}$$

10.6 活性污泥处理系统的维护管理

10.6.1 活性污泥处理系统的投产与活性污泥的培养驯化

活性污泥处理系统在工程完工之后和投产之前，需进行验收工作。在验收工作中，首先用清水进行试运行。这样可以提高验收质量，对发现的问题可作最后修正；同时，还可以做一次脱氧清水的曝气设备性能测定，为运行提供资料。

在处理系统准备投产运行时，运行管理人员不仅要熟悉处理设备的构造和功能，还要深入掌握设计内容与设计意图。对于城市污水和性质与其相类似的工业废水，投产前首先需要进行的是培养活性污泥，对于其他工业废水，除培养活性污泥外，还需要使活性污泥适应所处理废水的特点，对其进行驯化。

当活性污泥的培养和驯化结束后，还应进行以确定最佳运行条件为目的的试运行工作。

1. 活性污泥的培养与驯化

活性污泥处理系统在验收后正式投产前的首要工作是培养与驯化活性污泥。

活性污泥的培养和驯化可归纳为异步培驯法、同步培驯法和接种培驯法数种。异步法即先培养后驯化；同步法则培养和驯化同时进行或交替进行；接种法系利用其他污水处理厂的剩余污泥，再进行适当培驯。对城市污水一般都采用同步培驯法。

培养活性污泥需要有菌种和菌种所需要的营养物。对于城市污水，其中菌种和营养物都具备，因此可直接进行培养。方法是先将污水引入曝气池进行充分曝气，并开动污泥回流设备，使曝气池和二次沉淀池接通循环。经 1～2d 曝气后，曝气池内就会出现模糊不清的絮凝体。为补充营养和排除对微生物增长有害的代谢产物，要及时换水，即从曝气池通过二次沉淀池排出 50%～70%的污水，同时引入新鲜污水。换水可间歇进行，也可以连续进行。

间歇换水一般适用于以生活污水所占比重不太大的城市污水处理厂。每天换水 1～2 次。这样一直持续到混合液 30min 沉降比达到 15%～20%时为止。在一般的污水浓度和水温在 15℃以上的条件下，7～10d 便可大致达到上述状态。成熟的活性污泥，具有良好的凝聚沉淀性能，污泥内含有大量的菌胶团和纤毛虫原生动物，如钟虫、等枝虫、盖纤虫等，并可使BOD的去除率达90%左右。当进入的污水浓度很低时，为使培养期不致过长，可将初次沉淀池的污泥引入曝气池或不经初次沉淀池将污水直接引入曝气池。对于性质类似的工业废水，也可按上述方法培养，不过在开始培养时，宜投入一部分作为菌种的粪便水。

对于工业废水或以工业废水为主的城市污水，由于其中缺乏专性菌种和足够的营养，因此在投产时除用一般菌种和所需要营养培养足量的活性污泥外，还应对所培养的活性污泥进行驯化，活性污泥微生物群体逐渐形成具有代谢特定工业废水的酶系统。具有某种专性。

在工业废水处理站，可先用粪便水或生活污水培养活性污泥。因为这类污水中细菌种类繁多，本身所含营养也丰富，细菌易于繁殖。当缺乏这类污水时，可用化粪池和排泥沟的污泥、初次沉淀池或消化池的污泥等。采用粪便水培养时，先将浓粪便水过滤后投入曝气池，再用自来水稀释，使BOD_5浓度控制在500mg/L左右，进行静态(闷曝)培养。同样经过1～2d后，为补充营养和排除代谢产物，需及时换水。对于生产性曝气池，由于培养液量大，收集比较困难，一般均采取间歇换水方式，或先间歇换水，后连续换水。而间歇换水又以静态操作为宜。即当第一次加料曝气并出现模糊的絮凝体后，就可停止曝气，使混合液静沉，经过1～1.5h沉淀后排除上清液(其体积约占总体积的50%～70%)，然后再往曝气池内投加新的粪便水和稀释水。粪便水的投加量应根据曝气池内已有的污泥量在适当的N_s值范围内进行调节(即随污泥量的增加而相应增加粪便水量)。在每次换水时，从停止曝气、沉淀到重新曝气，总时间以不超过2h为宜。开始宜每天换水一次，以后可增加到两次，以便及时补充营养。

连续换水是指边进水、边出水、边回流的方式培养活性污泥。连续换水仅适用于就地有生活污水来源的处理站。在第一次投料曝气后或经数次闷曝而间歇换水后，就不断地往曝气池投加生活污水，并不断将出水排入二次沉淀池，将污泥回流至曝气池。随着污泥培养的进展，应逐渐增加生活污水量，使N_s值在适宜的范围内。此外，污泥回流量应比设计值稍大些。

当活性污泥培养成熟，即可在进水中加入并逐渐增加工业废水的比重，使微生物在逐渐适应新的生活条件下得到驯化。开始时，工业废水可按设计流量的10%～20%加入，达到较好的处理效果后，再继续增加其比重。每次增加的百分比以设计流量的10%～20%为宜，并待微生物适应巩固后再继续增加，直至满负荷为止。在驯化过程中，能分解工业废水的微生物得到发展繁殖，不能适应的微生物则逐渐淘汰，从而使驯化过的活性污泥具有处理该种工业废水的能力。

上述先培养后驯化的方法即所谓异步培驯法。为缩短培养和驯化的时间，也可以把培养和驯化这两个阶段合并进行，即在培养开始就加入少量工业废水，并在培养过程中逐渐加比重，使活性污泥在增长的过程中，逐渐适应工业废水并具有处理它的能力。这就是所谓“同步培驯法”。这种做法的缺点是，在缺乏经验的情况下不够稳妥可靠，出现问题时不易确定是培养上的问题还是驯化上的问题。

在有条件的地方，可直接从附近污水处理厂引入剩余污泥，作为种泥进行曝气培养，这样能够缩短培养时间；如能从性质相同的废水处理站引入活性污泥，更能提高驯化效果，缩短时间。这就是所谓的接种培驯法。

工业废水中，如缺乏氮，磷等养料，在驯化过程中则应把这些物质投加入曝气池中。

实际上，培养和驯化这两个阶段不能截然分开，间歇换水与连续换水也常结合进行，具体培养驯化时应依据净化机理和实际情况灵活进行。

2. 试运行

活性污泥培驯成熟后，就开始试运行。试运行的目的是确定最佳的运行条件。在活性污泥系统的运行中，作为变数考虑的因素有混合液污泥浓度(MLSS)、空气量、污水注入的方式等；如采用生物吸附法，则还有污泥再生时间和吸附时间之比值；如采用曝气沉淀池还要确定回流窗孔开启高度；如工业废水养料不足，还应确定氮、磷的投量等。将这些变数组合成几种运行条件分阶段进行试验，观察各种条件的处理效果，并确定最佳的运行条件，这就是试运行的任务。

活性污泥法要求在曝气池内保持适宜的营养物与微生物的比值，供给所需要的氧，使微生物很好地和有机污染物相接触；并保持适当的接触时间等。如前所述，营养物与微生物的比值一般用污泥负荷率加以控制，其中营养物数量由流入污水量和浓度所定，因此应通过控制活性污泥的数量来维持适宜的污泥负荷率。不同的运行方式有不同的污泥负荷率，运行时的混合液污泥浓度就是以其运行方式的适宜污泥负荷率作为基础确定的，并在试运行过程中确定最佳条件下的 N_s 值和 MLSS 值。

MLSS 值最好每天都能够测定，如 SV1 值较稳定时，也可用污泥沉降比暂时代替 MLSS 值的测定。根据测定的 MLSS 值或污泥沉降比，便可控制污泥回流量和剩余污泥量，并获得这方面的运行规律。此外，剩余污泥量也可以通过相应的污泥龄加以控制。

关于空气量，应满足供氧和搅拌这两者的要求。在供氧上应使最高负荷时混合液溶解氧含量保持在 1～2mg/L 左右。搅拌的作用是使污水与污泥充分混合，因此搅拌程度应通过测定曝气池表面、中间和池底各点的污泥浓度是否均匀而定。

前已述及，活性污泥处理系统有多种运行方式，在设计中应予以充分考虑，各种运行方式的处理效果，应通过试运行阶段加以比较观察，并从中确定出最佳的运行方式及其各项参数。但应当说明的是，在正式运行过程中，还可以对各种运行方式的效果进行验证。

10.6.2 活性污泥处理系统运行效果的检测

试运行确定最佳条件后，即可转入正常运行。为了经常保持良好的处理效果，积累经验，需要对处理情况定期进行检测。检测项目有：

(1) 反映处理效果的项目　进出水总的和溶解性的 BOD、COD，进出水总的和挥发性的 SS，进出水的有毒物质(对应工业废水)；

(2) 反映污泥情况的项目　污泥沉降比(SV)、MLSS、MLVSS、SVI、溶解氧、微生物观察等；

(3) 反映污泥营养和环境条件的项目　氮、磷、pH、水温等。

一般 SV 和溶解氧最好 2～4h 测定一次，至少每班一次，以便及时调节回流污泥量和空气量。微生物观察最好每班一次，以预示污泥异常现象。除氮、磷、MLSS、MLVSS、SVI 可定期测定外，其他各项应每天测一次。水样除测溶解氧外，均取混合水样。

此外，每天要记录进水量、回流污泥量和剩余污泥量，还要记录剩余污泥的排放规律、曝气设备的工作情况以及空气量和电耗等。剩余污泥(或回流污泥)浓度也要定期测定。上述检测项目如有条件，应尽可能进行自动检测和自动控制。

10.6.3　活性污泥处理系统运行中的异常状况与对策

活性污泥处理系统在运行过程中，有时会出现种种异常情况，处理效果降低，污泥流失。下面将在运行中可能出现的几种主要的异常现象和相应采取的措施加以简要阐述。

1. 污泥膨胀

污泥膨胀指活性污泥质量变轻、体积膨胀，沉降性能下降，在二次沉淀池中不能正常沉淀下来，SVI 异常增高，大于 200 甚至高达 400 以上。

1）由于丝状菌异常增殖导致的丝状菌性膨胀

主要是由于丝状菌异常增殖而引起的，主要的丝状菌有：球衣菌属、贝氏硫细菌以及正常活性污泥中的某些丝状菌如芽孢杆菌属等。

原因：① 低 F/M 比(即低基质浓度)引起的营养缺乏型膨胀；②低溶解氧浓度引起的溶解氧缺乏型膨胀；③高 H_2S 浓度引起的硫细菌型膨胀。

对策：

① 临时控制措施

a. 污泥助沉法

a）改善、提高活性污泥的絮凝性，投加絮凝剂如硫酸铝等。

b）改善、提高活性污泥的沉降性、密实性，投加粘土、消石灰等。

b. 灭菌法

a）杀灭丝状菌，如投加氯、臭氧、过氧化氢等药剂。

b）投加硫酸铜，控制由球衣菌引起的膨胀。

② 工艺运行调节措施

a. 加强曝气，提高混合液的 DO 值；使污泥常处于好氧状态，防止污泥腐化，加强预曝气或再生性曝气。

b. 调整进水 pH 值、水温；调整混合液中的营养物质；调整污泥负荷。

③ 永久性控制措施。对现有设施进行改造，或新厂设计时就加以考虑，从工艺运行上确保污泥膨胀不会发生；在工艺中增加一个生物选择器，该法主要针对低基质浓度下引起的营养缺乏型污泥膨胀，其出发点就是造成曝气池中的生态环境有利于选择性地发展菌胶团细菌，应用生物竞争的机制抑制丝状菌的过度增殖，从而控制污泥膨胀。

常见的选择器有：

a. 好氧选择器。即在曝气池前增设一个具有推流特点的预曝气池，其停留时间 HRT 为 5～30min，多采用 20min。

b. 缺氧选择器。采用高基质浓度，利用菌胶团细菌在缺氧条件下(但有 NO_3^-)比丝状菌高得多的基质利用率和硝酸盐还原率。

c. 厌氧选择器。在厌氧条件下，丝状菌的多聚磷酸盐释放速率较低而受到抑制。

2）因粘性物质大量积累而导致的非丝状菌性膨胀

(1) 高粘性污泥膨胀

现象：废水净化效果良好，但污泥难以沉淀，污泥颗粒大量随出水流失。

原因：①进水中溶解性有机物浓度高，F/M 值太高；②氮、磷缺乏，或溶解氧不足；③细菌将大量有机物吸入体内，分泌过量的凝胶状多糖类；④含有很多氢氧基而具有很高的亲水性，导致污泥中含有很多的结合水，使泥水分离困难。

对策：降低负荷，调整工况，加强曝气等。

(2) 低粘性污泥膨胀

原因：进水中含有毒物质，污泥中毒，使细菌不能分泌出足够的粘性物质，无法有效形成絮凝体，导致泥水分离困难。

对策：控制进水水质，对工业废水进行预处理。

2. 污泥腐化

在二次沉淀池可能由于污泥长期滞留而产生厌气发酵生成气体(H_2S、CH_4 等)，从而出现大块污泥上浮的现象。它与污泥脱氮上浮不同，污泥腐败变黑，产生恶臭。此时也不是全部污泥上浮，大部分污泥都是正常地排出或回流。只有沉积在死角长期滞留的污泥才腐化上浮。

防止的措施有：①安设不使污泥外溢的浮渣清除设备；②消除沉淀池的死角地区；③加大池底坡度或改进池底刮泥设备，不使污泥滞留于池底。

此外，如曝气池内曝气过度，使污泥搅拌过于激烈，生成大量小气泡附聚于絮凝体上，也可能引起污泥上浮。这种情况机械曝气较鼓风曝气为多。另外，当流入大量脂肪和油时，也容易产生这种现象。防止措施是将供气控制在搅拌所需要的限度内，而脂肪和油则应在进入曝气池之前加以去除。

3. 污泥解体

现象：在沉淀后的上清液中含有大量的悬浮微小絮体，处理水质浑浊，污泥絮凝体微细化，处理效果变坏，出水透明度下降。

原因：有毒物质，曝气过度，负荷下降，活性污泥自身氧化过度等。

对策：减少曝气，增大负荷量，查明有毒物质来源。

4. 污泥上浮

污泥在二次沉淀池呈块状上浮的现象，并不是由于腐败所造成的，而是由于在曝气池内污泥泥龄过长，硝化进程较高(一般硝酸铵达5mg/L以上)，在沉淀池底部产生反硝化，硝酸盐的氧被利用，氮即呈气体脱出附于污泥上，从而使污泥比重降低，整块上浮。所谓反硝化是指硝酸盐被反硝化菌还原成氨和氮的作用。反硝化作用一般在溶解氧低于0.5mg/L时发生，并在试验室静沉30～90min以后发生。因此为防止这一异常现象发生，应增加污泥回流量或及时排除剩余污泥，脱氮之前即将污泥排出或降低混合液污泥浓度，缩短污泥龄和降低溶解氧等，使之不进行到硝化阶段。

5. 泡沫问题

曝气池中产生泡沫，主要原因是，污水中存在大量合成洗涤剂或其他起泡物质。泡沫给生产操作带来一定困难，如影响操作环境，带走大量污泥。当采用机械曝气时，还能影响叶轮的充氧能力。消除泡沫的措施有：分段注水以提高混合液浓度；进行喷水或投加除沫剂(如机油、煤油等，投量约为0.5～1.5mg/L)。此外，用风机机械消泡，也是有效措施。

6. 泥水界面不明显

原因：高浓度有机废水的流入，使微生物处于对数增长期；污泥形成的絮凝性能较差。

对策：降低负荷；增大回流量以提高曝气池中的MLSS，降低 F/M 值。

思考题

10-1　简述活性污泥法处理废水的原理及基本流程。

10-2　要保证活性污泥法正常运行，应具备哪些基本条件？

10-3　活性污泥法中原生动物的主要作用有哪些？

10-4　评价活性污泥性能的主要指标有哪些？良好的活性污泥应具备哪些性能？

10-5　MLSS、MLVSS、SV 和 SVI 的含义是什么？各有何工程意义？

10-6　传统活性污泥法的改进工艺形式有哪些？各改进工艺有何特点？

10-7　什么是污泥膨胀？其起因有哪些？如何控制污泥膨胀？

10-8　试论述 SVI 与活性污泥沉降性能的关系。

10-9　活性污泥法运行中的日常管理项目主要有哪些？

第11章 CHAPTER 11

生物膜法

11.1 生物膜法的基本原理

生物膜法是与活性污泥法平行发展起来的好氧生物处理技术。这种处理法的实质是使细菌一类的微生物和原生动物、后生动物一类的微型动物附着在载体表面生长繁殖而形成膜状的生物污泥——生物膜，污水中的有机污染物和空气中的氧与生物膜接触并扩散其中，污水中的溶解性及胶体状有机污染物作为营养物质被生物膜上的微生物所摄取，污水得到净化，微生物自身也得到繁衍增殖。在许多情况下生物膜法不仅能代替活性污泥法用于城市污水的二级生物处理，而且还具有一些独特的优点，如运行稳定，抗冲击负荷能力强，更为经济节能，无污泥膨胀问题，具有一定的硝化与反硝化功能，可实现封闭运转防止臭味等。

11.1.1 生物膜的构造及净化机理

污水与滤料或某种载体流动接触，在经过一段时间后，后者的表面将会产生一种膜状污泥——生物膜。生物膜逐渐成熟，其标志是：生物膜沿水流方向的分布，在其上由细菌及各种微生物组成的生态系以及其对有机物的降解功能都达到了平衡和稳定的状态。从开始形成到成熟，生物膜要经历潜伏和生长两个阶段，一般的城市污水，在 20℃左右的条件下大致需要 30d 左右的时间。

图 11-1 所示是附着在生物滤池滤料上的生物膜的构造。

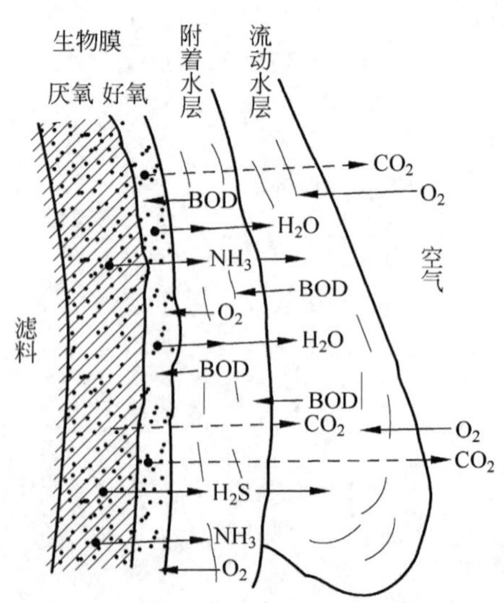

图 11-1 生物膜的构造(剖面图)

生物膜是高度亲水的物质，在污水不断在其表面更新的条件下，其外侧总是存在着一层附着水层。生物膜又是微生物高度密集的物质，在膜的表面和一定深度的内部生长繁殖着大量的各种类型的微生物和微型动物，并形成有机污染物—细菌—原生动物(后生动物)的食物链。

生物膜在其形成与成熟后，由于微生物不断增殖，生物膜的厚度不断增加，在增厚到一定程度后，在氧不能透入的里侧深部即将转变为厌氧状态，形成厌氧性膜。这样，生物膜便由好氧和厌氧两层组成。好氧层的厚度一般为 2mm 左右，有机物的降解主要在好氧层内进行。

从图 11-1 可见，在生物膜内、外，生物膜与水层之间进行着多种物质的传递过程。空气中的氧溶解于流动水层中，从那里通过附着水层传递给生物膜，供微生物用于呼吸；污水中的有机污染物则由流动水层传递给附着水层，然后进入生物膜，并通过细菌的代谢活动而被降解。这样就使污水在流动过程中逐步得到净化。微生物的代谢产物如 H_2O 等则通过附着水层进入流动水层，并随其排走，而 CO_2 及厌氧层分解产物如 H_2S、NH_3 以及 CH_4 等气态代谢产物则从水层逸出进入空气中。

当厌氧层还不厚时，它与好氧层保持着一定的平衡与稳定关系，好氧层能够维持正常的净化功能，但当厌氧层逐渐加厚，并达到一定的程度后，其代谢产物也逐渐增多，这些产物向外侧逸出，必然要透过好氧层，使好氧层的生态系统的稳定状态遭到破坏，从而失去了这两种膜层之间的平衡关系，又因气态代谢产物的不断逸出，减弱了生物膜在滤料（载体、填料）上的固着力，处于这种状态的生物膜即为老化生物膜，老化生物膜净化功能较差而且易于脱落。生物膜脱落后生成新的生物膜，新生生物膜必须在经过一段时间后才能充分发挥其净化功能。比较理想的情况是：减缓生物膜的老化进程，不使厌氧层过分增长，加快好氧膜的更新，并且尽量使生物膜不集中脱落。

11.1.2 生物膜的增长过程

生物膜增长过程可概括为六个阶段。

（1）潜伏期（或称适应期）

在这一阶段微生物固着在载体表面后，开始逐渐适应生存环境，并在载体表面逐渐形成小的、分散的微生物菌落。这些初始菌落首先在载体表面不规则处形成，这一阶段的持续时间取决于进水底物浓度以及载体表面特性。必须指出，在实际生物膜反应器起动时，要控制这一阶段是很困难的。

（2）对数增长期（或称动力学增长期）

在适应期所形成的分散菌落开始迅速增长，并逐渐覆盖载体表面。在此阶段，由于有机物、溶解氧及其他营养物的供给超过了消耗的需要，固着微生物以最大速率在载体表面增长。一般在动力学增长期末，生物膜厚可达几十个微米（μm）。在对数增长期，通常可观察到如下现象：生物膜多聚糖及蛋白质产率增加；底物浓度迅速降低，即污染物降解速率很高；大量的溶解氧被消耗，在此阶段后期，供氧水平往往成为底物进一步去除的限制性因素；生物膜量显著增加，在显微镜下观察到的生物膜主要由细菌等活性微生物组成。

在此阶段结束时，生物膜反应器的出水底物浓度基本达到其稳定值，这意味着生物膜去除底物的能力也趋向于最大。可见，在生物膜反应器实际运行中，对数增长阶段起着非常重要的作用，它决定了生物膜反应器内底物的去除效率及生物膜自身增长代谢的功能。

（3）线性增长阶段

生物膜的这一增长阶段是基于大量实验数据提出的。人们发现当生物膜对数增长期结束后，在生物膜增长曲线上出现一线性增长阶段，即此时生物膜在载体表面以恒速率增加。这一阶段的重要特点有：出水底物浓度不随生物量的积累而显著变化；对于好氧生物膜，其耗氧率保持不变；在载体表面形成了完整的生物膜三维结构。

（4）减速增长期

由于生存环境质量的改变以及水力学作用，这一阶段内生物膜增长率逐渐放慢。减速增长期是生物膜在质量和膜厚上达到稳定的过渡期。在减速增长期，水力剪切作用限制了新细胞在生物膜内的进一步积累，生物膜增长开始与水力剪切作用形成动态平衡。

在实际生物膜反应器运行中，经常可以观察到在减速增长期内，出水中悬浮物浓度明显增高，这一部分附加悬浮物正是由生物膜在水力剪切力作用下脱落所造成。

(5) 生物膜稳定期

这一阶段的主要特点是生物膜新生细胞与由于各种物理力所造成的生物膜损失达到平衡。在此阶段，生物膜相及液相均已达到稳定状态。一般讲，生物膜稳定期的长短，与运行条件，如底物供给浓度、剪切力等密切相关。

(6) 脱落期

随着生物膜的成熟，部分生物膜发生脱落。影响这一现象的因素很多，生物膜内部细菌自解、内部厌氧层过厚以及生物膜与载体表面间相互作用的改变等均可加速生物膜脱落。另外，某些物理作用，如作用于生物膜上的重力及剪切力等变化也可引起膜脱落现象发生。生物膜反应器运行在此阶段具有如下特点：由于生物膜脱落，造成出水悬浮物浓度增高，直接影响出水水质；由于生物膜部分脱落无疑影响到底物降解过程，其结果是使底物去除率降低。从实际应用角度讲，生物膜反应器应避免在脱落期运行。

根据对生物膜增长规律的分析，从底物去除的角度来看，可得到如下重要结论：在动力学增长末期，活性生物量达到最大值，此时生物膜反应器对有机物的降解达到稳定状态，这时的生物膜一般很薄，不超过 50μm；在生物膜稳定期末，生物膜的增长达到稳定状态，这时的生物膜厚可达到数百微米(μm)。

11.1.3 生物膜处理法的主要特征

在微生物相方面，参与净化反应的微生物多样化，在生物膜上生长繁育的生物类型广泛，种属繁多，食物链长且较为复杂。能够存活世代时间较长的微生物，因此增殖速率慢、世代时间长使得硝化细菌、亚硝化细菌等微生物可在生物膜上栖息繁殖。生物膜处理法多分段进行，在正常运行的条件下，每段都繁衍与进入本段污水水质相适应的微生物，并形成优势种属，这种现象非常有利于微生物新陈代谢功能的充分发挥和有机污染物的降解。

在处理工艺方面，对水质、水量变动有较强的适应性；污泥沉降性能良好，宜于固液分离；能够处理低浓度的污水；与活性污泥处理系统相比，生物膜处理法中的各种工艺都是比较易于维护管理的，而且像生物滤池、生物转盘等工艺，还都是节省能源的，动力费用较低。

11.2 生物滤池的设计计算

生物滤池是应用最早的生物膜处理工艺，若干年来，该工艺在提高滤池负荷、突破传统的滤料层高度、扩大应用范围等方面得到了发展。本节将按生物滤池的类型，就其构造特征、净化功能、设计要点以及运行方式等加以阐述。

11.2.1 普通生物滤池

普通生物滤池，又名滴滤池，是第一代的生物滤池。

1. 普通生物滤池的构造与特征

普通生物滤池由池体、滤料、布水装置和排水系统等四部分所组成。

1）池体

普通生物滤池在平面上多呈方形或矩形。四周筑墙称为池壁，池壁具有围护滤料的作用，应当能够承受滤料压力，一般多用砖石筑造。池壁可筑成带孔洞的和不带孔洞的两种形式，有孔洞的池壁有利于滤料内部的通风，但在低温季节，易受低温的影响，使净化功能降低。为了防止风力对池表面表面均匀布水的影响，池壁一般应高于滤料表面 0.5～0.9m。

2）滤料

滤料是生物滤池的主体，它对生物滤池的净化功能有直接影响。应慎重选用。

(1) 质坚、高强、耐腐蚀、抗冰冻。

(2) 具有较高的比表面积（单位容积滤料所具有的表面积）。滤料表面是生物膜形成、固着的部位，高的表面积是保持高生物量的必要条件，而生物量则是控制生物处理技术净化功能的重要参数之一。

滤料表面应是宜于生物膜固着，也应宜于使污水均匀流动。

(3) 较大的空隙率（单位容积滤料中所持有的空间所占有的百分率）。滤料之间的空间是生物膜、污水和空气三相接触的部位，是供氧和氧传递的重要部位。

滤料的比表面积与空隙率是互相矛盾的两个方面，比表面积高，空隙率则低，提高空隙率，滤料的表面积必然减少。空隙率不宜过高或过低，而以适度为好。

当空隙率为 45%左右时，滤料的比表面积约为 65～100m^2。

(4) 就地取材，便于加工、运输。

滤料堆填池中，长期以来多采用碎石、卵石、炉渣和焦炭等实心拳状无机滤料，一般分工作层和承托层两层充填，总厚度约为 1.5～2.0m。工作层厚 1.3～1.8m，粒径介于 25～40mm；承托层厚 0.2m，滤料径介于 70～100mm。

滤料在充填前应加以仔细筛分、洗净，各层中的滤料及其直径应均匀一致，以保证具有较高的空隙率，不合格者不得超过 5%。

3）布水装置

滤池布水装置的首要任务是向滤池表面均匀地撒布污水。此外，还应适应水量的变化，不易堵塞和易于清通，以及不受风、雪的影响。

普通生物滤池传统的布水装置是固定喷嘴式布水装置系统。该系统由投配池、布水管道和喷嘴等几部分所组成。

投配池设于滤池的一端或两座滤池的中间，在投配池内设虹吸装置。布水管道敷设在滤池表面下 0.5～0.8m，在其上装有一系列排列规矩、伸出池面 0.15～0.20m 的竖管，在竖管顶端安装喷嘴，喷嘴的作用是均匀布水。

当污水流入投配池内，在达到一定高度后，虹吸装置即开始作用，污水泄入布水管道，并从喷嘴喷出，被倒立圆锥体所阻，向四外分散，形成水花。当投配池内的水位降到一定位置后，虹吸被破坏，停止喷水，投配池间歇供水但是向投配池的供水是连续的。

这种布水装置的优点是运行方便，宜于管理，受气候的影响较小，缺点是需要的水头较大(20m)。喷水周期为 5～8min，小型污水处理厂不应大于 15min。

4）排水系统

生物滤池的排水系统设于池的底部，它的作用有二：一是排除处理后的污水；二为保证滤池的良好通风。排水系统包括渗水装置、汇水沟和总排水沟等。底部空间的高度不应小于0.6m。

渗水装置有多种形式，图11-2所示的是使用比较广泛的混凝土板式渗水装置。

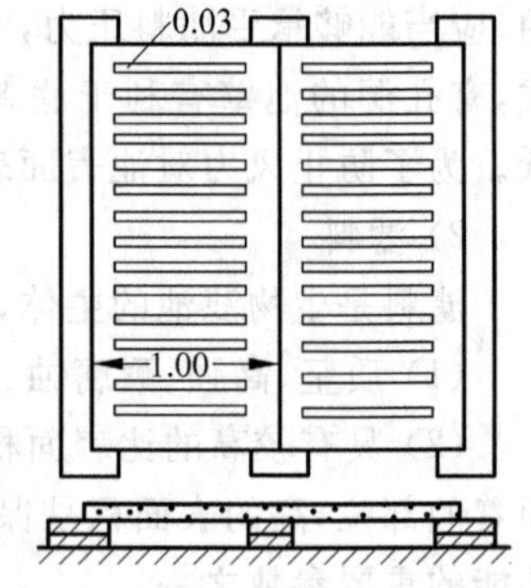

图11-2 混凝土板式渗水装置

渗水装置的作用是支撑滤料，排出滤过的污水，进入空气。为了保证滤池通风良好，渗水装置上的排水孔隙的总面积不得低于滤池总表面积的20%；渗水装置与池底之间的距离不得小于0.4m。

池底以1%～2%的坡度坡向汇水沟，汇水沟宽0.15m，间距2.5～4.0m，并以0.5%～10%的坡度坡向总排水沟，总排水沟的坡度不应小于0.5%。为了通风良好，总排水沟的过水断面积应小于其总断面的50%。沟内流速应大于0.7m/s，以免发生沉积和堵塞现象。

对小型的普通生物滤池，池底可不设汇水沟，而全部作成1%的坡度，坡向总排水沟。在滤池底部四周设通风孔，其总面积不得小于滤池表面积的1%。

2. 普通生物滤池的设计与计算

普通生物滤池的设计与计算一般分为四步：①滤料的选定；②滤料容积的计算；③滤池各部位如池壁、排水系统的设计；④布水装置系统的计算与设计。

本书主要阐述滤料容积的计算，有关布水装置的计算与设计请参阅给水排水设计手册。

普通生物滤池的滤料容积一般按负荷率进行计算。有两种负荷，一是BOD_5容积负荷率；二是水力负荷率。

BOD_5容积负荷率：在保证处理水达到要求质量的前提下，每立方米滤料在一天内所能接受的BOD_5量，其表示单位为$gBOD_5/(m^3$ 滤料·d)。

水力负荷率：在保证处理水达到要求质量的前提下，每立方米滤料或每平方米滤池表面在一天内所能接受的污水水量(m^3)，其表示单位为$m^3/(m^3$ 滤料·d)或$m^3/(m^2$ 滤料表面·d)。

处理生活污水或以生活污水为主体的城市污水时，水力负荷率可取$1\sim3m^3/(m^2\cdot d)$，BOD容积负荷率为$0.15\sim0.30kg/(m^3\cdot d)$。

滤料的体积V：

$$V=\frac{S_0Q}{N_v} \tag{11-1}$$

式中 V——滤料体积，m^3；

N_v——BOD容积负荷率，$gBOD_5(m^3$ 滤料·d)；

S_0——滤池进水的BOD_5浓度，mg/L；

Q——流入滤池的污水设计流量，m^3/d，一般采用日平均流量，若流量小或变化大时，可取最高流量。

滤料体积求得后，可按下式计算滤池的表面积A：

$$A = \frac{V}{H} \tag{11-2}$$

式中　A——滤池的表面积，m^2；

H——滤料厚度，即滤池的有效深度，m，对于生活污水，一般取 2m，或通过试验确定。

在求得滤池表面积后，还应该用水力负荷率进行校核。

进入生物滤池的污水，必须经过预处理。一般设初次沉淀池，以去除原污水中能够堵塞滤料的悬浮物，并使水质均化。

普通生物滤池有以下优点：处理效果好，BOD_5 的去除率可达 90%～95%以上；运行稳定，易于管理，节省能源。主要缺点是：占地面积大，不适于处理量大的污水；滤料易堵塞，预处理不够充分或生物膜季节性大规模脱落都可致使滤料堵塞；产生滤池蝇，恶化环境卫生；喷洒污水，散发臭味。

普通生物滤池一般适用于处理日污水量不大于 $1000m^3$ 的小城镇污水或有机性工业废水。正是因为普通生物滤池有以上不足，使它在应用上受限制，近年来已很少新建，有日渐被淘汰的趋势。

11.2.2　高负荷生物滤池

高负荷生物滤池是在解决、改善普通生物滤池在净化功能和运行中存在的实际弊端的基础上而开创的。

1. 高负荷生物滤池的特征

在构造上，高负荷生物滤池与普通生物滤池基本相同，与普通生物滤池的不同之处主要有：

(1) 在平面上多呈圆形，使用连续工作的旋转布水器。

旋转布水器有 2 根或 4 根布水横管，横管中轴距滤池池面 0.15～0.25m，污水以一定的压力(约为 0.25～1.0m H_2O)流入位于池中央处的固定竖管，再流入横管。在横管的同一侧开有直径为 10～15mm 的小孔，孔间距从池中心最大向池边逐渐减小，以保证均匀布水。污水从孔口喷出，产生反作用力，推动横管按与喷水方向相反的方向旋转，保证了向滤池的连续布水。

(2) 滤料粒径增大，多采用粒径 40～100mm，以提高滤料的空隙率；滤料层也由底部的承托层(无机滤料厚 0.2m，粒径 70～100mm)和其上部的工作层(无机滤料厚 1.8m，粒径 40～70mm)两层充填而成，总厚度 2.0m，采用自然通风；也可采用由聚氯乙烯、聚苯乙烯等材料制成的呈波纹板状、列管状和蜂窝状等的人工滤料，这类滤料质轻、高强、耐蚀，每立方米滤料质量约 43kg 左右，比表面积可达 $200m^2/m^3$，空隙率可高达 95%，滤料层的厚度可增加到 2～4m，这时一般采取人工通风措施。

高负荷生物滤池大幅度地提高了滤池的负荷率，其 BOD 容积负荷率高于普通生物滤池 6～8 倍，水力负荷率则高达 10 倍。

高负荷生物滤池的高滤率是通过限制进水 BOD_5 值和在运行上采取处理水回流等技术措施而达到的。

进入高负荷生物滤池的 BOD 值必须低于 200mg/L，否则用处理水回流加以稀释。处理水回流可以产生以下各项效应：

① 均化与稳定进水水质；

② 加大水力负荷，及时地冲刷过厚和老化的生物膜，加速生物膜更新，抑制厌氧层发育，使生物膜经常保持较高的活性；

③ 抑制滤池蝇的过度滋长；

④ 减轻散发的臭味。

当进入滤池污水的有机物浓度过高时，整个生物降解过程由氧的传递所限制，所以回流稀释原废水，使降解过程不受氧传递的限制，从而减少臭气的产生。

回流水量 Q_R 与原污水量 Q 之比称为回流比 R，一般取 1.0～2.0，但最高可达 5.0。

喷洒在滤池表面上的总水量

$$Q_T \text{ 为 } Q_T = Q + Q_R$$

总水量 Q_T 与原污水量 Q 之比

$$F = \frac{Q_T}{Q} = 1 + R \tag{11-3}$$

称为循环比。

采取处理水回流措施，原污水的 BOD 值（或 COD 值）被稀释，进入滤池污水的 BOD 浓度根据下列关系式计算：

$$S_a = \frac{S_0 + RS_e}{1 + R} \tag{11-4}$$

式中 S_0——原污水的 BOD 值，mg/L；

S_a——向滤池喷洒污水的 BOD 值，mg/L，若以 BOD_5 计，一般不应高于 200mg/L；

S_e——滤池处理水的 BOD 值，mg/L。

2. 高负荷生物滤池的工艺流程系统

采取处理水回流措施，使高负荷生物滤池具有多种多样的流程系统。图 11-3 所示为单池系统的几种具有代表性的流程。

系统（1），是应用比较广泛的高负荷生物滤池处理系统之一，生物滤池出水直接向滤池回流；由二次沉淀池向初次沉淀池回流生物污泥。这种系统有助于生物膜的接种，促进生物膜的更新。此外，初次沉淀池的沉淀效果由于生物污泥的注入而有所提高。

系统（2），也是应用较为广泛的高负荷生物滤池系统。处理水回流滤池前，可避免加大初次沉淀池的容积，生物污泥由二次沉淀池回流初次沉淀池，以提高初次沉淀池的沉淀效果。

系统（3），处理水和生物污泥同步从二次沉淀池回流初次沉淀池，这样，提高了初次沉淀池的沉淀效果，也加大了滤池的水力负荷。提高初次沉淀池的负荷是该系统的弊端。

系统（4），不设二次沉淀池为该系统的主要特征，滤池出水（含生物污泥）直接回流初次沉淀池，这样能够提高初次沉淀池的效果，并使其兼有二次沉淀池的功能。

系统（5），处理水直接由滤池出水回流，生物污泥则从二次沉淀池回流，然后两者同步回初次沉淀池。

当原污水浓度较高，或对处理水质要求较高时，可以考虑两段（级）滤池处理系统。

二级滤池有多种流程，图 11-4 所示为其中主要的几种。

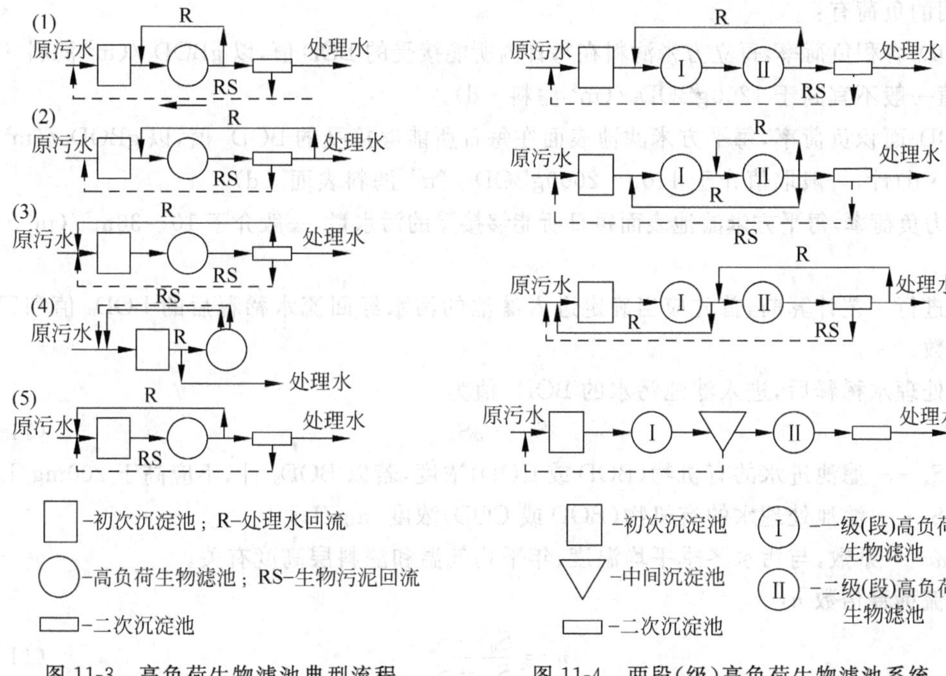

图 11-3 高负荷生物滤池典型流程　　图 11-4 两段(级)高负荷生物滤池系统

图 11-4 所示流程中设中间沉淀池的目的是减轻第二级滤池的负荷，避免第二级滤池堵塞，但也可以不设。两级生物滤池中常常能进行硝化过程，因而它不仅对有机物的去除率高达 90%以上，而且出水中也能含有硝酸盐和溶解氧。

负荷不均通常是两级生物滤池系统的主要弊端。第一级滤池负荷较高，生物膜生长快，脱落生物膜易于积存并产生堵塞现象；第二级滤池往往负荷较低，生物膜生长不佳，滤池容积未得到充分利用。为解决这一问题，提高两级生物滤池的效率，可以采用交替配水的两级生物滤池系统，如图 11-5 所示。

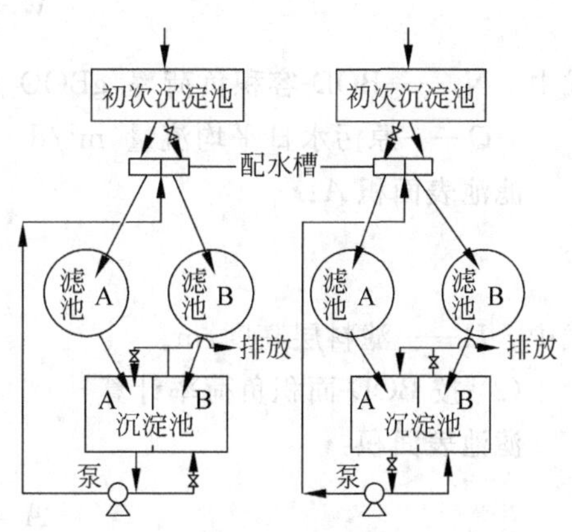

图 11-5 交替配水两级生物滤池系统

在此系统中，两个滤池可交替地用作一级滤池或二级滤池。左边滤池 A 作为一级滤池，滤池 B 作为二级滤池，经过一段时间后，转换水流方向为右边所示，先进入滤池 B，然后再进入滤池 A。此时，两个滤池中滤料的粒径应该相同，在构筑物的高程布置上也应该考虑到水流方向互换的可能性。这种运行方式能够有效地提高处理效果，减少堵塞现象的发生。缺点是增大占地面积并需增设泵站，增加了建设成本。

3. 高负荷生物滤池的工艺设计计算

在这里主要阐述高负荷生物滤池池体的设计计算，旋转布水器的设计计算可查阅相关设计手册。

滤池池体的工艺设计内容包括确定滤料容积、滤池深度和滤池表面积，一般多使用负荷法，常用的负荷有：

BOD-容积负荷率，每立方米滤料在每日内所能接受的BOD值，以 $gBOD_5/(m^3$ 滤料·d)计，此值一般不宜高于 $1200gBOD_5/(m^3$ 滤料·d)。

BOD-面积负荷率，每平方米滤池表面在每日所能够接受的 BOD_5 值，以 $gBOD_5/(m^2$ 滤料表面·d)计，一般取值介于 $1100\sim2000gBOD_5/(m^2$ 滤料表面·d)。

水力负荷率，每平方米滤池表面每日所能够接受的污水量，一般介于 $10\sim30m^3/(m^2\cdot d)$ 之间。

在进行工艺计算前，首先应当确定进入滤池的污水经回流水稀释后的 BOD_5 值和回流稀释倍数。

经处理水稀释后，进入滤池污水的 BOD_5 值为

$$S_a = \alpha S_e \tag{11-5}$$

式中 S_a——滤池进水的有机物(BOD或COD)浓度，若以 BOD_5 计，不应高于200mg/L；

S_e——滤池处理水的有机物(BOD或COD)浓度，mg/L；

α——系数，与污水冬季平均温度、年平均气温和滤料层高度有关。

回流稀释倍数 n：

$$n = \frac{S_0 - S_a}{S_a - S_e} \tag{11-6}$$

式中 S_0——原污水的 BOD_5 值，mg/L。

(1) 按BOD-容积负荷率计算

滤料容积 V：

$$V = \frac{Q(n+1)S_a}{N_v} \tag{11-7}$$

式中 N_v——BOD-容积负荷率，$gBOD_5/(m^3$ 滤料·d)；

Q——原污水日平均流量，m^3/d。

滤池表面积 A：

$$A = \frac{V}{H} \tag{11-8}$$

式中 H——滤料层高度，m。

(2) 按BOD-面积负荷率计算

滤池表面积：

$$A = \frac{Q(n+1)S_a}{N_A} \tag{11-9}$$

式中 N_A——BOD-面积负荷率，$gBOD_5/(m^2$ 滤池面积·d)。

滤料容积：

$$V = HA \tag{11-10}$$

(3) 按水力负荷率计算

滤池面积：

$$A = \frac{Q(n+1)}{N_q} \tag{11-11}$$

式中 N_q——滤池表面水力负荷率，m^3 污水/(m^2 滤池表面·d)。

滤料容积计算同式(11-10)。

11.2.3 塔式生物滤池

塔式生物滤池,又称生物滤塔,是在 20 世纪 50 年代初由前民主德国环境工程专家应用气体洗涤塔原理所开创的,属第三代生物滤池。

1. 塔式生物滤池的构造

塔式生物滤池的平面图呈圆形或矩形,其构造主要由塔身、滤料、布水装置和通风与集水设备等组成。滤床一般分层建造,滤池高度可随设计需要而定,不受结构上限制。图 11-6 为塔式生物滤池的构造示意图。

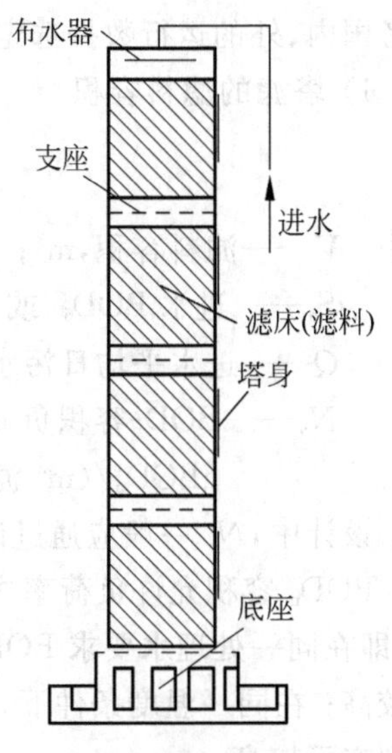

图 11-6 塔式生物滤池构造示意图

1) 塔身

塔身主要起围挡滤料的作用,一般可用砖砌筑,也可以在现场浇筑钢筋混凝土或用预制板构件在现场组装。也可以采用钢框架结构,四周用塑料板或金属板围嵌,这样能够使池体重量大为减轻。

塔身一般沿塔高分层建造,在分层处设格栅,格栅承托在塔身上,而其本身又承托着滤料。滤料荷重分层负担,每层高度以不大于 2.5m 为宜,以免将滤料压碎,每层都应设检修口,以便更换滤料。应设测温孔和观察孔,用以测量池内温度和观察塔内滤料上生物膜的生长情况和滤料表面布水均匀程度,并取样分析测定。

塔顶上缘应高出最上层滤料表面 0.5m 左右,以免风吹影响污水的均匀分布。

塔的高度在一定程度上能够影响塔滤对污水的处理效果。试验与运行的资料表明,在负荷一定的条件下,滤塔的高度增高,处理效果亦增高。提高滤塔的高度,能够提高进水有机污染物的浓度,即在处理水水质的要求确定后,滤塔的高度可以根据进水浓度确定。

2) 滤料

一般采用轻质人工合成滤料,在我国使用比较多的是用环氧树脂固化的玻璃布蜂窝滤料。这种滤料的比表面积较大,结构比较均匀,有利于空气流通与污水的均匀配布,流量调节幅度大,不易堵塞。

3) 布水装置

平面图呈圆形的塔式滤池多采用旋转式布水器,平面图呈矩形的塔式滤池一般采用多孔管或喷嘴进行布水。

4) 通风

塔式生物滤池一般都采用自然通风,塔底有高度为 0.4～0.6m 的空间,并且周围留有通风孔,其有效面积不得小于滤池面积的 7.5%～10%。这种塔构造形式,使滤池内部形成较强的通风状态,因此通风良好。

滤塔也可以考虑采用机械通风,特别是当处理工业废水,吹脱有害气体时,可考虑采用人工机械通风。当采用机械通风时,在滤池上部和下部装设吸气或鼓风的风机,此时要注意空气在滤池表面上的均匀分布,并防止冬天寒冷季节池温降低,影响效果。

2. 塔式生物滤池的优缺点

优点：占地面积较小,耐突变负荷冲击能力较强,水力负荷率和有机负荷率可分别高达80～200$m^3/(m^2 \cdot d)$和2000～3000$BOD_5/(m^3 \cdot d)$。

缺点：动力消耗较大,运行管理不便。

3. 塔式生物滤池的计算与设计

当前,塔式生物滤池主要按BOD-容积负荷率进行计算。对生活污水和城市污水可以参考国内、外的运行数据选定。

1）塔滤的滤料容积

$$V = \frac{S_a Q}{N_v} \tag{11-12}$$

式中 V——滤料容积,m^3；

S_a——进水BOD_5,或BOD_u,g/m^3；

Q——进水平均日污水量,m^3/d；

N_v——BOD-容积负荷率（或BOD_u-容积允许负荷率）,$gBOD_5/(m^3$ 滤料 $\cdot d)$或$gBOD_u/(m^3$ 滤料 $\cdot d)$。

设计中,N_v一般应通过试验确定。

BOD_u容积允许负荷率主要取决于对处理水BOD_u值的要求和污水在冬季的平均温度,即在同一处理水要求BOD_u值的条件下,温度越低,BOD_u容积允许负荷率越低,反之则可较高；在同一温度条件下,处理水BOD_u值要求越低,则BOD_u容积允许负荷率越低,反之则亦可较高。

2）滤塔的表面面积

$$A = \frac{V}{H} \tag{11-13}$$

式中 A——滤塔的表面面积,m^2；

H——滤塔的工作高度,m。

3）塔滤的水力负荷率

$$q = \frac{Q}{A} \tag{11-14}$$

式中 q——水力负荷率,$m^3/(m^2 \cdot d)$。

当有条件时,水力负荷率q应由试验确定,并行用上式校核,如通过试验所得到的水力负荷率$q'=q$,说明设计是可行的；如$q>q'$,则可考虑适当降低滤池高度；如$q<q'$,则应考虑加大滤池高度或采用回流或多级滤池串联。

11.2.4 曝气生物滤池

曝气生物滤池是近年来新开发的一种污水生物处理技术。它是集生物降解、固液分离于一体的污水处理设备,其构造如图11-7所示。

曝气生物滤池中使用的填料有三种：比水重的粒状填料(下沉)、比水轻的粒状填料(上浮)和结构型填料。前两种填料粒径在2～8mm,在水中悬浮；后一种填料固定在滤池内,

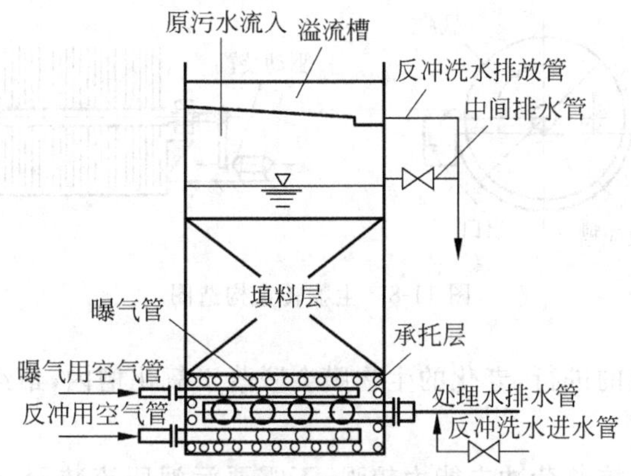

图 11-7 曝气生物滤池构造示意图

不能移动。微生物附着生长在滤料表面,压缩空气通过曝气器在池下部进入,供给微生物生长所需要的氧。

曝气生物滤池有上流式和下流式两种主要的反应器类型。污水经预处理后以相当高的滤速进入曝气生物滤池反应器,处理出水进入清水池。曝气生物滤池内的填料淹没在水中,运行时进行曝气,填料处于不膨胀状态。下向流系统的进水从池的顶部进入,与空气的运行方向相反,有利于提高充氧效率,出水在底部排出。上向流系统的进水自底部进入,出水在池顶排出。由于进水在池底,顶部被清水覆盖,可以避免由于曝气所产生的气味。滤料由一个特制的支撑层来支持,使处理出水能自由地进入到清水室。两种形式的曝气生物滤池各有其优缺点。

在曝气生物滤池运行过程中,滤层中会产生污泥的积累,需定期进行反冲洗,反冲洗出来的泥水被输送到沉淀池处理。

曝气生物滤池的填料可以积累高达 10～15g/L 的微生物量,当以 BOD_5 为去除目标时,容积负荷率在 3.0kgBOD_5/(m^3·d)时,BOD_5 的去除率可达 95%;用于硝化处理的曝气生物滤池的容积负荷率在 0.6～1.0kgNH_3-N/(m^3·d)时,氨氮的去除率大于 90%。

曝气生物滤池具有占地面积小、抗冲击能力强、处理效果好、可自动化管理等优点,是一种集生物降解和固液分离于一体的污水处理设备,可应用于城市污水的二级、三级处理,也可用于对工业废水的处理。

11.3 生物转盘的设计计算

生物转盘处理废水的机理与生物滤池基本相同,不同的是生物转盘处理装置中生物膜附着生长在一系列转动的盘片上,而不是生长在固定的填料上。生物转盘主要由旋转圆盘、转动横轴、动力及减速装置和氧化槽等几部分组成,如图 11-8 所示。

图 11-8 所示的生物转盘实际上是一个装设多组盘片的废水生化处理池,盘片固定于缓慢转动的横轴上,大约一半盘片可浸没于废水水面下。当盘片的一部分浸没在废水中时,废水中的有机物即被盘片上的生物膜吸附,微生物因此获得足够的营养,当这部分盘片转出水面时,生物膜即可从空气中吸取氧气,盘片如此不断地转动,被吸附的有机物则被生物膜氧

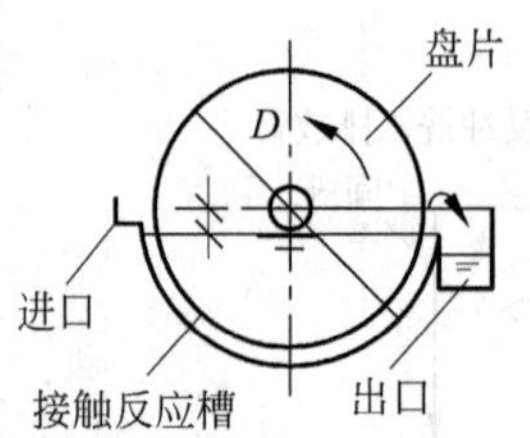

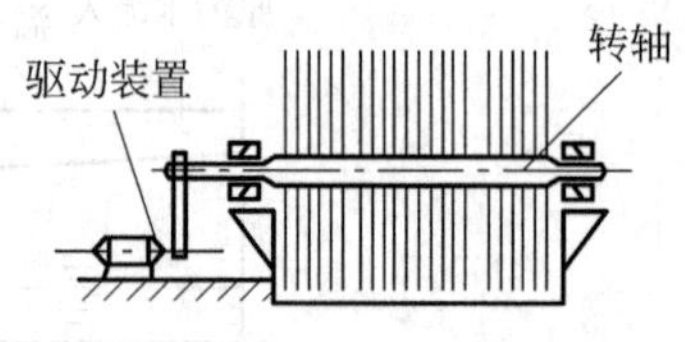

图 11-8 生物转盘构造图

化分解。随着生化反应的进行，老化的生物膜会脱落于氧化槽内，最终流入二次沉淀池进行固液分离。

生物转盘的优点是抗负荷冲击能力较强，不需要污泥回流装置，动力消耗较低，运行与管理较为方便。缺点是占地面积较大，容易造成恶臭气体污染。

11.3.1 生物转盘的构造及净化原理

前已述及，生物转盘是由盘片、接触反应槽、转轴及驱动装置所组成的。盘片串联成组，中心贯以转轴，转轴两端安设在半圆形接触反应槽两端的支座上。转盘面积的 40%左右浸没在槽内的污水中，转轴高出槽内水面 10～25cm。

由电机、变速器和传动链条等部件组成的传动装置驱动转盘以较低的线速度在接触反应槽内转动。接触反应槽内充满污水，转盘交替地和空气与污水相接触。在经过一段时间后，在转盘上即将附着一层栖息着大量微生物的生物膜。微生物的种属组成逐渐稳定，其新陈代谢功能也逐步地发挥出来，并达到稳定的程度，污水中的有机污染物为生物膜所吸附降解。

转盘转动离开污水与空气接触，生物膜上的固着水层从空气中吸收氧，固着水层中的氧是过饱和的，并将其传递到生物膜和污水中，使槽内污水的溶解氧含量达到一定的浓度，甚至可能达到饱和。

在转盘上附着的生物膜与污水以及空气之间，除有机物（BOD、COD）与 O_2 外，还进行着其他物质，如 CO_2、NH_3 等的传递。生物膜逐渐增厚，在其内部形成厌氧层，并开始老化。老化的生物膜在污水水流与盘面之间产生的剪切力的作用下而剥落，剥落的破碎生物膜在二次沉淀池内被截留，生物膜脱落形成的污泥密度较高、易于沉淀。

除有效地去除有机污染物外，如运行得当，生物转盘系统能够具有硝化、脱氮与除磷的功能。

11.3.2 生物转盘系统的特征

生物转盘被认为是一种效果好、效率高、便于维护、运行费用低的工艺，它在工艺和维护运行方面具有如下各项的特点。

(1) 微生物浓度高。特别是最初几级的生物转盘，据一些实际运行的生物转盘的测定，转盘上的生物膜量如折算成曝气池的 MLVSS，可达 40 000～60 000mg/L，F/M 比为 0.05～0.1，这是生物转盘高效率的主要原因之一。

(2) 生物相分级。在每级转盘生长着适应于流入该级污水性质的生物相，这种现象对微生物的生长繁育、有机污染物降解非常有利。

(3) 污泥龄长。在转盘上能够增殖世代时间长的微生物,如硝化菌等,因此,生物转盘具有硝化、反硝化的功能。

采取适当措施,生物转盘还可以用以除磷,由于勿需污泥回流,可向最后几级接触反应槽或直接向二次沉淀池投加混凝剂去除水中的磷。

(4) 从 BOD 值达 10 000mg/L 以上的超高浓度有机污水到 10mg/L 以下的超低浓度污水都可以采用生物转盘进行处理,并能够得到较好的处理效果。因此,该法耐冲击负荷强。

(5) 在生物膜上的微生物的食物链较长,因此,产生的污泥量较少,约为活性污泥处理系统的 1/2 左右,在水温为 5~20℃的范围内,BOD 去除率为 90%的条件下,去除 1kgBOD 的产泥量约为 0.25kg。

(6) 接触反应槽不需要曝气,污泥也勿需回流,因此,动力消耗低,这是该法最突出的特征之一,据有关运行单位统计,每去除 1kgBOD 的耗电量约为 0.7kW·h,运行费用低。

(7) 该法不需要经常调节生物污泥量,不存在产生污泥膨胀的麻烦,复杂的机械设备也比较少,因此,便于维护管理。

(8) 设计合理、运行正常的生物转盘,不产生滤池蝇、不出现泡沫也不产生噪声,不存在发生二次污染的现象。

(9) 生物转盘的流态,从一个生物转盘单元来看是完全混合型的,在转盘不断转动的条件下,接触反应槽内的污水能够得到良好的混合,但多级生物转盘又应作为推流式,因此,生物转盘的流态,应按完全混合-推流来考虑。

11.3.3 生物转盘的计算与设计

我国有关设计规范规定了生物转盘设计时应考虑的因素和设计参数。

(1) 设计流量,一般按日平均污水量考虑,季节性变化较大的污水,则按最大季节的日平均污水量计算。

(2) 进入转盘的污水的 BOD 值,按经调节沉淀后的平均值考虑。

(3) 对盘片的要求:①直径 D,一般以 2~3m 为宜。②盘片厚度,与盘材、直径和构造有关。以聚苯乙烯泡沫塑料为盘材时,厚度为 10~15mm,采用硬聚氯乙烯板为盘材时,厚度为 3~5mm;玻璃钢的盘片,厚度为 1~2.5mm;金属板盘材,厚度为 1mm 左右。③盘片间距,进水段一般为 25~35mm,出水段为 10~20mm,盘片间距依次递减。④盘片周边与接触反应槽内壁的距离,一般按 $0.1D$ 或 $0.2R$ 考虑,但一般不小于 150mm。⑤转轴中心距水面的距离不得小于 150mm。⑥转盘浸没率,即转盘浸于水中的面积不宜小于盘片面积的 35%。

(4) 转盘转速一般为 2.0~4.0r/min,外缘线速度为 15~19m/min。

(5) 转盘产生的污泥量,可按 0.5~0.6kg 污泥/kg 去除 BOD 考虑。

(6) 转盘的级数,应按 2~4 级布置,一般不宜少于二级。组数不宜少于两组,按同时工作考虑。

(7) 每平方米盘片具有的接触反应槽有效容积,一般在 5~9L 为宜。

(8) 对生物转盘可采取防雨、防风和保温的措施。

进行生物转盘的计算与设计,应充分掌握污水水质、水量方面的资料,还应合理地确定转盘在其构造和运行方面的一些参数和技术条件。生物转盘设计的主要内容是确定所需转盘的总面积、转盘总面积、转盘总片数、接触氧化槽总容积、转轴长度以及污水在反应槽中的停留时间等。

当前，确定转盘总面积的方法有负荷法、经验公式法、经验图表法等。本节仅介绍常用的负荷法，其他方法可参阅有关资料。

1. 确定负荷值

1）BOD 面积负荷率

生物转盘的 BOD 面积负荷率是指单位盘片表面积在 1d 内所能接受并达到预期处理效果的 BOD 的量，单位以 $gBOD_5/(m^2 \cdot d)$表示。

BOD 面积负荷率的取值原则上应通过试验来确定。

我国设计规范规定，对于城市污水，生物转盘的 BOD 面积负荷一般为 $5\sim20gBOD_5/(m^2 \cdot d)$，对第一级转盘采用的 BOD 面积负荷一般不宜超过 $3\sim30gBOD_5/(m^2 \cdot d)$。

2）水力负荷率

水力负荷率 N_q 是指在单位盘片表面积在 1d 内能够接受并使转盘达到预期处理效果的污水量，单位以 $m^3/(m^2 \cdot d)$表示。

在国外，采用生物转盘处理城市污水，比较普遍采用水力负荷计算法，并积累了一定的可供设计生物转盘时参考的运行数据。

图 11-9 所示为在不同的原污水 BOD_5 浓度值的条件下，水力负荷与去除率之间的关系。

图 11-10 所示是在原污水中不同的溶解性 BOD_5 值的条件下，水力负荷与处理水溶解性 BOD_5 值及全 BOD_5 值的关系。

图 11-10 所示适用于年平均水温为 13℃以上的城市污水，低于此值的城市污水则应进行修正。

我国设计规范规定的水力负荷为 $40\sim200L/(m^2 \cdot d)$。

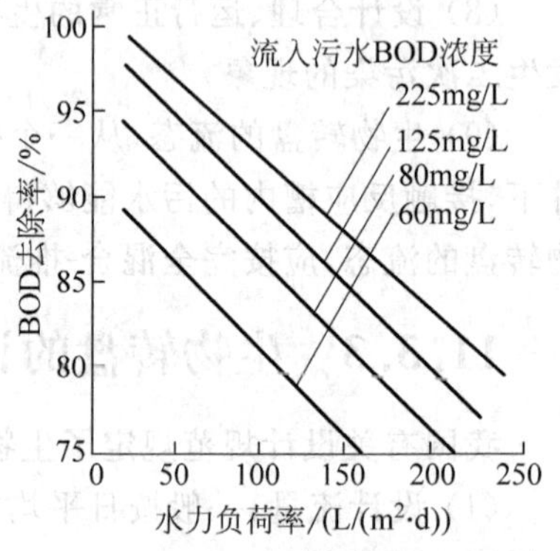

图 11-9 城市污水水力负荷与 BOD_5 去除率的关系

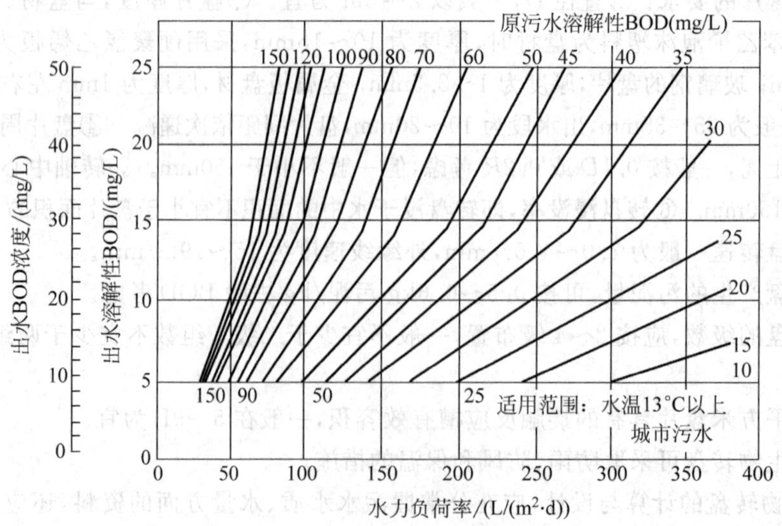

图 11-10 水力负荷与处理水 BOD_5 的关系

2. 转盘总面积的计算

1）按 BOD_5-面积负荷率计算

$$A = \frac{QS_0}{N_A} \tag{11-15}$$

式中 A——转盘总面积，m^2；

Q——平均日污水量，m^3/d；

S_0——原污水 BOD 值，g/m^3；

N_A——BOD-面积负荷率，$g/(m^2 \cdot d)$。

2）按水力负荷率计算

$$A = \frac{Q}{N_q} \tag{11-16}$$

式中 N_q——水力负荷率，$m^3/(m^2 \cdot d)$。

3. 转盘总片数

当所采用的转盘为圆形时，转盘的总片数按下列公式计算：

$$M = \frac{4A}{2\pi D^2} = 0.637\frac{A}{D^2} \tag{11-17}$$

式中 M——转盘总片数；

D——圆形转盘直径。

当所采用的转盘为多边形或波纹板时，按一般常规法计算出每片转盘的面积（或厂家提供）。转盘的总片数为

$$M = \frac{A}{2A'} \tag{11-18}$$

式中 A'——每片多边形转盘或波纹板转盘的面积。

上两式分母中的 2 是考虑盘片双面均为有效面积。

在确定转盘总片数后，可根据现场的具体情况并参照类似条件的经验，决定转盘的级数，并求出每级（台）转盘的盘片数 m。

4. 每级转盘的转轴长度

$$L = m(a+b)K \tag{11-19}$$

式中 L——每台（级）转盘的转轴长度，m；

m——每台（级）转盘盘片数；

a——盘片间距，m；

b——盘片厚度，与所采用的盘材有关，根据具体情况确定，一般取值为 0.001～0.013m；

K——考虑污水流动的循环沟道的系数，取值 1.2。

5. 接触反应槽容积

此值与槽的形式有关，当采用半圆形接触反应槽时，其总有效容积 V 为

$$V = (0.294 \sim 0.335)(D + 2\delta)^2 L \tag{11-20}$$

而净有效容积 V' 为

$$V' = (0.294 \sim 0.335)(D + 2\delta)^2(L - mb) \tag{11-21}$$

式中 δ——盘片边缘与接触反应槽内壁之间的净距。

当$\frac{r}{D}=0.1$时系数取0.294，当$\frac{r}{D}=0.06$时系数取0.335。其中r为转轴中心距水面的高度，一般为150～300mm。

6. 转盘的旋转速度

转盘的旋转速度以20m/min为宜。但是，转盘旋转的一个主要目的是使接触氧化槽内的污水得到充分混合。为达到混合目的的转盘最小转速n_{min}按下式计算：

$$n_{min} = \frac{6.37}{D} \times \left(0.9 - \frac{1}{N_q}\right) \tag{11-22}$$

式中 n_{min}——最小转速，r/min。

7. 电动机功率

$$N_p = \frac{3.85R^4 n_{min}}{d \times 10} m\alpha\beta \tag{11-23}$$

式中 R——转盘半径，cm；

m——一根转轴上的盘片数；

α——同一电动机带动的转轴数；

β——生物膜厚度系数，可取2(膜厚0～1mm)、3(膜厚1～2mm)和4(膜厚2～3mm)。

8. 平均接触时间 t_a

$$t_a = \frac{V'}{Q} \times 24 \tag{11-24}$$

式中 t_a——平均接触时间，h；

V'——氧化槽有效容积，m^3；

Q——污水流量，m^3/d。

11.4 生物接触氧化

11.4.1 概述

生物接触氧化处理技术，又称为“淹没式生物滤池”，该工艺在1971年首创于日本，我国在1975年开发成功。

生物接触氧化池，就是在池内填充一定密度的填料，并使之浸没于水面以下，废水以一定速率流经填料，与填料表面的生物膜接触，同时向废水充氧(或预先向废水曝气)，在以好氧菌为主体的微生物作用下，废水中的有机物、氨氮等污染物得以去除，废水得到净化。

生物接触氧化法工艺是介于活性污泥法工艺和生物膜法工艺之间的一种好氧处理方法，它兼有二者的优点。与传统活性污泥法相比，该工艺耐负荷冲击能力较强，污泥生成量较少，不会发生污泥膨胀现象，且无需回流污泥，动力消耗较少，易于管理。其主要缺点是填料易于堵塞。

11.4.2 生物接触氧化池的构造及形式

生物接触氧化池是生物接触氧化处理系统的核心处理构筑物。

1. 生物接触氧化池的构造

接触氧化池由池体、填料、支架及曝气装置、进出水装置以及排泥管道等部件组成(参见图 11-11)。

1) 池体

接触氧化池的池体在平面上多呈圆形和矩形或方形,用钢板焊接制成或用钢筋混凝土浇灌砌成。各部位的尺寸为:池内填料高度为 3.0～3.5m;底部布气层高为 0.6～0.7m;顶部稳定水层 0.5～0.6m,总高度约为 4.5～5.0m。

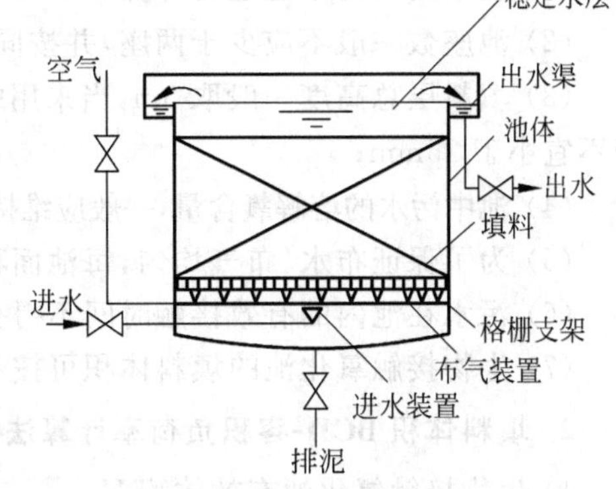

图 11-11 接触氧化池的基本构造图

2) 填料

填料是生物膜的载体,所以也称为载体。填料是接触氧化处理工艺的关键部位,它直接影响处理效果,同时,它的费用在接触氧化系统的建设费用中占的比重较大,所以选定适宜的填料是具有经济和技术意义的。

对填料的要求有下列各项:

(1) 在水力特性方面,比表面积大,空隙率高,水流通畅、良好,阻力小,流速均一。

(2) 在生物膜附着性方面,应当有一定的生物膜附着性,因此有物理和物理化学方面的影响因素,在物理方面的因素主要是填料的外观形状,应当形状规则,尺寸均一,表面粗糙度较大等。

生物膜附着性还与微生物和填料表面的静电作用有关,微生物多带负电,填料表面电位越高,附着性也越强;此外,微生物为亲水的极性物质,因此,在亲水性填料表面易于附着生物膜。

(3) 化学与生物稳定性较强,经久耐用,不溶出有害物质,不导致产生二次污染。

(4) 在经济方面要考虑货源、价格,也要考虑便于运输与安装等。

在种类方面,填料可按形状、性状及材质等进行区分。

在形状方面,可分为蜂窝状、束状、筒状、列管状、波纹状、板状、网状,盾状、圆环辐射状以及不规则粒状以及球状等。按性状分,有硬性、半软性、软性等。按材质,则有塑料、玻璃钢、纤维等。

2. 接触氧化池的形式

目前,接触氧化池在形式上,按曝气装置的位置,分为分流式与直流式。

直流式生物接触氧化池直接从填料底部进行充氧,这种接触氧化池在国内使用较多。由于在填料下直接曝气,生物膜直接受到上升气流的搅动与剪切作用,加速了老化生物膜的脱落,有利于生物膜的更新,填料不易堵塞。

在分流式接触氧化池中,废水的充氧和同生物膜的接触分别在不同的间隔内进行,废水在单独的间隔内充氧,在池内进行单项或双向循环。而在填料间内,废水水流缓慢,与生物膜柔性接触,有利于微生物的生长繁殖。这种结构形式的接触氧化池的缺点是生物膜更新速度慢,易于堵塞。

11.4.3 生物接触氧化池的计算

生物接触氧化池是该工艺系统的核心处理构筑物，也是该工艺系统的设计、计算的核心，在本节主要阐述生物接触氧化池的计算。

1. 生物接触氧化池设计与计算应考虑的一些因素

(1) 按平均日污水量进行计算；

(2) 池座数一般不应少于两座，并按同时工作考虑；

(3) 填料层总高度一般取 3m，当采用蜂窝填料时，应分层装填，每层高 1m，蜂窝内切孔径不宜小于 25mm；

(4) 池中污水的溶解氧含量，一般应维持在 2.5～3.5mg/L 之间，气水比约为(15～20)：1；

(5) 为了保证布水、布气均匀，每池面积一般应在 $25m^2$ 以内；

(6) 污水在池内的有效接触时间不得少于 2h；

(7) 生物接触氧化池的填料体积可按 BOD-容积负荷率计算，也可按接触时间计算。

2. 填料体积 BOD-容积负荷率计算法

1) 生物接触氧化池有效体积 V

$$V=\frac{Q(S_0-S_e)}{N_v} \tag{11-25}$$

式中 Q——日平均污水量，m^3/d；

S_0——进水 BOD_5 浓度，mg/L；

S_e——出水 BOD_5 浓度，mg/L；

N_v——容积负荷率，$gBOD_5/(m^3\cdot d)$。

实际上 V 就是所需填料的体积。

2) 接触氧化池总面积 A

$$A=\frac{V}{H}$$

式中 H——填料层高度，m。

3) 接触氧化池格数 n

$$n=\frac{A}{A_1}$$

式中 A_1——每格氧化池面积，m^2。

4) 停留时间 t

$$t=\frac{nA_1H}{Q} \tag{11-26}$$

5) 接触氧化池总高 H_T

$$H_T=H+h_1+h_2+(m-1)h_3+h_4 \tag{11-27}$$

式中 h_1——超高，$h_1=0.3\sim0.5m$；

h_2——填料之上水深，$h_2=0.4\sim0.5m$；

m——填料层数；

h_3——填料层间隙高，$h_3=0.2\sim0.3m$；

h_4——配水区高度，m。

11.5 生物流化床

11.5.1 概述

生物流化床是化学工业领域流化床技术移植到水处理领域的科技成果，它诞生于 20 世纪 70 年代的美国，自问世以来，受到世界各国的普遍重视。所谓生物流化床是以砂粒、焦炭、活性炭、陶粒等材料作为微生物载体，填充在反应器内，采用脉冲进水措施形成流态化的颗粒床，凭借颗粒表面附着生长的生物膜降解去除废水中污染物的新型废水处理反应器。

11.5.2 生物流化床的工艺类型

有关生物流化床工艺的分类，目前尚无定论，本书按使载体流化的动力来源对其分类。据此，生物流化床可分为液流动力流化床、气流动力流化床和机械搅动流化床三种类型。此外，生物流化床还按其本身处于好氧或厌氧状态，而分为好氧流化床和厌氧流化床。

两相流化床和三相流化床的典型工艺流程如图 11-12 所示。

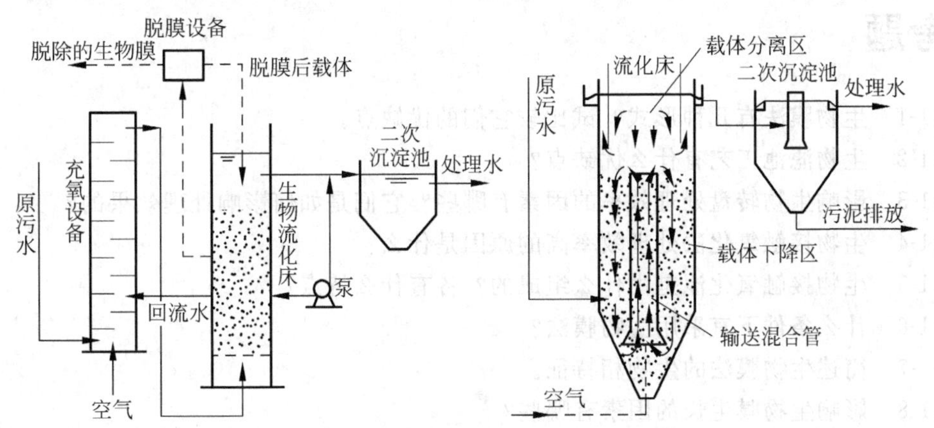

图 11-12 两相和三相流化床典型工艺流程

两相流化床的运行过程是：废水与回流水经充氧池充氧后，以一定流速由下向上通过流化床，在流化床特殊的水力环境下，废水与生物粒子发生较为充分的接触，在床内进行有效的传质和生物氧化反应过程，经过净化的废水由泵打入二次沉淀池沉淀后排出。随着生化反应的进行，载体表面的生物量逐渐增大，为了使生物膜及时得到更新，在处理过程中，需要采用相应的机械脱除载体上的生物膜，被脱除的生物膜作为剩余污泥处理，脱膜后的载体则回流到流化床再用。

与上述两相流化床不同的是，三相流化床是在床底直接通入空气充氧，因而在床内形成气液固三相，在剧烈搅动的水力条件下，污染物、溶解氧、生物膜三者加强了接触和碰撞，传质效率和生化反应速率大大提高。但是，因为气泡剧烈搅动，载体表面的生物膜受到的剪切力相对较大，因而生物膜容易过早脱落，致使出水比较浑浊，加之载体易于流失，故三相流化床在实际的应用中受到一定程度的限制。

11.5.3 生物流化床技术的特点

在生物流化床内，生物粒子可均匀分布在废水中，可同上升水流充分接触，流体流态接近于完全混合式活性污泥法工艺，同时生物流化床又具备生物膜法耐负荷冲击能力强的优点。

由于细颗粒载体具有较大的比表面积（2000～3000m^2/m^3 流化床体积），生物膜含水率相对较低（94%～95%），同时，液相中也存在一定量的生物污泥，因而流化床单位体积含有的生物量较高，一般可达 10～40g/L，因而流化床处理效率较高，运转负荷是普通活性污泥法的 10～20 倍。

若生物膜载体的比表面积较大（如活性炭），则载体对废水中的基质具备较强的吸附能力，水中难降解的有机物因吸附作用可在载体表面长期滞留，对载体表面的微生物进行长期的驯化和诱导，故可显著提高难降解有机物的去除能力。

生物流化床占地面积较小，只是普通活性污泥法的 5%左右，同时它还具有运行状态稳定，易于管理等优点。

思考题

11-1 生物膜法有几种形式？试比较它们的优缺点。

11-2 生物滤池工艺有什么优缺点？

11-3 影响生物转盘处理效率的因素有哪些？它们是如何影响处理效果的？

11-4 生物接触氧化法处理效率高的原因是什么？

11-5 生物接触氧化池是由什么组成的？各有什么特点？

11-6 什么条件下宜采用生物膜法？

11-7 简述生物膜法的生物相特征。

11-8 影响生物膜生长的因素有哪些？

第12章 CHAPTER 12

厌氧生物处理法

12.1 厌氧生物处理法的基本原理

12.1.1 基本原理

复杂有机物的厌氧消化过程要经历数个阶段，由不同的细菌群接替完成。根据复杂有机物在此过程中的物态及物性变化，可分三个阶段。图 12-1 所示为产甲烷的串联代谢过程。

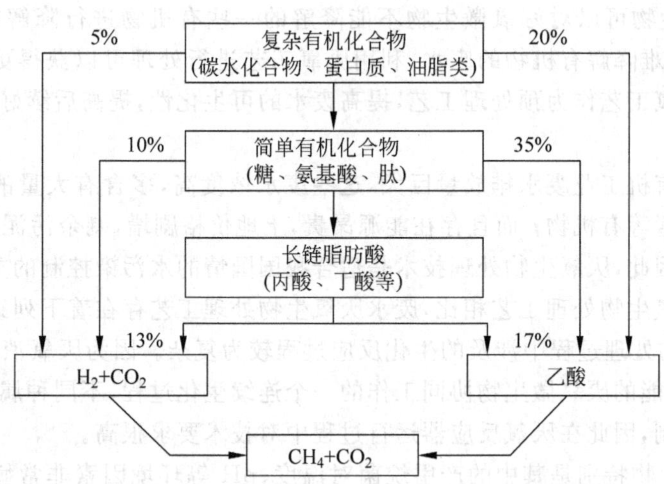

图 12-1 产甲烷的串联代谢过程(McCarty & Smith，1986)

第一阶段(水解阶段)，废水及污泥中的不溶性大分子有机物如蛋白质、多糖类和脂类等经发酵细菌水解后，分别转化为氨基酸、葡萄糖和甘油等水溶性的小分子有机物。该阶段的微生物群落是水解性、发酵性细菌群，专性厌氧的有梭菌属、拟杆菌属、丁酸弧菌属、真菌属、双歧杆菌、革兰氏阴性杆菌，兼性厌氧的有链球菌和肠道菌。

第二阶段(酸化阶段)，它包括两次酸化过程。在第一酸化过程中，发酵细菌将小分子有机物进一步转化为能被甲烷细菌直接利用的简单有机物，如丙酸、丁酸和乳酸等；在第二酸化过程中，产氢产乙酸菌将上述有机物进一步转化为氢气和乙酸，该阶段的微生物群落为产氢产乙酸细菌。

第三阶段(产甲烷阶段)，产甲烷菌把甲酸、乙酸、甲胺、甲醇、二氧化碳和氢气等通过不同的路径转化为甲烷，其中最主要的为乙酸、二氧化碳和氢气。该阶段的微生物是两组生理特性不同的专性厌氧产甲烷菌群。一组是将氢气和二氧化碳合成甲烷或将一氧化碳和氢气合成甲烷；另一组是将乙酸脱羧生成甲烷和二氧化碳。

从发酵原料的物形变化来看，水解的结果是使悬浮的固体态有机物溶解了，称为“液化”。发酵细菌和产氢产乙酸细菌依次将水解产物转化为有机酸，使溶液显酸性，称为“酸化”。甲烷细菌将乙酸等转化为甲烷和二氧化碳等气体，称之为“气化”。

12.1.2 厌氧生物处理的主要特征

与废水的好氧生物处理工艺相比，废水的厌氧生物处理工艺具有以下主要优点：

(1) 能耗大大降低，而且还可以回收生物能(沼气)。因为厌氧生物处理工艺无须为微生物提供氧气，所以不需要鼓风曝气，减少能耗，而且厌氧生物处理工艺在大量降低废水中有机物的同时，还会产生大量的沼气，其中主要的有效成分是甲烷，是一种可以燃烧的气体，具有很高的利用价值，可以直接用于锅炉燃烧或发电。

(2) 污泥产量很低。这是由于在厌氧生物处理过程中废水中的有机物相对来说要少得多。同时，厌氧微生物的增殖速率比好氧微生物低得多，产酸菌的产率为0.15～0.34kgVSS/kgCOD，产甲烷菌的产率为0.33kgVSS/kgCOD左右，而好氧微生物的产率为0.25～0.6kgVSS/kgCOD。

(3) 厌氧微生物可以对好氧微生物不能降解的一些有机物进行降解或部分降解。因此，对于某些含有难降解有机物的废水，利用厌氧工艺进行处理可以获得更好的处理效果，或者可以利用厌氧工艺作为预处理工艺，提高废水的可生化性，提高后续好氧处理工艺的处理效果。

我国高浓度有机工业废水排放量巨大，这些废水浓度高，多含有大量的碳水化合物、脂肪、蛋白质、纤维素等有机物；而且存在能源昂贵，土地价格剧增，剩余污泥的处理费用也越来越高等问题。因此，厌氧生物处理技术是适合我国国情的水污染控制的重要手段。

与废水的好氧生物处理工艺相比，废水厌氧生物处理工艺存在着下列缺点：

(1) 厌氧生物处理过程中涉及的生化反应过程较为复杂。因为厌氧消化过程是由多种不同性质、不同功能的厌氧微生物协同工作的一个连续生化过程，不同种属间细菌的相互配合或平衡较难控制，因此在厌氧反应器运行过程中对技术要求很高。

(2) 厌氧微生物特别是其中的产甲烷菌对温度、pH等环境因素非常敏感，也使得厌氧反应器的运行和应用受到很多限制。

(3) 虽然厌氧生物处理工艺在处理高浓度的工业废水时常常可以达到很高的处理效率，但其出水水质通常较差，一般需要利用好氧工艺进一步处理。

(4) 厌氧生物处理的气味较大。

(5) 对氨氮的去除效果不好，一般认为在厌氧条件下氨氮不会降低，而且还可能由于原废水中含有的有机氮在厌氧条件下的转化作用导致氨氮含量的上升。

12.1.3 厌氧消化的影响因素与控制要求

1. 营养与环境条件

废水、污泥及废料中的有机物种类繁多，只要未达到抑制浓度，都可连续进行厌氧生物处理。对可生物降解有机物的浓度并无严格限制，但如浓度太低，比耗热量高，难以经济运行，一般要求 COD 大于 1000mg/L。

与好氧生物处理一样，厌氧生物处理也要求供给全面的营养。好氧生物处理的细菌增殖快，50%～60%的 BOD 用于细菌增生，故对氮和磷要求高；而厌氧生物处理的细菌增殖慢，供应的 BOD 中仅有 5%～10%用于合成菌体，故对氮磷含量要求低，COD∶N∶P 一般为 200∶5∶1 或 C∶N 为(12～16)∶1。

厌氧生物处理过程对环境条件的要求比较严格，主要的环境条件如下。

1) 氧化还原电位(ORP)

厌氧环境是厌氧消化过程赖以正常进行的最重要的条件。厌氧环境主要以体系中的氧化还原电位反映。一般情况下，氧的溶入是引起发酵系统氧化还原电位升高的最主要和最直接的原因。但是，除氧以外，其他一些氧化剂或氧化态物质的存在，如某些工业废水中含有的 Fe^{3+}、$Cr_2O_7^{2-}$、NO_3^-、SO_4^{2-} 以及酸性废水中的 H^+ 等，同样能使体系中的氧化还原电位升高。当其浓度达到一定程度时，甚至会危害厌氧消化过程。

不同的厌氧消化系统要求的氧化还原电位不尽相同。同一系统中，不同细菌要求的氧化还原电位也不尽相同。高温厌氧消化系统适宜的氧化还原电位为－500～600mV；中温厌氧消化系统及浮动温度厌氧消化系统要求的氧化还原电位应低于－300～－380mV。产酸细菌对氧化还原电位的要求不甚严格，甚至可在－100～100mV 的兼性条件下生长繁殖；甲烷细菌最适宜的氧化还原电位为－350mV 或更低。就大多数生活污水的污泥及性质相近的高浓度有机废水而言，只要严密隔断与空气的接触，即可保证必要的 ORP 值。

2) 温度

温度是影响微生物生命活动的重要因素之一。温度主要影响微生物的生化反应速率，因而与有机物的分解速率有关。厌氧消化过程存在两个最适宜温度。在 5～35℃的范围内，好氧过程的产气量(主要为 CO_2)随温度的上升而上升。温度高于 35℃之后，生化速率迅速下降，并在接近 45℃时，基本上停止了正常的生化反应。但是，厌氧消化过程在 35℃和 55℃附近各出现一个产气量(CH_4 和 CO_2)高的最适宜温度区，形成一条产气量随温度而变化的双峰曲线，且后一峰高于前一峰，两峰之间存在一个产气低谷。

工程上控制的中温消化温度为 30～38℃(以 33～35℃为多)，高温消化温度为 50～55℃。厌氧消化对温度的突变也十分敏感，要求日变化小于±2℃。温度突变幅度太大，会导致系统停止产气。

3) pH 值及酸碱度

由于发酵系统中的 CO_2 分压很高(20.3～40.5kPa)，发酵液的实际 pH 值比在大气条件下的实测值低。一般认为，实测值应在 7.2～7.4 为好。低于 7.0 时，pH 值并不稳定，有继续下降的趋势。低于 6.5 时，将使正常的处理系统遭到破坏。如果有机物负荷太大，水解和产酸过程的生化速率大大超过气化速率，将导致挥发性脂肪酸的积累和 pH 值的下降，抑制甲烷细菌的生理机能，最终使气化速率锐减，甚止停止。如果原液 pH 值高于 9 或低于 5，会导致处理系统的 pH 值很快偏移。一般希望原液的 pH 值为 6～8。系统中挥发性脂肪酸浓度(以乙酸计)以不超过 3000mg/L 为佳。重碳酸盐及氨氮等物质是形成厌氧处理系统碱度的主要物质。高的碱度具有较强的缓冲能力，对保持稳定的 pH 值有重要作用。一般要求系统中碱度在 2000mg/L 以上，氨氮浓度以介于 50～200mg/L 为佳。

4）有毒物质

凡对厌氧过程起抑制或毒害作用的物质，都可视为厌氧生物处理的有毒物质。一般来说，多数毒物对产甲烷细菌的毒性比对其他细菌的毒性要大。研究表明，无机酸的浓度不应使消化液的pH值降到6.8以下；氨氮浓度不宜高于1500mg/L。其他化学物质的抑制浓度如表12-1所示。

表 12-1　部分化学物质的抑制浓度　　mg/L

物　质	抑制浓度	物　质	抑制浓度
S^{2-}	100	Al	50
Cl^-	200	TNT	60
Cr^{6+}	3	$Na_2S_2O_3$	200
Cu^{2+}	100～250	去垢剂（阳离子型）	100
Cr^{3+}	25	去垢剂（阴离子型）	500
CN^-	2～10	$HCHO^-$	<100

2. 工业操作条件

1）生物量

参与厌氧处理的微生物结成絮体存在于反应器内。当反应器内无填料时，生物絮体或聚集于池底或悬浮于液内。当有填料时，便在填料表面生成生物膜；有时还以泥粒形式截留于填料间隙。一般情况下，消化液中的游离细菌为数较少。

生物量的大小以污泥浓度表示，一般情况下，污泥浓度大的时候，消化装置的最大处理能力也大。在连续厌氧生物处理有机废水系统中，如上流式厌氧污泥床反应器中，平均污泥浓度可达到30～50g/L，比好氧曝气池中生物量高10～20倍。

2）负荷

负荷是表示消化装置处理能力的一个参数。负荷有三种表示方法：容积负荷、污泥负荷、投配率。反应器单位有效容积在单位时间内接纳的有机物量，称为容积负荷[kg(COD)/(m^3·d)]；反应器内单位质量的污泥在单位时间内接纳的有机物量，称为污泥负荷{kg(COD)/[kg(SS)·d]}；每天向单位有效容积投加新料的体积，称为投配率[m^3/(m^3·d)]，投配率的倒数为平均停留时间或消化时间，单位为d。

污泥负荷最能直观和确切地反映有机物（底物）与微生物之间的供需平衡关系。但是，要确切计量某些反应器内的污泥量（例如生物膜量）并非易事，因而工程上常用容积负荷这一参数。当进料的有机物浓度比较稳定时，应用投配率具有计量准确、操作方便的优点。实际上，许多配置的进料都是折算成投配率后进行试验研究或实际操作的。

一般情况下，厌氧消化微生物进行酸化转化的能力强，速率快，对环境条件的适应能力也强；而进行气化转化的能力相对较弱，速率也较慢，对环境的适应能力也较脆弱。这种前强后弱使转化速率保持稳定平衡颇为困难，因而形成了三种发酵状态。当有机物负荷很高时，由于供给产酸菌的食物相当充分，致使作为其代谢产物的有机酸产量很大，超过了甲烷细菌的吸收利用能力，导致有机酸在消化液中的积累和pH值（以下均指大气压条件下的实测值）下降，其结果是使消化液显酸性（pH<7）。这种在酸性条件下进行的厌氧消化状态称为酸性发酵状态，它是一种低效而又不稳定的发酵状态，应尽量避免。

当有机物负荷适中时，产酸细菌代谢产物中的有机酸基本上能被甲烷细菌及时地吸收利用，并转化为沼气，溶液中残存的有机酸量一般为每升数百毫克。此时消化液中 pH 值维持在 7～7.5，溶液呈碱性。这种在弱碱性条件下进行的厌氧消化状态称为弱碱性发酵状态，它是一种高效而又稳定的发酵状态，最佳负荷应达到此状态。当有机物负荷偏小时，供给产酸细菌的食物不足，产酸量偏少，不能满足甲烷细菌的需要时，消化液中的有机酸残存量很少，pH 值偏高(大于 7.5)，这种条件下进行的厌氧消化状态称为碱性发酵状态。如前所述，由于负荷偏低，因而是一种虽稳定但低效的厌氧消化状态。

3) 加热

为把料液控制到要求的发酵温度，必须加热。据估算，去除 8000mg/L 的 COD 所产生的沼气，能使 1L 水升温 10℃。可见进料温度低且浓度不高时，需要外加能量，这将难以保证系统的经济运行。所以在料液温度较高以及必须严格消毒的场合才采用高温消化法，其他情况下宜用中温消化。

加热的方法有池内蒸汽喷射、料液预热和池内外热水间接加热等。

4) pH 值的控制

如果料液会导致反应器内液体的 pH 值低于 6.5 或高于 8.0 时，则应对料液预先中和。当有机酸积累而使反应液 pH 值低于 6.8～7 时，应适当减小有机物负荷或毒物负荷，使 pH 值恢复到 7.0 以上(最好为 7.2～7.4)。若 pH 低于 6.5，应停止加料，并及时投加石灰中和。

12.2 厌氧过程动力学

在厌氧消化条件下，BOD_5 去除属于一级反应，其动力学公式如下：

底物去除速率

$$-\frac{\mathrm{d}S}{\mathrm{d}t}=k\frac{SX}{K_s+S}$$

细菌增殖速率

$$\frac{\mathrm{d}X}{\mathrm{d}t}=Y\frac{\mathrm{d}S}{\mathrm{d}t}-bX$$

细菌净比增殖速率 $\mu(\mathrm{d}^{-1})$

$$\mu=\frac{1}{X}\frac{\mathrm{d}X}{\mathrm{d}t}=\frac{YkS}{K_s+S}-b$$

细菌增殖速率与生物固体平均停留时间(θ_c)的关系

$$\frac{1}{\theta_c}\mu=\frac{1}{X}\frac{\mathrm{d}X}{\mathrm{d}t}=\frac{YkS}{K_s+S}-b$$

由上式得

$$S=K_s(1+b\theta_c)/[\theta_c(Yk-b)-1]$$

式中 k——单位质量细菌对底物的最大利用速率，质量/细菌质量；

S——可降解的底物量，质量/体积；

X——细菌浓度，质量/体积；

$\mathrm{d}X/\mathrm{d}t$——细菌增殖速率，质量(体积·时间)；

K_s——半速度常数，质量/底物体积；

Y——细菌产率，细菌质量/底物质量；

$-dS/dt$——底物去除速率，质量/(体积·时间)；

b——细菌衰亡速率系数，d^{-1}。

底物降解速率

$$E=(S_a-S_e)/S_a\times 100\%$$

式中 S_a——原污泥可生物降解底物浓度，mg/L；

S_e——剩余的可生物降解底物浓度，mg/L。

12.3 厌氧活性污泥法

厌氧活性污泥法包括普通厌氧消化池、厌氧接触法、上流式厌氧污泥床反应器、厌氧折流板式反应器等。

12.3.1 普通厌氧消化池

普通厌氧消化池又称传统或常规消化池，已有百余年的历史。消化池常用密闭的圆柱形池。废水定期或连续进入池中，经消化的污泥和废水分别由消化池底和上部排出，所产的沼气从顶部排出。池径从几米至三四十米，柱体部分的高约为直径的1/2，池底呈圆锥形，以利排泥。一般都有盖子，以保证良好的厌氧条件，以及收集沼气和保持池内温度并减少池面的蒸发。为了使进料和厌氧污泥充分接触，使所产的沼气气泡及时逸出而设有搅拌装置。此外，进行中温和高温消化时，常需对消化液进行加热。常用的搅拌方式有三种：①池内机械搅拌；②沼气搅拌，即用压缩机将沼气从池顶抽出，再从池底充入，使循环沼气起搅拌作用；③循环消化液搅拌，即池内设有射流器，由池外水泵泵送的循环消化液经射流器喷射，在喉管外造成真空，吸进一部分池中的消化液，形成较强烈的搅拌。一般情况下，每隔2～4h搅拌一次。在排放消化液时，常停止搅拌，经沉淀分离后排出上清液。

常用加热方式有三种：①废水在消化池外先经热交换器预热到一定温度再进入消化池；②热蒸汽直接加热；③在消化池内部安装热交换管。①和③两种方式可利用水、蒸汽或热烟气等废热源加热。

普通消化池为一般的COD负荷，中温为2～3kg(COD)/(m^3·d)，高温为5～6kg(COD)/(m^3·d)。

普通消化池的特点是：可以直接处理含量较高的悬浮固体或颗粒较大的料液。厌氧消化池结构简单，反应与固液分离在同一个池内实现。普通消化池适用于处理悬浮固体含量高或颗粒较大的料液，但由于缺乏持留或补充厌氧活性污泥的特殊装置，消化器中难以保持大量的微生物细胞，因而消化效率相对较低。对无搅拌的消化器，还存在料液分层现象严重，微生物不能与料液均匀接触，温度不均匀，消化效率低等缺点。

12.3.2 厌氧接触法

为了克服普通消化池不能保留或补充厌氧活性污泥的缺点，在消化池后设沉淀池，将沉淀污水回流至消化池，形成了厌氧接触法。该系统使污泥不流失、出水水质稳定，又可提高消化池内污泥浓度，从而提高了设备的有机负荷和处理效率。

然而，从消化池排出的混合液在沉淀池中进行固液分离有一定的困难。这一方面是由于混合液中污泥上附着大量的微小沼气泡，易引起污泥上浮；另一方面，混合液中的污泥仍具有产甲烷活性，在沉淀过程中仍能继续产气，从而妨碍污泥颗粒的沉降和压缩。为了提高沉淀池中混合液的固液分离效果，目前采用以下几种方法脱气：

① 真空脱气。由消化池排出的混合液经真空脱气器(真空度为 0.005MPa)，将污泥絮体上的气泡除去，改善污泥的沉淀性能。

② 热交换器急冷法。将从消化池排出的混合液进行急速冷却，如中温消化液 35℃冷却到 15～25℃，可以控制污泥继续产气，使厌氧污泥有效地沉淀。

③ 絮凝沉淀。向混合液中投加絮凝剂，使厌氧污泥易凝聚成大颗粒，加速沉降。

④ 用超滤器代替沉淀池改善固液分离效果。

此外，为保证沉淀池的分离效果，在设计时，沉淀池内表面负荷应比一般废水沉淀池表面负荷小，一般不大于 1m/h，混合液在沉淀池内停留时间比一般废水沉淀时间要长，可采用 4h。

厌氧接触法的特点：①通过污泥回流，保持消化池内污泥浓度较高，一般为 10～15g/L，耐冲击能力强；②消化池的容积负荷较普通消化池大大缩短，如常温下，普通消化池为 15～30d，而接触法小于 10d；③可以直接处理悬浮固体含量较高或颗粒较大的料液，不存在堵塞问题；④混合液经沉淀后，出水水质好，但需增加沉淀池、污泥回流和脱气设备。厌氧接触法还存在混合液难于在沉淀池中进行固液分离的缺点。

12.3.3　UASB

上流式厌氧污泥床反应器(upflow anaerobic sludge blanked，UASB)是目前应用最为广泛的一种装置，如图 12-2 所示。在反应器底部装有大量厌氧污泥，废水从反应器底部进入。在通过污泥层时进行有机物与微生物的接触。产生的生物气附着在污泥颗粒上，使其悬浮于废水中，形成下密上疏的悬浮污泥层。气泡聚集变大，脱离污泥颗粒而上升，能起一定的搅拌作用。有些污泥颗粒被附着的气泡带到上层，撞在三相分离器上使气泡脱离，污泥固体又沉降到污泥层，部分进入澄清区的微小悬浮固体也由于静沉作用而被截留下来，滑落到反应器内。这种反应器的污泥浓度可维持在 40～80g/L，容积负荷达 5～15kg(COD)/(m^3·d)，有时还要高。水力停留时间一般为 4～24h。

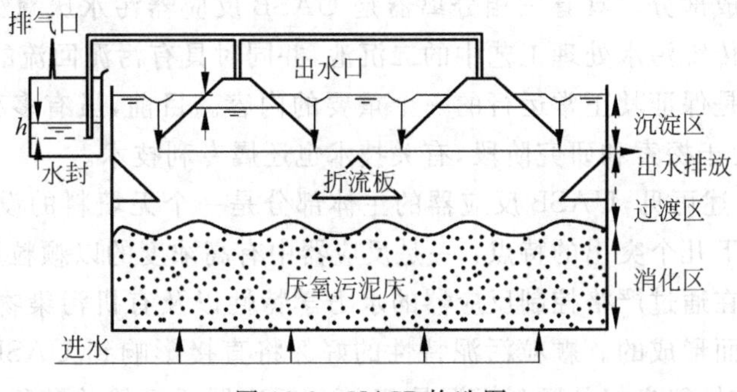

图 12-2　UASB构造图

UASB反应器的基本构造主要包括以下几个部分：污泥床、污泥悬浮层、沉淀区和三相分离器。各组成部分的功能、特点及工艺要求分述如下。

1）污泥床

污泥床位于整个UASB反应器的底部。污泥床内具有很高的污泥生物量，其污泥质量浓度(MLSS)一般为40 000～80 000mg/L。污泥床中的污泥由活性生物量（或细菌）占70%～80%以上的高度发展的颗粒污泥组成，正常运行的UASB中颗粒污泥的粒径一般在0.5～5mm之间，具有优良的沉降性能，其沉速一般为1.2～1.4cm/s，其典型的污泥容积指数(SVI)为10～20mL/g。颗粒污泥中的生物相组成比较复杂，主要有杆菌、球菌和丝状菌等。

污泥床的容积一般占整个UASB反应器容积的30%左右，但它对UASB反应器的整体处理效率起着极为重要的作用。其中有机物的降解量一般可占到整个反应器全部降解量的70%。污泥床对有机物如此有效的降解作用，使得在污泥床内产生大量的沼气，微小的沼气气泡经过不断地积累、合并而逐渐形成较大的气泡，并通过其上升作用而使整个污泥床层得到良好的混合。

2）污泥悬浮层

污泥悬浮层位于污泥床的上部。它占据UASB反应器容积的70%左右，其中的污泥浓度要低于污泥床，通常为15 000～30 000mg/L。由高度絮凝的污泥组成，一般为非颗粒状的污泥，其沉速要明显小于颗粒污泥的沉速，污泥容积指数一般在30～40mL/g之间，靠来自污泥床中上升的气泡使此层污泥得到良好的混合。污泥悬浮层中絮凝污泥的浓度呈自下而上逐渐减小的分布状态。这一层污泥担负着整个UASB反应器有机物降解量的10%～30%。

3）沉淀区

沉淀区位于UASB反应器的顶部，其作用是使得由于水流的夹带作用而随上升水流进入出水区的固体颗粒（主要是污泥悬浮层中的絮凝性污泥）在沉淀区沉淀下来，并沿沉淀区底部的斜壁滑下而重新回到反应区内（包括污泥床和污泥悬浮层），以保证反应器中污泥不致流失，同时保证了污泥床中污泥的浓度。沉淀区的另一个作用是，可以通过合理调整沉淀区的水位高度来保证整个反应器集气室的有效空间高度，从而防止集气空间的破坏。

4）三相分离器

三相分离器一般设在沉淀区的下部，但是也可将其设在反应器的顶部，具体视所用的反应器的型式而定。三相分离器的主要作用是将气体（反应过程中产生的沼气）、固体（反应器中的污泥）和液体（被处理的废水）等三相加以分离，将沼气引入集气室，将处理出水引入出水区，将固体颗粒导入反应区。它由气体收集器和折流挡板组成。有时，也可将沉淀装置看作分离器的一个组成部分。具有三相分离器是UASB反应器污水厌氧处理工艺的主要特点之一。它相当于传统污水处理工艺中的二沉池，并同时具有污泥回流的功能。因而，三相分离器的合理设计是保证其正常运行的一个重要的内容。目前，虽有多种三相分离器的设计构造型式，但仍处于探索和研究阶段，有关技术也还属专利技术。

由图12-2及上述可见，UASB反应器的主体部分是一个无填料的设备，它的工艺构造和实际运行具有以下几个突出的特点：一是反应器中有高浓度的以颗粒形式存在的高活性污泥。这种污泥是在通过严格控制反应器的水力学特性以及有机污染物负荷的条件下，经过一段时间的培养而形成的。颗粒污泥特性的好坏将直接影响到UASB反应器的运行性能。也即，是否存在性能良好的颗料污泥是UASB反应器运行的关键所在。颗粒污泥是在反应器运行过程中，通过污泥的自身絮凝、结合及逐步的固定化过程而形成的。二是反应器内具有集泥、水和气分离于一体的三相分离器。这种三相分离器可以自动地将泥、水、气加以分离并起到澄清出水、保证集气室正常水面的功能。三是反应器的搅拌是通过产气的上升迁移作用而实现的，因而具有操作管理比较简单的特性。

UASB 反应器在运行过程中，废水从反应器的底部进入，水流在反应器中的上升流速一般为 0.5～1.5m/h，多宜在 0.6～0.9m/h 之间。水流依次流经污泥床、污泥悬浮层至三相分离器及沉淀区。UASB 反应器中的水流呈推流形式，进水与污泥床及污泥悬浮层中的微生物充分混合接触并进行厌氧分解。厌氧分解过程中产生的沼气在上升过程中将污泥颗粒托起，由于大量气泡的产生，即使在较低的有机和水力负荷条件下也能看到污泥床明显地膨胀。随着反应器产气量的不断增加，由气泡上升所产生的搅拌作用(微小的沼气气泡在上升过程中相互结合而逐渐变成较大的气泡，将污泥颗粒向反应器的上部携带，最后由于气泡的破裂，绝大部分污泥颗粒又返回到污泥区)变得越来越剧烈，从而降低了污泥夹带气泡的阻力，气体便从污泥床内突发性地逸出，引起污泥床表面呈沸腾和流化状态。反应器中沉淀性能较差的絮体状污泥则在气体的搅拌作用下，在反应器上部形成污泥悬浮层。沉淀性能良好的颗粒状污泥则处于反应器的下部形成高浓度的污泥床。随着水流的上升流动，气、水、泥三相混合液(消化液)上升至三相分离器中，气体遇到反射板或挡板后折向集气室而被有效地分离排出；污泥和水进入上部的静止沉淀区，在重力的作用下泥水发生分离。

一般来说，UASB 反应器主要有两种形式，即开敞式 UASB 反应器和封闭式 UASB 反应器。

(1) 开敞式 UASB 反应器　开敞式 UASB 反应器的顶部不加密封，或仅加一层不太密封的盖板，多用于处理中低浓度的有机废水，其构造较简单，易于施工安装和维修。

(2) 封闭式 UASB 反应器　封闭式 UASB 反应器的顶部加盖密封，这样在 UASB 反应器内的液面与池顶之间形成气室，主要适用于高浓度有机废水的处理。这种形式实际上与传统的厌氧消化池类似，其池顶也可以做成浮动盖式。

在实际工程中，UASB 的断面形状通常可以做成圆形或矩形。矩形断面便于三相分离器的设计和施工。UASB 反应器的主体常为钢结构或钢筋混凝土结构。UASB 反应器一般不在反应器内部直接加热，而是将进入反应器的废水预先加热。UASB 反应器本身多采用保温措施。反应器内壁必须采取防腐措施，因为在厌氧反应过程中肯定会有较多的硫化氢或其他具有强腐蚀性的物质产生。

该设备广泛应用于高浓度有机废水的处理：如食品加工、酿造、制糖、淀粉、味精废液等有机污水，制革、皮毛加工等废水，造纸、制浆废水，屠宰、羊毛加工污水，制药废水等。

12.3.4　厌氧折流板式反应器(ABR)

厌氧折流板式反应器及废水处理工艺流程如图 12-3 所示。在反应器内垂直于水流方向设多块挡板来保持反应器内较高的污泥浓度以减少水力停留时间。挡板把反应器分为若干个上向流室和下向流室。上向流室比较宽，便于污泥聚集；下向流室比较窄，通往上向流的导板下部边缘处加 60°的导流板，便于将水送至上向流室的中心，使泥水充分混合保持较高的污泥浓度。当废水 COD 浓度高时，为避免挥

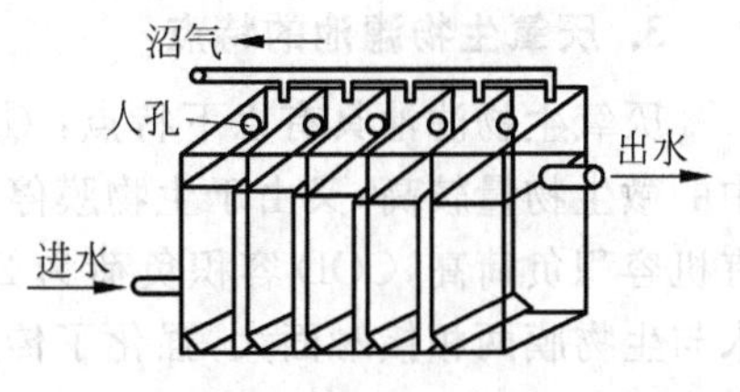

图 12-3　ABR 反应器

发性有机酸浓度过高，减少缓冲剂的投加量和减少反应器前端形成的细菌胶质的生长，使处理后的水进行回流，进水COD稀释至大约5～10g/L。当废水COD浓度较低时，不需进行回流。

厌氧折流式反应器的特点：

(1) 反应器起动期短。试验表明，接种一个月后，就有颗粒污泥形成，两个月后就可以投入稳定运行。

(2) 避免了厌氧滤池、厌氧膨胀床和厌氧流化床的堵塞问题。

(3) 避免了升流式厌氧污泥床因污泥膨胀而发生污泥流失问题。

(4) 不需要混合搅拌装置。

(5) 不需载体。

12.4 厌氧生物膜法

12.4.1 厌氧生物滤池

1. 厌氧生物滤池的构造

厌氧生物滤池是装填滤料的厌氧反应器。厌氧微生物以生物膜的形态生长在滤料表面，废水淹没地通过滤料，在生物膜的吸附作用和微生物的代谢作用以及滤料的截留作用下，废水中有机污染物被去除。产生的沼气则聚集于池顶部罩内，并从顶部引出。处理水则由旁侧流出。为了分离处理水挟出的生物膜，一般在滤池后需设沉淀池。

2. 厌氧生物滤池的形式

根据水流方向，厌氧生物滤池可分为升流式、降流式和开流混合式三种形式，如图12-4所示。

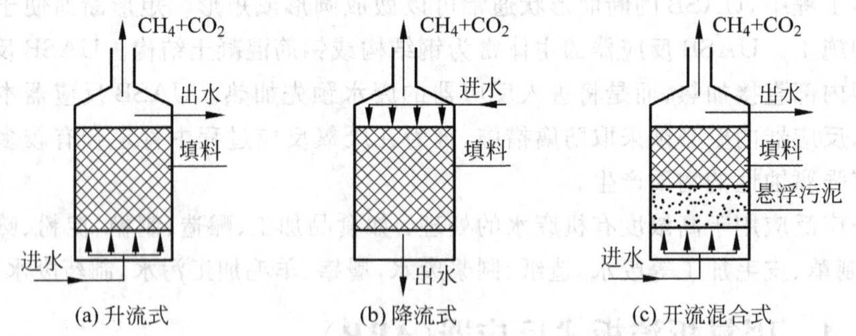

图12-4 几种类型的厌氧生物滤池的构造

3. 厌氧生物滤池的特点

厌氧生物滤池具有以下特点：①由于填料为生物附着生长提供了较大的表面积，滤池中的微生物量较高，又由于生物膜停留时间长，平均停留时间长达100d左右，因而可承受的有机容积负荷高，COD容积负荷为2～16kg(COD)/(m^3·d)，且耐冲击负荷能力强；②废水与生物膜两相接触面大，强化了传质过程，因而有机物去除速率快；③以微生物固着生长为主，不易流失，因而不需污泥回流和搅拌设备；④起动或停止运行后再起动时间较短。但该工艺也存在一些问题：处理含悬浮物浓度高的有机废水，易发生堵塞，尤以进水部位最为严重。滤池的冲洗还没有简单有效的方法。

12.4.2　厌氧生物转盘

1. 厌氧生物转盘的构造

厌氧生物转盘的构造与好氧生物转盘相似，不同之处在于上部加盖密封，以便收集沼气和防止液面上的空间有氧存在。厌氧生物转盘由盘片、密封的反应槽、转轴及驱动装置等组成，如图 12-5 所示。

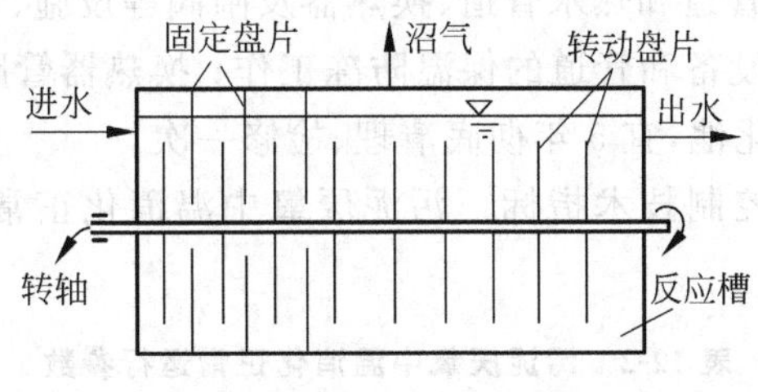

图 12-5　厌氧生物转盘

2. 厌氧生物转盘的特点

(1) 微生物浓度高，可承受高的有机物负荷；

(2) 废水在反应器内按水平方向流动，无需提升废水，节能；

(3) 无需处理水回流，与厌氧膨胀床和流化床相比较既节能又便于操作；

(4) 处理含悬浮固体较高的废水，不存在堵塞问题；

(5) 由于转盘转动，不断使老化生物膜脱落，使生物膜经常保持较高的活性；

(6) 具有抗冲击负荷的能力，处理过程稳定性较强；

(7) 可采用多级串联，各级微生物处于最佳生存条件下；

(8) 便于运行管理。

12.5　厌氧生物处理的运行管理

厌氧消化系统处理效果的好坏很大程度上取决于运行管理。污泥厌氧消化池的运行管理应遵循以下规定：

(1) 运行管理要求　在消化池内，应按一定投配率投加新鲜污泥，并定时排放消化污泥；池外加温且为循环搅拌的消化池，投泥和循环搅拌应同时进行；新鲜污泥投到消化池，应充分搅拌，并应保持消化温度恒定；用沼气搅拌污泥宜采用单池进行。在产气量不足或在起动期间搅拌无法充分进行时，应采用辅助措施搅拌；消化池污泥必须在 2～5h 之内充分混合一次；消化池中的搅拌不得与排泥同时进行；应监测产气量、pH 值、脂肪酸、总碱度和沼气成分等数据，并根据监测数据调整消化池运行工况；换热器长期停止使用时，必须关闭通往消化池的进泥闸阀，并将换热器中的污泥放空；二级消化池的上清液应按设计要求定时排放；消化池前栅筛上的杂物，必须及时清捞并外运；消化池溢流管必须通畅，并保持其水封高度。环境温度低于 0℃时，应防止水封结冰；消化池起动初期，搅拌时间和次数可适当减少。运行数年的消化池的搅拌次数和时间可适当增多和延长。

(2) 厌氧消化池安全操作事项　在投配污泥、搅拌、加热及排放等项操作前，应首先检查各种工艺管路闸阀的启闭是否正确，严禁跑泥、漏气、漏水；每次蒸汽加热前，应排放蒸汽管道内的冷凝水；沼气管道内的冷凝水应定期排放；消化池排泥时，应将沼气管道与储气柜连通；消化池内压力超过设计值时，应停止搅拌；消化池放空清理应采取防护措施，池内有害气体和可燃气体含量应符合规定；操作人员检修和维护加热、搅拌等设施时，应采取安全防护措施；应每班检查一次消化池和沼气管道闸阀是否漏气。

(3) 厌氧消化池维护保养要求　消化池的各种加热设施均应定期除垢、检修、更换；消化池池体、沼气管道、蒸汽管道和热水管道、换热器及闸阀等设施、设备应每年进行保温检查和维修；寒冷季节应做好设备和管道的保温防冻工作；换热器管路和闸阀处的密封材料应及时更换；正常运行的消化池，宜5年彻底清理、检修一次。

(4) 厌氧消化池运行控制技术指标　污泥厌氧中温消化正常运行参数应符合表12-2所示的规定。

表12-2　污泥厌氧中温消化正常运行参数

序　　号	项　　目		运行参数
1	温度/℃		34±1
2	投配率/%		4～8
3	污泥含水率/%	进泥	95～98
		出泥	95左右
4	pH值		7～8
5	有机物分解率/%		大于30
6	污泥沼气搅拌供气量	/(m^3/(m^3·h))	0.8
		/(m^3/(m周长·h))	4～5
7	沼气搅拌/(次/d)		30
8	沼气中主要气体成分和体积分数/%		CH_4>55；CO_2<38；H_2<2；H_2S<0.01；N_2<6
9	产气率/[m^3气/m^3泥]		>5
10	总碱度/(mg/L)		>2000

思考题

12-1　厌氧消化分为哪几个阶段？厌氧生物处理过程的影响因素有哪些？

12-2　在厌氧生物反应器的启动过程中，应注意哪些问题？

12-3　UASB设计的基本要点是什么？三相分离器分离是怎样实现固、液、气分离的？

12-4　试述厌氧反应器pH值下降的原因和解决办法。

12-5　讨论厌氧膨化床/流化床和升流式污泥床的优缺点。

12-6　试述厌氧生物滤池的特点。

第13章 CHAPTER 13

污泥的处理及资源化

13.1 污泥的分类、性质及性质指标

污泥处理是污水处理系统的重要组成部分。污水处理厂的全部建设费用中，用于处理污泥的建设费用约占20%～50%，甚至70%。污水处理厂产生的污泥量约占处理水量的0.3%～0.5%(以含水率为97%计)。污泥中含有大量的有毒有害物质，如寄生虫卵、病原微生物、细菌及重金属离子等，有用物质，如植物营养素(氮、磷、钾等)、有机物及水分等。

污泥需要及时处理与处置，以便达到如下目的：使污水处理厂能够正常运行，确保污水处理效果；使有毒有害物质得到妥善处理或利用；使容易腐化发臭的有机物得到稳定处理；使有用物质得到综合利用。

13.1.1 污泥的分类与性质

1) 按成分分类

污泥：以有机物为主要成分，易于腐化发臭，颗粒较细，比重较小(1.002～1.006)，含水率高且不易脱水，属于胶状结构的亲水性物质。初次沉淀池与二次沉淀池的沉淀物均属污泥。

沉渣：以无机物为主要成分，颗粒较粗，比重较大(约为2)，含水率较低且易于脱水，流动性差。沉砂池与某些工业废水处理沉淀池的沉淀物都属沉渣。

2) 按来源分类

初次沉淀污泥：来自初次沉淀池。

剩余活性污泥：来自活性污泥法后的二次沉淀池。

腐殖污泥：来自生物膜法后的二次沉淀。

以上三种污泥可统称为生污泥或新鲜污泥。

消化污泥：生污泥经厌氧消化或好氧消化处理后，称为消化污泥或熟污泥。

化学污泥：用化学沉淀法处理污水后产生的沉淀物称为化学污泥或化学沉渣。

13.1.2 污泥的性质指标

用于表示污泥性质的主要指标有：

1) 污泥含水率

污泥中所含水分的质量与污泥总质量之比的百分数称为污泥含水率。污泥的含水率一般都很高，比重接近于1。污泥的体积、质量及所含固体物浓度之间的关系，可用式(13-1)

表示：

$$\frac{V_1}{V_2}=\frac{W_1}{W_2}=\frac{100-p_2}{100-p_1}=\frac{c_2}{c_1} \tag{13-1}$$

式中 V_1、W_1、c_1——污泥含水率为 p_1 时的污泥体积、质量与固体物浓度；

V_2、W_2、c_2——污泥含水率为 p_2 时的污泥体积、质量与固体物浓度。

因含水率低于65%以后，体积内出现很多气泡，体积与质量不再符合式(13-1)。式(13-1)适用于含水率大于65%的污泥。

2）挥发性固体（或称灼烧减重）和灰分（灼烧残渣）

挥发性固体近似地等于有机物含量；灰分表示无机物含量。

3）可消化程度

污泥中的有机物，是消化处理的对象。一部分是可被消化降解的（或称可被气化，无机化）；另一部分是不易或不能被消化降解的，如脂肪、合成有机物等。用可消化程度表示污泥中可被消化降解的有机物数量。可消化程度用下式表示：

$$R_d=1-\frac{p_{v_2}p_{s1}}{p_{v_1}p_{s_2}} \tag{13-2}$$

式中 R_d——可消化程度，%；

p_{s_1}、p_{s_2}——生污泥和消化污泥的无机物含量，%；

p_{v_1}、p_{v_2}——生污泥和消化污泥的有机物含量，%。

因此消化污泥量可用下式计算：

$$V_d=\frac{(100-p_1)V_1}{100-p_d}\left[\left(1-\frac{p_{v_1}}{100}+\frac{p_{v_1}}{100}\right)\right]\left(1-\frac{R_d}{100}\right) \tag{13-3}$$

式中 V_d——消化污泥量，m^3/d；

p_d——消化污泥含水率，%，取周平均值；

V_1——生污泥量，m^3/d，取周平均值；

p_1——生污泥含水率，%，取周平均值；

p_{v_1}——生污泥有机物含量，%；

R_d——可消化程度，%，取周平均值。

4）湿污泥比重与干污泥比重

湿污泥质量等于污泥所含水分质量与干固体质量之和。湿污泥比重等于湿污泥质量与同体积的水质量之比值。由于水比重为1，所以湿污泥比重 γ 可用下式计算：

$$\gamma=\frac{p+(100-p)}{p+\dfrac{100-p}{\gamma_s}}=\frac{100\gamma_s}{p\gamma_s+(100-p)} \tag{13-4}$$

式中 γ——湿污泥比重；

p——湿污泥含水率，%；

γ_s——污泥中干固体物质平均比重，即干污泥比重。

干固体物质中，有机物（即挥发性固体）所占百分比及其比重分别用 p_v、γ_v 表示，无机物（即灰分）的比重用 γ_f 表示，则干污泥平均比重 γ_s 可用式(13-5)计算：

$$\frac{100}{\gamma_s}=\frac{p_v}{\gamma_v}+\frac{100-p_v}{\gamma_f} \tag{13-5}$$

故

$$\gamma_s=\frac{100\gamma_f\gamma_v}{100\gamma_v+p_v(\gamma_f-\gamma_v)} \tag{13-6}$$

有机物比重一般等于1，无机物比重约为2.5～2.65，以2.5计，则式(13-6)可简化为

$$\gamma_s=\frac{250}{100+1.5p_v} \tag{13-7}$$

故湿污泥比重为

$$\gamma=\frac{25\,000}{250p+(100-p)(100+1.5p_v)} \tag{13-8}$$

确定湿污泥比重和干污泥比重，对于浓缩池的设计、污泥运输及后续处理，都有实用价值。

5) 污泥肥分

污泥中含有大量植物生长所必需的肥分(氮、磷、钾)、微量元素及土壤改良剂(有机腐殖质)。

6) 污泥重金属离子含量

污泥中重金属离子含量，决定于城市污水中工业废水所占比例及工业性质。污水经二级处理后，污水中重金属离子约有50%以上转移到污泥中。因此污泥中的重金属离子含量一般都较高。故当污泥作为肥料使用时，要注意重金属离子含量是否超过我国农林业部规定的《农用污泥标准》(GB 4284—84)。

13.2 污泥的浓缩

初次沉淀污泥含水率介于95%～97%，剩余活性污泥达99%以上，因此污泥的体积非常大，对污泥的后续处理造成困难。污泥浓缩是污泥处理过程中提高污泥固体物含量，达到减少污泥体积的重要步骤和经济有效的方法。

污泥中所含水分大致分为四类：颗粒间的空隙水，约占总水分的70%；毛细水，即颗粒间毛细管内的水，约占20%；污泥颗粒吸附水和颗粒内部水，约占10%。污泥浓缩方法有重力浓缩、机械浓缩和气浮浓缩等。

13.2.1 污泥重力浓缩

污泥含水率从99%降至96%，污泥体积可减少3/4，含水率从97.5%降至95%，体积可减少1/2，这就为后续处理创造条件。如后续处理是厌氧消化，消化池的容积、加热量、搅拌能耗都可大大降低。如后续处理为机械脱水，调整污泥的混凝剂用量、机械脱水设备的容量可大大减少。

重力浓缩构筑物称重力浓缩池。根据运行方式不同，可分为连续式重力浓缩池、间歇式重力浓缩池两种。

1. 重力浓缩理论及连续式重力浓缩池的设计

1) 重力浓缩理论及浓缩池所需面积计算

(1) 迪克(Dick)理论

迪克于1969年采用静态浓缩试验的方法，分析了连续式重力浓缩池的工况。迪克引入

浓缩池横断面的固体通量这一概念，即单位时间内，通过单位面积的固体质量叫固体通量，kg/(m^2·h)。当浓缩池运行正常时，池中固体量处于动平衡状态，见图 13-1 所示。单位时间内进入浓缩池的固体质量，等于排出浓缩池的固体质量(上清液所含固体质量忽略不计)。通过浓缩池任一断面的固体通量，由两部分组成，一部分是浓缩池底部连续排泥所造成的向下流固体通量；另一部分是污泥自重压密所造成的固体通量。

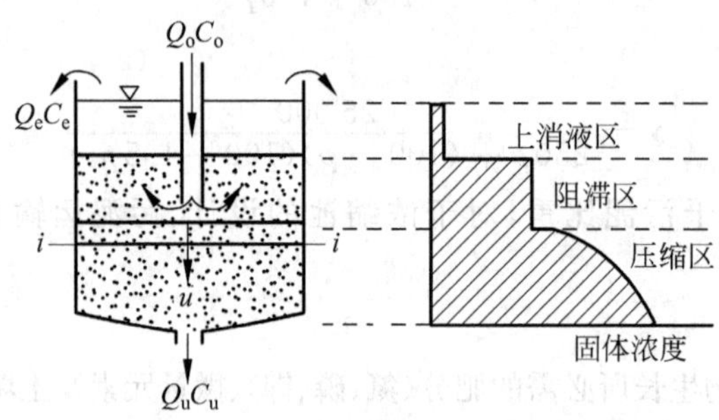

图 13-1　连续式重力浓缩池工况

① 向下流固体通量

设图 13-1 中，断面 i—i 处的固体浓度为 C_i，通过该断面的向下流固体通量：

$$G_u = uC_i \tag{13-9}$$

式中　G_u——向下流固体通量，kg/(m^2·h)；

u——向下流流速，即由于底部排泥产生的界面下降速度，m/h，若底部排泥量为 Q_u(m^3/h)，浓缩池断面积为 A(m^2)，则 $u=\frac{Q_u}{A}$，运行资料表明，活性污泥浓缩池的 u 一般为 0.25～0.51m/h；

C_i——断面 i—i 处的污泥固体浓度，kg/m^3。

可见，当 u 为定值，G_u 与 C_i 成直线关系。见图 13-2(b)中的直线 1。

② 自重压密固体通量

在同样的装置中，用同一种污泥的不同固体浓度，C_1、C_2、…、C_i、…、C_n，分别做静态浓缩试验，作时间与界面高度关系曲线，见图 13-2(a)。然后作每条浓缩曲线的界面沉速，即通过每条浓缩曲线的起点作切线，切线与横坐标相交，得沉降时间，t_1、t_2、…、t_i、…、t_n，则该浓度的界面沉速 $v_i=\frac{H_0}{t_i}$(m/h)，故自重压密固体通量为

$$G_i = v_iC_i \tag{13-10}$$

式中　G_i——自重压密固体通量，kg/(m^2·h)；

v_i——污泥固体浓度为 C_i 时的界面沉速，m/h。

可作 G_i-C_i 关系曲线，见图 13-2(b)中的曲线 2。固体浓度低于 500mg/L 时，不会出现泥水界面，故曲线 2 不能向左延伸。C_m 即等于形成泥水界面的最低浓度。

③ 总固体通量

浓缩池任一断面的总固体通量等于 G_u+G_i 之和，即图 13-2 中曲线 1 与 2 叠加所得的曲线 3：

$$G = G_u + G_i = uC_i + v_iC_i = C_i(u + v_i) \tag{13-11}$$

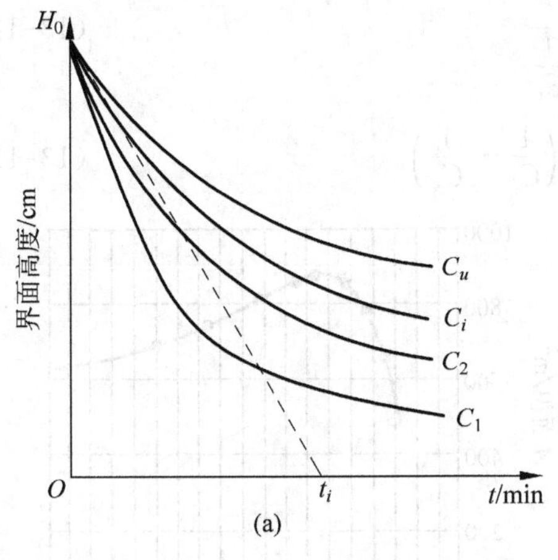

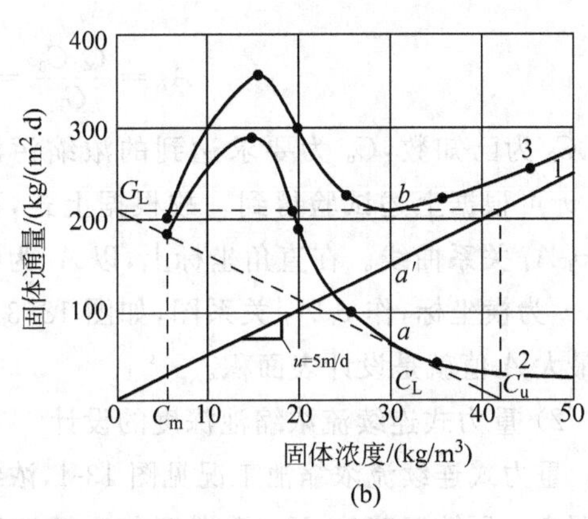

图 13-2　静态浓缩试验

(a) 不同浓度的界面高度与沉降时间关系图；(b) 固体通量与固体浓度关系图

图 13-2(b)曲线 3 即用静态试验的方法，表征连续式重力浓缩池的工况。经曲线 3 的最低点 b，作切线截纵坐标于 G_L 点，最低点 b 的横坐标 C_L 称为极限固体浓度，其物理意义是：固体浓度如果大于 C_L，就通不过这个截面。G_L 就是极限固体通量，其物理意义是：在浓缩池的深度方向，必存在着一个控制断面，这个控制断面的固体通量最小，即 G_L，其他断面的固体通量都大于 G_L。因此浓缩池的设计断面面积应该是：

$$A \geqslant \frac{Q_0 C_0}{G_L} \tag{13-12}$$

式中　A——浓缩池设计表面积，m^2；

Q_0——入流污泥量，m^3/h；

C_0——入流污泥固体浓度，kg/m^3；

G_L——极限固体通量，$kg/(m^2 \cdot h)$。

Q_0、C_0 是已知数，G_L 值可通过试验确定或参考同类性质污水厂的浓缩池运行数据。

(2) 柯伊-克里维什(Coe-Clevenger)理论

柯伊-克里维什于 1916 年也曾用静态试验的方法分析连续式重力浓缩池的工况。当连续式浓缩池工作达到平衡时，池中固体浓度为 C_i 的断面位置是稳定的。由图 13-1 可得出下列固体平衡关系式：

$$Q_0 C_0 = Q_u C_u + Q_e C_e \tag{13-13}$$

式中　Q_u——浓缩污泥即排泥的污泥量，m^3/h；

C_u——浓缩污泥即排泥的固体浓度，kg/m^3；

Q_e——上清液流量，m^3/h；

C_e——上清液所含固体物浓度，kg/m^3；

其他符号同前。

经过推导可写出浓缩时间为 t_i，污泥浓度为 C_i，界面沉速为 v_i 时的固体通量 G_i 与所需断面面积 A_i 为

$$G_i=\frac{v_i}{\dfrac{1}{C_i}-\dfrac{1}{C_u}} \tag{13-14}$$

$$A_i=\frac{Q_0C_0}{G_i}=\frac{Q_0C_0}{v_i}\left(\frac{1}{C_i}-\frac{1}{C_u}\right) \tag{13-15}$$

Q_0、C_0 为已知数，C_u 为要求达到的浓缩污泥浓度，v_i 可根据上述试验得到。故根据上式，可算出 v_i-A_i 关系曲线。在直角坐标上，以 A_i 为纵坐标，v_i 为横坐标，作 v_i-A_i 关系图，如图 13-3。图中最大 A 值就是设计表面积。

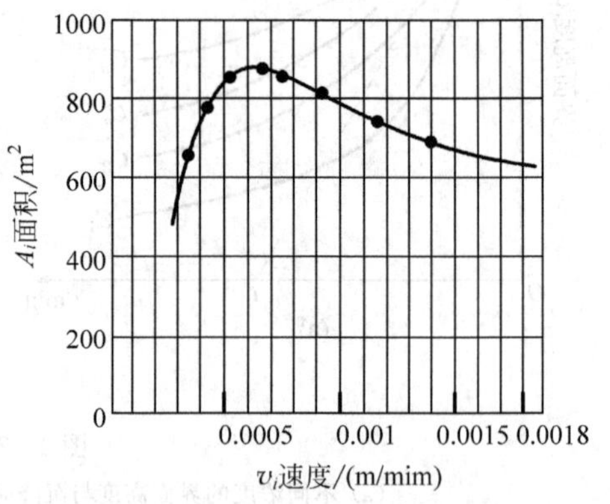

图 13-3 界面沉速与表面面积关系图

2）重力式连续流浓缩池深度的设计

重力式连续流浓缩池工况见图 13-1，浓缩池总深度由压缩区高度 H_s，阻滞区与上清液区高度 H_w、池底坡、超高四部分组成。

压缩区高度的计算可采用柯伊-克里维什法。

此法认为排泥浓度是浓缩时间的函数，与污泥层厚度无关，以此为前提求浓缩池的污泥层厚度。

入流污泥固体质量 Q_0C_0（kg/h），达到排泥浓度所需浓缩时间为 t_u，则浓缩池内的固体物总质量为 $Q_0C_0t_u$，液体总质量为 $\left(V_s\quad\dfrac{Q_0C_0t_u}{\rho_s}\right)\rho_w$，浓缩池内总质量等于固体物总质量加液体总质量：

$$V_s\rho_m=Q_0C_0t_0+\left(V_s-\frac{Q_0C_0t_u}{\rho_s}\right)\rho_w \tag{13-16}$$

式中 ρ_w——清液的密度，取 1000kg/m^3；

ρ_m——污泥的平均密度，kg/m^3；

ρ_s——污泥中固体物密度，kg/m^3；

V_s——污泥体积，m^3，$V_s=\dfrac{Q_0C_0t_u(\rho_s-\rho_w)}{\rho_s(\rho_m-\rho_w)}$。

污泥平均密度可用下式计算：

$$\rho_m=\frac{\rho_c+\rho_u}{2} \tag{13-17}$$

式中 ρ_c——压缩点时的污泥密度，kg/m^3；

ρ_u——排泥浓度时的污泥密度，kg/m^3。

因此，污泥层厚度为

$$H_s=\frac{V_s}{A} \tag{13-18}$$

因此得

$$H_s=\frac{Q_0C_0t_u(\rho_s-\rho_w)}{\rho_s(\rho_m-\rho_w)A} \tag{13-19}$$

3）连续流重力浓缩池的基本构造与形式

连续流重力浓缩池的基本构造见图 13-4。

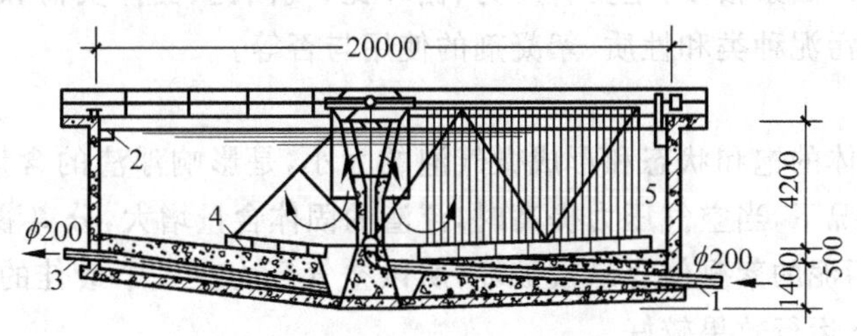

图 13-4　连续式重力浓缩池

1—中心管；2—溢流堰；3—排泥管；4—刮泥机；5—搅拌栅

污泥由中心管 1 连续进泥，上清液由溢流堰 2 出水，浓缩污泥用刮泥机 4 缓缓刮至池中心的污泥斗并从排泥管 3 排除，刮泥机 4 上装有垂直搅拌栅 5 随着刮泥机转动，周边线速度为 1～2m/min，每条栅条后面，可形成微小涡流，有助于颗粒之间的絮凝，使颗粒逐渐变大，并可造成空穴，促使污泥颗粒的空隙水与气泡逸出，浓缩效果约可提高 20％以上。搅拌栅可促进浓缩作用，提高浓缩效果。浓缩池的底坡采用 1/100～1/12，一般用 1/20。

连续式重力浓缩池的其他形式有：

多层辐射式浓缩池，适用于土地紧缺的地区。

多斗连续式浓缩池，采用重力排泥，污泥斗锥角大于 55°，故在污泥斗部分，污泥受到三向压缩，有利于压密。

2. 间歇式重力浓缩池

间歇式重力浓缩池的设计原理同连续式。运行时，应先排除浓缩池中的上清液，腾出池容，再投入待浓缩的污泥。为此应在浓缩池深度方向的不同高度设上清液排除管。浓缩时间一般不宜小于 12h。

13.2.2　污泥气浮浓缩

气浮浓缩是利用污泥与水的密度差产生的浮力使污泥上浮，达到固液分离，实现污泥浓缩的目的。对密度小于 $1g/cm^3$ 的污泥，可以直接进行气浮分离；对密度大于 $1g/cm^3$ 的污泥，可通过减小密度来实现固液分离。当气泡附着在气浮浓缩污泥颗粒周围时，降低了污泥密度，从而产生上浮的动力，可以达到气浮浓缩的目的。污泥气浮浓缩常采用压力溶气气浮的方法。

1. 气浮浓缩装置

气浮浓缩装置主要由三部分组成，即布气或溶气系统、溶气释放系统（存在于加压溶气气浮中）及气浮分离系统。布气或溶气系统指通过布气或溶气装置如水泵、叶轮、曝气装置、空压机、溶气罐及一些附属设备等向水中充入或溶入气体的装置。溶气释放系统一般由溶气释放器（或穿孔管、减压阀）和溶气水管路组成。溶气释放器的功能是将压力溶气水通过消能、减压，使溶入水中的气体以微气泡的形式释放出来，并能迅速均匀地附着到污泥絮体上。气浮分离系统一般可分为平流式、竖流式两种类型。

2. 气浮浓缩工艺控制

影响气浮浓缩的因素很多，主要有压力、循环比、气固比、固体负荷和水力负荷、流入污泥浓度、停留时间、污泥种类和性质、絮凝剂的使用与否等。

1）压力

压力决定了气体的饱和状态和形成微气泡的大小，是影响浮渣的含量和分离液水质的重要因素。一般情况下，当空气压力提高时，浮渣的固体含量增大，分离液中固体含量减小。但是若压力过高，污泥的絮凝体容易被破坏，所以空气压力有一个最佳的范围，大部分设备在0.3～0.5MPa下运行效果较好。

溶气罐中压力的高低也影响到释放出的气泡大小。为了取得良好的浓缩效果，气泡大小宜控制在80～100μm范围内。

2）循环比

循环水量应控制在合适的范围，水量太小，释放出的空气量太少，不能起到气浮的效果；水量增加，释放的空气量多，可以将流入的污泥稀释，减少固体颗粒对分离速度的干涉效应，对浓缩有利。但是水量过大，能耗也会随之升高。

3）气固比

气固比是指气浮池中析出的空气量 A 与流入的固体量 S 之比，可用下式确定：

$$\frac{A}{S}=\frac{S_a(fP-1)Q_r}{\frac{Q_0c_0}{1000}} \tag{13-20}$$

式中 A——析出空气量，kg/h；

S——流入固体量，kg/h；

S_a——标准状态下空气在水中的溶解度，kg/m^3；

f——回流溶气水的空气饱和度，%；

P——溶气罐中的绝对压力，0.1MPa；

Q_r——回流水的流量，m^3/h；

Q_0——流入的污泥量，m^3/h；

c_0——污泥浓度，mg/L。

气固比的大小主要根据污泥的性质确定，活性污泥浓缩时 A/S 的适宜范围为0.01～0.05，一般可取0.02。

4）固体负荷与水力负荷

固体负荷是指单位时间内通过单位浓缩池截面的干固体量，单位为kg/(m^2·h)或kg/(m^2·d)。固体负荷是设计气浮池表面积的重要参数，一般固体负荷越高浓缩污泥的浓度越低。

压力、循环比、气固比和固体负荷确定后，还应调节水力负荷。水力负荷是指单位时间内通过单位浓缩池表面积的上清液溢流量，单位为m^3/(m^2·h)或m^3/(m^2·d)。水力负荷太高，会使澄清液中固体浓度升高。

为了提高气浮浓缩效果，提高浮渣的含量，使用高分子絮凝剂是有效的。一般情况下随着高分子絮凝剂投加量的增加，浮渣含量成比例提高。

另外，污泥在气浮池中的停留时间也影响浓缩效果，对活性污泥要得到较好的气浮浓缩效果，一般水力停留时间应大于 20min。

3. 气浮浓缩的优缺点

气浮法适用于浓缩剩余活性污泥和生物滤池污泥等颗粒密度较小的污泥。气浮浓缩具有以下优点：①气浮浓缩污泥含水率低，可以使含水率为 99.5%的活性污泥浓缩到含水率为 94%～96%。②澄清液悬浮物含量低，澄清液可回流到污水处理厂的入流泵房。③无恶臭，无磷的二次释放。由于气浮池中的污泥含有溶解氧，因而恶臭气味较重力浓缩小得多，同时可避免磷的二次释放。④气浮浓缩法占地面积小。但气浮浓缩运行费用比重力浓缩高。

13.2.3　污泥的其他浓缩法

1. 离心浓缩法

离心浓缩法的原理是利用污泥中的固体、液体的比重不同，在离心力场所受到的离心力的不同而被分离。由于离心力几千倍于重力，因此离心浓缩法占地面积小，造价低，但运行费用与机械维修费用较高。

用于离心浓缩的离心机有转盘式(Disk)离心机、篮式(Basket)离心机和转鼓离心机等。

2. 离心筛网浓缩器

离心筛网浓缩器见图 13-5。污泥从中心分配管 1 压入旋转筛网笼 4，压力仅需 0.03MPa，筛网笼低速旋转，使清液通过筛网从出水集水室 5 排出，浓缩污泥从底部排出，筛网定期用反冲洗系统 7 反冲。筛网笼直径为 304mm，总面积 0.192m^2。

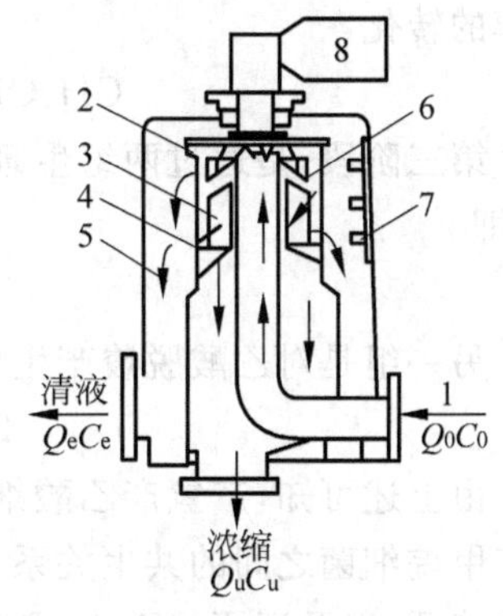

图 13-5　离心筛网浓缩器
1—中心分配管；2—进水布水器；3—排出器；4—旋转筛网笼；5—出水集水室；6—调节流量转向器；7—反冲洗系统；8—电动机

筛网材料可用金属丝网、涤纶织物或聚酯纤维制成，网孔为 165 目(105μm)至 400 目(37μm)。筛网笼转速为 60～350r/min，反冲洗系统的反冲水压为 0～1.0MPa。

离心筛网浓缩器可用于曝气池混合液浓缩用，以减少二次沉淀池的负荷。浓缩后的污泥可直接回流到曝气池。清液中悬浮物含量较高，应流入二次沉淀池沉淀处理。

3. 微孔滤机浓缩法

微孔滤机近来也用于浓缩污泥。污泥应先作混凝调节，可使污泥含水率从 99% 以上浓缩到 95%。微孔滤机的滤网可用金属丝网、涤纶织物或聚酯纤维品制成。

13.3　污泥的消化

13.3.1　污泥的厌氧消化

活性污泥法与生物膜法是在有氧的条件下，由好氧微生物降解污水中的有机物，最终产物是水和二氧化碳。污泥中的有机物一般采用厌氧消化法，即在无氧的条件下，由兼性菌及专性厌氧细菌降解有机物，最终产物是二氧化碳和甲烷气（或称污泥气、消化气），使污泥得到稳定。所以污泥厌氧消化过程也称为污泥生物稳定过程。

1. 厌氧消化的机理

污泥厌氧消化是一个极其复杂的过程，多年来厌氧消化被概括为两阶段过程。第一阶段是酸性发酵阶段，有机物在产酸细菌的作用下，分解成脂肪酸及其他产物，并合成新细胞；第二阶段是甲烷发酵阶段，脂肪酸在专性厌氧菌——产甲烷菌——的作用下转化成 CH_4 和 CO_2。但是，事实上第一阶段的最终产物不仅仅是酸，发酵所产生的气也并不都是从第二阶段产生的。因此，第一阶段比较恰当的提法是不产甲烷阶段，第二阶段称为产甲烷阶段。随着对厌氧消化微生物研究的不断深入，厌氧消化中不产甲烷细菌和产甲烷细菌之间的相互关系更加明确。1979 年，伯力特（Bryant）等根据微生物的生理种群，提出了厌氧消化三阶段理论，是当前较为公认的理论模式。三阶段消化突出了产氢产乙酸细菌的作用，并把其独立地划分为一个阶段。三阶段消化的第一阶段，是在水解与发酵细菌作用下，使碳水化合物、蛋白质与脂肪水解与发酵转化成单糖、氨基酸、脂肪酸、甘油及二氧化碳、氢等；第二阶段，是在产氢产乙酸菌的作用下，把第二阶段的产物转化成氢、二氧化碳和乙酸。

例如戊酸的转化：

$$CH_3CH_2CH_2CH_2COOH+2H_2O \longrightarrow CH_3CH_2COOH+CH_3COOH+2H_2 \tag{13-21}$$

丙酸的转化：

$$CH_3CH_2COOH+2H_2O \longrightarrow CH_3COOH+3H_2+CO_2 \tag{13-22}$$

乙醇的转化：

$$CH_3CH_2OH+H_2O \longrightarrow CH_3COOH+2H_2 \tag{13-23}$$

第三阶段，是通过两组生理上不同的产甲烷菌的作用，一组把氢和二氧化碳转化成甲烷，即

$$4H_2+CO_2 \longrightarrow CH_4+2H_2O \tag{13-24}$$

另一组是对乙酸脱羧产生甲烷：

$$2CH_3COOH \longrightarrow 2CH_4+2CO_2 \tag{13-25}$$

由上述可知，产氢产乙酸细菌在厌氧消化中具有极为重要的作用，它在水解与发酵细菌及产甲烷细菌之间的共生关系，起到了联系作用，且不断地提供出大量的 H_2，作为产甲烷细菌的能源，以及还原 CO_2 生成 CH_4 的电子供体。

参与第一阶段的微生物包括细菌、原生动物和真菌，统称水解与发酵细菌，大多数为专性厌氧菌，也有不少兼性厌氧菌。根据其代谢功能可分为以下几类：

（1）纤维素分解菌　参与对纤维素的分解，纤维素的分解是厌氧消化的重要一步，对消化速率起着制约作用。这类细菌利用纤维素并将其转化为 CO_2、H_2、乙醇和乙酸。

（2）碳水化合物分解菌　这类细菌的作用是水解碳水化合物成葡萄糖，以具有内生孢子的杆状菌占优势。丙酮、丁醇梭状芽孢杆菌（*Clostridium acetobuty licum*）能分解碳水化合物产生丙酮、乙醇、乙酸和氢等。

（3）蛋白质分解菌　这类细菌的作用是水解蛋白质形成氨基酸，进一步分解成为硫醇、氨和硫化氢，以梭菌占优势。非蛋白质的含氮化合物，如嘌呤、嘧啶等物质也能被其分解。

（4）脂肪分解菌　这类细菌的功能是将脂肪分解成简易脂肪酸，以弧菌占优势。

原生动物主要有鞭毛虫、纤毛虫和变形虫。真菌主要有毛霉(*Muoor*)、根霉(*Rhizopus*)、共头霉(*Syncephalastrurn*)、曲霉(*Aspergillus*)等。真菌参与厌氧消化过程，并从中获取生活所需能量。但丝状真菌不能分解糖类和纤维素。

参与厌氧消化第二阶段的微生物是一群极为重要的菌种——产氢产乙酸菌以及同型乙酸菌。国内外一些学者已从消化污泥中分离出产氢产乙酸菌的菌株，其中有专性厌氧菌和兼性厌氧菌。它们能够在厌氧条件下，将丙酮酸及其他脂肪酸转化为乙酸、CO_2，并产生H_2O。同型乙酸菌的种属有乙酸杆菌，它们能够将CO_2、H_2转化成乙酸，也能将甲酸、甲醇转化为乙酸。由于同型乙酸菌的存在，可促进乙酸形成甲烷的进程。

参与厌氧消化第三阶段的菌种是甲烷菌或称为产甲烷菌(*Methanogens*)，是甲烷发酵阶段的主要细菌，属于绝对的厌氧菌，主要代谢产物是甲烷。甲烷菌常见的有四类：

(1) 甲烷杆菌，杆状细胞，连成链状或长丝状，或呈短而直的杆状。

(2) 甲烷球菌，球形细胞呈正圆或椭圆形，排列成对或成链。

(3) 甲烷八叠球菌，它可繁殖成为有规则的、大小一致的细胞，堆积在一起。

(4) 甲烷螺旋菌，呈有规则的弯曲杆状和螺旋丝状。

据报道，迄至目前已得到确证的甲烷菌有 14 种 19 个菌株，分属于 3 个目 4 个科 7 个属。

三阶段消化的模式如图 13-6 所示。

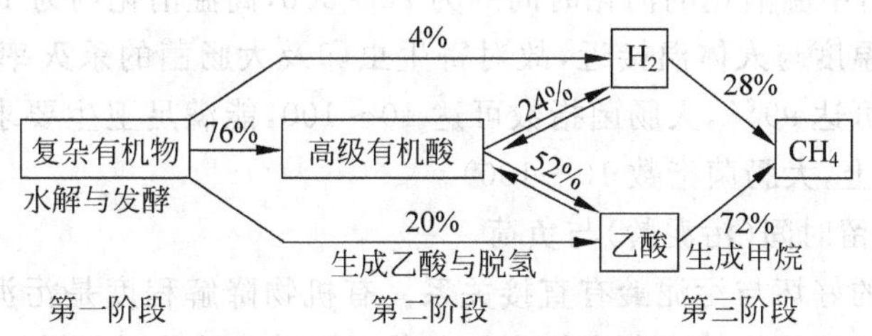

图 13-6　有机物厌氧消化模式图

产甲烷阶段产生的能量绝大部分都用于维持细菌生活，只有很少能量用于合成新细菌，故细胞的增殖很少。

2. 厌氧消化的影响因素

因甲烷发酵阶段是厌氧消化反应的控制因素，因此厌氧反应的各项影响因素也以对甲烷菌的影响因素为准。

1) 温度因素

甲烷菌对于温度的适应性，可分为两类，即中温甲烷菌(适应温度区为 30～36℃)和高温甲烷菌(适应温度区为 50～53℃)。在两区之间的温度，反应速率反而减退。可见消化反应与温度之间的关系是不连续的。温度与有机物负荷、产气量关系见图 13-7。

利用中温甲烷菌进行厌氧消化处理的过程称为中温消化，利用高温甲烷菌进行消化处理的过程称为高温消化。从图 13-7 可知，中温消化条件下挥发性有机物负荷为 0.6～1.5kg/(m^3·d)，产气量约 1～1.3m^3/(m^3·d)；而高温消化条件下，挥发性有机物负荷为 2.0～2.8kg/(m^3·d)，产气量约 3.0～4.0m^3/(m^3·d)。

中温或高温厌氧消化允许的温度变动范围为±1.5～2.0℃。当有±3℃的变化时，就会抑制消化速率；有±5℃的急剧变化时，就会突然停止产气，使有机酸大量积累而破坏厌氧消化。

消化时间是指产气量达到总量的90%所需时间。消化温度与消化时间的关系，如图13-8所示。

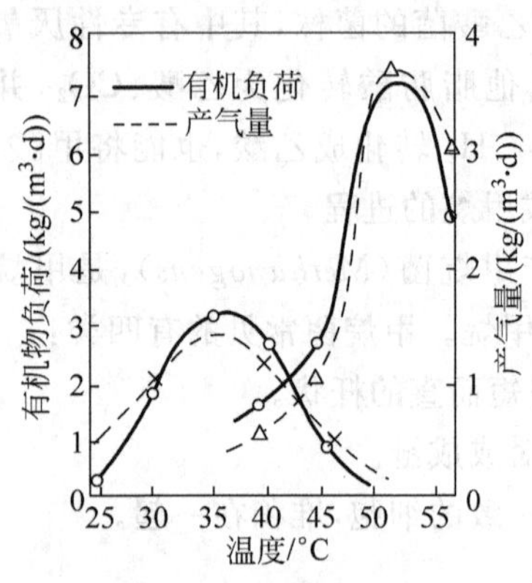

图13-7 温度与有机物负荷、产气量关系图

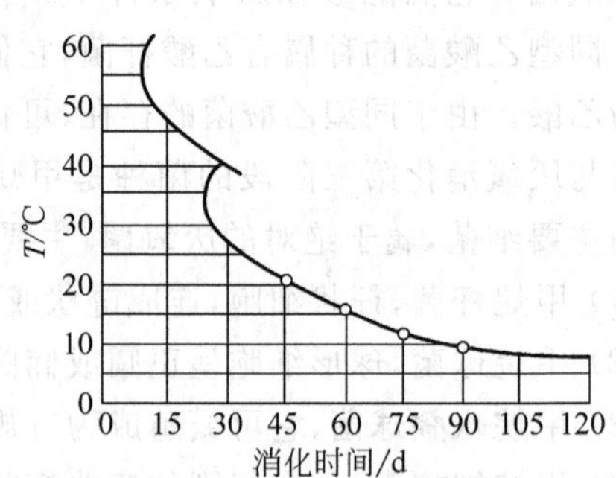

图13-8 温度与消化时间的关系

由图13-8可见，中温消化的消化时间约为20～30d，高温消化约为10～15d。

因中温消化的温度与人体温接近，故对寄生虫卵及大肠菌的杀灭率较低；高温消化对寄生虫卵的杀灭率可达99%，大肠菌指数可达10～100，能满足卫生要求(卫生要求对蛔虫卵的杀火率95%以上，大肠菌指数10～100)。

2) 生物固体停留时间(污泥龄)与负荷

厌氧消化效果的好坏与污泥龄有直接关系。有机物降解程度是污泥龄的函数，而不是进水有机物的函数。消化池的容积应按有机负荷污泥龄或消化时间设计。所以只要提高进泥的有机物浓度，就可以更充分地利用消化池的容积。由于甲烷菌的增殖较慢，对环境条件的变化十分敏感，因此，要获得稳定的处理效果就需要保持较长的污泥龄。

消化池的投配率是每日投加新鲜污泥体积占消化池有效容积的百分数。

投配率是消化池设计的重要参数。投配率过高，消化池内脂肪酸可能积累，pH下降，污泥消化不完全，产气率降低；投配率过低，污泥消化较完全，产气率较高，消化池容积大，基建费用增高。根据我国污水处理厂的运行经验，城市污水处理厂污泥中温消化的投配率以5%～8%为宜，相应的消化时间为$\frac{1}{5\%}\Rightarrow 20d \sim \frac{1}{8\%}\Rightarrow 12.5d$。

3) 搅拌和混合

厌氧消化是由细菌体的内酶和外酶与底物进行的接触反应。因此必须使两者充分混合。搅拌的方法一般有：泵加水射器搅拌法、消化气循环搅拌法和混合搅拌法等。

4) 营养与碳氮比

厌氧消化池中，细菌生长所需营养由污泥提供。合成细胞所需的碳(C)源担负着双重任务，其一是作为反应过程的能源，其二是合成新细胞。麦卡蒂(McCarty)等提出污泥细胞质(原生质)的分子式是$C_5H_7NO_3$，即合成细胞的碳氮比约为5∶10，因此要求碳氮比达到(10～20)∶1为宜。如碳氮比太高，细胞的氮量不足，消化液的缓冲能力低，pH值容易降低；碳氮比太低，氮量过多，pH 值可能上升，铵盐容易积累，会抑制消化进程。

可见，从碳氮比看，初次沉淀池污泥比较合适，混合污泥次之，而活性污泥不大适宜单独进行厌氧消化处理。

5）氮的守恒与转化

在厌氧消化池中，氮的平衡是非常重要的因素，尽管消化系统中的硝酸盐都将被还原成氮气存在于消化气中，但仍然存在于系统中。由于细胞的增殖很少，故只有很少的氮转化为细胞，大部分可生物降解的氮都转化为消化液中的 NH_3，因此消化液中氮的浓度都高于进入消化池的原污泥。

6）有毒物质

所谓"有毒"是相对的，事实上任何一种物质对甲烷消化都有两方面的作用，即有促进甲烷细菌生长的作用与抑制甲烷细菌生长的作用。关键在于它们的浓度界限，即毒阈浓度。低于毒阈浓度下限，对甲烷细菌生长有促进作用；在毒阈浓度范围内，有中等抑制作用，如果浓度是逐渐增加，则甲烷细菌可被驯化；超过毒阈浓度上限对甲烷细菌有强烈的抑制作用。

重金属离子对甲烷消化的抑制作用有两个方面：

(1) 与酶结合，产生变性物质，使酶的作用消失。

(2) 重金属离子及氢氧化物发生絮凝作用，使酶沉淀。

但重金属的毒性，可以用络合法降低，即用硫化物沉淀，如锌 Zn 的浓度为 1mg/L 时，具有毒性，但加 Na_2S 后，产生 ZnS 的沉淀，毒性可降低。

多种金属离子共存时，毒性有互相拮抗作用，允许浓度可提高。如 Na^+ 单独存在时的界限浓度为 7000mg/L，而与 K^+ 共存时，若 K^+ 的浓度为 3000mg/L，则 Na^+ 的界限浓度还可提高 80%，即达 12 600mg/L。

阴离子的毒害作用，主要是 S^{2-}。S^{2-} 的来源有两种：

(1) 由无机硫酸盐还原而来；

(2) 由蛋白质分解释放出 S^{2-}。

氨的存在形式有 NH_3(氨)与 NH_4^+(铵)，两者的平衡浓度决定于 pH 值。

7）酸碱度、pH 值和消化液的缓冲作用

水解与发酵菌及产氢产乙酸菌对 pH 的适应范围大致为 5～6.5，而甲烷菌对 pH 的适应范围为 6.6～7.5，即只允许在中性附近波动。在消化系统中，如果水解发酵阶段与产酸阶段的反应速率超过产甲烷阶段，则 pH 会降低，影响甲烷菌的生活环境。但是，在消化系统中，由于消化液的缓冲作用，在一定范围内可以避免发生这种情况。

3. 厌氧消化池池形、构造与设计

1）池形

消化池的基本池形有圆柱形和蛋形两种。圆柱形，池径一般为 6～35m，视污水厂规模而定，池总高与池径之比取 0.8～1.0，池底、池盖倾角一般取 15°～20°，池顶集气罩直径取 2～5m，高 1～3m。大型消化池可采用蛋形，容积可做到 10 000m^3 以上，蛋形消化池在工艺与结构方面有如下优点：①搅拌充分、均匀，无死角，污泥不会在池底固结；②池内污泥的表面面积小，即使生成浮渣，也容易清除；③在池容相等的条件下，池子总表面积比圆柱形

小，故散热面积小，易于保温；④蛋形的结构与受力条件最好，如采用钢筋混凝土结构，可节省材料；⑤防渗水性能好，聚集沼气效果好。

2）构造与设计

消化池的构造主要包括污泥的投配、排泥及溢流系统，沼气排出、收集与储气设备，搅拌设备及加温设备等。

(1) 投配、排泥与溢流系统

① 污泥投配：生污泥（包括初沉污泥、腐殖污泥及经浓缩的剩余活性污泥），需先排入消化池的污泥投配池，然后用污泥泵抽送至消化池。污泥投配池一般为矩形，至少设两个，池容根据生污泥量及投配方式确定，常用12h的储泥量设计。投配池应加盖，设排气管及溢流管。如果采用消化池外加热生污泥的方式，则投配池可兼作污泥加热池。

② 排泥：消化池的排泥管设在池底，依靠消化池内的静水压力将熟污泥排至污泥的后续处理装置。

③ 溢流装置：消化池的投配过量、排泥不及时或沼气产量与用气量不平衡等情况发生时，沼气室内的沼气受压缩，气压增加甚至可能压破池顶盖。因此消化池必须设置溢流装置，及时溢流，以保持沼气室压力恒定。溢流装置必须绝对避免集气罩与大气相通。溢流装置常用形式有倒虹管式、大气压式及水封式等。

溢流装置的管径一般不小于200mm。

(2) 沼气的收集与储存设备

由于产气量与用气量常常不平衡，所以必须设储气柜进行调节。沼气从集气罩通过沼气管输送到储气柜。沼气管的管径按日平均产气量计算，管内流速按7～15m/s计，当消化池采用沼气循环搅拌时，则计算管径时应加入搅拌循环所需沼气量。

储气柜有低压浮盖式与高压球形罐两种。储气柜的容积一般按平均日产气量的25%～40%，即6～10h的平均产气量计算。

低压浮盖式的浮盖质量决定于柜内气压，柜内气压一般为1177～1961Pa（120～200mmH_2O柱），最高可达3432～4904Pa（350～500mmH_2O）。气压的大小可用盖顶加减铸铁块的数量进行调节。浮盖的直径与高度比一般采用1.5：1，浮盖插入水封柜以免沼气外泄。

当需要长距离输送沼气时，可采用高压球形罐。

(3) 搅拌设备

搅拌的目的是使池内污泥温度与浓度均匀，防止污泥分层或形成浮渣层，缓冲池内碱度，从而提高污泥分解速率。当消化池内各处污泥浓度相差不超过10%时，被认为混合均匀。

消化池的搅拌方法有沼气搅拌、泵加水射器搅拌及联合搅拌三种可用连续搅拌；也可用间歇搅拌，在5～10h内将全池污泥搅拌一次。

① 泵加水射器搅拌

生污泥用污泥泵加压后，射入水射器，水射器顶端浸没在污泥面以下0.2～0.3m，泵压应大于0.2MPa，生污泥量与水射器吸入的污泥量之比为1：3～5。消化池池径大于10m时，可设2个或2个以上水射器。

根据需要，加压后的污泥也可从中位管压入消化池进行补充搅拌。

② 联合搅拌法

联合搅拌法的特点是把生污泥加温、沼气搅拌联合在一个装置内完成。经空气压缩机加压后的沼气以及经污泥泵加压后的生污泥分别从热交换器（兼作生、熟污泥与沼气的混合器）的下端射入，并把消化池内的熟污泥抽吸出来，共同在热交换器中加热混合，然后从消化池的上部污泥面下喷入，完成加温搅拌过程。

热交换器数量通过热量计算决定。如池径大于10m，可设2个或2个以上热交换器。

这种搅拌方法推荐使用。

③ 沼气搅拌

沼气搅拌的优点是搅拌比较充分，可促进厌氧分解，缩短消化时间。经空气机压缩后的沼气通过消化池顶盖上面的配气环管，通入每根立管，立管数量根据搅拌气量及立管内的气流速度决定。搅拌气量按每1000m^3池容5～7m^3/min计，气流速度按7～15m/s计。立管末端在同一平面上，距池底1～2m，或在池壁与池底连接面上。

其他搅拌方法如螺旋桨搅拌，现已不常用。

(4) 加温设备

消化池的加温目的在于：维持消化池的消化温度（中温或高温），使消化能有效地进行。加温的方法有两种，用热水或蒸汽直接通入消化池或通入设在消化池内的盘管进行间接加温。这种方法由于存在着一些缺点，如使污泥的含水率增加，局部污泥受热过高及在盘管外壁结壳等，故目前很少采用。池外间接加温，即把生污泥加温到足以达到消化温度、补偿消化池壳体及管道的热损失。这种方法的优点在于：可有效地杀灭生污泥中的寄生虫卵。

(5) 消化池的容积计算

为了防止检修时全部污泥停止厌氧消化，消化池数量应两座或两座以上。

4. 两级厌氧消化

两级消化是根据消化过程沼气产生的规律进行设计。目的是节省污泥加温与搅拌所需的能量。

图13-9所示为中温消化的消化时间与产气率的关系，可见，在消化的前8d，产生的沼气量约占全部产气量的80%，把消化池设计成两级，第一级消化池有加温、搅拌设备，并有集气罩收集沼气，然后把排出的污泥送入第二级消化池。第二级消化池没有加温与搅拌设备，依靠余热继续消化，消化温度为20～26℃，产气量约占20%，可收集或不收集，由于不搅拌，所以第二级消化池有浓缩的功能。

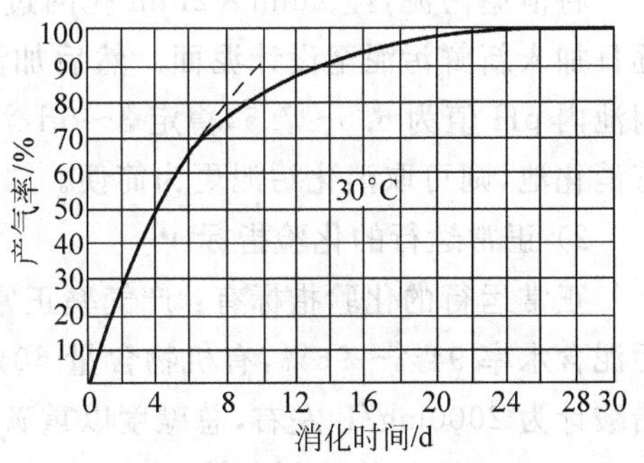

图13-9　消化时间与产气率关系

两级消化能节省加温所需的能量可作如下计算说明。若生污泥的温度为14℃，中温消化的温度及排出的熟污泥温度为33℃，则每排除1m^3熟污泥带走的热量为(33－14)×4186.8kJ/m^3＝79 549.42kJ/m^3；如用两级消化，第二级消化温度以平均值23℃计，则从第二级消化池每排除1m^3熟污泥带走的热量为(23－14)×4186.8＝37 681.2kJ/m^3。可见，采用两级消化，1m^3污泥可被利用的热量为79 549.2－

37 681.2=41 868kJ/m^3。

两级消化池的设计：先计算出总有效容积，然后按容积比为一级比二级等于1∶1，2∶1或3∶2，常用2∶1。

5. 两相厌氧消化

两相厌氧消化是根据消化机理进行设计。目的是使各相消化池具有更适合于消化过程三个阶段各自的菌群生长繁殖的环境。

前已述及，厌氧消化可分为三个阶段，即水解与发酵阶段、产氢产乙酸阶段及产甲烷阶段。各阶段的菌群、消化速率对环境的要求及消化产物等都不相同，造成运行管理方面的诸多不便。如采用两相消化法，即把第一、二阶段与第三阶段分别在两个消化池中进行，会使各自都有最佳环境条件。故两相消化具有池容积小，加温与搅拌能耗少，运行管理方便，消化更彻底的优点。

两相消化的设计：第一相消化池的容积采用投配率为100%，即停留时间为1d，第二相消化池容积采用投配率为15%～17%，即停留时间6～6.5d。第二相消化池有加温、搅拌设备及集气装置，产气量约为1.0～1.3m^3/m^3，每去除1kg有机物的产气量约为0.9～1.1m^3/kg。

6. 消化池的运行与管理

1）消化污泥的培养与驯化

新建的消化池，需要培养消化污泥。培养方法有以下两种。

（1）逐步培养法

将每天排放的初次沉淀污泥和浓缩后的活性污泥投入消化池，然后加热，使每小时温度升高1℃，当温度升到消化温度时，维持温度，然后逐日加入新鲜污泥，直至设计泥面，停止加泥，维持消化温度，使有机物水解、液化，需30～40d，待污泥成熟、产生沼气后，方可投入正常运行。

（2）一次培养法

将池塘污泥，经2mm×2mm孔网过滤后投入消化池，投加量占消化池容积1/10，以后逐日加入新鲜污泥至设计泥面。然后加温，控制升温速度为1℃/h，最后达到消化温度，控制池内pH值为6.5～7.5，稳定3～5d，污泥成熟，产生沼气后，再投加新鲜污泥。如当地已有消化池，则可取消化污泥更为简便。

2）正常运行的化验指标

正常运行的化验指标有：产气率正常，沼气成分（CO_2与CH_4所占百分比）正常，投配污泥含水率94%～96%，有机物含量60%～70%，有机物分解程度45%～55%，脂肪酸以醋酸计为2000mg/L左右，总碱度以重碳酸盐计大于2000mg/L，氨氮500～1000mg/L。

3）正常运行的控制参数

新鲜污泥投配率、消化温度需严格控制。

搅拌：污泥气循环搅拌可全日工作。采用水力提升器搅拌时，每日搅拌量应为消化池容积的2倍，间歇进行，如搅拌0.5h，间歇1.5～2h。

排泥：有上清液排除装置时，应先排上清液再排泥。否则应采用中、低位管混合排泥或搅拌均匀后排泥，以保持消化池内污泥浓度不低于30g/L，否则消化很难进行。

沼气气压：消化池正常工作所产生的沼气气压在1177～1961Pa之间，最高可达3432～

4904Pa,过高或过低都说明池组工作不正常或输气管网中有故障。

4) 消化池发生异常现象时的管理

消化池异常表现在产气量下降、上清液水质恶化等。

(1) 产气量下降

产气量下降的原因与解决办法主要有:

① 投加的污泥浓度过低,甲烷菌的底物不足,应设法提高投配污泥浓度。

② 消化污泥排量过大,使消化池内甲烷菌减少,破坏甲烷菌与营养的平衡。应减少排泥量。

③ 消化池温度降低,可能是由于投配的污泥过多或加热设备发生故障。解决办法是减少投配量与排泥量,检查加温设备,保持消化温度。

④ 消化池的容积减少

由于池内浮渣与沉砂量增多,使消化池容积减小,应检查池内搅拌效果及沉砂池的沉砂效果,并及时排除浮渣与沉砂。

⑤ 有机酸积累,碱度不足。解决办法是减少投配量,继续加热,观察池内碱度的变化,如不能改善,则应投加碱度,如石灰、$CaCO_3$ 等。

(2) 上清液水质恶化

上清液水质恶化表现在 BOD_5 和 SS 浓度增加,原因可能是排泥量不够,固体负荷过大,消化程度不够,搅拌过度等。解决办法是分析上列可能原因,分别加以解决。

(3) 沼气的气泡异常

沼气的气泡异常有三种表现形式:①连续喷出像啤酒开盖后出现的气泡,这是消化状态严重恶化的征兆。原因可能是排泥量过大,池内污泥量不足,或有机物负荷过高,或搅拌不充分。解决办法是减少或停止排泥,加强搅拌,减少污泥投配。②大量气泡剧烈喷出,但产气量正常,池内由于浮渣层过厚,沼气在层下集聚,一旦沼气穿过浮渣层,就有大量沼气喷出,对策是破碎浮渣层充分搅拌。③不起泡,可暂时减少或中止投配污泥。

13.3.2 污泥的好氧消化

污泥厌氧消化运行管理要求高,消化池需密闭,池容大,池数多。因此当污泥量不大时可采用好氧消化,即在不投加底物的条件下,对污泥进行较长时间的曝气,使污泥中微生物处于内源呼吸阶段进行自身氧化。因此微生物机体的可生物降解部分(约占 MLVSS 的 80%)可被氧化去除,消化程度高,剩余消化污泥量少。污泥好氧消化有如下主要优缺点:

优点:①污泥中可生物降解有机物的降解程度高;②上清液 BOD 浓度低;③消化污泥量少,无臭、稳定、易脱水,处置方便;④消化污泥的肥分高,易被植物吸收;⑤好氧消化池运行管理方便简单,构筑物基建费用低。缺点有:①运行能耗多,运行费用高;②不能回收沼气;③因好氧消化不加热,所以污泥有机物分解程度随温度波动大;④消化后的污泥进行重力浓缩时,上清液 SS 浓度高。

1. 好氧消化的机理

污泥好氧消化处于内源呼吸阶段,氧化 1kg 细胞质需氧 224/113≈2kg。

在好氧消化中,氨氮被氧化为 NO_3^-,pH 值将降低,故需要有足够的碱度来调节,以便使好氧消化池内的 pH 值维持在 7 左右。池内溶解氧不得低于 2mg/L,并应使污泥保持悬浮状态,因此必须要有充足的搅拌强度,污泥的含水率在95%左右,以便于搅拌。

2. 好氧消化池的构造

好氧消化池的构造与完全混合式活性污泥法曝气池相似,见图13-10,主要构造包括:好氧消化室,进行污泥消化;泥液分离室,使污泥沉淀回流并把上清液排除;消化污泥排除管;曝气系统,由压缩空气管、中心导流筒组成,提供氧气并起搅拌作用。

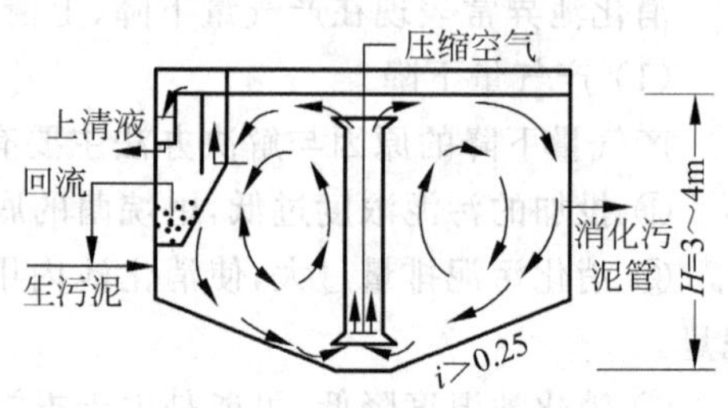

图13-10 好氧消化池工艺图

消化池底坡度 i 大于0.25,水深决定于鼓风机的风压,一般采用3～4m。

13.4 污泥脱水与干化

13.4.1 机械脱水前的预处理

1. 预处理目的

预处理的目的在于改善污泥脱水性能,提高机械脱水效果与机械脱水设备的生产能力。

初次沉淀污泥、活性污泥、腐殖污泥、消化污泥均由亲水性带负电荷的胶体颗粒组成,挥发性固体含量高,比阻值大,脱水困难。特别是活性污泥的有机分散物由平均粒径小于0.1μm的胶体颗粒,1.0～100μ之间的超胶体颗粒及由胶体颗粒聚集的大颗粒所组成,所以其比阻值最大,脱水更困难。消化污泥的脱水性能与消化的搅拌方法有关:若用水力提升或机械搅拌,污泥受机械剪切絮体被破坏,脱水性能恶化;若采用沼气搅拌脱水性能可改善。

一般认为污泥的比阻值在(0.4～0.4)×$10^9 S^2/g$之间时,进行机械脱水较为经济与适宜,但污泥的比阻值均大于此值,故机械脱水前,必须预处理。预处理的方法主要有化学调节法、热处理法、冷冻法及淘洗法等。

2. 化学调理法

化学调理法是在污泥中加入混凝剂、助凝剂等化学药剂,使污泥颗粒絮凝,比阻降低,改善脱水性能。

1) 混凝剂

污泥化学调理常用的混凝剂有无机混凝剂及其高分子聚合电解质、有机高分子聚合电解质和微生物混凝剂等三类。

(1) 无机混凝剂及其高分子聚合电解质

无机混凝剂是一种电解质化合物,主要是铝盐与铁盐及其高分子聚合物两种。

(2) 有机高分子聚合电解质

有机高分子聚合电解质按基团带电性质可分为四种:基团离解后带正电荷者称阳离子型,带负电荷者称阴离子型,不含可离解基团者为非离子型,既含阳电基团又含负电基团称为两性型。污水处理中常用阳离子型,阴离子型和非离子型三种。

(3) 微生物混凝剂

20世纪70年代开始研制微生物混凝剂，主要有三种：直接用微生物细胞为混凝剂；从微生物细胞提取出的混凝剂；微生物细胞的代谢产物作为混凝剂。由于微生物混凝剂具有无毒，无二次污染，可生物降解，混凝絮体密实，对环境和人类无害等优点而受到重视与推广应用。

直接用微生物细胞为混凝剂：已发现可直接作为混凝剂的微生物有细菌、霉菌和酵母等。

从微生物细胞提取的混凝剂：真菌、藻类含有葡聚糖、甘露聚糖、*N*-2 酰葡萄糖胺等在碱性条件下水解生成的带阳电荷的脱乙酰几丁质(壳聚糖)，含有活性氨基和羟基等具有混凝作用的基团。

微生物细胞的代谢产物作为混凝剂：微生物细胞代谢产物主要成分为多糖，具有混凝作用，如普鲁兰。

2) 助凝剂

助凝剂一般不起混凝作用。助凝剂的作用是调节污泥的pH值；供给污泥以多孔状格网的骨架；改变污泥颗粒结构破坏胶体的稳定性；提高混凝剂的混凝效果；增强絮体强度。

助凝剂主要有硅藻土、珠光体、酸性白土、锯屑、污泥焚烧灰、电厂粉尘、石灰及贝壳粉等。

助凝剂的使用方法有两种：一种方法是直接加入污泥中，投加量一般为10～100mg/L；另一种方法是配制成1%～6%浓度的糊状物，预先粉刷在转鼓真空过滤机的过滤介质上成为预覆助凝层。

3. 热处理法

污泥经热处理可使有机物分解，破坏胶体颗粒稳定性，污泥内部水与吸附水被释放，比阻可降至 $1.0\times10^{8}S^{2}/g$，脱水性能大大改善，寄生虫卵、致病菌与病毒等可被杀灭。因此污泥热处理兼有污泥稳定、消毒和除臭等功能。热处理后污泥进行重力浓缩，可使含水率从97%～99%以上浓缩至80%～90%，如直接进行机械脱水，泥饼含水率可达30%～45%。

热处理法适用于初沉污泥、消化污泥、活性污泥、腐殖污泥及它们的混合污泥。可分为高温加压热处理法与低温加压热处理法两种。

1) 高温加压热处理法

控制条件：温度170～200℃，压力1.0～1.5MPa，反应时间1～2h。高温加热处理流程见图13-11。

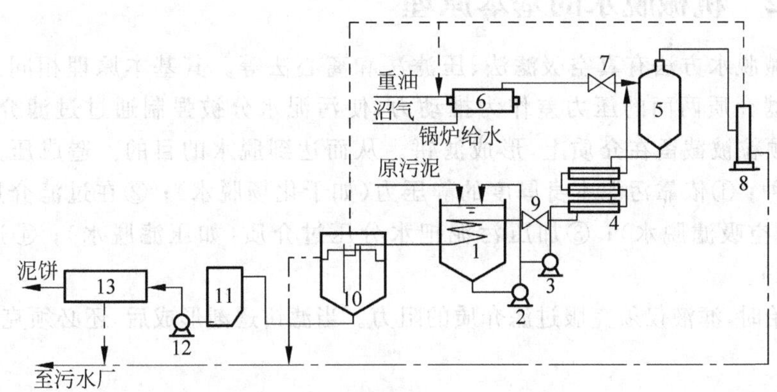

图13-11　高温加热处理流程

污泥流向为：原污泥→原污泥池1→破碎机2(破碎至6mm以下,以免堵塞热交换器,破碎后的原污泥约80%回流至池1,防止池内沉淀)→加压泵3(压力1.5～1.8MPa)→热交器4(使泥温上升至约160℃)→反应釜5(釜内温度约170～200℃,压力1.0～1.5MPa,反应时间2h)→反应釜排出的热处理后污泥(泥温约170～200℃)→热交换器4(泥温降至约65℃)→排热污泥自动阀9→原污泥池1(预热原污泥后泥温再降至约25℃)→浓缩池10(浓缩至含水率约80%～90%)→污泥储池11→污泥泵12→脱水机械13→泥饼利用(含水率约为30%～45%)。

加温热源为锅炉6,燃料可用沼气或重油。锅炉蒸汽经蒸汽调节阀7把加温后的原污泥吹入反应釜5。反应釜水蒸气经气水分离器8,臭气送至锅炉燃烧脱臭。

汽水分离器8、浓缩池10、脱水机械13分离出的上清液回流至污水处理厂处理。

高温加压法采用全自动连续运行,各种参数(污泥量、压力、温度、含水率、时间等)自动记录。反应釜内液面用γ射线液面计及电极液面计两段控制。运行不正常时可发出警报或停止运行。锅炉、反应釜、热交换器、汽水分离器等每年检修一次,时间为10～15d。

2) 低温加压热处理法

控制条件：温度低于150℃(可在60～80℃时运行),压力为1.0～1.5MPa,反应时间1～2h。由于高温加压法能耗较多,反应温度在175℃以上,热交换器与反应釜容易结垢影响热处理效率,故可采用低温加压法,锅炉容量可减少约30%～40%。处理流程与设备与图13-11所示基本相同。

热处理法的主要缺点是能耗较多,运行费较高,分离液的BOD_5、COD较高(分别为4000～5000mg/L、2000～3000mg/L),设备易受腐蚀。

4. 淘洗法

淘洗法适用于消化污泥的预处理。因消化污泥的碱度超过2000mg/L,在进行化学调节时所加的混凝剂需先中和掉碱度,才能起混凝作用,因此混凝剂的用量大大增加。淘洗法是以污水处理广的出水或自来水、河水把消化污泥中的碱度洗掉以便节省混凝剂用量,但需增设淘洗池及搅拌设备。一减一增大体可抵消,加上目前高效混凝剂的不断开发,淘洗法已被淘汰。

13.4.2 机械脱水的基本原理

污泥机械脱水方法有真空吸滤法、压滤法和离心法等。其基本原理相同。污泥机械脱水是以过滤介质两面的压力差作为推动力,使污泥水分被强制通过过滤介质,形成滤液；而固体颗粒被截留在介质上,形成滤饼。从而达到脱水的目的。造成压力差推动力的方法有四种：①依靠污泥本身厚度的静压力(如干化场脱水)；②在过滤介质的一面造成负压(如真空吸滤脱水)；③加压污泥把水分压过介质(如压滤脱水)；④造成离心力(如离心脱水)。

过滤开始时,滤液仅须克服过滤介质的阻力。当滤饼逐渐形成后,还必须克服滤饼本身的阻力。

13.4.3　压滤脱水

1. 压滤脱水机构造与脱水过程

压滤脱水采用板框压滤机。它的构造较简单，过滤推动力大，适用于各种污泥。但不能连续运行。板框压滤机基本构造见图 13-12。板与框相间排列而成，在滤板的两侧覆有滤布，用压紧装置把板与框压紧，即在板与框之间构成压滤室，在板与框的上端中间相同部位开有小孔，压紧后成为一条通道，加压到 0.2～0.4MPa（2～4kg/cm²）的污泥，由该通道进入压滤室，滤板的表面刻有沟槽，下端钻有供滤液排出的孔道，滤液在压力下，通过滤布沿沟槽与孔道排出滤机，使污泥脱水。

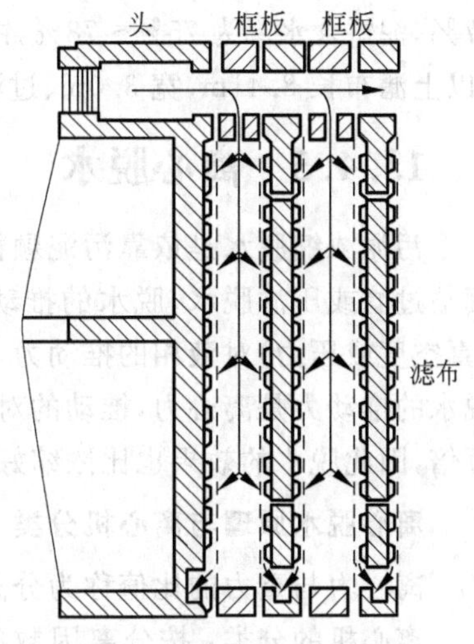

图 13-12　板框压滤机基本构造

2. 压滤机的类型

压滤机可分为人工板框压滤机和自动板框压滤机两种。

人工板框压滤机，需一块一块地卸下，剥离泥饼并清洗滤布后，再逐块装上，劳动强度大，效率低。自动板框压滤机，上述过程都是自动的，效率较高，劳动强度低。

13.4.4　滚压脱水

用于污泥滚压脱水的设备是带式压滤机。其主要特点是把压力施加在滤布上，用滤布的压力和张力使污泥脱水，而不需要真空或加压设备，动力消耗少，可以连续生产。这种脱水方法，目前应用广泛。带式压滤机基本构造见图 13-13。带式压滤机由滚压轴及滤布带组成。污泥先经过浓缩段（主要依靠重力过滤），使污泥失去流动性，以免在压榨段被挤出滤饼，浓缩段的停留时间 10～20s。然后进入压榨段，压榨时间 1～5min。20 世纪 90 年代以来，开发出浓缩脱水一体机，可把含水率大于 99%的污泥，降至 80%以下。

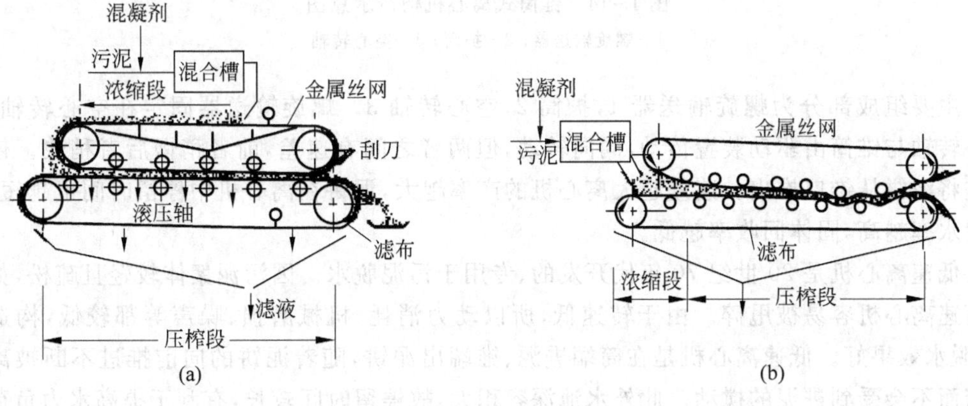

图 13-13　带式压滤机

滚压的方式有两种，一种是滚压轴上下相对，压榨的时间几乎是瞬时，但压力大；另一种是滚压轴上下错开，依靠滚压轴施于滤布的张力压榨污泥，压榨的压力受张力限制，压力较小，压榨时间较长，但在滚压的过程中对污泥有一种剪切力的作用，可促进泥饼的脱水。

我国研制的DY-3型带式压滤机的主要技术参数为：对消化污泥进行脱水，聚丙烯酰胺投加量为0.19%～0.23%，上滤布张力0.4MPa，下滤布张力0.1MPa，进泥含水率96%～97%，泥饼含水率为75%～78%，饼厚为7～8mm，过滤机产率为24.6～29.4kg(干)/(m^2·h)（以上滤布长8.41m、宽3.0m、过滤面积为25.23m^2计），成饼率为60%～70%。

13.4.5 离心脱水

污泥浓缩脱水是依靠污泥颗粒的重力作为脱水的推动力。推动的对象是污泥的固相。真空过滤或压滤脱水，脱水的推动力是外加的真空度或压力，推动的对象是液相。外加力（真空度或压力）对液相的推动力，远较重力对固相的推动力大，因此脱水的效果也好；离心脱水的推动力是离心力，推动的对象是固相，离心力的大小可控制，比重力大几百倍甚至几万倍，因此脱水的效果也比浓缩好。

离心脱水原理与离心机分类

离心力与重力的比值称为分离因数，用α表示。

离心机的分类：按分离因数的大小，可分为高速离心机（$\alpha>3000$）、中速离心机（$\alpha=1500\sim3000$）、低速离心机（$\alpha=1000\sim1500$）；按几何形状不同可分为转筒式离心机（包括圆锥形、圆筒形、锥筒形三种）、盘式离心机、板式离心机等。

污泥脱水常用的是低速锥筒式离心机，如图13-14所示。

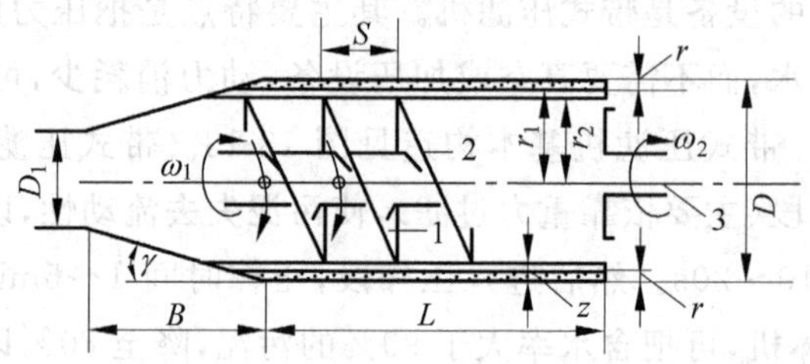

图13-14 锥筒式离心机构造示意图

1—螺旋输送器；2—护筒；3—空心转轴

主要组成部分为螺旋输送器1，护筒2，空心转轴3。螺旋输送器固定在空心转轴上。空心转轴与锥筒由驱动装置传动，同向转动，但两者之间有速差，前者稍慢后者稍快。依靠速差将泥饼从锥口推出。速差越大离心机的产率越大，泥饼在离心机中停留时间也越短，泥饼含水率越高，固体回收率越低。

低速离心机是20世纪70年代开发的、专用于污泥脱水。因污泥絮体较轻且疏松，如采用高速离心机容易被甩碎。由于转速低，所以动力消耗、机械磨损、噪声等都较低，构造简单，脱水效果好。低速离心机是在筒端进泥、锥端出泥饼，随着泥饼的向前推进不断被离心压密而不会受到进泥的搅动。此外水池深容积大，故停留时间较长，有利于提高水力负荷与固体负荷，节省混凝剂用量。

13.4.6　污泥干化

污泥经浓缩、消化后，尚有约95%～97%含水率，体积仍很大。为了综合利用和最终处置，需对污泥作干化和脱水处理。两者对脱除污泥的水分具有同等的效果。

污泥的干化与脱水方法，主要有自然干化、机械脱水等。

1. 污泥自然干化场的分类与构造

污泥自然干化的主要构筑物是干化场。

干化场可分为自然滤层干化场与人工滤层干化场两种。前者适用于自然土质渗透性能好、地下水位低的地区。人工滤层干化场的滤层是人工铺设的，又可分为敞开式干化场和有盖式干化场两种。

人工滤层干化场由不透水底层、排水系统、滤水层、输泥管、隔墙及围堤等部分组成。有盖式的，设有可移开(晴天)或盖上(雨天)的顶盖，顶盖一般用弓形覆有塑料薄膜制成，移、置方便。

近来在干燥、蒸发量大的地区，采用由沥青或混凝土铺成的不透水层而无滤水层的干化场，依靠蒸发脱水。这种干化场的优点是泥饼容易铲除。

2. 干化场的脱水特点及影响因素

干化场脱水主要依靠渗透、蒸发与撇除。渗透过程约在污泥排入干化场最初的2～3d内完成，可使污泥含水率降低至85%左右。此后水分不能再被渗透，只能依靠蒸发脱水，约经1周或数周(决定于当地气候条件)后，含水率可降低至75%左右。研究表明，水分从污泥中蒸发的数量约等于从清水中直接蒸发量的75%，而降雨量的57%左右要被污泥所吸收，因此在干化场的蒸发量中必须考虑所吸收的降雨量，但有盖式干化场可不考虑。我国幅员广大，上述各数值应视各地天气条件加以调整或通过试验决定。

影响干化场脱水的因素：

(1) 气候条件　当地的降雨量、蒸发量、相对湿度、风速和年冰冻期。

(2) 污泥性质　消化污泥在消化池中承受着高于大气压的压力，污泥中含有很多沼气泡，一旦排到干化场后，压力降低，气体迅速释出，可把污泥颗粒挟带到污泥层的表面，使水的渗透阻力减小，提高了渗透脱水性能；而初次沉淀污泥或经浓缩后的活性污泥，由于比阻(表征脱水性能的指标)较大，水分不易从稠密的污泥层中渗透出去，往往会形成沉淀，需分离出上清液，故这类污泥主要依靠蒸发脱水，可在围堤或围墙的一定高度上开设撇水窗，撇除上清液，加速脱水过程。

13.5　污泥的消毒

在污水处理的过程中，大量病原菌、病虫卵及病毒都转移至污泥。在污泥处理时，可能直接或间接接触人体造成感染，故需对污泥进行经常性或季节性的消毒。

各种传染病菌、病虫卵与病毒对温度都较敏感，绝大多数都能在约60℃、60min内死亡。但由于受到污泥的包裹，致死温度与时间要略高于实验值。因此污泥处理工艺，很多具有消毒功能，如高温消化病虫卵的杀灭率达95%～100%，伤寒与痢疾杆菌杀灭率为100%，大肠菌指数可达 900 以上。消化前的污泥加温、机械脱水前的热处理、污泥干燥与焚烧、湿式氧化、堆肥等杀灭率均可达 100%。

专用的污泥消毒方法有巴氏消毒法、石灰稳定法、加氯消毒法与辐射消毒法等。

13.5.1 巴氏消毒法(低热消毒法)

巴氏消毒法有两种方式：①直接加温消毒法，即以蒸汽直接通入污泥，使泥温达到 70℃，持续 30～60min。所需蒸汽量根据污泥温度计算确定。该法的优点是热效率高，但污泥的含水量将增加，污泥体积将增加 7%～20%。②间接加温法，即用热交换器，使泥温达到 70℃，该法的优点是污泥的体积不会增加，但如果污泥硬度较高，热交换器容易产生结垢。

巴氏消毒法操作比较简单，效果好，但成本较高，热源可用污泥气，消毒后的污泥余热可回收用于预热待消毒的污泥以降低耗热量。该法常与耕作制度相配合，季节性地使用。如在作物播种期、生长期需用污泥作为肥料时采用，而在作物收获后及冬灌季节，以污泥作为底肥时不必采用。

13.5.2 石灰稳定法

投加消石灰调节污泥的 pH 值，使 pH 值达到 11.5，持续 2h 可杀灭传染病菌，并可防腐与抑制气味的产生。此法消毒后的污泥，因 pH 值太高不能灌溉农田，可用作填地或制造建材。

13.5.3 加氯消毒法

污泥加氯可起消毒作用，成本低，操作简单。但加氯后，会与污泥中的 H^+ 产生 HCl，使 pH 值急剧降低并可能产生氯胺。HCl 会溶解污泥中的重金属使污泥水的重金属含量增加。因此加氯消毒法的采用应非常慎重。

13.6 污泥资源化技术

最终处置与利用的主要方法是：作为农肥利用、建筑材料利用、填地与填海造地利用以及排海。污泥的最终处置与利用，与污泥处理工艺流程的选择有密切关系，故而要全面考虑。

13.6.1 农肥利用与土地处理

1. 污泥的农肥利用

我国城市污水处理厂污泥含有的氮、磷、钾等非常丰富，可作为农业肥料，污泥中含有的有机物又可作为土壤改良剂。

污泥作为肥料施用时必须符合：①满足卫生学要求，即不得含有病菌、寄生虫卵与病毒，在施用前应对污泥作消毒处理或季节性施用，在传染病流行时停止施用；②因重金属离子，如 Cd、Hg、Pb、Zn 与 Mn 等最易被植物摄取并在根、茎、叶与果实内积累，故污泥所含重金属离子浓度必须符合我国农林部制定的《农用污泥标准》(GB 4284—84)；③总氮含量不能太高，氮是作物的主要肥分，但浓度太高会使作物的枝叶疯长而倒伏减产。

污泥作为肥料利用的控制指标是每年每公顷农田施用污泥干重一般为 2～70t/(a・hm^2)，常用 15t/(a・hm^2)。灌溉水果与蔬菜为：Cd<25mg/kg(干)，聚氯联苯(PCB)<10mg/kg(干)，Pb<1000mg/kg(干)。

污泥灌溉林场可促进树木生长。由于林场的土壤含有高浓度腐殖质(树叶腐烂所致)，可抑制重金属离子的迁移，故林场可以常年施用，施用的主要控制因素是防止地面径流所含硝酸盐对地面水的污染，所以施泥量以树木的需氮量控制，一般 3～5 年施用 10～220t(干)/hm^2，常用 40t(干)/hm^2。施用时，可把林场划分为若干区，每 3～5 年灌溉一个区，轮流施用。

施肥于草地时，控制因素为：Cd<5kg(干)/(a・hm^2)，As<10kg(干)/(a・hm^2)，Cr<1000kg(干)/(a・hm^2)，Cu<560kg(干)/(a・hm^2)(当土壤的 pH>7 时)，Cu<280kg(干)/(a・hm^2)(当土壤的 pH<7 时)，Hg<2kg(干)/(a・hm^2)，Pb<1000kg(干) /(a・hm^2)。

2. 土地处理

土地处理有两种方式：改造土壤；专用的污泥处理场。

用污泥改造不毛之地为可耕地，如用污泥投放于废露天矿场、尾矿场、采石场、粉煤灰堆场、戈壁滩与沙漠等地。污泥的投放量每次为 7～450t(干)/hm^2，根据场地的坡度、地下水位、气候条件及环境决定。连续投放数年。投放期间，应经常测定地下水和地面水的硝酸盐含量作为投放量的控制指标。

专用的污泥处理场，污泥的施用量可达农田施用量的 20 倍以上，一般为 220～900t(干)/(a・hm^2)。专用场应设截流地面径流沟及渗透水收集管，以免污染地面水与地下水。截流的地面径流与渗透水应进行适当处理，专用场地严禁种植作物。污泥投放量达到额定值后，可作为公园、绿地使用。

13.6.2　污泥堆肥

污泥堆肥是农业利用的有效途径。堆肥方法有污泥单独堆肥、污泥与城市垃圾混合堆肥两种。

1. 基本原理

污泥堆肥一般采用好氧条件下，利用嗜温菌、嗜热菌的作用，分解污泥中有机物质并杀灭传染病菌、寄生虫卵与病毒，提高污泥肥分。

污泥堆肥一般应添加膨胀剂。膨胀剂可用堆熟的污泥、稻草、木屑或城市垃圾等。膨胀剂的作用是增加污泥肥堆的孔隙率，改善通风以及调节污泥含水率与碳氮比。

堆肥可分为两个阶段，即一级堆肥阶段与二级堆肥阶段。

一级堆肥可分为三个过程：发热、高温消毒及腐熟。堆肥初期为发热过程：在强制通风条件下，肥堆中有机物开始分解，嗜温菌迅速成长，肥堆温度上升至约 45～55℃；高温消毒过程：有机物分解所释放的能量，一部分用于合成新细胞，一部分使肥堆的温度继续上升可达 55～70℃，此时嗜温菌受到抑制，嗜热菌繁殖，病原菌、寄生虫卵与病毒被杀灭，由于大部分有机物已被氧化分解，需氧量逐渐减少，温度开始回落；腐熟过程：温度降至 40℃左右，堆肥基本完成。一级堆肥阶段约耗时 7～9d，在堆肥仓内完成。

二级堆肥阶段：一级堆肥完成后，停止强制通风，采用自然堆放方式，使进一步熟化、干燥、成粒。堆肥成熟的标志是物料呈黑褐色，无臭味，手感松散，颗粒均匀，蚊蝇不繁殖，病原菌、寄生虫卵、病毒以及植物种子均被杀灭，氮、磷、钾等肥效增加且易被作物吸收，符合我国卫生部颁布的《高温堆肥的卫生评价标准》(GB 7959—87)。

2. 污泥单独堆肥

污泥干化后，含水率约70%～80%，加入膨胀剂，调节含水率至40%～60%，碳氮比为(20～35)∶1，碳磷比为(75～150)∶1，颗粒粒度约2～60mm。

堆肥过程产生的渗透液 BOD_5＞10 000mg/L，COD＞20 000mg/L，总氮＞2000mg/L，液量约占肥堆质量的2%～4%，需就地或送至污水处理厂处理。

3. 污泥与城市垃圾混合堆肥

我国城市生活垃圾中有机成分约占40%～60%，在燃煤气或电的城区取高限，在燃煤城区取低限。因此污泥可与城市生活垃圾混合堆肥，使污泥与垃圾资源化。

城市生活垃圾先经分离去除塑料、金属、玻璃与纤维等不可堆肥成分，经粉碎后与脱水污泥混合进行一级堆肥、二级堆肥、制成肥料。一级堆肥在堆肥仓内完成，二级堆肥采用自然堆放。城市生活垃圾起膨胀剂的作用。

4. 堆肥仓形式与设计

堆肥仓或称发酵仓，有倾斜式、筒式等。

堆肥仓的容积决定于污泥量、污泥与城市生活垃圾(或膨胀剂)的配比、停留时间等。污泥与膨胀剂从顶部投入，强制通风管铺设于仓底部，污泥由缓慢转动的桨片搅拌并使下滑，总停留时间7～9d。一级堆肥完成的污泥用皮带输送器送至室内作二级堆肥。

一级堆肥所需空气量计算：

$$K = 0.1 \times 10^{0.0028T} \tag{13-26}$$

式中 K——耗氧速率，单位时间单位质量有机物消耗氧量，$mgO_2/(g \cdot h)$；

T——发酵温度，℃，一般为55～70℃，计算时可按平均温度60℃计。

实际需空气量按计算值的1.2倍选择鼓风机。

13.6.3 其他方式

污泥可用于制造建筑材料，如生化纤维板、灰渣水泥与灰渣混凝土、泥砖与地砖等。污泥经干化、干燥后，可以用煤裂解的工艺方法，将污泥裂解制成可燃气、焦油、苯酚、丙酮、甲醇等化工原料。不符合利用条件的污泥，或当地需要时，可利用干化污泥填地、填海造地。沿海地区，可考虑把生污泥、消化污泥、脱水泥饼或焚烧灰投海。污泥投海，在国外有成功的经验也有造成严重污染的教训。

13.7 污泥减量技术

活性污泥工艺的目的是在最大限度降低BOD的同时，减少污泥的产量。常规活性污泥工艺除了氮和磷不易达到排放标准外，另一个主要的弱点是污泥产量大。在污水的生物处理过程中产生大量的生物污泥，需要经分离、稳定、消化、脱水及处置等步骤。这需要大量的基建投资和高昂的运行费用；从处理到最终处置，污泥的运行费用约为污水处理厂总运行费用的40%（烘干）至65%（焚烧）左右。污泥的最终处置常采用填埋、填海或用于农业。但随着可用土地的减少，和考虑到人体的健康，在污泥用于农业之前必须进行进一步处理等，污泥的最终处置越来越困难，这使人们对于能减少污泥产量的生物处理工艺更加感兴趣。

任何一种污泥减量技术都应在减少污泥产量的同时，不影响工艺的效率或效能。目前一些研究重点都是针对活性污泥的增生污泥的减量。而活性污泥工艺是发展得比较完善的工艺，其进一步的改进应满足如下要求：经济可行，便于操作管理，有远期效益。目前开发的污泥减量技术如下。

1. 对细菌的捕食

污水为多种多样的微生物提供了理想的生存和增殖介质，因为没有任何一种单一的微生物能够利用污水中存在的全部众多的化合物作为底物，因此最好能建立起由多种多样的微生物组成的复杂的生态系统，其中有多条较长的食物链，如细菌→原生动物→后生动物。其中原生动物，如纤毛虫（Ciliate）和后生动物，如轮虫（Rotifers）、寡毛类、环节动物（Oligochaete）及线虫（Nematode）在食物链的最高端，起捕食者的作用，它们捕食细菌，将污泥转化为能量、水和二氧化碳，从而使污泥量减少。

摄食族的原生动物和后生动物，尤其是寡毛蠕虫是众所周知的能减少污泥产量的种群。寡毛蠕虫位于食物链的最顶端，在滴滤池中数目众多，在活性污泥处理厂中的污泥中种群不是很多，并且随着不同的环境，菌群也不同，这种物理生态环境对于维持寡毛蠕虫的种群是十分重要的。为了维持浮游蠕虫在活性污泥法处理厂中的种群数，蠕虫的世代时间必须小于水力停留时间，否则将随水流出；对于固着蠕虫，在有填料和其他附着介质存在的情况下，上述条件并不十分重要。通过对常规活性污泥工艺中投加后生动物和不投加后生动物及加设填料载体和不加设填料载体的对比研究，利用混合液悬浮固体（MLSS）浓度计算，在蠕虫存在下，污泥的产量是0.15gMLSS/gCOD，而在正常运行条件下污泥的产量是0.40gMLSS/gCOD。

在好氧工艺中，原生动物与后生动物是以捕食分散的细菌维持生命的，促进了絮状或膜状形成菌的生长，而常规工艺中形成的微生物的大部分不能被捕食者消耗。为了克服捕食者的选择性，促进分散微生物的生长，1996年在瑞典由Lee和Welander等人，进行了二段式系统处理人工合成废水的研究。这个系统的第一段是完全混合式的反应器，没有生物量的停留，较短的污泥停留时间能防止捕食者的生长和促进生长迅速的分散性微生物的生长。第二段是生物膜过程，以确保较长的污泥龄和适于捕食者生长的条件。在此条件下，该系统的污泥产量仅为0.05～0.17gTSS/gCOD，是常规工艺污泥量的30%～50%。采用该技术的番禺祁福新村污水处理厂（日处理量8000m^3/d），自1998年5月份投产后一年多没有剩余污泥产生，实现了污泥的零排放。

2. 微生物强化

污水处理是利用天然的微生物种群将有机物氧化为可利用的食物要素。例如，1000g营养物的系统中，其中600g用来合成微生物，400g被氧化成二氧化碳和水。这表明在细菌生长阶段能减少40%的污泥，如果一个污水处理系统中的活性污泥能运行无限长时间，将没有污泥产生，这实际上是不可能的。

微生物强化基于天然系统的微生物并非全都是最有效的微生物。为了提高处理厂的效率，或者将特别选择的微生物菌株，或者用基因改进的菌株投放到污水处理厂中，这种选择投放的菌株应能保持并强化天然存在菌株的活性，从而优化和控制微生物种群的平衡。

微生物优先利用水中的溶解性有机物，然后才降解难溶的有机物，在降解难溶的有机物时，微生物分泌细胞外酶分解难溶的有机物。通过选择性投加外部细菌进入系统，增加了系统中细菌的浓度和代谢活性。这就要求投加的菌种不仅能提供现有的菌群，促进其生长，而且能抑制少量的不利生物的生长，从而增加单元的处理效率。

外投微生物可以适应不同范围的污水，从污水和原生微生物种群的知识知道，只有最适宜的微生物投入到系统中，才能存活。例如，脂肪不能为微生物利用，但投加能产生脂肪酶的微生物，脂肪能迅速分解，并形成微生物的组织元素。

3. 代谢终止

活性污泥处理污水过程中，细菌对有机物进行代谢降解，在形成二氧化碳和水的同时，也完成了细胞的生长和复制。这一过程是由复杂的代谢途径控制的，它包括分解代谢(分解生物)和合成代谢(释放能量供给新细胞生长)。代谢终止就是在分解代谢完成后，合成代谢开始前终止这一过程，从而阻断了新细胞的形成。

4. 投加酶

酶的作用是促进污水中的大分子化合物分解变成小分子化合物，释放出结合氧，这些简单的化合物容易被多种微生物利用。这有利于细菌的多样性，并能提高细菌的活性和繁殖能力，而且有利于形成大量的高等生物，能促进高等光合作用生物体的大量增殖，由此又为污水提供了大量的溶解氧。在美国已有许多生物处理系统应用了投加酶的方法，以此来控制臭味、过程的效率和污泥减量。

酶也可以投加在污水处理厂的进水管中，使污水中厌氧种群变为好氧种群，产生二氧化碳，而不是硫化氢。这有助于改善一沉池的性能，同时由于光合生物和好氧生物的生长也改变了系统的生态。

5. 超声波

超声波用于水工业较早。低强度的超声波通常用于测量流量，而将超声波用于污泥减量是一个全新的领域。超声波通过交替的压缩和扩张作用产生空穴作用，在溶液中这个作用以微气泡的形成、生长和破裂来体现，以此压碎细胞壁，释放出细胞内所含的成分和细胞质，以便进一步降解。超声波细胞处理器能加快细胞溶解，用于污泥回流系统时，可强化细胞的可降解性，减少了污泥的产量；用于污泥脱水设备时，有利于污泥脱水和污泥减量。

6. 生物细胞溶解系统

生物细胞溶解系统类似于超声波技术，将机械压力应用于污泥的回流系统，压破细胞壁，释放出细胞内所含的物质。通常这种破碎作用可减少颗粒污泥的大小，增加生物的比表面积，有利于进一步分解。将这种方法应用于活性污泥的内源呼吸段，能减少剩余污泥的产量。应用这种方法的二沉池能减少50%的污泥，并能减少丝状菌的种群，极大地改善了污泥的沉淀性能和污泥的脱水性能。

7. 臭氧减少剩余污泥量

在日本的Shima污水处理厂应用臭氧技术运行了9个月而没有剩余污泥产生。这一运行效果是由于臭氧对部分回流污泥进行臭氧化所致，由此提高其生化降解性并在曝气池中强化生物氧化降解。

该厂处理污水量为450m^3/d。试验证明，污泥减少量与臭氧投加剂量和被处理的污泥量成比例。在该厂的试验证明，为完全消除剩余活性污泥所需的臭氧剂量为0.034kg/kgSS，而需要处理的回流污泥量为常规污水处理厂剩余污泥量的4倍。

思考题

13-1　污泥是怎样分类的？
13-2　污泥调理的机理是什么？主要有哪些调理方法？
13-3　污泥浓缩的方法有哪些？简要说明各自的优缺点。
13-4　污泥的机械脱水有哪些方法？试分析它们的异同点。
13-5　污泥的最终处置有哪些方法？
13-6　污泥减量化有哪些方法？
13-7　污泥干燥和焚烧常用的设备有哪些？在设备选型时主要考虑哪些因素？

第14章

CHAPTER 14

膜生物反应器

14.1 膜生物反应器及其分类

近年来，膜技术逐渐渗透到废水处理的各个领域，除了单独用于污水处理外，更多的是与其他工艺结合解决传统方法难以解决的问题。特别是对高 COD、高 SS、难降解有机工业废水的处理，在传统的生物方法中引进膜分离技术显得格外迫切。

14.1.1 膜生物反应器

膜生物反应器(membrane bioreactor，MBR)为膜分离技术与生物处理技术有机结合的新型态废水处理系统。它是一种由膜分离单元与生物处理单元相结合的新型水处理技术，以膜组件取代二沉池在生物反应器中保持高活性污泥浓度减少污水处理设施占地，并通过保持低污泥负荷减少污泥量。主要利用沉浸于好氧生物池内的膜分离设备截留槽内的活性污泥与大分子固体物。因此，系统内活性污泥浓度(MLSS)可提升至 10 000mg/L，污泥龄(SRT)可延长至 30d 以上，高浓度系统可降低生物反应池体积，而难降解的物质在处理池中也可不断反应而降解。故在膜制造技术不断提升的支援下，MBR 处理技术将更加成熟并吸引着全世界环境保护工业的目光，并成为 21 世纪污水处理与水资源回收再利用的重要选择。

14.1.2 膜生物反应器的分类

根据膜组件在膜生物反应器中所起作用的不同，大致可将 MBR 分为分离膜生物反应器、萃取膜生物反应器和无泡曝气膜生物反应器三种。

1. 分离膜生物反应器

在传统的活性污泥工艺中，泥水分离是在二沉池中通过重力沉降完成的，其分离效率依赖于活性污泥的沉降特性。污泥沉降性越好，泥水分离的效率越高。而污泥的沉降性能常常由于负荷与毒物冲击而变差，加之经常出现的水力不稳定性，使得悬浮固体极易随出水流失，从而影响出水质质量，并引起曝气池中污泥浓度下降。另外，由于经济因素的制约，二沉池的容积不可能很大，所以，曝气池中活性污泥浓度不会很高，从而限制了系统的生化反应速率。此外，常规活性污泥法剩余污泥的处置费用较高，常占系统总运行费用的 60%左右。因此，减少系统运行费用的一条途径是降低剩余污泥的产量。针对上述三个问题，水处理专家开发了分离膜生物反应器，其工艺流程见图 14-1。

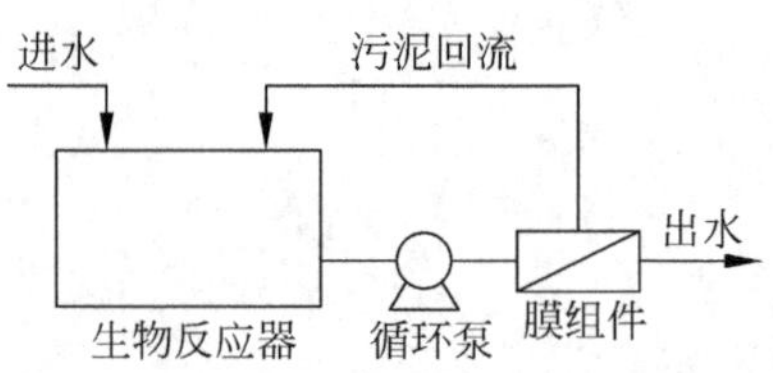

图 14-1 分离膜生物反应器工艺流程

图 14-1 所示的分离膜生物反应器的膜组件(UF 或 MF)相当于传统生物处理系统中的二沉池,在此进行固液分离,截流的污泥回流至生物反应器,透过水外排。这种反应器属于分置式分离膜生物反应器,它存在动力消耗大、系统运行费用高的问题,其处理单位体积废水的能耗是传统活性污泥法的 10～20 倍。为了维持一定的水通量,只有增大泵的工作压力以保证一定的膜面流速,污泥回流泵是造成系统运行费用高的主要因素。而且由于泵的回流产生的剪切应力可能影响微生物的活性。

为了解决这两个问题,水处理专家对上述的分离膜生物反应器进行了改进,通过旋转膜或膜表面区域的叶轮来产生混合液的错流。这个系统不需要大量的混合液回流,所以不会产生上述问题。

最新的一种分离膜生物反应器呈一体式结构,是一个效率高、剪切应力小的分离膜生物反应器。在该系统中,膜组件直接置于生物反应器中,空气的搅动在膜表面产生错流,曝气器置于膜组件的正下方。混合液随气流向上流动,在膜表面产生剪切力,在这种剪切力的作用下,胶体颗粒被迫离开膜表面,让水透过。该系统设备简单,只需要一个小流量吸压泵、曝气器和一个反应池即可。

分离膜生物反应器有如下优点:

(1) 固液分离效率高。混合液中的微生物和废水中的悬浮物质以及蛋白质大分子有机物不能透过膜,与净化后的出水分离。

(2) 系统微生物浓度高、容积负荷也高。MLSS 浓度的增大,其结果是系统的容积负荷提高,使得反应器的小型化成为可能。

(3) 在传统生物技术中,系统的水力停留时间(HRT)和污泥停留时间(SRT)很难分别控制。由于使用了膜分离技术,该系统可在 HRT 很短而 SRT 很长的工况下运行,延长了废水中难降解的有机物在反应器中的停留时间,最终可达到去除目的。另外,由于系统的 SRT 长,对世代时间较长的硝化细菌的生长繁殖有利,所以该系统还有一定的硝化功能。

(4) 污泥产量少。因该系统的泥水分离率与污泥的 SVI 值无关,可尽量减少生物反应器的 F/M 比,在限制基质条件下,反应器中的营养物质仅能维持微生物的生产,其比增长率与衰减系数相当,故剩余污泥量很少或为零。

(5) 耐负荷冲击。由于生物反应器中微生物浓度高,在负荷波动较大的情况下,系统的去除效果变化较小,处理水水质稳定。另外,系统结构简单,操作管理简单,易实现自动化。

(6) 出水水质好。由于膜的高分离效率,出水中 SS 浓度低,大肠杆菌数少。又由于膜表面形成了凝胶层,相当于第二层膜,它不仅能截留大分子物质,而且还能截留尺寸比膜孔径小得多的病毒,出水中病毒数较少。因而这种出水可直接再利用。

但是在分离膜生物反应器中,由于 MLSS 浓度高,不仅系统需氧量大,且膜容易堵塞。同时又由于生物难降解物质的积累,造成生物毒害和膜污染,给污泥处理带来困难。

2. 萃取膜生物反应器

当废水酸碱度高、盐浓度高或含有毒难降解有机物时,由于它们对微生物有毒害作用,故不宜用废水与微生物直接接触的方法处理,需进行预处理或稀释。特别是当废水含挥发性有毒物质时,它在传统的好氧生物处理过程中容易随曝气气流挥发,即发生吹脱现象,处理效果很不稳定。为了解决这些问题,水处理专家对反应器结构进行了改进,但收效甚微。1993 年,英国专家利用专性细菌降解特定有机物的能力,首次采用萃取膜生物反应器处理含3,4-二氯苯胺的工业废水,在水力停留时间2h的情况下,其去除率达到99%,获得了理想的处理效果。

萃取膜生物反应器见图14-2。在萃取膜生物反应器中,废水与活性污泥被膜隔离开来,废水在膜腔内流动,与进水槽和出水槽相连,而含某种专性细菌的活性污泥在膜外流动,废水与微生物不直接接触。

萃取膜用硅胶或其他疏水性聚合物制成,具有选择透过性,能萃取废水中的挥发性有机物,如芳烃、卤代烃等。这些污染物先在膜中溶解扩散,以气态形式离开膜表面后溶解在膜外的混合液中,最终作为专性细菌的底物而被分解为CO_2、H_2O等无机小分子物质。由于膜的疏水性,废水中的水及其他无机物均不能透过膜向活性污泥中扩散。

在该系统中,由于膜组件和生物反应器各自独立,相互影响不大,所以操作管理灵活,处理效果稳定。在系统内,水力停留时间指的是废水在膜组件中的停留时间,与生物反应器容积无关,容易控制在适宜范围。另外,生物反应器中营养物质的组成不受废水水质的影响,可以对其优化,维持最大的污染物降解速率。

3. 无泡曝气膜生物反应器

传统的曝气系统采用的是鼓泡供氧方式,O_2传质速率较低。当生物反应器中MLSS浓度较高时,无法满足微生物对O_2的需求,从而限制了系统内微生物浓度。近年来,水处理专家开发了一种新型曝气器,即无泡膜曝气器,利用这种曝气器的膜生物反应器就是无泡曝气膜生物反应器,其流程见图14-3。

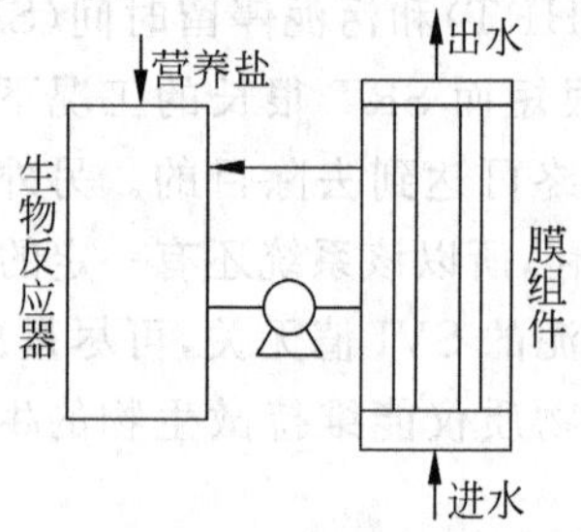

图14-2 萃取膜生物反应器

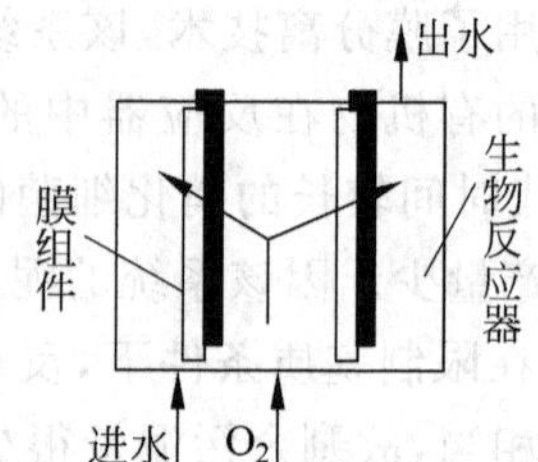

图14-3 无泡曝气膜生物反应器

这个曝气系统所用的膜是一种透气性膜,传质阻力很小,可在高气压下运行。空气或O_2在膜腔内流动过程中,在浓度差推动力的作用下,向膜外的活性污泥扩散。目前常用的膜有两种,即透气性致密膜和疏水性微孔膜,空气或O_2透过它们向液相传质的机理有所不同。当O_2透过致密膜时,在气相侧,先吸附在高分子聚合物上,进而向液相一侧扩散,此时气压较高。当O_2透过微孔膜时,在气压较低的条件下,O_2在膜表面形成气泡,由于表面张力的作用而吸附在膜表面,最后通过膜孔向液相传质。O_2在传质过程中遇到两种阻力,即固体膜阻力和液膜阻力,O_2通量一般由液膜阻力控制。

在膜曝气系统中,由于O_2停留在膜组件中,气体停留时间越长,分配到液相中的O_2比例越大,O_2传质效率越高;又由于O_2传质面积一定,在传统曝气系统中影响气泡大小和停留时间的因素对其没有影响,系统供氧更稳定;选择不同的膜表面积和气压,能满足生物反应器的各种需氧量;由于是无泡供氧,这种曝气器可用于含挥发性有毒有机物或发泡剂的工业废水处理系统；另外，如果曝气池也可以在有压工况下运行，膜曝气器的膜还具有疏散 CO_2 的功能。

膜曝气器尤其适用于曝气池活性污泥浓度很高，即需氧量很大的系统。如分离膜生物反应器，MLSS 浓度高达 40g/L，传统的曝气系统无法满足它的需求，此时就可以用膜曝气器。同传统的曝气系统相比，膜曝气系统的基建费用较高。又由于膜的阻力，O_2 传质所需的推动力增大，系统运行费用增加。另外，由于利用高 O_2 流量防止膜的堵塞，动力消耗增大，运行费用亦增加。所以，膜曝气器系统的不足之处就是成本太高。

14.2　膜生物反应器的设计及运行机理

14.2.1　膜生物反应器的设计

对于膜生物反应器，其技术参数涉及生物反应器与膜单元两部分。就生物反应器部分而言，有温度、pH 值、HRT（水力停留时间）、SRT（污泥停留时间）、MLSS（污泥量）和污泥负荷等，这些与一般的生物反应器的控制参数基本相同。就膜单元来说，有膜材料、膜孔径和膜结构的选择、操作压力、膜面流速、透水率、反冲洗时间和反冲洗周期等操作参数。

1. 曝气池容积与膜面积比

膜生物反应器主要由曝气池和膜组件构成。污泥负荷率决定了曝气池的生物处理能力，即

$$N_s = QS_0/VX \tag{14-1}$$

式中　N_s——污泥负荷率，kg BOD_5/(kg MLSS · d)；

V——曝气池的容积，m^3；

X——曝气池污泥浓度，mg/L；

S_0——曝气池进口 BOD_5，mg/L；

Q——进水流量，m^3/d。

通量决定了膜组件的处理能力，即

$$J = Q/A \tag{14-2}$$

式中　J——膜稳态通量，m^3/(m^2 · d)；

A——膜面积，m^2；

Q——膜透水量，m^3/d。

对于膜生物反应器的设计，生物处理能力必须与膜组件处理能力匹配，即单位时间生物反应器处理水量应等于单位时间膜能透过的水量。根据这一原则，可得

$$V/A = (JS_0)/(N_s X) \tag{14-3}$$

式(14-3)反映了曝气池容积与膜面积比同污泥负荷率、膜稳态通量、污泥浓进水有机物浓度之间的相互关系。

2. 污泥浓度

膜生物反应器的一个重要特征，是利用膜分离的高度浓缩性大大提高生物反应器的污泥浓度，从而增大反应器对有机物的去除能力。但污泥浓度的提高会增大混合液粘度，降低

膜通量。根据膜过滤凝胶极化模型，当过滤达到稳态时，膜界面污泥浓度达到临界值而不再变化，即有

$$J = k\lg(X_g/X) \tag{14-4}$$

式中 X_g——膜界面污泥浓度，mg/L；

X——混合液污泥浓度，mg/L；

k——传质系数，$m^3/(m^2 \cdot d)$。

污泥浓度的控制，应根据水质水量及膜组件形式而定。一般处理低浓度污水宜控制较低的污泥浓度，以尽量提高膜通量。而处理高浓度污水宜控制较高的污泥浓度，以尽量增大有机物去除能力。因此，应根据污泥浓度在膜通量和生物反应器容积处理能力的双重影响之间确定一最佳值。

3. SRT

分离会影响生物性能。膜分离延长了生物反应器的固体停留时间，降低了污泥产率，提高了硝化及去除有机物的能力。但是活性污泥相对活菌数减少，细菌比活性降低。SRT越长，细菌被循环次数越多，失活的可能性越大。显然，从维持生物活性的角度出发，膜生物反应器宜定期适量排泥，以提高活性污泥。排泥方式宜采用曝气池直排混合液至浓缩池的方式，以减轻膜负荷，降低动力消耗。

4. HRT

当膜面积一定时，膜生物反应器出水流量即膜通量。随着膜生物反应器的运行，膜通量的稳态过程实际上是一个动态平衡过程，这就决定了HRT是在一定范围内变化的。

由于分置式膜生物反应器可使HRT和SRT得到有效的控制，从而达到较高去除效果，故目前所见的实用规模的膜生物反应器多为分置式系统。

根据微生物反应动力学模型，分置式膜生物反应器水力停留时间(T)的计算公式为

$$T = \frac{a(1+R)(S_0-S)(K_s+S)}{K\left[\mu_m Y_G(S_0-S) + \dfrac{b(1+R)}{a}\ln\dfrac{b+aS}{b+\dfrac{a(S_0+RS)}{1+R}+aRX}\right]} \tag{14-5}$$

式中 S_0——原水底物浓度；

S——出水底物浓度；

R——回流比；

X——污泥浓度(以VSS计)，mg/L；

K——底物最大比降解速率常数；

K_s——饱和常数，mg/L；

Y_G——真产率系数，mg/mg；

μ_m——最大比增长速率，h^{-1}。

另外

$$a = mY_G + \mu_m, \quad b = mY_G K_s \tag{14-6}$$

其中 m 为维持常数。

以上两式为基础进行分析，发现膜生物反应器影响程度由大到小的因素为，底物最大比降解速度常数 K，饱和常数 K_s，维持常数 m，真产率系数 Y_G，最大比增长速率 μ_m。但过长的HRT将会导致系统内溶解性有机物的积累，引起膜通量下降。因此，膜生物反应器

HRT 的控制，应尽量维持系统内溶解性有机物的平衡，设计时可考虑曝气池容积有一定的调节容量。

5. 膜的最佳反冲洗周期

用膜生物反应器处理污水的一个重要问题是膜的污染。膜污染造成膜阻力的不断增加，使膜的透水率随时间下降，这成了限制膜生物反应器推广应用的一个障碍。人们研究出多种防止膜污染的方法，用膜的透过水对膜进行反冲洗是其中一项常用技术，而最佳反冲洗周期则成为许多膜生物反应器设计的一个重要参数。

在超滤和微滤中，影响膜透水率的阻力主要有滤层阻力和膜孔堵塞阻力。滤层阻力是膜表面悬浮物沉积层阻力；膜孔堵塞阻力是较小颗粒在膜孔中的积累、搭桥和堵塞造成的阻力。这些阻力都是随膜使用时间的增加而增加的，是影响膜透水率稳定性、使膜透水率随时间不断下降的主要原因，也是膜生物反应器研究中主要应克服的问题。反冲洗是减缓这两个主要阻力的有效手段。

膜的反冲洗，即在膜工作了一段时间后，在膜的透出水面施加一个反冲洗压力，在该压力的驱动下，清洗水反向穿过膜，将膜孔中的堵塞物洗脱，并使膜表面的滤层悬浮起来，然后被水冲走。反冲洗具有防止与疏通膜纤维堵塞、减小膜阻力、提高透水率及其稳定性的作用。

膜的反冲洗可用膜透过水作为反冲洗水，这种反冲洗方式要消耗一定的出水使有效透水率下降。理想的反冲洗应该是每次冲洗都可完全清除膜的污染，使膜总保持在最初较高透水率的状态。但实际上，反冲洗存在着固有的局限性，达不到理想要求。因此，过于频繁的反冲洗在实际应用中是不必要的，也是不利的。所以，在 MBR 系统运行时找到最佳反冲洗周期，使用最少反冲洗水量来控制 MBR 系统运行十分重要。

14.2.2　膜生物反应器的运行机理

MBR 系统是结合生物学的处理工程和膜分离工程的处理方法。生物学的处理，是利用输入水内存在的有机物为营养源的微生物，把水中存在的胶质性及溶解性有机物转换成多种气体和细胞组织的工程。MBR 系统与传统的生物学的处理方法(活性污泥法、长期曝气法、接触氧化法等)的最大差异点是高效分离方式。传统生物学的处理，利用微生物流量和水的比重差的重力沉降来进行高效分离，操作复杂且对发生各负荷的对策能力低而使污泥的沉降性恶化，因此处理水质的变动大。但是，MBR 系统使这些问题得以解决，保证污水处理的稳定性和高效率。使 HRT 和 SRT 完全分离，其高效的固液分离能力使出水水质良好，悬浮物和浊度接近于零，并可截留大肠菌等生物性污染物，处理后出水可直接回用，尤其适用于中水处理。

14.3　膜生物反应器特征及膜过滤的影响因素

影响膜生物反应器处理效率的因素主要有：膜的性质、料液的性质和膜分离的操作条件等。

1. 膜的性质

膜的性质包括膜孔径大小、憎水性、电荷性质和粗糙度等。关于膜孔径对膜通量和过滤过程的影响，许多研究者都认为存在一个合适的范围。对截留相对分子质量小于 300 000 的膜，随截留相对分子质量的增加，膜的通量增加；大于该截留相对分子质量时，通量变化不大。当膜孔径增加至微滤范围时，膜通量反而减少，有人推测这主要与细菌在微滤膜孔内造成不可逆的堵塞有关。

不同截留相对分子质量的膜对过滤水质有一定的影响。当膜的截留相对分子质量低于 20 000 时，随着膜截留相对分子质量的增加，出水 COD 浓度增加；当截留相对分子质量高于 200 000 时，出水 COD 浓度不再变化。这说明膜表面形成的凝胶层也起到了过滤的作用，而此时膜只起到支撑作用。

此外，憎水性膜对蛋白质的吸附能力小于亲水性膜，因此可获得相对较高的膜通量。但在浓差极化效果强烈时，这种作用不显著。聚砜膜易受蛋白质的污染，而憎水性强的聚丙烯腈膜和聚烯烃膜受到的污染程度较轻。若膜表面电荷与料液相同，则能减轻膜表面的污染，提高膜通量。膜表面粗糙度的增加，使膜表面吸附污染物的能力增强，但由于同时也增加了膜表面的扰动程度，阻碍了污染物在膜表面的吸附，因而粗糙度对膜通量影响是两方面效果的综合表现。

2. 料液的性质

料液的性质主要包括料液中的固体物质及其性质（如固体粒度分布、胞外多聚物浓度等），溶解性有机物及其组成成分等。

在活性污泥系统中，污泥浓度过高对膜分离会产生不利影响，膜通量与 MLSS 的对数呈线性下降关系。维持生物反应器内较高的污泥浓度，有利于增加基质去除率，但同时膜的污染将加剧。兼顾两者，微生物的适宜浓度在 6000mg/L 左右。

3. 膜分离的操作条件

膜分离的操作条件主要包括：操作压力、膜面流速和运行温度。

对于压力，一般认为存在一临界值。当操作压力低于临界压力时，膜通量随压力增加而增加，而高于此值则会引起膜表面污染的加剧，通量随压力的变化不大。临界压力随膜孔径的增加而减小。微滤膜的临界压力值在 120kPa 左右，超滤膜的临界压力值在 160kPa 左右。

膜面流速的增加可以增大膜表面水流扰动程度，减少污染物在膜表面的累积，提高膜通量。其影响程度根据膜面流速的大小、水流状态（层流或紊流）而异。但膜面流速并非越高越好，膜面流速的增加使得膜表面污染层变薄，有可能造成不可逆的污染。

升高温度有利于膜的过滤分离过程，温度变化引起料液粘度的变化，温度升高 1℃可引起膜通量变化 2%。

14.4 膜生物反应器处理污水的应用实例

膜分离技术在污水处理中的应用开始于 20 世纪 60 年代末。1969 年美国的 Smith 等人首次将活性污泥法与超滤膜组件相结合用于处理城市污水的工艺研究，该工艺大胆地提出了用膜分离技术取代常规活性污泥法中的二沉池，利用膜具有高效截留的物理特性，使生物反应器内维持较高的污泥浓度，在 F/M 低比值下工作，这样就可以使有机物尽可能地得到氧化降解，提高了反应器的去除效率，这就是 MBR 的最初雏形。之后随着材料科学的发展和制膜技术的提高，膜生物反应器的发展迅猛发展，20 世纪的最后几年，人们围绕着膜生物反应器的关键问题进行了较多的研究，并取得了一些成果。有关膜生物反应器的研究从实验室小试、中试规模走向了生产性试验，应用 MBR 的中、小型污水处理厂也逐渐见诸报道。1998 年初，欧洲第一座应用一体式膜生物反应器的生活污水处理厂在英国的 Porlock 建成运行，成为英国膜生物反应器技术的里程碑。

我国对膜生物反应器的研究虽然起步较晚，但发展速度很快。国内对 MBR 的研究大致可分为几个方面：探索不同生物处理工艺与膜分离单元的组合生物反应处理工艺，从活性污泥法扩展到接触氧化法，生物膜法，活性污泥与生物膜相结合的复合式工艺，两相厌氧工艺等；进行影响处理效果与膜污染的因素、机理及数学模型的研究，探求合适的操作条件与工艺参数，尽可能减轻膜污染，提高膜组件的处理能力和运行稳定性；扩大 MBR 的应用范围，MBR 的研究对象从生活污水扩展到高浓度有机废水（食品废水、啤酒废水）与难降解工业废水（石化废水、印染废水等），但以生活污水的处理为主。我们也应该认识到我国在 MBR 技术的研究探讨方面同日本、英国、美国等国家相比，我国的研究试验水平还比较落后，由于国产膜组件的种类较少，膜质量较差，寿命通常较短，因此在实际应用中存在一定的问题。这都是未来研究膜生物反应器所关注的。

14.4.1 膜生物反应器用于处理某石化企业废水实例

1. 项目概况

某石化企业废水处理厂原工艺流程为“老三套”处理工艺，即隔油、气浮和表曝。废水来源为全厂所有生产装置及附属装置的含油废水、含碱废水、初期含油雨水和厂前区的生活污水。现有废水处理能力已达到上限，已不能满足生产的需要，废水处理后污染物排放浓度偏高。若炼油加工能力扩建，废水量还有明显的提高，故废水处理厂急需进行改扩建。

为了使废水得到更好的处理和回用，该工程采用膜生物反应器作为生化处理的主处理单元。

2. 工艺流程及技术参数

1) 工艺流程

该工程工艺流程如下：

经预处理的石化废水→水解酸化池→一级好氧池→中间沉淀池→二级好氧池→膜分离池→出水

2) 技术参数及流程说明

膜生物反应器采用水解酸化、一级好氧、中间沉淀、二级好氧和膜分离的组合生化处理流程。

水解酸化池内部设置水下搅拌装置，利用产酸细菌的作用，将废水中的有机物分子中的环链、长链或双键打断，使其转化成直链、短链或单键类物质，以此来改善废水的可生化性，为后续的好氧生化处理提供帮助。水解酸化池停留时间大于 9h，内设 8 台潜水搅拌器，功率为 4kW。

一级好氧池内部设置高效供氧的微孔曝气系统，并按较高的污泥负荷设计，使之具备较强的抗冲击的能力。并通过中间沉淀池的固液分离作用，使得一级生化微生物相对固定，形成一个专性菌的生存环境，为降解一些废水中含有的有毒有害物质创造条件，实现对有机污染物的初步降解，并为后续二段好氧降解创造相对稳定的生化条件。一级好氧池停留时间大于 9h，曝气系统采用管式曝气器，曝气量为 $110m^3/min$。

中间沉淀池进行固液分离，设置出水系统、回流系统及排泥系统。中间沉淀池停留时间约为 3.5h，有效水深 3.5m，表面负荷 $1.0m^3/(m^2 \cdot h)$，内设刮吸泥机和污泥回流泵，污泥回流比 40%～80%，剩余污泥 968kg/d。

二级好氧池内部设置高效供氧的微孔曝气系统，为微生物提供充足的氧分，以进一步降解废水中的有机污染物和氨氮，获得更为彻底的生化处理效果。二级好氧池停留时间大于 16h，曝气系统采用管式曝气器，曝气量 $90m^3/min$。

膜分离池内设置膜组件，膜池内也设有曝气装置，曝气装置完成两种功能：一方面在膜周围对膜进行气水振荡清洗，保持膜表面清洁；另一方面又为继续在该段进行生物降解的生物提供所需的氧气。生物降解后的水在虹吸和出水自吸泵的抽吸作用下通过膜组件，经由膜组件集水管汇集到清水池。膜分离区设混合液回流泵，将膜区的污泥根据需要回流至水解酸化段、好氧二段，从而可以根据水质的变化，控制各段的生物负荷与生物活性，以确保生化降解的顺利进行，并可定期排出剩余污泥。池内设 6 组膜组单元，每组膜组单元设置 1 台产水泵，混合液回流比 100%～200%，剩余污泥量 326kg/d。

为了保证膜系统具有良好的出水通量，能持续、稳定地出水，系统中设有水反洗、化学反洗及化学清洗系统。水反洗程序是以产水单元为单位依次自动进行反洗，以恢复膜的水通量。化学反洗程序与清水反洗时间相同，只是由加药泵将清洗药品加入反洗水管内。化学清洗程序是对膜组件进行的彻底清洗。清洗时用吊车将单套膜组件从池内提出，放入预先配好药液的化学清洗池中浸泡，以充分去除附在膜组件上的污染物，清洗完毕后再由吊车吊回膜分离区内。

3. 运行成本分析

该工程改造膜生物反应器部分运行电费为 0.45～0.62 元/m^3，膜组件清洗药剂费为 0.05～0.08 元/m^3，人工费约为 0.03 元/m^3，折旧费(含膜更换费用)为 0.7～0.8 元/m^3，总运行费用为 1.23～1.53 元/m^3。

14.4.2 膜生物反应器处理洗涤、洗浴污水工程实例

该工程收集的污水主要是洗涤污水、洗浴污水和少量雨水，混合后的成分以淋浴污水水质为主。

(1) MBR 工艺参数

MBR 法处理洗涤和洗浴污水工艺流程如图 14-4 所示。

毛发聚集器：过滤筒孔径 3mm，具有反清洗功能；

调节池：钢混结构，有效容积 $125m^3$；

反应池：SUS316 钢结构，有效容积 $75m^3$；

加氯槽：$1.5m^3$ 有效容积；

配套泵组件：变频供水泵、三叶罗茨鼓风机、潜污泵。

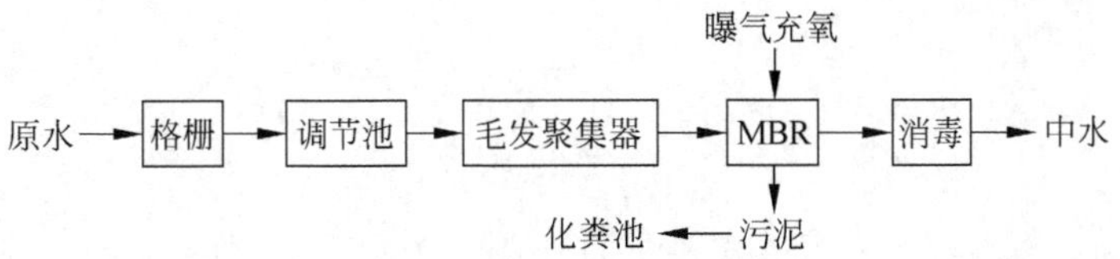

曝气充氧

原水 → 格栅 → 调节池 → 毛发聚集器 → MBR → 消毒 → 中水

化粪池 ← 污泥

图 14-4　MBR 工艺流程

膜组件型式为平板式中空纤维膜，膜材质为聚丙烯，截留相对分子质量为 5 万，膜孔径 0.1μm，每个膜组件有效面积为 $8m^2$，膜组件尺寸为 $L \times B$ = 800mm×500mm，采用拉伸工艺制膜，理论处理污水量为 1t/(d·片)，共需 300 片。

(2) 活性污泥的培养在调试期间，以洗浴污水作为原水，不进入雨水，待系统稳定一个月后，加入雨水。在 MBR 反应器内，接种城市污水处理厂活性污泥，由于环境条件变化很大，在开始 7d 内污泥的 SV 逐渐降低，从 15%降到 10%，MLSS 从 1900 逐渐降低到 1700，相应的 SVI 从 79 降低到 59，说明污泥的活性逐渐降低。又经过的一个星期的培养，MLSS 逐渐增大，最后控制在 4500 左右，SV 值上升到 40%。镜检污泥发现菌胶团小、碎、多，丝状菌增多，小口钟虫数量多并较活跃。控制真空压力 P = 0.01MPa，膜的出水设计最大流量 $12.5m^3/h$，保证污水在反应器内的水力停留时间 HRT=67.2h，进水 pH 值为 6.9～7.2，水温 30℃。

(3) 进出水水质统计表明，MBR 对 SS 和 LAS 的处理效果极佳，去除率都在 99%以上。LAS 的去除主要是生物的降解作用，膜的截留作用很小；对 COD 的去除效果较好，去除率都在 70%以上，由于世代时间较长的硝化细菌可被完全截留在反应器内，MBR 能够去除一定的氧氮，说明 MBR 具有较好的脱氮除磷效果。

第4篇

深度处理

PART 4

第15章 CHAPTER 15

污水脱氮除磷技术

15.1 污水生物脱氮技术特征

15.1.1 生物硝化过程与反硝化过程

生物脱氮由硝化作用和反硝化作用共同完成。它是指在微生物的作用下，废水中的氮化合物转化为氮气逸出并返回大气的过程。

1. 硝化作用

硝化作用是指在有氧存在的条件下，废水中的氨氮被氧化成为亚硝酸盐和硝酸盐的过程。硝化作用由两类细菌参与完成，即亚硝化细菌和硝化杆菌。相应地，硝化作用分成两个阶段：首先，氨氮被氧化成亚硝态氮；其次，亚硝态氮进一步被氧化成硝态氮。反应过程可用以下方程式表示：

$$2NH_4^+ + 3O_2 \xrightarrow{\text{亚硝酸菌}} 2NO_2^- + 4H^+ + 2H_2O + \Delta E(480 \sim 700\text{kJ}) \tag{15-1}$$

$$2NO_2^- + O_2 \xrightarrow{\text{硝酸菌}} 2NO_3^- + \Delta E(130 \sim 180\text{kJ}) \tag{15-2}$$

由上述反应式可见，与氨氮氧化释放的能量相比，亚硝态氮氧化成硝态氮的过程释放的能量相对要少，故硝化细菌的产率比亚硝化单胞菌的产率低。硝化菌是一类自养型细菌，有机底物浓度并不是其生长的限制因素，因此，在废水硝化处理过程中，有机负荷不宜过大，否则会使生长速率较高的好氧异养菌迅速增殖，从而使硝化菌的生长受到抑制，结果使硝化速率降低。

在硝化过程中，最常用的亚硝态氮氧化剂是硝化菌。但近年来的研究表明，在废水处理工艺中，硝化螺旋菌已经更多地取代硝化菌，成为完成亚硝态氮氧化作用的优势菌种。

2. 影响硝化反应过程的主要因素

(1) 温度　硝化反应适宜的温度范围是15～35℃。温度高时，硝化速率快，但是超过35℃时，硝化速率随温度的增加增幅减少；当低于15℃时，硝化速率迅速降低。

(2) pH值　硝化反应的最佳pH值范围为7.5～8.5。当pH低于7时，硝化速率明显降低，低于6和高于9.6时，硝化反应将停止。

(3) 溶解氧　硝化反应必须在好氧条件下进行，一般应维持混合液的溶解氧浓度在2～4mg/L。

(4) BOD负荷　硝化细菌是自养型菌，其产率或比增长速率比BOD异养菌低得多，BOD负荷高时，将有利于异养菌的迅速繁殖，从而使自养型的硝化菌不能占优，降低了硝化速率。为了保证充分硝化，BOD 负荷应维持在 0.15kg(BOD_5)/(kgSS·d)以下。

(5) 污泥龄　硝化菌的增殖速率慢，为了维持反应系统中一定量的硝化菌群，微生物在反应器中的停留时间即污泥龄应大于硝化菌的最小世代期。一般污泥龄宜为硝化菌最小世代期的 2 倍以上。

(6) 抑制物质　对硝化反应有抑制作用的物质有过高浓度的氨氮、重金属等有毒物质。一般来说，同样有毒物质对亚硝酸菌的影响比硝酸菌大。

3. 反硝化作用

反硝化作用是在缺氧(无分子态氧)的条件下，反硝化菌将亚硝酸盐和硝酸盐还原为气态氮的过程。参与反硝化作用的细菌有自养菌和异养菌，通常为异养菌，包括假单胞菌属、反硝化杆菌属、螺旋菌属和无色杆菌属。它们多数是兼性菌，有分子氧存在时，利用分子氧作为电子受体进行好氧呼吸；无分子氧存在时，则利用硝酸盐和亚硝酸盐作为电子受体，有机物作为碳源及电子供体进行反硝化反应。以甲醇为例，反硝化反应式如下：

$$6NO_3^- + 2CH_3OH \xrightarrow{\text{硝酸还原菌}} 6NO_2^- + 2CO_2 + 4H_2O \tag{15-3}$$

$$6NO_2^- + 3CH_3OH \xrightarrow{\text{硝酸还原菌}} 3CO_2 + 3N_2 + 3H_2O + 6OH^- \tag{15-4}$$

总反应式为

$$6NO_3^- + 5CH_3OH \xrightarrow{\text{反硝化菌}} 5CO_2 + 7H_2O + 6OH^-$$

在反硝化过程中，硝酸盐氮通过反硝化菌的代谢活动有同化反硝化和异化反硝化两种转化途径，其最终产物分别是有机氮化合物和气态氮，前者为反硝化菌的组成部分，后者排入大气，如下所示：

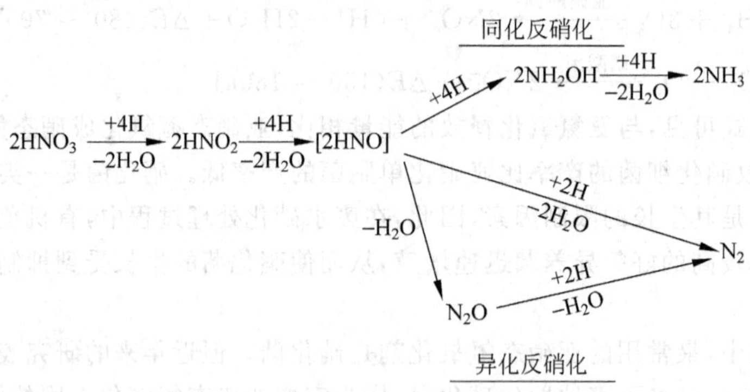

NO_3 ⟶ NO_2 ⟶ NH_2OH ⟶ 有机体(同化反硝化)

NO_3 ⟶ NO_2 ⟶ N_2O ⟶ N_2(异化反硝化)

当缺乏有机物时，无机物如 H_2、Na_2S 等也可作为反硝化反应的电子供体。微生物还可以通过消耗自身的原生质进行内源反硝化，如下所示：

$$C_5H_7NO_2 + 4NO_3^- \longrightarrow 5CO_2 + NH_3 + 2N_2\uparrow + 4OH^- \tag{15-5}$$

4. 影响反硝化过程的主要因素

(1) 温度　反硝化反应的最佳温度范围为 35～45℃。若气温过低，可采取增加污泥停留时间、降低负荷等措施。

(2) pH值　反硝化最佳的pH范围为6.5～7.5，当pH值低于6.0或高于8.0时，反硝化反应将受到强烈抑制。

(3) 溶解氧　溶解氧对反硝化反应有很大影响，主要是由于氧会同硝酸盐竞争电子供体，同时分子态氧还会抑制硝酸盐还原酶的合成及其活性。一般反硝化反应器内溶解氧应控制在0.5mg/L(活性污泥法)或1mg/L(生物膜法)以下。

(4) 有机碳源　反硝化过程需要充足的碳源，BOD/TN(总氮)大于3～5时，无需外加碳源，否则需要投加甲醇或其他易降解的有机物作为碳源。

15.1.2　单级活性污泥脱氮工艺

生物脱氮技术是在20世纪30年代发现生物滤池中的硝化、反硝化反应开始的，其应用是在1969年美国的Barth提出三段生物脱氮工艺后。现对几种典型的单级活性污泥脱氮工艺进行介绍。

1. 三段活性污泥法生物脱氮工艺

该工艺中，有机物氧化、硝化及反硝化三段分别独立，每一段都有各自的沉淀池和污泥回流系统，各段分别控制在适宜的条件下运行。由于反硝化段设置在有机物氧化和硝化段之后，反硝化过程中碳源不足，因此必须外加碳源以保证反硝化效果。其流程如图15-1所示。

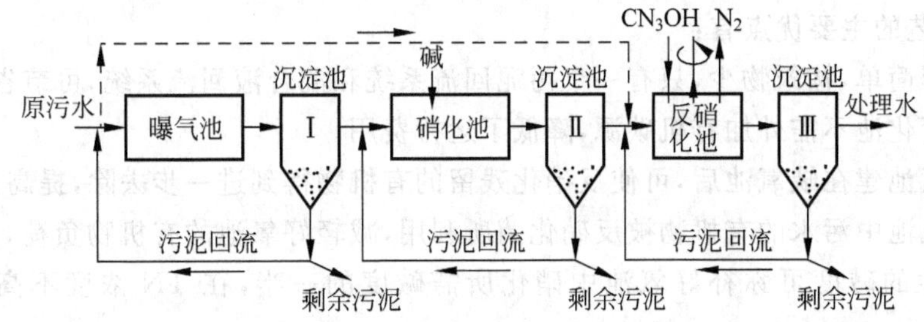

图15-1　三段生物脱氮工艺

2. 两段活性污泥法生物脱氮工艺

如将三段活性污泥生物脱氮工艺中的前两段合二为一，就构成两段活性污泥法生物脱氮工艺。在该工艺中，有机物氧化和硝化在一个反应器中进行，反硝化放在最后，两段分别独立，与三段生物脱氮工艺一样，每一段也有各自的沉淀池和污泥回流系统。不同的是采用两段生物脱氮工艺时，在第一段中，设计的污泥负荷要更低一些，水力停留时间和污泥龄要长，否则，硝化作用将降低。在反硝化段仍需要外加碳源来维持反硝化效果。具体流程如图15-2所示。

3. 缺氧-好氧生物脱氮工艺(A-O工艺)

该工艺于20世纪80年代开发。缺氧段与好氧段可分开构筑，也可合建为一体。由于将反硝化段设置在整个系统前面，因此又称为前置反硝化生物脱氮工艺，目前应用较为广泛。工艺流程如图15-3所示。

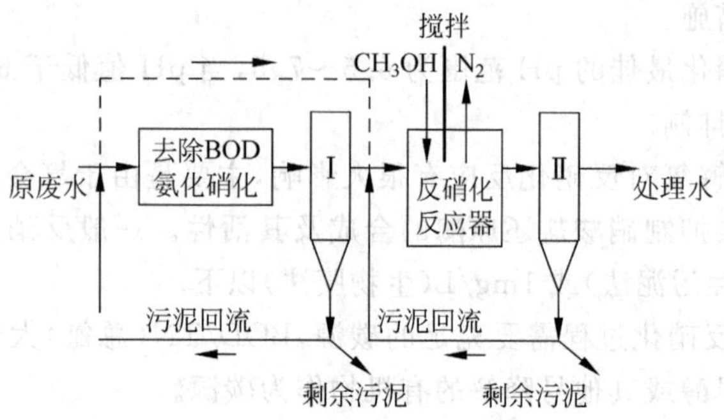

图 15-2 两段生物脱氮工艺

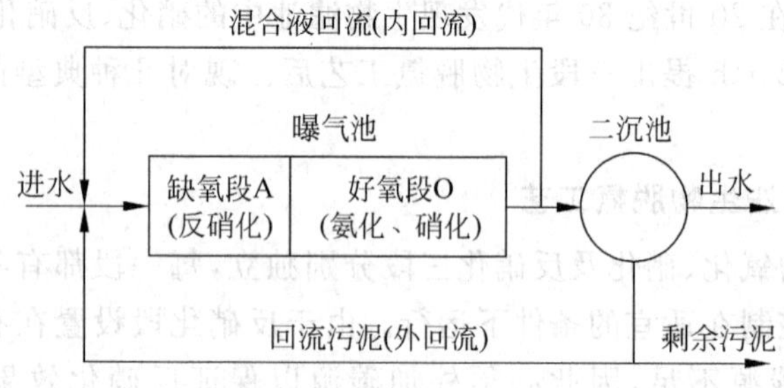

图 15-3 A-O工艺流程图

A/O工艺的主要优点有：

(1) 流程简单，构筑物少，只有一个污泥回流系统和混合液回流系统，可节省基建费用。

(2) 反硝化池不需外加有机碳源，降低了运行费用。

(3) 好氧池建在缺氧池后，可使反硝化残留的有机物得到进一步去除，提高出水水质。

(4) 缺氧池中污水的有机物被反硝化菌所利用，减轻好氧池的有机物负荷，同时缺氧池中反硝化产生的碱度可弥补好氧池中硝化所需碱度的一半，在TN浓度不高时，无需投加碱。

同时A-O工艺也存在以下不足：脱氮效率不高，一般为70%～80%；好氧池出水含有一定浓度的硝酸盐，如二次沉淀池运行不当，则会发生反硝化反应，造成污泥上浮，使处理水水质恶化。

15.2 污水生物除磷技术特征

国内外城市污水中总磷浓度为2～15mg/L，其中有机磷占35%左右，无机磷占65%左右，城市污水中存在的含磷物质基本上都是不同形式的磷酸盐(简称磷或总磷，用P或TP表示)。按化学特性(酸性水解和消化)则可进一步分成正磷酸盐、聚合磷酸盐和有机磷酸盐，分别简称正磷、聚磷和有机磷。我国城市污水中总磷浓度一般为3～8mg/L。

15.2.1 污水生物除磷的机理

20世纪60年代，美国的一些污水处理厂发现，由于曝气不足而呈厌氧状态的混合液中磷酸盐的浓度增加，从而引起人们对生物除磷原理的广泛研究。

生物除磷主要依靠聚磷菌的活动来进行。聚磷菌在生物除磷过程中的作用机理如图 15-4 所示。

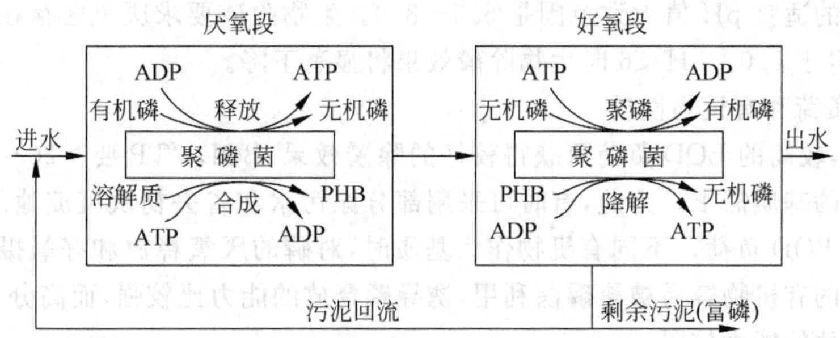

图 15-4　聚磷菌在生物除磷过程中的作用机理

污水生物除磷就是利用聚磷菌的超量吸磷现象，即聚磷菌吸收的磷量超过微生物正常生长所需要的磷量，在传统生物处理系统中采用排除过量吸磷的剩余污泥来实现污水处理系统磷的去除。据报道，在生物除磷系统中污泥含磷量的典型值在 6%左右，有些能达到 8%～12%，而普通活性污泥含磷量只有 2%。

1）在厌氧区

在没有溶解氧和硝态氮存在的厌氧条件下，兼性细菌通过发酵作用将溶解 BOD 转化为 VFAs(低分子发酵产物挥发性有机酸)，聚磷菌吸收这些或来自原污水的 VFAs 并将其运送到细胞内，同化成细胞内碳能源存储物(PHB/PHV)。这一过程所需能量来源于聚磷的水解以及细胞内糖的酵解，聚磷的水解将导致磷酸盐的释放。

2）在好氧区

在好氧过程中聚磷菌的活力得到恢复，此时它将吸收溶液中的磷酸盐并以聚磷的形式存储超出生长需要的磷量。从能量角度来看，聚磷菌在厌氧状态下用释放磷获取能量来吸收废水中溶解性有机物，在好氧状态下通过降解吸收的溶解性有机物获取能量来吸收磷。在整个生物除磷过程中表现为 PHB 的合成和分解。

储磷细菌是生物除磷的主要完成者，主要特征是能在细胞内合成并储存聚磷和 PHB(羟基丁酸聚合物)，主要是指不动细菌(*Acinetobacter*)。

在复杂的活性污泥微生物区系中，不动细菌并不是唯一能超量吸磷的细菌，气单胞菌属、假单胞菌属、放线菌属和诺卡氏菌属也能储存聚磷。

在污水生物除磷实践中，南非开普敦大学(UCT)研究人员最早发现专性好氧细菌不是唯一对磷的生物摄/放起作用的菌种，兼性反硝化细菌也有着很强的生物摄/放磷现象。随后反硝化细菌的生物摄/放磷作用被荷兰代尔夫特工业大学(TU Delft)和日本东京大学(UT)研究人员合作研究确认，并冠名为“反硝化除磷菌(denitrifying phosphorus removing bacteria)”。

15.2.2　生物除磷的影响因素

1）温度

温度对除磷的影响没有对生物脱氮过程的影响明显，无论在高温、中温还是低温条件下,不同的菌群都具有生物除磷能力,在 5～30℃都可以得到很好的除磷效果。但低温运行时厌氧区的停留时间要长一些。

2) pH 值

生物除磷的适宜 pH 值大致范围是 6.5～8.0。生物除磷要求厌氧区存在有机酸,所以 pH 值宜小于等于 7.0。pH<6 时生物除磷效果将显著下降。

3) BOD 负荷和有机物性质

一般认为,较高的 BOD 负荷可获得较好的除磷效果,BOD_5/TP 要>20～30,才能保证聚磷菌有足够的基质需求。为此,有时可采用部分原污水和省去初次沉淀池的方法以获得除磷所需要的 BOD 负荷。不同有机物作为基质时,对磷的厌氧释放和好氧摄取是不同的。低分子易降解的有机物容易被聚磷菌利用,诱导磷释放的能力比较强,而高分子难降解的有机物诱导磷释放的能力较弱。

4) 溶解氧和硝态氮

控制生物除磷工艺中厌氧段(即释磷区)的厌氧条件极为重要,它直接影响聚磷菌在此段的释磷能力、合成 PHB 的能力以及好氧段的超量摄磷能力。据资料报道,厌氧段的溶解氧应控制在 0.2mg/L 以下,好氧段的溶解氧应控制在 1.5～2.5mg/L。此外,厌氧区的硝态氮也会影响生物除磷效果。硝态氮的存在同样会消耗有机基质从而抑制聚磷菌的代谢,而且硝态氮会被利用作为电子受体发生反硝化反应。

5) 污泥龄(SRT)

由于生物除磷系统主要是通过排放剩余污泥去除磷的,因此剩余污泥量的多少将决定系统的除磷效果。一般污泥龄较短的系统产生较多的剩余污泥,可以取得较高的除磷效果。而且较短的污泥龄还有利于好氧段控制硝化作用的发生,进而有利于厌氧段磷的充分释放,因此,以除磷为目的的污水处理系统中宜采用较短的污泥龄,一般控制在 3.5～7d。

15.3 污水生物同步脱氮除磷工艺的选择与设计

生物脱氮除磷是将生物脱氮与除磷组合在一起进行同步去除的工艺。具体的工艺流程较多,其共性是都具有厌氧、缺氧和好氧区。厌氧区的主要功能是磷的释放,使污水中磷的浓度升高,同时溶解性有机物被微生物细胞利用而使污水中 BOD 浓度降低,此外,氨氮因细胞的合成而被消耗一部分,使氨氮浓度降低,但硝态氮浓度不变。缺氧区中,反硝化菌利用污水中的有机物作碳源,并发生反硝化反应脱氮,硝态氮的浓度大幅下降,但磷的变化很小。在好氧区,有机物被微生物生化降解而浓度继续下降,并发生硝化反应,同时磷被过量摄取到活性污泥中。总之,厌氧区和好氧区联合进行脱氮。

15.3.1 A-A-O 工艺

1. A-A-O 工艺流程

A-A-O(厌氧-缺氧-好氧)工艺是在 20 世纪 70 年代,由美国的一些污水处理专家在厌氧-好氧 (Anarerobic-Oxic) 法脱氮工艺的基础上,经历了 Wuhrmann 工艺、改良 Ludzack-Ettinger 工艺、Bardenpho 工艺和 Phoredox 工艺几个阶段的基础开发的,其宗旨是开发一项能够同步脱氮除磷的污水处理工艺。国内从 20 世纪 80 年代初开始以 A-A-O 工艺对污水生物脱氮除磷进行小试研究，并在 80 年代末成功地应用于城市污水处理，目前已经积累了很多成功实践的经验。其工艺流程如图 15-5 所示。

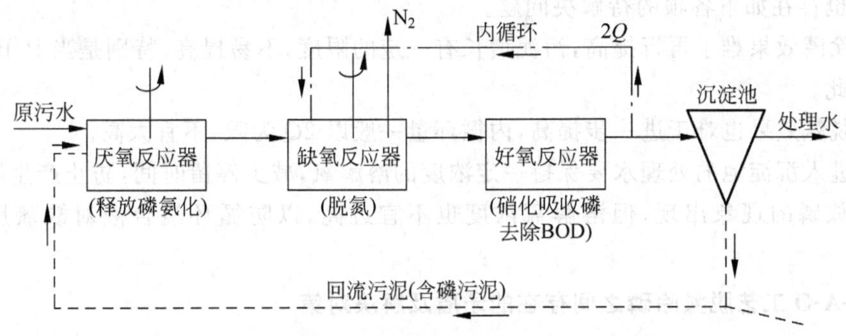

图 15-5　A-A-O 工艺流程

2. A-A-O 工艺脱氮除磷原理

A-A-O 生物脱氮除磷工艺是传统活性污泥工艺、生物硝化及反硝化工艺和生物除磷工艺的综合，其中各段的功能如下：

厌氧区：从初沉池流出的污水首先进入厌氧区，系统回流污泥中的兼性厌氧发酵菌将污水中的可生物降解有机物转化为挥发性脂肪酸（VFA）等小分子发酵产物，聚磷菌也将释放菌体内储存的多聚磷酸盐，同时释放能量，其中部分能量供专性好氧的聚磷菌在厌氧抑制环境下生存，另一部分能量则供聚磷菌主动吸收类似 VFA 等污水中的发酵产物，并以 PHA 的形式在菌体内储存起来。这样，部分碳在厌氧区得到去除。在厌氧区停留足够时间后，污水污泥混合液进入缺氧区。

缺氧区：在缺氧区中，反硝化细菌利用从好氧区中经混合液回流而带来的大量硝酸盐（视内回流比而定），以及污水中可生物降解的有机物（主要是溶解性可快速生物降解有机物）进行反硝化反应，达到同时去碳和脱氮的目的。含有较低浓度碳氮和较高浓度磷的污水随后进入好氧区。在好氧区聚磷菌在曝气充氧条件下分解体内储存的 PHA 并释放能量，用于菌体生长及主动超量吸收周围环境中的溶解性磷，这些被吸收的溶解性磷在聚磷菌体内以聚磷盐形式存在，使得污水中磷的浓度大大降低。污水中各种有机物在经历厌氧、缺氧环境后，进入好氧区时其浓度已经相当低，这将有利于自养硝化菌的生长繁殖。硝化菌在好氧的环境下将完成氨化和硝化作用，将水中的氮转化为 NO_2^- 和 NO_3^-。在二次沉淀池之前，大量的回流混合液将把产生的 NO_x^- 带入缺氧区进行反硝化脱氮。

二沉池：絮凝浓缩污泥，一部分回流至厌氧区继续参与释磷并保持系统活性污泥浓度，另一部分则携带超量吸收磷的聚磷菌体以剩余污泥形式排出系统。

3. A-A-O 工艺特征

该工艺具有以下各项特点：

(1) 该工艺在系统上可以称为最简单的同步脱氮除磷工艺，总的水力停留时间少于其他同类工艺。

(2) 在厌氧（缺氧）、好氧交替运行条件下，丝状菌不能大量增殖，无污泥膨胀之虑，SVI 值一般均小于 100。

(3) 污泥中含磷浓度高，具有很高的肥效。

(4) 运行中勿需投药，两个 A 段只用轻缓搅拌，以不增加溶解氧为度，运行费用低。

该法也存在如下各项的待解决问题。

(1) 除磷效果难于再行提高，污泥增长有一定的限度，不易提高，特别是当 P/BOD 值高时更是如此。

(2) 脱氮效果也难于进一步提高，内循环量一般以 $2Q$ 为限，不宜太高。

(3) 进入沉淀池的处理水要保持一定浓度的溶解氧，减少停留时间，防止产生厌氧状态和污泥释放磷的现象出现，但溶解氧浓度也不宜过高，以防循环混合液对缺氧反应器的干扰。

4. A-A-O 工艺脱氮除磷之间存在的矛盾及解决对策

从上述分析可以看出，A-A-O 工艺中生物脱氮除磷的原理并不复杂。然而，由于该工艺是单一污泥系统，生物脱氮除磷涉及硝化、反硝化、释磷和吸磷等多个不同的生化反应过程，其中每一个过程的原理不同，其对微生物的组成、基质类型及环境条件的要求均不尽相同，因此要在一个系统中同时完成脱氮和除磷过程，不可避免地会遇到一些矛盾和冲突，如碳源、污泥龄、硝酸盐、硝化和反硝化容量、释磷和吸磷的容量等问题。这些矛盾反映到 A-A-O 工艺中，会造成脱氮除磷效果的下降，其中存在的主要问题有：

(1) 污泥龄(sludge retention time，SRT)矛盾　由于该工艺将厌氧、缺氧和好氧三种不同环境条件下生长的微生物，如聚磷菌、普通异养反硝化菌、普通异养菌和自养硝化菌等混合在同一系统中生长，而各个类型微生物的生长周期不同，由此不可避免地存在污泥龄的矛盾。在好氧段要实现硝化作用，必然需要维持较高的硝化菌数量，由于硝化菌是化能自养菌，生长周期缓慢，因此需要较长的污泥龄才能保证硝化作用；而聚磷菌属于短世代周期的微生物，生物除磷也是通过排放高含磷污泥来实现的，这就要求采用短泥龄来提高除磷效率，因而系统需要运行在较短的泥龄条件下，污泥龄矛盾由此产生。污泥龄矛盾没有较好的解决办法，这是同步脱氮除磷系统中固有的矛盾，因而在实际生产中只能选择一个比较折中的污泥龄。对这部分的优化只能是摸索不同营养条件和环境条件下的污泥龄。

(2) 碳源竞争的矛盾　在 A-A-O 工艺中，缺氧区的反硝化是氮的主要去除途径，该反应顺利进行的前提就是在缺氧区有充足的碳源提供电子供体；另一方面，磷的去除要求大量进水碳源在厌氧段要转化为 PAO 生物细胞内的聚合物聚-β-羟基烷酸(酯)(polyhydroxyalkanoate，PHA)，PHA 在好氧段被氧化产生的能量用于过量吸磷。在 A-A-O 工艺系统中，混合液首先进入厌氧段，然后进入缺氧段，聚磷菌的放磷过程几乎消耗掉进水中的绝大部分易生物降解有机物，而到缺氧段，仅剩余很少的慢速或难生物降解有机物用于反硝化反应，导致反硝化潜力不能充分发挥，脱氮效果差。另一方面，当好氧段回流的混合液进入厌氧区时，反硝化菌会优先于聚磷菌利用进水中的有机物进行脱氮，导致 PAO 释磷程度降低，胞内储存的 PHA 的量下降，随后的好氧吸磷也不会充分，除磷效果差。当进水中的碳源缺乏，即进水为低碳氮比污水时，该矛盾会异常突出，而目前缺乏这方面的相应研究。比较有效的办法是提高碳源的脱氮除磷利用效率。当进水中碳源浓度较高的时候，会有多余的有机物进入好氧区，这会对好氧硝化产生抑制，降低系统的硝化性能。由此可见，A-A-O 工艺中聚磷菌和反硝化菌之间存在着因争夺易生化降解的有机碳源的矛盾，而硝化过程又要求碳源浓度不能太高。

(3) 硝酸盐的问题 由于反硝化速率快于释磷速率，因而随着污泥回流至厌氧区始端的硝酸盐会抢先消耗进水中的有机物进行反硝化，使得聚磷菌难以获得充足的有机物，使得释磷能力的下降，相应的胞内存储的 PHA 的量也会下降，好氧过量吸磷受到影响。同样，良好的硝化是保证系统脱氮良好的先决条件，这样就造成硝酸盐会不可避免地随着污泥回流至厌氧区。硝酸盐的问题归根到底还是碳源竞争的问题，解决的办法有两种：一是减少进入厌氧区的硝酸盐的量；二是采用 MUCT 的方式将污泥先回流至缺氧区，然后再从缺氧区回流至厌氧区，但这样会增加工艺的复杂程度。

综合分析，目前 A-A-O 工艺中存在的主要矛盾是由于碳源，主要是碳源缺乏引起的。低碳氮比污水目前在我国十分常见，碳源的缺乏会使得 A-A-O 工艺脱氮除磷中原本存在的问题更加突出。

解决碳源缺乏的问题有两种途径：一是投加外碳源，这势必增加污水处理的运行成本，尤其在大流量的城市污水脱氮除磷处理过程中更不可取；二是如何有效利用原水中的碳源，提高碳源的脱氮除磷利用效率。

近十年来，一些节省碳源的脱氮除磷新理论的提出，为解决 A-A-O 工艺中的碳源短缺矛盾提供了思路。就目前来看，适用于 A-A-O 工艺，能节省碳源且利于 A-A-O 工艺脱氮除磷效率提高的新理论当属短程硝化反硝化脱氮理论、同步硝化反硝化理论和反硝化除磷脱氮理论。

15.3.2 Phoredox 工艺

该工艺是在 Bardenpho 工艺基础上，在第一个缺氧池前增设了一个厌氧池，工艺流程如图 15-6 所示。由于 Bardenpho 工艺本身具有脱氮除磷效果，增设一个厌氧池保证了磷的释放，进而保证了在好氧池中对磷的摄取，因而提高了除磷效果。但该工艺中由于污泥回流携带的硝态氮回到了厌氧池，对聚磷菌的除磷作用产生不利影响，受水质影响较大，故除磷效果不稳定。

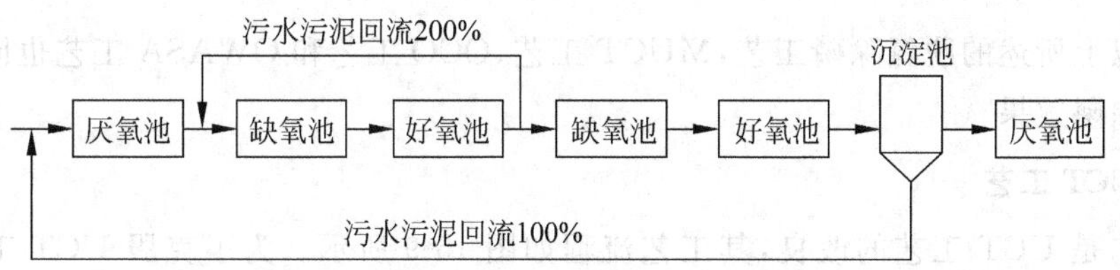

图 15-6 五阶段 Phoredox 除磷脱氮工艺

15.3.3 UCT 工艺

UCT(University of Capetown)工艺是南非开普敦大学提出的一种脱氮工艺，它的工艺流程图如图 15-7 所示。它与 A-A-O 工艺的不同之处在于回流污泥不是回流到厌氧反应器，而是回流到缺氧反应器，防止硝态氮进入厌氧反应器，影响聚磷菌释放磷。UCT 工艺还增加了从缺氧反应器到厌氧反应器的回流，这种缺氧回流液经过反硝化脱氮，硝态氮浓度大大降低，不会破坏厌氧状态。UCT 工艺减小了厌氧反应器的硝酸盐负荷，提高了除磷能力，达到脱氮除磷目的。但由于增加了回流系统，操作运行复杂，运行费用相应提高。

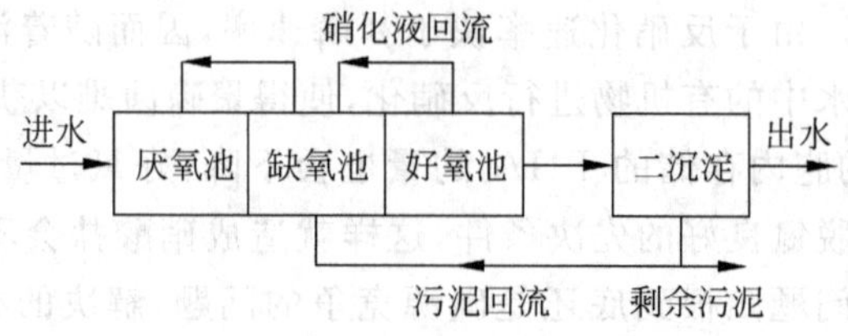

图 15-7　UCT 工艺流程图

15.3.4　VIP 工艺

VIP 工艺是美国 Virginia 州 Hampton Roads 公共卫生区与 CHZM HILL 公司开发的，并获得了专利。该工艺流程如下：

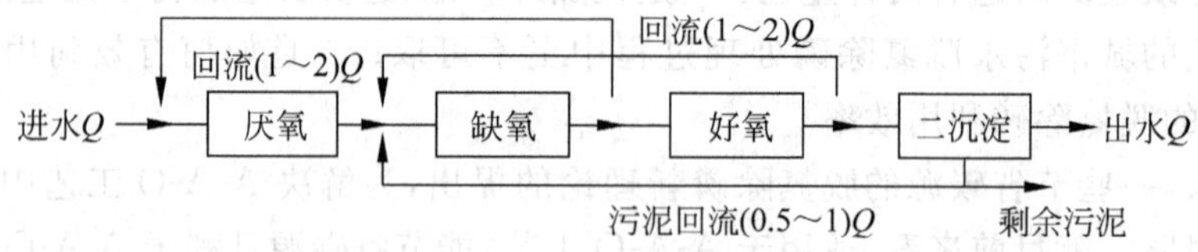

图 15-8　VIP 工艺流程图

VIP 工艺反应池采用分格方式，将一系列体积较小的完全混合式反应格（池）串联在一起，这种形式形成了有机物的梯度分布，充公发挥了聚磷菌的作用，提高了厌氧池磷的释放和好氧池磷的吸收速率。因而比单个体积的完全混合式反应池有更高的除磷效果。缺氧反应池的分格使大部分反硝化反应都发生在前几格，有助于缺氧池的完全反硝化，这样在缺氧池的最后一格硝酸盐的量极少，甚至基本上没有硝酸盐通过缺氧池的回流液进入厌氧池，保证了厌氧池严格的厌氧环境。

15.3.5　其他脱氮除磷工艺

除了以上所述的脱氮除磷工艺，MUCT 工艺、OCO 工艺和 OWASA 工艺也同样具有良好的脱氮除磷效果。

1. MUCT 工艺

该工艺是 UCT 工艺的改良，其工艺流程如图 15-9 所示。为了克服 UCT 工艺两套混合液内回流交叉，导致缺氧段的水力停留时间不易控制的缺点，同时为避免好氧段出流的一部分混合液中的 DO 经缺氧段进入厌氧段而干扰磷的释放，MUCT 工艺将 UCT 工艺的缺氧段一分为二，使之形成两套独立的混合液内回流系统，从而有效地克服了 UCT 工艺的缺点。

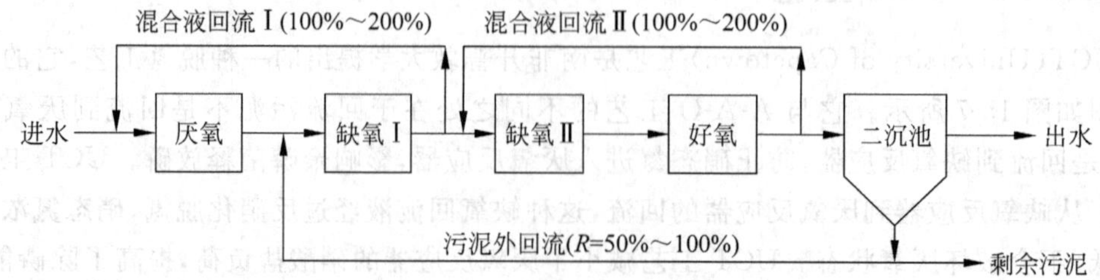

图 15-9　MUCT 工艺流程图

2. OCO 工艺

OCO 池及其组成见图 15-10。OCO 工艺实际上是集 BOD、N、P 去除于一池的活性污泥法。该法具有强大的脱氮除磷功能，自动化水平高，投资省。

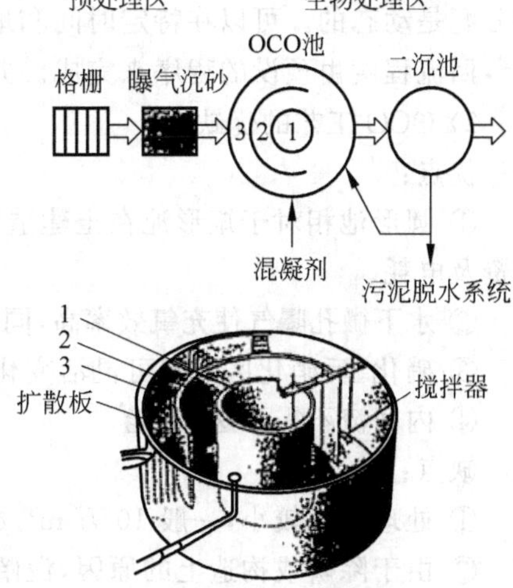

图 15-10　OCO 池及其组成

1，3—好氧区；2—缺氧区

OCO 反应池是一个为生物处理提供物理、生化环境的动力系统池。原水经过格栅、沉砂池的物理处理后，进入 OCO 反应池的厌氧区，污水在厌氧区与活性污泥混合。混合液流入缺氧区，并在缺氧区和好氧区之间循环一定时间后，流入沉淀池、澄清池，排入处理厂出口，污泥一部分回流到 OCO 反应池，另一部分作为剩余污泥予以处理。OCO 工艺实际上是将 A-A-O 工艺的厌氧、缺氧、好氧池合并成具有三个反应区的圆形生化反应池，大大减少了工艺构筑物的数量。

1）工作原理：在 OCO 反应池中存在不同的操作条件，可以实现对 BOD、N、P 的同时去除。

（1）除磷

OCO 池的内圈为厌氧区，停留时间约为 1～1.5h，对于一般碳磷比为 18 的市政污水来说约有 40%～60%的磷靠生物方法去除（磷去除标准，丹麦为 <1.5mg/L，欧共体为 <1mg/L），这是因为原水中易降解有机物较高。但是当进水 BOD 浓度比较低（如 70～80mg/L），除磷效果会降低，作为对生物除磷的补充，多数 OCO 处理厂同时还采用铁盐进行化学除磷，或将化学除磷作为一种备用措施。

有利于生物除磷的条件同时也降低了丝状菌的数量，改善了污泥的沉降性能，为二沉池的运行创造了有利条件。

（2）脱氮

市政污水中氮多以 NH_3-N 的形式存在，因此脱氮包括两个过程：硝化及反硝化。需要好氧及缺氧两种状态的存在。另外还需要足够的泥龄，以方便硝化菌的生长及提供反硝化菌足够的易降解有机物，以保证一定的反硝化速率。

硝化与反硝化的矛盾在于氮在反硝化前首先需要氧化，而氨氮的氧化会同时导致污水中易降解有机物的氧化，进而减缓反硝化的进行。传统的解决方法是将有机物充足的原污水首先引入非曝气区，并从曝气区回流大量富含硝态氮的污水。

在 OCO 工艺中，污水从厌氧区流入缺氧区，为反硝化菌提供了最合适的基质（易降解有机物），以便反硝化能够快速进行。硝态氮从好氧区回流至缺氧区（内回流），含氨氮的水则进入好氧区完成硝化反应。

OCO 工艺的一个主要特点是：好氧区与缺氧区之间的污水交换，即内回流不需泵送，以上两个区域之间有一段是相通的。两者之间的交换形式及量的大小是依靠搅拌器的控制来实施，因此节省能耗。当搅拌器运转时，湍流增强，好氧区与缺氧区混合程度增强，当搅拌器停止运转时，两区之间的混合程度较低。好氧区与缺氧区的区分很明显。OCO 反应池的构造和搅拌器的循环工作可保证好氧区和缺氧区之间很高的回流比，这种频繁的变化是该工艺有效脱氮的关键之一。

回流的控制还可以改变好氧区与缺氧区的容积。当夏季暴雨造成冲击负荷，可将 2、3 区均调为好氧区；夜间低负荷，可将 3 区用来脱氮。因此 OCO 工艺中好氧区与缺氧区容积的分配是动态的。可以在特定时间和地点，根据特点的污水组分进行调节。

回流程度由预设的程序来完成。并由安装在好氧区首端的在线溶氧探头控制。

2）OCO 工艺的优缺点

优点：

① 圆形池相对于矩形池在土建造价、水下推流的动力方面均具有较好的条件，可节省投资及电耗。

② 水下微孔曝气使充氧效率高，同时对污泥沉淀有一定上托的作用，节省了推流的动力。

③ 硝化、反硝化区面积可灵活变化，以适应不同进水水质与水量的要求。

④ 内回流不需泵送，节能。

缺点：

① 处理规模较小，一般 10 万 m^3/d 以下，OCO 池直径目前最大为 $D=50m$。

② 由于除磷或构造上的原因，泥龄较短，污泥稳定不够。

③ 微孔曝气器易堵塞，给管理、检修带来工作量。

④ 化学除磷须增加设备及装置，使投资及日常运行费用有所增加。

⑤ 对搅拌器运行、曝气量大小的灵活改变、基于进水水质、水量等在线仪表瞬时信号的传递及系统对设备的控制要求较高，故对自控系统要求较高。

OCO 工艺有其独到的构思和特点，同时也具有 15 年以上国外成功运行的经验。在国内是否可行还有待实践。但其灵活运行、节约能耗的特点是很值得借鉴的。

3. OWASA 工艺

南方许多城市的城市污水 BOD_5 浓度往往较低，造成原污水的 BOD_5/TP 和 BOD_5/TKN 太低，使 A-A-O 工艺脱氮除磷效果显著下降，为了改进 A-A-O 工艺这一缺点，可采用 OWASA 工艺，其工艺流程图见图 15-11 所示。在该工艺中，将 A-A-O 工艺中初沉池的污泥排至污泥发酵池，初沉池经发酵后的上清液含大量挥发性脂肪酸，将此上清液分别投加至缺氧段和厌氧段，使入流污水中的可溶解性 BOD_5 增加，提高了 BOD_5/TP 和 BOD_5/TKN 的比值，促进磷的释放与 NO_3-N 反硝化，从而使脱氮除磷效果得到提高。

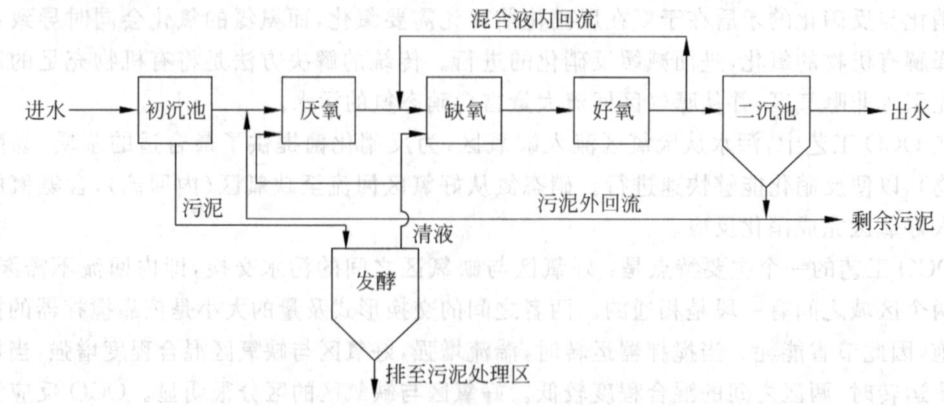

图 15-11 OWASA 工艺流程图

思考题

15-1　绘图说明 A-A-O 同步脱氮除磷的工艺流程，并说明各反应器的主要功能及该工艺流程存在的主要问题。

15-2　说明厌氧-好氧除磷工艺的特点及存在的问题。

15-3　简述生物脱氮的原理。常用的生物脱氮工艺有哪几种？

15-4　简述生物除磷的原理。常用的生物除磷工艺有哪几种？

15-5　氧化沟进、出位置应如何考虑？

15-6　氧化沟主要有哪几种类型？氧化沟主要的工艺特点是什么？

第16章

CHAPTER 16

膜分离处理技术

膜(membrane)广泛存在于自然界中,尤其是在生物体内。20世纪中期,随着物理化学、聚合物化学、生物学、医学和生理学等学科的发展,新型膜材料及制膜技术不断进步,膜分离技术也随之得到了发展。膜分离法通常按照物质的分离范围和推动力来进行分类。主要有微滤(microfiltration,MF)、超滤(ultrafiltration,UF)、纳滤(nanofiltration,NF)、反渗透(reverse osmosis,RO)、渗析(dialysis,D)和电渗析(electro- dialysis,ED)等。微滤和反渗透是利用压力使水透过的两种膜分离过程,微滤膜只能分离微粒性物质,反渗透膜能截留很多小分子溶质,只能允许水分子通过膜;电渗析是根据水中离子的性质进行分离的,这种透过膜的物质是离子,推动力是电位差。膜的分类及基本特点见表16-1。

膜分离技术的特点:分离过程通常在常温下进行,不发生相变化,能耗较低,因此特别适合处理热敏性物料,如对果汁、酶、药品的分离、分级、浓缩与富集;也适用于有机物、无机物、病毒、细菌及微粒等的分离。膜分离法装置简单,易操作,维护方便,分离效率高。

表16-1 膜的分类及其基本特点

过程	膜类型	推动力	透过物	截留物	膜孔径
微滤 MF	多孔膜	压力差约0.1MPa或<0.1MPa	水、溶剂、溶解物	悬浮物各种微粒	0.03～10nm
超滤 UF	不对称膜	压力差(0.1～1MPa)	溶剂、离子、小分子	胶体及各类大分子	1～20nm
纳滤 NF	复合膜 不对称膜	压力差(0.5～2.5MPa)	水和溶剂(相对分子质量<200)	溶质、二价盐、糖和染料	1nm以上
反渗透 RO	阴、阳离子交换膜	压力差(2～10MPa)	水和溶剂	悬浮物、溶解物、胶体	
电渗析 ED	不对称膜 离子交换膜	电位差	离子	非解离和大分子颗粒	

16.1 电渗析法

电渗析法是在外加直流电场作用下,以电位差为推动力,利用离子交换膜的选择透过性(即阳膜只允许阳离子透过,阴膜只允许阴离子透过),使水中阴、阳离子作定向迁移,从而达到离子从水中分离的一种物理化学过程,以实现溶液的浓缩、淡化、精制和提纯。它具有耗能少、寿命长、装置设计与系统应用灵活、经济性、操作维修方便等特点,因而应用广泛。

离子交换树脂的作用机理是树脂与溶液中的离子之间的交换反应(见 9.6 节),而离子交换膜的作用机理则是对溶液中的离子具有选择透过的特性,后者确切说应称为离子选择透过膜。

16.1.1 电渗析原理及过程

如图 16-1 为电渗析原理示意图。在阴极与阳极之间,将阳膜与阴膜交替排列,并用特制的隔板将这两种膜隔开,隔板内有水流的通道。进入淡室的含盐水,在两端电极接通直流电源后,即开始了电渗析过程,水中阳离子不断透过阳膜向阴极方向迁移,阴离子不断透过阴膜向阳极方向迁移,结果是,含盐水逐渐变成淡化水。而进入浓室的含盐水,由于阳离子在向阴极方向迁移中不能透过阴膜,阴离子在向阳极方向迁移中不能透过阳膜,于是,含盐水因不断增加由邻近淡室迁移透过的离子而变成浓盐水。这样,在电渗析器中,组成了淡水和浓水两个系统。与此同时,在电极和溶液的界面上,通过氧化、还原反应,发生电子与离子之间的转换,即电极反应。以食盐水溶液为例,阴极还原反应为

$$2H_2O + 2e^- \longrightarrow H_2\uparrow + 2OH^-$$

阳极氧化反应为

$$2H_2O \longrightarrow 4H^+ + O_2\uparrow + 4e^-$$

$$2Cl^- \longrightarrow Cl_2\uparrow + 2e^-$$

所以,在阴极不断排出氢气,在阳极则不断有氧气或氯气放出。此时,阴极室溶液呈碱性,当水中有 Ca^{2+}、Mg^{2+}、HCO_3^- 等离子时,会生成 $CaCO_3$ 和 $Mg(OH)_2$ 水垢,集结在阴极上;而阳极室溶液则呈酸性,对电极造成强烈的腐蚀。

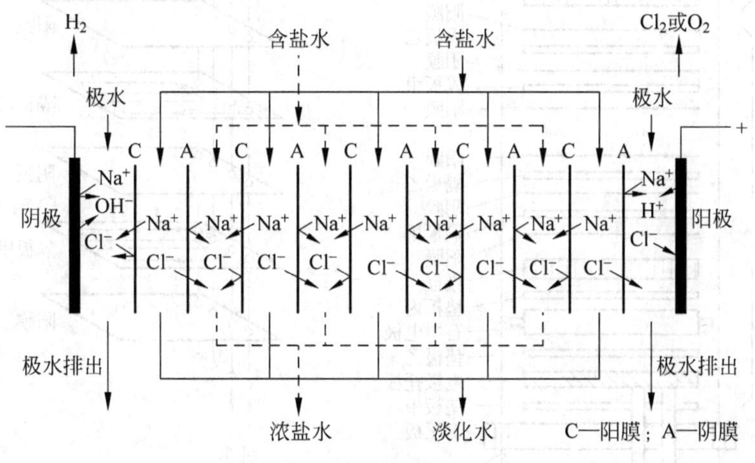

图 16-1 电渗析原理示意图

在电渗析过程中,电能的消耗主要用来克服电流通过溶液、膜时所受到的阻力以及进行电极反应。运行时,进水分别不断流经浓室、淡室以及极室。淡室出水即为淡化水,浓室出水即为浓盐水,极室出水不断排出电极过程的反应物质,以保证电渗析的正常进行。

16.1.2 电渗析器的构造与组装

1. 电渗析器的构造

电渗析器主要由本体和辅助设备两部分构成，如图 16-2 所示。本体可分为膜堆、极区、紧固装置三部分，包括压板、电极托板、电极、极框、阴膜、阳膜、浓水隔板、淡水隔板等部件；辅助设备指整流器、水泵、转子流量计等。

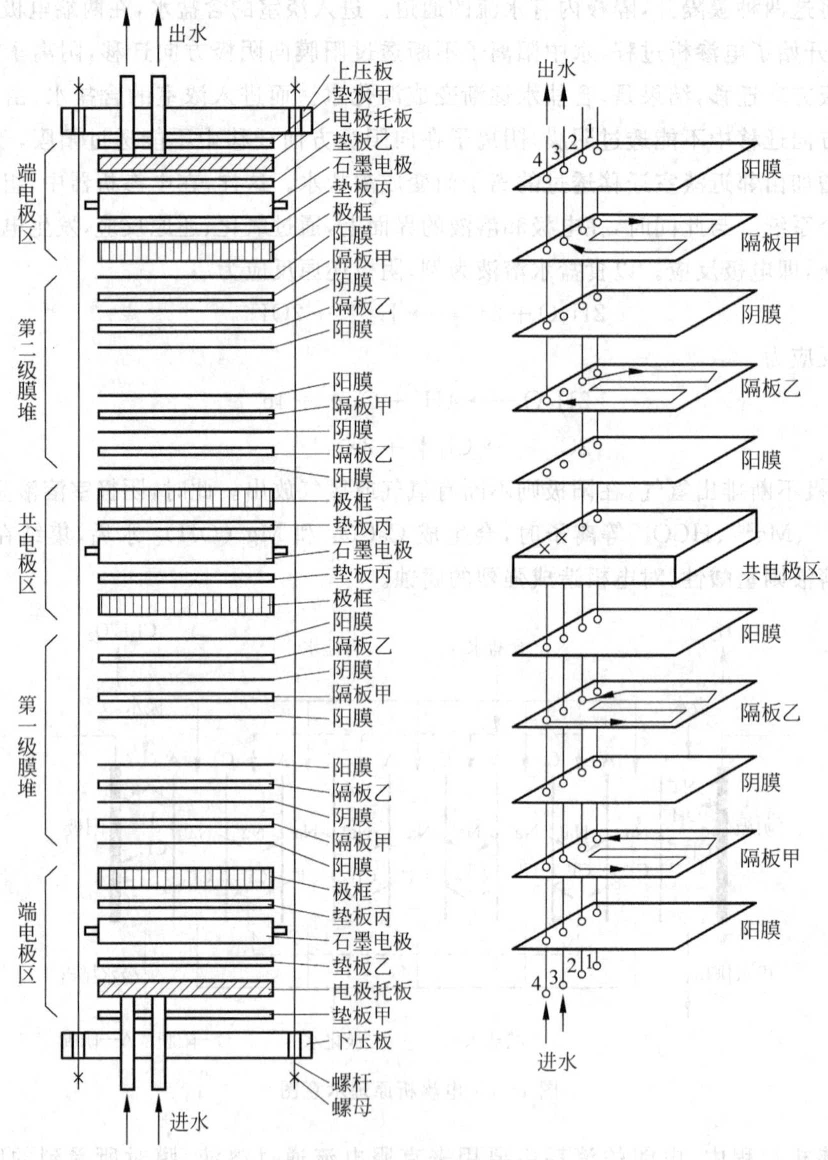

图 16-2 电渗析器组成示意图

(1) 膜堆

一对阴、阳膜和一对浓、淡水隔板交替排列，组成最基本的脱盐单元，称为膜对。电极(包括共电极)之间由若干组膜对堆叠一起即为膜堆。

隔板放在阴阳膜之间，起着分隔和支撑阴阳膜的作用，并形成水流通道，构成浓、淡室。隔板上有进出水孔、配水槽和集水槽、流水道及过水道。隔板常和隔网配合粘结在一起使用，隔板材料常用聚氯乙烯、聚丙烯、合成橡胶等。常用隔网有鱼鳞网、编织网、冲膜式网等。隔网起搅拌作用，以提高液流的湍流程度。

隔板流水道分为回路式和无回路式两种，如图16-3所示。回路式隔板流程长，流速高，电流效率高，一次除盐效果好，适用于流量较小而除盐率要求较高的场合。无回路式隔板流程短，流速低，要求隔网搅动作用强，水流分布均匀，适用于流量较大的除盐系统。

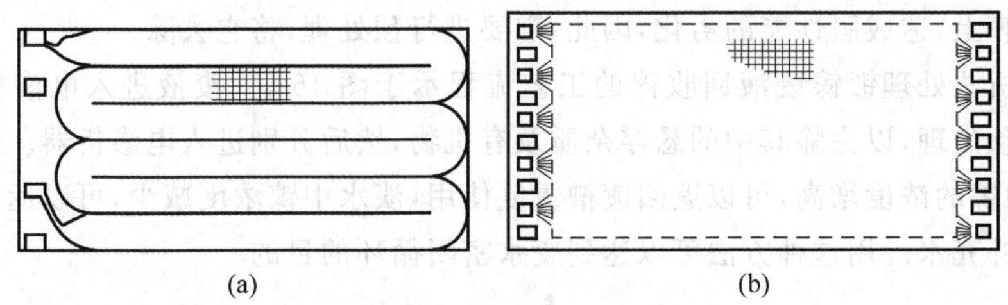

图16-3　隔板示意

(a) 回路式隔板；(b) 无回路式隔板

(2) 极区

电渗析器两端的电极区连接直流电源，还设有原水进口，淡水、浓水出口以及极室水的通路。电极区由电极、极框、电极托板、橡胶垫板等组成。极框比隔板厚，放置在电极与阳膜(紧靠阴、阳电极的膜均用抗腐蚀性较强的阳膜)之间，以防止膜贴到电极上，保证极室水流通畅，及时排除电极反应产物。常用电极材料有石墨、钛涂钌、铅、不锈钢等。

(3) 紧固装置

紧固装置用来把整个极区与膜堆均匀夹紧，使电渗析器在压力下运行时不致漏水。压板由槽钢加强的钢板制成，紧固时四周用螺杆拧紧。

2. 电渗析器的组装

电渗析器组装方式常用“级”和“段”来说明。一对电极之间的膜堆称为一级，具有同向水流的并联膜堆称为一段。增加段数就等于增加脱盐流程，亦即提高脱盐效率。增加膜对数，则可提高水处理量。一台电渗析器的组装方式有一级一段、多级一段、一级多段和多级多段等(见图16-4)。

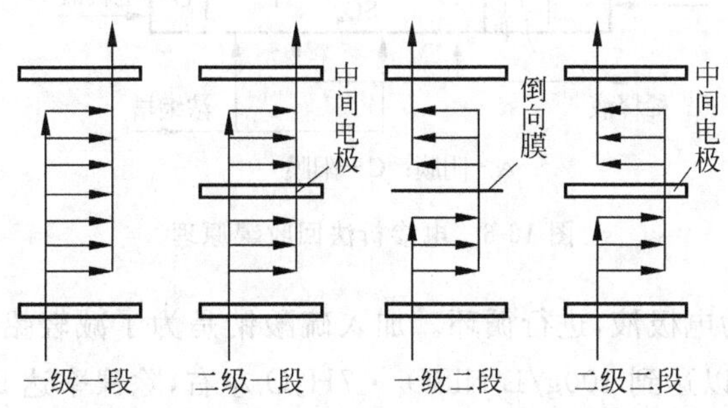

图16-4　电渗析器组装方式

一级一段是电渗析器的基本组装方式。可采用多台并联来增加产水量，亦可采用多台串联以提高除盐率。为了降低一级一段组装方式的操作电压，在膜堆中增设中间电极（共电极），即成为二级一段组装方式。对于小水量，可采用一级多段组装方式。

16.1.3 电渗析法在废水处理中的应用

目前，用电渗析法处理水的实例还很少，主要用于去除水中的盐分。对非水溶性电解质的胶体物质和有机物等不能去除。对铁、锰或高分子有机酸等物质，即使为离子状态，但由于易沉积在膜上，造成膜性能的劣化，因此，需要进行预处理，将它去除。

用电渗析法处理镀镍废液回收镍的工艺流程示于图16-5。废液进入电渗析设备前须经过过滤等预处理，以去除其中的悬浮杂质及有机物，然后分别进入电渗析器。经电渗析处理后，浓水中镍的浓度增高，可以返回镀槽重复使用，淡水中镍浓度减少，可以返回水洗槽用作清洗水的补充水。用这种方法可以达到废水密闭循环的目的。

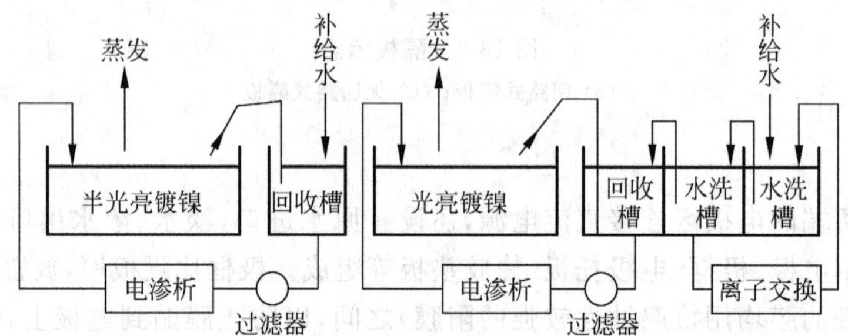

图16-5 电渗析法处理含镍废水的工艺流程

用电渗析法回收镍的原理示于图16-6。

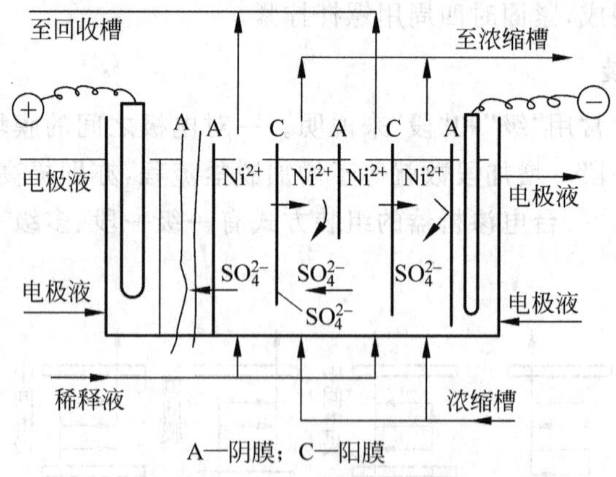

图16-6 电渗析法回收镍原理

以硫酸钠溶液作为电极液，进行循环。加入硫酸钠是为了减轻铅电极的腐蚀。经电渗析处理后，浓液浓度可以达到100g/L $NiSO_4 \cdot 7H_2O$ 左右，除镍率达90%以上。

我国某单位进行的除镍试验结果见表16-2。国外的生产实践结果见表16-3。

表 16-2　除镍实验结果

电压/V	电流密度/(mA/cm^2)	浓水 $NiSO_4 \cdot 7H_2O$ /(g/L)		淡水 $NiSO_4 \cdot 7H_2O$ /(g/L)		除镍率/%	耗电量	
		起始	终了	起始	终了		/(kW·h/m^2)	/(kW·h/kg)
28.8～32.2	2～4	20～103	41～108	5.8	0.48	91.75	2.19	0.44

表 16-3　镀镍污水电渗析浓缩结果　g/L

物　质	电流密度 1.0mA/cm^2		电流密度 1.5mA/cm^2	
	原污水	浓液	原污水	浓液
$NiSO_4$	13.63	115.0	12.47	133.4
$NiCl_2$	1.94	29.9	1.81	29.7
H_3BO_4	3.15	35.8	3.18	32.9

16.2　反渗透

16.2.1　渗透现象与渗透压

1748 年法国学者阿贝·诺伦特(Abbe Nollet)发现,水能自然地扩散到装有酒精溶液的猪膀胱内,从而发现了渗透现象。动物的膀胱是天然的半透膜。我们将这些只能透过溶剂而不能透过溶质的膜称为理想的半透膜。

能够让溶液中一种或几种组分通过而其他组分不能通过的这种选择性膜称为半透膜。可用选择性透过溶剂水的半透膜将纯水和咸水隔开,开始时两边液面等高,即两边等压、等温,水分子将从纯水一侧通过膜向咸水一侧自发流动,结果使咸水一侧的液面上升,直至到达某一高度,这一现象叫渗透,如图 16-7(a)所示。

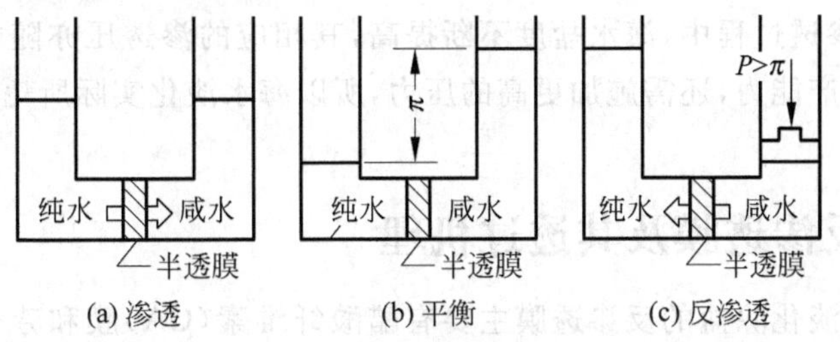

图 16-7　渗透与反渗透现象

渗透现象是一种自发过程,可用热力学原理解释,即

$$\mu = \mu^{\ominus} + RT\ln x \tag{16-1}$$

式中　μ——在指定的温度、压力下咸水的化学位;

$\mu^{\ominus}$——在指定的温度、压力下纯水的化学位;

x——咸水中水的摩尔分数;

R——摩尔气体常数,R=8.314J/(mol·K);

T——热力学温度,K。

由于 $x<1$，$\ln x$ 为负值，故 $\mu^{\ominus}>\mu$，亦即纯水的化学位高于咸水中水的化学位，所以水分子便向化学位低的一侧渗透。可见，水的化学位的大小决定着质量传递的方向。

当两边的化学位相等，渗透即达到动态平衡状态，水不再流入咸水一侧。此时半透膜两侧存在着一定的水位差或压力差，如图 16-7 (b)所示，此即为在指定温度下的溶液(咸水)渗透压 π。渗透压是溶液的一个性质，与膜无关。渗透压可由下式进行计算：

$$\pi = icRT \tag{16-2}$$

式中 c——溶液的物质的量浓度，mol/m^3；

π——溶液渗透压，Pa；

i——校正系数，对于海水，i 约为 1.8。

16.2.2 反渗透

如图 16-7 (c)所示，当咸水一侧施加的压力 p 大于该溶液的渗透压 π，可迫使渗透反向，实现反渗透过程。此时，在高于渗透压的压力作用下，咸水中水的化学位升高并超过纯水的化学位，水分子从咸水一侧反向地通过膜透过到纯水一侧，海水淡化即基于此原理。理论上，用反渗透法从海水中生产单位体积淡水所耗费的最小能量即理论耗能量(25℃)可按下式计算：

$$W_{\lim} = \frac{ARTS}{\bar{V}} \tag{16-3}$$

式中 $W_{\lim}$——理论耗能量，$kW \cdot h/m^3$；

A——系数，等于 0.000 537；

S——海水盐度，一般为 34.3%，计算时仅用分子数值代入式中；

$\bar{V}$——纯水的摩尔体积，等于 $0.018\times10^{-3}m^3/mol$；

R——摩尔气体常数，也可写成 $R=2.31\times10^{-6}kW \cdot h/(mol \cdot K)$。

将上列各值代入上式，得 $W_{\lim}=0.7kW \cdot h/m^3=2.52MPa$，该值即为海水的渗透压。

实际上，在反渗透过程中，海水盐度不断提高，其相应的渗透压亦随之增大，此外，为了达到一定规模的生产能力，还需施加更高的压力，所以海水淡化实际所耗能量要比理论值大得多。

16.2.3 反渗透膜及其透过机理

目前用于水的淡化除盐的反渗透膜主要有醋酸纤维素(CA)膜和芳香族聚酰胺膜两大类。CA 膜具有不对称结构。其表皮层结构致密，孔径 0.8～1.0nm，厚约 0.25μm，起脱盐的关键作用。表皮层下面为结构疏松、孔径 100～400nm 的多孔支撑层。在其间还夹有一层孔径约 20nm 的过渡层。膜总厚度约为 100μm，含水率占 60%左右(见图 16-8)。

CA 膜反渗透装置适用于含盐量在 10 000mg/L 以下的苦咸水的淡化。进水含盐量超过 10 000mg/L，可采用复合膜反渗透装置。如出水水质要求达到除盐水或纯水的水平，应采用反渗透-离子交换联合除盐系统。在此情况下，反渗透主要用于去除水中胶体、微粒、二氧化硅、高分子有机物以及大部分溶解盐类，以减轻离子交换负荷，延长其运行周期，并降低酸、碱耗量。

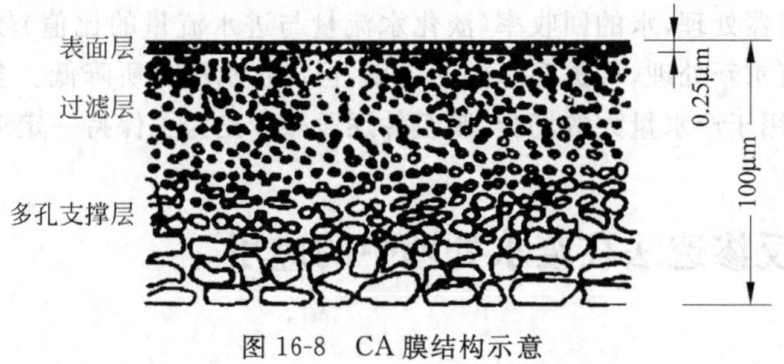

图 16-8　CA 膜结构示意

16.2.4　反渗透装置、工艺流程与布置系统

目前反渗透装置有板框式、管式、卷式和中空纤维式四种类型。广泛应用的是卷式和中空纤维反渗透器。

反渗透法工艺流程一般由预处理、膜分离以及后处理三部分组成。预处理要求进水水质达到规定指标，并且应加酸调节进水 pH 值到 5.5～6.2，以防止某些溶解固体沉积膜面而影响产水量。预处理是保证渗透膜长期工作的关键。预处理旨在防止进水对膜的破坏，除去水中的悬浮物及胶体，阻止水中过量溶解盐沉淀结垢，防止微生物滋长。预处理通常有混凝沉淀、过滤、吸附、氧化、消毒等。对于不同的水源、不同的膜组件应根据具体情况采用合适的预处理方法。

预处理的方法确定以后，反渗透系统布置是工艺设计的关键，在规定的设计参数条件下，必须满足设计流量和水质要求。布置不合理，有可能造成某一组件的水通量很大，而另一组件的水通量很小，水通量大的膜污染速度加快，清洗频繁，造成损失，影响膜的寿命。如图 16-9 所示，反渗透布置系统有(a)单程式、(b)循环式和(c)多段式。在单程式系统中，原

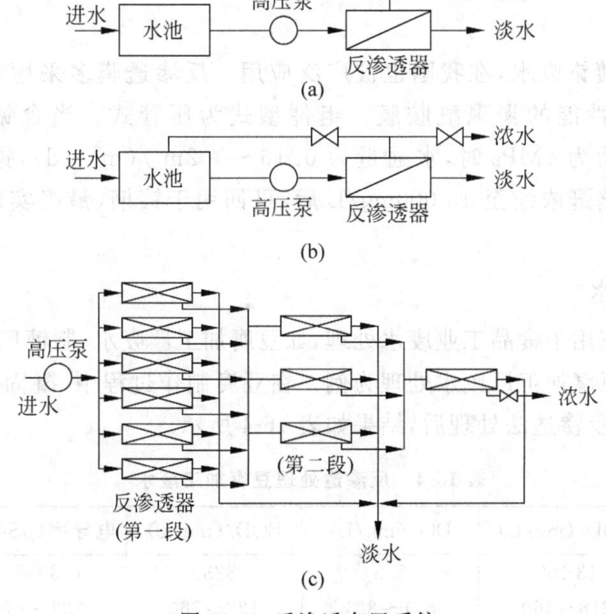

图 16-9　反渗透布置系统

(a) 单程式；(b) 循环式；(c) 多段式

水一次经过反渗透器处理，水的回收率（淡化水流量与进水流量的比值）较低。循环式系统有一部分浓水回流重新处理，可提高水的回收率，但淡水水质有所降低。多段式系统可充分提高水的回收率，用于产水量大的场合，膜组件逐段减少是为了保持一定流速以减轻膜表面浓差极化现象。

16.2.5 反渗透法在废水处理中的应用

1. 电镀废水

反渗透法处理电镀废水的典型工艺流程如图 16-10 所示。

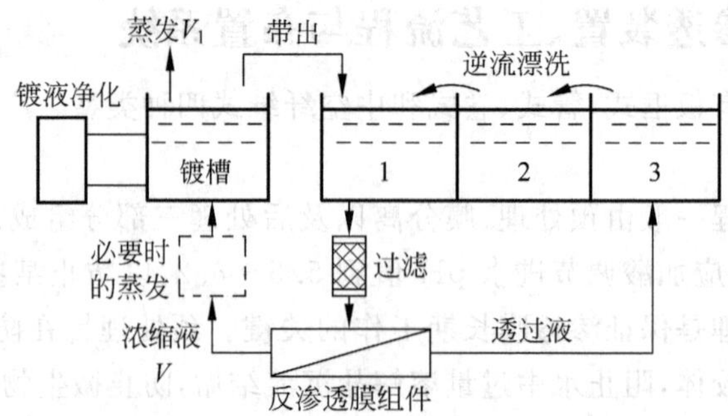

图 16-10 反渗透法处理电镀废水工艺流程

(1) 镀镍废水

反渗透法处理镀镍废水，在我国已广泛采用，目前已有几十套装置在运行。组件多采用内压管式或卷式。采用内压管式组件，在操作压力为 2.7MPa 左右时，Ni^{2+} 分离率为 97.2%～97.7%，水通量为 0.4$m^3/(m^2 \cdot d)$，镍回收率大于 99%。根据电镀槽规模不同，反渗透装置的投资可在 7～20 个月内收回。

(2) 镀铬废水

反渗透法处理镀铬废水，在我国也被广泛应用。反渗透膜多采用我国自己研制的具有优秀耐酸耐氧化性能的聚砜酰胺膜。组件型式为压管式。当含铬废水铬酐浓度为 5000mg/L，操作压力为 4MPa 时，水通量为 0.16～0.2$m^3/(m^2 \cdot d)$，铬去除率为 93%～97%。当废水中的铬酐浓缩至 15 000mg/L 后，可回用于镀槽，最终实现镀铬废水的闭路循环。

2. 食品工业废水

反渗透法已被应用于食品工业废水处理，如豆腐加工厂废水、制糖厂废水和水产品加工厂废水等。此处以豆腐加工厂废水处理为例。在豆腐制作过程中，凝固沉淀形成豆腐时产生的大量上清液，用反渗透法处理后，结果如表 16-4 所示。

表 16-4 反渗透处理豆腐加工废水

水　样	TOD/(mg/L)	DO/(mg/L)	BOD/(mg/L)	电导率(μS/cm)	pH(经调解后)
原液	13 100	6.3	8230	3955	4.1
透过液	218～560	8.1～8.4	127～360	237～470	3.4～3.7
浓缩液	75 300	—	15 823	7175	4.0

反渗透将原液浓缩 5 倍后，浓缩液可经离心喷雾干燥得到有用物质。

3. 城市污水深度处理

国外某污水处理厂采用反渗透法处理二级出水，进行深度处理。处理污水量为 18 925m³/d，该厂的处理流程如图 16-11 所示。

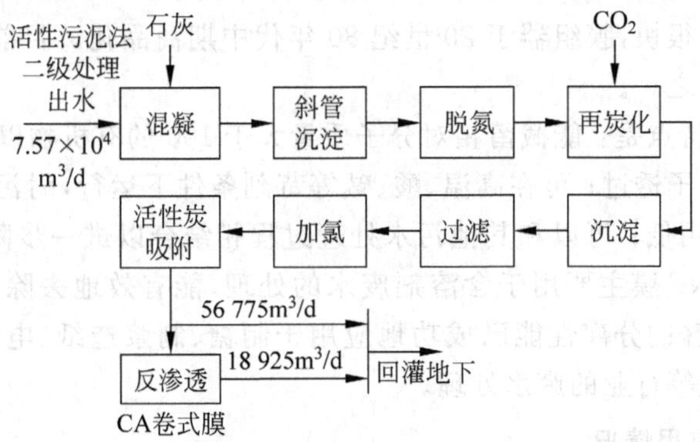

图 16-11　城市污水反渗透法深度处理工艺流程

反渗透设备采用 ROGA 型螺卷式，6 列，每列 35 根，每根直径 20.3cm，长 6.9m。工作压力为 4.12MPa。来水的含盐量为 1000mg/L。水的回收率为 85%，脱盐率为 90%。反渗透设备的去除效果见表 16-5。

表 16-5　反渗透水处理厂的典型性能

项　目	入流水水质(活性炭后)	淡水水质	混合注水水质
钠/(mg/L)	210	11.0	108.0
总硬度/(mg/L)	300	痕迹	—
SO_4^{2-}/(mg/L)	280	0.8	121.0
Cl^-/(mg/L)	240	16.0	103.0
NH_4^+-N/(mg/L)	45	痕迹	0.86
COD/(mg/L)	15	1.5	10.0
电导率/(μS/cm)	1460	70.0	784.0

该厂的出水用注水泵注入地下，作为防止海水入侵到地下水的隔水层及部分用于补充地下水。

16.3　纳滤、超滤和微滤

16.3.1　纳滤

1. 原理和特点

膜分离技术是利用膜对混合物中各组分的选择透过作用性能的差异，以外界能量或化学位差为推动力对双组分或多组分混合的气体或液体进行分离、分级、提纯和富集的方法。膜孔径处于纳米级，适宜于分离相对分子质量在 200～1000、分子尺寸约为 1nm 的溶解组分的膜工艺被称为纳滤(nanofiltration，NF)。

NF膜分离需要的跨膜压差一般为0.5～2.0MPa,比用反渗透膜达到同样的渗透能量所需施加的压差低0.5～3MPa。根据操作压力和分离界限,可以定性地将NF排在反渗透和超滤之间。纳滤膜大多从反渗透膜衍化而来,如CA、CTA膜、芳族聚酰胺复合膜和磺化聚醚砜膜等。但与反渗透相比,其操作压力更低,因此纳滤又被称作"低压反渗透"或"疏松反渗透(loose RO)"。它的出现可追溯到20世纪70年代末J. E. Cadotte对NS-300膜的研究,之后,纳滤发展得很快,膜组器于20世纪80年代中期商品化。目前,NF已成为世界膜分离领域研究的热点之一。

NF分离的技术特点是:能截留相对分子质量大于100的有机物以及多价离子,允许小分子有机物和单价离子透过;可在高温、酸、碱等苛刻条件下运行,耐污染;运行压力低,膜通量高,装置运行费用低;可以和其他污水处理过程相结合以进一步降低费用和提高处理效果。在水处理中,NF膜主要用于含溶剂废水的处理,能有效地去除水中的色度、硬度和异味。NF膜以其特殊的分离性能已成功地应用于制糖、制浆造纸、电镀、机械加工以及化工反应催化剂的回收等行业的废水处理。

2. 试验研究及应用情况

(1) 日用化工废水处理

用NF膜处理日用化工废水的应用研究表明,NF膜耐酸碱,有优良的截留率,对重金属有很好的去除率,不存在膜污染问题。据估计,由于NF膜的运行费用低于反渗透技术,对有机小分子有良好的脱除率,可能会覆盖90%以上的日用化工废水处理。

(2) 石油工业废水处理

石油工业废水主要包括石油开采和炼制过程中产生的含各种无机盐和有机物的废水,其成分非常复杂,处理难度大。采用膜法特别是NF法与其他方法相结合,既可有效处理废水还可以回收有用物质。例如,先用NF膜将原油废水分离成富油的水相和无油的盐水相,然后把富油相加入到新鲜的供水中再进入洗油工序,这样既回收了原油又节约了用水。以前多采用反渗透和相分离结合的方法处理石油工业废水,但存在着膜污染严重的问题,如果在反渗透前加一NF膜,就可以解决膜污染的问题。

石油工业的含酚废水中主要含有苯酚、甲基酚、硝基酚以及各类取代酚,此类物质的毒性很大,必须脱除后才能排放。若采用NF技术,不仅酚的脱除率可达95%以上,而且在较低压力下就能高效地将废水中的镉、镍、汞、钛等重金属高价离子脱除,其费用比反渗透等方法低得多。

(3) 杀虫剂废水处理

一般的水处理方法不能除去污染水中的低分子有机农药。通过研究NF膜对不含酚杀虫剂的截留性能,发现除了二氯化物以外,其他杀虫剂的截留率均高于96.7%,所有杀虫剂在NF膜上的吸附能力均受其疏水性的影响。采用NF处理含有酚类杀虫剂的废水也十分有效。

(4) 生活污水处理

采用常用的生物降解和化学氧化相结合的方法处理生活污水时,氧化剂的消耗很大,残留物多。如果在它们之间增加一个NF系统,让能被微生物降解的小分子(相对分子质量小于100)通过,不能生物降解的有机大分子(相对分子质量大于100)被截留下来经化学氧化后再生物降解,这样就可以充分发挥生物降解的作用,节省氧化剂或活性炭的用量,降低最终残留物的含量。

此外，纳滤技术还可用于化纤、印染工业废水处理，热电厂二次废水的治理及回收利用，酸洗废液处理，以及造纸废水处理等方面。

3. 前景

NF 膜对水中相对分子质量为几百的有机小分子具有分离性能，对色度、硬度和异味有很好的去除能力，并且操作压力低，水通量大，因而将在水处理领域发挥巨大的作用。目前，在 NF 膜的制备、表征和分离机理方面，还有大量的技术问题需要解决，尚需要开发廉价而性能优良的膜，并能提供给用户各种准确的膜性能参数，这些都是纳滤技术在废水处理及其他应用中的关键。

16.3.2 微滤和超滤

超滤和微滤对溶质的截留被认为主要是机械筛分作用，即超滤和微滤膜有一定大小和形状的孔，在压力的作用下，溶剂和小分子的溶质透过膜，而大分子的溶质被膜截留。超滤膜的孔径范围为 0.01～0.1μm，可截留水中的微粒、胶体、细菌、大分子的有机物和部分病毒，但无法截留无机离子和小分子的物质。微滤膜孔径范围在 0.05～5μm。

超滤所需的工作压力比反渗透低。这是由于小分子质量物质在水中显示出高度的溶解性，因而具有很高的渗透压，在超滤过程中，这些微小的溶质可透过超滤膜，而被截留的大分子溶质，渗透压很低。微滤所需的工作压力则比超滤更低。

1. 过滤模式

超滤和微滤有两种过滤模式，终端过滤和错流过滤(图 16-12)。终端过滤为待处理的水在压力的作用下全部透过膜，水中的微粒为膜截留；而错流过滤是在过滤过程中，部分水透过膜，而一部分水沿膜面平行流动。由于截留的杂质全部沉积在膜表面，因而终端过滤的通量下降较快，膜容易堵塞，需周期性地反冲洗以恢复通量；而错流过滤中，由于平行膜面流动的水不断将积在膜面的杂质带走，通量下降缓慢。由于一部分能量消耗在水的循环上，错流过滤的能量消耗比终端过滤大。值得指出的是，微滤和超滤可采用终端过滤或错流过滤模式，而反渗透和纳滤必须采用错流过滤模式。

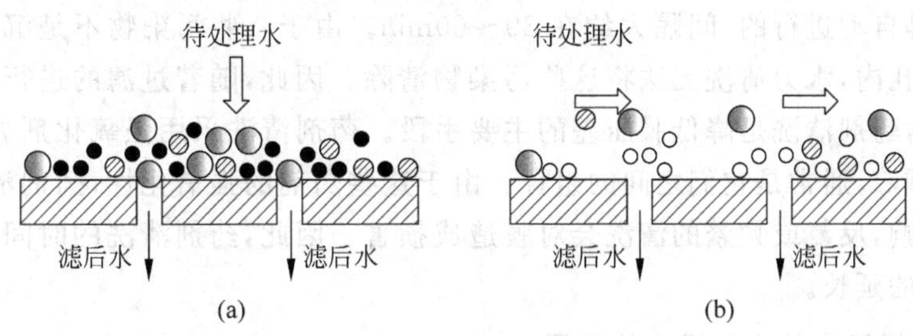

图 16-12　过滤模式图

(a) 终端过滤；(b) 错流过滤

2. 过滤通量的表达式

由于微滤和超滤的分离机理主要是机械筛分，故常用孔模型来描述水通量和溶质通量。水透过超滤膜是通过一定数量的孔来进行的，由于孔径很小，水在孔内做层流流动。若孔的半径为 r，长度为 l，膜孔的孔隙率为 ε，溶液粘度为 μ 则水通量 J_w 和膜两端的压差 ΔP 的关系可用哈根-泊肃叶(*Hagen-Poiseuille*)定律来描述：

$$J_w = \left(\frac{\varepsilon \cdot r^2}{8\mu l}\right) \cdot \Delta P \tag{16-4}$$

实际上，膜内的孔是弯曲的，其长度 l 与膜厚度 δ_m 并不相等，故用弯曲系数 τ 来校正：

$$\tau = \frac{l}{\delta_m} \tag{16-5}$$

则公式变为

$$J_w = \left(\frac{\varepsilon \cdot r^2}{8\mu\tau\delta_m}\right) \cdot \Delta P = \frac{\Delta P}{\mu \cdot \frac{8\tau\delta_m}{\varepsilon r^2}} = \frac{\Delta P}{\mu R_m} \tag{16-6}$$

其中

$$R_m = \frac{8\tau\delta_m}{\varepsilon r^2} \tag{16-7}$$

由式(16-6)可知，对于一定的膜，其水通量和所施加的压力为线性关系。R_m 表示膜本身的阻力。式(16-6)还表明，溶液的粘度 μ 和通量为反比关系。当处理的溶液为水时，其粘度与水温有关。水温越低，则粘度越大。这说明当施加的压力一定时，水温的降低将导致水通量的下降。应该指出的是，上述的关系式仅在水中不含任何杂质的情况下成立。通常利用上述关系式来测定膜本身的阻力 R_m，所得到的通量也称为纯水通量。

3. 超滤和微滤膜的污染和防治

造成超滤和微滤膜污染的因素很多，原因复杂，目前还未完全了解其机理。水中的有机物、无机物和微生物均可对超滤和微滤膜造成污染。有机物可以认为是膜的主要污染物。防止膜污染的主要措施是预处理，其目的是将污染物在预处理中最大限度地去除，从而减少污染物进入膜组件。目前的主要预处理方法有混凝、活性炭吸附和预氧化等。

膜清洗是过滤中重要的工艺环节。清洗是将累积在膜表面的污染物清洗下来，达到恢复通量或降低膜压差的目的。超滤和微滤膜的清洗分为水力清洗和药剂清洗。水力清洗是用泵驱动水(通常是膜过滤水)向过滤的相反方向进行冲洗，故也称为反冲洗。在膜过滤过程中，反冲洗是自动进行的，间隔大约在30～60min。由于一些污染物不是沉积在膜表面，而是进入了膜孔内，水力清洗无法将这些污染物清除。因此，随着过滤的进行，膜压仍会逐渐增加。此时，药剂清洗是降低膜压差的主要手段。药剂清洗采用强氧化剂如高浓度的次氯酸钠，或酸碱等，通常是它们之间的组合。由于这些药剂的强氧化性，药剂清洗通常会对膜性能造成影响，反复或频繁的清洗会对膜造成损害。因此，药剂清洗的时间间隔越长，越有利于膜寿命的延长。

4. 超滤和微滤在给水处理中的应用

由于水环境受到不同程度的污染以及饮用水水质标准不断提高，寻求新的饮用水安全保障技术以改进或替代自来水厂的处理工艺已是给水领域的最重要课题。用膜处理替代水厂常规处理工艺是最具前瞻性的技术创新。膜技术的特点是依靠孔径大小对水中杂质进行选择性截留。微滤膜的孔径一般在0.1μm，超滤膜在0.01μm，而各种细菌的尺寸范围在0.5～5μm。因此，微滤膜和超滤膜几乎可以100%地去除细菌和微生物。同样的道理，膜对水中悬浮固体也有很好的去除作用。膜处理可使出水的浊度低于0.1NTU，而这一数值是常规处理的极限。此外，一些致病微生物如贾第虫和隐孢子虫耐氯能力很强，常规处理的灭活效果较差，而膜对贾第虫和隐孢子虫有很好的去除效果。常规处理的主要去除对象是浊度物质和致病微生物，需要通过混凝、反应、沉淀、过滤和消毒五道工艺环节才能达到目的，而膜处理仅需一道工艺就可实现，因而占地面积可大大缩小。微滤膜和超滤膜由于孔径较大，去除水中溶解性有机物的效果较差，此外，有机物还会造成通量下降。为了提高有机物的去除效果和避免通量的下降，可采用混凝、粉末活性炭和臭氧进行膜预处理，形成组合工艺。这样的组合工艺已成为膜应用和研究的主流。

微滤或超滤膜还可以与纳滤膜联用，形成所谓的双膜系统。在这样的系统中，微滤或超滤膜主要进行固液分离，其作用类似于常规处理；而纳滤膜主要去除有机物，其作用类似于臭氧-生物活性炭。这样的双膜系统更优于现行的臭氧-生物活性炭深度处理。这是由于双膜系统的出水水质不受原水水质变化的影响，而且没有溴酸盐的问题。

1987 年，在美国科罗拉多州的 Keystone，建成了世界上第一座膜分离水厂，水量为 $10^5 m^3/d$，采用 0.2μm 孔径的聚丙烯中空纤维微滤膜。1988 年，在法国的 Amoncourt，建成了世界上第二座膜水厂，水量为 $240 m^3/d$，采用 0.01μm 醋酸纤维素中空超滤膜。据统计，到 1999 年为止，全世界已建成的膜水厂超过了 50 座，水量规模从 $100 m^3/d$ 到 $100\,000 m^3/d$。由此可以看出，膜技术的另一特点是适应水量变化的能力很强，它可以通过增减膜组件的数量轻松应对水量的变化。显然，在小水量上，膜具有常规处理无法比拟的优势。事实上，目前世界上大多数的膜水厂的产水量低于 $10\,000 m^3/d$。

16.4　纯水的制备方法

某一水质的纯水，可称去矿化水或去离子水。纯水的标准及其水质参数必须结合纯水在使用的具体过程中，有关水质参数所产生的不利影响来制定，纯水的制备也必须密切按具体的水质标准来制定流程。

纯水制备系统是根据原水的水质特点与用水的纯水标准来制定的。这虽然是给水系统的一般性要求，但对纯水系统来说，具有下列一些特点：

(1) 纯水制备系统的原水不仅要达到一般常规处理后的水质，而且还要满足另外一些严格的水质要求，如表 16-6 所示。表 16-6 的进水水质要求间接说明了纯水制备系统的流程不能离开离子交换和反渗透工艺。

表 16-6　膜分离、离子交换装置允许的进水水质指标

	项　目	电渗析	离子交换	反渗透	
				卷式膜（醋酸纤维素质）	空心纤维膜（聚酰胺系）
1	浊度/度	1～3，一般<2	逆流再生宜<2，顺流再生宜<5	<0.5	<0.3
2	色度/度	—	<5	清	清
3	污染指数值	—	—	3～5	<3
4	pH 值	—	—	4～7	4～11
5	水温/℃	5～40	<40	15～35	15～35（降压后最大为 40）

续表

项　目		电渗析	离子交换	反渗透	
				卷式膜（醋酸纤维素质）	空心纤维膜（聚酰胺系）
6	化学耗氧量（以 O_2 计）/(mg/L)	<3	<2～3	<1.5	<1.5
7	游离氯/(mg/L)	<0.1	宜<0.1	0.2～1.0	0
8	铁（以总铁计）/(mg/L)	<0.3	<0.3	<0.05	<0.05
9	锰/(mg/L)	<0.1	—	—	—
10	铝/(mg/L)	—	—	<0.05	<0.05
11	表面活性剂/(mg/L)		<0.5	检不出	检不出
12	洗涤剂，油分，H_2S 等	—	—	检不出	检不出
13	硫酸钙溶度积	—	—	浓水<19×10^{-5}	浓水<19×10^{-5}
14	沉淀离子（SiO_2、Ba^{2+} 等）	—	—	浓水不发生沉淀	浓水不发生沉淀
15	Langelier 饱和指数	—		浓水<0.5	浓水<0.5

(2) 纯水制备系统必须密切结合用水工艺系统来设计，两者应该构成一个有机的整体。例如发电厂的高压锅炉的纯水系统，实际包括了锅炉给水的处理系统和锅炉供给透平机所产生的冷凝水的处理系统，纯水的系统不能离开锅炉与透平机而存在。因此，必须熟悉用纯水的工艺系统，才能很好地设计纯水处理系统。

(3) 纯水是最容易沾污的水，因此构成纯水处理系统的一切处理设备及管线阀门、水泵、水箱、药剂、监控仪表、分析监测设备，等等，都要在材质、构造甚至可能出现的误操作上，设计和制作成能够完全防止出现污染的纯水处理系统。

(4) 用水点要处于不断流动的循环过程中的处理流程终点处。

(5) 水质分析要适时地反映用水点的水质。

表 16-7 和表 16-8 是纯水处理中从最简单到较复杂的流程形式，也是很复杂的纯水处理流程中不可少的组成部分。表 16-8 中的系统可用于高压锅炉的给水处理。

表 16-7　纯水制备系统（Ⅰ）

处理系统		出水水质			适用的原水水质	系统特点
		电阻率/($10^4\Omega\cdot cm$)	SiO_2/(mg/L)	溶解固体/(mg/L)		
(1)	H—OH	7～10	0.02～0.1	1～4	进水强酸阴离子<2meq/L，阳离子<6meq/L，碱度<50mg/L，SiO_2<15mg/L	
(2)	H—D—OH	7～10	0.02～0.1	1～4	同上，碱度>50mg/L	
(3)	H—WOH—D	7～10	和原水一样	2～10	强酸阴离子>2meq/L，碱度>50mg/L	出水时硅酸无要求
(4)	H—WOH—D—OH	7～10	0.02～0.1	1～4	同(3)	节省 NaOH，除 SiO_2 较彻底，碱度<50mg/L 时，可不设脱碳器

续表

处理系统		出水水质			适用的原水水质	系统特点
		电阻率/($10^4\Omega\cdot cm$)	SiO_2/(mg/L)	溶解固体/(mg/L)		
(5)	WH—H—D—OH	7～10	0.02～0.1	1～4	进水碱度＞4meq/L，且含盐较低，强酸阴离子＜2meq/L	当进水水质条件适合时，可采用阴双层床
(6)	WH｜H—D—WOH｜OH	7～10	0.02～0.1	1～4	进水强酸阴离子＞2meq/L，碱度＞4meq/L	酸耗、碱耗低，适用高盐高碱水，也可组成四床式，将强弱分开

符号说明：

H—强酸阳离子交换柱；OH—强碱阴离子交换柱；WH—弱酸阳离子交换柱；WOH—弱碱阴离子交换柱；WH｜H—阳双层床；WOH｜OH—阴双层床；D—除 CO_2 器。

表 16-8　纯水制备系统（Ⅱ）

处理系统		出水水质			适用的原水水质	系统特点
		电阻率/($10^4\Omega\cdot cm$)	SiO_2/(mg/L)	溶解固体/(mg/L)		
(7)	H—D—OH—H/OH	200～1000	＜0.02	0.04～0.1	适用水质如系统(1)	
(8)	H—WOH—D—OH—H/OH	200～1000	＜0.02	0.04～0.1	同系统(4)	
(9)	WH—H—D—OH—H/OH	200～1000	＜0.02	0.04～0.1	同系统(5)	
(10)	WH｜H—D—WOH｜OH—H/OH	200～1000	＜0.02	0.04～0.1	同系统(6)	
(11)	H—WOH—D—H/OH	＜1000	＜0.02	0.04～0.1	同系统(3)，而且原水 SiO_2 很小	
(12)	ED—H—D—H/OH	＜1000	＜0.02	0.02～0.05	进水总含盐量＞500～1000mg/L	Na^+＜0.005mg/L，进水硬度高时 ED 前加软化
(13)	RO—H—D—OH—H/OH	＜1000	＜0.02	0.02～0.05	进水总含盐量＞1000～3000mg/L	Na^+＜0.005mg/L
(14)	ED—H/OH—终 H/OH	＜1000	＜0.02	0.02～0.05	进水含盐量 350～500mg/L，ED 将 85％以上盐去除	Na^+＜0.005mg/L

注：ED—电渗析器；RO—反渗透器；终 H/OH—终极混合床；H/OH—强酸弱碱混合床。

思考题

16-1　电渗析的作用原理是什么？它与渗透有何区别？

16-2　何谓渗透与反渗透？何谓渗透压与反渗透压？

16-3 反渗透法除盐与电渗析法相比有何特点？

16-4 电渗析器的级和段是如何规定的？级和段与电渗析器的出水水质、产水量以及操作电压有何关系？

16-5 说明终端过滤和错流过滤两种模式的区别。

16-6 微滤和超滤的原理分别是什么？它们有何区别与联系？

16-7 说明纯水制备系统的特点。

第17章 CHAPTER 17

其他深度处理方法

17.1 地下水除铁除锰方法

含铁和含锰地下水在我国分布很广。铁和锰可共存于地下水中，但含铁量往往高于含锰量。我国地下水的含铁量一般小于5～15mg/L，含锰量约在0.5～2.0mg/L之间。

水中的铁以Fe^{2+}或Fe^{3+}形态存在，由于Fe^{3+}溶解度低，易被地层滤除，故地下水中的铁主要是溶解度高的Fe^{2+}离子。锰以＋2、＋3、＋4、＋6或＋7价氧化态存在，其中除了Mn^{2+}和Mn^{4+}以外，其他价态锰在中性天然水中一般不稳定，故实际上可认为不存在，但Mn^{4+}的溶解度低，易被地层滤除，所以以溶解度高的Mn^{2+}为处理对象。地表水中含有溶解氧，铁锰主要以不溶解的$Fe(OH)_3$和MnO_2状态存在，所以铁锰含量不高。地下水或湖泊和蓄水库的深层水中，由于缺少溶解氧，以致＋3价铁和＋4价锰还原成为溶解的＋2价铁和＋2价锰，因而铁锰含量较高，须加以处理。

水中含铁量高时，水有铁腥味，影响水的口味；作为造纸、纺织、印染、化工和皮革精制等生产用水，会降低产品质量；含铁水可使家庭用具如瓷盆和浴缸产生锈斑，洗涤衣物会出现黄色或棕黄色斑渍；铁质沉淀物Fe_2O_3会滋长铁细菌，阻塞管道，有时自来水会出现红水。

含锰量高的水所发生的问题和含铁量高的情况相类似，并更为严重，例如使水有色、臭、味，降低纺织、造纸、酿造、食品等工业产品的质量，家用器具会污染成棕色或黑色。洗涤衣物会有微黑色或浅灰色斑渍等。

我国《生活饮用水卫生标准》(GB 5749—2006)中规定，铁、锰浓度分别不得超过0.3mg/L和0.1mg/L，这主要是为了防止水的臭味或沾污生活用具或衣物，并没有毒理学的意义。铁锰含量超过标准的原水须经除铁除锰处理。

17.1.1 地下水除铁方法

地下水中二价铁主要是重碳酸亚铁($Fe(HCO_3)_2$)，只有在酸性矿井水中才会含有硫酸亚铁($FeSO_4$)。

重碳酸亚铁在水中离解：

$$Fe(HCO_3)_2 \longrightarrow Fe^{2+} + 2HCO_3^- \tag{17-1}$$

当水中有溶解氧时，Fe^{2+}易被氧化成Fe^{3+}：

$$4Fe^{2+} + O_2 + 2H_2O \longrightarrow 4Fe^{3+} + 4OH^- \tag{17-2}$$

氧化生成的Fe^{3+}以$Fe(OH)_3$形式析出。因此，地下水中不含溶解氧是Fe^{2+}稳定存在的必要条件。一般，地下水中均不含溶解氧，故含铁地下水中的铁通常是 Fe^{2+}。

去除地下水中 Fe^{2+}，通常采用氧化方法。常用的氧化剂有氧、氯和高锰酸钾等。由于利用空气中的氧既方便又较经济，所以生产上应用最广。本书重点介绍空气自然氧化法和接触催化氧化法。

1. 空气自然氧化法

采用空气中的氧除铁，称空气自然氧化法，或简称自然氧化法。其除铁工艺如图 17-1 所示。

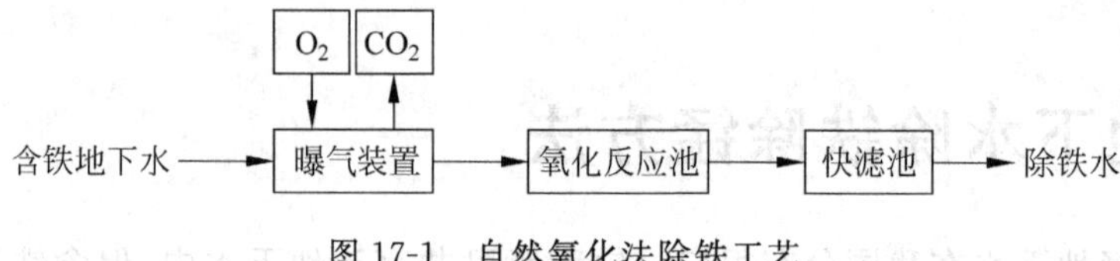

图 17-1 自然氧化法除铁工艺

根据式(10-2)计算，每氧化 1mg/L 的 Fe^{2+}，理论上需氧 0.14mg/L。但实际需氧量要高于理论值 2～5 倍。曝气充氧量按下式计算：

$$[O_2] = 0.14a[Fe^{2+}] \tag{17-3}$$

式中 $[Fe^{2+}]$——水中 Fe^{2+} 浓度，mg/L

$[O_2]$——溶氧浓度，mg/L；

a——过剩溶氧系数，$a=2\sim5$。

水中 Fe^{2+} 的氧化速率即是 Fe^{2+} 浓度随时间的变化速率，与水中溶解氧浓度、Fe^{2+} 浓度和氢氧根浓度(或 pH 值)有关。当水中的 pH>5.5 时，Fe^{2+} 氧化速度可用下式表示：

$$-\frac{d[Fe^{2+}]}{dt} = k[Fe^{2+}][O_2][OH^-]^2 \tag{17-4}$$

式中 k 值为反应速率常数。公式左端负号表示 Fe^{2+} 浓度随时间而减少。一般情况下，水中 Fe^{2+} 自然氧化速率较慢，故经曝气充氧后，应有一段反应时间，才能保证 Fe^{2+} 获得充分的氧化。

曝气的作用主要是向水中充氧。曝气装置有多种形式，常用的有曝气塔、跌水曝气、喷淋曝气、压缩空气曝气及射流曝气等。在空气自然氧化法除铁工艺中，为提高 Fe^{2+} 氧化速率，通常采用在曝气充氧的同时还可同时散除部分 CO_2，以提高水的 pH 值的曝气装置，如曝气塔等。提高水的 pH 值即增加了式(17-4)中 $[OH^-]$ 浓度。由于 Fe^{2+} 氧化速率与 $[OH^-]^2$ 成正比，故 pH 值的提高可大大加快 Fe^{2+} 的氧化速率。图 17-2 为曝气塔示意图。塔中可设多层板条或厚度为 0.3～0.4m 的焦炭或矿渣填料。填料层上、下净距离在 0.6m 以上，以便空气流通。含铁地下水从塔顶穿孔管喷淋而下，成为水滴或水膜通过填料层，空气中的氧便溶于水中，同时也散除了部分 CO_2。

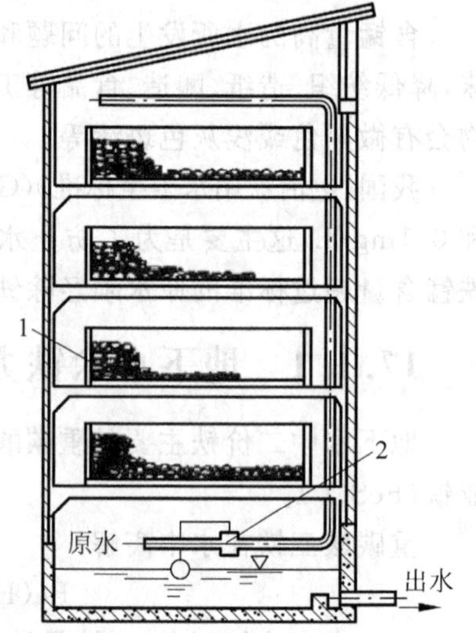

图 17-2 曝气塔除铁

1—焦炭层 30～40cm；2—浮球阀

曝气后的水进入氧化反应池，氧化池的作用除了使 Fe^{2+} 充分氧化为 Fe^{3+} 外，还可使 Fe^{3+} 水解形成 $Fe(OH)_3$ 絮体的一部分在池中沉淀下来，从而减轻后续快滤池的负荷。水在氧化反应池内停留时间一般在 1h 左右。

快滤池的作用是截留三价铁的絮体。除铁用的快滤池与一般澄清用的快滤池相同，只是滤层厚度根据除铁要求稍有增加。

2. 接触催化氧化法

由于自然氧化法除铁时，Fe^{2+} 的氧化速率较缓慢，所需曝气装置和氧化反应池较复杂、庞大，便出现了接触催化氧化除铁方法。催化氧化方法的核心是，在除铁滤池滤料表面需形成化学成分为 $Fe(OH)_3$ 的铁质活性滤膜。该铁质活性滤膜即是催化剂，可加速水中 Fe^{2+} 的氧化。其催化氧化机理是，铁质活性滤膜首先吸附水中 Fe^{2+}，在水中含有溶解氧条件下，被吸附的 Fe^{2+} 在活性滤膜催化作用下，迅速氧化成 Fe^{3+}，并水解成 $Fe(OH)_3$，又形成新的催化剂。因此，铁质活性滤膜除铁的催化氧化过程是一个自催化过程。催化氧化除铁工艺如图 17-3 所示。

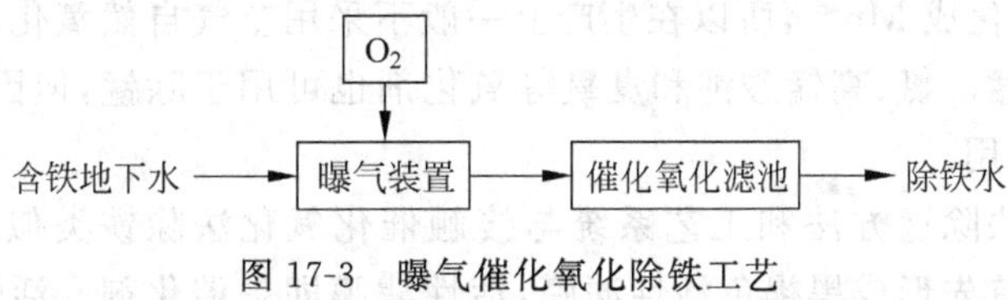

图 17-3　曝气催化氧化除铁工艺

接触催化氧化除铁工艺简单，不需设置氧化反应池。在催化氧化除铁过程中，曝气仅仅是为了充氧，无需散除 CO_2，故曝气装置也比较简单，例如简单的射流曝气就可达到充氧要求。图 17-4 为射流曝气除铁示意图。水射器利用高压水流吸入空气，并将空气带入深井泵吸水管中，达到充氧目的。高压水来自压力滤池出水回流。这种除铁形式构造简单，适用于小型水厂。

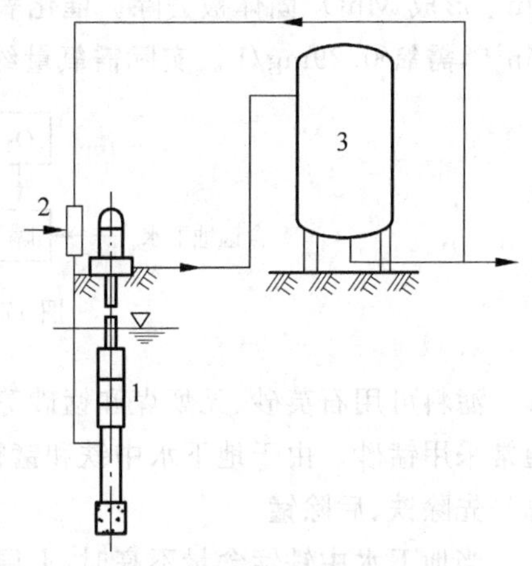

图 17-4　射流曝气除铁
1—深井泵；2—水射器；3—除铁滤池

滤池中的滤料可以是天然锰砂、石英砂或无烟煤等粒状材料。这些滤料只是铁质活性滤膜的载体，本身对铁的吸附容量有限。相比之下，锰砂对铁的吸附容量大于石英砂和无烟煤。一般活性滤膜的形成过程是，将曝气充氧后的含铁地下水直接经过滤池过滤。由于新滤料表面尚无活性，仅靠滤料本身吸附作用去除少量铁质，故出水水质较差。随着过滤时间的延续，滤料表面活性滤膜逐渐增多，出水含铁量逐渐减少，直至滤料表面覆盖棕黄色滤膜，出水含铁量达到要求时，表面滤料已经成熟，可投入正常运行。滤料成熟期少则数日，多则数周。由于锰砂对铁的吸附容量较大，故成熟期较短。一旦铁质活性滤膜形成就获得稳定的除铁效果。而且随着过滤时间的延长，铁质活性滤膜逐渐累积，催化能力不断提高，滤后水质会越来越好。因此过滤周期并不决定于滤后水质，而是决定于过滤阻力。

接触催化氧化除铁滤池滤料粒径、滤层厚度和滤速，视原水含铁量、曝气方式和滤池形式等确定。滤料粒径通常为0.5～2.0mm，滤层厚度在0.7m至1.5m范围内(压力滤池滤层一般较厚)，滤速通常在5～10m/h内，含铁量高的采用较低滤速，含铁量低的采用较高滤速。天然锰砂除铁滤池的滤速也有高达20～30m/h。

由于接触催化氧化除铁工艺的设备简单，处理效果稳定，故目前应用较广。

3. 药剂氧化法

对于地下水中的铁锰，当空气中的氧把二价铁氧化成三价铁有困难时，可以在水中投加强氧化剂，如氯、高锰酸钾等。此法适用于同时需要去除浊度的情况，如铁锰超标的地表水常规处理。但选用药剂氧化过滤法进行地下水除铁锰的较少，主要是费用比其他方法高。

17.1.2 地下水除锰方法

铁和锰的化学性质相近，所以常共存于地下水中，但铁的氧化还原电位低于锰，容易被 O_2 氧化，相同pH时二价铁比二价锰的氧化速率快，以致影响二价锰的氧化，因此地下水除锰比除铁困难。在pH中性条件下，Mn^{2+} 几乎不能被溶解氧氧化。只有当pH＞9.0时，Mn^{2+} 才能较快地氧化成 Mn^{4+}，所以在生产上一般不采用空气自然氧化法除锰。目前常用的是催化氧化法除锰。氯、高锰酸钾和臭氧等氧化剂也可用于除锰，但因药剂费较高，应用不广，只在必要时使用。

接触催化氧化法除锰方法和工艺系统与接触催化氧化法除铁类似，工艺如图17-5所示。即在滤料表面首先形成黑褐色活性滤膜，活性滤膜即是催化剂。活性滤膜首先吸附水中的 Mn^{2+}。在水中含有溶解氧条件下，被吸附的 Mn^{2+} 在活性滤膜催化作用下，氧化成 Mn^{4+} 形成 MnO_2 固体被去除。催化氧化法除锰也是自催化过程，理论上每氧化1mg/L的 Mn^{2+}，需氧0.29mg/L。实际需氧量约为理论值的2倍以上。

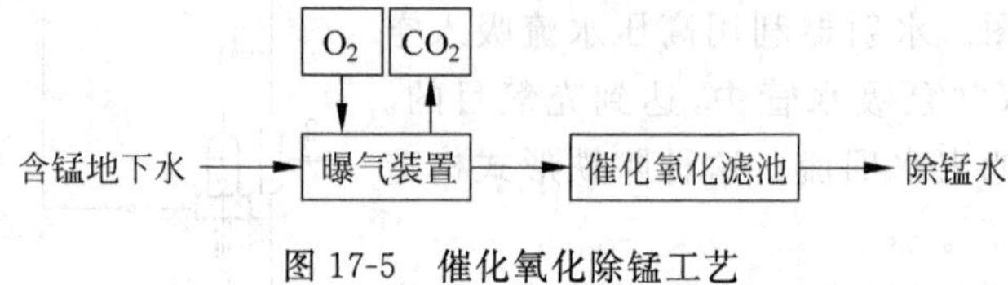

图17-5 催化氧化除锰工艺

滤料可用石英砂、无烟煤和锰砂等。由于石英砂滤料成熟期很长，催化氧化除锰的滤料通常采用锰砂。由于地下水中铁和锰往往共存，且除铁易、除锰难，故对含有铁锰的地下水，总是先除铁、后除锰。

当地下水中铁锰含量不高时，上层除铁下层除锰而在同一滤层完成，不致因锰的泄漏而影响水质。但如含铁、锰量大，则除铁层的范围增大，剩余的滤层不能截留水中的锰，为了防止锰的泄漏，可在流程中建造两个滤池，前面是除铁滤池，后面是除锰滤池。图17-6为上层除铁、下层除锰压力滤池示意图。

近年来，国内外都在进行生物法除铁除锰研究。因为氧化法除锰比除铁难得多，且要求较高的pH值，故生物法除锰尤其受到重视。

生物法除铁除锰也是在滤池中进行，称生物除铁除锰滤池。与澄清用的滤池和接触催化氧化除铁、除锰滤池不同的是，生物除铁除锰滤池的滤料层应通过微生物接种、培养、驯化形成生物滤层。滤料表面和空隙间的微生物中含有铁细菌。一般认为，当含铁、含锰地下水

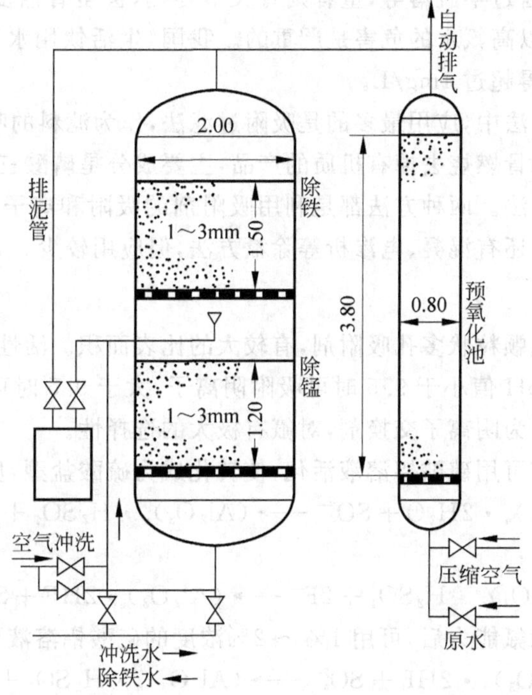

图 17-6　除铁除锰双层滤池

通过滤层时，在有氧条件下，通过铁细菌胞内酶促反应、胞外酶促反应及细菌分泌物的催化反应，使 Fe^{2+} 及 Mn^{2+} 得到氧化。生物除铁、除锰工艺简单，可在同一滤池内完成，如图 17-7 所示。生物除铁除锰需氧量只需简单曝气即可（如跌水曝气），曝气装置简单。滤池中滤料仅起微生物载体作用，可以是石英砂、无烟煤和锰砂等。生物滤层成熟期视细菌接种方法而不同，一般在数十天左右。目前，生物除铁除锰法我国已有生产应用，尚需不断积累经验和不断研究，使这一新技术得以推广。

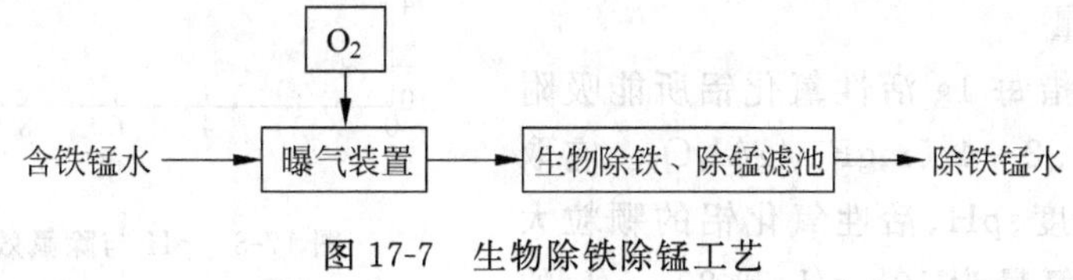

图 17-7　生物除铁除锰工艺

17.2　除氟和除砷技术

17.2.1　水的除氟

氟是人体必需元素之一，但过量则有毒害作用。

目前，世界上许多国家饮用水中的氟含量严重超标，印度、北非和我国部分地区的居民因长期饮用高氟水而饱受氟骨症的煎熬。尤其我国地下水含氟地区的分布范围很广，长期饮用含氟量高的水可引起慢性氟中毒，特别是对牙齿和骨骼产生严重危害，轻者患氟斑牙，表现为牙釉质损坏、牙齿过早脱落等，重者则骨关节疼痛，甚至骨骼变形，出现弯腰驼背等，完全丧失劳动能力，所以高氟水的危害是严重的。我国《生活饮用水卫生标准》(GB 5749—2006)规定氟的含量不得超过 1mg/L。

我国饮用水除氟方法中，应用最多的是吸附过滤法，作为滤料的吸附剂主要是活性氧化铝，其次是骨炭，是由兽骨燃烧去掉有机质的产品，主要成分是磷酸三钙和炭，因此骨炭过滤称为磷酸三钙吸附过滤法。两种方法都是利用吸附剂的吸附和离子交换作用，是除氟的比较经济有效方法。其他还有混凝、电渗析等除氟方法，但应用较少。

1. 活性氧化铝法

活性氧化铝是白色颗粒状多孔吸附剂，有较大的比表面积。活性氧化铝是两性物质，等电点约在 9.5，当水的 pH 值小于 9.5 时可吸附阴离子，大于 9.5 时可去除阳离子，因此，在酸性溶液中活性氧化铝为阴离子交换剂，对氟有极大的选择性。

活性氧化铝使用前可用硫酸铝溶液活化，使转化成为硫酸盐型，反应如下：

$$(Al_2O_3)_n \cdot 2H_2O + SO_4^{2-} \longrightarrow (Al_2O_3)_n \cdot H_2SO_4 + 2OH^- \tag{17-5}$$

除氟时的反应如下：

$$(Al_2O_3)_n \cdot H_2SO_4 + 2F^- \longrightarrow (Al_2O_3) \cdot 2HF + SO_4^{2-} \tag{17-6}$$

活性氧化铝失去除氟能力后，可用 1% ～2%浓度的硫酸铝溶液再生：

$$(Al_2O_3)_n \cdot 2HF + SO_4^{2-} \longrightarrow (Al_2O_3)_n \cdot H_2SO_4 + 2F^- \tag{17-7}$$

活性氧化铝除氟有下列特性：

(1) pH 影响

原水含氟量为 $C_0=20$mg/L，取不同 pH 值的水样进行试验的结果见图 17-8，可以看出，在 pH=5～8 范围内时，除氟效果较好，而在 pH=5.5 时，吸附量最大，因此如将原水的 pH 值调节到 5.5 左右，可以增加活性氧化铝的吸氟效率。

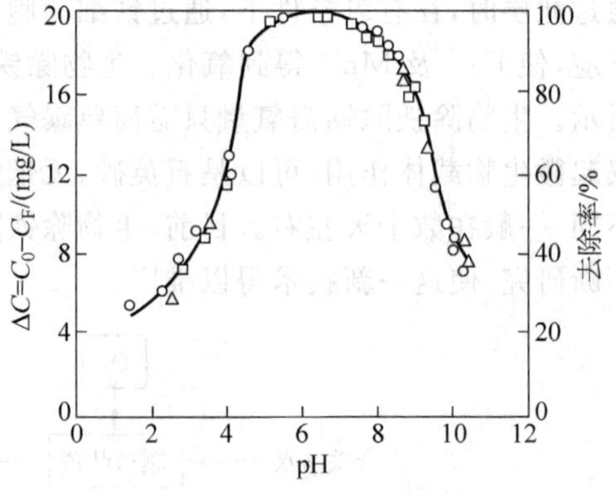

图 17-8 pH 与除氟效果关系

(2) 吸氟容量

吸氟容量是指每 1g 活性氧化铝所能吸附的质量，一般为 1.2～4.5mgF^-/gAl_2O_3。它取决于原水的氟浓度、pH、活性氧化铝的颗粒大小等。在原水含氟量为 10mg/L 和 20mg/L 的平行对比试验中，如保持出水 F^- 在 1mg/L 以下时，所能处理的水量大致相同，说明原水含氟量增加时，吸氟容量可相应增大。进水 pH 值可影响 F^- 泄漏前可以处理的水量，pH=5.5 似为最佳值。颗粒大小和吸氟容量呈线性关系，颗粒小则吸氟容量大，但小颗粒会在反冲洗时流失，并且容易被再生剂 NaOH 溶解。国内常用的粒径是 1～3mm，但已有粒径为 0.5～1.5mm 的产品。

由上可见，加酸或加 CO_2 调节原水的 pH 值到 5.5～6.5 之间，并采用小粒径活性氧化铝，是提高除氟效果和降低制水成本的途径。

活性氧化铝除氟工艺可分成原水调节 pH 和不调节 pH 两类。调节 pH 时为减少酸的消耗和降低成本，我国多将 pH 控制在 6.5～7.0。除氟装置的接触时间应在 15min 以上。

除氟装置有固定床和流动床。固定床的水流一般为升流式，滤层厚度1.1～1.5m，滤速为3～6m/h。移动床滤层厚度为1.8～2.4m，滤速10～12m/h。

活性氧化铝柱失效后，出水含氟量超过标准时，运行周期即告结束须进行再生。再生时，活性氧化铝柱首先反冲洗10～15min，膨胀率为30%～50%，以去除滤层中的悬浮物。再生液浓度和用量应通过试验，一般采用 $Al_2(SO_4)_3$ 再生时为1% ～2%，采用NaOH时为1.0%。再生后用除氟水反冲洗8 ～10min。再生时间约1.0 ～1.5h。采用NaOH溶液时，再生后的滤层呈碱性，须再转变为酸性，以便去除 F^- 离子和其他阴离子。这时可在再生结束重新进水时，将原水的pH调节到2.0～2.5并以平时的滤速流过滤层，连续测定出水的pH值，当pH降低到预定值时，出水即可送入管网系统中应用。然后恢复原来的方式运行。和离子交换法一样，再生废液的处理是一个麻烦的问题，再生废液处理费用往往占运行维护费用很大的比例。

2. 骨炭法

骨炭法或称磷酸三钙法，是仅次于活性氧化铝而在我国应用较多的除氟方法。骨炭的主要成分是羟基磷酸钙，其分子式可以是 $Ca_3(PO_4)_2 \cdot CaCO_3$，也可以是 $Ca_{10}(PO_4)_6(OH)_2$，交换反应如下：

$$Ca_{10}(PO_4)_6(OH)_2 + 2F^- = Ca_{10}(PO_4)_6 \cdot F_2 + 2OH^- \tag{17-8}$$

当水的含氟量高时，反应向右进行，氟被骨炭吸收而去除。

骨炭再生一般用1%NaOH溶液浸泡，然后再用0.5%的硫酸溶液中和。再生时水中的 OH^- 浓度升高，反应向左进行，使滤层得到再生又成为羟基磷酸钙。

骨炭法除氟较活性氧化铝法的接触时间短，只需5min，且价格比较便宜，但是机械强度较差，吸附性能衰减较快。

3. 其他除氟方法

混凝法除氟是利用铝盐的混凝作用，适用于原水含氟量较低并须同时去除浊度时。由于投加的硫酸铝量太大会影响水质，处理后水中含有大量溶解铝引起人们对健康的担心，因此应用越来越少。电凝聚法除氟的原理和铝盐混凝法相同，应用也少。

电渗析除氟法可同时除盐，适宜于苦咸高氟水地区的饮用水除氟，尽管在价格上和技术上仍然存在一些问题，预计其应用有增长的趋势。

17.2.2 水的除砷

我国含砷地下水分布较广。迄今已发现新疆、内蒙古、山西等13个省区地下水中含砷量较高，其中山西省"砷中毒"地方病已列入全国"重灾区"。地表水中的砷主要来源于工业污染。砷是一种有毒物质，其毒性随不同化合物而异。三价砷化物毒性大于五价砷化物。长期饮用含砷量高的水，砷可在人体内积蓄，引起慢性中毒。常见的砷中毒病是"黑脚病"（一种皮肤病）和皮肤癌等。我国《生活饮用水卫生标准》（GB 5749—2006）规定，饮用水中砷含量最高为0.01mg/L。

砷在水中通常以三价和五价的无机砷及有机砷形式存在。地表水中，砷主要是五价（As(V)）；地下水中，砷主要是三价（As（Ⅲ））。As(Ⅲ)和As（V)分别主要有 H_3AsO_3、$H_2AsO_3^-$ 和 $H_2AsO_4^-$、$HAsO_4^{2-}$，其存在形式与水的pH值有关。

目前，水的除砷方法主要有混凝法、活性氧化铝法、离子交换法及反渗透法等。

1. 混凝法

混凝法主要利用混凝剂（具有大的活性表面积）的强大的吸附作用吸附砷，然后过滤或用滤膜除去水中的砷。

混凝剂可分为无机和有机两类；最常见和运用最广泛的无机混凝剂是铁盐（如 $Fe(OH)_2$、$Fe(OH)_3$、$FeCl_3$、$FeSO_4$ 等）和铝盐（如 $Al(OH)_3$、$AlCl_3$、$Al_2(SO_4)_3$ 等），铁盐除砷效果一般高于铝盐。

在混凝法除砷的实验及实际应用过程中，人们发现混凝剂对五价砷（As^{5+}）的去除效果比对三价砷（As^{3+}）去除效果好得多，所以在除砷过程中常对所处理的污水进行预氧化，即把三价砷（As^{3+}）氧化为五价砷（As^{5+}），再进行混凝。常用的氧化剂有漂白粉（含 ClO^-）、双氧水（H_2O_2），氯气（Cl_2）、臭氧（O_3）、二氧化锰（MnO_2）等。为了提高氧化效果，有时还会加入催化剂促进氧化。混凝法是目前在工业生产和处理生活饮用水中运用的最广泛的除砷方法，并且可以很好地使工业废水达到排放标准，使生活饮用水达到饮用标准。

除铁盐和铝盐外，还可用煤渣（主要成分是 SiO_2 和 Al_2O_3，有骨架结构和微孔）经粉碎及高温焙烧活化后作混凝剂，或者用聚硅酸铁（PFSC）、无机铈铁（稀土基材料）等作混凝剂。为了提高除砷效果，有人用颗粒活性炭、骨炭等作为骨架材料，以铁盐等混凝剂作为基团材料做成的强化除砷剂，在除砷实验中也收到了良好的效果。

2. 活性氧化铝法

活性氧化铝在近中性溶液中对许多阴离子有亲和力。采用粒状活性氧化铝作为滤料，含砷水经过滤，通过吸附、络合和离子交换等作用，使砷从水中去除。为提高活性氧化铝的除砷效率及容量，宜先加入酸把水调节成微酸性。每立方米（约 830kg）粒径为 0.4～1.2mm 的活性氧化铝在处理 4000 多 m^3 的水之后，可以进行再生，再生液可选用 1％的氢氧化钠溶液，用量为滤料体积的 4 倍左右，再生后的活性氧化铝可以重复使用。

3. 其他除砷方法

其他除砷方法包括离子交换法、电吸附法、物化吸附法和反渗透等方法。

离子交换法利用树脂（如聚苯乙烯树脂等）吸附交换原理除去水中的砷。在近中性 pH 环境中，强碱性阴离子交换树脂主要去除五价砷（以 $H_2AsO_4^-$ 或 $HAsO_4^{2-}$ 形态存在）；而三价砷（H_3AsO_3）去除效果差。故水中含有 As^{3+} 时，应通过预氧化使 As^{3+} 氧化成 As^{5+}，然后经离子交换去除。预氧化剂可采用次氯酸钠、高锰酸钾和氯等。

离子交换树脂可采用盐溶液（NaCl）再生。除交换树脂外，新型的离子交换材料逐渐被发现和应用，如新型离子交换纤维等。

电吸附法利用电吸附材料形成的双电层对不同价态的含砷带电粒子具有特异的吸附和解吸性能，去除水中的砷。电吸附法中，在起始砷浓度为 0.3mg/L 时，去除率超过 96％，水的利用率达 80％。上述特点是目前流行的反渗透法不能比拟的，反渗透的去除率仅 83％，而一级反渗透仅为 30％。电吸附材料的再生不需要任何化学试剂，无二次污染，但必须用原水彻底排污，排污时只需将正负电极短接，并保持 0.5h，使电极上的粒子不断解析下来，至进出水电导率相近为止。

17.3　高锰酸钾复合药剂对地表水源处理的应用

高锰酸钾是一种强氧化剂，高锰酸钾复合药剂(PPC)是在高锰酸钾基础上发展起来的一种新型、高效的氧化剂，是将高锰酸钾与某些无机盐复合而成的，并通过控制一定的反应条件，促进高锰酸钾氧化还原稳态中间产物的形成，从而强化了该药剂对有机物的氧化、催化和吸附等功能。高锰酸钾复合药剂在地表水源处理中的应用主要有去除微污染源水中的有机物，去除原水中的浊度、色度以及除藻除臭等。

17.3.1　去除有机物

受有机物污染水中，胶体表面电荷密度相对较大，难以脱稳，因而多数情况下即使添加某些高分子助凝剂，仍难以取得良好的混凝效果。近年来的研究发现，PPC 预氧化具有强化脱稳、增大絮体尺寸和加快沉速等作用，还可有效去除水中微量有机污染物，降低水的致突活性。PPC 对有机物的去除，除了有高锰酸钾的氧化作用及新生态水合 MnO_2 的吸附和催化氧化作用外，高锰酸钾与其他组剂的协同作用也不可忽视。PPC 具有远远高于单纯高锰酸钾的除污染效果，证明了复合药剂中高锰酸钾和其他组分存在着一定的协同强化作用。

1）降低高锰酸钾指数

近年来监测表明，我国地表水体已普遍受严重污染，而且受污染类型多为有机污染。有机污染物能粘附于水中胶体颗粒表面，提高胶体稳定性，阻碍胶体的沉降脱稳，影响常规混凝工艺的处理效果。因此，用氧化剂进行预处理是强化混凝去除有机污染物的行之有效的方法，可降低水中的高锰酸钾指数。

2）去除酚类物质

酚是水中常见的有机污染物。在有氯情况下，酚能与氯结合形成氯酚，使水体产生强烈难闻的刺激性气味。另外，在传统给水工艺的混凝阶段，水中的苯酚会包裹在一些胶体颗粒表面，阻碍胶体颗粒的凝聚脱稳，从而使常规的混凝处理效果降低。PPC 不仅能通过去除臭味前质苯酚而控制氯化过程中酚臭的产生，而且在氯化酚臭产生后也能很好地将臭味去除。

17.3.2　除藻及藻臭

当前普遍采用的除藻方法是预氯化工艺。尽管预氯化可以强化除藻的效率，但在氯化过程中氯与水中较高浓度的有机物作用生成 THMs 等有害副产物，此工艺的使用受到越来越多国家的限制。一些发达国家采用臭氧化除藻效果虽好，但投资太大，运行成本高，大量试验发现，高锰酸钾与其他一些药剂相复合，可以拓宽其净水功能。

臭味是由水中藻类及其代谢物产生的，源于藻类胞外有机物。藻类主要通过被动释放和自体分解两种方式向水中传递臭味物质，使处理后水中产生鱼腥臭味。PPC 除臭是利用其各组分间的协同氧化作用使得臭味物质分解，并与复合药剂中某些成分结合得到去除，同时新生态水合 MnO_2 对有机物有一定的吸附氧化作用，因而使水中臭味物质降低。另外，臭味物质是微量的且有很好的均匀分散性，PPC 溶解投加到水中后也有很好的均匀分散性，可对微量臭味物质进行充分的氧化或吸附去除，因此除臭效果显著。

17.3.3 去除微污染水的色度与浊度

水体受到污染，一般伴随着有机污染物、氨氮、藻类、臭味等污染指标的增高，同时水厂出厂水的浊度居高不下，色度逐年上升，也是原水微污染的重要表现。PPC预处理对水的色度和浊度的去除效能较高，对聚合硫酸铁、PAC混凝和除色也有较好的强化作用。有学者研究了PPC对太湖水色度强化混凝的去除效能。实验表明PPC的强化混凝可强化过滤对色度的去除作用，明显提高含藻水的色度去除率；与单纯投加PAC相比强化了PAC小投加量时的除色效果，可以节省混凝剂；并且，PPC的强化混凝作用不受pH值的影响，解决了常规水处理除浊与除色对pH值要求的矛盾。另外，使用PPC预处理可降低混凝剂投量，降低制水成本，具有较高开发应用前景。

17.3.4 高锰酸钾及PPC与其他方法的联用

高锰酸钾预处理技术与其他处理技术的联用可以做到优势互补，进一步强化高锰酸钾的除微污染作用，可在不增加大的投资情况下高效地去除水中污染物。

1）与粉末活性炭联用

高锰酸钾预氧化技术和粉末活性炭吸附技术以其各自简便、经济和实用的特点，已经被成功地应用于饮用水处理工艺中。高锰酸钾与粉末活性炭联用具有互补性。高锰酸钾预氧化可以改善活性炭的吸附特性，粉末活性炭能够吸附部分有害的氧化中间产物，使饮水更加安全可靠；同时粉末活性炭还能够使水中剩余的高锰酸钾还原，避免因过度投加高锰酸钾而造成水中总锰浓度过高。

高锰酸钾预氧化具有强化粉末活性炭吸附效能的作用，且去除有机污染时具有协同效应，即两者联用时除污效果大于两者单独使用效果之和。经过系列实验发现，采用PPC与粉末活性炭联用的组合工艺，对水中COD、NH_3-N、NO_2^--N、总锰、总铁、氯仿、大肠菌群、细菌等均有显著的去除作用，处理效果优于预氯化和单纯PPC。

2）与臭氧联用

臭氧化会使水中生物可同化有机碳（AOC）和可生物降解溶解性有机碳浓度升高。原水中含有溴离子的情况下，臭氧化会产生溴酸盐问题，还会导致水中醛类和酮类等有害物质的增加，尤其是甲醛。鉴于臭氧化助凝效果的不确定性，采用其他试剂强化臭氧化助凝是很必要的。高锰酸盐预氧化的助凝效果已经被研究结果所证实，而且其本身也是一种氧化剂，可以对臭氧化起到有益的补充作用，利用两种氧化剂之间的优势互补作用，可以减少臭氧化过程中所产生的副产物。

有研究表明，单纯的混凝沉淀对甲醛的去除率仅约为25%，而其前投加高锰酸盐氧化后，甲醛去除率明显升高，合理的投量还有助于AOC的去除，并且复合氧化可以明显地减少溴酸盐和甲醛的生成。相比臭氧单独氧化，复合氧化不仅能提高对浊度的去除效果，而且更能适应原水水力和水质条件在较大范围内的变化。

在应用高锰酸钾及其复合药剂时，必须确定最佳投量，如果投加过量，则可能导致出水色度增加，而且还可能增加水中Mn^{2+}的含量。因此，从水质安全角度考虑，应用高锰酸钾及其复合药剂时，需试验确定其最佳投量。

17.4 纳米技术在水处理中的应用

17.4.1 纳米微粒的基本理论

自从20世纪80年代纳米材料的概念形成以来，纳米材料在结构、光电和化学性质等方面的诱人特征，引起物理学家和材料学家的广泛兴趣，世界各国先后对这种材料给予了极大的关注。纳米材料的合成为发展新型材料提供了新的过程和思路，也为常规与复合材料的研究增添了新的内容。其中纳米粒子的获得又为进一步探索原子、分子的奥秘创造了前所未有的条件。

纳米粒子的研究主要集中在化学键和电子离域性强的物质体系，在那里微粒粒径将影响其固态特性的变化。现代制备技术可以制备出各种各样的金属、半导体和绝缘体纳米粒子。影响其特性的最主要的两个参数就是尺寸和化学组成，这两个参数的控制和表征，是有关纳米粒子科学研究的重要课题。而且不同试验方法下制备的相同化学组成的纳米粒子也可能有不同的结构和特性，这取决于制备纳米粒子是由热力学控制还是由动力学控制的步骤。纳米粒子的收集和储存等都对其特性产生显著的影响。

纳米粒子的应用领域十分广泛，如作为化学催化剂和电催化剂，粒径显著影响其催化活性，这方面的研究已经成为催化领域的一个重大课题，半导体纳米粒子由于其增大的三阶非线性极化率和较快的响应时间成为非线性光学材料家族中备受瞩目的新成员。此外，各种功能材料，如气敏材料、湿敏材料、红外敏感材料、磁性材料、光纤材料、导电材料等都是纳米粒子发挥作用的天地。

纳米粒子(nano particles)是指粒径在1～100nm范围内的粒子，有时也称作超微粒子(ultrafine particles)、超小粒子、团簇、量子点等，其尺寸介于原子、分子与宏观体相之间，是一种过渡态，由有限个原子和分子组成，能保持物质原有化学性质，是处于热力学上不稳定的亚稳态的原子或分子群，处于一种新的物理状态，与等离子体共称为物质的“第四态”。纳米粒子的集合体称纳米粉末(nanometer powders)或超微粉末(ultrafine powders)。

显然，纳米颗粒是肉眼和一般显微镜下看不到的微小粒子。众所周知，一般烟尘颗粒尺寸为数微米，血液中的红细胞大小为6000～9000nm，可见光波长的尺寸为400～760nm，甚至一般细菌尺寸也有数十纳米。可见，纳米颗粒的尺寸比可见光波长还短，与细菌相当。这样微小的物质颗粒只能用高倍电子显微镜进行观测。为了区别纳米颗粒、微粒颗粒、原子团簇，图17-9给出了这些颗粒的粒径分布。纳米粒子是由数目较少的原子或分子组成的原子群或分子群。

表征纳米粒子的其中一个标准是它的比表面积 S_w，它与粒径的关系如下：

$$S_w = \frac{K}{\rho D} \tag{17-9}$$

式中 S_w——比表面积，m^2/g；

ρ——粒子的理论密度，g/cm^3；

D——粒子的平均直径，cm；

K——形状因子，对球形、立方体粒子，$K=6$。

由上式可知，随颗粒尺寸减小，粒子的比表面积迅速增加。如粒径 50nm 的 SiC(ρ=3.3g/cm^3)比表面积高达 36m^2/g。

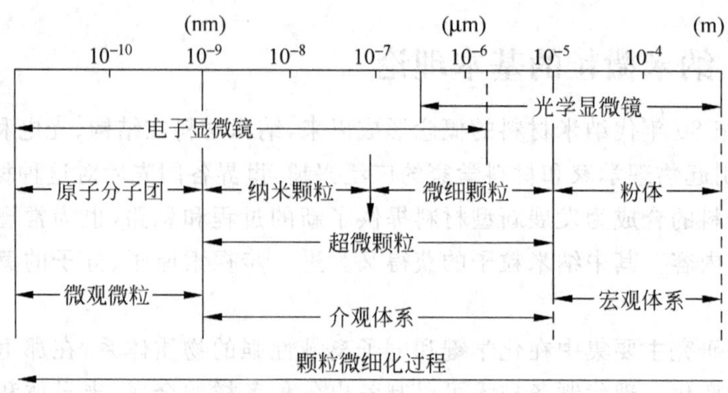

图 17-9 各类颗粒的粒径分布

17.4.2 半导体纳米颗粒的光催化技术

1. 纳米颗粒的制备

纳米颗粒的制备技术在当前纳米材料科学研究中占据极为重要的地位。其关键是控制颗粒的大小和获得较窄的粒度分布，所需设备也尽可能结构简单，易于操作。目前纳米颗粒的制备有多种方法，其中物理方法有蒸发冷凝法、物理粉碎法和机械合金法等；化学方法有化学气相沉积法、化学沉淀法、水热合成法、溶胶-凝胶法、溶剂蒸发法、微乳液法、激光气相法、气相等离子沉积法、表面化学修饰法、金属醇盐水解法、模板反应法等；而更多的方法则是对化学反应及物理变化的综合利用，以增加制备过程中的成核，控制或抑制生长过程，使产物成为所需要的纳米颗粒。

纳米颗粒的制备方法按物料形态大致可分为固相法、液相法、气相法三大类。

2. 纳米颗粒的表征

影响纳米颗粒特性的最主要的两个参数就是尺寸和化学组成，这两个参数的控制和表征，是有关纳米粒子科学研究的重要的课题，而且不同试验方法下制备的相同化学组成的纳米粒子也可能有不同的结构和特性。

1）粒径及粒径分布

（1）几种颗粒直径的定义

体积直径被定义为具有相同体积的颗粒直径，一般是将其看作“等价圆球直径”。体积直径的准确性取决于粉末颗粒的形状。对不规则程度较大的颗粒而言，体积直径不能较好地反映粉末体系的颗粒信息，误差较大。体积直径的计算公式如下：

$$d_v = \sqrt[3]{\frac{6V}{\pi}} \tag{17-10}$$

表面直径与粉末的制备工艺直接相关，因此它有助于描述粉末成型过程及烧结过程中的行为。表面直径定义为具有相同表面积的圆球颗粒直径。对于有些超微颗粒，表面不平并常有气孔，会造成相同表面积的颗粒尺寸存在较大差异，因此表面直径仅适用于无气孔和

轻微粗糙程度的颗粒体系。表面直径的计算公式为

$$d_s = \sqrt{\frac{S}{\pi}} \tag{17-11}$$

斯托克斯直径是指在层流区内的自由降落直径。这里，自由降落直径是指一个形状不规则的颗粒在介质中沉降时，如果它的最终沉降速度和一个等密度球体在相似条件下的最终沉降速度相同时的球体直径。当超出层流区时，颗粒就使它自由处于阻力最大的位置，因而形状不规律的颗粒在过渡区的自由降落直径就比在层流区的自由降落直径大。这时对于斯托克斯公式，计算的直径 d_{st} 要做修正。斯托克斯直径的计算公式为

$$d_{st} = \sqrt{\frac{18\eta h}{(\rho_s - \rho_f)gt}} \tag{17-12}$$

式中　η——介质的粘度；

ρ_s、ρ_f——颗粒与悬浮介质的密度。

可以看出，斯托克斯直径取决于介质的粘度、颗粒与悬浮介质的密度差。上式一般只适用于重力沉降。

除上述三种表征外，还有筛分直径和投影面直径。其中筛分直径是指颗粒可以通过最小筛孔的宽度。而投影直径是与置于稳定位置的颗粒的投影面积相同的圆直径，相应的计算公式为

$$d_a = \sqrt{\frac{6A}{\pi}} \tag{17-13}$$

(2) 平均直径

颗粒的分布特征包括颗粒数、长度、面积和体积。大小不同的颗粒所组成的物系可由另一个与该物系有两个且只有两个相同特征的颗粒大小均匀的物系代表。对这两个相同的特征而言，后一物系的颗粒大小即为前者的平均值。

2) 晶体惯态与形貌

一般而言，在普通的低分辨率电子显微镜下观察，纳米颗粒呈现出球形或类球形。

在高空间分辨率和高倍显微镜下，纳米颗粒的形貌千姿百态。已经发现，不同品种的纳米颗粒的形貌大相径庭。几种典型的金属纳米颗粒的晶体惯态与结构类型见表 17-1。

表 17-1　几种典型的金属纳米颗粒的晶体惯态与结构

金　属	惯　态	结　构
Mg	球、六角手榴弹型、六角板孪晶	hcp
Al	孪晶、平截八面体、多面体、二十面体、三角板	fcc
W	圆棱边立方体	A-15 型
Si	多面体孪晶	非晶、石墨
As	三角棱锥、多面体、孪晶	金刚石
	平截菱形十二面体	非晶
Fe	等边三角形	bcc
	等腰三角形	fcc

3）颗粒微结构与缺陷

很多研究者发现，纳米颗粒中存在位错、层错、孪晶、堆垛层错等缺陷。例如，多重孪生粒子由5面或24面体面心立方结构的晶体构成，它们之间由孪晶面连结。纳米颗粒中往往存在位错，当粒子偏大时，还可以观察到位错塞积群。Ishida还在小的纳米颗粒，例如纳米Pa晶粒中观察到位错亚结构。

在高分辨率电子显微镜下观察纳米颗粒的表面可以发现，粒子表面是不“光滑”的，往往呈原子台阶和原子移动。

3. 纳米颗粒光催化技术的应用

1）纳米光催化剂

（1）光催化剂的选择

光催化剂是光催化过程的关键部分，目前在多相光催化研究中所使用的光催化剂大都是半导体。决定光催化活性的关键因素首先是其化学组成，即催化剂的种类，其次才与自身的物理性质如晶体结构、孔隙率、分散度等有关。

目前广泛研究的半导体光催化剂大都属于宽禁带的n型半导体氧化物，如金属的氧化物和硫化物，主要有TiO_2、ZnO、Fe_2O_3、WO_3、$SrTiO_3$、CdS、ZnS、PbS等。CdS的禁带宽度较窄，对可见光敏感，它起催化作用的同时晶格进入溶液中。已经发现，禁带宽度大的金属氧化物具有抗光腐蚀性，更具有实用价值。ZnO比TiO_2的催化活性高，但与CdS相似也自身发生光腐蚀。α-Fe_2O_3可吸收可见光，激发波长为560nm，但是催化活性低。WO_3催化活性很低。相比较而言，TiO_2纳米粒子不仅具有很高的光催化活性，而且耐酸碱和光化学腐蚀，成本低，无毒，因此在众多材料中TiO_2在各项性能上都更具有优势，是公认的光反应最佳催化剂，最符合环境治理用光催化剂的要求，最具有实际应用价值。

（2）光催化剂纳米化

纳米微粒具有大的比表面积，表面原子数、表面能和表面张力随粒径的下降急剧增加，表现出小尺寸效应、量子尺寸效应、界面与表面效应及宏观量子隧道效应等特点，从而导致纳米微粒的光敏感特性等不同于正常粒子，这也使其具有广阔的应用前景。

2）纳米TiO_2颗粒在环保领域的应用

纳米TiO_2颗粒主要用于对废水和空气中的有机污染物、重金属等有害物质进行催化氧化和还原，净化水体和空气，另外还能使微生物、细菌分解，起到灭菌、除臭、防污、自洁的作用。

3）光催化技术的发展方向和应用前景

因为纳米TiO_2光催化材料本身具有良好的化学稳定性、极强的光催化氧化和还原能力、抗磨损、成本低、制备方法简单、设备占地面积少、耐用性强、可制成透明薄膜并且可掺杂材料多、改性强等优点，所以这种材料越来越受青睐，尤其是在环境净化和太阳能利用方面的应用潜力是不可估量的。但目前这项技术还处于由实验室向工业化发展的阶段，并且光催化技术的研究涉及多个学科，因此具有相当的难度。尽管如此，我们还应当看到，TiO_2光催化作为一项很有前途的环境治理技术，有着相当广泛而又诱人的前景，但在理论和应用推广方面还有许多工作需要去进一步发展和完善。

17.4.3 纳米材料的磁性吸附技术

当铁磁材料的粒子处于单畴尺寸时，矫顽力将呈现极大值，粒子进入超顺磁性状态。这些特殊性能使各种磁性纳米粒子的制备方法及性质的研究越来越受到重视。开始多以纯铁(α-Fe)纳米粒子为研究对象，制备工艺几乎都是采用化学沉积法，后来出现了许多新的制备方法，如湿化学法和物理方法，或两种及两种以上相结合的方法制备具有特殊性能的磁性纳米粒子。这些粒子在磁记录材料、磁性液体、生物医学、传感器、催化、永磁材料、颜料、雷达波吸波材料以及其他领域有着广阔的应用前景。

磁性纳米粒子之所以具有广阔的应用前景，是因为它具有许多不同于常规材料的独特效应，如量子尺寸效应、表面效应、小尺寸效应及宏观量子隧道效应等，这些效应使磁性纳米粒子具有不同于常规材料的光、电、声、热、磁、敏感特性。

当磁性纳米粒子的粒径小于其超顺磁性临界尺寸时，粒子进入超顺磁性状态，无矫顽和剩磁。众所周知，对于块状磁性材料(如 Fe、Co、Ni)，其体内往往形成多畴结构以降低体系的退磁场能。纳米粒子尺寸处于单畴临界尺寸时具有高的矫顽力。小尺寸效应和表面效应导致磁性纳米粒子具有较低的居里温度。另外，磁性纳米粒子的饱和磁化强度比常规材料低，并且其比饱和磁化强度随粒径的减小而减小。当粒子尺寸降低到纳米量级时，磁性材料甚至会发生磁性相变。

1. 磁性纳米材料的分类

物质的磁性来源于物质内部电子和核的磁性质。任何带电体的运动都必然在它周围产生磁场，磁性是所有物质的最普遍的属性之一，即自然界任何宏观物体都具有某种程度的磁性。根据物质的磁性，磁性纳米材料大致可分为永磁(硬磁)纳米材料、软磁纳米材料、半硬磁纳米材料、旋磁纳米材料、矩磁纳米材料和压磁纳米材料等。根据其结构大小分为：纳米颗粒型，如一些磁记录介质、磁性液体、磁性药物及吸波材料等；纳米微晶型，如纳米微晶永磁材料、纳米微晶软磁材料等；纳米结构型，有人工纳米结构材料(薄膜、颗粒膜、多层膜、隧道膜)和天然纳米结构材料(钙钛矿型化合物)等。根据磁性材料的物相可分固相磁性纳米材料和液相磁性纳米材料等。根据应用的角度，磁性纳米材料可分为纳米微晶软磁材料、纳米微晶永磁材料、纳米磁记录材料、磁性液体、颗粒膜磁性材料、巨磁电阻材料等。

2. 纳米磁性物质在废水处理中的应用

磁分离技术是借助磁场力的作用，对不同磁性的物质进行分离的一种技术，具有处理量大、固液分离效率高、占地面积小的优点。废水以一定流速通过磁场，切割磁力线，废水中的磁性物质，在磁场的作用下被吸附在磁铁周围，提出水面后分离，使废水得到净化。对于钢铁工业废水中具有磁性的污染物，可以直接用磁处理方法除去。但更多的污染物本身没有磁性，如要用磁处理法，可以用纳米磁性物质(即磁种)来吸附它们，然后再用磁场处理，达到废水处理的目的。此法即磁种吸附-磁处理法。

纳米磁性物在磁场中所受的磁力比重力要大好多倍，所以废水磁处理效率很高，具有很多优点。

可用铁粉、磁铁矿、磁-赤铁矿纳粒以及具有磁矩的细菌(吸附铁磁性离子)来作磁种。对固体磁种，大多数情况下，需要添加药剂才能实现磁种与污染物的结合。目前，使用磁种和磁处理技术已可去除废水中的油、金属离子、非磁性固体悬浮物、有机物等。国外磁种吸附-磁处理法处理废水技术已经逐步趋向工业化。

17.4.4 纳米材料的吸附与强化絮凝

1. 纳米材料的强大吸附性能

由于纳米材料所具有的表面效应，使纳米材料具有高的表面活性、高表面能和高的比表面积，所以纳米材料在高性能吸附方面表现出巨大的潜力。这种新型的纳米级净水剂具有很强的吸附能力，它能将污水中悬浮物完全吸附并沉淀下来，先使水中不含悬浮物，然后采用纳米磁性物质、纤维和活性炭净化装置，能有效地除去水中的铁锈、泥砂及异味等。经前两道净化工序后，水体清澈，没有异味，口感也较好。再经过带有纳米孔径的特殊水处理膜和带有不同纳米孔径的陶瓷小球组装的处理装置后，可以100%除去水中的细菌、病毒，得到高质量的纯净水，完全可以饮用。

对于纳米粒子的吸附机理，目前普遍认为，纳米粒子的吸附作用主要是由于纳米粒子的表面羟基作用。纳米粒子表面存在的羟基能够和某些阳离子键合，从而达到表观上对金属离子或有机物产生吸附作用；另外，纳米离子具有大的比表面积，也是纳米粒子吸附作用的重要原因。一种良好的吸附剂，必须满足比表面积大，内部具有网络结构的微孔通道，吸附容量大等条件。而颗粒的比表面积与颗粒的直径成反比，粒子直径减小到纳米级，会引起比表面积的迅速增加，如当粒径为10nm时，比表面积为$90m^2/g$；粒径为5nm时，比表面积为$180m^2/g$；粒径下降到2nm时，比表面积猛增到$450m^2/g$。由于纳米粒子具有高的比表面积，使它具有优越的吸附性能，在制备高性能吸附剂方面表现出巨大的潜力，提供了在环境治理方面应用的可能性。

2. 纳米材料的强化絮凝作用

1) 纳米材料絮凝作用机理

纳米材料的絮凝作用机理和常用的絮凝剂大致一样，都包括压缩双电层、吸附电中和、吸附架桥和网捕作用等。

絮凝作用机理主要有以下几个。

(1) 电荷的中和作用机理

电荷的中和作用是指胶体颗粒的ζ电位降低至足以克服的能量障碍而产生絮凝沉降的过程。电荷的中和作用与双电层的压缩不同，电荷的中和作用是第一最小能量的吸引力作用的结果，这种吸引力很强；而双电层的压缩是第二最小能量的作用结果，这种作用力比较弱。电荷的综合作用机理是，加入的絮凝剂被吸附在胶体颗粒上，而使胶体颗粒表面电荷中和。胶体颗粒表面电荷不但可以降低到零，而且还可以带上相反的电荷。由于电荷的综合作用是吸附作用引起的，因此能导致胶体颗粒与水之间界面的改变，并由此改变胶体颗粒的物理化学性质。

(2) 吸附架桥机理

吸附架桥是指溶液中的胶体与悬浮物通过有机高分子或无机高分子絮凝剂的吸附与架桥形成絮凝体而沉淀下来。吸附架桥的过程实际上是絮凝沉降的过程。高分子絮凝剂通常为线形结构，它们具有能与胶体表面某些部位起作用的活性基团。当高分子絮凝剂与胶体接触时，基团能与胶体表面产生特殊的化学反应而相互吸附，而高分子链的其余部分则伸展在溶液中可以与另一个胶体颗粒发生吸附，这样高分子链就起到架桥连接作用。如果胶体颗粒少，上述高分子链的伸展部分就无法粘结第二个胶体颗粒，则这个伸展部分迟早会被原先的胶体颗粒吸附在其他部位上，那么这种高分子链就起不到架桥的作用，胶体也不处于稳定状态。高分子链在胶体表面的吸附主要是范德华力、静电引力、氢键以及配位键等相互作用的结果，其作用大小取决于高分子絮凝剂与胶粒表面的化学结构特点。

(3) 双电层压缩机理

胶体双电层的构造决定了在胶粒表面处带相反电荷的离子浓度最大，随着胶粒表面向外的距离越大则带相反电荷的离子浓度越低，并最终与溶液中离子浓度相等。若向溶液中投加电解质，使溶液中离子浓度增高，则扩散层的厚度将减小。由于胶体扩散层的厚度减少，ζ 电位降低，当两个胶粒互相接近时，它们之间的排斥力就减少了。胶粒间的吸引力不受水相组成的影响，但扩散层的变薄缩短了它们相撞的距离，使胶粒间的吸引力变大，这样排斥与吸引的合力由斥力为主变为以吸引力为主，胶体得以迅速絮凝。

(4) 卷扫作用机理

在水溶液中，铝盐和铁盐等无机絮凝剂发生水解，形成水合金属氧化物高分子，其高分子的聚合度取决于水溶液的 pH 值和温度。随着高浓度絮凝剂的使用，带负电的胶体颗粒就会暴露在所产生的阳离子高分子附近，并被这些阳离子高分子的电荷所中和。这些高分子化合物具有三维空间的立体结构，适合于胶体的捕获。随着高分子化合物体积的收缩，沉淀物和悬浮物像多孔的渔网一样，从水中将胶体卷扫下来，形成絮状沉淀，沉积在水底。这就是胶体颗粒的卷扫过程，亦是卷扫机理。

(5) 表面吸附机理

在稳定的胶体溶液中，加入带有极性基团的高分子絮凝剂，那么极性基团在粒子表面进行无规则的吸附，而且一条大分子链上的极性基团可以同时吸附到多个粒子表面上，因此尽管絮凝剂的用量很少，但能很快形成絮体沉降下来。

在水处理中，絮凝沉降过程往往不是一种机理孤立作用的结果，而是几种机理共同起作用，只不过在某种特定的条件下，以其中的一种作用机理为主。

2) 纳米强化絮凝作用在污水处理方面的应用

纳米材料具有很强的吸附和絮凝能力，它的吸附能力和絮凝能力是普通净水剂三氯化铝的 10～20 倍，因此，在污水处理和饮用水净化中具有广泛的应用前景。目前为止，国内对纳米材料强化絮凝的预测很多，但是真正的运用还不多见。有学者在纳米有机天然高分子复合絮凝剂(简称 NFSH)的制备和应用方面做了研究，他们自己合成了 NFSH，并对 NFSH 处理废水做了相关的试验研究。纳米有机天然高分子复合絮凝剂是一种液态螯合树脂，带有—CSSNa、—OH、—COOH、$—NH_2$ 等多种基团，能在常温下与废水中的 Hg^{2+}、Cd^{2+}、As^{3+}、Pb^{2+}、Cu^{2+}、Zn^{2+}、Ni^{2+}、Cr^{3+}、Cr^{6+} 等金属离子迅速反应生成水不溶性的螯合盐并形成絮状沉淀，达到捕集去除金属离子的目的，对部分印染废水、生活污水和高 COD 含油废水等有脱色和去除有害有毒物的效果，可大大降低 COD，并能消除污水中的细菌和异味。

17.5　高级氧化技术的联合应用

17.5.1　催化臭氧化

催化臭氧化是近年来发展起来的一种新型的氧化技术，它可以在常温常压下将那些难以用臭氧单独氧化的有机物氧化。催化臭氧化的方法主要有两种：一种是基于臭氧的高级氧化过程，即将臭氧催化氧化转化为氧化性更强而无反应选择性的羟基自由基反应，具体的手段包括超声空化、紫外辐射、与过氧化氢联用等；另一种是采用固体颗粒如二氧化钛、活性炭、金属氧化物为催化剂，这类方法不需要外加氧化剂或能源。

从发现催化臭氧化能够氧化或降解单独臭氧化很难完全氧化的难降解有机物，提高臭氧催化效率以来，催化臭氧化法得到极大的关注，成为当今国内外环保科研者最感兴趣的研究热点之一。金属催化臭氧化是近几年才发展起来的新型技术，其目的是促进臭氧分子的分解，以产生自由基等活性中间体来强化臭氧化。金属催化臭氧化可分为两类，即利用溶液中金属离子的均相催化臭氧化和固态金属、金属氧化物或负载在载体上金属或金属氧化物的非均相催化臭氧化。

1. 均相催化臭氧化

将液体催化剂(一般为过渡金属离子)加入到臭氧氧化系统中，即为均相催化臭氧化过程。均相催化由于反应温度温和，催化剂来源广泛，无需对催化剂进行改性制备，可降低水处理成本等优点而受重视，当前常用的均相催化剂都是可溶性的过渡金属盐类。此类金属盐在反应过程中可形成不稳定的配合物，这些配合物作为中间产物可引起配位催化作用；过渡金属元素也可通过提供适宜的反应表面，起到接触催化作用。在均相催化反应中，研究较多的离子包括 Fe(Ⅱ)、Mn(Ⅱ)、Ni(Ⅱ)、Co(Ⅱ)、Cd(Ⅱ)、Cu(Ⅱ)、Ag(Ⅰ)、Cr(Ⅱ)、Zn(Ⅱ)等。选择过渡金属离子作为催化剂，与过渡金属所特有的 d 轨道特性有关。

2. 非均相金属催化臭氧化

非均相金属催化臭氧化技术是在克服了均相催化臭氧化的缺点上发展起来的。非均相催化剂以固态存在，催化剂与废水的分离比较简单，可以使处理流程大大简化。由于非均相催化剂具有活性高、易分离、稳定性好等优点，因此在 20 世纪 70 年代后期，研究人员便将注意力转到高效稳定的非均相催化剂上。非均相催化臭氧化是高级氧化的一种新形式，它将臭氧的强氧化能力以及金属氧化物的吸附性、氧化性结合起来，在室温下使溶解性有机物得到矿化去除。对非均相催化剂，大多以 Al_2O_3 为载体，在其上负载金属或金属氧化物。

3. 催化臭氧化技术的应用范围和不足

金属离子催化臭氧化大多用于废水处理过程，而金属或金属氧化物负载在载体上催化臭氧化大多用于饮用水中有机物的氧化以去除水中难降解的有机物。因为催化臭氧化能氧化、降解水处理过程中单独臭氧不能氧化和降解的难降解的物质，而且如在氯化消毒处理时，催化臭氧化较同样条件下单独臭氧化或臭氧、过氧化氢氧化所需的氯量减少，此外即使在氯化消毒工艺加同样的氯量，前方为催化臭氧化工艺所形成的三卤甲烷量较前方为单独臭氧化和臭氧、过氧化氢工艺所形成的三卤甲烷量少，也就是说整个工艺氯化消毒后所形成的消毒副产物大为减少，因此催化臭氧化是去除水中难降解有机物非常有效的方法。

尽管论证催化臭氧化效率的研究正在逐渐增加，但有关催化臭氧化技术在以下几个方面需做进一步研究：氧化或降解那些单独用臭氧很难降解且对人体有害的消毒副产物；催化臭氧化在溶液中或在催化剂表面的反应机理、影响因素；高效催化臭氧化催化剂的研制；同其他氧化或高级氧化过程的经济比较及其应用前景等。

17.5.2　臭氧-光催化氧化技术

1. O_3-UV 氧化技术

O_3-UV 氧化技术是一种在可见光或紫外光作用下进行的光化学氧化过程，因其反应条件温和（常温、常压）、氧化能力强而发展迅速。O_3-UV 氧化技术始于 20 世纪 70 年代，主要进行在废水处理中的研究，以解决有毒害且无法生物降解物质的处理问题。自 20 世纪 80 年代以来，研究范围扩大到饮用水的深度处理。O_3-UV 氧化技术已成功地应用于处理工业废水中的铁氰酸盐、氨基酸、醇类、农药及含氮、硫或磷的有机化合物、氯代有机物等污染物。实践证明，O_3-UV 氧化技术在处理 CHI_3、六氯苯、多氯联苯等难降解有机物时十分迅速。早在 1977 年美国环境保护署便认定，O_3-UV 技术为多氯联苯废水处理的最佳技术。

2. TiO_2-O_3-UV 氧化技术

利用光照射某些具有能带结构的半导体光催化剂如 TiO_2、ZnO、CdS 等，可诱发产生 HO·。若在此多相光催化过程加入 O_3 或 H_2O_2，可产生协同催化氧化作用，显著提高有机物的降解过程。

TiO_2-O_3-UV 氧化技术具有氧化能力强和处理成本低的优点，因此成为国内外研究的热点。传统的氧化技术，如 O_3、Fenton 试剂、H_2O_2 等去除有机污染物主要集中在具有生物毒性的芳香族化合物的去除方面，而当光催化（TiO_2-UV）和臭氧（O_3）联合时，不但提高了对芳香族化合物的去除效率，而且也可以使饱和有机化合物得以降解。同时，TiO_2-O_3-UV 氧化技术也在工业废水和室内废气治理方面有所应用。

17.5.3　超声-臭氧联用

超声波是指频率比人耳所能听到的频率范围更高（即＞16～20kHz）的弹性波。当其声强增大到一定数量时，会对其传播中的媒质产生影响，使媒质的状态、组分、功能和结构等发生变化，称为超声效应。超声波通过超声空化作用强化臭氧氧化能力，提高臭氧利用率，节约电能，降低氧的消耗量，在水处理中显示出巨大的应用潜力。

有学者在试验装置上对超声-臭氧联合处理含酚废水进行了试验研究，考察了废水初始 pH 值、反应时间、臭氧通入量、超声功率等因素对酚去除率的影响。试验装置主要由微量泵、臭氧发生器、反应器、超声波发生器、氧气瓶等组成，见图 17-10。

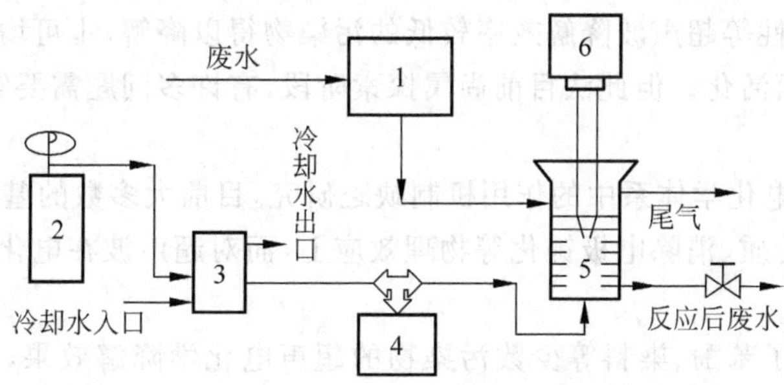

图 17-10　超声-臭氧处理含酚废水实验装置

1—微量泵；2—氧气瓶；3—臭氧发生器；4—抽样吸收槽；5—反应器；6—超声探头

试验过程中所用含酚废水由苯酚和去离子水配制而成。试验过程中，含酚废水首先通过微量泵计量后，从反应器上方进入反应器内。作为制备臭氧原料的纯氧，经阀门调节流量后进入臭氧发生器，臭氧发生器产生的臭氧与氧气的混合气体在测定其中臭氧浓度后从反应器下方进入反应器内。在反应器内，含酚废水与臭氧接触，在超声波作用下发生氧化反应。反应后废水从反应器的下方排出，收集后测定其中酚浓度。反应后尾气从反应器的上方排出，测定其中臭氧浓度。反应过程中所产生的臭氧与氧气的混合气体的流量由臭氧发生器所附设的转子流量计计量。研究表明，超声光辐射在臭氧氧化过程中起加速反应的作用，而且随着超声功率的增大，加速反应的能力增强；废水初始 pH 值为 11 时酚去除效果最佳；随着臭氧通入量的增大、反应时间的延长，酚去除率不断增大。超声-臭氧技术处理含酚废水过程中酚的降解规律符合表观一级反应。

超声-臭氧技术降解水中有毒有机物具有高效、低成本的特点，在水处理中具有很大的应用潜力。在超声-臭氧体系中引入紫外辐照，可提高有机污染物的降解效果。

17.5.4 超声-电化学联用

目前，超声-电化学技术可望在电分析、电合成、电镀及废水处理中得以应用。

在电分析方面，由于超声波能有效活化电极表面，因而可将超声波与阳极溶出法结合，用于检测白酒、啤酒、血液和汽油等实际介质中的金属离子。其测量过程简便，无需对样品进行预处理。在电合成方面，超声波能够增强传质，活化被聚合物覆盖的电极表面，提高产品产率。已有研究者将其应用于苯基氯化物的间接电还原和水杨酸的电聚合方面。

在电镀方面，超声波能增强传质，降低阴极过电位，提高交换电流密度，改变晶体结构。有研究者发现超声波对电镀镍及化学镀镍都有很大的促进作用。

在废水处理方面，超声-电化学技术可用于回收洗相废液中的 Ag^+，用于印染废水的脱色。进行超声-电化学技术降解苯酚的研究发现，采用 20kHz 超声-电化学技术时(支持电解质 NaCl)，10min 内苯酚的转化率为 75%，生成苯酮。采用 500kHz 超声-电化学技术时，10min 内苯酚的转化率为 95%，降解产物为乙酸和氯代丙烯酸等无毒产物；20min 内苯酚可完全降解，无有毒芳香族中间产物生成。采用较高频率超声，可使电极表面传质速率提高约 70 倍。而单独采用电化学方法时，酚自由基发生二聚，形成多聚物，在电极表面发生积累，使电极钝化。

利用超声-电化学技术净化降解污染物是近年来刚提出的一种深度净化技术，它可使一些非挥发性、半挥发性等超声波降解效率较低的污染物得以降解，也可增进电化学降解过程中的传质和电极表面活化。但此法目前尚属探索阶段，有许多问题需要解决，具体表现在以下几方面。

① 对超声波在电化学体系中的作用机制缺乏研究，目前大多数的基础研究尚停留在超声波促进电极过程传质、消除电极钝化等物理效应上，而对超声波在电化学体系中所起的声化学效应所知甚少。

② 仅简单考察了苯酚、染料等少数污染物的超声电化学降解效果，而对它们的净化机理、反应历程、反应过程的定量描述以及各工艺条件的选择和优化尚缺乏研究。

③ 解决超声波对电极腐蚀和去钝化之间的矛盾、对反应器的合理设计以及连续净化处理工艺的开发亦是将超声-电化学技术推向应用所必须解决的问题。

17.5.5　超声-光催化联用

近年来，超声-光辐射降解有机废水以及通过超声-光辐射强化化学反应的技术已经成为声学乃至化学领域的研究热点。将超声-光辐射效应引入到各类化学反应过程中可以有效提高反应的效率或选择性，其主要作用机理是基于超声热裂解效应、自由基效应、机械效应以及空化效应，再加上超声强化光催化剂的催化性能，通过协同作用来达到高效降解污染物的目的。

1. 声光协同催化氧化反应器

为适应环境声化学与光化学研究的需要，研制高效、合理的反应器将是很重要的发展方向，分批式反应器(batch type 或 tube reactor)将得到进一步的完善。连续化反应器将会得到进一步的开发。垂直声场反应器将大大改善反应过程中空化效果。悬浮液型光催化反应器结构较简单(见图 17-11)，但水处理后期 TiO_2 的分离和回收过程较烦，而且由于悬浮液的溶剂及其他化学组分对光的吸收，使辐射深度受到影响。固定床型光催化反应器目前多采用浸渍法、空气干燥法、真空干燥法、溶胶-凝固法将 TiO_2 或含 Ti 的溶胶沉积在载体上，经过高温烧结，TiO_2 固定在载体上。常用的载体有砂子、玻璃板、环纹管内壁。以上述 TiO_2 固定化的载体构成固定床或流通池，辐射光源激发固定床中的 TiO_2，流通池中的有机物被氧化。固定床型光催化反应器虽然可避免分离和回收过程，但在高温烧结过程中的 TiO_2 多孔结构发生变化，而且仅有部分 TiO_2 面积有效地与液相接触。而悬浮液型光催化反应中 TiO_2 颗粒则悬浮在液相中，整个颗粒与液相完全接触。超声波-光化学降解过程将逐步从间隙式转变为连续化工艺系统。

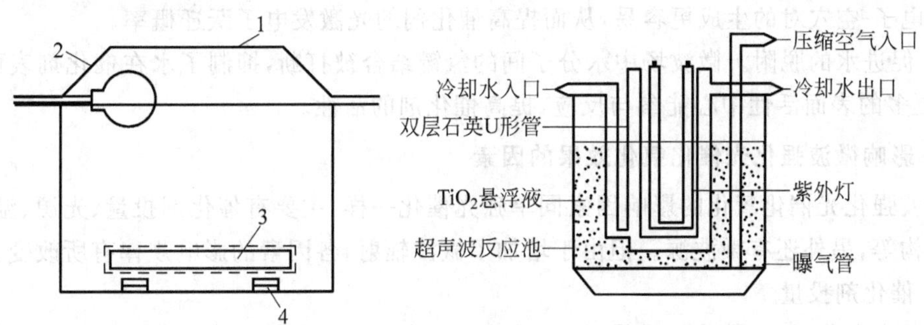

图 17-11　悬浮型和固定型

1—反射罩；2—汞灯；3—负载 TiO_2 玻板；4—超声头

2. 声光催化在水处理中的应用

迄今为止，人们已经对酚类、烃类、羟基类化合物、染料、醇类、有机酸、表面活性剂、阿拉托辛除草剂、酮类等多种有机物进行了广泛的研究，在声光催化的协同作用下，这些复杂的有机物转变为 CO_2、水以及其他无机小分子或离子。

有人研究 2-丙醇和乙醇的声光催化氧化过程，从它们的产物丙酮和乙醛的生成浓度看，声光催化下得到产物是单独光催化的 1 倍，是单独超声辐照的 2 倍。有学者采用 200mg 的 TiO_2，200kHz、200W 的超声波，500W 填充氮气的紫外光分解水。在紫外光、超声波单独辐照下，水不能被分解成氢气和氧气，而在声光催化下，水可以被分解成氢气和氧气。还有学者采用500W高压汞灯和TiO_2光催化剂声光催化降解活性艳橙水溶液，研究表明声光催化体系中存在较好的协同效应。声光催化下，60min脱色率达97.8%，而单独光催化为50%，单独超声辐照仅为66.1%；150min脱色率，声光催化达87.5%，而单独光催化为50.1%，单独超声辐照为12.8%。但另有学者的研究表明，与紫外光、超声波单独辐照相比，声光催化的协同作用对于1-辛醇的去除效率降低了20%；40kHz的超声波在声光催化反应初期有轻微的协同作用，但总体来看协同作用不明显。

17.5.6 微波强化光催化氧化技术

1. 微波强化光催化氧化的基本原理

微波氧化技术目前有两种，一种是微波诱导催化氧化技术，另一种是微波强化光催化氧化技术。这里主要介绍微波强化光催化氧化技术。

目前，对微波强化光催化氧化的机理了解尚不够清楚。总体分析，微波强化光催化反应可能是以下四个方面的作用。

① 抑制催化剂表面空穴电子对的复合。催化剂在微波电磁场的作用下产生更多的缺陷，由于陷阱效应，缺陷将成为电子或空穴的捕获中心，从而降低电子与空穴的复合率。

② 促进了催化剂表面HO·的生成。微波辐射使表面羟基的振动能级处于激发态的数目增多，使表面羟基活化，有利于HO·的生成，HO·数目的增多，将有利于光催化活性的提高。

③ 增强了催化剂表面的光吸收。由于微波场对催化剂的极化作用，在表面产生更多的悬空键和不饱和键，从而在能隙中形成更多的附加能级(缺陷能级)，非辐射性的多声子过程使光致电子-空穴对的生成更容易，从而提高催化剂的光激发电子跃迁概率。

④ 促进水的脱附。微波场中水分子间的氢键结合被打断，抑制了水在催化剂表面的吸附，使更多的表面活性中心能参与反应，提高催化剂的活性。

2. 影响微波强化光催化氧化效果的因素

微波强化光催化氧化的影响因素同单独光催化一样，主要有催化剂投量、光源、温度、反应器结构等，另外还有微波源。但由于增加了微波辐射，各因素的影响规律有所改变。

1）催化剂投量

对于光催化反应，催化剂投量过少，活性基团少；而催化剂投量过大会阻碍光在体系中的透射。因此存在最佳值，小于或大于该值催化效果均会下降。由于微波的穿透性基本不受催化剂的影响，因此，催化剂投量对微波强化光催化的影响与单独光催化相比较弱。

2）光源

光强对微波强化光催化降解效果的影响要远远大于单独光催化。对罗丹明B降解试验研究发现：当催化剂P-25同为1g/L，光强从$0.3mW/cm^2$提高到$2mW/cm^2$，单独光催化的TOC去除率提高了2～3倍，而微波强化光催化的TOC去除率则提高6～7倍，基本等同于光强提高的比例。

3）温度

在单独光催化反应中，受温度影响的步骤主要是吸附、解吸、表面迁移和重排，而关键步骤基本不受温度影响，因此，温度对整个光催化反应的影响并不明显。但对于微波强化光催化反应，由于无极灯光强和光谱对温度较敏感，导致整个光催化反应受温度的影响较大。

4）溶解氧的影响

分子氧作为电子捕获剂，不仅能有效抑制空穴-电子对的复合，而且是HO·的又一来源。此外，对于大多数有机基团来说，氧是矿化无机物所需的，它不仅影响反应的速率，还对反应的产物分布也有显著的影响。

5）微波功率对降解效果的影响

在对罗丹明B的降解试验中发现，微波功率对降解效果有较大影响。当P-25为1g/L、汞灯光强为$2mW/cm^2$时，随着微波输出功率的增加，对色度的去除效果提高。微波输出功率为225W时色度去除率达67%，输出功率为300W时色度去除率高达90%。而经过2h反应后，功率为300W和225W对TOC的去除率分别为90%、79%。其中色度和TOC去除效果不一致，研究者认为是由于受中间产物的影响造成的。处理罗丹明B+染料试验研究发现，随着微波输出功率的增大，无极灯所发出的光强也随之增大。但微波输出功率越大，单位微波功率激发无极灯所产生的光强越小。另外，随着功率的增大，无极灯在各个波段的光强均增大，但当功率超过200W以后，无极灯的光强达到饱和，不再随微波功率的提高而增强。

6）反应器结构

前面已经提到微波无极灯可以根据需要设计成任意形状和任意尺寸，但由此而引发的不同反应器结构对污染物的降解有较大影响。

目前，微波强化光催化研究刚刚开始，尚不够深入，需要探索的未知因素还很多，如中间产物的分布及降解途径，微波强化光催化氧化对物质结构变化的影响，微波场对催化剂的影响，工艺的最佳反应条件和反应器的优化设计，反应机理和反应动力学等。

相信随着这项研究的进一步深入，微波强化将成为提高光催化效率的有效途径，从而加速光催化技术在环保领域的工业化应用。

17.6 新型高效催化氧化技术

17.6.1 光催化氧化

1. 概述

光化学氧化是指可见光或紫外光作用下的所有氧化过程，可分为直接光化学氧化和光催化氧化两部分，前者为反应物分子吸收光能呈激发态与周围物质发生氧化还原反应；后者是利用易于吸收光子能量的中间产物（常指催化剂）首先形成激发态，然后再诱导引发反应物分子的氧化过程。在大多数情况下，光子的能量不一定刚好与分子基态与激发态之间能量差值相匹配，在这种情况下，反应物分子不能直接受光激发，因此在某种程度上光催化氧化法是一种具有广泛发展前途的新方法，对它的研究具有深远的意义。

催化氧化法起源于20世纪70年代，在TiO_2单电极上，光照条件下完成了水的分解反应，引起了人们对光诱导氧化还原反应的兴趣。起初人们仅限于催化合成的研究，将半导体材料用于光催化降解水中有机物的研究始于近十几年。目前采用的半导体材料主要是TiO_2、ZnO、CdS、WO_3、SnO_2等。不同半导体的光催化活性不同，对具体有机物的降解效果也有明显差别。TiO_2 因其具有化学稳定性高、耐腐蚀、对人体无害、廉价、价带能级较深等特点，特别是其光致空穴的氧化性极高，还原电位可达＋2.53V，还可在水中形成还原电位比臭氧还高的羟基自由基，同时光生电子也有很强的还原性，可以把氧分子还原成超氧负离子，水分子歧化为 H_2O_2。所以 TiO_2 成为半导体光催化研究领域中最活跃的一种物质，非常适合于环境催化应用研究。

2. 光催化反应器

光催化反应器的设计远比传统的化学反应器复杂，除了传统的反应器所涉及的反应动力学因素，如传质、传热、流态、催化剂的形态、装置方式、与反应器接触等，还必须考虑光照因素(即光源在催化剂的传播过程中的效率)。这是因为只有催化剂吸收了适当的光子才能被激活而具有催化活性，所以激活催化剂的量决定了光催化反应器的反应能力。光催化法处理水中污染物的早期研究主要使用 TiO_2 的悬浮液，反应器主体一般为敞口容器并置于磁力搅拌机上，反应在荧光或紫外灯的照射下进行，灯距液面距离可调。直到现在仍有许多研究者使用这种反应器来评价催化剂的活性或进行污染物降解机理的研究。随着科研人员的研究，反应器的类型越来越多。光催化反应器按照光源的照射方式不同可分为聚光式和非聚光式反应器。聚光式反应器一般是将光源置于反应器的中央，反应器成环状。这种反应器的光源多以人工光源作为光源，光效率较高，但因光催化反应较缓慢，因此耗电量巨大。非聚光式反应器的光源可以是人工的也可是天然的太阳光，一般为垂直反应面进行照射。因此，反应面积较聚光式反应器的反应面积大得多。

3. 光催化氧化技术的应用

目前，纳米 TiO_2 光催化的应用研究主要表现在：废水中有机、无机污染物的催化分解和贵金属回收；空气中有机污染物和氮氧化物等有害物质净化；纳米 TiO_2 还能使微生物、细菌等分解成 CO_2 和 H_2O，起到灭菌、除臭、防污自洁作用。

17.6.2 催化湿式氧化

由于传统的湿式氧化需要较高的温度与压力，相对较长的停留时间，尤其是对于某些难氧化的有机化合物反应要求更为苛刻，因此自 20 世纪 70 年代以来，人们在传统的湿式氧化的基础上开发了催化湿式氧化，使反应能在更温和的条件下和更短的时间内完成。

催化湿式氧化(catalytic wet air oxidation，CWAO)是在传统的湿式氧化处理工艺中加入适宜的催化剂以降低反应所需的温度和压力，提高氧化分解能力，缩短反应时间，防止设备腐蚀和降低成本。应用催化剂加快反应速率，主要因为一是催化剂能降低反应的活化能，二是催化剂能改变反应历程。由于氧化催化剂有选择性，有机化合物的种类和结构不同，需要采用不同的催化剂。目前应用于催化湿式氧化的催化剂主要包括过渡金属及其氧化物、复合氧化物和盐类。根据所用催化剂在反应中存在的状态，可将其分为均相催化剂和非均相催化剂两类，催化湿式氧化也相应可分为均相催化湿式氧化和非均相催化湿式氧化。

1. 均相催化湿式氧化

催化湿式氧化的早期研究集中在均相催化剂上。它是通过向反应溶液中加入可溶性的催化剂，以分子或离子水平对反应过程起催化作用。因此均相催化的反应较温和，反应性能更专一,有特定的选择性。

当前最受重视的均相催化剂都是可溶性的过渡金属的盐类,它们以溶解离子的形式混合在废水中,其中以铜盐效果较为理想。这是由于在结构上,Cu^{2+} 外层具有 d^9 电子结构,轨道的能级和形状都使其具有显著的形成络合物的倾向,容易与有机物和分子氧的电子结合形成络合物,并通过电子转移使有机物和分子氧的反应活性提高。

2. 非均相催化湿式氧化

在均相湿式氧化系统中,催化剂与废水是混溶的。这样,为了避免催化剂流失所造成的经济损失和对环境的二次污染,需进行后续处理以便从水中回收催化剂。这样流程会比较复杂,提高了废水的处理成本。因此人们开始研究固体催化剂即多相催化剂,这种催化剂与废水的分离简便,而且催化剂具有活性高、易分离、稳定性好等优点。从 20 世纪 70 年代以后,催化湿式氧化的研究转移到高效的多相催化剂上,并受到了普遍的关注。多相催化剂主要有贵金属系列、铜系列和稀土系列催化剂。

17.6.3 超临界水氧化

1. 概述

超临界水氧化(supercritical water oxidation,SCWO)是 20 世纪 80 年代中期由美国学者 Modell 提出的一种能够彻底破坏有机物结构的新型氧化技术。其原理是在超临界水的状态下将废水中所含的有机物用氧化剂迅速氧化分解为水、CO_2 等简单无害的小分子化合物。

作为目前正在蓬勃发展的超临界流体技术的一种,超临界水氧化技术同超临界色谱技术和超临界提取技术一样,因具有很大的发展潜力而备受关注。美国能源部会同国防部和财政部于 1995 年召开了第一次超临界水氧化研讨会,讨论用超临界水氧化技术处理政府控制污染物。美国国家关键技术所列的六大领域之一"能源与环境"中还着重指出,最有前途的处理技术是超临界水氧化技术。

如今,在欧洲及美国、日本等发达国家,超临界水氧化技术得到了很大进展,出现了不少中试工厂以及商业性的超临界水氧化装置。1985 年,美国的 Modar 公司建成了第一个超临界水氧化中试装置。该装置每天能处理含 10%有机物的废水和含多氯联苯的废变压油 950L,各种有害物质的去除率均大于 99.99%。1995 年,在美国 Austin 建成一座商业性的超临界水氧化装置,处理几种长链有机物和胺。处理后的有机碳浓度低于 5mg/L,氨的浓度低于 1mg/L,其去除率达 99.9999%。在日本已建成一座日处理废物 $1m^3$ 试验性的中试工厂,主要用于研究。

2. 超临界水氧化技术的应用

国内外针对超临界水氧化法去除有机污染物效率的研究主要分两类。一类是选取具有代表性的有机物进行模拟废水超临界水氧化研究。研究结果表明,在超临界水中,绝大部分有机物能在较短的停留时间内(数秒至几分钟),达到 99%以上的去除率。国内有关于苯酚、甲胺磷、对苯二酚、尿素、含硫(硫化铵)模拟废水 COD 去除率研究的报道。国外对超临界水氧化的研究比较深入而系统。目前,美国有关超临界水氧化技术的研究对象主要是国防工业废水。这些废水中含有大量的有害物质,如推进剂、爆炸物、毒烟、毒物及核废料等。

该项目由美国国家国防军事实验室、各大学及企业共同合作完成。欧洲和日本也在极力研究超临界水氧化技术，并在多方面取得了进展。在广泛而深入的试验研究基础上，一些中试规模的反应设备已经建成并投入运行，取得了令人满意的效果。处理的对象主要为有毒、难生物降解废水，如联苯、苯酚、硝基苯胺、有毒军用品和卤代烃废水等。有研究者对苯酚在超临界水中氧化及 TOC 去除动力学进行了研究。这些报道证明超临界水氧化技术对总有机物也有着很高的去除率，是一种高效的废水处理技术。

由表 17-2 可知，包括二噁英等难分解的物质在内的这些有机物质，在极短的时间内就得到了很高的分解率。

表 17-2 某些有机物超临界水氧化分解结果

对象物质名(中文名)	对象物质名(英文)	温度/℃	滞留时间/min	分解率/%
有机氮化合物	organic nitric compouds			
2,4-二硝基甲苯	2,4-dinitrotoluene	457	0.5	99.7
2,4-二硝基甲苯	2,4-dinitrotoluene	513	0.5	99.992
2,4-二硝基甲苯	2,4-dinitrotoluene	574	0.5	99.9998
卤代脂肪族化合物	halogenated aliphatics			
1,1,1-三氯乙烷	1,1,1-trichloroehtane	495	3.6	99.99
1,2-二氯乙烯	1,2-dichloroethylene	495	3.6	99.99
1,1,2,2-四氯乙烯	1,1,2,2-tetrachloroethylene	495	3.6	99.99
卤代芳香族化合物	halogenated aromatics			
六氯代环戊二烯	hexachlorocyc lopentadiene	488	3.5	99.99
o-氯代甲苯	*o*-chlorobenzene	495	3.6	99.99
1,2,4-三氯代苯	1,2,4-trichlorobenzene	495	3.6	99.99
4,4-二氯联苯	4,4-dichlorobiphenyl	500	4.4	99.993
滴滴涕	DDT	505	3.7	99.997
多氯联苯	PCB1234	510	3.7	99.99
二噁英	dioxin(2,3,7,8-TCDD)	574	3.7	99.9995

17.6.4 纳米 TiO_2 光电催化技术

纳米 TiO_2 光电催化技术处理有机废水的研究主要包括悬浮相催化和固定床催化。光和催化剂是光电催化过程中的两个基本因素，主要以太阳光作为光源，电场是对催化过程的加强。普遍流行的纳米 TiO_2 光电催化技术属于固定床催化，结构如下：在导电玻璃上涂覆纳米 TiO_2 制成光透电极，用该电极作为工作电极(正电极)和铂电极、甘汞电极构成一个三电极电池，在近紫外光照射电极的情况下，外加很低的直流电压，于是将光生电子通过外电路驱赶到反向电极上去，阻止电子和空穴的复合。纳米 TiO_2 光电催化不需要电子捕获剂，所以溶解氧和无机电解质不影响催化效率。

1. 二维纳米 TiO_2 光电催化体系

二维纳米 TiO_2 光电催化技术通常把 TiO_2 做成纳米膜电极，并施加 10～1000mV 的阳极偏电压，致使光生电子更易离开催化剂表面，从而提高光催化效率。目前国内外的研究主

要以二维纳米 TiO_2 光电催化体系为主。

2. 三维纳米 TiO_2 光电催化体系

三维纳米 TiO_2 光电催化体系借助于立体电极的概念，此技术在国内研究较多，国外则相对较少。利用三维纳米 TiO_2 立体电极研究增强电场降解有机物的特性充分发挥了光电催化的时空效率。有学者利用三维纳米 TiO_2 光催化体系降解苯酚时，发现在相同的反应条件下，电解反应和光催化反应中苯酚的降解率分别为10%和33.6%，而光电催化过程中苯酚的降解率为82.8%，存在明显的协同作用，就是阳极直接氧化以及通过电致 H_2O_2 和 HO·的间接氧化反应进行。

HO·是水中存在的氧化能力极强的氧化剂，比其他常见的强氧化剂具有更高的氧化还原电位。它对有机物的氧化是无选择性的，且可将有机物完全矿化为 CO_2 和水。因为HO·电子亲和能力大，容易攻击电子云密度较高的有机分子部位，形成易氧化的中间产物，所以在有机物去除中HO·是一种极佳的氧化剂。

3. 分隔式纳米 TiO_2 光电催化体

分隔式纳米 TiO_2 光电催化体系不仅具有较好的光电催化效率、COD去除率和较宽的降解范围，而且在进行废水处理的同时，还能够产生大量氢气，从而达到废物处理与价值产出的有机结合。此外，利用在阴极电解液和阳极电解液间一定的pH值差产生0.15V以上的化学偏电压，来作为光电催化反应偏电压的来源。

4. 电极性矿物担载纳米 TiO_2 光电催化体系

该类体系最大的特点是利用天然电极性矿物的电极性来提供电场，减少光生电子与光生空穴的复合，提高光催化效率。该体系波长利用范围广，反应过程中不需要外加电能，完全依靠太阳能来进行降解，设备简单，运转费用低。有研究者利用该体系对甲基橙进行了光催化降解褪色试验，使用质量分数为0.01%的光催化剂投放量，便能够使浓度为10mg/L的甲基橙水溶液，在较短的时间内褪色率达到90%以上。

17.6.5　超声空化氧化

1. 概述

声学是物理学的一个分支，超声学是声学发展中最为活跃的一部分。超声波是一种在媒质中传播的弹性机械波，人耳能听到的声波频率为16Hz～20kHz，频率大于20kHz的声波，因超出人耳可听到的上限被称为超声波。超声波因其波长短而具有束射性强和易于通过聚焦集中能量的特点。超声波是一种波动形式，因此它可以作为探测和负载信息的载体或媒介；同时超声波又是一种能量形式，当强度超过一定值时，就可以通过它与传声媒质的相互作用，影响、改变以至破坏后者的状态、性质及结构。用于化学化工中的超声波频率一般为20kHz～2MHz，如图17-12所示。

超声波化学是指利用超声波辐照加速化学反应、提高生产率的一门新兴的交叉学科，其应用研究在世界各国已经引起高度重视，覆盖领域涉及生物化学、有机合成、高分子的降解和聚合、分析化学、无机合成、电化学、光化学、立体化学、环境化学及改进化学工艺等。

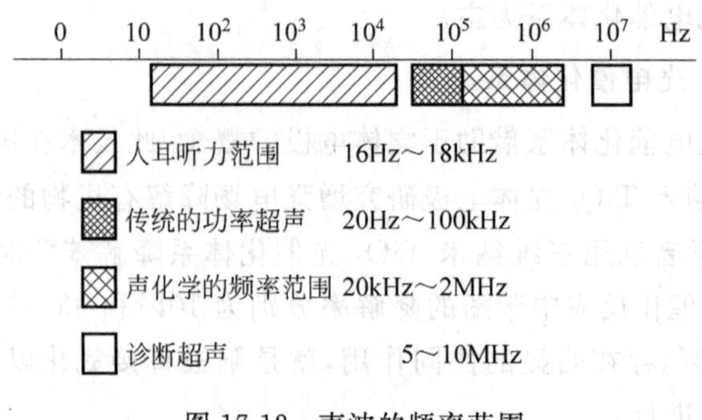

图 17-12 声波的频率范围

20 世纪 80 年代末以来，声化学在污染物(尤其是难降解有机污染物)净化方面的研究取得了显著进展。超声波的特殊物理效应，特别是超声空化效应所产生的高温、高压能够促成一些在通常条件下无法发生的反应。近年来，发现超声可用于降解水体中的化学污染物，尤其是难降解有机污染物。它集高级氧化、焚烧、超临界氧化等多种水处理技术的特点于一身，且操作简单方便，降解速度快，不产生二次污染，可单独或与其他水处理技术联合使用，是一种极具发展潜力的水处理技术，尤其在处理毒性高、难降解有机污染物方面具有良好的应用前景，是一种极具产业前景的深度氧化技术。

超声降解水体中的有机物是一物理化学降解过程，其主要源于声空化效应及由此引发的物理和化学变化。一般认为超声降解水中有机物有三种情况。

① 在空化泡内，由于空化泡的崩溃产生高温高压可引发直接热解，同时也存在水蒸气热解产生的 HO· 和 H· 与污染物反应的情况。

② 在空化泡的气液界面处，为高温高压空化泡相和常温常压本体溶液之间过渡区域，局部温度仍可达 2100K 左右，且局部有浓缩的 HO·，因此仍可能发生热解和自由基反应。同时，还可能存在超临界水氧化反应。

③ 常温常压的本体溶液存在大量的自由基和氧化剂。自由基为从液壳区逃逸的 HO· 和 H·，以及其相互反应生成产物等，氧化剂主要为 HO· 之间结合生成并扩散的 H_2O_2。所以，超声降解的主要途径为自由基氧化、高温热解、超临界水氧化。

2. 超声波技术的发展现状

超声波技术在医学(医疗机械)、超声检测(如超声探伤、测厚等)、工业(如清洗、电镀、焊接等)等方面具有很好的作用，国内外应用均比较成熟，出现了许多实用的技术和应用设备。另外，还有一部分研究人员利用超声波的稳态空化作用合成某些高性能的化合物，也取得了比较不错的效果，但是国内外有关超声水处理技术还比较少见，要达到实用程度还需要走很长的路。

超声波用于水处理是一种新发展起来的水处理技术。在国外，有关研究工作做得较多，其中有人在超声波降解水体中的有机污染物方面做了较为深入的基础性研究，但是主要集中于低浓度、单组分有机污染物的超声降解机理研究及有机分子的裂解途径，对于高浓度污染废水及复杂废水的研究报道很少见。他们的研究结果表明，超声辐照不仅能够使这些物质脱氯、脱硝基，而且可使苯环发生断裂降解或改变其结构。相对于非极性、易挥发有机物而言，超声降解水体中极性、难挥发有机物的速度较慢，其裂解途径主要是在空化气泡及其表面层 HO·的氧化。

截至目前，国内的研究人员也对一些难降解的、有毒的有机废水的超声作用做了少量初步研究，但基本上都是效仿国外研究工作进行试验，并没有太大的变化。在废水处理方面，国内比国外研究得较多，但由于起步较晚，因此目前只是停留在初步探索阶段。对于高浓废水，一般仅做预处理，主要集中在提高难生物降解废水的可生化性，如对印染工业废水、造纸工业废水和纺织工业废水都进行过试验。其研究结果表明，虽然存在着不少问题，但已初步显示了超声波技术在水处理中的优越性。

17.6.6　微波氧化

1. 概述

近十几年来在环境保护方面迅速发展了微波处理技术以及微波技术与其他技术相结合的处理方法。微波是一种电磁能，通过离子迁移和偶极子转动引起分子运动，但不引起分子结构的改变和非离子化的辐射能。微波加热与传统加热相比，微波加热没有热传递过程的热损失，热效率比传统加热法高。微波技术现已成功地用于废气、废水、固体废物的处理及环境监测等方面。

微波加热技术用于消除废水中有机污染物是 20 世纪 80 年代后期兴起的一项新技术，与传统的加热的方法相比，具有快速、高效、不污染环境的优点。废水深度处理的一种有效方法是活性炭吸附法，但吸附后活性炭表面的有机物却难以处理。微波加热能有效地解吸活性炭表面的有机物，使活性炭再生利用并有利于有机物的消解和回收再利用。在生活污水处理过程中，可采用微波加热来代替传统加热使污泥脱水和干燥。

微波在处理固体废物时有如下优点：污染物明显减容；适于污染物原位处理；处理过程迅速，适应性好，并可采用远程控制；设备便于携带，机动性好；安全性高，减少了人暴露于处理废物的时间；使用清洁能源等。

2. 微波氧化技术应用

1）污水处理

微波加热具有不需传热、内外同热、没有热传递过程的热损失特点。利用这些加热特性，可将微波技术有效地用于污泥、有机污染物的处理及净水剂的制备。

有学者采用微波辐射加热氯化铝法制备聚合氯化铝。量取 150mL 三氯化铝溶液放入微波炉中，在选定功率下定时加热，每隔 10min 加一次沸水，一定时间取样测定热解程度。并且与常规法做了对比试验。试验结果表明，微波辐射大大加快了热解程度，微波仅需 25min 就可使盐基度达到 20％，而常规法则需 6h，并且微波加热 120min 时，其盐基度达了 51.6％，这是常规法所不能达到的。

2）废气处理

有报道指出，可利用 2.45GHz 微波直接处理燃煤废气中的 SO_2 和 NO_x，使其生成 SO_3 和 NO_2，在水中形成 H_2SO_4 和 HNO_3，达到处理目的。其原理是利用微波这种高频电磁波具有的高能性，激发和电离废气中的 N_2、H_2O、CO_2、O_2，形成 HO·、HO_2·、N^-、O^-、H·活性基和自由电子。HO·、HO_2、O·又与 SO_2、NO_2 和 NO_x 反应生成 SO_3 和 NO_2。因此，可以利用微波的高能性直接处理 SO_2 和 NO_x。

有人研究了用微波炭还原法处理 SO_2 的技术。其原理是通过微波放电腔将微波辐射到活性炭表面，在微波作用下，采用吸附-微波-吸附-微波的循环方式，发生 SO_2 与活性炭的反应，使 SO_2 转化为 CO_2 气体和单质硫。在连续加微波时，SO_2 去除率可达 95%以上。

3）固体废物处理

有学者开发了以烤胶废料为原料，氯化锌为浸渍液快速制取锯末活性炭技术。在微波辐射下，仅用 8min 就可完成传统制取活性炭工艺中需 6h 的预热、干燥、炭化和活化四个阶段。该法制取的活性炭吸附容量是市售一级活性炭的 1.8 倍，其过滤速度为市售一级活性炭的 1.85 倍。微波辐射制备活性炭实现了废物资源化的作用，有一定的推广意义。

据报道，美国的 CYCLEAN 公司采用微波技术可以 100 %地回收利用建筑垃圾，再生旧沥青路面料，其质量与新拌沥青路面料相同，而成本可降低 1/3，同时节约了垃圾清运和处理等费用，大大减轻了城市的环境污染。利用微波技术回收建筑垃圾，解决了常规处理垃圾采用的堆肥、焚烧、填埋所造成的二次污染、投资大、占地面积大等问题，使废物资源化。

有研究表明，微波技术既可用于现场医疗垃圾的处理，又可用于废物转移处理。在一定的条件下，将医疗废物浸湿粉碎之后，用微波对废物进行消毒，毒素会被彻底消灭，废物体积也减小了 60%～90%。微波处理医疗垃圾时间短，见效快，比当地烧尽废物更好。这种方法虽然一次性投资大，但却能获得长期的效益。

从以上研究可以看出，微波技术在污染治理中应用广泛，有非常大的潜在价值。可以预见，其快速、高效、节能等特点的发挥，必将在现代工业和科学研究的许多领域得到应用，并取得更多更大的进展。

思考题

17-1 水中含铁、锰、高氟和砷各有什么危害？

17-2 地下水除铁时常用什么工艺？为什么地下水除锰比除铁困难？

17-3 简述接触催化氧化法除铁除锰机理。除铁、除锰滤料成熟期是指什么？

17-4 目前应用最广泛的除氟方法是什么？简述其机理。

17-5 水中砷元素常以何种价态存在？常用的除砷方法有哪几种？简述其机理。

17-6 高锰酸钾预处理技术可以与哪些处理技术联用？各有什么优势？

17-7 纳米微粒的基本理论涉及哪些方面？

17-8 纳米颗粒直径的定义有哪几种？各有什么不同？

17-9 比较纳米材料和常用絮凝剂的絮凝作用机理有何异同。

17-10 催化臭氧化比普通臭氧化有何优势？它是如何实现这种优势的？

17-11 比较超声波技术与臭氧、电化学及光催化三种技术联用的区别和联系。

17-12 简述各种新型高效催化氧化技术的原理和应用。

第5篇

水厂、污水厂建设与运行管理

PART 5

第18章 CHAPTER 18

水厂的建设和设计

18.1 水厂建设的基本内容

18.1.1 厂址选择

厂址选择应在整个给水系统设计方案中全面规划，综合考虑，通过技术经济比较确定。在选择厂址时，一般应考虑以下几个问题：

(1) 厂址应选择在工程地质条件较好的地方。一般选在地下水位低、承载力较大、湿陷性等级不高、岩石较少的地层，以降低工程造价和便于施工。

(2) 水厂应尽可能选择在不受洪水威胁的地方，否则应考虑防洪措施。

(3) 水厂应尽量设置在交通方便、靠近电源的地方，以利于施工管理和降低输电线路的造价。并考虑沉淀池排泥及滤池冲洗水排除方便。

(4) 当取水地点距离用水区较近时，水厂一般设置在取水构筑物附近，通常与取水构筑物建在一起；当取水地点距离用水区较远时，厂址选择有两种方案，一是将水厂设置在取水构筑物附近，另一是将水厂设置在离用水区较近的地方。前一种方案主要优点是：水厂和取水构筑物可集中管理，节省水厂自用水(如滤池冲洗和沉淀池排泥)的输水费用并便于沉淀池排泥和滤池冲洗水排除，特别对浊度较高的水源而言。但从水厂至主要用水区的输水管道口径要增大，管道承压较高，从而增加了输水管道的造价，特别是当城市用水量逐时变化系数较大及输水管道较长时；或者需在主要用水区增设配水厂(消毒、调节和加压)，净化后的水由水厂送至配水厂，再由配水厂送入管网，这样也增加了给水系统的设施和管理工作。后一种方案优缺点与前者正相反。对于高浊度水源，也可将预沉构筑物与取水构筑物建在一起，水厂其余部分设置在主要用水区附近。以上不同方案应综合考虑各种因素并结合其他具体情况，通过技术经济比较确定。

18.1.2 水厂工艺流程选择

给水处理方法和工艺流程的选择，应根据原水水质及设计生产能力等因素，通过调查研究、必要的试验并参考相似条件下处理构筑物的运行经验，经技术经济比较后确定。以下介绍几种较典型的给水处理工艺流程以供参考。

由于水源不同，水质各异，饮用水处理系统的组成和工艺流程有多种多样。以地表水作为水源时，处理工艺流程通常包括混合、絮凝、沉淀或澄清、过滤及消毒，工艺流程见图 18-1。

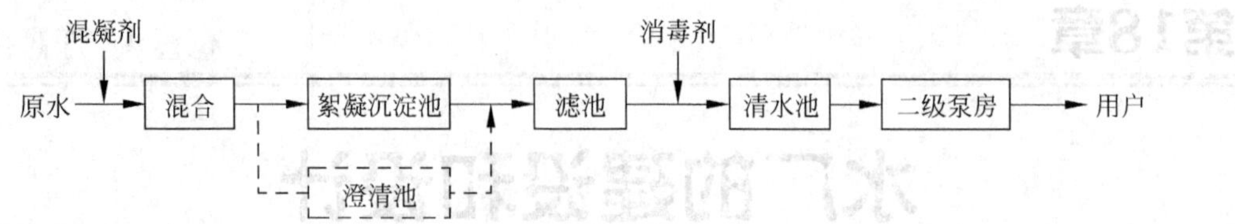

图 18-1 地表水常规处理工艺流程

当原水浊度较低(一般在50度以下)、不受工业废水污染且水质变化不大者,可省略混凝沉淀(或澄清)构筑物,原水采用双层滤料或多层滤料滤池直接过滤,也可在过滤前设一微絮凝池,称微絮凝过滤,工艺流程见图18-2。

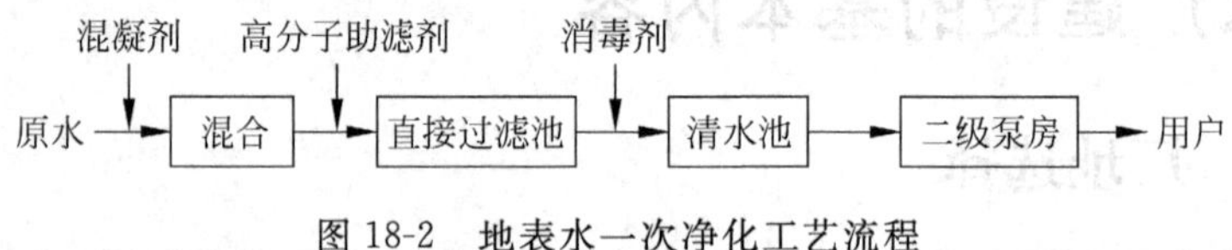

图 18-2 地表水一次净化工艺流程

当原水浊度高、含沙量大时,为了达到预期的混凝沉淀(或澄清)效果,减少混凝剂用量,应增设预沉池或沉砂池,工艺流程见图18-3。

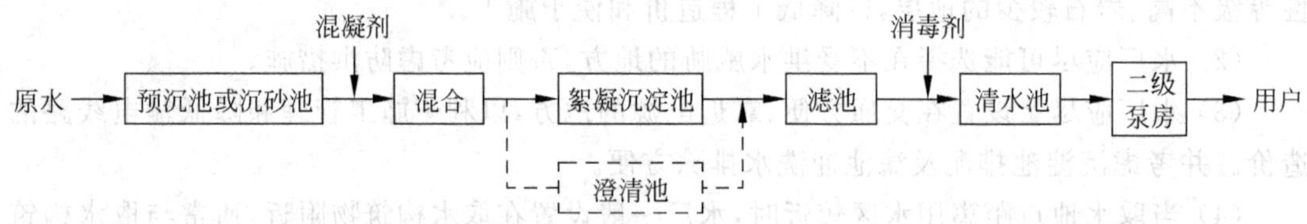

图 18-3 高浊度水处理工艺流程

若水源受到较严重的污染,按目前行之有效的方法,可在砂滤池后再加设臭氧-活性炭处理,如图18-4。

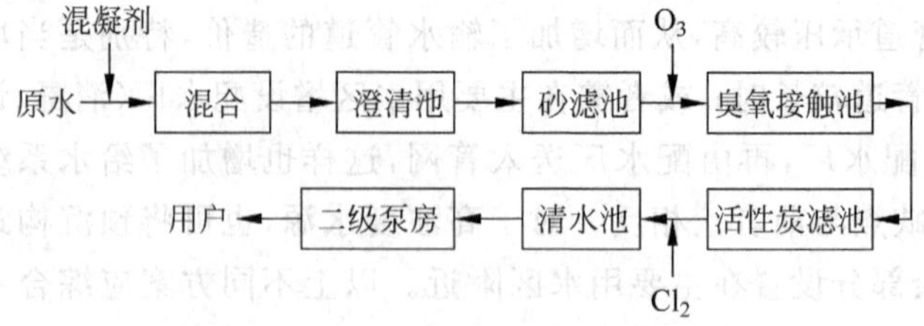

图 18-4 受污染水源处理工艺(Ⅰ)

受污染水源还有其他处理工艺。例如有的在常规处理工艺前增加生物预处理(包括预氧化、粉末活性炭吸附、生物处理等);有的在常规处理工艺中投加粉末活性炭等。图18-5为增加生物预处理工艺图。

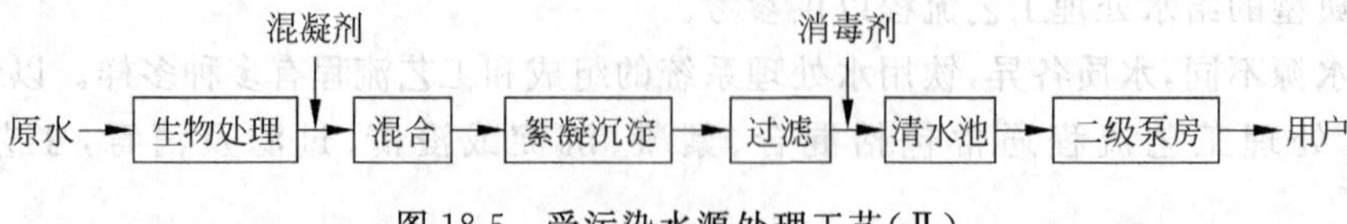

图 18-5 受污染水源处理工艺(Ⅱ)

以地下水作为水源时，由于水质较好，通常不需任何处理，仅经消毒即可，工艺简单。当地下水含铁锰量超过饮用水水质标准时，则应采取除铁除锰措施。除铁除锰方法见第17章有关内容。

18.1.3　水处理构筑物类型选择

水处理构筑物类型的选择，应根据原水水质、处理后水质要求、水厂规模、水厂用地面积和地形条件等，通过技术经济比较确定。通常根据设计运转经验确定几种构筑物组合方案进行比较。常规处理构筑物的组合主要是指："混凝沉淀池(澄清池)→过滤池→清水池"三阶段的配合，因为水厂中这三种构筑物在经济上和技术上占主要地位。有的组合方式根本无需考虑。例如平流沉淀池和无阀滤池的配合，不仅在各自适用水量大小上不相配，在高程上的配合也有困难。从水厂规模而言，小于1万 m^3/d 的小水厂，平流沉淀池和移动罩滤池就无需考虑；大于10万 m^3/d 的大水厂，水力循环澄清池和无阀滤池通常也无需考虑。这样，组合方案就可减少。设水厂规模10万 m^3/d，根据具体情况和经验选定以下可行方案：1-4-5；2-4-5；3-4-5；1-4-6；2-4-6；3-4-6；1-4-7；2-4-7；3-4-7(见图18-6)。然后分别求其终值，从经济上考虑，年成本最低者为优化方案。在以上方案比较中，滤池后的清水池均相同，故不参与比较。此外，平流沉淀池和斜管沉淀池前的絮凝池还可进行几种方案比较。

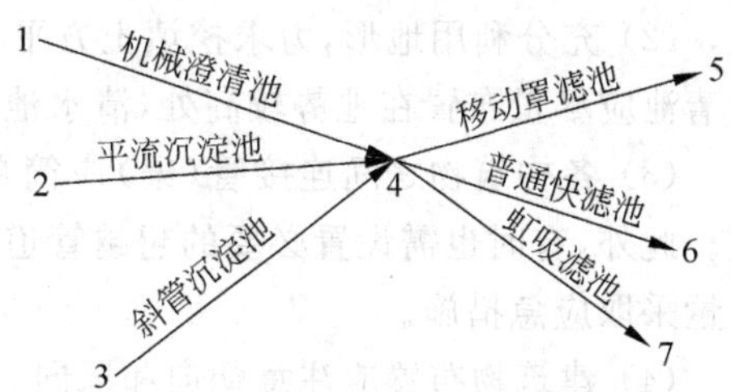

图18-6　水处理构筑物类型方案选择

以上比较，仅考虑年成本方面，设计时还应考虑原水水质变化、处理效果、操作管理水平、材料设备供应等因素。

在选定处理构筑物型式组合以后，各单项构筑物(常规处理主要指：絮凝池、沉淀池、澄清池、滤池)处理效率或设计标准也有一个优化设计问题。因为设计规范中每种构筑物的设计参数均有一定的可变幅度。某一构筑物处理效率或设计标准往往与后续处理构筑物的处理效率密切相关。例如，设已选定平流沉淀池和普通快滤池相配合，若平流沉淀池设计停留时间长些，造价高些，但出水浊度低些，则快滤池滤速可选用高些，滤池面积小些，冲洗周期长些，从而滤池造价和冲洗耗水量少些，反之亦然。

以上只是简单介绍一下处理构筑物选型的分析比较方法，而且经验占有相当重要地位。如何通过数学方法进行水处理系统优化设计，将是今后研究的课题之一。要做到这一点，必须积累大量而可靠的资料才行。

18.1.4　平面布置

水厂的基本组成分为两部分：①生产构筑物和建筑物，包括处理构筑物、清水池、二级泵站、药剂间等；②辅助建筑物，其中又分生产辅助建筑物和生活辅助建筑物两种，前者包括化验室、修理部门、仓库、车库及值班宿舍等，后者包括办公楼、食堂、浴室、职工宿舍等。

生产构筑物及建筑物平面尺寸由设计计算确定。生活辅助建筑面积应按水厂管理体制、人员编制和当地建筑标准确定。生产辅助建筑物面积根据水厂规模、工艺流程和当地具体情况确定。

当各构筑物和建筑物的个数和面积确定之后，根据工艺流程和构筑物及建筑物的功能要求，结合地形和地质条件，进行平面布置。

处理构筑物一般均分散露天布置。北方寒冷地区需有采暖设备的，可采用室内集中布置。集中布置比较紧凑，占地少，便于管理和实现自动化操作，但结构复杂，管道立体交叉多，造价较高。

水厂平面布置主要内容有：各种构筑物和建筑物的平面定位；各种管道、阀门及管道配件的布置；排水管（渠）及窨井布置；道路、围墙、绿化及供电线路的布置等。

作水厂平面布置时，应考虑下述几点要求：

(1) 布置紧凑，以减少水厂占地面积和连接管（渠）的长度，并便于操作管理。如沉淀池或澄清池应紧靠滤池；二级泵房尽量靠近清水池。但各构筑物之间应留出必要的施工检修间距和管（渠）道地位。

(2) 充分利用地形，力求挖填土方平衡以减少填、挖土方量和施工费用。例如沉淀池或澄清池应尽量布置在地势较高处，清水池尽量布置在地势较低处。

(3) 各构筑物之间连接管（渠）应简单、短捷，尽量避免立体交叉，并考虑施工、检修方便。此外，有时也需设置必要的超越管道，以便某一构筑物停产检修时，为保证必须供应的水量采取应急措施。

(4) 建筑物布置应注意朝向和风向。如加氯间和氯库应尽量设置在水厂主导风向的下风向；泵房及其他建筑物尽量布置成南北向。

(5) 有条件时（尤其大水厂）最好把生产区和生活区分开，尽量避免非生产人员在生产区通行和逗留，以确保生产安全。

(6) 对分期建造的工程，既要考虑近期的完整性，又要考虑远期工程建成后整体布局的合理性。还应考虑分期施工方便。

关于水厂内道路、绿化、堆场等设计要求见《室外给水设计规范》。

18.1.5 高程布置

在处理工艺流程中，各构筑物之间水流应为重力流。两构筑物之间水面高差即为流程中的水头损失，包括构筑物本身、连接管道、计量设备等水头损失在内。水头损失应通过计算确定，并留有余地。

处理构筑物中的水头损失与构筑物型式和构造有关，估算时可采用表18-1数据，一般需通过计算确定。该水头损失应包括构筑物内集水槽（渠）等水头跌落损失在内。

表18-1 处理构筑物中的水头损失 m

构筑物名称	水头损失	构筑物名称	水头损失
进水井格网	0.2～0.3	普通快滤池	2.0～2.5
絮凝池	0.4～0.5	无阀滤池、虹吸滤池	1.5～2.0
沉淀池	0.2～0.3	移动罩滤池	1.2～1.8
澄清池	0.6～0.8	直接过滤滤池	2.0～2.5

各构筑物之间的连接管(渠)断面尺寸由流速决定,其值一般按表18-2采用。当地形有适当坡度可以利用时,可选用较大流速以减小管道直径及相应配件和阀门尺寸；当地形平坦时,为避免增加填、挖土方量和构筑物造价,宜采用较小流速。在选定管(渠)道流速时,应适当留有水量发展的余地。连接管(渠)的水头损失(包括沿程和局部)应通过水力计算确定,估算时可采用表18-2数据。

表18-2　连接管中允许流速和水头损失

接连管段	允许流速/(m/s)	水头损失/m	附　　注
一级泵站至絮凝池	1.0～1.2	视管道长度而定	
絮凝池至沉淀池	0.15～0.2	0.1	应防止絮凝体破碎
沉淀池或澄清池至滤池	0.8～1.2		
滤池至清水池	1.0～1.5	0.3～0.5	流速宜取下限留有余地
快滤池冲洗水管	2.0～2.5	视管道长度而定	
快滤池冲洗水排水管	1.0～1.5	视管道长度而定	

当各项水头损失确定之后,便可进行构筑物高程布置。构筑物高程布置与厂区地形、地质条件及所采用的构筑物型式有关。当地形有自然坡度时,有利于高程布置；当地形平坦时,高程布置中既要避免清水池埋入地下过深,又应避免絮凝沉淀池或澄清池在地面上抬高而增加造价,尤其当地质条件差、地下水位高时。通常,当采用普通快滤池时,应考虑清水池地下埋深；当采用无阀滤池时,应考虑絮凝、沉淀池或澄清池是否会抬高。

图18-7为某水厂构筑物高程布置图。各构筑物之间水面高差由计算确定。

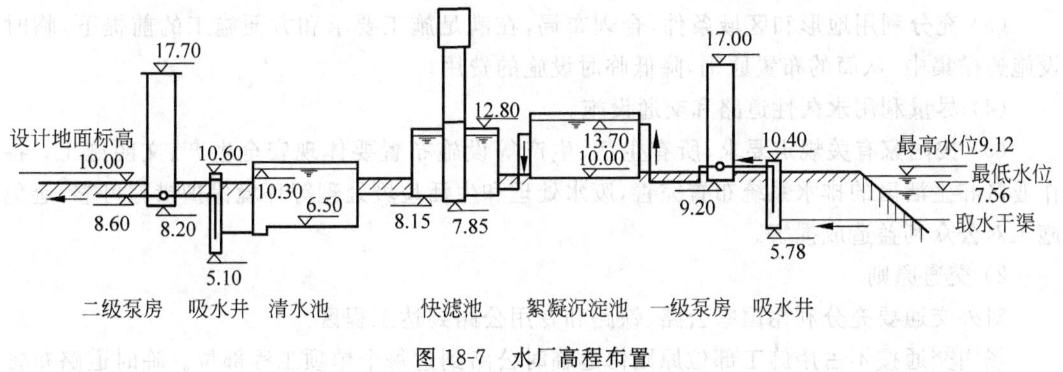

图18-7　水厂高程布置

18.2　水厂设计和施工基本原则

18.2.1　水厂设计原则

有关水厂设计原则,在设计规范中已作了全面规定。这里仅重点提出以下几点：

(1) 水处理构筑物的生产能力,应以最高日供水量加水厂自用水量进行设计,并以原水水质最不利情况进行校核。

水厂自用水量主要用于滤池冲洗及沉淀池或澄清池排泥等方面。自用水量取决于所采用的处理方法、构筑物类型及原水水质等因素。城镇水厂自用水量一般采用供水量的

5%～10%，必要时应通过计算确定。

(2) 水厂应按近期设计，考虑远期发展。根据使用要求和技术经济合理性等因素，对近期工程亦可作分期建造的安排。对于扩建、改建工程，应从实际出发，充分发挥原有设施效能，并应考虑与原有构筑物的合理配合。

(3) 水厂设计中应考虑各构筑物或设备进行检修、清洗及部分停止工作时，仍能满足用水要求。例如，主要设备(如水泵机组)应有备用量。城镇水厂内处理构筑物一般虽不设备用量，但通过适当的技术措施，可在设计允许范围内提高运行负荷。

(4) 水厂自动化程度，应本着提高供水水质和供水可靠性，降低能耗、药耗，提高科学管理水平和增加经济效益的原则，根据实际生产要求、技术经济合理性和设备供应情况，妥善确定。

(5) 设计中必须遵守设计规范的规定。如果采用现行规范中尚未列入的新技术、新工艺、新设备和新材料，则必须通过科学论证，确证行之有效，方可付诸工程实际。但对于确实行之有效、经济效益高、技术先进的新工艺、新设备和新材料，应积极采用，不必受现行设计规范的约束。

18.2.2 水厂施工原则

1) 总平面布置原则

(1) 执行业主规划用地范围要求，所有的生活生产临建设施、施工辅助企业及施工道路均按业主要求及业主提供的各种条件在指定的施工场地进行规划布置。

(2) 临建设施的规模满足施工总进度及施工强度的需要。

(3) 充分利用地形和区域条件，合理布局，在满足施工要求和方便施工的前提下，临时设施遵循集中、从简的布置原则，降低临时设施的费用。

(4) 尽量利用永久性道路和交通设施。

(5) 按国家有关规定要求，所有生活、生产等设施布置要体现安全生产、文明施工；各作业区和生活区的排水系统布置完善，废水处理和生活垃圾处理等环境保护措施可靠，避免施工对公众利益造成损害。

2) 交通原则

对外交通要充分利用国家公路、铁路和专用公路到达工程区。

场内交通按不占用施工部位原则修建临时公路到达每个单项工程部位。临时道路布置不占用施工部位；修建3m宽的临时施工道路，推土机修整原地面，采用填砂碾压，尽量做到平顺，没有太大的起伏，纵坡控制在3%以内，横坡为1%。道路两侧修建梯形断面排水沟，保证排水畅通。晴天经常洒水，控制扬尘，并派专人养护。施工完毕后，恢复原貌。

3) 排水原则

(1) 开挖前，先在开挖边线上部修建截水沟，开挖后在坡脚下四周修建排水沟。在基坑四角或每隔20～30m设一集水井，排水沟顺坡入集水井。

(2) 施工部位集水选用潜污泵，将部位积水经沉砂池后排入系统排水沟。

(3) 所有截水沟和排水沟安排专人清理，保证畅通。

(4) 弃渣场按报批准后的地表排水方案做好地表水排水工作。

18.3 水厂的日常运行管理

水厂建成后，日常的运行管理十分重要，许多城市都出台了供水条例，而各水厂一般都会制定适合本厂情况的运行管理条例。水厂的日常运行管理一般应注意以下方面。

18.3.1 水厂内控指标

供水规模在10万 m^3/d 及以上的水厂的沉淀（澄清）池出水浊度应≤2NTU，滤池出水浊度≤0.3NTU，合格率应≥95%；供水规模在10万 m^3/d 以下的水厂的沉淀（澄清）池出水浊度应≤3NTU，滤池出水浊度≤0.5NTU，合格率应≥95%；水厂出厂水的pH值应≥7.0，合格率应≥98%。

18.3.2 水厂生产现场管理

(1) 应根据原水水质特点通过混凝试验确定混凝剂投加量和适宜的pH值，结合构筑物型式和状况确定最佳的混凝剂投加点和石灰的投加点。混凝试验应至少每月做一次，水质发生变化时，应增加试验频率。

(2) 应根据原水水量和水质变化情况、矾花或絮体形成和沉降情况、出水浊度及时调节混凝剂和石灰的投加量，以达到较好的混疑沉淀效果。

(3) 应根据沉淀池进口穿孔墙前后的积泥情况、沉淀区积泥情况及时排泥，并根据各出水孔出水的均匀情况及时调整集水槽的水平度，确保出水均匀。

(4) 应经常性观察滤池运行和反冲洗时滤料情况，要求滤池运行时滤料表面平整、质地均匀、无板结现象，反冲洗强度合理、冲洗均匀，滤池除浊率一般应≥90%。

(5) 滤池过滤周期、水头损失或出水浊度超过设定值时，应强制进行滤池反冲洗。

(6) 混合、絮凝、沉淀及滤池的池壁、池面、廊道等应保持清洁卫生，定期清洗池体、排泥并采取必要的消毒措施，以防止蚊虫聚集和红虫滋生。

(7) 采用前加氯工艺的水厂，应综合后加氯量，控制出厂水氯副产物的含量。采用氯胺消毒的应合理控制氯、胺的用量比例和投加顺序。采用二氧化氯消毒的水厂，在确保微生物指标达标的要求下，应严格控制二氧化氯的投加量，消毒副产物必须符合GB 5749要求。

(8) 水厂清水池严格控制在合理的最高、最低水位间运行。

(9) 清水池每年应清洗消毒不少于一次。清水池的检测孔、人孔和通气孔应安装防护措施，防止蚊、虫侵入和雨水渗入。

(10) 混合、絮凝、沉淀、过滤和消毒等运行参数应定期进行测定，主要参数宜每季度测定一次，如混合时间、絮凝时间、沉淀时间、滤率、反冲洗强度、滤料含泥率等。

(11) 水厂进行技术改造、设备更新或检修施工之前，必须制定水质保障措施；用于供水的新设备、新管网投产前或者旧设备、旧管网改造后，必须严格进行清洗消毒，经水质检验合格后，方可投入使用。

18.3.3 水厂现场监测

(1) 水厂生产工艺中各工序的水质、水量、水压等主要运行参数应配置在线连续测定仪，实现实时动态监测和人工定时检测，并根据检测结果进行工序质量控制。其中：①取水口或原水泵房应有流量计、水位计、浊度计、温度计、pH计、泵站压力表、电表和水质生物预警设备；②沉淀池前应有pH计，沉淀池后应有浊度计；③滤池应有水位计、压差计、反冲洗流量计，滤池后有浊度计，有条件的水厂设置颗粒计数器；④清水池应有水位计、浊度计、pH计、余氯分析仪；⑤加压泵站应有流量计、电表、泵站压力表；⑥出厂水应有浊度计、pH计、余氯分析仪。

(2) 水厂电量消耗应按水厂生产、办公等分类计量，主要生产工艺电量消耗应独立计量。原水或送水泵站机组应按单机组分别配置电量表。

(3) 在线监测仪器设备应达到所需的灵敏度和准确度，并符合相应检验方法标准或技术指南的要求。

(4) 所有在线监测数据应能及时传递到控制中心进行监控和处理。若在线仪表数据尚不能传递到控制中心的水厂，其运行管理人员应定期查看、记录并反馈在线仪表数据。

(5) 在线仪器设备要有专人定期进行校准及维护。当仪表读数波动较大时，应增加校对次数。

18.3.4 水厂运行控制

(1) 规模在10万m^3/d以上的水厂应建立中心调度室，采用集散型微机控制系统，能够监视主要设备运行状况及工艺参数，提供超限报警及制作报表，实现生产过程自动控制。小型水厂主要生产工艺单元(沉淀池排泥、滤池反冲洗、投药、加氯等)可采用可编程序控制器实现自动控制。所有水厂应逐步采用全自动控制的DCS系统分布式控制系统。

(2) 水泵和滤池阀门的电动装置应选用双线、高数、大扭矩结构，并包括遥控、电脑集成块似的智能型控制，实现阀门程控和群控自动化要求。

(3) 泵站水泵机组、控制阀门、真空装置宜采用联动、集中或自动控制。

18.3.5 水量计量设备管理

(1) 水厂的进水管道上及出厂水管道上应设置流量计，计量率应达100%，有条件的水厂的出厂水流量计可采用单机安装方式。

(2) 流量计应首选计量准确度优于1.0级以上的管段式电磁流量计和超声波流量计，日供水能力在20万m^3以上的水厂应选用准确度0.5级及其以上流量计。

(3) 流量计安装前应经计量监督检测部门校验，并取得合格证明，流量计的安装应符合CECS 162中第3.3条要求的规定。

(4) 各供水企业应每年对水厂的原水和出厂水流量计进行校验。

(5) 流量计应每3年由有资质的单位及人员进行现场周期检定。

18.3.6 水厂机电设备管理

(1) 水泵、电机的选择应符合高效节能原则，根据需要合理选用先进调速传动系统，机泵要能够进行单机能耗考核。电动机负荷率不得低于0.5。

(2) 淘汰S7系列变压器、负荷低于0.4的变压器或本身效率低于98%的变压器，选用S9或者能耗更低的节能型变压器。

(3) 淘汰BSL、BFC低压开关柜，选用GGD、JK、GCS、MnS、ArTV、SIKUS、SIVACON

型开关柜。

18.3.7　水厂安全生产

(1) 水厂应制定完善的安全生产规章制度，建立门卫制度，危险品、有毒物品管理制度，氯运输管理制度，消防制度，劳动防护和职业卫生等安全生产制度。

(2) 水厂应建立完善安保措施，水厂围墙应安装红外线对射装置，水厂关键部位应安装摄像头，配置至少能保存15天录像的硬盘。

(3) 制水生产工艺及其附属设施、设备应保证连续安全供水的要求，关键设备应有一定的备用量。设备易损件应有足够量的备品备件。

(4) 为保证制水生产过程的安全，对于有害气体、压力容器、电器设备的安全使用应符合相关规范及各专业的安全要求。

(5) 加氯间和氯库、加氨间和氨库严格按照GB 50013—2006中第9.8条要求和《城镇供水厂运行、维护及安全技术规程》要求执行。

(6) 水厂应有综合防雷措施，包括直击雷防护、感应雷防护，并具有良好的接地系统，确保人身安全、设备安全和系统稳定工作。

(7) 定期对水厂生产运行安全进行评估，针对发现的缺陷及时进行整改。

18.4　给水厂的国内外建设实例

18.4.1　狼山水厂平面布置

南通市位于长江下游的北岸，市区长江岸线长达22km，水资源十分丰富。由于相当一部分深水岸线已规划为万吨级远洋轮泊位，加之工业废水和城市污水的就近排放，污染了江岸，能设置城市供水取水口的地方极其有限。经反复论证，30万m^3/d的狼山水厂取水口及厂区选定在受到保护的省级狼山风景区规划区内。根据省、市主管部门指示，水厂厂区建筑风格应与风景区协调，不得设有妨碍景观的高大建筑物(如水塔、烟囱等)，厂区绿化面积不得少于35%，这就给水厂的建设者们提出了一个新的课题。

1. 水厂的地理位置及周围的自然环境

狼山水厂取水头部设在狼山风景区黄泥山下长江边，水深-5.0m(黄海高程)，采用断面为2.0m×2.3m、深21m、长125m的隧道穿山而过，将长江水引到压力过渡井，然后再用2根157m长的DN1600mm的虹吸钢管引入厂区。这样在厂区外面，除了在山脚下有一与地面相平的闸门井盖外，水面、地面上再也看不到其他任何人工雕凿的痕迹，保持了周围环境的自然风貌。

2. 厂区总体布局及其建筑特色

厂区东西长310m，南北宽210m，占地面积65 000m^2，实际用地指标为0.217$m^2/(m^3\cdot d)$。工程建筑物、生产建筑占地43.5%，总建筑面积为14 703m^3(其中工程构筑物面积11 892m^2、生产建筑面积2661m^2)；辅助建筑占地4%，(建筑面积为3279m^2，占总建筑面积的18.24%)；道路绿化占52.5%。

厂区按功能分为生产区和厂前区(生活区)两部分。生产区占地为 41 100m^2。取水头部距厂区 257m,为了方便生产运行管理和减少供电长度节约电耗,将一级泵站设于厂区内。一级泵站(包括与其配套的变电所)及污水池、污水泵站布置在厂区的西部,占地 3100m^2(其中生产建筑 758.72m^2)。东部 38000m^2 为生产区的主要部分。6 组(每组 $5\times10^4 m^3/d$ 生产能力)净水构筑物(包括网格絮凝、斜管沉淀池、移动冲洗罩滤池)、2 只 $1\times10^4 m^3$ 清水池,另外加药、加氯间、二级泵站、变电所、化验室、仓库均设在这一区域。该区域生产建筑总面积为 13 944.84m^2,辅助建筑总面积为 508.46m^2。余下的均为厂前区,内设综合楼、食堂、机体宿舍、托儿所、车库、机修车间等辅助建筑,总建筑面积为 3206.68m^2。

水厂入口设置在厂区的西北角,一条 9m 宽的主干道由传达室出发,经过喷泉由西向东通过传达室一直延伸到生产区,将全厂贯通,并将厂前区的生活区(食堂、集体宿舍)与工作场所(综合楼)自然分隔开来。

生产区采用直线型的工艺流程方式,由南向北,根据我国传统的中轴对称的建筑格局、以加药间、配药系统、药库、加氯间作为南北中轴线,将 6 组净水构筑物(沉淀池、滤池)和 2 只清水池分列两边,横平竖直,井然有序。而将建筑高度及体量略大的总降变电所、二级泵站以 120m 宽度一字排开,设置在生产区的最北边。

由于生产区布局过于方整,不免略显呆板,为此将处于生产区中央位置的加氯间设计成二层的圆形建筑,同时在其周围设置了一个环形回车道,形成了一个直径达 26m 的圆形大块地面,不仅避免了单调,且显得曲折而饶有变化。

厂区管道、沟槽、渠道较多,采取按工艺流程要求、因地制宜、简洁明了的原则进行布置。

浑水管道沿厂区边缘直达沉淀池,避开了与其他管道的交叉。沉淀池、滤池采用短距离高架水槽连接。滤池出口采用 DN1600mm 钢管送往清水池。清水池内架设高架超越水槽直通二级泵站吸水井,另吸水井与清水池之间亦采用钢管连接。厂自用水管道采用 DN150mm PVCU 管材,环绕生产区一周,实现环向供水,满足了安全要求。

加药、加氯管道采用贴地面管沟直线铺设,以方便维修。

由于采用了反冲洗水回收技术,不仅沉淀池的排水量不大,且又与雨水管道分流,所以厂区排水管道较小,一条管线直通污水池。雨水管沿道路布设,就近排入池塘、小河。清水池溢水管直通 5000 多 m^2 的池塘内,再溢入污水池,由污水泵站提升排出。这样充分利用厂内地形,以最短距离敷设各种管道,既方便了布置,又节省了费用。

厂前区的布局则较为自由,且有生气和活力。由于建筑与山石、池塘、花木的巧妙结合,使建筑美与自然美浑然地融为一体。从而达到“虽由人作,宛自天开”的境地。

18.4.2 瑞士日内瓦皮约尔水厂

皮约尔水厂(Station de Traitement du Prieure)位于市区内日内瓦湖畔,设计能力 25 万 m^3/d,于 1992 年部分建成投产。该厂的设计目标是适应原水水质的任何变化,始终保持供水水质。它属于一座全天候的现代化水厂,以完备的处理工艺迎接 21 世纪更高水质要求的挑战。

1. 工艺概况

原水取自湖心水面下 40m 深处,经 3.1km 长管线送到水厂。原水水质较为稳定(见表 18-3)。采用的处理流程如图 18-8。

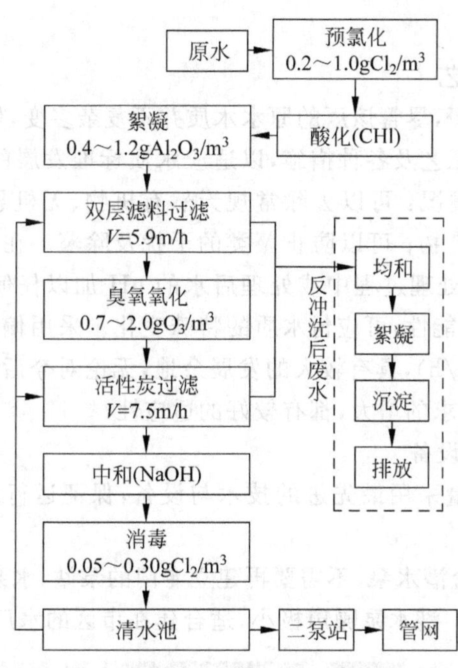

图 18-8　皮约尔水厂工艺流程

于原水取水口处投加液氯进行预氯化，主要目的是除藻。在原水 pH 较高时加酸，调节 pH 值在 7.9 左右，使微絮凝处于最佳条件，并减少水中铝离子的残留量，絮凝剂为液体聚合铝类产品(商品名 WACHB)。在压力式进水渠中多点投加，水力循环混合。经微絮凝后的原水进入滤池过滤。设双层滤料普通快滤池 16 座，单池面积 $114m^2$，设计滤速 5.9m/h，最大作用水头 2m。上层滤料为浮石，粒径 1.5～2.0mm，厚 50cm；下层滤料为石英砂，粒径 0.7～1.2mm，厚 80cm。最下部是 45cm 厚的承托层及穿孔管配水系统。采用气水反冲洗。

表 18-3　原水主要水质参数年统计表(1993 年)

水质项目	平均值	最小值	最大值
水温/℃	12.17	5.90	24.30
浊度/NTU	0.64	0.25	2.00
pH	8.17	7.27	8.95
COD_{Mn}/(mg/L)	3.3	2.2	5.4
TOC/(mg/L)	1.15	0.76	1.47

4 台臭氧发生器采用液态氧制造臭氧；臭氧经穿孔管式扩散器注入 8 座接触反应池中，反应时间不低于 19min。逸出到空气中的臭氧被引入到臭氧分解器中，经 350℃高温分解为氧气，以避免泄露于大气中。16 座活性炭滤池，单池面积 $91m^2$，滤速 7.4m/h，粒状活性炭层厚 170cm，承托层厚 35cm。活性炭过滤不仅可继臭氧化之后进一步降低水中有机物含量，还可吸附微量重金属等污染物，并能去除水中残余臭氧、防止其向大气中扩散。活性炭滤池也采用气水反冲洗方式去除截留的非吸附性物质。当活性炭吸附饱和后，最终采用加液氯及二氧化氯的方式消毒。对反冲洗废水亦进行处理，经混凝沉淀后，上清液排回湖中，沉泥水送入城市排水管网。

2. 基本特色

1) 安全可靠的处理工艺

作为一座全天候的水厂，尽管该厂的原水水质并不复杂多变，但从安全供水的角度仍不惜耗资采取了完备的处理工艺及各种措施，以适应水质标准发展的要求。前述处理工艺考虑了可能出现的各种水质情况：可以去除常规天然有机物、无机悬浮物和胶体；也可以去除有机或微量重金属等污染物；可以防止藻类的干扰及除藻。在混凝工艺以前，不仅可以加碱，也可以加酸；可以对处理过程中或处理后水的 pH 加以任何必要的调节。在过滤之前，有投加粉末活性炭的可能性，可应付水质的特殊变化。采用偏低的运行参数(例如双层滤料滤池的滤速仅为 5.9m/h)，具有较大的发展余地，无论对今后原水水质的变化、水质标准的更新提高，还是水量需求的增大，都有较好的适应性。

2) 高效先进的技术与设备

该厂的各项工艺都尽量采用最先进的技术与设备，保证运行的可靠与高效，仅举几个例子。

(1) 原水泵　采用 8 台潜水泵，不需要再建立专门的泵站，水泵就设于进滤池配水渠前的进水立管中(见图 18-9)。潜水泵噪声极小，适合建在市区的水厂。

图 18-9　原水泵设于立式进水管中

(2) 滤池的反冲洗方式　快滤池的反冲洗方式是一种“瑞士特色”，反冲洗废水是自滤池间歇式排出的。一次反冲洗过程耗时约 45min，包括近 40 个步骤，由程序控制自动进行。在全部反冲洗过程中，均伴有连续的池壁助冲。反冲洗水中加有 0.1mg/L 的液氯，目的是抑制藻类在滤池内生长。一次反冲洗用水量 $400m^3$。这种间歇式排水的冲洗方式不仅可靠地保证了冲洗效果，而且可以有效节约反冲洗用水。

(3) 全新的投药设施　投药间及投药设备的设计是创新的。不再有传统的溶药、贮药设备，代之以活动式贮药罐，罐体为不锈钢的，分别贮有混凝剂、酸液、碱液，单罐容积 $10m^3$。投药泵系统直接与贮药罐连接。用完的空罐由专用的地面式行车搬移、吊装至运输车上，送药厂罐装。此种现代设施使药剂的贮存、运输及使用更加安全、方便和整洁。

3）考虑周全的设计与配置

瑞士人一向以其细致、严谨著称，这一点充分体现在皮约尔水厂的设计上。该厂的处理工艺建立在自20世纪70年代起的一系列模型试验成果的基础上，而设计工作就更是精工细作、慎之又慎。对于耗资巨大的大型水处理工程，必须保证其在几十年甚至上百年的服务期内正常的进行。皮约尔水厂的建设设想于1979年提出，1983年开始初步设计，1992年一期工程（常规处理部分）投产运行，1996年二期工程（活性炭滤池部分）最后投产。从设计到建成历时13年。整体设计上体现了如下特点：

（1）结构紧凑 水厂位于市区，占地面积仅8000余m^2。

（2）对水质的监控给予高度重视 对原水及混凝后、滤后、臭氧氧化后、出厂和管网各个环节的约80项水质参数进行监控，专设一间水质采样分析室，由取样泵将厂内各监控点的水样连续抽送至该室集中监测。监控室设高低报警限，一旦发生问题可以及时采取措施。

（3）严格的环境保护措施 水厂地处市区，环保要求更为严格。采取的措施有：减小生产噪声，包括用潜水式原水泵，将噪声大的空气压缩机设于地下室，滤池间设隔声装置等；反冲洗废水处理，上清液排回湖中，污泥送城市排水管网，保证湖水清洁；严密的臭氧控制措施，防止任何可能的臭氧泄露，包括臭氧的投加、接触反应设施全部密闭式，其中的空气被送入臭氧分解器对臭氧成分高温分解，通过活性炭过滤对水中的残余臭氧进行吸附等。

4）现代化的生产管理系统

皮约尔水厂是一座全自动运行的水厂，无专门的值班人员。通过一套计算机集中监控系统，将各个工艺环节的状况显示于水厂控制室及公司中心控制室。所有的操作都可以自动或人工两种方式在现场、厂控制室或公司中心控制室进行。厂内还有一套完备的报警、安全及通讯设施。

皮约尔水厂是一座设计新颖、技术设备先进的水厂，尽管该厂任一单独的处理环节都是人们所熟知的，但多个处理环节的完善组合使之具有较强的整体功能，这种工艺的完整性正是其重要特色之一。在主工艺及辅助环节的细节设置上详尽周到，考虑细致，使之具有较强的适应性与灵活性，这也是其特色。

思考题

18-1 自来水厂工艺系统设计的原则是什么？

18-2 针对受污染的水源可以采用何种处理工艺？

18-3 针对不同水源、不同水量如何选择处理构筑物的形式？

18-4 自来水厂平面布置的原则和内容是什么？

18-5 自来水厂高程布置设计原则是什么？各构筑物连接管渠如何计算设计？

18-6 结合水厂参观、生产实习和调研，学习给水厂设计实例，理解本章内容。

第19章 CHAPTER 19

城市污水处理厂设计

19.1 污水处理厂设计的基本原则

19.1.1 污水处理厂设计内容及设计原则

1. 污水处理厂设计内容

污水处理厂工艺设计一般包括以下内容：

(1) 根据城市总体规划和现状与设计方案选择处理厂厂址

(2) 处理工艺流程确定

(3) 处理构筑物选型

(4) 处理构筑物或设施的设计计算

(5) 主要辅助构(建)筑物设计计算

(6) 主要设备选择

(7) 污水厂总体布置

(8) 厂区道路、绿化和管线综合布置

(9) 处理构(建)筑物、主要辅助构(建)筑物、非标设备设计图绘制

(10) 编制主要设备材料表

2. 污水处理厂设计原则

(1) 污水处理厂的设计应符合适用的要求。首先必须确保污水处理后达标排放或利用。考虑现实的经济和技术条件,以及当地具体情况,在可能的基础上,选择的处理工艺、构(建)筑物形式、主要设备、设计标准和数据等,应最大限度地满足污水厂功能的实现,使处理后水质符合要求。

(2) 污水处理厂设计采用的各项设计参数必须可靠。设计时必须充分掌握和认真研究各项设计基础数据及同类工程资料,选择好设计数据。在设计中一定要遵守现行的设计规范,保证必要的安全系数。对新工艺、新技术、新结构和新材料的采用持慎重态度。

(3) 污水处理厂设计必须符合经济的要求。尽可能采取合理措施降低工程造价和运行管理费用。

(4) 污水处理厂设计应当力求技术合理。在经济合理的原则下,必须根据需要,尽可能采用先进的工艺、机械和自控技术,但要确保安全可靠。

(5) 污水厂设计必须注意远近期结合,不宜分期建设的部分(如配水井、泵房及加药间

等)，其土建部分应一次建成。在无远期规划的情况下，设计时应为以后发展留有挖潜和扩建的条件。

(6) 污水厂设计必须考虑安全运行的条件。如适当设置分流设施、超越管线、甲烷气的安全存储等。

(7) 污水厂的设计在经济条件允许情况下，可以适当注意构(建)筑物外观和环境美化。

19.1.2 污水处理厂工艺选择

对于某种污水，采用哪几种处理方法组成系统，要根据污水的水质、水量，回收其中有用物质的可能性、经济性，受纳水体的具体条件，并结合调查研究与技术经济比较后决定，必要时还需进行试验。在选定处理工艺流程的同时，还需要考虑确定各处理技术单元构筑物的形式，两者互为制约，互为影响。所以在选择污水处理工艺流程时应考虑如下因素：

1) 污水的处理程度

污水的处理程度是污水处理工艺流程选择的主要依据，而污水处理程度又主要取决于原污水的水质特征、处理后水的去向及相应的水质要求，而且还要充分考虑将来污水处理程度的提高。污水的水质特征，表现为污水中所含污染物的种类、形态及浓度，它直接影响到工艺流程的简单与复杂。处理后水的去向和水质要求，往往决定着污水的处理深度。

2) 工程造价与运行费用

工程造价与运行费用也是工艺流程选定的重要考虑因素，前提是处理水应达到排放标准的要求。这样，以原污水的水质、水量及其他自然状况为已知条件，以处理水应达到的水质指标为制约条件，以处理系统最低的总造价和运行费用为目标函数，建立三者之间的相互关系。

在城市规划中土地资源非常紧张，留给污水处理厂的用地往往极为有限，因而在方案选择、工程设计投标中，单位水量的占地面积往往是选择处理工艺的主要影响因素。污水与污泥处理工艺系统应在满足处理要求的前提下，尽量提高单位容积及单位面积负荷，尽可能布局紧凑，少占良田，但应预留一定的绿化用地和发展用地。减少占地面积是降低建设费用的一项重要措施，从长远考虑，它对污水处理厂的经济效益和社会效益有着重要的影响。

污水处理厂的占地面积，与处理水量和所采用的处理工艺有关。

3) 处理规模和原污水水质水量变化规律

处理工艺要适合确定的处理规模。原污水的水量与污水流入工况也是选定处理工艺需要考虑的因素，将直接影响到处理构筑物的选型及处理工艺的选择。

4) 当地的自然条件

结合当地地方条件应充分考虑处理水的有效利用，包括农业灌溉水、工业冷却水、城市杂用水，绿化、景观、城市小河湖泊的补充用水，还有污水的热能利用，污泥制作有机肥料和其他资源化处置等。

充分考虑当地的地形、气候、地面与地下水资源、地质条件、给排水系统现状与发展规划等条件。例如，若当地拥有农业开发利用价值不大的旧河道、洼地、沼泽地等，就可以考虑采用稳定塘、土地处理等污水处理工艺系统，以减少建设与运行费用；太冷或太热的地区不适合采用普通生物滤池和生物转盘工艺；降雨量明显高于蒸发量的地区不宜采用污泥干化场。另外，当地的原材料与电力供应等具体条件，也是在选择污水处理工艺流程时应当考虑的因素。

5）处理过程是否产生新的矛盾

污水处理过程中应注意避免造成二次污染。另外，工程施工的难易程度和运行管理需要的技术条件也是选定处理工艺需要考虑的因素。

所以，污水处理工艺流程的选定是一项比较复杂的系统工程，必须对上述各项因素进行综合考虑，进行多种方案的技术经济比较，最终选定技术先进可行、经济合理的污水处理工艺。

19.1.3 污水处理厂选址原则

制定城市污水处理系统方案，污水处理厂厂址的选定是重要的环节，它与城市的总体规划、城市排水系统的走向与布置、处理后污水的出路都密切相关。

当污水处理厂的厂址有多种方案可供选择时，应从管道系统、泵站、污水处理厂各处理单元考虑，进行综合的技术、经济比较与最优化分析，并通过有关专家的反复论证后再行确定。

污水处理厂厂址选择，应遵循下列各项原则：

(1) 应与选定的污水处理工艺相适应，如选定稳定塘或土地处理系统为处理工艺时，必须有适当的闲置土地面积。

(2) 无论采用什么处理工艺，都应尽量做到少占农田和不占良田。

(3) 厂址必须位于集中给水水源下游，并应设在城镇、工厂厂区及生活区的下游和夏季主风向的下风向。为保证卫生要求，厂址应与城镇、工厂厂区、生活区及农村居民点保持约300m以上的距离，但也不宜太远，以免增加管道长度，提高造价。

(4) 当处理后的污水或污泥用于农业、工业或市政设施时，厂址应考虑与用户靠近，或者便于运输。当处理水排放时，则应与受纳水体靠近。

(5) 厂址不宜设在雨季易受水淹的低洼处。靠近水体的处理厂，要考虑不受洪水威胁。厂址尽量设在地质条件较好的地方，以方便施工，降低造价。

(6) 要充分利用地形，应选择有适当坡度的地区，以满足污水处理构筑物高程布置的需要，减少土方工程量。若有可能，宜采用污水不经水泵提升而自流流入处理构筑物的方案，以节省动力费用，降低处理成本。

(7) 根据城市总体发展规划，污水处理厂厂址的选择应考虑远期发展的可能性，有扩建的余地。

19.2 污水处理厂的平面布置与高程布置

19.2.1 污水处理厂的平面布置

在污水处理厂厂区内有：各处理单元构筑物；连通各处理构筑物之间的管、渠及其他管线；辅助性建筑物；道路以及绿地等。现就在进行处理厂厂区平面规划、布置时，应考虑的一般原则阐述于下。

1. 各处理单元构筑物的平面布置

处理构筑物是污水处理厂的主体建筑物，在作平面布置时，应根据各构筑物的功能要求和水力要求，结合地形和地质条件，确定它们在厂区内平面的位置，对此，应考虑：

(1) 贯通、连接各处理构筑物之间的管、渠便捷、直通，避免迂回曲折；

(2) 土方量作到基本平衡，并避开劣质土壤地段。

(3) 在处理构筑物之间，应保持一定的间距，以保证敷设连接管、渠的要求，一般的间距可取值 5～10m，某些有特殊要求的构筑物，如污泥消化池、消化气贮罐等，其间距应按有关规定确定；

(4) 各处理构筑物在平面布置上，应考虑适当紧凑。

2. 管、渠的平面布置

(1) 在各处理构筑物之间，设有贯通、连接的管、渠。此外，还应设有能够使各处理构筑物独立运行的管、渠，当某一处理构筑物因故停止工作时，使其后接处理构筑物，仍能够保持正常的运行。

(2) 应设超越全部处理构筑物，直接排放水体的超越管。

(3) 在厂区内还设有：给水管、空气管、消化气管、蒸汽管以及输配电线路。这些管线有的敷设在地下，但大部都在地上，对它们的安排，既要便于施工和维护管理，但也要紧凑，少占用地，也可以考虑采用架空的方式敷设。

在污水处理厂区内，应有完善的排雨水管道系统，必要时应考虑设防洪沟渠。

3. 辅助建筑物

污水处理厂内的辅助建筑物有：泵房、鼓风机房、办公室、集中控制室、水质分析化验室、变电所、机修、仓库、食堂等。它们是污水处理厂不可缺少的组成部分。其建筑面积大小应按具体情况与条件而定。有可能时，可设立试验车间，以不断研究与改进污水处理技术。辅助建筑物的位置应根据方便、安全等原则确定。如鼓风机房应设于曝气池附近，以节省管道与动力。变电所宜设于耗电量大的构筑物附近等。化验室应远离机器间和污泥干化场，以保证良好的工作条件。办公室、化验室等均应与处理构筑物保持适当距离，并应位于处理构筑物的夏季主风向的上风向处。操作工人的值班室应尽量布置在使工人能够便于观察各处理构筑物运行情况的位置。

在污水处理厂内应合理修筑道路，方便运输，广为植树绿化美化厂区，改善卫生条件，改变人们对污水处理厂“不卫生”的传统看法。按规定，污水处理厂厂区的绿化面积不得少于 30%。

应当指出：在工艺设计计算时，就应考虑它和平面布置的关系，而在进行平面布置时，也可根据情况调整构筑物的数目，修改工艺设计。

总平面布置图可根据污水厂的规模采用(1∶200)～(1∶1000)比例尺的地形圈绘制，常用的比例尺为 1∶500。

图 19-1 所示为 A 市污水处理厂总平面布置图。该厂主要的处理构筑物有：机械除污物格栅、曝气沉砂池、初次沉淀池与二次沉淀池(均设斜板)、鼓风式深水中层曝气池、消化池等及若干辅助建筑物。

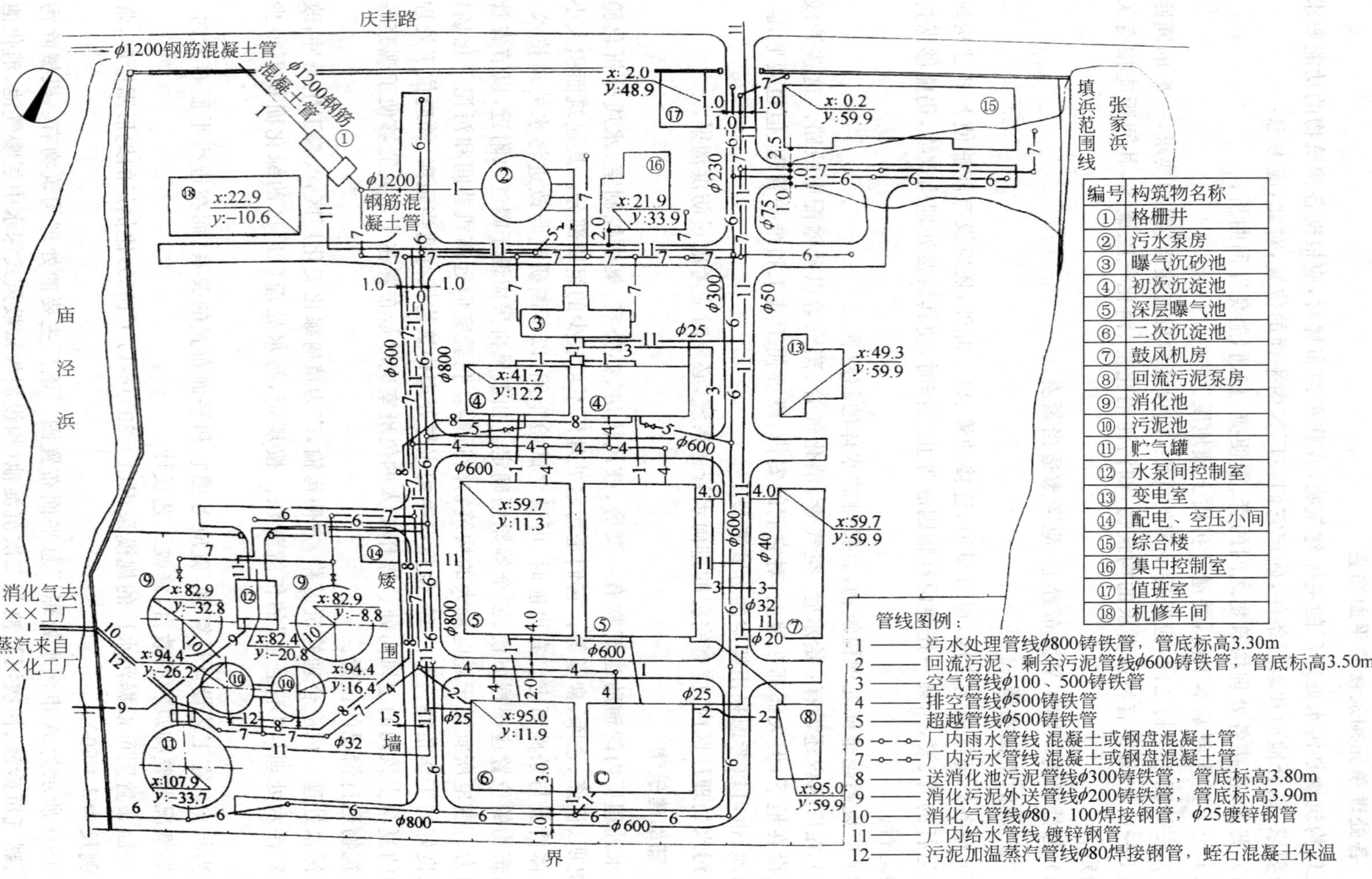

图 19-1 A市污水处理厂总平面布置图

该厂平面布置特点为：流线清楚，布置紧凑。鼓风机房和回流污泥泵房位于曝气池和二次沉淀池一侧，节约了管道与动力费用，便于操作管理。污泥消化系统构筑物靠近四氯化碳制造厂（即在处理厂西侧），使消化气、蒸气输送管较短，节约了建设投资。办公室、生活住房与处理构筑物、鼓风机房、泵房、消化池等保持一定距离，卫生条件与工作条件均较好。在管线布置上，尽量一管多用，如超越管、处理水出厂管都借道雨水管泄入附近水体，而剩余污泥、污泥水、各构筑物放空管等，又都与厂内污水管合并流入泵房集水井。但因受用地限制（厂东西两侧均为河浜），远期发展余地尚感不足。

图 19-2 为 B 市污水处理厂总平面布置图。泵站设于厂外，主要处理构筑物有：格栅、曝气沉砂池、初次沉淀池、曝气池、二次沉淀池等。该厂未设污泥处理系统，污泥（包括初次沉淀池排出的生污泥和二次沉淀池排出的剩余污泥）通过污泥泵房直接送往农田作为肥料使用。

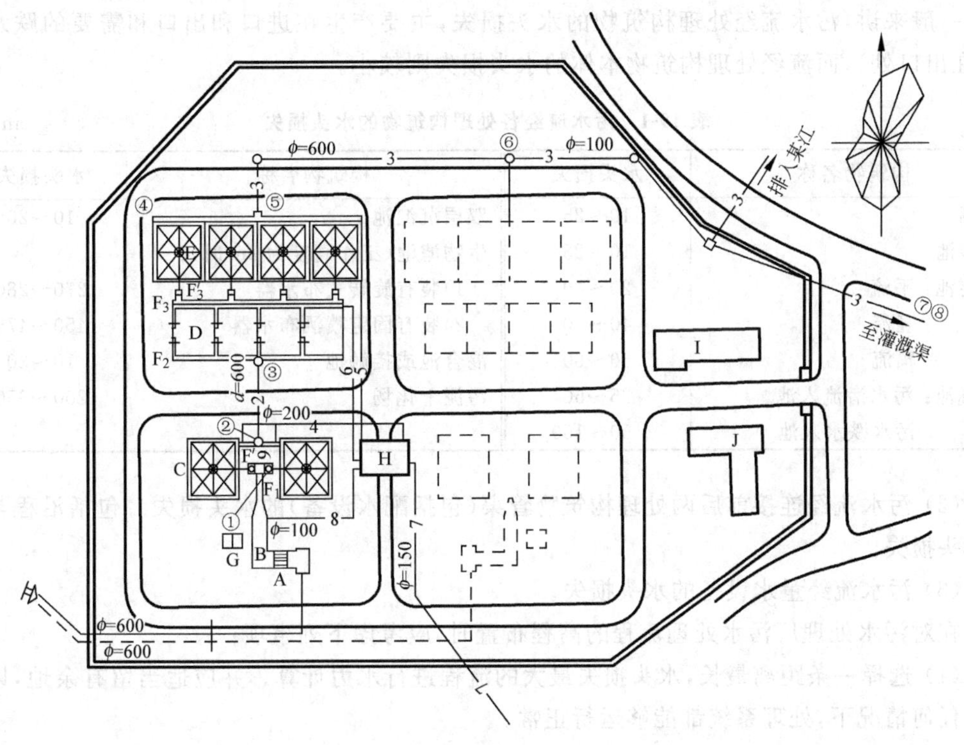

图 19-2　B 市污水处理厂总平面布置图

A—格栅；B—曝气沉砂池；C—初次沉淀池；D—曝气池；
E—二次沉淀池；F_1、F_2、F_3—计量堰；G—除渣池；H—污泥泵房；I—机修车间；J—办公及化验室等
1—进水压力总管；2—初次沉淀池出水管；3—出厂管；4—初次沉淀池排泥管；
5—二次沉淀池排泥管；6—回流污泥管；7—剩余污泥压力管；8—空气管；9—超越管

该厂平面布置的特点是：布置整齐、紧凑。两期工程各自成独立系统，对设计与运行相互干扰较少。办公室等建筑物均位于常年主风向的上风向，且与处理构筑物有一定距离，卫生、工作条件较好。在污水流入初次沉淀池、曝气池与二次沉淀池时，先后经三次计量，为分析构筑物的运行情况创造了条件。利用构筑物本身的管渠设立超越管线，既节省了管道，运行又较灵活。

第二期工程预留地设在一期工程与厂前区之间，若二期工程改用不同的工艺流程或另

选池型时，在平面布置上将受到一定的限制。泵站与湿污泥池均设于厂外，管理不甚方便。此外，三次计量增加了水头损失。

19.2.2 污水处理厂的高程布置

污水处理厂污水处理流程高程布置的主要任务是：确定各处理构筑物和泵房的标高，确定处理构筑物之间连接管渠的尺寸及其标高，通过计算确定各部位的水面标高，从而能够使污水沿处理流程在处理构筑物之间通畅流动，保证污水处理厂的正常运行。

为了降低运行费用和便于维护管理，污水在处理构筑物之间的流动，以按重力流考虑为宜(污泥流动不在此例)。为此，必须精确地计算污水流动中的水头损失，水头损失包括：

(1) 污水流经各处理构筑物的水头损失。在作初步设计时，可按表19-1所列数据估算。一般来讲，污水流经处理构筑物的水头损失，主要产生在进口和出口和需要的跌水处(多在出口处)，而流经处理构筑物本体的水头损失则较小。

表19-1 污水流经各处理构筑物的水头损失 cm

构筑物名称	水头损失	构筑物名称	水头损失
格栅	10～25	双层沉淀池	10～20
沉砂池	10～25	生物滤池(工作高度为2m时)：	
沉淀池：平流	20～40	1)装有旋转式布水器	270～280
竖流	40～50	2)装有固定喷洒布水器	450～475
辐流	50～60	混合池或接触池	10～30
曝气池：污水潜流入池	25～50	污泥干化场	200～350
污水跌水入池	50～150		

(2) 污水流经连接前后两处理构筑物管渠(包括配水设备)的水头损失。包括沿程与局部水头损失。

(3) 污水流经量水设备的水头损失。

在对污水处理厂污水处理流程的高程布置时，应考虑下列事项：

(1) 选择一条距离最长，水头损失最大的流程进行水力计算。并应适当留有余地，以保证在任何情况下，处理系统都能够运行正常。

(2) 计算水头损失时，一般应以近期最大流量(或泵的最大出水量)作为构筑物和管渠的设计流量。计算涉及远期流量的管渠和设备时，应以远期最大流量为设计流量，并酌加扩建时的备用水头。

(3) 设置终点泵站的污水处理厂，水力计算常以接纳处理后污水水体的最高水位作为起点，逆污水处理流程向上倒推计算，以使处理后污水在洪水季节也能自流排出，而水泵需要的扬程则较小，运行费用也较低。但同时应考虑到构筑物的挖土深度不宜过大，以免土建投资过大和增加施工上的困难。还应考虑到因维修等原因需将池水放空而在高程上提出的要求。

(4) 在作高程布置时还应注意污水流程与污泥流程的配合，尽量减少需抽升的污泥量。在决定污泥干化场、污泥浓缩池(湿污泥池)、消化池等构筑物的高程时，应注意它们的污泥水能自动排入污水入流干管或其他构筑物的可能。

在绘制总平面图的同时，应绘制污水与污泥的纵断面图或工艺流程图。绘制纵断面图时采用的比例尺：横向与总平面图同，纵向为(1∶50)～(1∶100)。

现以图 19-2 所示 B 市污水处理厂为例，说明污水处理厂污水处理流程高程计算过程。

该厂初次沉淀池和二次沉淀池均为方形，周边均匀出水。曝气池为 4 座方形池，完全混合式，用表面机械曝气器充氧与搅拌。曝气池如 4 池串连，则可按推流式运行，也可按阶段曝气法运行。这种系统兼具推流与完全混合两种运行方式的优点。

在初沉池、曝气池和二沉池之前，分别各设薄壁计量堰(F_1 为梯形堰，底宽 0.5m，F_2、F_3 为矩形堰，堰宽 0.7m)。

该厂设计流量为：

近期 $Q_{avg}=174\text{L/s}$，$Q_{max}=300\text{L/s}$。

远期 $Q_{avg}=348\text{L/s}$，$Q_{max}=600\text{L/s}$。

回流污泥量按污水量的 100%计算。

各处理构筑物间连接管渠的水力计算见表 19-2。

表 19-2　处理构筑物之间连接管渠水力计算表

设计点编号	管渠名称	设计流量/(L/s)	管渠设计参数					
			尺寸 D/mm 或 $B\times H/\text{m}^2$	$\frac{h}{D}$	水深 h/m	i	流速 V/(m/s)	长度 l/m
1	2	3	4	5	6	7	8	9
⑧～⑦	出厂管入灌溉渠	600	1000	0.8	0.8			
⑦～⑥	出厂管	600	1000	0.8	0.8	0.001	1.01	390
⑥～⑤	出厂管	300	600	0.75	0.45	0.0035	1.37	100
⑤～④	沉淀池出水总渠	150	0.6×1.0		0.35×0.25④			28
④～E	沉淀池集水槽	75/2	0.30×0.53③		0.38②			28
E～F_3'	沉淀池入流管	150①	450			0.0028	0.94	10
F_3'～F_3	计量堰	150						
F_3～D	曝气池出水总渠	600	0.84×1.0		0.64～0.42			48
	曝气池集水槽	150	0.6×0.55		0.26⑤			
D～F_2	计量堰	300						
F_2～③	曝气池配水渠	300②	0.84×0.85		0.62～0.54			
③～②	往曝气池配水渠	300	600			0.0024	1.07	27
②～C	沉淀池出水总渠	150	0.6×1.0		0.35～0.25			5
	沉淀池集水槽	150/2	0.35×0.53		0.44			28
C～F_1'	沉淀池入流管	150	450			0.0028	0.94	11
F_1'～F_1	计量堰	150						
F_1～①	沉淀池配水渠	150	0.8×1.5		0.48～0.46			3

注：① 包括回流污泥量在内。

② 按最不利条件，即推流式运行时，污水集中从一端入池计算。

③ 按式(8-1)、(8-2)计算：$B=0.9\left(1.2\dfrac{0.075}{2}\right)^{0.4}=0.27(\text{m})$，取 0.3m；$h_0=1.25\times0.3=0.38(\text{m})$。

④ 出口处水深：$h_k=\sqrt[3]{(0.15\times1.5)^2/9.8\times0.6^2}=0.25\text{m}$(1.5 为安全系数)，起端水深可按巴克梅切夫的水力指数公式用试算法决定，得 $h_0=0.35\text{m}$。

⑤ 曝气池集水槽采用潜孔出流，此处 h 为孔口至槽底高度(亦为损失了的水头)。

处理后的污水排入农田灌溉渠道以供农田灌溉，农田不需水时排入某江。由于某江水位远低于渠道水位，故构筑物高程受灌溉渠水位控制，计算时，以灌溉渠水位作为起点，逆流程向上推算各水面标高。考虑到二次沉淀池挖土太深时不利于施工，故排水总管的管底标高与灌溉渠中的设计水位平接(跌水 0.8m)。

污水处理厂的设计地面高程为 50.00m。

高程计算中,沟管的沿程水头损失按所定的坡度计算,局部水头损失按流速水头的倍数计算。

自由跌落水头:初次沉淀池、二次沉淀池取 0.10m,曝气池取 0.15m,计量堰取 0.15~0.20m。

堰上水头按有关堰流公式计算,沉淀池、曝气池集水槽系平底,且为均匀集水,自由跌水出流,故按下列公式计算:

$$B = 0.9Q^{0.4}$$

$$h_0 = 1.25B$$

式中 Q——集水槽设计流量,为确保安全,对设计流量再乘以 1.2~1.5 的安全系数,m^3/s;

B——集水槽宽,m;

h_0——集水槽起端水深,m。

明渠出口处水深和起端水深按下式计算:

$$h_k = \sqrt[3]{(1.5Q)^2/9.8 \times B^2}$$

$$h_0 = 1.73\sqrt[3]{Q^2/gB^2}$$

高程计算如下:

灌溉渠道(点 8)水位:49.25m;

排水总管(点 7)水位:50.05m(跌水 0.8m);

窨井 6 后水位:50.44m(沿程损失:0.39m);

窨井 6 前水位:50.48m(管顶平接,两端水位差 0.05m);

二次沉淀池出水井水位:50.84m(沿程损失:0.35m);

二次沉淀池出水总渠起端水位:50.94m(沿程损失:0.10m);

二次沉淀池中水位:51.44m(集水槽起端水深 0.38m,自由跌落 0.10m,堰上水头 0.02m);

堰 F_3 后水位:51.75m(沿程损失:0.03m,局部损失:0.28m);

堰 F_3 前水位:52.16m(堰上水头:0.26m,自由跌落:0.15m);

曝气池出水总渠起端水位:52.38m(沿程损失:0.22m);

曝气池中水位:52.64m(集水槽中水位:0.26m);

堰 F_2 前水位:53.22m(堰上水头:0.38m,自由跌落:0.20m);

点 3 水位:53.44m(沿程损失:0.08m,局部损失:0.14m);

初次沉淀池出水井(点 2)水位:53.66m(沿程损失:0.07m,局部损失:0.15m);

初次沉淀池中水位:54.33m(出水总渠沿程损失:0.10m,集水槽起端水深:0.44m,自由跌落:0.10m,堰上水头:0.03m);

堰 F_1 后水位:54.65m(沿程损失:0.04m,局部损失:0.28m);

堰 F_1 前水位:55.10m(堰上水头:0.30m,自由跌落:0.15m);

沉砂池起端水位:55.37m(沿程损失:0.02m,沉砂池出口局部损失:0.05m,沉砂池中水头损失:0.20m);

格栅前(A 点)水位:55.52m(过栅水头损失:0.15m);

总水头损失 6.27m。

上述计算中,沉淀池集水槽中的水头损失由堰上水头、自由跌落和槽起端水深三部分组成。计算结果表明:终点泵站应将污水提升至标高 55.52m 处才能满足流程的水力要求。根据计算结果绘制了流程图,见图 19-3。

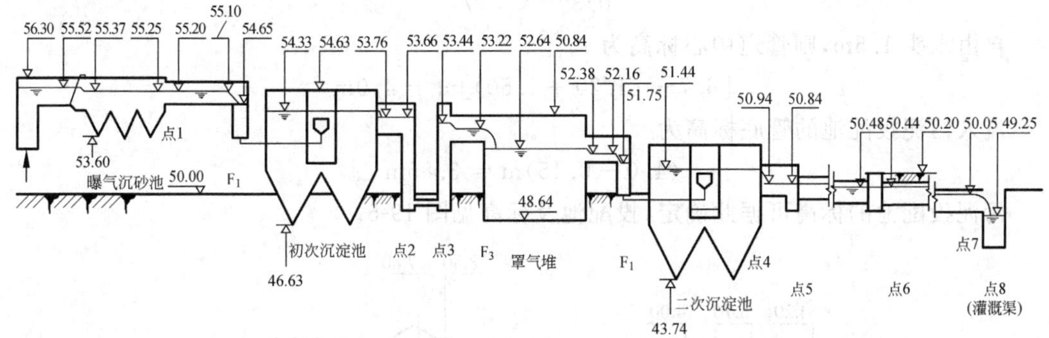

图 19-3　B 市污水处理厂污水处理流程高程布置图

从图 19-3 及上述高程计算结果可见,整个污水处理流程,从栅前水位 55.52m 开始到排放点(灌溉渠水位)49.25m,全部水头损失为 6.27m,这是比较高的。应考虑降低其水头损失。从另一方面看,这一处理系统,在降低水头损失,节省能量方面,是有很大潜力的。

该系统所采用的初次沉淀池、二次沉淀池,在形式上都是不带刮泥设备的多斗辐流式沉淀池,而且都是用配水井进行配水。曝气池采用的是 4 座完全混合型曝气池,而且污水由初次沉淀池采用的水头损失较大的倒虹管进入曝气池。

初次沉淀池进水处的水位标高为 54.33m,二次沉淀池出水处的标高为 50.84m,这一区段的水头损失为 3.49m,为整个系统水头损失的 56%。

如将初次沉淀池和二次沉淀池都改用平流式,曝气池也改为廊道式的推流式,而且将初次沉淀池—曝气池—二次沉淀池这一区段直接串连,中间不用配水井,采用相同的宽度,这一措施将大大地降低水头损失。

经粗略估算,这一区段的水头损失可降至 1.4m 左右,可将水头损失降低 2.09m,这样,整个系统的水头损失能够降至 4.18m,这样能够显著地节省能量,降低运行成本,这是完全可行的。

以图 19-1 所示的 A 市污水处理厂的污泥处理流程为例,作污泥处理流程的高程计算。该厂污泥处理流程为如图 19-4 所示。

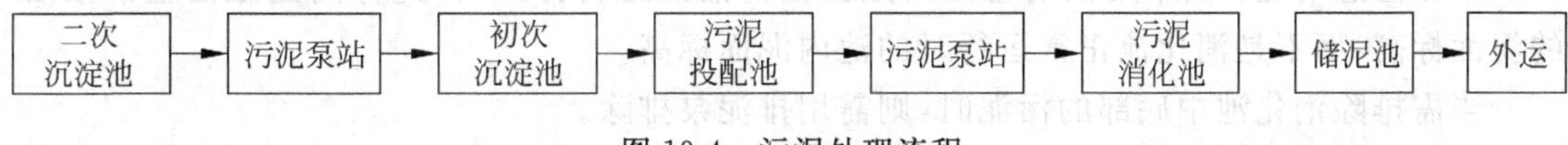

图 19-4　污泥处理流程

同污水处理流程,高程计算从控制点标高开始。

A 市污水处理厂厂区地面标高为 4.2m,初次沉淀池水面标高点为 6.7m,二次沉淀池剩余污泥重力流排入污泥泵站。剩余污泥由污泥泵站打入初次沉淀池,在初次沉淀池起到生物凝聚作用,提高初次沉淀池的沉淀效果,并与初次沉淀池的沉淀污泥一道排入污泥投配池。

污泥处理流程的高程计算从初次沉淀池开始。

初次沉淀池排出的污泥,其含水率为 97%,污泥消化后,经静沉,含水率降至 96%。初次沉淀池至污泥投配池的管道用铸铁管，长 150m，管径 300mm。污泥在管内呈重力流，流速为 1.5m/s，求得其水头损失为

$$h_f = 2.49 \times \frac{150}{0.3^{1.17}}\left(\frac{1.5}{7.1}\right)^{1.85} \text{m} = 1.2\text{m}$$

自由水头 1.5m，则管道中心标高为

$$[6.7-(1.20+1.50)]\text{m} = 4.0\text{m}$$

流入污泥投配池的管底标高为

$$(4.0-0.15)\text{m} = 3.85\text{m}$$

污泥投配池的标高可据此确定，投配池及标高见图 19-5。

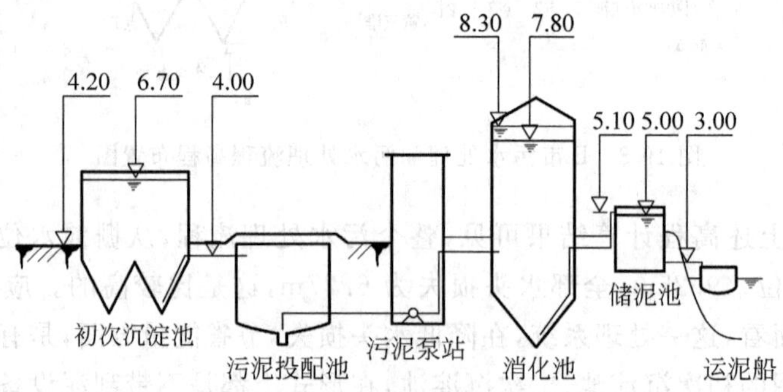

图 19-5 污泥处理流程高程图

消化池至储泥池的各点标高受河水位的影响(即受河中运泥船高程的影响)，故以此向上推算。设要求储泥池排泥管管中心标高至少应为 3.0m 才能向运泥船排尽池中污泥，储泥池有效深 2.0m。已知消化池至储泥池的铸铁管管径为 200mm，管长 70m，并设管内流速为 1.5m/s，则根据上式已求得水头损失为 1.20m，自由水头设为 1.5m。又，消化池采用间歇式排泥运行方式，根据排泥量计算，一次排泥后池内泥面下降 0.5m。则排泥结束时消化池内泥面标高至少应为

$$3.0+2.0+0.1+1.2+1.5 = 7.8(\text{m})$$

开始排泥时的泥面标高：

$$7.8+0.5 = 8.3(\text{m})$$

式中 0.1m 为管道半径，即储泥池中泥面与入流管管底平。

应当注意的是：当采用在消化池内撇去上清液的运行方式时，此标高是撇去上清液后的泥面标高，而不是消化池正常运行时的池内泥面标高。

当需排除消化池中底部的污泥时，则需用排泥泵排除。

19.3 污水处理厂的运行管理和自动化控制

19.3.1 污水处理厂的运行管理

必须认真做好污水处理厂的运行管理工作。污水处理厂的设计即使是非常合理的，但如运行管理不善，也不能使整个处理厂运行正常和充分发挥其净化功能。

不断地提高污水处理厂操作工人的污水处理基本知识和技能，是提高技术管理水平的基本条件。

对污水处理厂的运行，要切实做好控制、观察、记录与水质分析监测工作，这是提高技术管理水平的重要而又必需的手段，对提高我国污水处理厂的设计、运行水平也有积极的现实意义。控制与观察记录的内容主要为：

(1) 处理的污水量；

(2) 污泥产量或污泥处理量及消化气产量；

(3) 空气、蒸汽(或热水)、药剂耗用量；

(4) 生产耗电量；

(5) 各处理构筑物及整个污水处理厂的处理效果。必须对进水和出水定期地作水质分析或自动连续记录，分析项目要能反映处理效果和水质对运行的影响。

每一处理构筑物都必须备有值班记录本，逐日记录其运行情况、处理效果、事故、设备的检修等事项。

污水处理检测项目和检测频率见表 19-3。

表 19-3　污水处理检测项目

序号	项　目	周期	序号	项　目	周期
1	pH 值	每日一次	21	蛔虫卵	每周一次
2	SS		22	烷基苯磺酸钠	
3	BOD_5		23	醛类	每月一次
4	COD_{cr}		24	氰化物	
5	SV		25	硫化物	
6	MLSS		26	氟化物	
7	MLVSS		27	油类	
8	DO		28	苯胺	
9	氯化物	每周一次	29	挥发酚	
10	氨氮		30	氢化物	每半年一次
11	凯氏氮		31	铜及其化合物	
12	硝酸盐氮		32	锌及其化合物	
13	亚硝酸盐氮		33	铅及其化合物	
14	总氮		34	汞及其化合物	
15	磷酸盐		35	六价格	
16	总固体		36	总铬	
17	溶解性固性		37	总镍	
18	总有机碳		38	总镉	
19	细菌总数		39	总砷	
20	大肠菌群		40	有机磷	

污泥处理检测项目和检测频率见表19-4。

表19-4 污泥处理检测项目

序号	项　目	周期	序号	项目	周期
1	有机物含量	每日一次	14	锌及其化合物	每季一次
2	含水率		15	铜及其化合物	
3	pH		16	铅及其化合物	
4	脂肪酸		17	铬及其化合物	
5	总碱度		18	镍及其化合物	
6	沼气成分	每周一次	19	镉及其化合物	
7	酚类	每月一次	20	汞及其化合物	
8	氰化物		21	砷及其化合物	
9	矿物油		22	硼及其化合物	
10	苯并(a)芘		23	总氮	
11	细菌总数		24	总磷	
12	大肠菌群		25	总砷	
13	蛔虫卵				

上述运行记录、水质监测分析数据，处理厂应设立技术档案妥善保管、备查。

定时对处理系统进行巡视和做好处理构筑物的清洁保养工作，是提高技术管理水平的一个重要措施。应与操作工人一起订出合理的切实可行的巡视路线，定时巡视观察，以便能及时发现运行中的不正常情况而采取相应措施。并应每天都认真做好处理构筑物的清洁保养工作。

19.3.2 污水处理厂运行的自动控制

1. 污水处理自动控制内容与特点

污水处理厂的生产过程中，大量的阀门、泵、风机、除浮渣设备、除砂设备、刮渣刮吸泥设备、污泥的加热、污泥的搅拌、沼气加工利用等需要根据一定的程序，时间和逻辑关系调节开、停。还有大量的设施，设备需要有机组合按照预定的时间顺序运行。这就需要一个自动控制系统对全厂的工艺运行进行控制才会形成一套自动控制有秩序的现代化生产线。

污水处理工艺复杂，涉及面广，使污水处理工艺的自控系统具有环节多、系统庞大、接线复杂的特点。它除具有一段控制系统所具有的共同特征外(如有模拟量和数字量，有顺序控制和实时控制，有开环控制和闭环控制)，还有不同于一般控制系统的个性特征(如最终控制对象是COD、BOD、SS、氨氮、总磷和pH值)，为使这些参数达标，必须对众多设备的运行状态、各池的进水量和出水量、进泥量和排泥量、加药量、各段处理时间等进行综合调整与控制。

2. 污水处理自动控制系统的功能

污水处理厂的自动控制系统主要对污水处理过程进行自动控制和自动调节，使处理后的水质达到预期标准。污水处理自控系统通常应具有如下功能：

(1) 自动操作功能　自动控制系统利用自动操作装置根据工艺条件和要求，自动地启动或停运某台设备，对被控设备进行在线实时控制，调节某些输出量大小，或进行交替循环动作，如在污水处理工艺过程中控制利用自动操作装置定时地对初沉池进行排泥，则需要定时自动启动排泥泵前阀门、排泥泵等设备。在线设置PLC的某些参数。

(2) 显示和存贮功能　用图形、数字实时地显示各现场被控设备的运行工况，以及各工艺段的现场状态参数，这些参数还可保留到一定的天数记录储存在 PLC 内，需要时调出供分析研究用。

(3) 打印功能　可以实现报表和图形打印及各种事件和报警打印。打印方式可分为定时打印(如图表等)、事件触发打印。

(4) 自动保护，自动报警功能　当某一模拟量(如电流、水压、水位)的测量值超过给定范围或某一开关(如电机的停启、阀门开关)量发生变化，可根据不同的需要发出不同等级的报警。当生产操作不正常，有可能发生事故时，自动保护装置能自动地采取措施(如连锁动作)，防止事故的发生和扩大，保护职工人身和设备的安全。实际上自动保护装置和自动报警装置往往是配合使用的，相互依靠的。

3. 污水处理自动控制系统的分类

污水处理自动控制系统的分类一般分为三类：

(1) 定值控制系统　某控制的给定值是一恒定值或允许变化量很小值。当被控量波动时，控制器动作，使被控量回复到给定值，污水处理工艺中的温度、压力、流量、液位等参数的控制及各种调速系统都是如此。

(2) 随动控制系统(也称伺服系统)　其控制输入量是随机变化的，控制任务是使被控量快速、准确地跟随给定量的变化而变化。污水处理的污泥脱水工艺中污泥流量、浓度与絮凝剂给进量之间的关系就是一个典型的情况，在这个控制系统中絮凝剂给进量跟随污泥进入量和浓度的变化而变化。

(3) 程序控制系统　其输入量按事先设定的规律变化，其控制过程由预先编制的程序载体按一定时间顺序发出指令，使被控量随给定的变化规律而变化。如污水处理厂的自动格栅，其栅耙按照事先确定的程序，按一定时间的间隔栅耙动作，每次动作几下，就是这种控制的类型之一。

19.4　污水处理厂的国内外建设实例

19.4.1　北京市大兴污水处理厂

大兴是北京市所属的远郊区县之一，位于北京南郊。黄村是大兴县政府所在地和全县政治、经济、文化中心，又是北京市卫星城，吸引了大批中央、市属单位和市区人口。规划建筑黄村污水处理厂近期规模 8 万 m^3/d，远期规模 12 万 m^3/d。

大兴污水处理厂进、出水水质见表 19-5。

表 19-5　大兴污水处理厂进、出水水质表　mg/L

项　目	进水水质	出水水质
COD_{cr}	300	100
BOD_5	150	20
SS	160	30
TN	35	—
NH_3-N	25	15

该工程利用奥地利政府贷款，引进先进的国外污水处理技术和设备。设计采用了奥贝尔(Orbal)氧化沟工艺，作为大型城市污水处理厂，在国内尚属首例，其工艺流程如图 19-6。

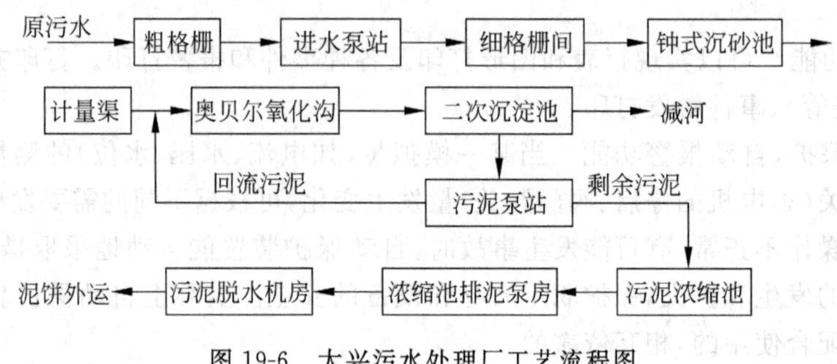

图 19-6 大兴污水处理厂工艺流程图

在污水处理厂整体设计上，结合水厂规模、污水水质及当地的实际条件，积极稳妥地采用先进技术，减少占地面积，降低工程投资。主要有以下特点：

(1) 厂区平面布置　水力流程顺畅，布局紧凑，功能分区明确，交通联系方便，绿化面积合理。

(2) 奥贝尔氧化沟　抗冲击负荷能力强，出水水质稳定；曝气设备充氧效率高，搅拌能力强，安装方便，调节灵活；能耗低，占地面积小，具有除磷脱氮能力。

(3) 二次沉淀池　潜水穿孔管出水水质稳定，管理方便。详见下列说明：

1. 厂区平面布置

黄村污水处理厂位于县城东侧，通黄路北侧的凤河与减河之间，按照少占农田和降低工程投资的设计原则，选择处理构筑物形式和进行厂区平面布置。该厂分为三个功能区。首先是污水机械处理区及污泥处理区，该区有粗、细格栅产生的栅渣，沉砂池的砂砾和污水处理过程中产生的污泥，卫生条件较差。把这类处理构筑物集中起来可以减少卫生隔离占地，并可改善整个厂区的卫生环境。其次是生物处理区，即氧化沟和二沉池，国内普遍认为氧化沟工艺占地面积大，其主要原因是氧化沟泥龄长容积大，而由于曝气设备的原因其水深较小。该厂采用了奥贝尔氧化沟，其水力条件好，曝气设备选项用曝气转碟，不仅提高了曝气设备的充氧效率，而且也提高了搅拌能力。据有关资料介绍，水深 4.3m 时池底水平均流速仍大于 0.3m/s，没有污泥沉淀现象，因而该厂的奥贝尔氧化沟水深加大到 4.20～4.25m，使氧化沟占地面积大大降低。二沉池是保证出水水质达标的重要构筑物，通过技术措施在保证出水水质要求的前提下，设计采用两座大直径辐流式沉淀池，使沉淀池占地面积降低，同时运行管理简捷明快。再次是生产辅助区和生活区，该区位于夏季主导风向上游，与卫生条件好的二沉池相邻，远离卫生条件差的污泥区和机械处理区。厂区占地面积仅 4.80hm^2，远低于国标要求。

2. 奥贝尔氧化沟

奥贝尔氧化沟是氧化沟类型中的重要形式，此法由南非的休斯蔓(Huisman)构想，南非国家水研究所研究和开发。在长期的试验性研究取得成功后，这项设计技术被转让给美国的恩维芮克斯(Envirex)公司加以推广，该公司以设计建设奥贝尔氧化沟和氧化沟曝气转碟著称于世。目前已有 500 多个奥贝尔污水处理厂投入使用，在国内也有十来个厂在运行，有十来个厂在建设，有十几个厂在方案设计阶段。Orbal氧化沟的优点越来越被世人认可。

氧化沟由三个同心椭圆形沟道组成，污水由外沟道进入沟内，然后依次进入中间沟道和内沟道，最后经中心岛流出，至二次沉淀池。在各沟道横跨安装有不同数量的转碟气机，进行供氧兼有较强的推流搅拌作用。外沟道体积占整个氧化沟体积的50%～55%，溶解氧控制趋于0.0mg/L，高效地完成主要氧化作用。中间沟道容积一般为25%～30%，溶解氧控制在1.0mg/L，作为"摆动沟道"，可发挥外沟道或内沟道的强化作用。内沟道的容积约为总容积的15%～20%，需要较高的溶解氧值(2.0mg/L左右)，以保证有机物和氨氮有较高的去除率。

外沟道的供氧量通常为总供氧量的50%左右，但80%以上的BOD可以在外沟道中去除。由于外沟道溶解氧平均值很低，大大提高了氧传递效率，达到了节约能耗的目的。一般情况下，可以节省电耗20%左右。内沟道作为最终出水的把关，一般应保持较高的溶解氧，但内沟道容积最小，能耗是较低的。中沟道起到互补调节作用，提高了运行的可靠性和可控性。因此，奥贝尔氧化沟在确保处理效果的前提下，可以获得较大的节能效益。

对于每个沟道内来讲，混合液的流态为完全混合式，对进水水质、水量的变化具有较强的抗冲击负荷能力。对于三个沟道来讲，沟道与沟道之间的流态为推流式，且具有完全不同溶解氧浓度和污泥负荷。奥贝尔氧化沟实际上是多沟道串联的沟型，同时具有推流式和完全混合式两种流态的优点，耐冲击负荷，可避免普通完全混合式氧化沟易发生的污泥膨胀现象，可以获得较好的出水水质和稳定的处理效果。

奥贝尔氧化沟采用的曝气转碟，其表面有符合水力特性的一系列凹孔和三角形突起，使其在与水体接触时将污水打碎成细密水花，具有较高的充氧能力和混合效率。通过改变曝气机的旋转方向、浸水深度、转速和开停数量，可以调整其供氧能力和电耗水平。尤其是碟片可以方便拆装，更为优化运行提供了简便手段。另一方面，由于转碟直径达1.4m，平行切入在水中旋转运行，具有极强的整流和推流能力。实践证明，在水深为4.27m，污泥浓度为8g/LJF，氧化沟没有任何沉淀现象。当污水浓度下降，为节能而减少曝气机运行台数时，一般也不必担心沉淀的发生。这是曝气转碟和奥贝尔沟型所独具的优点。

奥贝尔氧化沟的沟道布置，便于采用不同种类的工艺模式。在使用普通活性污泥法时，内沟道用于曝气，外沟道用于需氧消化；使用接触稳定和分段曝气时，是把进水和回流污泥引入相应的沟道中；为了保证高质量而稳定的处理效果和减少污泥量，需要进行硝化时采用延时曝气模式；遇有合流制排水系统，在暴雨时把进水引入中间沟道或内沟道，以防止污泥流失。

该工程通水调试，各处理构筑物及设备运行正常，仅用一个月的时间，出水水质就达到设计要求。

19.4.2　安徽阜阳市某污水处理厂设计

1. 工程概况

阜阳市某污水处理厂的一期工程处理颍西区城市污水，设计规模为$10\times10^4m^3/d$(雨季有部分合流制管道截流的雨水汇入，高峰流量为$18\times10^4m^3/d$)。一期工程总投资为1.98亿元人民币(含部分管网)，其中西班牙政府提供贷款490万美元用于采购自控仪表设备(通过询价采购形式，最终选择由 PASSAVANT-ROEDIGER 公司执行设备采购）。

2. 基础资料

污水厂的设计进水水质为：COD＝420mg/L，BOD_5＝220mg/L，SS＝260mg/L，NH_4^+－N＝25mg/L，TP＝4mg/L。污水经处理后排入颍河并最终汇入淮河，为防止其对水体造成污染，处理出水需达到：COD≤120mg/L，BOD_5≤30mg/L，SS≤30mg/L，NH_4^+-N≤15mg/L，TP≤1mg/L。

3. 工艺流程

污水采用具有除磷脱氮功能的循环式活性污泥法（CASS）进行处理，污泥经机械浓缩、脱水后外运，整个污水厂的工艺流程见图 19-7。

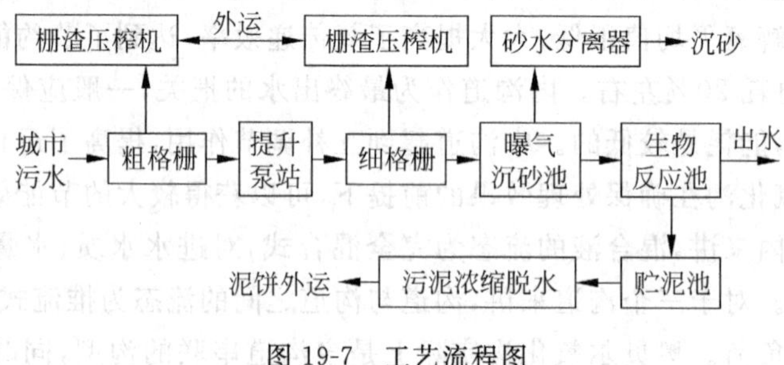

图 19-7 工艺流程图

4. CASS 池设计

考虑到 CASS 工艺对自控的要求较高，故在污水厂设置了中心控制系统，这使得技术人员能够在中心控制室监控各构筑物的运行，保证了处理效果。

生物反应池的设计水量为 5500m^3/h，工作周期为 4h（曝气 2h，沉淀 1h，滗水、排泥 1h），生物反应池分 4 组，每组分 3 池，单池容积为 6212.5m^3（生物选择器、厌氧区、曝气区的容积分别为 469m^3、906m^3、4837.5m^3），有效水深为 5m，生物反应池尺寸为：$A\times B\times H$＝50m×25m×6m。生物反应池的污泥回流比为 20％，每池设污泥回流泵、剩余污泥排出泵各 1 台，在曝气、进水的同时将曝气区内的污泥混合液回流至生物选择器。厌氧区设搅拌机 4 台（在曝气、进水的同时开始搅拌，沉淀阶段停止）。每池设滗水器 1 台，其最大滗水量为 1800m^3/h、最大滗水高度为 2.0m。正常工况下滗水停止后开始排泥（排泥时间为 20min），然后生化池进入闲置待机状态，在雨季可于滗水的同时进行排泥。在生物反应池的曝气区设溶解氧测定仪 1 台，可在鼓风机房控制室监控鼓风机的运行。

CASS 工艺流程简单，运行方式灵活，占地较少，且可通过改变循环时间来缓冲水量、水质的波动，具有较强的适应性，非常适合在我国推广应用。

19.4.3 美国加州 San Jose 污水处理厂

1. 污水处理厂介绍

San Jose 污水处理厂处理规模为 541 000m^3/d，采用常规二级活性污泥处理工艺，处理加州旧金山南海湾硅谷等地区的生活污水和工业废水。污水处理的季节变化很大，原因在于季节性的水果和蔬菜罐装工业生产，每年 8 月下旬至 9 月，污水处理厂的有机负荷要比平时增加1倍，冬天的雨季高峰流量也是影响因素。夏季罐装加工对污水处理厂的负荷和操作运行带来的影响尤为明显。

污水处理厂在1978年时对原有的二级处理工艺进行改造，增加了脱氮除磷处理工艺，包括硝化反应池、硝化沉淀池、滤池和加氯消毒等设施。污水处理的工艺流程包括进水格栅、沉砂池、初沉池、普通曝气活性污泥系统(曝气池和二沉池)、硝化悬浮生长系统(硝化反应池和硝化沉淀池)、过滤进水二次提升、颗粒填料滤池、加氯消毒/除氯、后曝气，最后出水排入旧金山南部海湾。生物处理产生的剩余污泥经气浮浓缩后与初沉污泥进行厌氧消化，消化后的污泥在污泥储存池存放。工艺流程见图19-8。

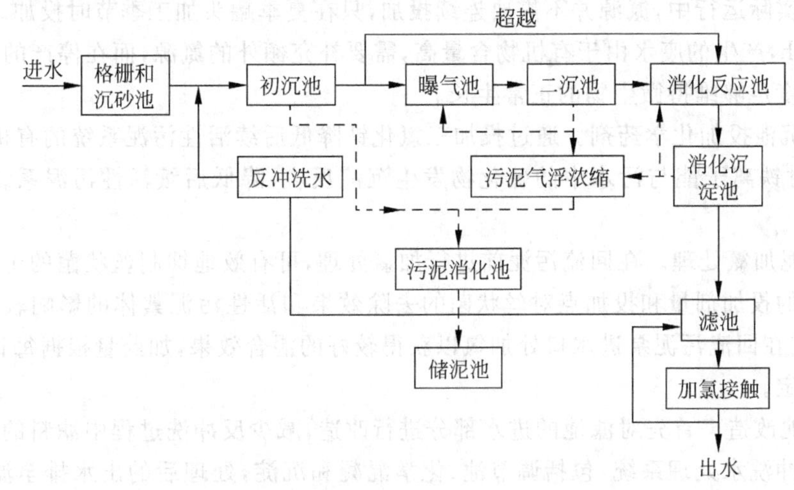

图19-8　污水处理厂深度处理工艺流程

污水处理厂的出水水质标准要求月平均出水 BOD_5 和TSS均低于10mg/L，消毒后出水达到加利福尼亚州第22条文的规定，即浊度小于2NTU，细菌总数小于2.3个/100mL，氨氮低于5mg/L。

2. 污水处理厂改造

由于夏季罐头加工产生的冲击负荷，活性污泥系统发生丝状菌引起的污泥膨胀，导致进入硝化反应池的污泥超过其负荷，出水SS浓度太高，直接影响了过滤阶段的处理效果，使出水水质远远超过排放标准。为防止污泥膨胀的再次发生，需要对污水处理厂进行改造。

1）污水处理厂异常分析

经调查发现，导致污泥膨胀的首要原因是有机负荷的突然增加，使普通曝气池的供氧量不足，在DO浓度较低的条件下，丝状菌生长引起污泥膨胀。对污水处理厂的运行分析发现，氮源不足和由于进水管道中的厌氧条件产生二氧化硫也是导致污泥膨胀的因素；同时，活性污泥系统的有机负荷相对偏高，特别是在水力高峰负荷下，常规活性污泥系统和硝化处理系统间的水力条件受限；另外，污泥储存后没有考虑最终处置，影响生物系统的排泥。因此，为了控制污泥膨胀，完善污水处理厂的水力条件，保证处理工艺、设备和电气系统的可靠运行，污水处理厂须进行一系列的改造。改造工程一次规划分期实施，分为近期、中期和远期三阶段进行。

2）近期改造措施

近期改造的目标是控制污泥膨胀，稳定运行以达到排放标准。主要措施是采用能快速安装快速使用的一些设备，虽然这些设备的运行成本较高，但运行稳定。近期改造的主要内容有：

（1）提高供氧能力。增设了一套纯氧供氧系统，包括液态氧储存池、蒸发器、微孔曝气器、风量计和自控设备等，这些设备只在高峰季节原有设备供氧不足时使用。运行后由于运行费用较高，增设鼓风机以增加供氧量。

（2）投加氮源。安装了一套氨水系统，补充污水中缺乏的氮源，有利于曝气池中微生物的生长。在实际运行中，氮源并不需要连续投加，只在夏季罐头加工季节时投加。罐装工厂每天工作16h，产生的废水由于有机物含量高，需要补充额外的氮源，而在停产的8h内废水的营养物浓度足够维持微生物的正常生长。

（3）初沉池投加化学药剂。通过投加三氯化铁降低后续活性污泥系统的有机物负荷和需氧量，同时铁离子能与污水中的硫化物发生沉淀反应，降低后续活性污泥系统的硫化氢负荷。

（4）污泥加氯处理。在回流污泥前进行加氯处理，可有效地抑制丝状菌的生长，防止污泥膨胀。氯的投加剂量和投加点对丝状菌的去除效果和活性污泥絮体的影响较大，根据试验分析，确定在回流污泥泵进水口处加氯以获得较好的混合效果，加药量根据每日的微生物镜检情况确定。

（5）滤池改造。首先对滤池的进水部分进行改造，减少反冲洗过程中滤料的流失，其次增加滤池反冲洗水处理系统，包括调节池、化学混凝和沉淀，处理后的出水排至滤池进水端或直接排放。

3）中远期改造措施

中期改造将逐步更换近期改造中一些运行成本高的设施，并保持541 000m^3/d的污水处理量和达标排放；远期的改造目标是淘汰高能耗、低效率的设备，包括运行不稳定、耐用性较差的污泥处理设备，并扩建污水处理厂规模至632 000m^3/d。中期和远期改造所需增加的主要设施有：

（1）常规二级处理系统改造。普通曝气池后增加新的二沉池，新增鼓风机设备，替代原有备用的纯氧供气系统，更换空气扩散系统设备。

（2）深度处理系统改造。增建二级处理后续的硝化系统，包括硝化曝气池和沉淀池。

（3）水力改造。将原有的一个污泥储泥池改造为初沉池出水调节池，并新建初级处理出水提升泵房，这样初沉出水可超越至深度处理的硝化池，在二级处理的有机负荷过高时，工艺运行更具灵活性和稳定性；改造厂内其他泵房，增加新泵和相应的电气仪表设备。

（4）二级处理进水方式改为多点进水。该模式下污水处理厂的运行工艺更具灵活性，抗冲击负荷能力大大增强。

（5）改造和更换厂内的机械和电气设备，使系统的运行更加安全稳定。

（6）扩建污泥厌氧消化系统。

（7）污泥最终处置。储泥池内的污泥在夏天进行干化处理，干化后运至填埋场。各项改造工程在10年内陆续完成，改造后的污水处理厂运行更可靠，处理能力和出水水质得到改善。通过改造，污水处理厂的处理能力提高到632 000m^3/d，并且出水水质一直达标。

3. 某印染企业集中园区废水集中处理实例

由于印染企业集中园区产生的综合废水复杂多变，要选择合式的处理工艺，因此，以某印染企业集中园区的污水处理厂为例，采用厌氧-好氧-物化组合工艺，并对废水的脱色和可生化性的改善进行了试验研究，通过类比调查，优化工程设计参数。经工程实践证明，综合印染废水经该工艺处理后，能达到一级排放标准。

1）废水处理工艺选择

综合污水处理厂处理的印染废水，水量水质变化较大，水中污染物主要来自纤维原料本身的夹带物和加工过程中所用的浆料、染料、化学助剂等。

集中园区其印染废水具有的综合特征为：废水量大；废水中残留染料和助剂较多，有机污染物含量高，色度深；pH 值变化大，水质特性变化剧烈；随着化纤织物的发展和印染后整理技术的不断变革，使 PVC 浆料、新型助剂等难以生化降解的有机物大量进入废水，BOD_5/COD 值偏低，一般为 0.2，因此需要提高废水的可生化性，以利于后续好氧生化处理。该印染废水水质情况见表 19-6。

表 19-6　综合印染废水的水质

污染物	COD	BOD	$NH\text{-}N_3$	TP	pH	色度/倍
综合印染废水	1300～1700	250～360	13～17	3.3～4.1	10～12	约 500

2）工艺流程的选择

该综合印染废水处理厂的设计处理能力为 40 000t/d，从降低运行费用、管理方便、污泥产生量少等因素考虑，选择了以生化处理为主体工艺。工艺流程见图 19-9。

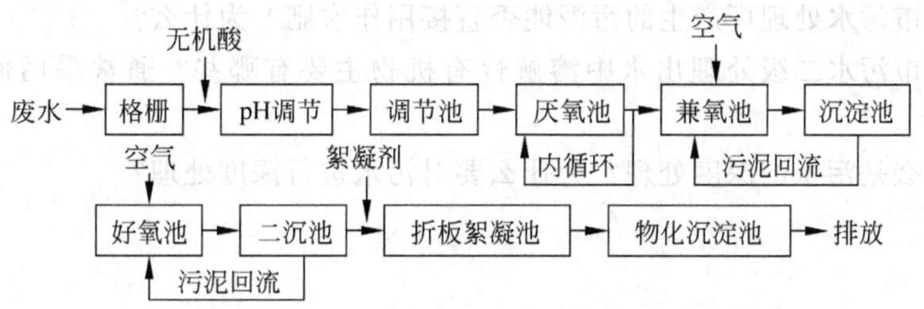

图 19-9　印染废水集中处理工艺流程

3）工艺流程分析

综合印染废水经格栅除去粗大悬浮物后，首先进入调节池，同时进行 pH 调节；经调节池均质后，废水由泵送入厌氧池，厌氧池采用竖流式结构，通过布水系统和内部产生的气体，形成污泥悬浮层，并进行内循环，维护厌氧池的稳定；厌氧池出水经上部的三相分离器泥水分离后，上清液流入兼氧池，兼氧池采用完全混合型结构，依靠通入压力空气实行泥水混合接触，兼氧池出水流入一沉池，将兼氧池污泥截留，并返回兼氧池；一沉池出水流入好氧生物处理池，好氧池采用活性污泥法，好氧池出水经二沉池泥水分离，污泥回流好氧池；二沉池出水流入物化反应池，同时投加聚合硫酸铁，经充分混合反应后，流入沉淀池进行泥水分离，沉淀池出水达到排放标准后，向地表水域排放。

4）主要工艺设计参数

调节池、厌氧池、兼氧池、好氧生化池和物化沉淀池停留时间分别为 9、24、6、12 和 3h。该污水处理厂自建成后，运行正常，效果明显，选择其中一周的运行记录均值列于表 19-7。

表 19-7　综合印染废水处理一周运行平均数据

处理单元	原水	厌氧池		兼氧池		好氧池		混凝沉淀池		总去除率/%	排放标准
		出水	去除率/%	出水	去除率/%	出水	去除率/%	出水	去除率/%		
COD/(mg/L)	1280	896	30	717	20	145	79.8	90	38	93	100
BOD/(mg/L)	255	385	—	310	19.5	27	91.3	24	10	90.6	25
色度/倍	512	100	80	80	20	40	50	32	20	93.7	40

注：BOD/COD 值可从 0.2 提高到 0.43 左右。

思考题

19-1　影响城市污水水质的主要因素有哪些？

19-2　工程设计一般分为哪几个阶段？每个阶段的主要任务是什么？

19-3　设计城市污水二级处理站时，如何确定流量？沉砂池、初次沉淀池、曝气池、二次沉淀池等是否采用同一设计流量？为什么？

19-4　处理厂平面与高程布置有什么相互关系？

19-5　目前常用的污水回用处理系统有哪几种工艺？各自的适用条件是什么？

19-6　城市污水处理厂产生的污泥能否直接用作农肥？为什么？

19-7　城市污水二级处理出水中溶解性有机物主要有哪些？通常采用何种处理方法去除？

19-8　什么是污水的深度处理？为什么要对污水进行深度处理？

主要参考文献

1 许保玖.给水处理理论.北京：中国建筑工业出版社，2000
2 许保玖.当代给水与废水处理原理.北京：中国建筑工业出版社，1989
3 严煦世，范谨初主编.给水工程.第3版.北京：中国建筑工业出版社，1995
4 张自杰主编.排水工程(下册).第2版.北京：中国建筑工业出版社，1987
5 王宝贞主编.水污染控制工程.北京：高等教育出版社，1990
6 高廷耀主编.水污染控制工程(下册).北京：高等教育出版社，1989
7 许保玖，安鼎年.给水处理理论与设计.北京：中国建筑工业出版社，1992
8 钱易，米详友.现代废水处理新技术.北京：中国科学技术出版社，1993
9 顾夏声.废水生物处理数学模式.第2版.北京：清华大学出版社，1993
10 [美]梅特卡夫和埃迪公司.废水工程处理、处置及回用.北京：化学工业出版社，1992
11 [美]W. W. 埃肯费尔德.工业水污染控制.北京：中国建筑工业出版社，1992
12 [日]井出哲夫.水处理工学理论与应用.日本技术出版株式会社，1971
13 张希衡.水污染控制工程.北京：冶金工业出版社，1993
14 American Water Works Association. Water Quality and Treatment. Fourth Edition, McGraw-Hill, 1990
15 Weber W J Jr. Physicochemical Processes for Water Quality Control. New York: Wiley-Interscience, 1972
16 Metcalf and Eddy Inc. Wastewater Engineering: Treatment, disposal and reuse. Second Edition. Mcgraw-Hill, 1979
17 魏先勋.环境工程设计手册.长沙：湖南科学技术出版社，1992
18 张禹卿.污水处理厂设计概要.北京：中国环境科学出版社，1992
19 许建华，等.水的特种处理.上海：同济大学出版社，1989
20 北京环境保护科学研究所编.水污染防治手册.上海：上海科学技术出版社，1989
21 American Public Health Association. Standard Methods for Examination of Water and Wastewater. 17th edition. 1989
22 Scott J S, Smith P S. Dictionary of Waste and Water Treatment. London: Butterworths, 1981
23 Baker M N. The Quest for Pure Water. New York: AWWA, 1979
24 Hudson H E Jr. Water Clarifation Processes Practical Design and Evaluation. New York: Van Nostrand Reinhold, 1981
25 Culp G L, Culp R L. New Concepts in Water Purification. New York: Van Nostrand Reinhold, 1984